Gewässerkunde

Von

Dr. Walter Wundt

Honorarprofessor an der Universität Freiburg i. Br.

Mitglied der Deutschen Akademie der Naturforscher in Halle a. d. S.

Mit 185 Abbildungen

Springer-Verlag

Berlin / Göttingen / Heidelberg

1953

Softcover reprint of the hardcover 1st edition 1953

ISBN-13: 978-3-642-94620-2 e-ISBN-13: 978-3-642-94619-6
DOI: 10.1007/ 978-3-642-94619-6

Vorwort.

Dieses Buch ist teilweise aus Vorlesungen hervorgegangen, die ich an der Universität Freiburg über *Gewässerkunde* und verwandte Themen gehalten habe. Aber die Wurzeln des Buches liegen tiefer: Seit meiner frühen Kindheit habe ich mich mit Vorliebe mit den Gewässern meiner Heimat beschäftigt. Rhein, Donau, Neckar bis zu den kleinsten Nebenflüssen sind für mich wie gute alte Bekannte, deren wechselndes Schicksal ich im Lauf der Jahre mit persönlicher Anteilnahme verfolge. Ohne diese innerliche Zuneigung zu den Gewässern, die mich erfüllt wie die Liebe des Alpinisten zu seinen Bergen, hätte ich dieses Buch gar nicht schreiben können.

Die Darstellung der Eigenschaften unserer Gewässer muß freilich notgedrungen einen mehr nüchternen Charakter annehmen. Aber das Bewußtsein der ewigen Gesetzmäßigkeit bei den Flüssen, die viele tausend Jahre vor mir waren und nach mir sein werden, erfüllt mich auch da, wo ich trockene Zahlenreihen über sie gebe.

Darüber hinaus bezweckt das Buch, für einen begrenzten Kreis von Wissenschaftszweigen eine *Synthese* zu schaffen. Es fehlt oft an der nötigen Zusammenarbeit, und neben dem Wettbewerb wird die gegenseitige Unterstützung vergessen. Mein Ziel, das in der „Einleitung" näher ausgeführt wird, kann so umrissen werden: Ich möchte von der Gewässerkunde die Brücke zu einer Reihe von Nachbarwissenschaften schlagen und Forschungen, die oft getrennt und ohne Übereinstimmung marschieren, einem gemeinsamen Ziele näherbringen.

In dieser Hinsicht sind mir eine Reihe von Kollegen und Freunden behilflich gewesen. Oberregierungsrat Dr. Reichel, München, unterstützte mich bei der Durchsicht der Abschnitte, welche die Meteorologie betreffen; Professor Dr. G. Wagner, Tübingen, hat mir wertvolle Hinweise auf dem Gebiete der Morphologie gegeben; Professor Dr. Lauterborn, Freiburg, (inzwischen †) beriet mich freundlich in der Biologie; Oberregierungs- und Baurat Dr. Friedrich, Koblenz, hat mir bei der Abfassung und Durchsicht der speziell gewässerkundlichen Abschnitte tatkräftig geholfen. Besonderen Dank aber schulde ich Professor Dr.-Ing. Marquardt, Stuttgart, der mich zur Abfassung dieses Buches angeregt und mich durch Überlassung von Bildmaterial und durch Ratschläge auf technischem Gebiet nachhaltigst unterstützt hat!

Endlich gedenke ich hier so vieler wissenschaftlicher Freunde, die mir — oft ohne mich zu kennen — ihre Veröffentlichungen zuschicken oder in Meinungsaustausch mit mir stehen. Ich kann ihre Namen im Vorwort nicht nennen, aber sie sind großenteils im Text oder im Literaturverzeichnis mit aufgeführt. Ihnen allen gilt mein herzlicher Dank, ebenso dem Springer-Verlag, Berlin, der mir von vornherein freundlich entgegengekommen ist und meine Arbeit in jeder Weise gefördert hat.

Freiburg i. Br., im November 1952. **Walter Wundt.**

Inhaltsverzeichnis.

Einleitung.

Die *Gewässerkunde* bildet einen Teil der Geophysik und beschäftigt sich mit der Beschreibung der Gewässer des *Festlandes*, wobei sie auch als (kontinentale) „*Hydrographie*" bezeichnet wird. Darüber hinaus befaßt sie sich im Sinne von „*Hydrologie*" mit den Erscheinungen des Wassers über und unter der Erdoberfläche und ihren natürlichen Zusammenhängen (vgl. Tab. 8a). Die Beschreibung der Meere (*Ozeanographie*) bildet einen Wissenszweig für sich; auch in der Hydrologie pflegt man die Meere und das Festland getrennt zu behandeln (s. Bem. 1a, S. 310, Nr. 18). Die Gewässerkunde des Festlandes kann in *Limnologie* (limne griech. = See) und in *Grundwasserkunde* aufgeteilt werden, zu denen die *Potamologie* (potamos griech. = Fluß) als dritte Erscheinung der kontinentalen Hydrographie hinzutritt. Allgemein gültige Definitionen lassen sich schon deswegen schwer durchführen, weil sich der Inhalt der Begriffe beim Übergang in andere Sprachen ändert; aber es ist wichtig, daß ein Begriff im Einzelfall genau umschrieben wird.

Über den verschiedenen Zweigen der Hydrographie steht als verbindendes Glied der *Kreislauf des Wassers*; er verknüpft die räumlich getrennten Vorkommen des Wassers zu einem geschlossenen Ganzen. Dieser *natürlichen* großen Einheit stehen die zahlreichen *praktischen Anwendungen* gegenüber, die hauptsächlich Aufgabe der Bautechnik sind. Die Eingriffe der Technik in den Ablauf des Wassers nach dem Meere können den Wasserkreislauf hemmen oder auch beschleunigen. Solche Änderungen in Form der Flußregelungen, des Hochwasserschutzes, der Erhöhung der Speicherkraft des Bodens, der Verbesserung des Windschutzes, der Bekämpfung der Bodenerosion, der Küstenverteidigung und der Landgewinnung bezeichnen wir als *Wasserschutz*. Diesem Kreis von Aufgaben steht ein anderer großer Kreis gegenüber, das ist die *Wassernutzung*, bei der wir uns mit dem Bau von Kanälen, von Talsperren und Wasserkraftanlagen, mit der Trink- und Brauchwasserversorgung, mit Bewässerung und Abwasserwirtschaft zu beschäftigen haben.

Eine *erschöpfende* Behandlung dieser Probleme würde den Umfang des Buches auf ein Vielfaches der jetzigen Seitenzahl anschwellen lassen; hier handelt es sich nur darum, die Aufgaben klar zu umreißen und die Grundgedanken der Lösung herauszustellen. Die Natur stellt Fragen an uns — und die Technik antwortet! Aber die Natur stellt auf die Antwort oft neue Fragen, und aus diesem Spiel entwickelt sich ein gewisses *Gleichgewicht* der Kräfte, das aber nie zu *völliger* Ruhe führt. Mit dieser Einschränkung kann man von einer technischen Beherrschung der Natur reden.

Eine *regionale Darstellung* der Gewässer wird, von einigen Tabellen abgesehen, nicht gegeben; die auftretenden Probleme werden nur an Beispielen erörtert. Bei deren Betrachtung zeigt es sich, daß die Gewässerkunde ihre Wurzeln nicht bloß in sich selbst, sondern auch in einer Reihe von *Nachbarwissenschaften* hat. Diesen Wurzeln müssen wir nachgehen, um ein tieferes Verständnis zu gewinnen. Die *Meteorologie* lehrt uns, daß nicht bloß Regen und Schnee, sondern auch die anderen meteorologischen Elemente, vor allem die Temperatur, einen starken Einfluß auf die Gewässer ausüben. Die *Morpho-*

logie zeigt uns, wie Grund- und Aufriß der Flußläufe durch Wechselwirkung der Erdoberfläche mit den Niederschlägen entstehen. Die Hilfe der *Geologie* und der *Bodenkunde* brauchen wir besonders bei der Betrachtung des Grundwassers; die *Pflanzendecke* zeigt uns, insbesondere in der *Forstwissenschaft*, tiefgreifende Wirkungen auf den Wasserhaushalt; aber auch die *Kleinlebewelt*, d. h. die Bakterien, in Verbindung mit der angewandten *Chemie*, weist engste Beziehungen zur Abfall- und Gütewirtschaft des Wassers auf.

Die genügende und zutreffende Auffassung des Zusammenspiels der Naturbedingungen, das darauf gegründete Eingreifen der Technik und die richtige Ausnützung des durch die Naturverhältnisse Gebotenen setzt die richtige Beobachtung von Tatsachen, also *Messungen* und Kartierungen voraus, denen sich die *Landesanstalten für Gewässerkunde* seit Jahrzehnten widmen. Von den hierfür gebrauchten Instrumenten können hier nur die einfachsten beschrieben werden, denn technische Einzelheiten haben nur für den einen Wert, der das Instrument selbst in der Hand hat. Größerer Raum kann dagegen der *indirekten* Messung eingeräumt werden, die sich auf die *graphische und analytische Statistik* stützt.

Bei der Betrachtung der Nachbarwissenschaften ergibt sich von selbst, daß die *Schwankungen der Gewässer* im Laufe des Tages, des Jahres und während längerer Zeiträume eine besondere Untersuchung erfordern. Die Wasserführung bei mittleren Verhältnissen, ebenso bei Hoch- und Niedrigwasser, sowie die Abflußtypen der Flüsse, von denen die einen ihren Hochstand im Sommer, die anderen im Winter haben, gehören zu den grundlegenden Aufgaben der Gewässerkunde. Mit der Lösung dieser Aufgaben gewinnen wir auch die Unterlagen, die wir für eine umfassende *Rahmenplanung in der Wasserwirtschaft* notwendig brauchen.

Wenn auch in diesem Buche manche Probleme nur lose umrissen werden können, soll es doch als Wegweiser für eingehendere Studien dienen; deshalb wird durch *Literaturhinweise* überall der Weg gezeigt, wie man weiterkommen kann. Es soll hier eine *Gesamtschau* über all die Fragen gegeben werden, für die sich *sonst nur getrennte Darstellungen* finden. Das Buch ist daher an Ingenieure, Meteorologen, Geographen, Geologen und andere Interessierte gleichermaßen gerichtet. Jedes Spezialistentum und jede einseitige Anschauung soll vermieden werden. Dies soll sich auch dahin auswirken, daß *Kritik* geübt wird und bei ungelösten Problemen verschiedene Anschauungen zur Darstellung kommen. Es hat z. B. keinen Wert, dem Suchenden Formeln vorzusetzen, wenn die Voraussetzungen, auf denen diese aufgebaut sind, selbst zweifelhaft sind; denn er wird dadurch in eine Sicherheit gewiegt, die gar nicht am Platze ist. Wenn *Formeln* verwendet werden, so ist ihre Berechtigung vorher genau zu erwägen, und es muß auf die *Fehlerquellen* hingewiesen werden, die ihre Verwendung mit sich bringt.

Von früheren Darstellungen hat das 1914 erschienene Buch von GRAVELIUS seinerzeit eine empfindliche Lücke ausgefüllt, aber es sind viele Forschungen hinzugekommen. Vom technischen Standpunkt aus hat die Hydrologie durch PRINZ-LAMPE und die Hydrographie durch SCHAFFERNAK eingehende Darstellungen erfahren. Von amerikanischen Verfassern sind die Bücher von ADAMS, FOSTER, LINSLEY-KOHLER-POULHUS, A. F. MEYER und MEINZER zu nennen; vgl. auch MEIGS in Geograph. Review, Juli 1952. Ferner nähert sich den hier umrissenen Zielen das Buch von PARDÉ (2) und das Werk „Wassererschließung" (s. Bem. 9, S. 310). Die allgemeinen Aufgaben der Gewässerkunde werden in einer „Gedenkschrift der Bundesanstalt usw." Bielefeld 1952 in verschiedener Richtung näher umschrieben (s. Bem. 1b, S. 310).

Mancher legt Wert darauf, die *Fachausdrücke* genau umschrieben zu wissen. Diesem Bedürfnis ist durch die Anfügung der Tabelle 8 (a, b) Rechnung getragen. Andere Ausdrücke, die sich in den Tabellen nicht finden, sind im Text des Buches erklärt, wobei die betreffende Stelle aus dem alphabetischen Sachregister zu entnehmen ist. Der Verfasser zieht im allgemeinen den letzteren Weg vor, weil sich *im Text* das Bedürfnis nach einer Erklärung aus dem *Zusammenhang* ergibt. In vielen Fällen haben die Umschreibungen auch Bedeutung für juristische Entscheidungen; die Grundlagen dafür sind in den DIN-Veröffentlichungen, in unserem Falle Nr. 4049 und Nr. 4047, gegeben. Da diese Veröffentlichungen in manchen Fällen als überholt angesehen werden, hält sich unsere Tabelle an Neuvorschläge, die von besonderen Ausschüssen aufgestellt wurden, aber noch keine endgültige Fassung erhalten haben.

A. Der Kreislauf des Wassers.

1. Einfachste Form.

Den Wasserkreislauf kennen wir nach der primitivsten Annahme als den Weg des Tropfens, der vom Meer verdunstet, in den Wolken über das Land geführt wird, dort im Regen herabfällt und in den Flüssen zum Meer zurückkehrt. In Abb. 1 ist der Kreislauf nach einer — immer noch einfachen — Vorstellung wiedergegeben. Es soll hier zum Ausdruck kommen: Der *Haupt*kreislauf geht nicht vom Meer zum Land, sondern vom Meer zum Meer selbst zurück. Das ist einmal die Folge der viel größern Fläche der Ozeane gegenüber den Landflächen (71% gegen 29%), in zweiter Linie auch eine Folge des größeren Umsatzes auf dem Meere (stärkerer Niederschlag und stärkere Verdunstung). Kleinere Kreisläufe, die durch Verdunstung des fallenden Regens in der Luft entstehen (ROSSMANN) kommen, wie die Auflösung von Regenstreifen zeigt, wohl vor, sind aber für die Gewässerkunde von geringer Bedeutung. Von $v_m = 383000\,\text{km}^3$ aus dem Meer jährlich verdunsteten Wassers treten nur $z = 37000\,\text{km}^3$ zu den Landflächen über und kehren von dort in den Flüssen zurück. Aber der Kreislauf über dem Lande wird durch den sog. „inneren“ Kreislauf verstärkt, der vom Lande selbst $v_l = 62000\,\text{km}^3$ verdunstet und diese der „Meereszufuhr“ beigesellt, so daß über dem Lande tatsächlich $n_l = 99000\,\text{km}^3$ Niederschlag fallen (Zusammenstellung mit anderen Ermittlungen s. S. 14). Auch dem Abfluß kommt diese Verstärkung stellenweise zugute. Ferner verzweigt sich der Abfluß in den oberirdischen Zweig und einen unterirdischen, der auch „Grundwasser“ heißt. Das Grundwasser ist also nicht ein stagnierendes Gebilde, das – wie man früher annahm – neben dem allgemeinen Kreislauf ein Sonderdasein führt, es ist vielmehr sein unterirdischer Strang, der teils aus den örtlichen Niederschlägen, teils aus den Flüssen gespeist wird; er fließt in großem Querschnitt, aber sehr langsam neben den Flüssen einher. Fassen wir aber die Mächtigkeit der Grundwasserströme im Sinne der

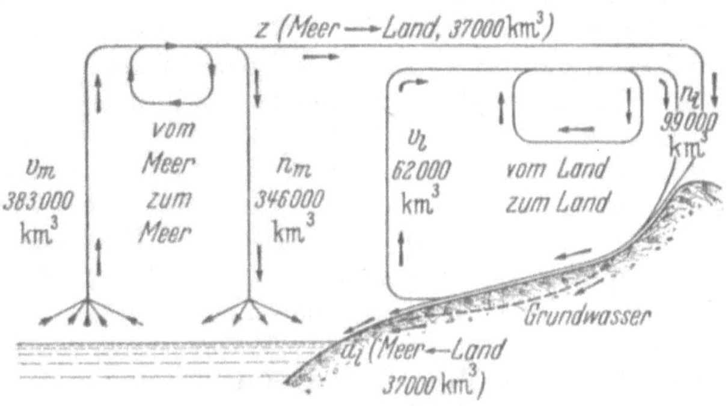

Abb. 1. Der Wasserkreislauf in einfachster Form mit den absoluten Mengen im Jahr (km³).

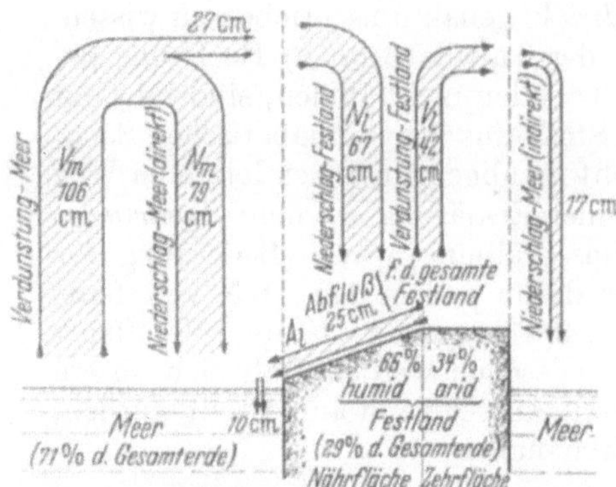

Abb. 2. Der Wasserkreislauf mit den spezifischen Höhen im Jahr (cm) unter Berücksichtigung der Überstreichungen. Nach KALLE und WUNDT.

sekundlichen Wasserführung (Querschnitt mal Geschwindigkeit) ins Auge, so sind sie viel schwächer als die Flüsse und nur mit größeren Bächen zu vergleichen (vgl. KOEHNE und s. S. 38).

2. Erweiterte Form.

Obige Darstellung kann nicht voll befriedigen, denn sie enthält die Annahme, daß nur die 37000 km³ während des Jahres ins Land eindringen und es wieder verlassen. Das ist mengenmäßig — als Jahresabschlußsumme — richtig, nicht aber, wenn wir den Verlauf der Vorgänge *während* des Jahres betrachten. Eine überschlägige Berechnung ergibt als Größenordnung für die ins Land eintretenden Luftmassen die Geschwindigkeit 3,8 m/s, während sich das an der Erdoberfläche fließende Wasser durchschnittlich nur mit etwa 0,2 m/s bewegt [WUNDT (1)]. Der von den Luft- und Wasserdampfmassen zurückgelegte Weg beträgt also im Monat etwa 10000 km, das ist $^1/_4$ des Erdumfangs und somit mehr, als die durchschnittliche Breite der Kontinente mißt. Ein Wasserteilchen kommt demnach schon während eines Monats mehrfach mit dem Meer in Berührung, und das Bild eines über dem Lande sich schließenden Kreislaufes muß durch eine *größere Zahl von Überstreichungen* ersetzt werden, von denen jede etwas zur Abflußendsumme von 37000 km³ beiträgt. Der Begriff der „Meereszufuhr“ z, der noch der Abb. 1 zugrunde liegt, verliert dadurch viel von seiner Bedeutung: das gleiche Wasserteilchen kommt im Laufe eines Jahres *wiederholt* mit dem Meer und anderen Landesteilen in Berührung, kann sich also auch wiederholt niederschlagen und verdunsten. Die „Meereszufuhr“ erhält daher einen rein *mengenmäßigen* Sinn und enthält keinen Hinweis mehr, wo der Wasserdampf *herstammt*. Tatsächlich gehen auch maritime und kontinentale Luftmassen je nach der Wetterlage regellos an einem Ort vorbei. Damit kommen wir auf die in Abb. 2 dargestellte *erweiterte Form des Kreislaufs*. Der Kreislauf vom Meer zum Meer bleibt gegen Abb. 1 ungeändert, aber die in Verdunstung v_m und Niederschlag n_m verfrachteten Mengen sind durch Division mit der Fläche des Meeres in Verdunstungs*höhen* V_m und Niederschlags*höhen* N_m umgerechnet. Es verdunsten (Näheres s. S. 14) im Jahr durchschnittlich $V_m = 106$ cm, von denen $N_m = 79$ cm als Niederschlag direkt ins Meer zurückfallen, während der Unterschied beider Werte (27 cm) auf das Land übertritt. Diese Differenz wird (wegen der im Verhältnis 71 : 29 größeren Meerfläche) auf dem Land zu einer Niederschlagshöhe $N_l = 67$ cm, von der $V_l = 42$ cm zurückverdunsten, während 25 cm als Abfluß A_l das Land wieder verlassen. Beim Einströmen ins Meer können aber 25 cm dessen Niveau (wegen der größeren Fläche) nur um 10 cm erhöhen. Die 42 cm, die dem V_l entsprechen, kehren über das Meer zurück und erzeugen dort einen zusätzlichen Niederschlag von nur 17 cm. Dieser kann auch, weil aus der Landesverdunstung hervorgegangen, als indirekter Niederschlag bezeichnet werden; er deckt zusammen mit dem direkten Niederschlag aufs Meer (79 cm) und der aus dem Abfluß hervorgehenden Erhöhung (10 cm) gerade die Gesamtverdunstung des Meeres, die wir zu $V_m = 106$ cm angenommen hatten.

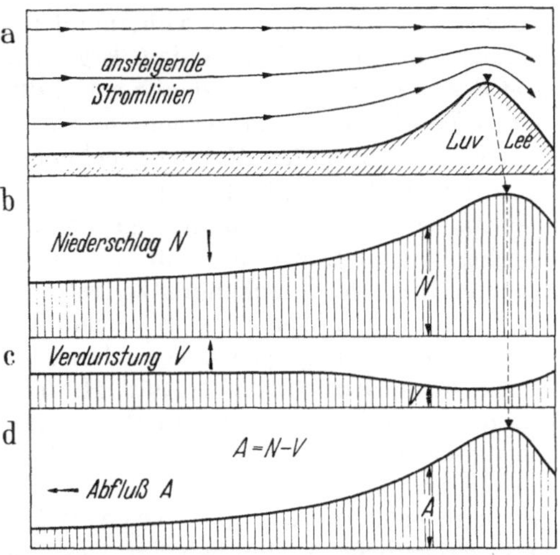

Abb. 3. Niederschlag N, Verdunstung V und Abfluß A im Luv und Lee eines Gebirges. Verlauf der Stromlinien bei den wasserbringenden Winden.

Damit ist der Kreislauf geschlossen, und zugleich ist eine Unstimmigkeit aufgeklärt, die zeitweilig zu Kontroversen Anlaß gegeben hat. Es wurde darüber gestritten, welche Größe die vom Land aufs Meer entweichende Wasserdampfmenge e habe. Während die ältere Auffassung, der noch Abb. 1 zugrunde liegt, $e = 0$ annahm (d. h. ein solches Entweichen wurde gar nicht in Betracht gezogen!), ergibt sich aus Abb. 2, daß e gleich der Verdunstung vom Lande v_l, auf die Flächeneinheit umgerechnet, gleich V_l ist. — Die alte Anschauung wollte ferner den inneren Kreislauf im wesentlichen auf die Gebirge beschränken: den Gebirgswänden wurde die Fähigkeit zugeschrieben, daß sie den Wasserdampf zurückhalten und an den Kämmen zur Kondensation bringen, während die Hänge und die Talsohlen die Funktion hätten, das hieraus abfließende Wasser wieder zu verdampfen. — Wenn diese Anschauung richtig wäre, müßte nicht bloß der Niederschlag, sondern auch die Verdunstung im Gebirge besonders groß sein! Neuere Beobachtungen, besonders die von LÜTSCHG, haben aber gezeigt, daß nicht die Verdunstung zusammen mit dem Niederschlag steigt, sondern der Abfluß, während die Verdunstung mit dem Wachsen der Meereshöhe sogar abnimmt. Abb. 3 zeigt dieses Verhalten schematisch, aber auf Grund von statistischen Werten. Der Hauptgrund für die Abnahme der Verdunstung liegt in dem Verhalten der Temperatur, die mit wachsender Meereshöhe ebenfalls sinkt. Die zur Erhöhung des Niederschlags nötigen Mengen werden nicht im Gebirge selbst erzeugt, sie müssen vielmehr in Form von Wasserdampf von außen an die Berge herangetragen sein! Der sog. *innere Kreislauf* ist also, von den Überstreichungen ganz abgesehen, ein Vorgang, der den *Ebenen* eine übermäßige *Verdunstung*, den *Gebirgen* eine überhöhte *Niederschlagsbildung* zuweist. Diese Auffassung wird durch zahlreiche Beobachtungen bestätigt. Die Gebirge werden als sog. *Wetterfänge* für die Umgebung bezeichnet. Dies ist so zu verstehen, daß die starken Verdunstungsmengen der vorliegenden Ebenen sich nur zum Teil im Vorland wieder niederschlagen, während die Hauptmenge an die Gebirge herangetragen und dort erst ausgeschieden wird; die sommerliche Überregnung der Alpen ist nur möglich, weil sich die West- und Nordwestwinde auf den vorausgehenden Landwegen mit Feuchtigkeit beladen und diese am Hochgebirge als dem wirksamsten entgegenstehenden Hindernis zur Kondensation bringen (vgl. S. 63 f.).

3. Humide und aride Gebiete.

A. PENCK verdanken wir die bekannte klimatische Einteilung der festen Erdoberfläche in ein *humides* und ein *arides* Klimareich. Nach seiner Definition *erzeugt* das humide Klimareich den *Abfluß*; der Niederschlag N minus Verdunstung V ergibt dort einen positiven Wert A. Im ariden Reich dagegen heben V und N einander auf, so daß kein Abfluß mehr stattfindet. Die beiden Reiche sind durch die *Trockengrenze* voneinander geschieden. — Diese grundlegende Einteilung hat inzwischen einige Ergänzungen erfahren. Das *nivale* Reich (Gebiet des ewigen Schnees), das von PENCK neben den beiden ersten als drittes Gebiet aufgeführt wird, kann man, soweit es sich um den Wasserhaushalt handelt, meist dem humiden Reich zurechnen; doch nähern sich die innerpolaren Gebiete der Abflußlosigkeit und sind in bezug auf Wasserhaushalt als *steril* anzusehen, teilweise werden dort gegenwärtig sogar vorhandene Vorräte aufgebraucht. Das humide Reich läßt sich nicht leicht von dem ariden abscheiden; denn in der Nähe der Trockengrenze treten Übergangszustände auf. Man spricht von semihumid (während des Sommers trocken) und von semiarid (geringe Niederschläge in ausgesprochenem Jahreszeitenwechsel); vgl. hierzu CREUTZBURG, LAUER (s. Bem. 2, S. 310, 1951, H. 4) und THORNTHWAITE. Weitere Schwierigkeiten treten hinzu: manchmal ist die Oberfläche vollarid, während im Grundwasser noch gewisse Mengen abfließen; die Vegetationsarmut an der Trockengrenze begünstigt noch diesen Vorgang. Über Grundwasser in den nordafrikanischen *Wüsten* vgl. JAEGER (2), HELLSTRÖM, KNETSCH und SCHIFFERS.

Das *gelegentliche* Ausbleiben der Gewässer kann nicht als Kennzeichen für die Trockengrenze dienen; in sommertrockenen Gebieten, z. B. den Mittelmeerländern, kommt dieser Fall häufig vor. In Karstgebieten kann die Oberfläche, nach der Pflanzendecke und dem Fehlen der Gewässer beurteilt, vollarid sein, während im Untergrund und einigen tiefen Tälern starke Wasseradern zirkulieren. Auch in ariden Gegenden beobachtet man ein gelegentliches „Abkommen" (Fließen) von Gewässern. Es wären also für die Unterteilung der Humidität und Aridität weitere Definitionen notwendig! Solange diese nicht vorliegen, wird man nicht umhin können, Kompromisse zu treffen und die *Trockengrenze* als einen *breiten Streifen* anzusehen, der sich zwischen „humid" und „arid" hinzieht.

Die Ausdehnung der beiden Gebiete hat im Laufe der Zeiten gewechselt. Das Vordringen der klimatischen Feuchtgürtel brachte den Trockenzonen durch vermehrten Regen sog. *Pluviale*; doch können fossile Zeugen verstärkter Wasserführung auch durch Sinken der Temperatur in den Eiszeiten entstanden sein, weil die Verdunstung herabgesetzt war (sog. *Feuchtbodenzeiten*).

4. Nähr- und Zehrgebiete.

Ein weiterer Fortschritt wird dadurch erzielt, daß es auf Grund der Untersuchungen von WÜST (1, 2, 3) gelingt, den Gedanken der Trockengrenze auch auf die Ozeane zu übertragen. Fallen *viele* Niederschläge auf das Meer, dann wird die Oberfläche ausgesüßt; fehlen die Niederschläge, dann nimmt der Salzgehalt bei starker Besonnung und Verdunstung über das normale Maß hinaus zu. Es zeigte sich auf diese Weise, daß sich die feuchte Äquatorialzone, die beiden Trockenzonen und die beiden Westwindgürtel auch über die Ozeane hinweg verfolgen lassen. Endlich hat ALBRECHT auf Grund der Arbeiten von HAUDE, JACOBS u. a. den Energiehaushalt der Atmosphäre mit Hilfe des Strahlungsumsatzes am Erdboden für eine Reihe von Punkten an der Erdoberfläche bestimmt und konnte daraus auch wichtige Schlüsse für die Wege des Wasserdampfes in der Atmosphäre ziehen; ferner spielt dabei der Wasserumsatz in den Pflanzen eine erhebliche Rolle. — Die Ergebnisse für die Wasserbilanz der Erde sind in einer Karte zusammengefaßt, welche die wichtigsten Bahnen der Dampfverfrachtung und damit des Wasserkreislaufs aufzeigt. Abb. 4 stellt die umgezeichnete Karte ALBRECHTs dar, die in rohen Zügen das *regionale* Verhalten der Größe $N - V$ erkennen läßt.

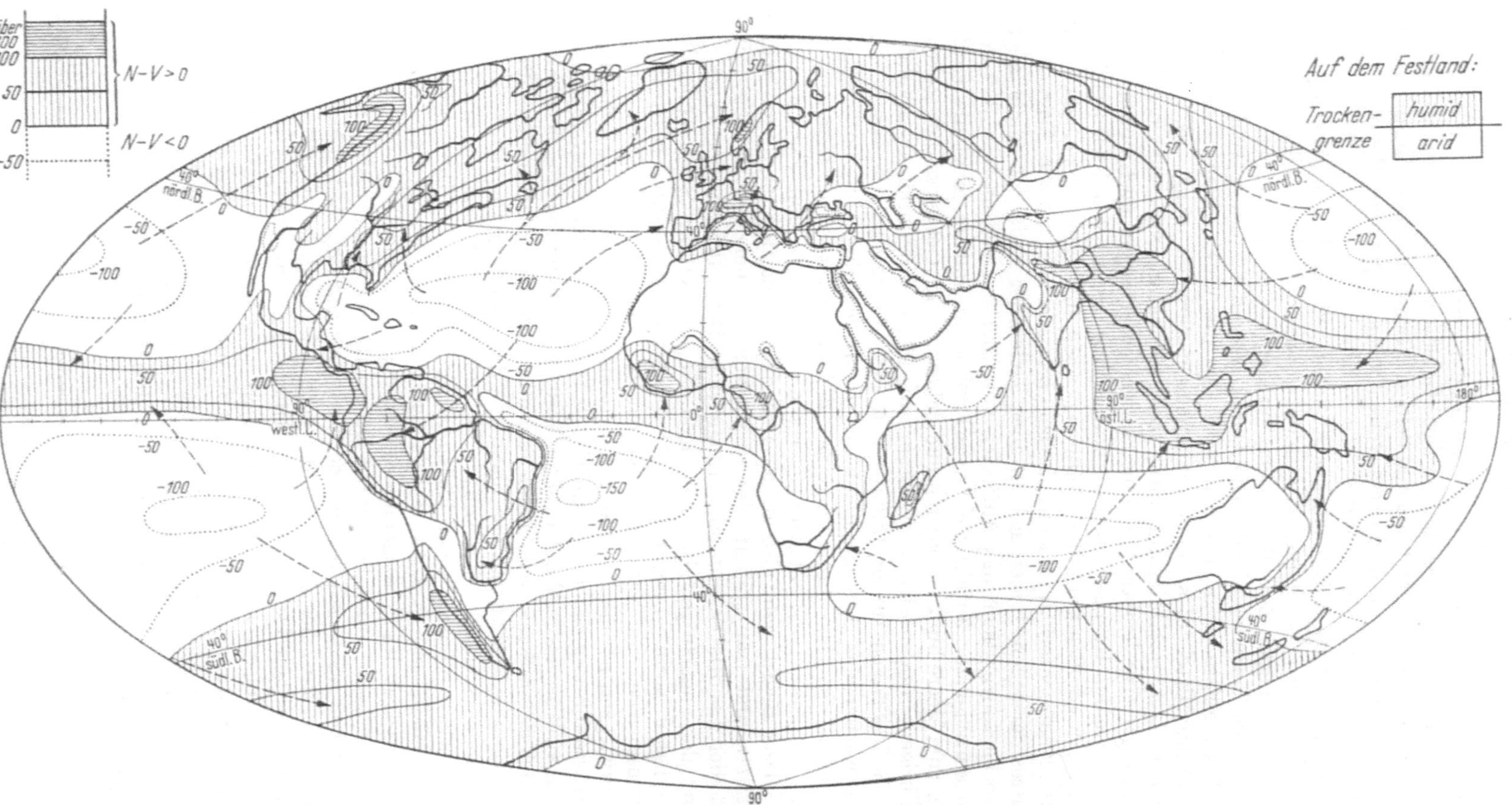

Abb. 4. Abflußkarte der Erde. Nährgebiete ($N - V > 0$) und Zehrgebiete ($N - V < 0$). Hauptrichtungen der Wasserdampfverfrachtung (cm/Jahr). – Flächentreue Projektion. (Nach Grundlagen von ALBRECHT)

Der Abfluß $A = N - V$ kann sowohl auf dem Festland als bei bestimmten Meeresteilen positiv sein; wir bezeichnen diese Gebiete als *Nährgebiete* und finden sie im äquatorialen Feuchtgürtel und den beiden Westwindgürteln. Ihnen stehen in den subtropischen Hochdruckgürteln weite Flächen gegenüber, die nicht nur keinen Abfluß erzeugen, sondern den von außen kommenden Zustrom aufbrauchen: wir nennen sie *Zehrgebiete* des Abflusses; die ariden Gebiete mit der Definition $N - V = 0$ erscheinen also bloß als Spezialfall des allgemeineren Vorganges, bei dem auch Zufluß aus dem humiden Gebiet aufgezehrt wird. Als Beispiel möge der Kaspisee dienen. Die Quellgebiete der Zuflüsse Wolga, Ural usw. sind Nährgebiete, denn in ihnen werden ja die Flüsse erzeugt. Aber im unteren Teil des Mittellaufes findet keine nennenswerte Zunahme der Wasserführung mehr statt, im Unterlauf durch die Verdunstung von der Oberfläche des Flusses sogar eine leichte Abnahme. Immerhin gelangen noch ansehnliche Wassermengen in den Kaspisee; aber die starke Verdunstung von der Oberfläche sorgt dafür, daß der See abflußlos bleibt und sogar nur eine Spiegelhöhe von etwa -26 m aufrechterhalten kann. Solche *Endseen*, die *extreme Zehrgebiete* des Abflusses darstellen, finden sich in allen Teilen der Erde, vor allem aber in den Trockenzonen; denn das Auftreten von Endseen bedeutet ja, daß der Fluß infolge mangelnder Zufuhr nicht vorwärtskommt, daß er nicht die Kraft hat, weiter zum Meere hin zu erodieren und daher in einer Gebietssenke steckenbleibt. Übrigens finden sich in Wüsten auch Seen, die durch austretendes Grundwasser in Senken (unter Bildung von Oasen) entstehen. — Wenn man in älteren Karten das Einzugsgebiet des Kaspisees als „abflußlos" eingezeichnet findet, so ist dies als eine *Abflußlosigkeit zum Weltmeer* zu verstehen, die aus einem Zusammenwirken von Nähr- und Zehrgebieten entsteht. Dieser Begriff geht also an der Grundeinteilung in humide und aride Gebiete *vorbei*, und man spricht hier besser von „Binnenentwässerung", die etwa 24% der Landflächen umfaßt. Eingehende Darstellungen der Trockengrenze und der zugehörigen Erscheinungen für die verschiedenen Teile des Festlandes hat Jaeger (1) gegeben. — Ein anderes interessantes Beispiel für das Zusammenwirken von Nähr- und Zehrgebieten bietet der Nil. Er entspringt aus dem vorwiegend humiden Gebiet des Viktoriasees und nimmt auch nachher noch an Wasserführung zu; aber beim Übertritt in den Sudan verwandelt sich der Zuwachs an Wasser allmählich in einen Verlust, und es würde ihm das Schicksal des benachbarten Schari beschieden sein, wenn nicht die Zuflüsse aus Abessinien, vor allem der Sobat und der Blaue Nil, den Strom von neuem zum Anschwellen bringen würden. Aber von da ab gerät der Nil abermals ins Zehrgebiet und verläßt es nicht mehr bis zu seiner Mündung. — Die westlichen Zuflüsse des Mississippi in USA machen ganz ähnliche Wandlungen durch. Aus dem Nährgebiet des Felsengebirges entsprungen, nehmen sie etwa bis zum 100. Längengrad westl. (der bekannten Steppentrockengrenze) ab, um dann in ihrem Unterlauf wieder an Wassermenge zuzunehmen (vgl. Abb. 170, 171). — Der Indus nimmt trotz der Aufnahme des großen Nebenflusses Sadletsch nach dem Austritt aus dem Gebirge an Wasserführung kaum mehr zu; ungefähr 3000 m^3/s gehen infolge von *Bewässerung* und erhöhter Verdunstung in die Atmosphäre zurück, wodurch das Pendschab fast in die Reihe der extremen Zehrgebiete einrückt. — Die jährliche Abflußhöhe (für das Gesamtfestland 25 cm jährlich) würde sich durch Umrechnung auf das humide zum Meer entwässernde Gebiet und unter Hinzufügung der Verluste durch Bewässerung um vielleicht 50% erhöhen.

5. Der Einfluß der Gebirge und der Küsten.

Zum Verständnis der Niederschlagsbildung kommen wir nochmals auf Abb. 3 zurück. Sie zeigt, wie die Stromlinien mit der Annäherung an das Gebirge *angehoben* werden, und zwar am stärksten da, wo der Hauptanstieg im Gebirge stattfindet. Mit dieser erzwungenen Hebung und der dadurch bedingten adiabatischen Abkühlung durch Ausdehnung hängt die Stärke der *Niederschlagsbildung* zusammen. — Das Maximum des Niederschlags verschiebt sich dabei vom Luv über den Kamm hinweg etwas in den Lee des Gebirges, weil dort die Stromlinien etwas auseinandertreten und die Strömung an Tragkraft verliert. Diese Erscheinung zeigt sich z. B., besonders bei den festen Niederschlägen, am Feldberger Hof im südlichen Schwarzwald, der trotz seiner um etwa 200 m tieferen Lage im Osten des Feldberges mindestens den gleichen Niederschlag empfängt wie der Feldberg selbst. Aber diese Verschiebung über den Kamm ist nur leicht, und im ganzen genommen ist der Lee eines Gebirges infolge verringerten Anhubs der Luftmassen viel ärmer an Regen als der Luv. Die Hebung der Luftströmungen macht sich im Luv bis weit ins Vorland hinaus bemerklich, bei den Alpen z. B. bis in die Gegend von München. Der *Abfluß* A, der ja aus Niederschlag minus Verdunstung entsteht, muß gegen das Gebirge hin ebenfalls ansteigen, und zwar noch stärker als der Niederschlag, weil ja das von N subtrahierte V immer kleiner wird. Wir bemerken nochmals, daß der hohe Niederschlag und Abfluß im Gebirge teilweise aus der Verdunstung des Vorlandes stammt, jedenfalls nicht einen Kreislauf im Inneren des Gebirges darstellt. Weiteres über die *Messung* des Niederschlags, bei der auch Definitionen hereinsprechen, s. S. 176. Ähnlich wie die Gebirge beeinflussen die Küsten und Inseln die Niederschlagsbildung durch ihren *Windstau*, die Stärke dieses Einflusses ist infolge von Meßschwierigkeiten wenig bekannt [vgl. Wüst (4) und Prager].

6. Zufuhr und Abfuhr von Wasserdampf im Luftraum.

Der Bilanz $A = N - V$, die wir für die Erdoberfläche betrachteten, läßt sich eine ebensolche im Luftraum gegenüberstellen. Wir bezeichnen mit Z und E die als Dampf zu- oder abströmenden Wasser*höhen* (im Unterschied von den *Mengen* z und e). Der Abfluß A am Boden muß auch gleich dem Unterschied der Zufuhr Z und der Entweichung (Abfuhr) E in der Atmosphäre sein. Es ist also in erster Annäherung $Z - E = N - V = A$. Da der Dampfgehalt des Luftraumes im Sommer etwas größer, im Winter etwas kleiner als im Mittel ist, muß man, um von A auf $Z - E$ zu schließen, noch eine Korrektion anbringen, die aber verhältnismäßig klein ist [Wundt (5)]. Bei den Monatswerten für V benutzt man die Verdunstungsbeträge, die sich aus Lysimeterbeobachtungen (s. S. 63) ergeben, und verteilt den Jahreswert von $N - V$ entsprechend diesem Verhältnis auf die Monate (Näheres s. S. 273). Als Beispiele mit gegensätzlichem Verhalten wählen wir ein in der Hauptsache ebenes Gebiet im Westen (die Seine bis Paris) und ein kleines Gebirgsgebiet aus dem Schwarzwald (die Kinzig bis Halbmeil):

$Z - E$ = Monatlicher Zufuhrüberschuß im Luftraum (hydrolog. Jahr 1. Nov. bis 31. Okt.).

Jahre		Fläche	Winterhalbjahr						Sommerhalbjahr						Jahr	
		(km²)	Nov.	Dez.	Jan.	Feb.	März	April	Mai	Juni	Juli	Aug.	Sept.	Okt.	A	N
1851/1900	Seine-Paris . .	42000	51	52	43	39	34	15	−24	−15	−20	−10	20	48	233	700
1924/1932	Kinzig-Halbmeil	294	102	81	91	61	65	77	33	26	50	39	50	106	781	1271

Man erkennt, daß die Abfuhr bei der Seine die Zufuhr in den Monaten Mai, Juni, Juli und August übersteigt, daß also Wasserdampf weggeführt wird und daß der Fluß — bilanzmäßig, nicht für den Einzelfall betrachtet — im Sommer aus Vorräten (Grundwasser) gespeist wird. Das gleiche Verhalten wie die Seine zeigen weitaus die meisten Flüsse Mitteleuropas. Nur einige Gebirgsflüsse, zu denen u. a. die Wupper, die Kinzig und die Alpenflüsse gehören, zeigen auch im Sommer eine positive Differenz $N - V$. — Wohin wandert der aus den großen ebenen Gebieten entführte Wasserdampf im Sommer? Ein Teil davon dient natürlich dazu, die genannten Gebirgsflüsse zu speisen, womit sich die in Abschnitt 5 entwickelte Ansicht bestätigt. Aber die entführte Menge ist zu groß, als daß sie sich vollständig hier wiederfinden würde. Der größere Teil dient offenbar dazu, das Innere des Kontinents bis nach Asien hinein mit der Feuchtigkeit zu versorgen, die dort im Sommer angetroffen wird. Als relative Feuchtigkeit (Begriffe s. S. 256) betrachtet ist sie zwar nicht sehr hoch, doch die absolute Menge ist bei den hohen Temperaturen des Kontinents im Sommer viel größer als im Winter. Aber abgesehen von der Anreicherung des festländischen *Luftraumes* mit Wasserdampf erhalten auch die Gebirge die nötige Zufuhr für die sommerlichen (monsunalen) *Regen*. — Allerdings kann dieser landeinwärts gerichtete Strom nicht allein von den Winden bestritten werden, die an der Westküste von Europa in das Land eintreten; es müssen weitere feuchtwarme Luftmassen hinzutreten, die vom Mittelmeer und seinen östlichen Ausläufern — dem Schwarzen Meer, ferner dem Kaspisee usw. (vgl. Abb. 4!) — geliefert werden. Wir kommen damit auf den Gedanken der etappenweisen Verfrachtung des Wassers, die uns noch öfter beschäftigen wird! [Wundt (15)]. — Bemerkenswert ist bei einer Reihe von Flußgebieten, die sich sonst wie die Seine verhalten, daß die Hauptausfuhr von Wasserdampf im Mai/Juni stattfindet, während im Juli/August ein gewisser Gleichgewichtszustand zwischen Ein- und Ausfuhr eintritt. Dies deutet auf eine starke Beteiligung des Wasserverbrauchs (der Transpiration) der Pflanzen bei diesen Vorgängen hin. — Auch im Mississippigebiet sind Untersuchungen über die Zufuhr und Abfuhr von Wasser im Luftraum angestellt worden [Benton u. a.]; über allgemeine Fragen vgl. Reichel (2).

F. Möller hat die Verdunstung *im ganzen* als geophysikalisches Problem untersucht und in Form eines horizontalen Großaustausches des Wasserdampfes verfolgt. Aus dem Gefäll des Dampfgehaltes kann mit Hilfe der mittleren Windrichtung berechnet werden, wieviel Wasser in einen bestimmten geographischen Raum hinein- und aus ihm herausgeschaft wird. Hieraus läßt sich in Verbindung mit dem Niederschlag die Landesverdunstung ermitteln. Beispiele hierzu (aus Westdeutschland) wurden auf der Meteorologentagung — Bad Kissingen 1951 gegeben [vgl. Möller (3) und Ber. Wetterdienst US-Zone Nr. 35, 1952].

7. Das Zusammenwirken von Windsystemen.

Man kann die Rolle der großen Windströmungen (Passate, Westwinde, Sommermonsune) so auffassen, daß sie reich mit Feuchtigkeit beladen ins Land eintreten und allmählich ihren Wassergehalt abgeben, um dann stark abgetrocknet das Festland wieder zu verlassen [Wundt (1)]. Aber daneben treten nach neueren Untersuchungen gleichberechtigt andere Vorgänge. Der Einfluß der Gebirge ist zwar immer anerkannt, aber für die *allgemeine* Zirkulation doch etwas unterschätzt worden. Die Anden bilden nach Albrecht (1) einen für Wasserdampf beinahe unübersteigbaren Sperriegel in der Lufthülle der Erde, der die, den Parallelkreisen folgende, atmosphärische Zirkulation senkrecht durchschneidet. Ähnliche Einflüsse kann man den süd- und ostasiatischen

Gebirgen zuschreiben. — Ebenso bedeutungsvoll ist die Erkenntnis, daß die Regenausschüttung weniger von *einer* Windströmung als von der Überlagerung *mehrerer* Windströmungen herrührt. Wohl wird der Luftraum über Westeuropa von der großen Westströmung gespeist, die sich gegen Osten hin etwas erschöpft; aber in den Ostalpen, in Ostdeutschland, Polen und der West-Sowjetunion tritt eine neue Steigerung des sommerlichen Niederschlags und Abflusses ein, die mit dem Aufgleiten mittelmeerischer Dampfmassen auf die normale West-Ost-Drift zusammenhängt. Diese Vorgänge, die dort die sommerlichen Hochwässer hervorrufen, werden der sog. Zugstraße Vb der Zyklonen zugeschrieben. Aber sie werden besser verständlich, wenn man sie mit Hilfe der sommerlichen *Monsunentwicklung* beschreibt, die sich der *planetarischen* (d. h. rund um die Erde gültigen) *Westströmung* überlagert. Die Erhitzung über Westeuropa saugt Luftmassen vom Atlantik aus Nordwest, Osteuropa solche vom Süden aus dem Mittelmeer an. Das Zusammentreffen der beiden Strömungen bewirkt die Auslösung der bekannten hohen Niederschläge. Diese sind um so ergiebiger, je stationärer die Front zwischen den Strömungen ist, weil dann ein großer Teil der Energie sich in Vertikalbewegungen auslöst.

Monsun wird hier allgemein vom Standpunkt der Bildung von Wärmezyklonen bzw. Kälteantizyklonen über dem Festland in ihren Wirkungen auf den *Niederschlag* betrachtet (erst in zweiter Linie von den Richtungsänderungen der Winde aus).

In Asien und weiteren Erdteilen ist die Monsunentwicklung, der Großräumigkeit dieser Gebiete entsprechend, viel bedeutender als in Europa, sie ist aber im Aufbau und regional sehr kompliziert, wie die Untersuchungen von FLOHN (2), LAUTENSACH u. a. gezeigt haben.

8. Die Abflußverteilung auf der Erde.

Die Abb. 4, die wir bisher nur vom Standpunkt der Nähr- und Zehrgebiete betrachteten, wird nunmehr regional, auf Grund des Gebirgseinflusses sowie des Zusammenwirkens der Windsysteme nochmals ins Auge gefaßt. Für die Abflußverteilung kann sie nur eine rohe Skizze darstellen; keinesfalls können ihr Abflußwerte für bestimmte Einzelgebiete entnommen werden, da die Grundlagen, auch wenn die Karte in größerem Maßstabe gezeichnet würde, viel zu dürftig sind. Nicht einmal für ein kleineres Gebiet, z. B. Mitteleuropa, für das verhältnismäßig viel Angaben vorliegen, wäre die Forderung einer praktisch verwertbaren Abflußkarte zu erfüllen; das gesamte Gebiet würde sich in ein Mosaik von Hoch- und Tiefpunkten des Abflusses auflösen, wobei die Abflußgleichen, stärker noch als beim Niederschlag, den Höhenlinien des Reliefs folgen müßten. — Die Trockenzonen verlaufen über den Festländern anders als über dem Meer. Die Wirkung der absteigenden Luftströme über den Subtropen wird durch die Monsunwirkung im Ostteil der Kontinente teilweise aufgehoben und sogar überkompensiert, so daß dort intensive Niederschlagsgebiete entstehen; ferner wandern Regen- und Trockengürtel mit dem Sonnenstand nord- und südwärts. So schiebt sich die Trockenheit von Nordafrika im Sommer über das Mittelmeer und gelegentlich sogar über die Alpen hinweg. Die Mittelmeerregion empfängt also nur im Winter ausgiebige Niederschläge. Diese Verhältnisse finden sich, spiegelbildlich zum Äquator, auch auf der Südhalbkugel (in Südamerika, Südafrika und Australien) wieder. Im Gesamtbild für den Abfluß wirkt sich dies dahin aus, daß die Trockenzonen auf den Festländern der Nordhalbkugel nicht von West nach Ost, sondern von Südwest nach Nordost angeordnet sind, auf der Südhalbkugel von Nordwest nach Südost. — Für die Bildung der Gewässer sind die Trockenzonen über den Ozeanen besonders wichtig, weil sie ja die Quellgebiete des Wasserdampfes für die ganze Erde darstellen. Hier finden sich Flächen mit sehr großem Verdunstungsüberschuß; $N - V$ erreicht hier Werte von -100 cm und darüber. Von diesen Überschußzentren der Verdunstung verlaufen die *Feuchtigkeitsströme* — von den über dem Meer bleibenden Wasser sehen wir hier ab — zu den Ausscheidungszentren auf dem Lande. Da die Verdunstung viel weniger schwankt als der Niederschlag, sind diese Niederschlagszentren meist zugleich die Abflußzentren. Die Hauptrichtungen der Wasserdampfverfrachtung sind in Abb. 4 durch Pfeile angedeutet. An Einzelheiten fällt auf, daß der äquatoriale Überschußgürtel des Regens gegenüber den Zehrgebieten im Norden und Süden nur sehr schmal ist, ferner tritt die große Intensität des Ausscheidungs- und Abflußgebietes über Südostasien und Insulinde in Erscheinung. — F. Möller (3) hat neuerdings aus aerologischen Beobachtungen (ohne Zuhilfenahme von Abflußmessungen) $N - V$ für die Nordsee zu 8 cm, für den NE-Atlantik zu -25 cm ermittelt.

9. Zahlenmäßige Verknüpfungen beim Wasserkreislauf.

Die ariden Gebiete der Erde ($N - V$ annähernd gleich Null oder unter Null) nehmen etwa 34%, die humiden ($N - V$ positiv) etwa 66% der festen Erdoberfläche ein. Man darf aber den Wasserkreislauf nicht etwa so auffassen, als ob er sich von den ariden Gebieten fern hielte. Auch diese werden von den großen Windsystemen überweht; der Unterschied liegt nur darin, daß sich hier N und V annähernd das Gleichgewicht halten, während in den humiden Gebieten etwas von dem mitgebrachten Wasserschatz an der Erdoberfläche abströmt. Wohl sind die über den ariden Gebieten zirkulierenden Luftmassen im allgemeinen entfeuchtet, aber die Entfeuchtung braucht nicht über dem humiden Lande geschehen zu sein. Ferner ist die Entfeuchtung nur relativ — im Sinne einer Unfähigkeit, kraft der Temperaturverhältnisse noch für den Abfluß genügende Mengen bereitzustellen. Die Luft über der Sahara enthält durchschnittlich mehr absolute Feuchtigkeit als die über England! — Absteigende trockene Luftkörper, wie sie sich in den höheren Schichten der subtropischen Hochdruckgebiete finden (nachdem sie ihren Wasserdampf schon im äquatorialen Feuchtgürtel abgegeben haben), können Aridität und Küstenwüsten schon in unmittelbarer Nähe des Meeres hervorrufen. Der genetische Übergang von humid zu arid läßt sich also nur *teilweise* an der Erdoberfläche verfolgen und wird vielfach durch die vertikale Zirkulation der Atmosphäre gestaltet. Trotzdem kann man, wenn man für die humiden Gebiete einen Jahresniederschlag von 67 cm und für die ariden einen Jahresniederschlag von 42 cm (dieser ist hier gleich der Jahresverdunstung!) voraussetzt, gewisse Schlüsse für die Entfeuchtung ziehen. Der Umsatz von 67 cm, der mit Hilfe der „Meereszufuhr" Z zustande kommt, wird also durch die Einwirkung des Landes — als Ganzes genommen — auf einen ständigen Umsatz von 42 cm herabgedrückt. Es ist sehr bemerkenswert, daß sich das Verhältnis 67:42 in ganz anderen, davon unabhängig gewonnenen Werten wiederfindet. Die relative Feuchtigkeit der einströmenden Meeresluftmassen ist nämlich im Mittel vieler Stationen zu 80%, die der Luftkörper über den ariden Gebieten zu 50% bestimmt worden. Das Verhältnis 67:42 ist sehr angenähert gleich dem Verhältnis 80:50 [Wundt (1)]. Aus der schon erwähnten Einströmgeschwindigkeit des Dampfstromes $c = 3{,}8$ m/s und den 37000 km³, die vom humiden Lande abfließen, läßt sich auch der durchschnittliche Weg berechnen, den ein Wasserteilchen bis zur normalen Entfeuchtung zurücklegt; es ergeben sich für diesen „Landweg" eines Wasserteilchens 3100 km. Allerdings hat diese Zahl an Bedeutung dadurch etwas verloren, daß sich die Entfeuchtung nicht gleichmäßig längs der Bahn der großen Luftströmungen, sondern auf sehr kompliziertem Wege vollzieht: sie geschieht, wie schon ausgeführt, ganz wesentlich durch vertikale Verschiebungen und durch Aufgleitvorgänge. — Auf Grund des Landwegs kann man auch die Zahl der jährlichen *Überstreichungen* abschätzen; sie beträgt etwa 30 bis 40. Es ergibt sich dabei ungefähr derselbe Wert wie bei der durchschnittlichen Aufenthaltsdauer eines Wasserteilchens in der Atmosphäre [Meinardus]. Dividiert man (nach rohen Bestimmungen) die mittlere Niederschlagshöhe der Erde (88 cm/Jahr) durch den mittleren Dampfgehalt der Atmosphäre (2,62 cm^3 Wasser in einer Säule von 1 cm^2 Querschnitt), so erhält man die *Umsatzzahl*, die angibt, wie oft sich der Feuchtigkeitsgehalt der Luft erneuern muß, um den Niederschlag zu decken; sie hat den Wert 34. Teilt man endlich die Zahl der Tage im Jahr durch diese Umsatzzahl, so erhält man die mittlere Aufenthaltsdauer eines Dampfteilchens in der Atmosphäre, die sich zu rund 11 Tagen ergibt. Vgl. hierzu F. Möller und Reichel (2), wo die Werte von den hier genannten teilweise leicht abweichen.

10. Kritische Betrachtungen.

Die Ausgangswerte für die absoluten und die spezifischen Werte auf Meer und Land für Niederschlag und Verdunstung sowie die Abflußwerte vom Land leiden, obwohl in den letzten Jahrzehnten erhebliche Fortschritte gemacht wurden, doch noch an großer Unsicherheit. Wenn Niederschlagsmesser, die in den Boden eingesenkt sind (z. B. nach Malsch), etwas höhere Werte als die Hellmannsche Aufstellung ergeben, so trifft dies nur für das Mittel zu, während bei den Einzelmessungen vielfach ein niedrigerer Wert beobachtet wird. Es fragt sich also, ob nicht *ein Teil* der Abweichungen einfach aus der Gaussschen Fehlerverteilung (s. S. 197) erklärt werden kann. — Man gewinnt aus dem Vergleich verschiedener Beobachtungsreihen dieser Art den Eindruck, daß die Auffangmöglichkeit bei eingesenkten Regenmessern infolge der verringerten Luftbewegung leicht gesteigert ist, daß aber das Maß der Zunahme stark schwankt und an die örtlichen Bedingungen geknüpft ist. — Über den Betrag der festen Niederschläge, die sich der Messung *entziehen*, z. B. beim Reif und Tau in ihren verschiedenen Formen, herrscht noch keine Klarheit (s. S. 257). — Auf dem Meere werden die Niederschlagswerte teils aus Beobachtungen auf Inseln, teils auf fahrenden Schiffen gewonnen, worunter die Vergleichbarkeit stark leidet. Hier wie an den Küsten treten Stauwirkungen auf (s. S. 9). Bei den Verdunstungsmessungen auf Schiffen muß ein unsicherer Reduktionsfaktor angewandt werden. Für den Abfluß existieren in wenig erforschten Ländern keine Messungen, ja kaum Schätzungen; auch in den dichter besiedelten Teilen der Erde liegen vielfach bloß ungenaue und zeitlich begrenzte Werte vor. Die Verdunstung vom Lande kann meist nur aus der Differenz Niederschlag minus Abfluß erschlossen werden. — Aus all diesen Gründen ist es erklärlich, daß die Forscher, die sich mit der Wasserbilanz der Erde beschäftigt haben, zu stark abweichenden Ergebnissen gelangt sind. Von historischer Bedeutung sind in dieser Beziehung die Forschungen von Brückner, Fritzsche, Murray und H. Keller geworden. Meinardus und Coutagne haben für N_m wesentlich höhere, Wüst bedeutend niedrigere Werte erhalten, als vom Verfasser angenommen sind (1). Auch F. Möller nimmt niedrigere Werte als Meinardus an. L'vovich [zitiert nach Langbein] hat A_l aus 500 Flüssen zu 27 cm im Jahr bestimmt; nach der neuesten Bestimmung von Reichel (2) ist $A_l = 20$ cm. Eine Planimetrierung der Abb. 4 durch den Verfasser ergab insofern keine Klarheit, als der Wert für A_l je nach der Annahme des Gefälles zwischen den Abflußgleichen um 20 bis 25 cm schwankt. Unter dem Hinweis auf diese Schwankungen können die 1938 von mir angenommenen Werte bis auf weiteres aufrechterhalten werden. Ein Hauptgrund für die damals gewählten Werte war der Anschluß an die von MOSBY berechnete *Energiebilanz* für die Erde. Kritische Erörterungen dieser Fragen finden sich bei WÜST (2) und bei REICHEL (1). *Rein äußerlich* werden für N, A, V Angaben in m, cm und mm gemacht; bei künftiger Vereinheitlichung wohl am besten mm zu nehmen! Und nun eine Zusammenstellung der

Wasserbilanz für die Erde (cm jährlich).

	Landflächen (149 Mio km²)						Meerflächen (361 Mio km²)				
	L'VOVICH 1945	WUNDT-MEINARDUS 1938	WÜST 1922	REICHEL 1951	COUTAGNE		WUNDT-MOSBY 1938	WÜST 1937	REICHEL 1951	MEINARDUS	COUTAGNE
N_l	—	67	75	67	85	N_m	96	83	88	114	122
A_l	27	25	25	20	19						
V_l	—	42	50	47	66	V_m	106	93	96	124	133

Rechnet man diese spezifischen Höhen N_l, A_l, V_l, N_m, V_m mit Hilfe der Flächen in die Gesamtfrachten n_l, a_l, v_l, n_m, v_m um, so müssen die 3 Gleichungen erfüllt sein:

$$n_l - v_l = a_l; \quad n_m - v_m = -a_l; \quad n_l + n_m = v_l + v_m.$$

Bisher wurde die Gültigkeit der Beziehung $A = N - V$ stillschweigend vorausgesetzt. Hierbei müssen aber — von den Jahresschwankungen ganz abgesehen — einige Einschränkungen gemacht werden. Es fragt sich, ob A außer der Differenz $N - V$ nicht auch aus *Vorräten* gespeist wird, so daß die Gleichung $A = N - V + S$ zu schreiben wäre, worin S einen Aufbrauch oder (negativ genommen) eine Rücklage für die Zukunft bedeuten würde. Wenn A größer ist als $N - V$, so kann dies z. B. von einer Speisung des Flusses aus Grund- und Gletscherwasser herkommen, also auf Kosten von vorhandenen Vorräten geschehen. Man kann ferner fragen, ob das in den heißen Quellen zutage tretende Wasser nicht „*juveniles*" Wasser ist, das ständig im Erdinnern neu entsteht. Umgekehrt könnte man annehmen, daß auch Verluste an Wasser dadurch entstehen, daß ein Teil des *vadosen* (zur Zeit zirkulierenden) Wassers laufend chemisch in den Gesteinen gebunden wird; vgl. dazu BLANCK. — Alle diese Vorgänge sind nicht in Abrede zu stellen; aber die große Mehrzahl der Forscher steht auf dem Standpunkt, daß es, für einige Jahrzehnte betrachtet, nur verschwindend kleine Beträge sein können, die für die Gewässerkunde keine Rolle spielen.

Etwas schwerer wiegt der Einwand, daß unsere Flüsse heute noch von den *Eismassen* zehren, die von der etwa 15000 Jahre zurückliegenden Eiszeit übrig geblieben sind (z. B. in Westturkestan nach v. FICKER). Auch fossiles Grundwasser wird angenommen, z. B. von KNETSCH in der Libyschen Wüste. H. HESS berechnet, daß beim Schmelzen der jetzt noch vorhandenen Eismassen der Meeresspiegel um etwa 50 m steigen würde. Das gegenwärtige Steigen des Meeres um 1 bis 6 mm jährlich ist wohl hauptsächlich eine Folge der gegenwärtigen Schmelzperiode. A. PENCK berechnet umgekehrt für die *Senkung*, die durch Entnahme von Wasser in der letzten Eiszeit entstanden sein muß, 50 m und schätzt für die wesentlich stärkeren früheren Eiszeiten sogar 100 m Senkung im Weltmeer. Andere Autoren kommen teils zu höheren, teils zu tieferen Werten. Aber Bedenken der erwähnten Art verlieren viel an Gewicht, wenn wir in Rechnung ziehen, daß unsere Messungen, die zur Berechnung der mittleren Abflußhöhe dienen, im allgemeinen nur einige Jahrzehnte umfassen, daß wir also auch eine Gletscherschmelze nur für eine kurz zurückliegende Zeit zum Vergleich heranziehen können. Dabei muß erwähnt werden, daß nach den Untersuchungen KINZLs u. a. die Alpengletscher im 17. und 19. Jahrhundert den höchsten Stand seit dem Ende der Eiszeit hatten und daß sie trotz der großen Rückzugsperiode der letzten 70 Jahre heute noch höher stehen als im Mittelalter (vgl. auch SCHMIDT-THOMÉ).

Sind wir schon bei den Gletschern zu dem Schluß gelangt, daß einige Jahrzehnte nichts Wesentliches an der Durchschnittsbeziehung $A = N - V$ ändern können, so trifft dies für die Grundwasseransammlungen erst recht zu. KOEHNE schätzt den Grundwasserspeicherraum zwischen der höchsten und der tiefsten Lage in verschiedenen Jahren auf 300 km³ für das Deutsche Reich in den alten Grenzen, die jährliche Schwankung auf 50 km³. WUNDT veranschlagte in annähernder Übereinstimmung mit KOEHNE die unperiodische Schwankung der Höhen auf Grund der Jahre 1916 bis 1935 auf etwa 50 cm, die periodische (jährliche) Schwankung auf 10 cm. Bei diesen Angaben ist nicht die direkt gemessene Grundwasserhöhe, sondern ihr Wasserwert, d. h. die nach Abzug des Gesteins und lufterfüllten Porenraums verbleibende Wassersäule, in Betracht gezogen. Aber auch diese Werte sind wohl noch zu hoch [WUNDT (16)], da die Grundwasserbrunnen eben nur an wasserreichen Stellen angelegt werden und die wasserärmeren Teile zu wenig ins Gewicht fallen, wenn man einen Durchschnitt aus den Grundwasserwerten berechnet. Man muß also bei der Umrechnung der Grundwasserschwankungen in den Wasserwert weiter heruntergehen — in welchem Grade, wird S. 280 an einigen Beispielen gezeigt werden. Man kommt dabei als Größenordnung für den *Grundwasserumsatz* (s. S. 282) im *Gesamtdurchschnitt* Deutschlands: *12 bis 15 cm aperiodische Schwankung, 3 bis 4 cm periodische Schwankung.* Kritische Erörterungen hierzu siehe bei GRAHMANN (Gedenkschrift Bielefeld 1952, vgl. Bem. 1b, S. 310).

Im ganzen genommen sind die im Grundwasser vorkommenden Schwankungen viel kleiner als bei den Gletschern. Dies ist nicht verwunderlich, denn der Gletscher kann immer neue Eismassen über dem Erdboden aufbauen, während dem Grundwasser nach beiden Seiten Grenzen gesetzt sind: nach unten durch die Verdichtung des Gesteins, nach oben durch das Überfließen der Grundwasservorräte und die Abgabe an die Vorfluter. Selbst die unperiodische Schwankung des Grundwassers übersteigt im allgemeinen die jährliche Niederschlagshöhe nur wenig.

Alles in allem kann an der Richtigkeit der Bilanzgleichung $A = N - V$, wenn wir sie auf einige Jahrzehnte anwenden, nicht gezweifelt werden. Über die *Bildung von Vorräten* in Gletschern, im Grundwasser, in den Ozeanen und in der Atmosphäre siehe u. a. „Speicherung" im Sachverzeichnis. Hier sei vorausgenommen, daß an wirksamen Speichern für lange Zeiten nur die Meere und die Gletscher, nicht die Atmosphäre und der Boden in Frage kommen.

Die Stetigkeit des Wasserkreislaufs, die wir für längere Zeit annehmen dürfen, darf aber nicht darüber hinwegtäuschen, daß im Verlauf einiger Jahrzehnte doch erhebliche Schwankungen vorkommen. *In gewissen Grenzen* ist der Einfluß der Naturbedingungen stark veränderlich, sowohl in zeitlicher als in räumlicher Hinsicht. Die Eingriffe der Technik müssen sich daher den klimatischen, manchmal von ihr selbst mitbedingten Änderungen anpassen und mehr noch auf die geänderten Voraussetzungen Rücksicht nehmen, die ihr von Zone zu Zone geboten werden.

B. Die bautechnische Problemstellung.

Es sollen hier nicht, wie in rein technischen Fachbüchern, Anweisungen im einzelnen über bautechnische Maßnahmen gegeben werden. Vielmehr handelt es sich darum, an Beispielen einen *Überblick* zu gewinnen und durchlaufende Gesetze festzustellen. Die Einzelfälle können dann zueinander in Beziehung gebracht werden. Hierzu eignet sich das Mäanderproblem und das ihm zugrunde liegende Gesetz des kleinsten Zwangs (des größten Widerstandes), das im Zusammenhang mit der Erosion immer von neuem sich aufdrängt. Durchlaufend sind weiter die Gesetze der Wassergeschwindigkeit in Abhängigkeit vom Gefälle und der Bettgestaltung. Auch die Häufigkeitsverteilung der Wasserstände und Wassermengen und die jahreszeitliche Verteilung des Abflusses auf Grund der klimatischen Verhältnisse begleiten uns überall bei der Auswirkung der Gewässerkunde auf technische Probleme. Von diesem Standpunkt aus gilt der Grundsatz: es gibt *keine Sonderlösung* für die Einzelaufgabe der Technik, sondern jede ist in die allgemeinen Gesetze hineingestellt, welche die Hydrodynamik, das Klima, das Relief, den Boden und die zugehörige Kleinlebewelt beherrschen. An diese Probleme wird in *Beispielen* herangegangen; es werden allgemeine Aufgaben gestellt, aber die Lösungen werden nur angedeutet. Die späteren Kapitel haben den Zweck, die Probleme vom Standpunkt der Nachbarwissenschaften aus zu vertiefen, wodurch auch für die Bautechnik neue Gesichtspunkte entstehen. Obwohl diese Ergebnisse in der bautechnischen Problemstellung teilweise vorausgenommen werden, ist eine Beschäftigung mit den späteren Kapiteln zur Abrundung des Bildes unerläßlich! — Hinweise auf die anderen Teile des Buches werden auch bei den Einzelbeispielen überall gegeben.

I. Wasserschutz.

1. Flüsse im ursprünglichen und im geregelten Zustand.

In den Kulturländern sind die meisten Gewässer weitgehend umgestaltet; der ursprüngliche Zustand hat sich nur in abgelegenen Gegenden und im Gebirge erhalten. Die Betten sind vielfach geradegelegt, die Ufer, oft auch die Sohle, sind künstlich verfestigt.

Bei den *natürlichen* Flußläufen zeichnen sich zwei Grundformen ab, der *verwilderte Fluß* (Abb. 5a) und der *Mäander* (Abb. 5b), wobei letzterer in den Unterformen des Ebenenmäanders (Wiesenmänders) und des eingesenkten Mäanders (Gebirgsmäanders) auftritt. Der Übergang zwischen diesen Formen ist oft schwankend. Die genannten Typen finden sich sowohl bei den größten Strömen als bei den kleinsten Wasserläufen; die großen Windungen im Unterlauf des Mississippi, das Lechtal am Ausgang der Alpen oberhalb von Reutte mit seinen unregelmäßigen Flußarmen, die Mäander des Neckars und der Mosel, aber auch die Rinnsale am Fuß einer Schutthalde nach Regen geben hierzu weitere Beispiele.

Gegen die ständigen Veränderungen hat man sich dadurch geholfen, daß man die Wasserläufe geradezulegen versuchte: Im Rheinlauf wurde durch die *Tullakorrektion* in beiden dargestellten Fällen eine „Mittellinie“ hergestellt, die in leicht geschwungener Form zwischen den ursprünglichen Windungen hindurchläuft. Die Folgen dieser Flußregelung erstrecken sich auch auf den *Aufriß* des Flußlaufs und sind in Abb. 6 dargestellt: Der Rhein hat seit Beginn der Korrektion, die vor über 100 Jahren begann, infolge der Zusammendrängung

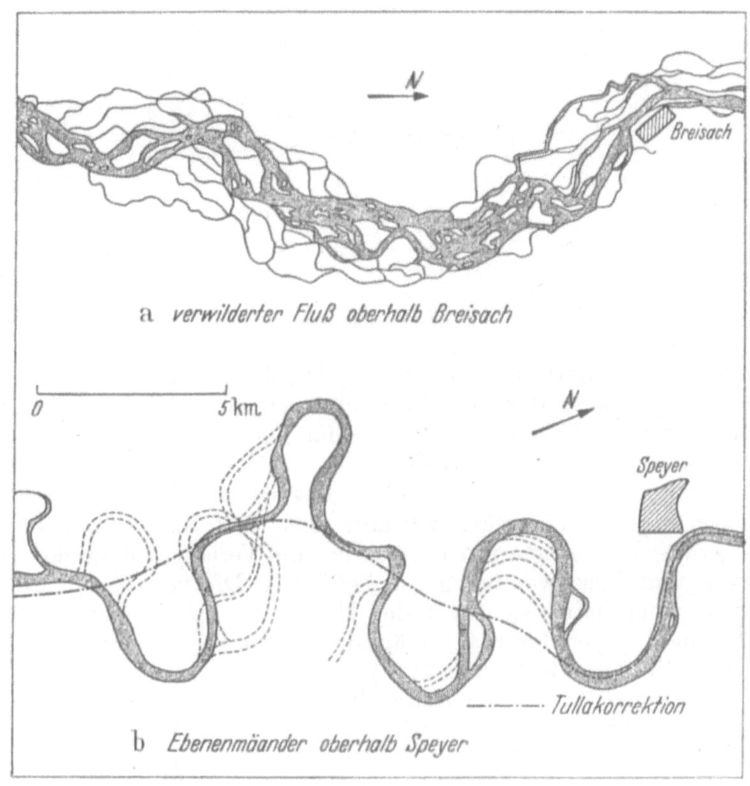

Abb. 5. Grundrißformen des Rheins vor der Tullakorrektion.

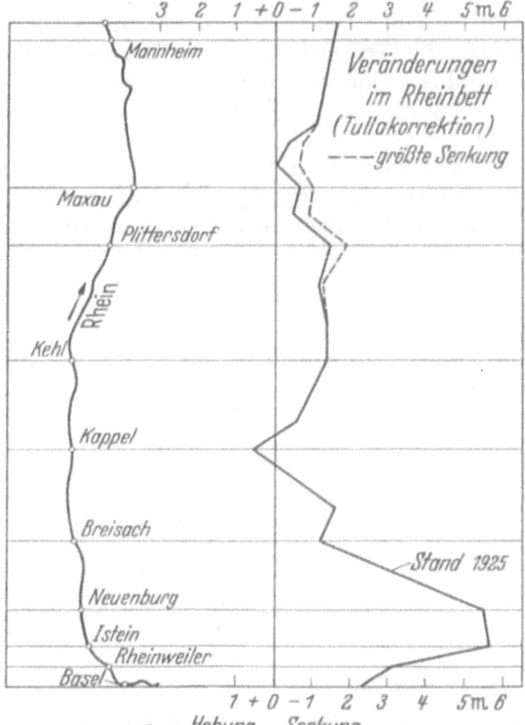

Abb 6. Die Eintiefung des Rheins als Folge der Tullakorrektion. Nach WITTMANN.

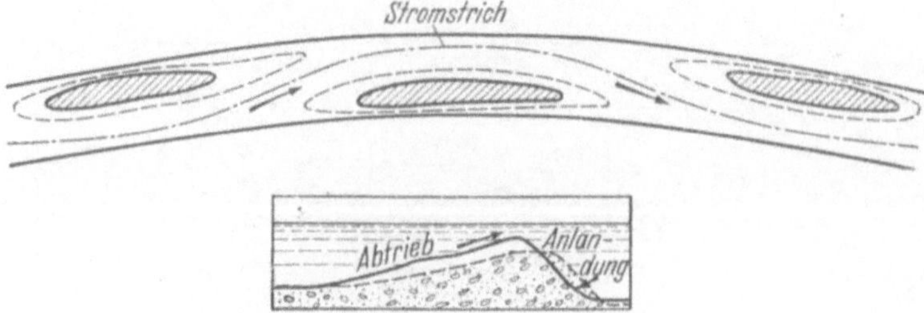

Abb. 7. Wandernde Kiesbänke.

der Wassermassen sein Bett stark ausgenagt. Die Eintiefung ist oberhalb von Istein, wo eine Felsschwelle das Bett durchschneidet, nur gering, wird dann bis Neuenburg sehr stark (z. T. über 6 m) und behält hierauf einen kleineren Wert (etwa 2 m) in stark wechselndem Ausmaß auf der übrigen Strecke bei. Die leichte Hebung des Bettes bei der Elzmündung (Kappel) wurde von DEECKE durch tektonische Ursachen begründet, erklärt sich aber nach WITTMANN durch eine örtliche Verbreiterung des korrigierten Bettes, die eine Verlangsamung der Stromgeschwindigkeit und Anschwemmung zur Folge hat. Die von WITTMANN festgestellten Änderungen haben sich nach den Unterlagen des Wasserstraßenamts Freiburg i. Br. auch später (bis 1947) in ähnlicher Weise fortgesetzt (vgl. WITTMANN nach Bem. 7 S. 310, 1927, 1930, 1938).

Aber auch innerhalb des korrigierten Bettes hat eine natürliche Weiterentwicklung stattgefunden. Überall sucht der Fluß seine Mäander wenigstens zwischen den Uferdämmen wiederherzustellen. Er tut das unter Bildung einer neuen Form: Es treten im Flußbett *wandernde Kiesbänke* auf, zwischen denen der Stromstrich (die Verbindungslinie der größten Oberflächengeschwindigkeiten) hin und her pendelt (Abb. 7). Die Kiesbänke wandern nicht als Ganzes, sondern durch ständige Umbildung abwärts, indem auf der Bergseite (im Luv) ein Abtrieb, auf der Talseite (im Lee) eine Anlandung stattfindet. Über die Antwort der Technik auf dieses Verhalten s. S. 26. Weitere Einblicke in die Wirkung technischer Maßnahmen auf die Geschiebeführung eines Flusses gibt uns die Anlage eines Kraftwerkkanals bei Mühldorf am Inn in Abb. 8 [OEXLE (2) und SCHOKLITSCH (2)]. Dem Inn wird auf eine Strecke von etwa 30 km die Hauptwassermasse entzogen; oberhalb der Wehranlage macht sich die Stauwirkung auf etwa 8 km bemerklich. Naturgemäß fand in der Staustrecke infolge Minde-

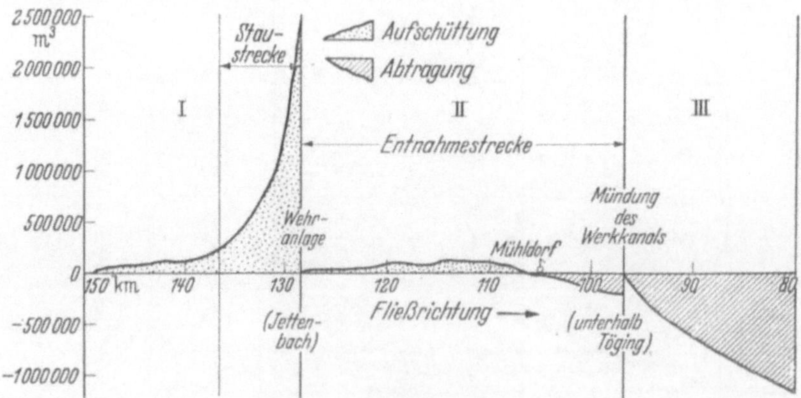

Abb. 8. Morphologische Änderungen im Bett des Inn bei Mühldorf von Anfang 1924 bis Ende 1931 (Summenlinien der Massen für die Teilstrecken I, II, III). Nach OEXLE (umgezeichnet).

rung der Geschwindigkeit eine Anlandung statt, die in 7 Jahren ungefähr 2,5 Mill. m^3 betrug. In der Entnahmestrecke traten nur kleine Veränderungen ein. Aber unterhalb der Einmündung des Werkkanals entwickelte der von Schwemmstoffen befreite und dadurch „geschiebehungrige" Fluß eine starke Erosionstätigkeit. Ähnliche Beobachtungen, wenn auch in geringerem Ausmaß, sind am Rhein unterhalb des Kembser Kraftwerks (bei Basel) gemacht worden: Man begegnet dort der Eintiefung durch Abdeckung der Stromsohle mit groben Steinen, wodurch diese den angreifenden Kräften besser widerstehen kann.

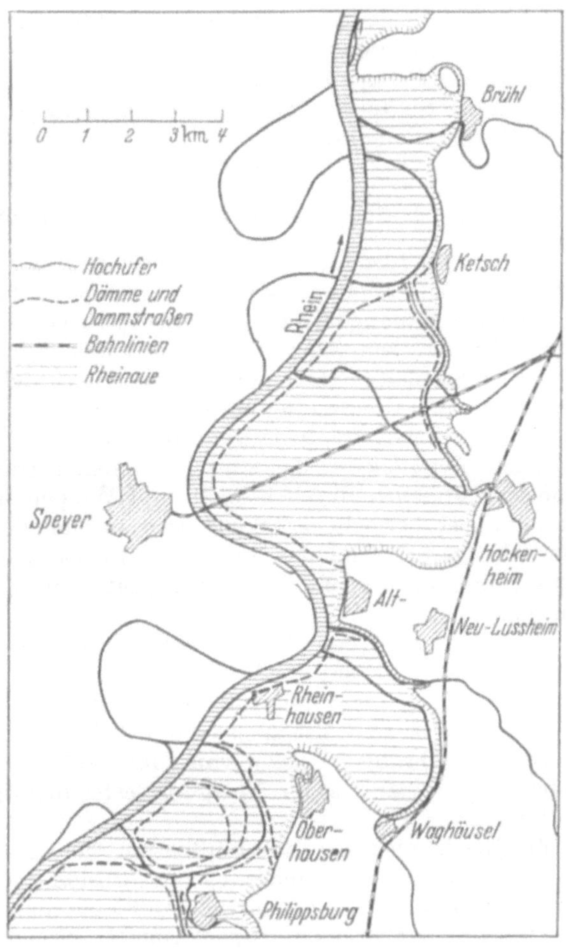

Abb. 9. Umgestaltung einer natürlichen Landschaft durch Flußregelung (Rheinebene bei Speyer).

Neben der Geradlegung der Flüsse, auch Rektifikation genannt; und der Bettverfestigung, zu der auch die *Uferwerke* zählen, werden häufig im Interesse des *Hochwasserschutzes* auch *Dämme* (Deiche) in einer gewissen Entfernung vom Ufer angelegt, wofür uns wieder der Rhein als Beispiel dient (Abb. 9). In der Oberrheinebene ist die Anlage von Hochwasserdämmen zugleich durch eine morphologische Eigentümlichkeit bestimmt; das ist das *Hochufer* (Hochgestade), eine Geländestufe, die sich in größerer oder kleinerer Entfernung parallel zum Rheinlauf hinzieht. Man erklärt sie als den Rand eines alten Rheinbettes bei Hochwasser, das sich in der Nacheiszeit durch allmähliche Eintiefung des Stromes in seine eiszeitlichen Aufschüttungen herausgebildet hat. Was zwischen dem Hochufer und dem korrigierten Rheinbett liegt, die sog. ***Rheinaue***, ist also selbst Flußbett im ursprünglichen Zustande. Daraus ergibt sich vom technischen Standpunkt, daß sich die Dämme den alten Flußwindungen anschmiegen. — Die ältere *Siedlung* hält sich aus naheliegenden Gründen von der Rheinaue fern und bevorzugt die Randlagen am Hochufer, wo die *Niederterrasse* (der noch erhaltene Rest der diluvialen Aufschüttung) gegen das Hochgestade hin ausstreicht.

Als *Baugrund* betrachtet, hat die Rheinaue regional eine verschiedene Struktur. Bei allen Schwemmkegeln diluvialen Ursprungs finden wir in der Nähe der ehemaligen Gletscherzunge *grobe* Gerölle, die aber mit zunehmender Entfernung vom Gletscherende immer feiner werden (vgl. dazu die „Urstromtäler“ in Norddeutschland, spätere Abb. 98). Auch in Baden bestehen in dieser Hinsicht zwischen dem Norden und Süden des Landes erhebliche Unterschiede. Diese äußern sich des weiteren in der Grundwasserführung, die in den groben Geschieben des Südteils wesentlich ergiebiger ist (stärkeres Absinken des Wassers bei größerem Porenraum).

2. Beispiele von baulichen Maßnahmen an Flüssen.

a) Die Abb. 10 zeigt: **Buhnen und Querwerke,** teils zum Schutz der Ufer, teils zur Zusammendrängung der Strömung in der Mitte des Flusses. Anlandebuhnen weisen der Strömung leicht entgegen, um die Geschiebe und Schwebstoffe zur Ablagerung zu bringen. Abweisbuhnen sollen, leicht abwärts zeigend, die Strömung vom Ufer fernhalten (hier nicht dargestellt); vielfach werden die Buhnen auch senkrecht zum Ufer ausgerichtet.

b) Der **Uferschutz**, sehr verschiedenartig ausgestaltet, verfestigt die Ufer z. B. mit *Rauhwehren*; das sind Faschinen (Strauchbündel), oft mit Kies abgedeckt und selbst durch Pflöcke und Wippen mit dem Untergrund fest verbunden. Bei beweglicher Sohle werden vor der Böschung schwere Körper (Betonklötze, Senkbäume, grobe Steinpackungen) angebracht. Im Flußbett selbst treten dazu große Senkstücke (Sinkwalzen), gegebenenfalls auch Grundschwellen.

c) Der Angriff des Wassers wird durch **Leitwerke** (Parallelwerke) weiter ausgeschaltet, d. h. auf die Mitte des Flusses abgelenkt. Die zugehörigen Querbauten (Buhnen) sind teils überströmbar, teils hochwasserfrei. Die *Leitwerke* selbst vom HW, teilweise auch vom MW, aber nicht vom NW überströmt. Einfachste Ausführung in Form von Pfahlbauten mit Seitenstützen (WOLFschen Gehängen); Endziel ist die Anlegung fester niedriger Dämme, hinter diesen die Verlandung.

d) **Querschnitte** für die Flußbetten werden vielfach stufenartig angelegt. Zweck der Stufen ist Minderung der Erosion und Geländegewinn für vorübergehenden Anbau (Grasflächen) auf den Flachteilen. Für den tiefsten Teil (Niedrigwasser) wird durchweg ein trapezförmiger Querschnitt für zweckmäßig gehalten.

e) Veranschaulicht eine **Flußregelung,** wobei die natürlichen Windungen in der Hauptsache durch Kreisbögen ersetzt werden; als Radius der Kreisbögen ist das Fünffache der Breite B des Flusses angenommen. Die Erfahrung hat gezeigt, daß die geradlinige Verbindungsstrecke der Links- mit den Rechtswindungen möglichst kurz angelegt werden muß, weil der Fluß auch hier zu Querbewegungen neigt. Beim Eintritt in eine Windung von *oben* her kann sich der Kreis unmittelbar an die Gerade anschließen, dagegen empfiehlt sich beim Austritt aus einer Windung ein allmählicher Übergang, z. B. durch eine Parabel, bei der der Krümmungsradius von $r = 5B$ zunächst auf $r = 20B$ anwächst, ehe er unendlich groß wird (Näheres s. WINKEL).

f) Zeigt schematisch den Längsschnitt eines *Dükers* (Unterführung) bei kreuzenden Wasserläufen, die nur geringe Niveaudifferenzen haben. Der Zusammenhang der Druckhöhe h, des Querschnitts, der Durchflußgeschwindigkeit usw. läßt sich durch Formeln festlegen (DEHNERT; SCHLEICHER). Anwendung besonders bei überhöhten Betten (Abb. 14).

Die Frage, ob der Fluß schon in seinem *natürlichen* Zustand geneigt ist, neben dem gewöhnlichen Bett ein besonderes Hochwasserbett auszubilden, wie dies in manchen Fällen behauptet wird, muß dahin abgeändert werden, ob es nicht ehemalige (speziell nacheiszeitliche) Hochwasserbetten sind, in die der heutige Lauf, wie beim Rhein, eingelagert erscheint. Die Ausbildung eines großen Bettes neben einem kleinen hätte ja zur Voraussetzung, daß die Wasserführung des Flusses in zwei scharf getrennte Perioden zerfällt, was im allgemeinen nicht zutrifft.

Vor der Einmündung von Nebenflüssen wird eine leichte *Hebung* der Flußsohle, *nach* der Einmündung eine Verstärkung des Gefälls beobachtet. Hierauf hat z. B. Marquardt bei der Einmündung der Ill (Vorarlberg) in den Rhein hingewiesen. Der gleichmäßig fallende Wasserspiegel, der ohne den Nebenfluß sich bilden würde, wird durch ihn gehoben, das Gefälle oberhalb verkleinert und dadurch mehr Geröll abgelagert. Unterhalb der Einmündung gleicht sich diese Hebung wieder aus, indem das erhöhte Gefälle eine Stärkung der Erosion gestattet. — Dieser Vorgang ist allgemein zu beobachten; so steigt das Gefälle der Donau an der Mündung der Iller von 0,55‰ auf 1,06‰, ganz ähnlich an den Mündungen des Lech, der Isar und des Inn. Für bergiges Gelände ist hin-

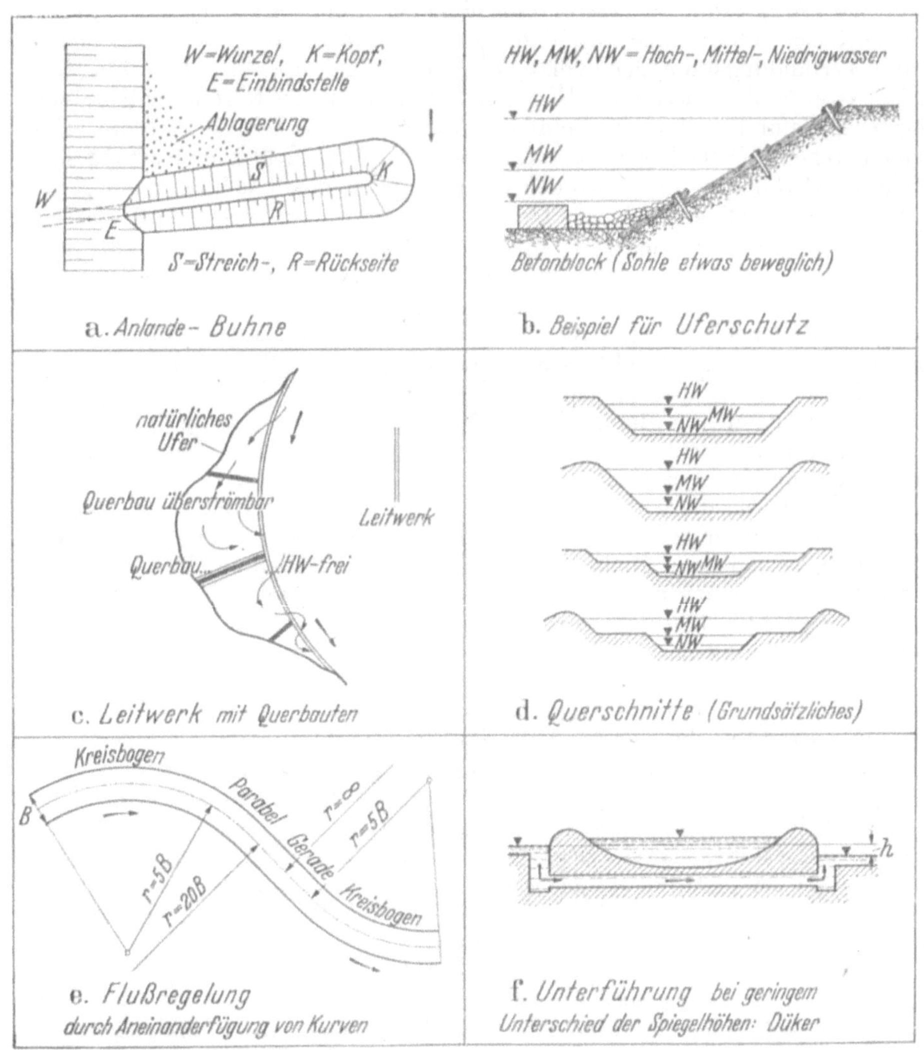

Abb. 10. Einzelmaßnahmen an Flüssen: *a*, *b*, *c*, *d* nach Schleicher (Taschenbuch), *e* nach Winkel, *f* nach Dehnert.

zuzufügen, daß der Schwemmkegel des Seitenbachs den Hauptfluß auf die entgegengesetzte Talseite drückt.

Nach der technischen Seite hin begegnet man der *Geschiebeablagerung* an der Einmündung von Nebenflüssen am besten dadurch, daß man den Nebenfluß, wenn möglich, in Krümmungen am *äußeren* Ufer einleitet und ihn durch Einfügung eines Trennwerkes unter spitzem Winkel auf den Hauptfluß ankommen läßt; dann wird [nach SCHAFFERNAK (2)] das eingebrachte Geschiebe vom Hauptfluß mitgerissen, ehe es sich absetzen kann.

3. Die Mäander.

a) Strömungsbilder. Die Windungen eines Flusses suchen sich ständig auszuweiten; auf der Außenseite tritt Erosion, auf der Innenseite Anlandung ein. Mit der Erosion im Flußbett geht die Bildung von Kolken Hand in Hand. Der *Stromstrich* im Sinne der Verbindungslinie der Stellen größter Geschwindigkeit nähert sich jeweils dem ausladenden Ufer, stimmt aber mit dem *Talweg*, d. i. die Verbindungslinie der Kolke, nur annähernd überein (Abb. 11). Der zwischen zwei Kolken liegende „*Übergang*" (Furtprofil) ist zugleich eine Stelle geringster Tiefe und unstetigen Gefälls, wodurch für die Schiffahrt Schwierigkeiten entstehen; bei flachen Flußläufen rieselt das Wasser über eine schräg sich hinziehende Geröllbank hinab. An den Übergängen sammelt sich bei niedrigeren Wasserständen im allgemeinen das Geschiebe an; mit dem Steigen des Wasserstandes kommt es aber wieder in Bewegung, wobei das feinere Material dem gröberen vorauseilt (*Sortierung* der Geschiebe nach MARQUARDT). Günstigen Übergängen, wo die Kolke weit auseinander liegen, stehen die ungünstigen gegenüber, wo der Übergang senkrecht zu den Ufern verläuft; letztere sucht man bei der Regelung von Flüssen durch Einlegung von Geradstrecken zu vermeiden.

Neben der Allgemeinströmung im Fluß geht eine Querströmung des Wassers vor sich, wobei sich beide zu einer Schraubenbewegung zusammensetzen: die Oberflächenströmungen streben dem Stromstrich zu, führen das Wasser von dort in die Tiefe, während die Unterströmungen zum Ufer zurückstreben, das Wasser dort in die Höhe führen und den Kreislauf neu beginnen lassen. Diese Bewegungsform trifft im allgemeinen auch für geradlinige Flußstrecken zu. In den Krümmungen wandelt sie sich in der Weise ab, daß die *eine* Querbewegung weitaus stärker wird (s. Abb. 11 rechts oben). Der höchste Punkt des Querprofils befindet sich im allgemeinen im Stromstrich; die Höhendifferenz gegenüber den Ufern kann in großen Strömen bei Hochwasser 1 m betragen. Es wird zwar auch von einer Senkung des Spiegels an der Stelle der stärksten Strömung (in Engpässen) berichtet, doch dürfte hier eine Verwechslung mit der Erscheinung der Querschnittsverengung und Spiegelabsenkung vorliegen (s. S. 26).

Neben den Querbewegungen finden sich häufig an den Einbuchtungen der Ufer Walzen mit vertikaler Achse, die sog. *Uferwalzen*. In Abb. 12 sind sie in der Weise dargestellt, wie sie sich zwischen den Buhnen einstellen; im Meer werden sie als „Neerstrom" bezeichnet. — Die Größe und die Richtung der Wasserbewegung ist in einem Querschnitt der Abbildung als „Geschwindigkeitslinie" dargestellt; eine von den Buhnenspitzen zum Umkehrpunkt der Bewegung hinführende Gerade bestimmt den „Ablösungswinkel" α. Durch die Untersuchungen WINKELS ist nachgewiesen, daß die Buhnen nicht, wie man ursprünglich geglaubt hatte, eine Stauwirkung ausüben; jedenfalls gleicht der Fluß eine solche, die in der Bauperiode eintreten mag, durch leichte Bettvertiefung bald wieder aus (DEHNERT).

b) Allgemeines über Mäanderbildung. Die Korrektion des Rheins durch TULLA hat manche Vorteile, aber auch Nachteile mit sich gebracht. Unbestritten ist der Schutz gegen Hochwasser, die Verbesserung der Schiffahrtsverhältnisse, ferner die Landgewinnung, die, namentlich in Nordbaden, durch Bepflanzung mit passenden Baumarten erheblichen Gewinn verspricht. Als Nachteile sind weitgehende Grundwassersenkungen beobachtet; auch ist der neu gewonnene Boden, der in Südbaden meist aus grobem Kies besteht, für den Anbau schwer zu verwenden; es wäre eine lange Periode der Verwitterung notwendig, um volle Kulturfähigkeit herzustellen. Die Eintiefung scheint auch heute noch nicht ganz abgeschlossen.

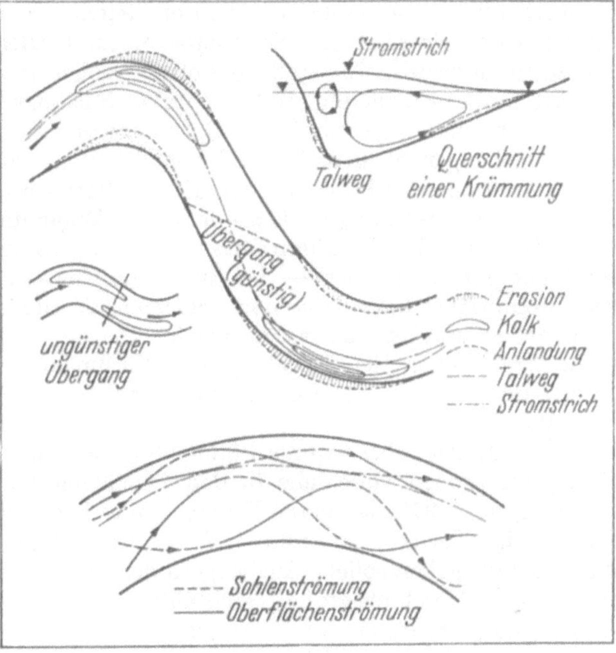

Abb. 11. Wasserbewegung in Flußkrümmungen. Nach MARQUARDT.

Von einem einmaligen Eingriff in die Natur kann man allerdings annehmen, daß die Gegenwirkung allmählich abschwillt und schließlich nur mehr minimale Beträge erreicht. Aber durch zahlreiche spätere Anlagen, vor allem die vielen Stauwerke am Hochrhein (vom Bodensee bis Basel), welche die Schwebstoffführung und die Geschiebe zunächst abfangen, dann aber in unregelmäßiger Weise wieder in Gang setzen, ist die Stabilität der Rheinkorrektion von neuem fraglich geworden.

Man kann die Frage allgemeiner stellen: Wie sollen die Mäander vom bautechnischen Standpunkt aus behandelt werden? — Es gibt darauf zwei extreme Antworten: Entweder Geradlegung des Flusses oder völlige Belassung der Mäander. Aber weder die eine noch die andere Lösung ist durchführbar. Ein verwilderter Fluß und ein ungesicherter Mäander ist auf die Dauer nicht tragbar, und ein völlig geradgelegter Fluß wird nach kurzer Zeit mit Kolken, Verstopfungen und Uferanbrüchen antworten. Die richtige Lösung kann nur in der Mitte liegen! Man muß den Fluß S-förmig mit einigen Sicherungen durch die alten Verzweigungen hindurchlegen, und zwar so, daß weder Erosion noch Akkumula-

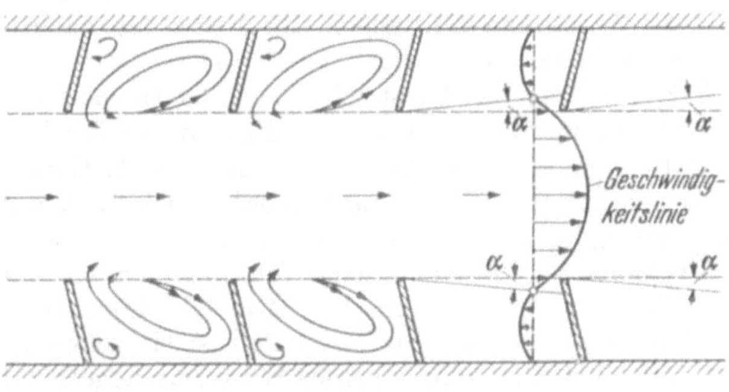

Abb. 12. Seitenwalzen (Uferwalzen). Nach WINKEL.

tion in erheblichem Maße stattfindet. Der Tiefenerosion wird durch Steinpackungen und Grundschwellen, der Seitenerosion durch Uferwerke begegnet; die Auflandung an unerwünschter Stelle, die oft die Folge eines zu breiten Normalbettes ist, wird durch Einengung und leichte Gefällsteigerung bekämpft. Aber die *Maße* der Krümmungen und des Querschnitts sind bis auf weiteres nicht bekannt: sie hängen eben nicht bloß von der Wasserführung und dem Gefälle, sondern auch von der Widerstandskraft des Bettes ab, die ihrerseits durch Einbauten stark verändert wird. Je größer dieser Widerstand, desto mehr kann man sich der geraden Linie nähern. Aber die Betonrinne ist — von ästhetischen Einwänden ganz abgesehen — nur für kleine Gewässer durchführbar, und auch große Steinplatten können sie nicht ersetzen, da sich die Erosion in Rissen und Fugen um so stärker bemerkbar macht.

Die Frage nach der Regelung der Flußmäander hängt also weitgehend von den Bedingungen ab, die wir durch Einbauten im Fluß selbst erst hervorrufen. Wir können diese bis auf weiteres nur qualitativ, nicht quantitativ beurteilen! — Einen Schritt weiter können folgende Möglichkeiten führen: Zurückhaltung der groben Geschiebe in den Quellgebieten der Flüsse (s. Wildbachverbauungen, S. 27); tastende Versuche mit leicht gebauten Leitwerken, die über künftige Normalbreite und -tiefe bei einem Mindestmaß von Bettveränderung Auskunft geben sollen; Ausbaggern der Versuchsbetten zur Ermittlung des Einflusses der Geschiebegröße; Nachbildung der Flußstrecken im Flußbaulaboratorium mit Variation der Bedingungen. Diese Versuche müssen außer den Ähnlichkeitsgesetzen von FROUDE und REYNOLDS den Zeitfaktor in Rechnung stellen, der immer nur eine *Annäherung* an die Endlösung, nicht diese selbst finden läßt (s. S. 93ff.).

4. Weitere Erscheinungen und Maßnahmen bei fließenden Gewässern.

Neben den Querbewegungen und den Walzen mit vertikaler Achse gibt es auch Walzen mit horizontaler Achse (*Grundwalzen* und *Deckwalzen*), die S. 47ff. besprochen werden. Im Grundriß kann man die Strömungsverhältnisse in einem einigermaßen geregelten Wasserlauf nach Abb. 13 darstellen. In der rechten Hälfte ist ein kleines Hindernis gedacht, über welches das Wasser abstürzt und dann eine Deckwalze bildet. Hier wie bei jedem Hindernis findet eine *Querschnittsverengung* statt, die mit einer *Spiegelabsenkung* verbunden ist und durch die Steigerung des Gefälls und der Geschwindigkeit hervorgerufen wird. — In den ebenen Strecken ist charakteristisch das Auftreten von *stehenden Wellen*, die am Ufer ihren Anfang nehmen, unter leichten Schwankungen ihre Lage dauernd beibehalten und sich in der Mitte des Wasserlaufs überkreuzen. Sie sind gegen das Ufer bei langsamer Strömung unter etwa 45° geneigt; bei rascherer Strömung und gegen die Mitte des Bachbettes geht der Winkel auf 30° und weniger herunter.

Die *Staulinie* im Längsschnitt eines Gewässers, die oberhalb der Wehre auftritt, bekommt ihre praktische Bedeutung durch die Ausdehnung der Fläche, die unter den Wasserspiegel zu liegen kommt. Eine genaue Auswertung ist nur durch schrittweise Berechnung möglich (SCHLEICHER, S. 121). In ganz roher Annäherung ist die Staulänge $L = 2h:J$ (h = Stauhöhe am Wehr, J = Gefälle).

Überhöhte Flußbetten zwischen Dämmen finden sich überall in den Mündungsgebieten der Flüsse (Rhein, Po). Die Überhöhung ist teilweise eine Folge der Eindämmung, aber zum anderen Teil ist sie schon natürlich begründet, da der Fluß auf einer Mantellinie seines Schwemmkegels dahinfließt, diese ständig erhöht und erst nach Selbstverstopfung des Bettes zu einer anderen Mantellinie

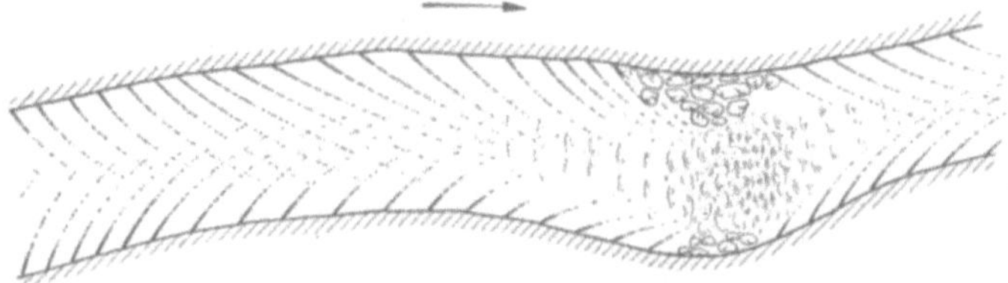

Abb. 13. Stehende Wellen in Wasserläufen. Kurzer Absturz mit Deckwalze.

hinüberwechselt. Abb. 14 zeigt einen Querschnitt des Rheintals bei Montlingen (oberhalb v. Bodensee) mit der Höhenlage des Rheins und der begleitenden Seitenkanäle; bei Buchs liegt die mittlere abgeglichene Flußsohle 3,2 m über der tiefsten Tallinie! — Die Hauptgefahr liegt in Ausbrüchen des Flusses bei starkem Hochwasser; Schwierigkeiten macht die Einleitung von größeren Nebenflüssen, während die kleinen Nebenbäche in die parallel zum Fluß laufenden Seitenkanäle eingeführt werden. Andererseits dient ein solcher Fluß, z. B. der Unterlauf des Rheins in Holland, weithin der Bewässerung des umliegenden Landes. Dabei ist zu beachten, daß der Dammkörper auch als Grundwasserleiter aufzufassen ist. Häufig dichtet er sich, von groben Spülrinnen abgesehen, durch Einschwemmung feiner Teile von selbst aus; aber — in anderen Fällen — darf auch der Austritt des Sickerwassers nicht gehindert werden, da sonst der Dammkörper durchweicht wird (MARQUARDT).

Neben den Uferdämmen kann man auch die *Brücken* in die Maßnahmen zum Wasserschutz einreihen, denn sie dienen ja in letzter Linie dazu, Angriffe des Wassers auf die Verkehrswege abzuwehren. Von dem einfachen Steg geht über die primitive Holzbrücke und die massive Steinbrücke zur modernen Hängebrücke ein langer Weg der Entwicklung, aber die gewässerkundlichen Grundlagen erfahren dabei keine Änderung. Die Gesichtspunkte für die Verfestigung der Brücke am Ufer und für die Fundierung der Pfeiler sind die gleichen wie bei der baulichen Sicherung der Ufer und der Flußsohle. Eine besondere Frage ist die *Öffnungsweite* der Brücke, die sich nach dem Hochwasser des Flusses richten muß. Die durchfließende Menge ist gleich dem Querschnitt (Öffnungsweite) mal der mittleren Geschwindigkeit. Die Hochwasserführung kann man nach vorausgehenden Hochwässern abschätzen, aber nur mit einer gewissen Wahrscheinlichkeit (Ausführliches hierüber s. S. 219ff.). Auf die mittlere Durchflußgeschwindigkeit kann man aus den Werten bei benachbarten Flußstrecken schließen, aber nur mit großer Unsicherheit. Messungen der Geschwindigkeit existieren meist nur für mittlere bis niedrige Wasserstände, und zudem pflegt sie gerade im Brückenquerschnitt gegenüber weiter oben und

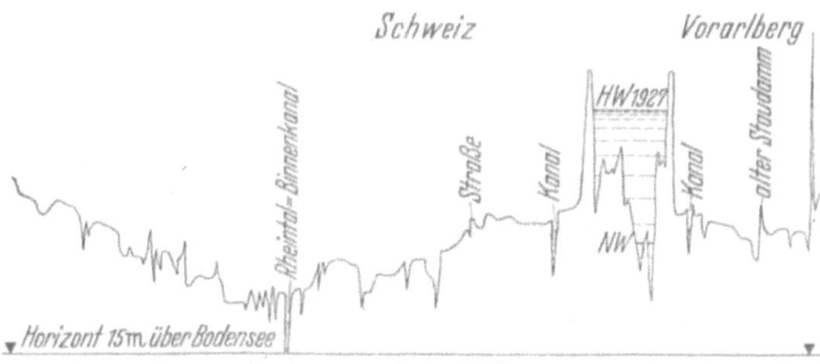

Abb. 14. Flußlauf zwischen Dämmen mit überhöhtem Spiegel.
Nach MARQUARDT. Maßstab der Längen 1 : 37500, der Höhen 1 : 375.

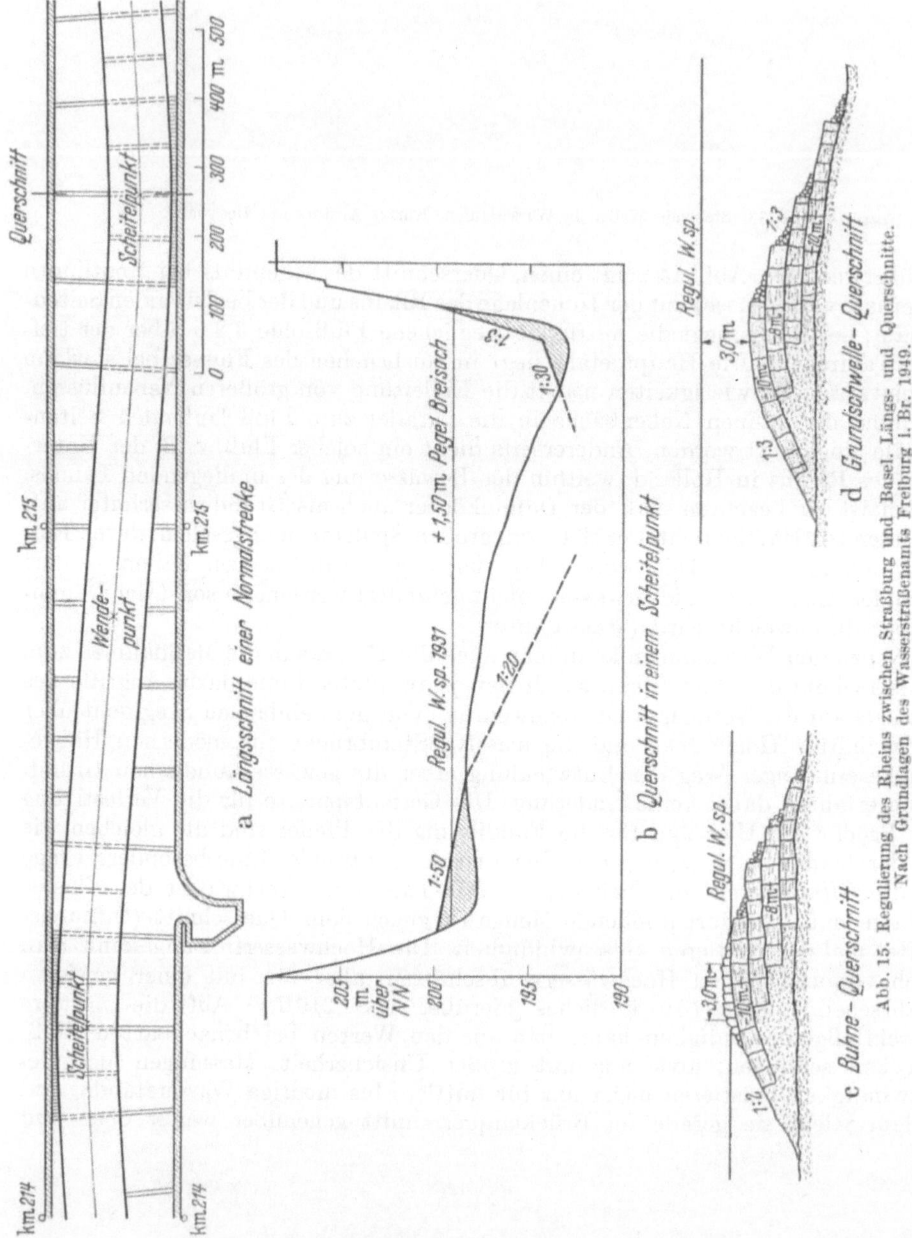

Abb. 15. Regulierung des Rheins zwischen Straßburg und Basel. Längs- und Querschnitte. Nach Grundlagen des Wasserstraßenamts Freiburg i. Br. 1949.

unten stark abzuweichen. Infolge der Änderung der *Querschnittsform*, vor allem durch die Pfeiler, und die geänderte *Reibung* tritt oberhalb der Brücke eine leichte Erweiterung, unter ihr eine Zusammenziehung des benetzten Querschnitts ein. Unter der Brücke steigert sich die Geschwindigkeit, gleichzeitig sinkt der Spiegel etwas ab, und auch in der Breite zieht sich die Strömung etwas zusammen, so daß man von einer allgemeinen Querkontraktion sprechen kann. Bei Pfeilerbrücken ergeben sich für den verengten Querschnitt als Erfahrungswerte

95 bis 77% des ursprünglichen. Es sind dieselben Vorgänge, die wir schon zu Beginn dieses Abschnittes bei der Überwindung eines Hindernisses durch einen Wasserlauf beschrieben haben. Weiteres hierüber s. S. 48.

Buhnen im korrigierten Fluß (Abb. 15). Der Rhein unterhalb Basel, nach den Plänen TULLAS korrigiert, hatte auf diesen Eingriff mit wandernden Kiesbänken geantwortet (Abb. 7). Aber die Technik hat in den letzten Jahrzehnten unter Führung von HONSELL neue Eingriffe vorgenommen, indem man die Sandbänke durch Buhnen verfestigte und die vorgesehene Normalbreite beträchtlich einengte. Die unerwünschte zeitliche und örtliche Änderung des Stromstrichs wird dadurch vermieden und die Fahrtrinne selbst durch Zusammendrängung des Wassers vertieft; die Felder zwischen den Buhnen sind zur Verlandung bestimmt. Man kehrt dadurch zu einer *stärkeren* Schlängelung, als sie TULLA vorgesehen hatte, zurück und anerkennt eine geringere Normalbreite!

Der Querschnitt in dem rechts liegenden Scheitelpunkt ist in Teil *b* mit den neuen Uferwerken besonders dargestellt. Teil *c* und *d* stellt den Querschnitt einer der dort verwendeten Buhnen und Grundschwellen dar, wodurch zugleich Beispiele für die (stark wechselnden) Formen solcher Querbauten gegeben werden. Ob der jetzige Zustand der Rheinbauten auf die Dauer befriedigt, bleibt abzuwarten. — Ein solches Schwanken in den Dimensionen der Krümmungen und der Normalbreiten steht nicht vereinzelt; so wurde die Breite der Isar (nach MARQUARDT) zwischen München und Oberföhring ursprünglich auf 73 m festgesetzt, dann wegen Schlängeln des Flusses auf 43,8 m eingeengt und später wieder auf 60 m erweitert.

5. Wildbachverbauungen, Planzendecke, Windschutz.

Im Gebirge entsteht zunächst die Aufgabe, die Wildbäche, die die Talsohle periodisch mit ihrem Geschiebe überschütten, über das Kulturgelände schadlos zum Hauptfluß hinüberzuführen. Neben festen Rinnen verwendet man hier als einfachstes Mittel das Verkleiden des begradigten Bachbettes mit Bohlen und Brettern. Geringe Reibung erleichtert den Abtransport des Geschiebes, niedriger Preis die von Zeit zu Zeit notwendige Erneuerung.

In den Einzugsgebieten der Bäche sind weitere Maßnahmen nötig. Während der Schwerpunkt der technischen Maßnahmen bei den Flüssen der Ebene in der Umgestaltung des Grundrisses liegt, verlagert er sich bei Gebirgsbächen auf Veränderungen im Aufriß. Der Grundriß ist nur insofern beteiligt, als die Talsohlen vor der Anschwemmung von Schuttmassen bei starkem Regen, speziell vor sog. *Muren* (Schlamm- und Schuttströmen), geschützt werden müssen. Die Menge und Größe des mitgeführten Geschiebes hängt in erster Linie vom natürlichen Gefälle des Gebirgsbaches ab (s. S. 115). Wird dieses künstlich ausgeflacht, so ergibt sich ein Zustand, bei dem auch stär-

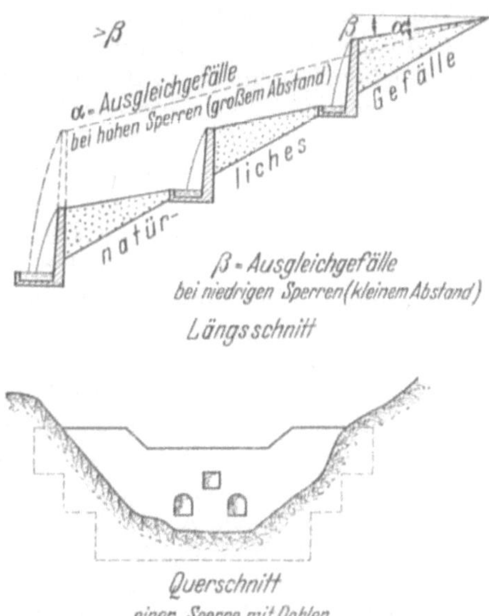

Abb. 16. Wildbachverbauung. Nach KIRWALD.

kere Regen das Geröll nicht mehr aus den Hochlagen ins Tal herabzuschaffen vermögen. Die Herstellung eines *Ausgleichgefälles* ist das Hauptprinzip bei der Gestaltung der Wildbachverbauungen; es läßt sich am besten durch treppenartige Anlage von *Querwerken* erreichen (Abb. 16), unter denen sich sog. *Tosbecken* befinden. Die Größe des Ausgleichgefälles hängt stark vom Gestein, vom Querschnitt und von der Rauhigkeit des Bettes ab. Es ist aber nach SCHAFFERNAK bei *hohen* Abstürzen und langen Zwischenräumen *stärker* anzunehmen, als wenn man die Abstürze in kurzen Zwischenstrecken wiederholt. Denn bei großen Abständen fängt der Bach an zu mäandern, und die Räumungskraft läßt nach, was durch stärkeres Gefäll ausgeglichen werden muß. — Nach STRELE sind vor allem die — örtlich verschiedenen! — Ursachen der Geschiebebildung zu erforschen, die mit dem Untergrund und seinem Verwitterungszustand zusammenhängen. Am besten erkennt man das notwendige Ausgleichsgefäll an kurzen Strecken der Anschwemmung, die schon im natürlichen Lauf bei den regelmäßigen Hochwässern sich bilden. Allerdings können die gewöhnlichen Hochwässer nach Jahrzehnten, ja nach Jahrhunderten durch ein neues, noch größeres Hochwasser überboten werden, das alle früheren Berechnungen über den Haufen wirft (s. S. 219ff.). Man muß sich auch beim Schutz der Gebirgstäler vor Muren mit einer gewissen Wahrscheinlichkeit begnügen, daß die getroffenen Maßnahmen auch künftigen Angriffen standhalten.

Der zweite Teil der Abb. 16 stellt eine der Sperren im Talquerschnitt dar. Während der Bach seinen Weg bei Niedrigwasser zunächst durch das grobe, oben zurückgehaltene Geschiebe und dann durch die Dohlen findet, nimmt er ihn bei höherem Wasserstand durch den trapezförmigen Einschnitt.

Die *Tosbecken* unterstützen das Ausgleichgefälle durch Abschwächung der Erosionskraft der herabstürzenden Wassermassen. Während sich bei natürlichen Wasserfällen unten tiefe Kolke bilden, fällt das Wasser im Tosbecken auf ein Wasserpolster, das einem verfestigtem Grund aufliegt. Dadurch wird ein großer Teil der Fallenergie „vernichtet", d. h. in Wärme umgewandelt und damit unschädlich gemacht. Das Tosbecken kann durch Anbringung einer Vorschwelle, die am besten als *Zahnschwelle* (nach REHBOCK) ausgestaltet wird, in ihrer Wirksamkeit verstärkt werden (vgl. Abb. 32ff.). Weiteres über Wasserbewegung an Schwellen, Abstürzen usw. s. S. 47ff.

In manchen Gegenden, z. B. im Schweizer Jura, sind die Bachbetten auch außerhalb der Wildbachregion durchlaufend mit Steinplatten und Beton verfestigt. Den Vorteilen solcher Maßnahmen stehen aber auch Kehrseiten gegenüber, die sich in zu raschem Ablauf des Wassers, einem Rückgang der Niederwasserstände und dem Sinken des Grundwasserstandes äußern.

Der Einfluß der Pflanzendecke. Neben den Maßnahmen im Bachbett selbst, die sich auch auf die Versteifung der Böschungen durch Flechtzäune u. ä. erstrecken können, sind *vorbeugende* Maßregeln im Einzugsgebiet der Gebirgsbäche von einschneidender Bedeutung für die Vermeidung von Hochwasserschäden. Das Wasser kann den Boden viel leichter abschwemmen, wenn er *von Vegetation entblößt* ist, und diese Voraussetzung ist in den Hochlagen (oberhalb der Waldgrenze) viel eher gegeben als in der Ebene. Es tritt hinzu, daß alte Schneelagen den Boden durchnässen und zur Abspülung bei Schneeschmelze und Regen im voraus reif machen. Hier muß neben der Lawinenverbauung eine systematische *Bepflanzung der Hochlagen* die Erosionsgefahr vermindern; eine planmäßige Aufforstung kahler — oft erst durch Raubbau entwaldeter — Flächen kann dazu dienen, einen normalen Abflußvorgang (ohne ruckweise Verschiebung von Erdmassen) herzustellen. Vgl. dazu besonders STRELE und KIRWALD (1).

Bodenerosion im allgemeinen. Nach dem Vorgange von KURON (1) (vgl. auch Referat von ORTH 1940) unterscheidet man zweckmäßig eine *Flächenerosion* von der sog. *linearen Erosion.* Flächenerosion findet sich vorzugsweise in *ariden* und wieder in *polaren* Gebieten, wo das Fehlen des Pflanzenwuchses einen Angriff des Wassers auf der ganzen Fläche ermöglicht; sie ist aber auch die Form der (sehr schwachen!) Erosion, die sich *allgemein* bei sehr geringem Gefäll noch geltend machen kann. Ihr steht die lineare Erosion gegenüber, bei der sich kleinste Wasseradern zu einer größeren zusammenschließen und nun in die Tiefe arbeiten können. Diese Form herrscht im *humiden* Klima vor: hier beschränkt sich die Erosion auf die Vertiefung und seitliche Erweiterung der Flußbetten (als „Tiefenerosion" und „Seitenerosion"), während die bewachsenen Flächen dazwischen nur einem ganz geringen Abtrag unterworfen sind. Als „Korrasion" bezeichnet man eine Aufarbeitung durch den *Wind.* Aber dabei ist noch in Rücksicht zu ziehen, daß weite Gebiete durch Umpflügen und Beackerung einen Teil des Jahres von Vegetation entblößt sind und dadurch zu *Kultursteppen* werden. In dieser Form sind auch humide Gebiete dem erhöhten Angriff von Niederschlag und Wind ausgesetzt. Ferner sind Trockenheit und heftige Einzelniederschläge in den halbariden Gebieten miteinander gepaart. Selbst aus Mitteleuropa wird gelegentlich von Staubstürmen und Schwemmfluten, wenn auch ohne größere Schäden, berichtet (vgl. hierzu EBERS). Viel kritischer liegen die Verhältnisse in USA, wo westlich vom 100. Längengrad die feuchten Gebiete des Ostens allmählich in Steppen übergehen. Von diesen Grenzgebieten sind in den letzten Jahren schwere Klagen über zunehmende Flächenerosion gekommen, weil die höher liegenden Teile durch Wind- und Regenwirkung von der Ackerkrume entblößt und in den Niederungen Überschwemmungen mit Schlammfluten hervorgerufen wurden. Neben einer leichten Verschiebung des subtropischen Trockengürtels kann man diese Erscheinungen mindestens teilweise dem unzweckmäßigen Anbau und dem Mangel an Vorkehrungen gegen die Entblößung des Geländes zuschreiben. Als Gegenmaßnahmen werden empfohlen: die Bevorzugung windfester Bepflanzung, die Anlage von Horizontalgräben zur Dämpfung der Regenfluten, in gewissen Abständen die Verwendung anderer Kulturarten mit tieferen Wurzeln, endlich die Anlage von Zäunen, Wald- und Gebüschstreifen und ähnlichen Mitteln, welche die Gewalt des Windes abschwächen, die Austrocknung

Abb. 17. Zerschluchtung der Bergufer des Don nördlich Golubinka. Nach W. F. SCHMIDT.

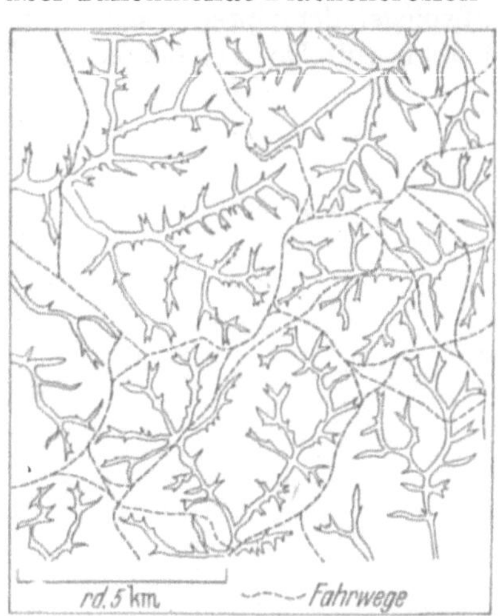

Abb. 18. Zergliederung der Oberfläche im Gebiet der mittelsowjetischen Waldsteppe. Nach W. F. SCHMIDT.

mindern und damit auch den gleichmäßigen Anbau begünstigen. An der nordfriesischen Küste werden die höher liegenden Teile durch buschbestandene Erdwälle in eine *Knicklandschaft* zerlegt, wodurch die Gewalt des Windes abgeschwächt wird. In den weiten Steppen der südlichen Sowjetunion werden aus dem gleichen Anlaß durchgehende *Waldstreifen* angelegt, die das zwischenliegende Kulturgelände vor der übermäßigen Flächenerosion schützen sollen (v. HORN). — Die Wiederaufstockung von Wald führt uns zum Einfluß der Entwaldung auf den *Wasserhaushalt* (s. S. 150). Auch der Grundwasserhaushalt leidet unter der Entwaldung: die Lockerung des Bodens durch die Baumwurzeln hört auf, der Aufprall des Regens wird durch die Kronen nicht mehr gemildert, so daß der Großteil des Niederschlags an der Oberfläche abfließt, ohne in den Boden eindringen zu können. — Über die allgemeinen Einflüsse der Bodenerosion in Südosteuropa geben die Arbeiten von W. F. SCHMIDT wertvolle Aufschlüsse, im allgemeinen Rahmen auch LEIMBACH in seinem Werk über die Sowjetunion. In der südlichen Sowjetunion handelt es sich sowohl um Flächen- als um lineare Erosion, aber das Charakteristische ist der schroffe Übergang von der einen Form zur anderen. Die Voraussetzung hierfür gibt der Untergrund, der hier von weichem durchlässigem Lößboden gebildet wird. Tief eingeschnittene Schluchten, die für gewöhnlich trocken daliegen, füllen sich bei heftigem Regen mit Schlammströmen und fressen sich rückwärts immer weiter ein. Abb. 17 zeigt eine solche Landschaft am hohen Donufer; doch kann man Ähnliches in kleinerem Maßstab auch in Deutschland, z. B. im Kaiserstuhl, beobachten. Abb. 18 zeigt eine entsprechende Landschaft im Grundriß. Man bemerkt, daß die Fahrwege den Schluchten nach Möglichkeit ausweichen, sie an breiteren Stellen überqueren und wie der Wegebau der alten Römer, die Höhen aufsuchen.

6. Grundwasserschäden.

Das Steigen des Bedarfs an Trink- und Brauchwasser, der nur aus dem Grundwasser gedeckt werden kann, hat in der Praxis zu allerhand Schwierigkeiten geführt. Für die *Senkungen* des Grundwassers in Berlin geben die Untersuchungen DENNERS ein eindrucksvolles Beispiel (Abb. 19). Werden dem Grundwasser große Mengen entnommen, so sinkt der Grundwasserspiegel *unter* den Flußspiegel der Spree; dies kann zu Mangelerscheinungen sowohl im Fluß als auch (infolge ungenügender Nachsickerung) im Grundwasser selbst führen; vgl. dazu S. 269! Bei Neubauten tritt hier die Gefahr einer Kellerüberschwemmung auf, wenn der Grundwasserspiegel später wieder steigt.

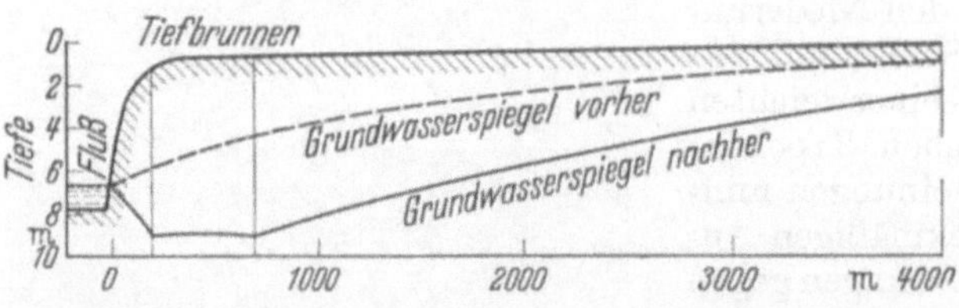

Abb. 19. Absenkung des Grundwassers in den Tiefbrunnen des Wasserwerks Müggelsee bei Berlin nach 7 Jahren. Nach KOEHNE.

Wie sich starke Entnahmen in der Nähe des Meeres auswirken, zeigt Abb. 20. In normalen Zeiten bildet sich durch die eigenen Niederschläge der Insel ein Süßwasserspiegel, der vom Meer aus flach ansteigt. Bei starker Bean-

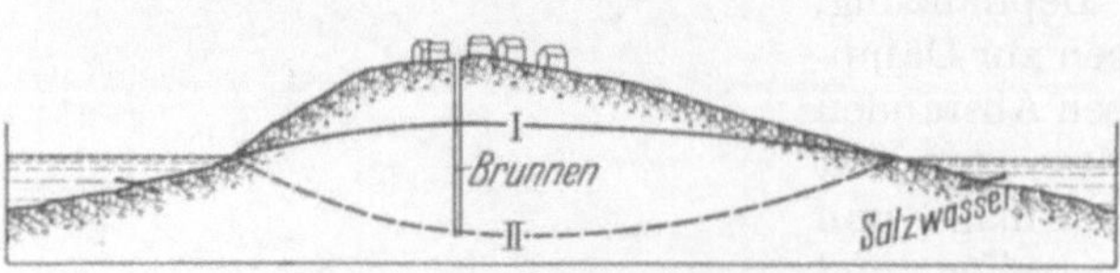

Abb. 20. Grundwasserstand auf einer Sandinsel bei geringer (*I*) und bei starker (*II*) Entnahme. Nach G. WAGNER.

spruchung wölbt sich dieser aber nach unten, und dies hat nicht bloß eine verminderte Leistung, sondern einen Zufluß von Salzwasser zur Folge, durch den das Wasser ungenießbar wird. Die Vorgänge im Dünensand sind deswegen besonders wichtig, weil er infolge der geringen Oberflächenverdunstung bei geringem Bewuchs einen Speicher für Grundwasserversorgung darstellt (Versuche von Deij in Holland); es können dort Grundwasserspenden in Höhe von 11 bis 12 l/s km^2 gewonnen werden.

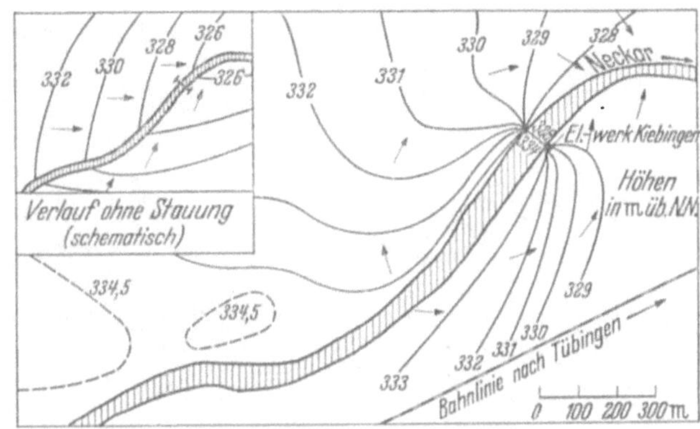

Abb. 21. Hebung des Grundwasserstandes durch ein Stauwerk (Neckar oberhalb Tübingen). Nach Kehrer.

Abb. 21 zeigt, wie der normale Verlauf der Grundwassergleichen längs eines Flusses durch ein Stauwerk verändert wird. Im normalen Zustand (Nebenfigur links oben) laufen die Grundwassergleichen im spitzen Winkel auf das Flußbett zu; die Strömung (senkrecht zu den Gleichen) zeigt abwärts gegen den Fluß hin. Durch die Stauung, die den Spiegel des Flusses über das umgebende Grundwasser hinaushebt, werden die Grundwassergleichen gewissermaßen nach abwärts gestülpt und konvergieren mit ihren Spitzen nach der Staustelle; ein kleiner Teil des Flusses strömt oberhalb des Wehrs in das tieferliegende Grundwasser ab und kehrt erst nach Umströmung des Hindernisses in das Flußbett zurück.

Werden einem Fluß durch einen Werkkanal größere Wassermengen entnommen, so sinkt der Grundwasserspiegel in der Nähe des entleerten Flußbetts; in der Folge tritt Schädigung der Pflanzendecke sowie der örtlichen Trink- und Brauchwasserversorgung ein. Erscheinungen dieser Art sind z. B. unterhalb Basel am Rhein als Folge der Anlage des linksrheinischen Werk- und Schiffahrtskanals beobachtet worden.

Zu den Grundwasserschäden im weiteren Sinn gehören auch die *Rutschungen* im Gelände. Geologisch betrachtet liegen oft Schichten verschiedener Wasseraufnahmefähigkeit und Durchlässigkeit übereinander. Wird eine Schicht, die einer andern (undurchlässigen) auflagert, stark durchtränkt, so erhält sie eine gewisse Fließfähigkeit, wodurch anschneidende Straßen und Bahnlinien gefährdet werden. Berüchtigt sind in dieser Hinsicht die Knollenmergel des Keupers in Württemberg; die obersten Schichten sind hier stark entkalkt und kommen nach der winterlichen Durchnässung leicht ins Gleiten. Als Gegenmaßregeln werden z. B. Ableitung des Hangschichtwassers durch „Sickerungen" (Abfangdränung) genannt. Solche Sickerungen sind auch angebracht, wenn es sich darum handelt, einem wasserhaltigen Erdkörper durch Stützmauern einen Halt zu geben. — Bergstürze sind meist Rutschungen großen Stils; neben der Durchnässung kommen allerdings auch andere Ursachen, z. B. tektonischer Art, in Betracht. — Zu den Wasserschäden auf dem Gebiete des Grundwassers zählen ferner die *Einbrüche* beim Brunnen- und Stollenbau. Hier kann nur die örtliche geologische Forschung Aufschluß über die Ursachen geben. Die Verhältnisse liegen sehr verschieden. So zeigten sich beim Mt. Cenis keinerlei Wassereinbrüche, sehr kräftige dagegen beim Simplontunnel. Bei letzterem konnte aus

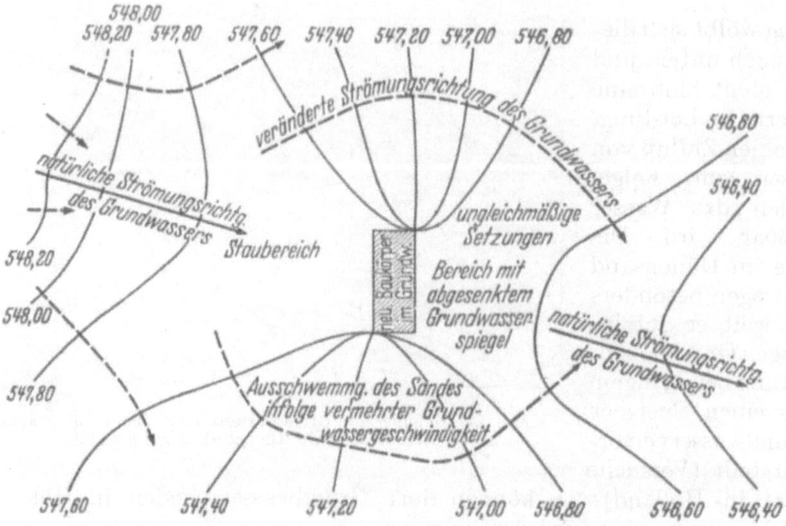

Abb. 22. Veränderungen im Grundwasserspiegel durch Neubauten. Nach MARQUARDT.

der niedrigen Temperatur der einbrechenden Wassermassen geschlossen werden, daß sie von dem darüberlagernden Gletschermassiv stammten, während sie bei einer Herkunft aus der Nähe die hohe Wärme in der Nähe des Tunnels hätten annehmen müssen.

Abb. 22 zeigt (nach MARQUARDT) die Änderungen im Grundwasser, die durch *Neubauten* entstehen: Die Strömung wird durch den Baukörper gespalten, wobei oberhalb ein Staubereich, unterhalb eine Absenkung eintritt. Querschnittsverengung geht beim Grundwasserstrom wie beim Oberflächengewässer mit Steigerung der Geschwindigkeit Hand in Hand, wodurch teils Ausschwemmung von Sand, teils ungleichmäßige Setzungen eintreten; vgl. auch S. 269.

Schäden, die durch *Bodenfrost* entstehen, spielen in Gegenden mit kalten Wintern (Sowjetunion, Sibirien, Kanada, Alaska) eine erhebliche Rolle. Es bilden sich u. a. die von W. SOERGEL (für eiszeitliche Verhältnisse) beschriebenen *Eiskeile*: bei scharfer Austrocknung entstehen Risse im Boden, die sich bei Witterungsumschlag mit Wasser füllen. Tritt dann Frost ein, so erweitern sich die Risse infolge der Raumvergrößerung beim Gefrieren schrittweise, und das grobe Material wird, wie beim Strukturboden, nach oben hin ausgequetscht. In anderen Fällen drückt das Bodeneis auf das Grundwasser und bringt es an gewissen Stellen zum Ausquellen. Besonders gefährdet sind dabei Häuser, die über Bodeneis erbaut sind; denn der Wärmeschutz des Hauses schafft gerade dort Austrittsstellen, und dies kann dazu führen, daß das Haus unter einem Eishügel begraben wird. Weiteres hierüber siehe bei BENDEL und bei RUCKLI.

Die Entwässerungen zählen zwar ebenfalls zum Wasserschutz, leiten aber wie der Küstenschutz (s. S. 33) zugleich zur Nutzung des Wassers über. Die *Entsumpfung* weiter Landstriche, die der Kultur gewonnen wurden, ist für manche Länder ein Maßnahme von historischer Bedeutung geworden; nicht zu vergessen ist dabei die Eindämmung *hygienischer Schäden* (Typhus, Malaria usw.). — Aber vom Standpunkt des Wasserhaushalts ist die Frage der Entwässerung individuell zu beurteilen. Hochmoore im Gebirge sind auch nach der Trockenlegung keine fruchtbaren Flächen; außerdem geht dabei die Wasserzurückhaltung, die sie auf die Gebirgsbäche ausüben, verloren [WUNDT (4), S. 12]. Dagegen wurden bei Hochmooren der Ebene günstige Erfahrungen gemacht (s. bei

Baden). Wer entwässert, muß sich zugleich die Folgen überlegen, die seine Maßnahmen für die Unterlieger an dem gleichen Gewässer haben; ein Ausgleich der Interessen kann oft nur durch *Rahmenplanung* zustande kommen (s. S. 58ff.). — Die *Entwässerung* landwirtschaftlicher Flächen wird hier zusammen mit der *Bewässerung* behandelt (s. S. 44).

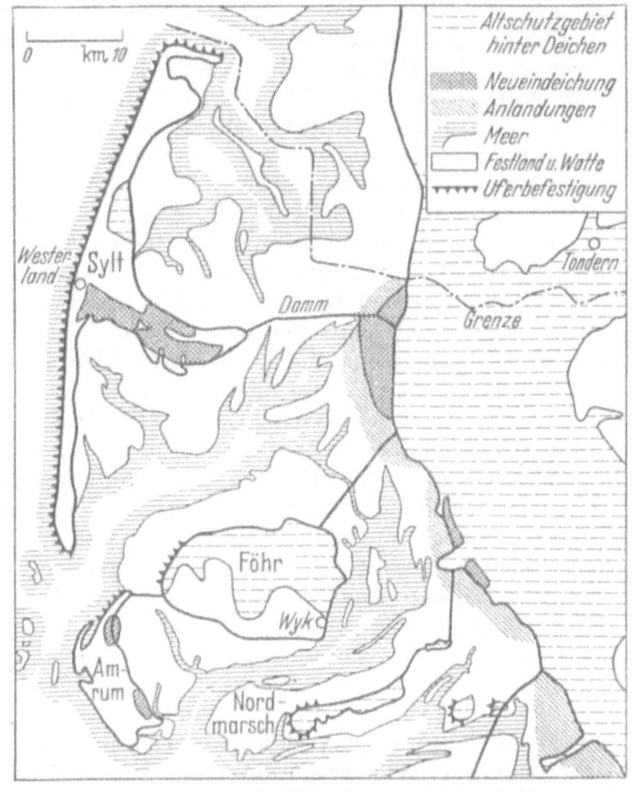

Abb. 23. Umgestaltung der Küste von Schleswig-Holstein durch technische Eingriffe. Landgewinnung.

7. Küstenschutz.

Große Aufgaben erwachsen der Technik aus dem Schutz der Küsten, aber sie sind mit dem dankbaren Problem der Neulandgewinnung verbunden. Ebbe und Flut (Gezeiten, Tiden) nagen zusammen mit der Brandung das Ufer aus und setzen das losgelöste Material in einiger Entfernung vor der Küste wieder ab. Auch abgesehen von der Ausnagung der Ufer finden an der Sohle der Flußmündungen, z. B. in der Unterelbe, ständige Umlagerungen von Sand und Schlick statt, die wegen des Freihaltens der Fahrtrinnen dauernde Nachmessungen der Tiefe und eine Kontrolle des Sandtransports erfordern (Schulz, Gewässerkundliche Tagung Hamburg 1951).

Der *Tidenhub* (s. Abb. 162, S. 248) erreicht besonders hohe Werte an der französischen Seite des Kanals (St. Malo) und im Bristolkanal mit je etwa 12 m; noch höhere Werte kommen in der Fundybai in Nordamerika vor. Binnenmeere dagegen (z. B. die Ostsee) weisen Beträge von nur einigen dm auf. Das Zerstörungswerk an den Küsten ist daher sehr verschieden! Ferner wird es durch säkulare Hebungen und Senkungen der Küste stark beeinflußt.

Abb. 24. Schematische Darstellung von Landgewinnungsanlagen an der Nordsee.

Einer sehr übersichtlichen Darstellung der Verhältnisse an der Nordsee (s. Bem. 11 S. 310), den von Heiser angestellten Untersuchungen und anderen Quellen wird folgendes entnommen: Nach den Ermittlungen von SCHÜTTE hat sich die Nordseeküste seit der Zeitwende westlich der Weser um mehrere Meter gesenkt (Einbruch der Zuidersee und des Dollart!), in Dänemark dagegen gehoben. In Schleswig-Holstein haben 1362 und 1634 die Sturmfluten große Teile der Küste zerstört, doch hat sich der mittlere Stand des Meeres nur wenig verändert. In den letzten Jahrzehnten hat sich der Spiegel der Nordsee gegenüber dem Land um einige dm gehoben. Aber die Gefahr neuer Einbrüche ist seit etwa 200 Jahren im wesentlichen gebannt, und die Wiedergewinnung bzw. Neugewinnung von Land, die schon ums Jahr 1000 n. Chr. einsetzte, hat in den letzten Jahrzehnten rasche Fortschritte gemacht. Abb. 23 zeigt durch weite Schraffung das Altschutzgebiet an, das längst in fruchtbares Land verwandelt ist, aber ohne Deiche noch heute der Hochwassergefahr ausgesetzt wäre. Zwischen den „Halligen" (Restinseln), die durch starke Uferdämme gegen die Weststürme geschützt sind (s. bei Sylt), und dem Festland liegen die *Watten*, d. h. das periodisch vom Flutstrom überspielte Gebiet. Die Zirkulation des Wassers hinter den Inseln wird ebenfalls durch Dämme aufgeteilt und dadurch in ihrer Erosionskraft geschwächt. Die eigentliche Landgewinnung geht so vor sich: In den Winkeln zwischen den Dämmen und in deren Vorgelände hinterläßt jede Flut eine dünne Schicht von Schlick. Um diesen festzuhalten, legt man (Abb. 24) kleine Zwischendämme, sog. Lahnungen (Unterteilung: Erd- und Buschlahnungen, letztere mit Rundholzpfählen) in quadratischer Aufteilung an, die die Wasserbewegung ruhig gestalten. Durch zwischengeschaltete flache Entwässerungsgräben (Grüppen) sorgt man dafür, daß das Wasser zwischen zwei Flutständen (also innerhalb von 12 Stunden) rasch abfließen kann und daß Schlick und Sand in dieser Zeit etwas abtrocknen und sich auf die Dauer auch verfestigen können. Die Erfahrung lehrt, daß das Watt auf diese Art in wenigen Jahren eine Höhe von nur mehr 50 cm unter der mittleren Hochwasserhöhe erreicht; in diesem Zustand kann der Boden schon bepflanzt werden, wobei sich der „Queller" (auch Krückfuß genannt), eine Salzpflanze mit fleischigen Stengeln und Blättern, zum Festhalten des Schlicks besonders bewährt hat. Durch Fortsetzung dieses Prozesses wächst das Watt in etwa 8 bis 10 Jahren bis zur gewöhnlichen Fluthöhe heran, worauf eine andere Art der Bepflanzung (mit Andel, einer Grasart) einsetzt. In jüngster Zeit zeigten sich da und dort Schwierigkeiten in der Weise, daß die Anlandung rascher eintrat, als die Pflanzenwelt nachkommen konnte. — Bei weiterer Behandlung wird das Watt schließlich „deichreif", d. h. es kann durch Eindämmung in sog. „Kooge" oder „Polder" verwandelt und der normalen Kultur zugeführt werden. Die Fläche, die im Laufe der Zeiten dem Meere wieder abgewonnen und in fruchtbare Marsch verwandelt wurde, beträgt in Schleswig-Holstein rund 2800 km^2 (seit Anfang des Jahrhunderts etwa 70 km^2); in Ostfriesland und Oldenburg ist die der ersten Angabe entsprechende Zahl 1600 km^2. — Nur Teile dieser Flächen haben durch „Siele", d. h. Entwässerungsschleusen, unter den Deichen hindurch einen natürlichen Abfluß. Vielfach erfordert dieses Land, weil es teilweise unter dem Meeresspiegel liegt, eine künstliche Entwässerung, so z. B. an der Eider und an der Unterems; das Schöpfwerk Oldersum an der Unterems hat 40 m^3/s zu leisten! In Schleswig-Holstein werden 1200 km^2 künstlich entwässert, weitere 1200 km^2 werden folgen (s. Bem. 1a S. 310 Nr. 25).

Aber man darf auch die Erwartungen auf eine weiträumige Fortsetzung dieses Landgewinnungswerkes nicht zu hoch schrauben: so ist ein *vollständiger* Abschluß der hinter den Inseln Sylt, Amrum und Föhr liegenden Watten nicht möglich, teils wegen der Tiefe der zwischenliegenden Abflußrinnen, der sog. „Priele", teils wegen der hohen Kosten, die den erzielbaren Gewinn doch schließlich übersteigen.

Bezüglich der Landgewinnung liegen die Verhältnisse an der west- und ostfriesischen Küste etwas anders als in Schleswig-Holstein. Hier greifen die Sturmfluten von Westen her frontal an, an jenen Küsten dagegen tangential. Die Hochflut dringt in die Räume zwischen den vorgelagerten Inseln ein und zieht sich nach 6 Stunden wieder zurück, wobei die sekundliche Wasserführung der Gezeitenströme größenordnungsmäßig mindestens die des unteren Rheins erreicht; für den Jadebusen ist sogar ein regelmäßiger Stromwechsel von 28000 m^3/s mit einer mittleren Geschwindigkeit von 1,3 m/s berechnet worden. Bei diesen Vorgängen wird die Vorder- oder Westseite der Insel angegriffen (Abb. 25 — Norderney!), während die Rückseite (s. bei Juist) eine Anlandung erfährt. Die Insel Baltrum hat seit 1733 im Westen um 2,8 km abgenommen, während im Osten eine Zunahme von 1,4 km bei der Insel selbst, von 1,7 km bei den Dünen stattgefunden hat. Soweit der in der Hauptsache natürliche Vorgang. Um diesem unerwünschten Wechsel vorzubeugen, ist aber die Insel Norderney im Westen stark verfestigt worden. Dies hatte zur Folge, daß die ausfließenden Gezeitenströme in einem nach Nordwest gerichteten Bogen die Insel umkreisten und die mitgeführten Sande dort ablagerten: westlich der Ausflußstelle (des „Seegats") bildeten sich „Riffe" (Untiefen, hier aber nicht im Sinne von felsigem Untergrund gebraucht). Gleichzeitig fand, wie Abb. 26 erkennen läßt, eine bedeutende Vertiefung des Seegats und eine Annäherung an die Insel statt.

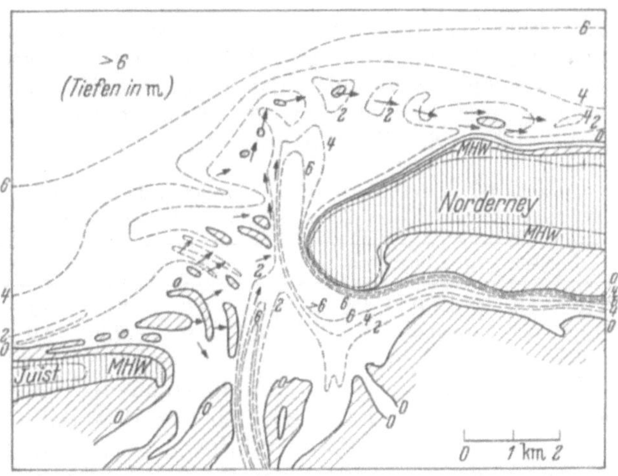

Abb. 25. Wanderung der Riffe — durch Pfeile gekennzeichnet — vor dem Norderneyer Seegat. Nach R. SCHMIDT. — Schräg schraffiert: Watten. Senkrecht schraffiert: Festland einschließlich des Mittelhochwasserbereichs.

Bei der Erörterung weiterer Projekte steht, wie an der schleswig-holsteinischen Küste, die in Betracht kommende *Wassertiefe* im Vordergrund. Während bei dem großen Werk des Abschlusses der Zuidersee nur 4 m zu überwinden waren, besitzen bei den benachbarten friesischen Inseln die Wattströme Tiefen von 10 m und mehr.

Im Kanal bringt (infolge des Überwiegens der West-Ost-Strömung) jede Tide $2^1/_2$ km^3 atlantisches Wasser mit über 2000 t Sinkstoffen in die Nordsee.

Über weitere Zusammenhänge bei den Küstenströmungen vgl. F. WALTHER.

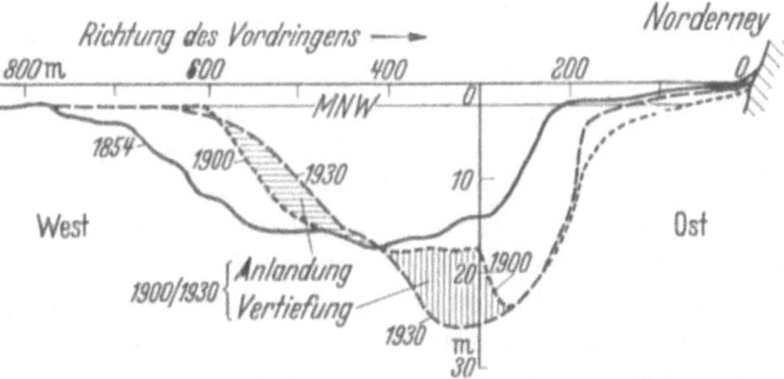

Abb. 26. Vordringen und gleichzeitige Vertiefung des Norderneyer Seegats. Die Uferbauten halten stand. Nach R. SCHMIDT.

8. Treibeis und Eisstand

bringen der Schiffahrt und den Kraftwerken (teilweise auch der Landwirtschaft durch die Überschwemmungsgefahr) manche unangenehme Begleiterscheinungen. Im gemäßigten ozeanischen Klima haben sie nicht viel zu bedeuten, wohl aber im kontinentalen, so daß der Verkehr z. B. auf den sowjetischen Flüssen im Winter lange Zeit lahmgelegt ist. In Deutschland möge das Beispiel der Weser angeführt werden, für die FRIEDRICH (2) nach Treibeis (TR) oder Eisbewegung und Eisstand (ST) getrennt angibt:

Weser bei Karlshafen, Durchschnitt der Abflußjahre 1901 bis 1940.
(1. Nov. bis 31. Okt.). *Zahl der Tage.*

November		Dezember		Januar		Februar		März		Gesamt	
TR	ST	TR	ST	TR	ST	TR	ST	TR	ST	TR	ST
0,4	0	2,5	0,6	5,9	0,9	2,8	1,1	0,2	0,2	11,8	2,8

Dies sind im Vergleich zum Eisstand der sowjetischen Flüsse sehr kleine Zahlen. — Bei den Extremwerten der Einzeljahre (hier nicht aufgeführt) ist bemerkenswert, daß mehrere Winter in *sämtlichen* Rubriken den Wert 0 zeigen, während es der bekannt strenge Winter 1928/29 im ganzen auf 35 Tage Treibeis und 26 Tage Eisstand brachte. Im Durchschnitt trat das erste Eis am 30. Dez., das letzte am 31. Jan. auf; nur in 7 Wintern von 40 kam es an der Oberweser zur Bildung einer festen Eisdecke.

Die Zahl der Tage mit negativer Durchschnittstemperatur, die der Eisbildung vorangeht, heißt *Eisvorbereitungszeit.* Sie beträgt nach NUSSER für die deutschen Küsten 2 bis 15 Tage; die längeren Zeiten entfallen auf die Nordseeküste, weil durch die scharf ausgeprägten Gezeiten eine stärkere Abkühlung an der Oberfläche unterbunden wird. — Die Vereisung der Ostseehäfen hat durch BLÜTHGEN eine Bearbeitung erfahren. Die etwas kontinentaleren (wenn auch weiter südlich gelegenen!) Haffe zeigen eine viel stärkere Vereisung als die Gewässer unmittelbar an der Küste. So wies der Südteil des Stettiner Haffs in 18 Jahren einen mittleren Beginn der Vereisung am 25. Dez., ein mittleres Ende am 10. März auf; die entsprechenden Daten für Warnemünde sind der 5. Jan. und der 18. Febr. (die Zeiträume zwischen den Terminen bedeuten natürlich nicht eine *ununterbrochene* Vereisung). Der verzögernde und mildernde Einfluß der Meerfläche ist also deutlich erkennbar. — Der große Plöner See war nach THIENEMANN in 12 Jahren (40% des Beobachtungszeitraums) eisfrei und in 19 Wintern (60%) völlig eisbedeckt (meist ununterbrochen). Entsprechende Angaben für das Steinhuder Meer siehe FRIEDRICH, Neues Archiv für Niedersachsen 1951 Heft 21. Weiteres über Vereisung s. Bem. 8 S. 310, Bes. Mitt. Nr. 6.

II. Wassernutzung.

1. Trink- und Brauchwasserversorgung.

Die Zeiten, wo man den ganzen Trink- und Brauchwasserbedarf aus Quellen deckte, haben aufgehört; sie bestehen nur in ländlichen Bezirken weiter. IMHOFF (S. 256) sagt: „Jede technische Verwendung von Wasser muß von dem Gedanken des Kreislaufs ausgehen. — Es ist falsch, zu glauben, man könne reines, unberührtes Wasser irgendwoher beziehen und das Abwasser irgendwohin leiten, wo es nie mehr mit Menschen in Berührung komme. Im Gegenteil: jedes Quell- oder Grundwasser ist schon einmal Oberflächenwasser gewesen und in irgendeinem Grade auch schon verschmutzt, und jedes Abwasser kommt wieder in einen Wasserlauf, dessen Wasser wieder von Menschen benutzt wird, auch zum Trinken. Der Kreislauf als solcher ist nicht zu vermeiden; man muß nur sorgen, daß er nicht zu kurz ist." — Dieser „künstliche" Kreislauf des Wassers steht, mengenmäßig betrachtet, hinter dem natürlichen weit zurück, aber er erfaßt gerade die Wassermengen, die wir am notwendigsten brauchen, die Wasserführung der Flüsse in der Nähe der Städte und in Industriegebieten sowie die Restmengen, die in Trockenzeiten noch zur Verfügung stehen. Dies gilt auch, wenn man die Äußerungen IMHOFFs in Beziehung auf die *Trinkwasser*versorgung für zu weitgehend hält.

Die Rückgewinnung des Abwassers geschieht in erster Linie aus dem Grundwasser, weshalb neben dem natürlichen auch „künstliches" Grundwasser unterschieden wird. Aber der Übergang ist durchaus fließend; über die Methoden der Wassergewinnung s. S. 183ff. Hier soll zunächst von den Bedürfnissen der Bevölkerung die Rede sein, die erfahrungsgemäß eintreten. Nach MARQUARDT kann man als *Gesamtwasserverbrauch* je Einwohner und Tag in Landstädten bis 10000 Einwohner 80 bis 150 l rechnen. Diese Werte steigen über die Klein- und Mittelstädte bis zu den Großstädten auf 140 bis 250 l an. CLODIUS nimmt für die nächsten Jahrzehnte 300 bis 350 l an. R. KELLER (2) stellt für einige niederrheinische Gebiete schon für die Gegenwart noch höhere Werte fest, betont aber, daß die Bedarfsfrage noch weithin ungeklärt ist. Außer der Literzahl je Kopf interessiert der sekundliche Bedarf je 100000 Einwohner, weil dadurch eine mit der sekundlichen Wasserführung der Flüsse vergleichbare Zahl erhalten wird. Beispiel: Die Stadt München erhält an Trink- und Brauchwasser aus ihren Fassungen, die hauptsächlich im Mangfalltal liegen, sekundlich rund 4 m^3 zugeleitet; die mittlere Wasserführung der Isar beträgt 94 m^3/s (1926/1938). Mit einer Einwohnerzahl von etwa 800000 erhält man als Tagesverbrauch je Einwohner etwa 430 l. Diese Zahl ist, im Vergleich mit obigen Angaben, sehr reichlich und als Summe aus Personenbedarf und Industriebedarf im weitesten Sinn aufzufassen. Zu untersuchen wäre, im Anschluß an die Ausführungen IMHOFFs, wieweit gebrauchtes Wasser nach der Reinigung noch einmal zu verwenden ist.

Die Durchschnittsförderung in den deutschen Wasserwerken liegt jetzt bei 250 l je Kopf und Tag. Nach SCHLEICHER gilt für die Herkunft des Wassers: Grundwasser 78% (davon natürliches 40%, ufergefiltertes 20%, künstliches 18%); Oberflächenwasser 14% (davon Flußwasser 7%, Seihwasser 2%, Talsperrenwasser 5%); Quellwasser 8%.

Über allgemeine Entwicklungstendenzen ist zu sagen, daß der Wasserbedarf von den ländlichen zu den städtischen Verhältnissen hin bedeutend ansteigt, auch wenn wir die Industrie außer acht lassen. Ferner ist in den letzten Jahrzehnten eine starke *zeitliche* Zunahme des Bedarfs festgestellt worden, die sich in den trockenen Sommern 1947 und 1949 zu einer weitgehenden Verknappung gesteigert hat (Trinkwasserbedarf seit 1900 auf das Doppelte gestiegen).

Bei der künstlichen Entnahme haben manche Flußgebiete in Niedrigwasserzeiten ihre Rollen gewechselt. So bedarf das Ruhrgebiet, an und für sich mit Niederschlägen gut bedacht, jetzt bei Wasserklemmen sogar eines Zuschusses aus dem Rhein, während die Emscher infolge der Einleitung von Abwasser — in der Hauptsache vom Ruhrgebiet her — ihre Niedrigwasserführung wesentlich erhöht hat.

Im ganzen genommen muß mit der allgemeinen Entwicklung trotz der Einleitung des Abwassers in die Flüsse und der teilweisen Rückgewinnung von Grundwasser eine Schmälerung des endgültigen Abflusses und eine Steigerung der Landesverdunstung verbunden sein. IMHOFF (S. 256) gibt diesen Verlust bei städtischer Entwässerung zu 20% an; aus einem Schema für den Wasserkreislauf von CLODIUS und R. KELLER (1a) ergibt sich für die Bundesrepublik eine jährliche Entnahme von 26 mm aus Grund- und Flußwasser, wovon nur

22 mm endgültig abfließen (im ganzen ist dort $N = 800$, $A = 396$, $V = 404$ — mm aufs Jahr — berechnet). Der *Verlust beim künstlich entnommenen Wasser* wäre also *rund* 15%.

Als besonders starker Verbraucher — wenn man den Ausdruck hier noch anwenden darf — hat der *Bergbau* zu gelten. Man kann hier eher von einem Kampf des Bergbaus mit dem Grundwasser sprechen. In den Kohlenfeldern wird im allgemeinen mehr Wasser als Kohle gefördert; dieses ungünstige Verhältnis steigt im Ruhrgebiet bis auf 8:1 an. Als absolute Mengen werden für das Ruhrgebiet 6,4 m^3/s (im Jahre 1920) angegeben (KOEHNE; ebenda Näheres über die technische Durchführung der *Filterung* im Bergbau).

Bei der Beurteilung neu zu erfassender Grundwassermengen muß man vor allem im Auge behalten, daß das Grundwasser der unterirdische Strang des Wasserkreislaufes ist. Es stellt weniger einen Vorrat dar, als einen langsamen Strom, der die Oberflächengewässer in wechselnder Stärke begleitet. Seine Wasserführung steht hinter den Flüssen im allgemeinen weit zurück (vgl. S. 3f.), aber in Trockenzeiten ändert sich dieses Verhältnis zu seinen Gunsten, und das gibt ihm die besondere Bedeutung in Mangelzeiten. Die Neubildung des Grundwassers erfolgt teils durch die örtlichen Niederschläge, teils durch Einsickerung von den Oberflächengewässern her, wenn diese einen hohen Stand haben. Solange der Fluß selbst genügend Wasser hat, drängt er durch seine rasche Strömung den Austritt des Grundwassers zurück; durch diesen Rückstau werden Mengen, die an und für sich abfließen würden, für die Zeiten gespart, wo der Fluß selbst nur wenig Wasser mehr hat (vgl. spätere Abb. 94, S. 241).

Bei den Schwemmkegeln können wir uns die Rolle des Grundwassers so vorstellen: Am Austritt der Bäche aus dem Gebirge in die Talweitungen verzweigt sich das Wasser im Grunde und erfüllt diesen in weiter Verteilung; schließen sich die Talwände wieder zusammen, so kommt dieses Wasser wieder zum Vorschein, und an Felsschwellen, die der Fluß zu überwinden hat, vereinigt sich der unterirdische Abfluß wieder mit dem oberirdischen. Beobachtungen dieser Art werden an der Dreisam (bei Freiburg i. B.) beim Austritt aus dem Zartener Becken gemacht, wo der Grundwasserausfluß *allein* schon den linksufrigen Werkkanal (sog. Kronenmühlbach) zu speisen vermag. Dabei erfährt der Jahresgang im unterirdischen Teil eine sehr erwünschte Verzögerung und Ausgleichung. — Für die Summe des ober- und unterirdischen Abflusses A_o und A_u kann man nach dem Wasserkreislauf einen Überschlag machen: $A_o + A_u$ muß gleich dem gemessenen Niederschlag N weniger der (aus der Mitteltemperatur abzuschätzenden) Verdunstung V sein. Da auch A_o durch Messung bestimmt wird, kann man auf die Menge A_u schließen, die im äußersten Falle aus dem Untergrund herausgeholt werden kann. Allerdings kann es sich, da A_u aus der Differenz der Größen N und A_o erschlossen wird, die beide *größer* als A_u sind, nur um rohe Schätzungen handeln (S. 295). Als geeignete Stellen zur Grundwassergewinnung sind die Stellen anzusehen, wo sich Talweitungen wieder verengen, ferner der Fuß von Terrassen, die sich in der Nähe der großen Flüsse finden (Hochufer des Rheins!), weil dort das unterirdische Wasser, nahe dem tiefsten Punkte angelangt, gezwungen ist, an die Oberfläche auszutreten. Ein weiteres Hilfsmittel bei der Gewinnung von Grundwasser sind die *Schichtlagerungskarten* (G. WAGNER; CARLÉ). Wenn eine geologische Schicht, z. B. die Grenze Oberer Muschelkalk—Lettenkohle, sich unter der Erdoberfläche über eine größere Erstreckung hinzieht, dann kann sie aus Aufschlüssen an einschneidenden Tälern usw. kartographisch durch Höhenlinien dargestellt werden. Dabei ergeben sich sehr erhebliche Abweichungen vom Relief der Oberfläche. Es können z. B. *Mulden* auftreten, die oben gar nicht vorhanden sind, und wenn die Schicht undurchlässig ist, muß sie als Stauer und Sammler des Wassers in den unterirdischen Mulden wirken (optimale Stellen für Bohrungen).

Aber mehr noch als von den geologischen Bedingungen hängt die Wasserversorgung von der *Bevölkerungsdichte* ab. Großstädte und Industriegegenden werden zu Mangelgebieten, die aus wasserreicheren Gebieten mit versorgt werden müssen. Für diese Zwecke *(Siedlungswasserwirtschaft)* leistet eine sorgfältige Kartierung der Bedürfnisse in den einzelnen Gemeinden wertvolle Dienste [vgl. WEIDENBACH (1)]. *Fernwasserversorgung* wird in steigendem Maße notwendig. Aber sie kann nur den Grundbedarf liefern, während Spitzenleistungen durch örtliche Anlagen zu decken sind.

Weitere Angaben über Wandlungen des Verbrauchs in der Wasserversorgung siehe MARQUARDT (4). Aus der Wechselwirkung von ober- und unterirdischem Abfluß folgt auch, daß reichlicher Oberflächenabfluß oft, wenn auch nur indirekt, eine gewisse Gewähr für genügende Grundwassergewinnung bietet. In der Nähe des Oberrheins mit seiner Wasserführung von durchschnittlich mindestens 1000 m^3/s wird es immer möglich sein, einige m^3 für die Wasserversorgung von Städten abzuzweigen. In der Nähe des Neckars ist dies schon viel schwieriger (Wasserführung bei Plochingen 47 m^3/s im Mittel 1921/40, die bei Niedrigwasser bis auf 6 m^3/s heruntergeht); dazu kommt, daß die Grundwasserstandsbewegung dem Neckar mit nur kurzer Verzögerung folgt, während sie beim Oberrhein mit seinem Hochstand im Sommer großenteils gegenläufig ist. Es kommt also auch auf die Abflußtypen der Flüsse an (s. S. 241). — Neben dem Grundwasser können auch *Seen* als Reserven für die Trink- und Brauchwasserversorgung betrachtet werden. Aber wieder darf der See nicht als „Vorrat“, sondern als wechselnder Speicher für die ihn speisenden Wasserläufe betrachtet werden. Der Bodensee, dem der Rhein durchschnittlich 300 m^3/s entführt, könnte leicht noch einige m^3/s abgeben, nicht aber der Starnberger See, der an die Würm nur 4,6 m^3/s (1921 bis 1938) durchschnittlich liefern kann. Wie sich der Wasserhaushalt einiger Flüsse (Havel und Weser) im Laufe des Jahres in Oberflächenabfluß und Grundwasser aufteilt, s. S. 278ff.

2. Abwasserwirtschaft.

a) Allgemeines. Bei der Abwasserbeseitigung handelt es sich nicht nur um die Wegführung der zugeführten Brauchwassermengen, die nach gewissen Verlusten wieder zum Vorschein kommen, sondern um die viel größeren Mengen, die durch den Regen in kurzer Zeit anfallen und bewältigt werden müssen. Soweit es sich nur um Brauchwassermengen handelt, pflegt man als *Stunden*höchstsatz $^1/_{14}$ bis $^1/_{10}$ des zugeführten *Tages*bedarfs anzusetzen. — Ehe es eine geregelte Ortsentwässerung gab, ließ man alles zusammenlaufen und betrachtete das Regenwasser als willkommene Spülung neben dem Schmutzwasser. Aber sobald man geschlossene Leitungen legte, mußte das viele Regenwasser darin auch mit untergebracht werden. Nicht genug damit: auch die „Spül“funktion des Regenwassers versagt dann in gewisser Hinsicht. Wohl wird Schmutz und Unrat eine Strecke weit fortgeschwemmt, lagert sich dann aber an unerwünschten Stellen wieder ab. Die Selbstreinigung der Flüsse, die man als Grundlage des — nicht zu vermeidenden — künstlichen Kreislaufs betrachten muß, kann auf diese Art nur ganz unvollständig vonstatten gehen. Abfallstoffe und Schmutzwasser müssen durch mechanische Klärung jedenfalls getrennt werden, ehe sie den Vorfluter erreichen. Dazu tritt eine Reinigung auf chemischer Grundlage (s. S. 165ff.). Man könnte das Schmutzwasser aus gewerblichen Betrieben, aus Bedürfnisanstalten usw. vom Regenwasser von vornherein absondern; aber dieses „Trennverfahren“ kommt dann, wenn die Leitungen einfach verdoppelt

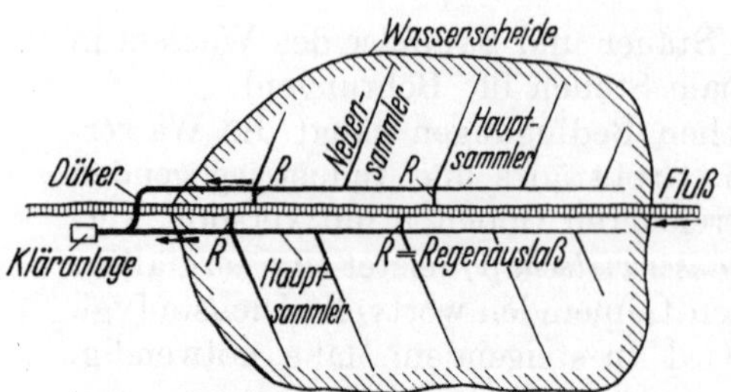

Abb. 27. Regenauslässe bei Mischentwässerung. Nach SCHLEICHER (Taschenbuch).

werden, im allgemeinen viel zu teuer. So ist es zu empfehlen, im „Mischverfahren" alles Wasser zunächst gemeinsam abzuführen und die hygienisch und biologisch notwendige Trennung erst nachher durchzuführen; aber für starken Anfall von Regenwasser bei Mischentwässerung werden Regenauslässe geschaffen (Abb. 27). Will man das bei Wolkenbrüchen in kurzer Zeit anfallende Wasser in geschlossenen Leitungen abführen, so ergibt sich sowohl statistisch als technisch ein schwieriges Problem. Wertvolle Grundlagen für diese Berechnungen haben HAEUSER und REINHOLD durch selbstschreibende Regenmesser, die den gefallenen Regen für die Zeiteinheit angeben, ermittelt. Vor einigen Jahrzehnten nahm man noch an, daß die *Abflußspende*, d. h. die vom km² in der Sekunde abfließende Literzahl (im Zeichen: $q = 1/\text{s} \cdot \text{km}^2$) den Wert 1000 nicht übersteige. Aber neuere Messungen haben gezeigt, daß dieser Betrag weit überschritten werden kann. So sind bei dem Katastrophenhochwasser der Gottleuba-Müglitz (bei Dresden) am 9. Juli 1927 Abflußspenden von annähernd 30000 wirklich gemessen und durch Beobachtungen aus USA (Dockers Hollow), in den Pyrenäen (Gebiet des Tech) und aus Italien (Hochwasser der Orba) in dieser Höhe bestätigt worden. Auf Grund der Messung von *Regen*spenden, denen sich ja die Abflußspenden in letzter Linie nähern müssen, ist nicht einmal gesagt, daß dies die höchsten erreichbaren Werte sind. Es ist andererseits völlig ausgeschlossen, Leitungen zu bauen, die für ein Gebiet von 10 km² Wassermengen von 300 m³/s, d. i. die mittlere Wasserführung des Rheins unterhalb des Bodensees, in sich aufnehmen könnten. Man muß sich hier mit einem Mittelweg begnügen, indem man kleinere Abflußspenden voraussetzt und sich damit abfindet, daß die Leitungen eines Tages eben doch nicht reichen. Sie würden es auch nicht tun, wenn man statt der vielfach zugrunde gelegten Spende 1000 das 2- oder 3fache nähme, denn der Abstand von 30000 ist viel zu groß. Andererseits ist der Eintritt eines solchen katastrophalen Hochwassers durchaus nicht wahrscheinlich, sondern nur eine ganz entfernte Möglichkeit. Es ist aber auch unzulässig, ein solches Vorkommen auf Grund der Tatsache, daß es an irgendeinem Ort noch nicht eingetreten ist, für die Zukunft *ganz* auszuschließen. Näheres hierüber s. S. 218.

b) Der Abfluß im Zusammenhang mit der Regenspende, Bevölkerungsdichte, Fläche und Leitungslänge. Der Abflußbeiwert (der abfließende Teil der Regenmenge 1) wächst zunächst wegen der Durchtränkung des Bodens mit der Länge der Regendauer. So ist bei sonst gleichen Verhältnissen — nach einem von v. BÜLOW gegebenen Beispiel — der Abflußbeiwert von 0,4 in $3^1/_2$ Stunden Regen auf 0,75 gestiegen (bei einer Bebauungsdichte von 25000 auf 1 km²). In USA sind auch Versuche gemacht worden, um die zeitliche Steigerung des Abflußbeiwerts bis zu einem Maximalwert durch *Beregnung* zu ermitteln, der bei den Versuchen in 30 Minuten erreicht wurde [Ref. FRIEDRICH (3)]. Aber andererseits läßt die *Regendichte* mit der Länge der Zeit nach; dieser Einfluß ist stärker und wirkt dem ersten entgegen. Wegen der Intensitätsabnahme der Starkregen mit wachsender Zeitdauer empfiehlt es sich, eine Zeiteinheit festzulegen, für die der gefallene Regen bestimmt wird. Für sehr große Gebiete eignet sich dazu die an allen Niederschlagswarten gemessene *Tagesmenge*; aber für kleine Flächen, wo sich ein Hochwasser schon in Teilen einer Stunde entwickelt, ist dieser Meßzeitraum viel zu lang. Als passende Zeitlänge für Stadtgebiete hat sich die *Regendauer* $T = 15$ *Minuten* eingebürgert.

Für die Ermittlung der Regenmengen in kurzen Zeitspannen sind jetzt in Deutschland die erwähnten selbstschreibenden Regenmesser aufgestellt, deren Ergebnisse von REINHOLD (Abb. 28) in grundlegender Weise verwertet wurden. Man erkennt als klimatischen Einfluß, daß die Höchstregenspende für die gewählte Zeiteinheit (wie auch sonst für kurze Zeiteinheiten) gegen das Innere des Landes, also mit dem Eindringen in das kontinentale Klima, etwas zunimmt. Aber die von REINHOLD gebildeten *Landschaftsmittelwerte* sind in das Kärtchen ***nicht*** mit übernommen; dazu ist der Anstieg zu wenig regelmäßig. Ferner würde ein Mittelwert den Eindruck erwecken, daß man mit ihm innerhalb einer Landschaft normalerweise rechnen könne. Aber dies trifft nicht zu; man kann nur Wahrscheinlichkeiten zu ermitteln suchen, daß gewisse Werte nicht überschritten werden, und bei dieser Berechnung sind die regionalen Eigentümlichkeiten der Niederschläge von viel geringerer Bedeutung als die allgemeinen Eigenschaften der Niederschläge, die an *allen* Orten exzessive Spenden zulassen. Vgl. S. 220 und ZIMMERMANN (Meteor. Rundschau 1952, S. 128).

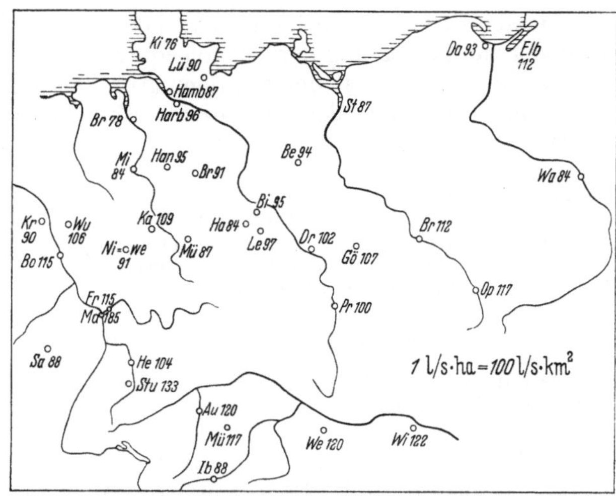

Abb. 28. Jährlich einmal überschrittene Regenspenden in l/s · ha für die Regendauer $T = 15$ min. Nach REINHOLD.

Als *Stark*regen gilt — ohne Rücksicht auf klimatische Einflüsse — jeder Regen, dessen Höhe den Wert $h = \sqrt{5t - (t/24)^2}$ übersteigt (h = Regenhöhe in mm, t = Regendauer in Min.). Als *Dauerregen* gelten Regenfälle, die bei einer ununterbrochenen Dauer von mindestens 6 Stunden eine Stundenstärke von mehr als 0,5 mm aufweisen (in den Alpen 1,0 mm); s. SCHLEICHER (S. 1169).

Abflußbeiwert und Bebauung (Abb. 29). Setzt man die Regendichte gleich 1, so geht der *Abflußbeiwert* bei sehr dichter Bebauung (großer Volksdichte) auf 0,8 herauf [nach IMHOFF (S. 23)]. Dieser hohe Beiwert ist auf die Asphaltierung der Straßen, die Pflasterung der Höfe und die Ausdehnung der Bedachung zurückzuführen, die kein Wasser in den Untergrund eindringen läßt; es wird hier künstlich ein undurchlässiges Gebiet geschaffen, dessen Nachteile — neben dem zu raschen Abfluß — im Sinken des Grundwassers zu erkennen sind. Auch eine Versauerung des Bodens kann dabei eintreten. Je mehr die Bebauung aufgelockert wird und die Bepflanzung zunimmt, desto mehr bleibt an Bäumen, Sträuchern, am Gras und

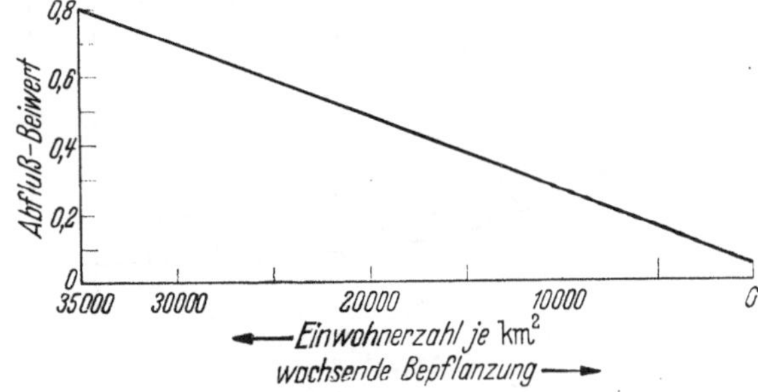

Abb. 29. Abflußbeiwert in Abhängigkeit von der Bevölkerungsdichte.

in der obersten Bodenschicht hängen, so daß der Abflußbeiwert bei ganz lockerer Besiedelung zur Bemessung der Leitungsquerschnitte auf 0,05 herabsinkt.

Wegen der Wichtigkeit der richtigen Abschätzung des Abflußbeiwertes bei bebauten Flächen seien hier noch einige Einzelwerte angegeben [SCHLEICHER (S. 1170)].

Metall- und Schieferdächer	0,95
Gewöhnliche Dachziegel und Dachpappe	0,90
Flachdächer verschiedener Herstellungsweise	0,5 bis 0,7
Asphaltpflaster und dicht abgedeckte Fußwege	0,85 bis 0,90
Fugendichtes Pflaster aus Stein oder Holz	0,75 bis 0,85
Reihenpflaster ohne Fugenverguß	0,5 bis 0,7
Schotterstraßen, wassergebunden und Kleinsteinpflaster	0,25 bis 0,60
Kieswege	0,15 bis 0,30
Unbefestigte Flächen, Bahnhöfe	0,1 bis 0,2
Park- und Gartenflächen	0 bis 0,1

Dem Abflußbeiwert kommt für *kleinere* (bebaute) Flächen bei der Schätzung des Abflusses große Bedeutung zu; aber für *große* Flächen (Einzugsgebiete der Flüsse) wird er mehr und mehr zum *nachträglich* bestimmten statistischen Wert; man schätzt den Abfluß *im voraus* hier besser aus der Differenz Niederschlag minus Verdunstung (vgl. S. 253). Statistische Zahlenangaben für größere Flußgebiete s. S. 258.

Einfluß der Fläche. Ein Wolkenbruch erfaßt selten eine große Fläche. Deshalb muß die Spende mit Zunahme der Fläche abnehmen, und zwar zuerst rasch, nachher immer langsamer, wie die Krümmung der Kurven in Abb. 30 (a) erkennen läßt. Die bei Abb. 29 besprochene Abhängigkeit von der Bebauung ist hier mit enthalten, dazu der Einfluß des Gefälls (schwaches Gefäll verzögert den Abfluß, drückt demnach die Spende bei Entfernung vom Niederschlagsort herunter). Die hohen Spendenwerte finden wir also in der obersten Kurve bei dichter Bebauung und gutem Gefäll vereinigt, die niedrigen bei schwacher Bebauung und schwachem Gefäll; aber in allen Fällen nimmt die Spende mit der Zunahme der Fläche ab. — Über die Abhängigkeit von der Fläche für *große* Gebiete siehe S. 219ff.

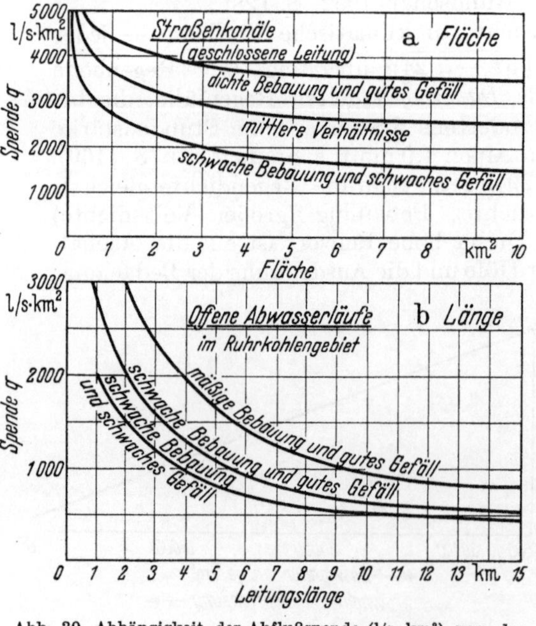

Abb. 30. Abhängigkeit der Abflußspende (l/s · km²) von der Fläche und der Leitungslänge. Nach IMHOFF.

Einfluß der Länge. Eine vergrößerte Fläche hat natürlich auch eine Verlängerung sowohl der offenen Gerinne als der geschlossenen Leitungen zur Folge; weil die Länge meist leichter zu erfassen ist als die Fläche, wird dieser Einfluß gesondert dargestellt. In Abb. 30 (b) sind offene Gerinne (auf Grund der Erfahrungen im Ruhrgebiet) zugrunde gelegt. Wiederum zeigt die stärkere Bebauung und das gute Gefäll die *hohen* Werte, die schwache Bebauung und das schwache Gefäll die *niedrigen* Werte, und nebenher vermindert sich die Spende mit der Länge der Leitung. — Abb. 30

genügt zur Abschätzung der Spenden für kleine Flächen bzw. kurze Leitungen; die Darstellungen sind auf zahlreichen Erfahrungswerten aufgebaut, aber die Ergebnisse unterliegen natürlich der Einschränkung, daß — wie schon angeführt — gelegentlich eben doch höhere Spenden zu erwarten sind.

c) Die Berechnung der Querschnitte und Durchlaßweiten. Bei der Betrachtung der *natürlichen* Wasserläufe ist die Bestimmung der Wasserführung Q aus Querprofil F mal Geschwindigkeit v eine der wichtigsten Aufgaben; bei *geschlossenen* Leitungen muß man umgekehrt Q (d. h. den Höchstwert) als bekannt voraussetzen und daraus den Querschnitt F der Leitung berechnen. Dieser hängt aber nach der Formel $Q = Fv$ auch noch von der Geschwindigkeit v ab; wir sind also genötigt, außer den Schätzungen für Q auch solche für v anzustellen. — In letzter Linie ist v durch das Gefäll J der Leitung und die Reibungswiderstände bedingt. In einfachster Form bringt das die Formel von CHÉZY (auch nach BRAHMS und EYTELWEIN benannt) zum Ausdruck:

$$v = c\sqrt{RJ}$$

Darin ist J = Wasserspiegelgefäll, R = hydraulischer Radius, definiert als $F:U$, worin F die Querschnittsfläche, U den benetzten Umfang bedeutet. Bei einer ganz gefüllten geschlossenen Leitung mit Kreisquerschnitt (Halbmesser r) ist also $R = r^2\pi : 2r\pi = \frac{1}{2}r$. Aber v hängt außer von J und R von dem Beiwert c ab, der selbst mit der Form des Querschnitts und dem Material wechselt. Der Verbesserung der Formel in dieser Richtung ist von ersten Vertretern der Technik große Mühe gewidmet worden (BAZIN, GANGUILLET, STRICKLER, GAUCKLER, KUTTER u. a.). Für geschlossene Leitungen viel benützt wird die sog. *kleine* KUTTER*sche Formel*, die mit der von CHÉZY übereinstimmt, wenn wir

$$c = \frac{100\sqrt{R}}{b + R}$$

setzen. Darin ist b eine neue Konstante, der sog. *Rauhigkeitswert*, für den bei Beton der Wert 0,35 angenommen wird (IMHOFF S. 32ff).

Geschwindigkeiten in größeren Wasserläufen werden, wenn direkte Messung nicht möglich ist, auch nach der *großen* KUTTER*schen Formel* berechnet:

$$v = \frac{aR}{b + \sqrt{R}} \qquad a = \left(23 + \frac{1}{n} + \frac{0{,}00155}{J}\right)\sqrt{J}$$

$$n = 0{,}025 = \text{Rauhigkeitswert}; \qquad b = \left(23 + \frac{0{,}00155}{J}\right) n$$

Dieser Formel mit anderem Rauhigkeitswert $n = 0{,}025$ entspricht die vorher benannte kleine Formel annähernd, wenn man in der letzteren für b den höheren Wert 1,5 einsetzt. Über die Verwendung der Formeln bei offenen Gerinnen s. bei IMHOFF.

Da die Bestimmung von v die Kenntnis von c und weiter ein bestimmtes R, das sich aus dem Querschnitt ergibt, schon voraussetzt, so hat sich in der Praxis die Frage nach v dahin umgewandelt, daß man einen bestimmten Querschnitt nach Größe und Form nimmt und fragt, ob er imstande ist, gewisse Hochwassermengen durchzulassen. R wird demnach als bekannt angenommen (bei unvollständiger Ausnützung des Querschnitts wird $F:U$ allmählich größer, da der benetzte Umfang U kleiner wird); mit Hilfe von R und b ist dann c bestimmbar und schließlich v. Die aufnahmefähige Hochwassermenge $F \cdot v$ wird hierauf mit der geforderten Hochwassermenge verglichen, die sich aus der Regenspende, dem Abflußbeiwert, der Länge und der Zeitdauer ergibt. Alle diese Berechnungen vollziehen sich am einfachsten mit Hilfe von Tabellen und graphischen

Darstellungen, die in den Handbüchern und Einzeluntersuchungen zu finden sind: z. B. Taschenbuch von SCHLEICHER, Taschenbuch von IMHOFF, Taschenbuch „Hütte", CARP u. a. m.

Außer der Berechnung der Durchlaßweiten und Abschätzung der Hochwassermengen handelt es sich u. U. auch um Speicherbecken, die nach Füllung der Leitungen imstande sind, das überschüssige Wasser aufzunehmen. CARP hat für das Emschergebiet solche Berechnungen durchgeführt. Zusammenfassend sei gesagt, daß bei Stadtentwässerungen die Regenspenden, der Abflußbeiwert und die Materialkonstanten das Wichtigste für die Bestimmung der Durchlaßweiten sind. Welche Formel verwandt wird, ist von geringerer Bedeutung; eine genaue Berechnung wird wegen der Unsicherheit der Höchstwasserspenden niemals möglich sein, und man wird mit der Rechnung nie über die Gegebenheiten hinwegkommen, die uns die Natur mit ihren Exzessen auferlegt.

3. Bewässerung.

a) Die Verwendung des Abwassers. Landwirtschaftliche Bewässerung. Ist für das Abwasser und das Regenwasser die nötige Ableitung hergestellt, so tritt die Frage auf: Wohin weiterleiten? — Eine direkte Entleerung in die Flüsse kommt nicht in Frage; schon vorher muß ein Teil der Stoffe, die zu 50% aus Fäkalien bestehen, in Klärbecken abgesetzt werden. Damit tritt eine Zweiteilung des Problems ein, einerseits die Behandlung des Faulschlamms, andererseits die Verwertung des Schmutzwassers, das natürlich selbst noch viel Abfallstoffe enthält. In beiden Fällen verschiebt sich die Lösung der Frage auf die chemisch-biologische Seite (s. S. 165). *Hier* soll nur von der Fortführung der verschmutzten Wasser*mengen* die Rede sein. Seit Jahrzehnten ist es üblich, sie auf *Rieselfelder* weiterzuleiten, denen dadurch wichtige Dungstoffe zugeführt werden. Aber vom chemischen Standpunkt aus ist es notwendig, das Wasser für diesen Zweck richtig vorzubereiten; dabei spielt die Durchlüftung eine große Rolle. Neben der Berieselung der Felder kommt auch die *Beregnung* mit Abwasser in Betracht; sie nützt das Wasser besser aus, hat aber die unangenehme Nebenerscheinung des üblen Geruchs. In ländlichen Gegenden hat sie als „Gülleverfahren" Verbreitung gefunden. — In letzter Linie kehrt ein großer Teil des Abwassers über das Grundwasser in die Flüsse zurück, und zwar, wenn alle Vorrichtungen richtig ausgebaut sind, in einem für Brauchwasser durchaus einwandfreien Zustand. Als passende Mengen zur Berieselung gelten (jährlich 3- bis 5mal) 200000 bis 300000 m^3/km^2 und für kürzere Zeit als Zufluß (Spende) 200 bis 300 $l/s \cdot km^2$. Auch die Beregnung mit Flußwasser gewinnt mehr und mehr an Bedeutung (LANNINGER, SCHROEDER). — Bei der Beregnung muß allgemein der für die Pflanzen günstige Sättigungsgrad des Bodens (zwischen 50% und 70% des Porenvolumens liegend) angestrebt werden (RAMSAUER). Bei geschickter Dosierung kann man mit einem geringen Bruchteil des bisherigen Wasserbedarfs auskommen (DIEM); vgl. die Berichte zur Meteorologentagung Bad Kissingen 1951. Systematische Beregnung erfordert gleichzeitige Flurbereinigung! — Wie CARP ausführt, treten bei der Fortleitung des Abwassers auch technische Fragen auf: im Emschergebiet senkt sich das Gelände unter der Einwirkung des Kohlenbergbaues; diesen Folgen muß durch Aufrechterhaltung des Gefälles und durch Deichbau entgegengetreten werden.

Landwirtschaftliche Bewässerung und Entwässerung. Wichtiger noch als die Abwasserverwendung ist die überall verbreitete Bewässerung aus Bächen und Flüssen. Abb. 31 (nach SCHROEDER und KRÜGER) gibt ein Beispiel für landwirtschaftliche *Überstauungsanlagen.* Die zu bewässernde Fläche wird durch

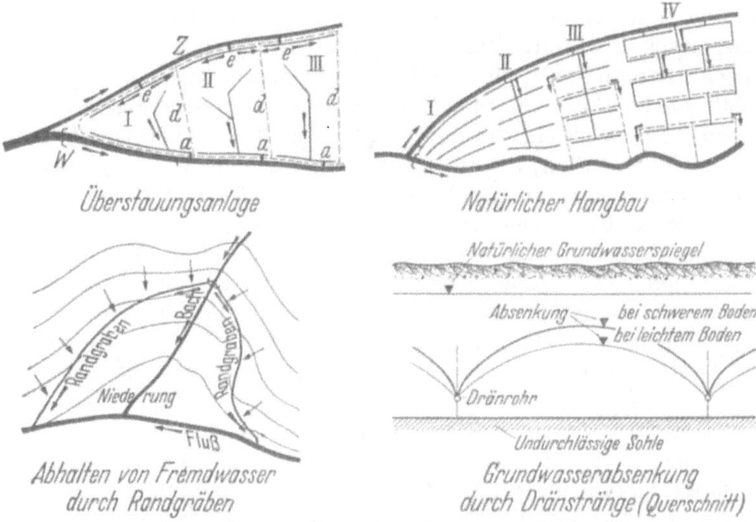

Abb. 31. Zum landwirtschaftlichen Wasserbau. Nach SCHROEDER.

Dämme *d* in Abschnitte *I*, *II*, *III* usw. (je bis 10 ha Größe) eingeteilt, die durch den Zuleiter *Z* aus dem Oberwasser des Wehrs *W* mit Wasser beschickt werden. Das Wasser tritt an den Stellen *e* ein, an den Stellen *a* wieder aus. Da stillstehendes Wasser seinen Sauerstoff rasch verliert, muß bei *e* für ständige Nachfuhr gesorgt werden. — Als weitere Aufgabe tritt die Herstellung von Kanälen im ***natürlichen Hangbau*** hinzu. In der Abbildung stellt dar: *I* unbeschränkte Wiederbenutzung des Wassers; *II* mit beliebiger Wiederbenutzung; *III* mit Entwässerung; *IV* mit wechselweise wiederholter Benutzung des Wassers [SCHROEDER (2)]. Bei der Zuleitung des Wassers müssen manchmal Geländeeinschnitte überquert werden; dies geschieht in sog. *Kähnern*, die in einfachster Ausführung als rechteckige Gerinne aus Brettern hergestellt werden.

Diesen Anlagen stehen Entwässerungsmaßnahmen gegenüber. Links unten ist die Entlastung einer versumpften Niederung durch ***Randgräben*** dargestellt. Die Randgräben nehmen nicht nur einen Teil des Bachwassers auf, sondern sammeln auch das von den Höhen herabströmende Wasser, wodurch eine allgemeine Senkung des Grundwasserstandes in der Niederung eintritt. — Ferner ist in Abb. 31 eine Grundwassersenkung durch ***Dränung*** (Entwässerung durch unterirdischen Wasserentzug) im Querschnitt dargestellt. Die Saugstränge der Dränröhren (Mindestgefälle $2^0/_{00}$, Tiefenlage mindestens 1 m) werden zu einem querverlaufenden Sammler geführt (Mindestgefälle $1^0/_{00}$), der das Wasser zum Vorfluter entläßt. Als größte Schüttung der Dränung werden 0,7 l/s·ha, in regnerischen Lagen 1,8 l/s·ha angegeben (in Spende: 70 bis 180 l/s·km²).

Die geographische Verteilung der Bewässerung ist von SAPPER für die verschiedenen Teile der Erde geschildert und kartographisch dargestellt worden. In vorderster Linie stehen natürlich die Gebiete, wo Flüsse aus *humiden* Gegenden in *aride* eindringen („Ägypten ist ein Geschenk des Nils“). Auf gleicher Stufe stehen halbaride Gebiete, die von feuchten Gebirgen aus Zustrom von Wasser erhalten, z. B. Algerien, Turkestan, Mesopotamien, Kalifornien, Arizona und viele andere; dabei ist die Bewässerung oft mit Wasserkraftnutzung verknüpft, steht ihr aber an Bedeutung voran. Die Bewässerung macht an der Trockengrenze nicht halt, sondern erstreckt sich auch auf die humiden Gebiete, die ihren Pflanzungen aus den Flüssen *zusätzliches* Wasser zuleiten (Reisfelder in den

Monsunländern). Auch in Mitteleuropa ist die Wiesenwässerung selbst in regenreichen Gebirgen sehr verbreitet (im Schwarzwald: Wuhr = Bewässerungsgraben). Den Verlust schätzt man auf $^1/_4$ der zugeführten Wassermenge. Die Gräben, mit 10 bis 20$^0/_{00}$ Gefälle angelegt und mit Stellfallen versehen, führen einerseits den wasserarmen Flächen, z. B. Weiden, die nötige Flüssigkeit zu, andererseits sollen sie den Absatz von Nährstoffen, die in den Gebirgsbächen nur in geringer Menge enthalten sind, durch lang ausgedehntes Rieseln steigern und dabei auch das Dungwasser gleichmäßig über die Felder verteilen. — Für ausreichende Bewässerung der Wälder wird von forstlicher Seite empfohlen, das Wasser aus den Waldschluchten zu den Bergnasen vorzuführen. Im Kanton Wallis (Schweiz) wird den trockenen Hängen der inneralpinen Täler durch Hangkanäle das zum Anbau nötige Wasser aus Gletscherbächen zugeleitet. In der Oberrheinebene erfüllen die Gräben vielfach eine doppelte Funktion: in der wasserreichen Jahreszeit (Winter und Frühjahr) führen sie das überschüssige Wasser an die Vorfluter ab, in der wasserarmen Jahreshälfte (Sommer und Herbst) wird ihnen von hochgelegenen Flußbetten aus durch Grundablässe Wasser zugeführt, das dann durch Fallen gestaut und zur Verteilung an die Umgebung gebracht wird. — Es ist Aufgabe der Landeskultur, das zulaufende Wasser nach Ort und Zeit richtig zu *dosieren*, da durch ein Zuviel an Wasserzufuhr auch Versumpfung eintreten kann. Schrifttum: JAEGER. STEIN, FRECKMANN, SCHROEDER, ENDRISS und die Angaben zu Beginn dieses Abschnitts.

b) Bewässerung und Klimaänderung. Die weiten, heute noch bestehenden Trockenwüsten haben Anlaß zu *Bewässerungsprojekten* großen Stils gegeben, von denen das Kongoprojekt besonders erwähnt werden soll: es wird (außer der Gewinnung von Wasserkräften am Kongo und Sambesi) ein Überlauf zum Tschadsee und dadurch die Bewässerung weiter Trockengebiete vorgesehen. Wie bei jeder Bewässerung größeren Maßstabs kommt auch die Frage der *Klimaänderung* herein, weil die Luft stärker angefeuchtet und dadurch der innere Wasserkreislauf intensiviert wird. Dies verspricht jedoch nur für die Randgebiete der humiden Zone einen Erfolg. Im Kern der Trockenzone bleibt das Klima, wie die Umgebung des Roten Meeres zeigt, auf alle Fälle niederschlagsarm. Nur geringen Wert haben die Pläne, welche die natürlichen Depressionen des Landes vom Meere aus unter Wasser setzen wollen. Es handelt sich hierbei (auch in der Sahara) nur um verhältnismäßig kleine Flächen, und eine Anfeuchtung mit Salzwasser verspricht ohnehin nur geringen kulturellen Erfolg. Auch die Hebung von Grundwasser *in der Wüste* zu Bewässerungszwecken kann wegen Nachschubmangels ihren Zweck nur vorübergehend erfüllen (vgl. HIEHLE und S. 282).

Im Zusammenhang mit den Plänen zur Klimabesserung sei auch ein Wort über die *Erzeugung künstlichen Niederschlags* gesagt. Man hat dies früher mit dem sog. Hagelschießen, in neuerer Zeit mit der Ausstreuung von *Kondensationskernen* (Nebelfahnen von Flugzeugen aus usw.) versucht. Aber die Erfahrungen waren nicht befriedigend. Der letzte Grund dafür ist nicht ein technischer, sondern ein physikalischer. Berücksichtigt man die geringe Menge Wasser, die normalerweise über 1 cm² Grundfläche in der Atmosphäre steht und nur durch *seitliche* Zufuhr von feuchten Luftmassen gesteigert werden kann, berechnet man ferner die Energie, die zur Abkühlung solcher Luftmassen und Ausschüttung von Regen zugeführt werden müßte, so ergeben sich solch hohe Zahlen, daß eine Verfolgung dieser Pläne in größerem Stil von vornherein aussichtslos erscheint [FLOHN (3), SCHNEIDER-CARIUS u. a.].

Für Gebiete, deren Trockenheit nicht der Lage im subtropischen Gürtel, sondern der innerkontinentalen Abgeschlossenheit zuzuschreiben ist, sind Projekte zur Bewässerung und Klimaänderung aufgetaucht, die Beachtung verdienen. In erster Linie ist hierbei das Projekt von DAWYDOW zu nennen. Man will die großen Ströme Jenissei und Ob zur Bewässerung von Turkestan heranziehen: Der Jenissei wird nach Einmündung der mittleren Tunguska gestaut und zum Ob übergeleitet. Dieser wird bei Belogorje gestaut, wodurch längs Irtysch und Ob in der Höhe + 70 m ein sichelförmiger See („Sibirisches Meer") entsteht, der nach entsprechender Austiefung der Turgaisenke (jetzt +120 m üb. N.N.) nach Süden zum Aralsee (+ 50 m) überläuft. Etwaiger Überschuß sucht seinen Weg durch den Usboi zum Kaspisee und kann zusammen mit dem Amu-Darja weite Flächen durch Bewässerung in Kulturland verwandeln. Wenn wir bedenken, daß die großen westasiatischen Seen ein aus humiden und ariden Bezirken gemischtes System darstellen, das neben der Überwehung durch die planetarischen Westwinde ein hydrographisches Sonderdasein aufrechterhält, so kann man sich dem Gedanken nicht verschließen, daß dieser Vorgang durch Vergrößerung der Wasserflächen verstärkt und durch Intensivierung des inneren Kreislaufs auch kulturell ausgenutzt werden kann [vgl. MIRTSCHING; ferner Wasserwirtschaft (Bem. 7 S. 310) 1949/50 S. 272; LEIMBACH in Raumforschung und Raumordnung Bd. 2, 1950; FLECK in Peterm. Geogr. Mitt. 1952, 1. Heft].

4. Hydrodynamische Grundlagen der Wasserkraftnutzung.

Bewegungen in den fließenden Gewässern. Zunächst sei einiges über die *Geschwindigkeiten* gesagt, die in unseren fließenden Gewässern einschließlich dem Grundwasser wirklich vorkommen. Es kann sich dabei nur um Größenordnungen handeln. Bei den Bächen der Ebene und des Hügellandes bewegt sich die Geschwindigkeit meist unterhalb der 1 m-Grenze (je Sekunde), ist also kleiner als die eines Fußgängers. Rascher wird die Bewegung in Kanälen, besonders wenn sie glatte Wände aufweisen. In Flüssen und Strömen steigt die Geschwindigkeit auf 2 bis 3 m an und kann bei Hochwasser 4 m erreichen. Eine weitere Höchstgrenze findet sich in den Steilstrecken der Gebirgsbäche, doch sind Geschwindigkeiten über 6 m/s nicht bekannt. Die Wendung vom „pfeilschnell" dahinschießenden Wasser ist nur als sprachliche Blüte anzusehen. Auch die Schleier, die sich an Wasserfällen bilden, bewegen sich, wie die Beobachtung aus einiger Ferne zeigt, nur mit mäßiger Geschwindigkeit abwärts. — Die Geschwindigkeit im Grundwasser ist ungleich niedriger. Schon in den Karstgerinnen geht sie auf 2 bis 20 cm/s herunter; beim eigentlichen Grundwasser finden wir in grobem Kies Beispiele mit 0,002 cm/s, und bei lehmigem Sand kommen wir auf bis zu 1 cm *im Tag* (!), also unter die Geschwindigkeit einer Uhrzeigerspitze herunter. Grundsätzlich hängt aber die Geschwindigkeit nicht bloß vom Gestein, sondern auch vom Gefäll ab.

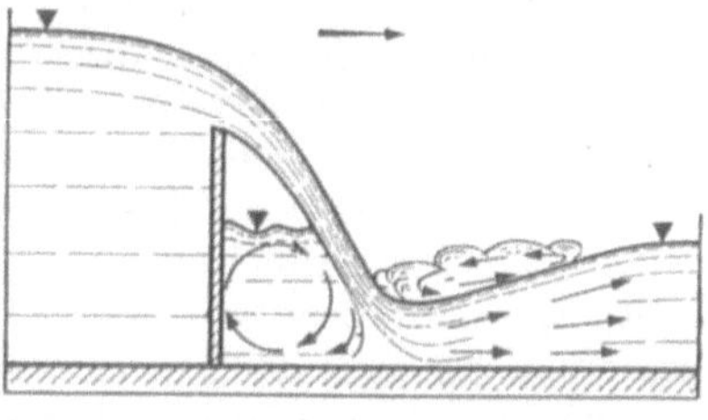
Abb. 32. Absturz über eine lotrechte Wand mit Grund- und Deckwalze. Nach SCHLEICHER.

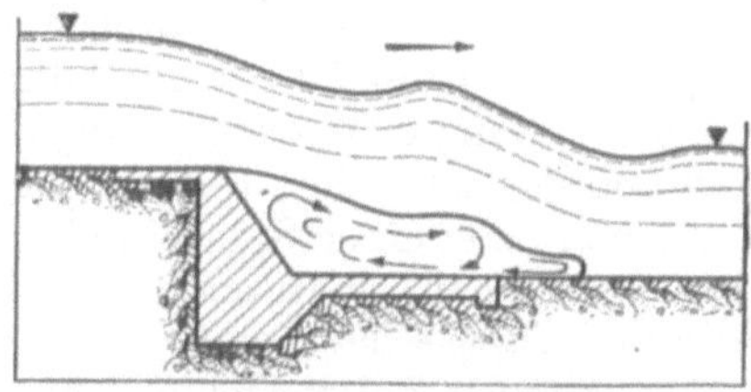
Abb. 33. Unvollkommener Absturz mit Grundwalze. Nach SCHLEICHER.

Von den Bewegungsformen im Flußbett sind die *Grund-* und *Deckwalzen* hervorzuheben, die sich unterhalb von Überfällen und Stromschnellen bilden. Am vollkommensten bildet sich Grund- und Deckwalze beim *lotrechten* Absturz aus (Abb. 32). Beim *unvollkommenen* Absturz verschwindet die Deckwalze und wird durch einen wellenförmigen Verlauf der strömenden Schichten ersetzt; dies ist die Form, die auch in natürlichen Gerinnen angetroffen wird, wenn das Wasser über kleine Hindernisse zu fließen gezwungen ist. Abb. 33 zeigt die technische Ausgestaltung eines Absturzes, der die Deckwalze im Hauptabsturz zu vermeiden sucht, aber die Grundwalze beibehält. Die technischen Anlagen zielen vor allem auf „Energievernichtung". Schon bei der Wildbachverbauung (Abb. 16) wurden die sog. *Tosbecken* besprochen, in denen das stürzende Wasser selbst auf ein Wasserpolster auftrifft; letzteres wird durch leichte Stauung mit einer Schwelle hervorgerufen. Die kinetische Energie wird dabei großenteils in Wirbeln verzehrt; ähnliche Vorgänge werden nachher in Abb. 34 beschrieben.

In diesem Zusammenhang sei auf die *Flußbaulaboratorien* hingewiesen, wo die natürlichen Verhältnisse im kleineren Maßstab nachgebildet werden. Die Bedeutung dieser Versuche steht außer Zweifel; aber es entstehen grundsätzliche Schwierigkeiten dadurch, daß die wirkenden Kräfte, vor allem die Molekularkräfte, nicht im gleichen Verhältnis abnehmen wie die äußeren Dimensionen. Hier muß das Ähnlichkeitsgesetz von FROUDE bei überwiegender Trägheits- und Schwerkraft, das Ähnlichkeitsgesetz von REYNOLDS bei überwiegenden Trägheits- und Reibungskräften beachtet werden (SCHLEICHER, S. 1240). Wertvolle Aufschlüsse über Erosion und Anlandung erhält man aus solchen Versuchen bei der Nachbildung von wasserbaulichen Anlagen, ferner über die Mischungsvorgänge im Flußwasser (Ref. Bem. 4 S. 310, 1952, S. 145).

Spiegelabsenkung und Querschnittsverengung — teilweise schon S. 24 besprochen — spielen für die Beurteilung von Flußprofilen, besonders für die Messung der Geschwindigkeit, eine große Rolle: Stauung vor dem Hindernis (Brücke), Gefällsteigerung, Spiegelabsenkung und Querschnittsverengung bei Überwindung des Hindernisses, teilweise Wiederherstellung des alten Zustandes nach dem Hindernis (vgl. auch S. 26). Die Spiegelsenkung findet eine wichtige Anwendung in der Bestimmung der Wasserführung aus *Überfallhöhen*. Da die Wasserführung allgemein gleich Querschnitt mal Geschwindigkeit ist, so leuchtet bei feststehendem Querschnitt ein, daß die Geschwindigkeit und damit die Wasserführung allein aus der Höhe des Wassers über einer eingebauten Schwelle bestimmt werden kann. Diese Methode wird bei kleinen Wasserläufen häufig angewandt (vgl. S. 182).

Die Fließarten des Wassers. Abb. 34 führt uns auch zu energetischen Überlegungen. Eine Wassermenge m, die sich in der Höhe H über dem Meeresspiegel befindet, besitzt die *potentielle Energie* mgH (g = Schwerebeschleunigung). Beim Fließen geht durch die Wirbelbewegungen und die Bettreibung laufend ein Teil der Energie „verloren", d. h. sie wird in *Wärme* verwandelt. Stellt man die vorhandene Energie nach ihrem örtlichen Verlauf dar, so entsteht eine *Energielinie*, die dem allgemeinen Verlauf der Oberfläche des Flusses folgend (aber nicht genau parallel dazu) zum Meer hin sich senkt; durch die Senkung kommt die allmähliche Umwandlung in Wärme zum Ausdruck. Aber außerdem findet auf dem ganzen Wege eine Umwandlung von potentieller Energie in *kinetische Energie* und teilweise Rückverwandlung statt. Sehen wir für kurze Strecken von der Umwandlung in Wärme ab, dann gilt das Gesetz, daß die Summe der kinetischen und der statischen (potentiellen) Energie gleich bleiben muß (Gesetz von BERNOULLI). Bei einer Spiegelsenkung um h wird also ein Teil der potentiellen Energie mgh zur kinetischen Energie $\frac{1}{2}mv^2$, und die Senkung oder sog. *Geschwindigkeitshöhe* ist also $h = v^2/2g$. Das Gesetz wird durch Druckmessungen in Wasserläufen bei verschiedenen Geschwindigkeiten bestätigt; nach Überwindung eines Hindernisses kann der statische Druck (die potentielle Energie)

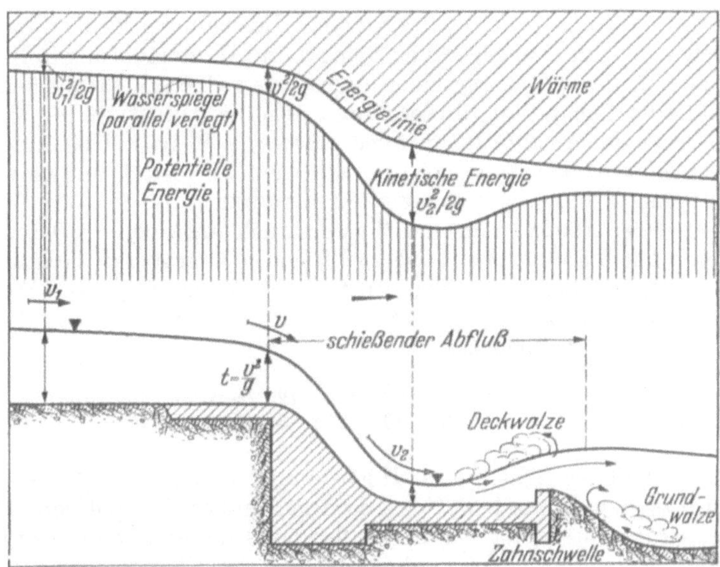

Abb. 34. Abflußvorgänge bei einem vollkommenen Absturz. Energieumwandlungen.

infolge der Geschwindigkeitsminderung wieder steigen. Die Senkung der Drucklinie bei Querschnittseinengungen wird im *Venturikanal* zur Messung der Wasserführung benützt (SCHLEICHER, S. 134).

Bei rascher Spiegelsenkung, nämlich um die halbe Wassertiefe $h = \frac{1}{2}t$, erreicht die Geschwindigkeit einen kritischen Wert. Hier wird $v = \sqrt{2gh} = \sqrt{gt}$ und die Wassertiefe ist dann $t = v^2/g$ (Abb. 34 untere Hälfte links). Die hier auftretende Geschwindigkeit v ist die sog. *Wellenschnelligkeit*, d. h. die Geschwindigkeit der *Grundwellen*, die sich bei jedem Gewässer von der Tiefe t bei Spiegel- und Sohlenänderungen örtlicher Natur entwickeln. Sie führen auf weitere Komplikationen, die durch verschiedene *Arten des Wasserabflusses* hereinkommen.

Man unterscheidet drei deutlich wahrnehmbare *Formen des Wasserabflusses*: Gleiten, Strömen und Schießen. Mit *Gleiten* bezeichnet man die Laminar- oder Parallelbewegung der Flüssigkeit, bei der sich alle Teilchen in nebeneinanderliegenden Schichten bewegen, die sich weder durchsetzen noch vermischen. Da es sich beim Wasser um eine Flüssigkeit von geringer Zähigkeit (Viskosität) handelt, so kommt bei ihm das Gleiten nur selten vor, etwa in engen Röhren oder in sehr kleinen offenen Rinnen mit mäßiger Abflußgeschwindigkeit, ferner im Grundwasser. Bei einer bestimmten, von den Bettabmessungen und dem Zähigkeitsmodul abhängigen Geschwindigkeit (kritische Geschwindigkeit) tritt *turbulentes* oder wirbeliges Fließen auf, bei dem die Bahnen der einzelnen Flüssigkeitsteilchen sich durcheinandermischen und ein Querimpulsaustausch stattfindet. Diese Fließart zerfällt wieder in Strömen und Schießen. *Strömen* ist die turbulente Bewegung, bei der die Fließgeschwindigkeit kleiner ist als die Wellenschnelligkeit (also $v < \sqrt{gt}$) oder die Wassertiefe t größer als die doppelte Geschwindigkeitshöhe ($t > v^2/g$). Unter *Schießen* versteht man die Fließbewegung, bei der die Fließgeschwindigkeit größer ist als die Wellenschnelligkeit (also $v > \sqrt{gt}$) oder die Wassertiefe kleiner als die doppelte Geschwindigkeitshöhe.

Diese Vorgänge spielen auch bei Wasserfällen (freier Sturz im Gegensatz zum gleitenden Fall), bei Abstürzen im Flußlauf und bei der Walzenbildung eine Rolle.

Ferner ist die merkwürdige — nicht voll erklärte — Erscheinung der Wanderwellen, d. h. periodisches An- und Absteigen von Spiegel und Wasserführung in Kanälen, in letzter Linie auf diese Ablösung einer angestauten Oberschicht zurückzuführen; mathematische Behandlung dieser Frage siehe bei DRESSLER. — Man vergleiche dazu ferner die Ausführungen über *Seiches* (s. S. 107). Über die physikalischen und technischen Definitionen der Zähigkeit (Viskosität) und verwandter Begriffe s. MÜLLER-POUILLET, PRANDTL, SCHLEICHER.

Endlich hängt der Fließzustand des Wassers auch stark von der Temperatur ab. Die schleichende Laminarbewegung stellt sich, der größeren *Zähigkeit* entsprechend, vorwiegend bei tiefen Temperaturen ein; ihr reziproker Wert, die *Fließfähigkeit*, wächst von Temperaturen um 0° bis + 25° etwa auf das Doppelte an, wie folgende Tabelle zeigt:

Fließfähigkeit	56	67	78	89	100	112	125 (relative Einheiten)
Temperatur	0	5	10	15	20	25	30 (Grad Celsius)

Die Beweglichkeit des Wassers im Hochsommer ist also viel größer als im Winter, ebenso in den tropischen Gewässern gegenüber den polaren. Für die Bewegung des Grundwassers ist dies ebenfalls von Bedeutung, da die zu irgendeiner Jahreszeit ermittelten Geschwindigkeiten bei der Übertragung auf andere Jahreszeiten Korrekturen erfahren müssen. — Auch der *Geschiebetransport* nimmt auf Grund von Flußmodellversuchen nach SEIFERT bei einer Steigerung der Temperatur von + 2° auf + 25° um fast $^1/_4$ zu. Weiteres bei PRANDTL und KOEHNE.

5. Die Wasserkräfte der Erde. Gezeitenströme.

Wasserkraftprojekte. Die Wasserkräfte der ganzen Erde werden — sehr unsicher! — auf 400 Mill. Kilowatt (kW) geschätzt, wovon höchstens 20% ausgenützt sind. Mehr Bedeutung hat die Frage, ob sich diese Kräfte irgendwo etwas konzentrieren, so daß weitere Teile erfaßt werden können. Der Niagara könnte bis 3 Mill. kW liefern, noch etwas mehr der Parana in Südamerika, dessen Stromschnellen zusammen mit Nebenflüssen dem Niagara ebenbürtig sind. Von der (sicher berechtigten!) Frage des Naturschutzes sehen wir in diesem Zusammenhang ab! Weitaus größere Energiemengen könnten in Afrika gewonnen werden, wo der Sambesi in den Victoriafällen eine solche Möglichkeit darstellt, besonders aber beim Kongo, der mit seiner Wasserführung von 39000 m³/s im Unterlauf und einem Höhenunterschied von mehreren 100 m eine ganz gewaltige Kraftreserve darstellt. Das von H. SÖRGEL aufgestellte Kongoprojekt sieht eine Aufstauung des Stromes zu einem Kongomeer bei der Durchquerung der westlichen Gebirgsschwelle vor, wodurch 70 Mill. kW gewonnen werden sollen; weiteres hierzu und teilweise Kritik s. WUNDT (12) sowie VAN EIMERN (zus. mit TROLL und DAUME). Weitere Projekte zur Kraftgewinnung — Abdämmung der Straße von Gibraltar in Verbindung mit einer Senkung des Mittelmeeres, Aufstauung des Schwarzen Meeres bis zum Überlauf in die Kaspisenke, Abdämmung des Roten Meeres an der Straße von Bab el Mandeb u. a. mehr — gehören zur Hydrographie des Meeres. Über die Größe der hierbei zu erwartenden Energieerzeugung sei hier gesagt, daß sie *kleiner* ist als beim Kongoprojekt, von Einwänden anderer Art ganz abgesehen. Eingehende Darstellungen der Stau- und Bewässerungspläne an großen *Flüssen* siehe bei HIEHLE; über den DAWYDOW-Plan für Turkestan s. S. 47.

Energie der Wellen. Ausnützung der Gezeitenströme. Vor der Ausnützung von Ebbe und Flut zur Energiegewinnung steht deren Bekämpfung als Schadensquelle. Der Druck der Wellen, der für die Festigkeitsberechnungen der Molen und Dämme von Bedeutung ist, kann unter Annahme einer bestimmten Wellenform (Trochoide) berechnet, aber auch direkt mit *Dynamometern* ermittelt werden. Es ergaben sich für Meereswellen Drucke bis 4 kg/cm². Dieser Druck ist an und für sich nicht sehr hoch — nur etwa das Vierfache des Atmosphärendruckes! — aber die Schadenwirkung beruht auf dem ständigen Wechsel, der das Gefüge der Bauten lockert. Von einer technischen Ausnutzung *freier* Wellen ist nichts bekannt geworden, und die Möglichkeit liegt, wenn wir die damit zusammenhängenden *Gezeitenströme* betrachten, auch recht fern. Zur Ausnützung der letzteren eignen sich naturgemäß *die* Küsten, wo der Unterschied von Ebbe und Flut große Werte erreicht. Dies ist in der Severnmündung in England und an der Kanalküste der Fall, wo der Tidenhub (auf der französischen Seite) 10 m und mehr betragen kann. Nach einem Bericht in der „Deutschen Wasserwirtschaft" 1936, S. 35, besteht dort ein Projekt am Zusammenfluß der Flüsse Chatraulin und Faon, das später erweitert wird, aber vorläufig eine Spitzenleistung von 20250 kW (27500 PS) und eine Jahreserzeugung von 100 Mill. kWh liefern soll (über die Einheiten vgl. Abschn. 6). — Allgemein ist zu sagen: Man kann grundsätzlich beliebige Wassermengen in Becken einleiten und beim Wiederausströmen zur Kraftgewinnung benützen. Aber die technischen Schwierigkeiten sind erheblich! Ein Beispiel: Nehmen wir als Ziel 100000 PS (= 73600 kW), wie sie heute von vielen Flußkraftwerken geliefert werden, und als nutzbare Fallhöhe 3 m. Die zur Erzeugung der PS erforderliche Wassermenge x in m³/s ist dann, weil $3000x:75 = 100000$, gleich 2500. Zur Füllung und Wiederentleerung steht je $^1/_4$ Tag, d. h. rund 22000 Sekunden zur Verfügung, in denen $22000 \cdot 2500$ m³ aufgespeichert werden müssen mit der Beschränkung, daß die Stauhöhe nur 3 m betragen darf. Daraus ergibt sich für die Fläche des Staubeckens 18 km². Das ist das $1^1/_2$fache der größten Talsperre Deutschlands (Edertalsperre)! Ferner sind die Bedingungen zur Krafterzeugung wegen der hohen Kosten der Bauwerke, die dem ständigen Anprall der Meereswellen ausgesetzt sind, nicht sehr günstig. Ganz allgemein sind, wie im folgenden Abschnitt 6 ausgeführt, Kraftwerke mit großer Fallhöhe (Hochdruckwerke) bei theoretisch gleicher kW-Zahl viel wirtschaftlicher als Niederdruckwerke.

6. Wasserkraftanlagen und Talsperren.

Diese sind ein besonders wichtiger Zweig der Wassernutzung. Die *morphologischen* Änderungen, die im Flußbett durch Stauwerke eintreten, sind schon S. 18 bei den Innwerken (Abb. 8) gestreift worden, weiteres wird S. 54 und 57 folgen. Hier beschäftigen wir uns vorwiegend mit den Wasser*kräften*. Da die von einem Fluß gelieferte Wasserkraft in erster Linie von dem Produkt Wasserführung mal Fallhöhe abhängt, so sind in der Ebene auch beim Vorhandensein großer Ströme keine nennenswerten Wasserkräfte zu erwarten. Dagegen kann in Gegenden mit starker Höhendifferenz schon ein kleiner Bach bedeutende Energiemengen liefern. Wenn nun bei gleicher Größe jenes Produktes die Frage aufgeworfen wird, was vorzuziehen sei, ein starker Fluß mit geringem Gefäll oder ein schwacher mit großem Gefäll, so entscheidet sich die Technik für den zweiten Fall. Wohl ist beim Gebirgsbach die Zuleitung etwas länger, aber das Kraftwerk hat nur kleine Dimensionen, während bei großen Flüssen kostspielige Stauwerke und Turbinenanlagen erforderlich sind. Dazu bietet der Gebirgsbach den Vorteil, daß hochliegende Gebiete in der Regel viel regenreicher sind als die Gebiete der Ebene: man erreicht also seinen Zweck schon durch Ausnützung verhältnismäßig kleiner Flächen.

Bei der Wasserführung haben wir bisher stillschweigend eine gewisse Konstanz vorausgesetzt. Tatsächlich findet aber im Laufe des Jahres ein starker Wechsel statt, und auch der Gesamtabfluß ist in Naß- und Trockenjahren sehr verschieden. Die *Talsperren* sollen also in Naßzeiten das Hochwasser speichern und in Trockenzeiten die Vorräte allmählich wieder abgeben. Die Probleme sind damit angedeutet: Man muß ein möglichst niederschlagsreiches Gebiet suchen, das Gefäll soll auf eine kurze Strecke zusammengedrängt werden, und der Zulauf zu den Turbinen soll im allgemeinen gleichmäßig, aber im einzelnen regulierbar sein. Letzteres hängt natürlich davon ab, wie groß der Fassungsraum des Staubeckens im Verhältnis zur aufzunehmenden und wieder abzugebenden Wassermenge ist. Ferner müssen die Zuleitungen und die Turbinen die Möglichkeit zu Spitzenleistungen in kurzer Zeit bieten.

Die Schwankungen im Klima und in der Wasserführung, soweit sie uns von der Natur dargeboten werden, sind S. 232ff. behandelt.

Die gesamten Spitzenleistungen der Turbinen, die vornehmlich durch die Ansprüche der Industrie zu einzelnen Tageszeiten gefordert werden, richten sich nach den örtlichen Bedürfnissen und werden meist durch Ausgleich mit anderen Kraftquellen, z. B. mit Dampfkraftwerken, geregelt. In manchen Gegenden, besonders den Trockenklimaten (z. B. Kalifornien), tritt neben das Problem der Krafterzeugung die Aufgabe der Bewässerung trockener Flächen und deren kulturelle Ausnützung. — Leider macht sich nicht selten ein technischer Mangel bemerklich: es fehlen weithin die Unterlagen für langjährige Abflußberechnungen und Abflußsummen. Dieser Mangel hat sich durch den Weltkrieg wesentlich verschärft, und für viele Flüsse sind Angaben aus der Kriegs- und Nachkriegszeit infolge Ausfalls der Beobachtungen überhaupt nicht zu erhalten.

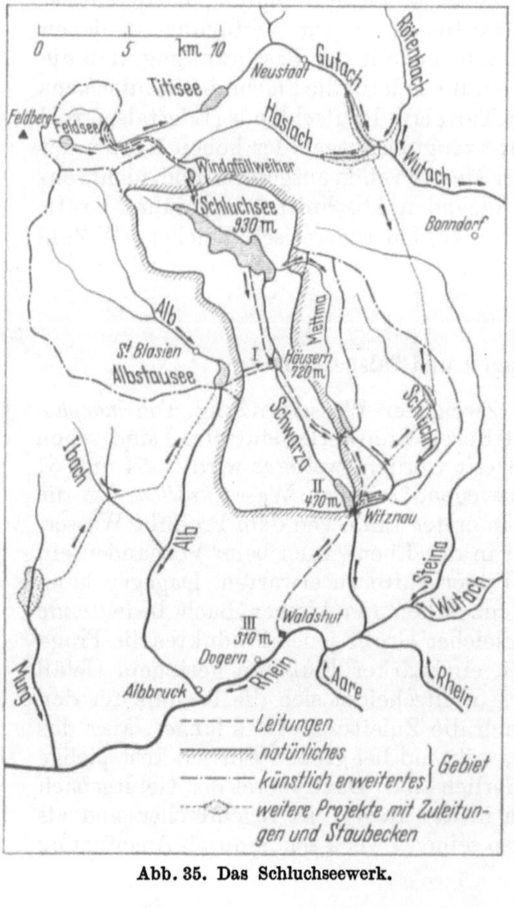

Wie sich die Ausnützung regenreicher Gebiete, Verwendung von Stauraum, stufenweise Umwandlung der Fallenergie in elektrischen Strom und vor allem die Kombination mit anderen Kraftquellen auswirken, möge an dem Beispiel des Schluchseewerks im südlichen Schwarzwald gezeigt werden.

Man kann sich (Abb. 35) die Entwicklung hier am leichtesten vorstellen, indem man von dem ursprünglichen Einzugsgebiet der Schwarza bei Witznau (durch Schraffung umrandet) ausgeht. Dieses vergrößert sich künstlich durch den Abfluß aus dem Feldsee, der in einem verdeckten Hangkanal dem Windgfällweiher und von dort in einem offenen Gerinne

Abb. 35. Das Schluchseewerk.

dem Schluchsee zugeführt wird. Dieser selbst, ein alter Glazialsee, ist um rund 30 m gestaut und sein Fassungsvermögen dadurch auf ein Vielfaches gesteigert. Vom Schluchsee bis zum Rhein bei Waldshut stehen im ganzen 620 m Höhendifferenz zur Verfügung, die in drei Stufen ausgenützt werden. Dabei werden unterwegs noch weitere Wassermengen zugeleitet, nämlich das Wasser der Alb, der Mettma und der Schlücht. Die Zuführung weiterer Mengen aus dem Gebiet der Haslach und Wutach (im Norden) und aus dem Gebiet der Murg (westlich der Alb, beides in der Karte angedeutet) ist für die Zukunft geplant. — Um einen rohen Anhaltspunkt für die Leistung des Schluchseewerks zu gewinnen, vergleichen wir sie mit der des Rheinfalls bei Schaffhausen (*wenn* dieser vollständig ausgenützt wäre). Der durchschnittliche Zulauf zum Teilausbau I bei Häusern liegt zwischen 2 und 3 m^3/s, die Fallhöhe ist 210 m, beim Rheinfall sind die entsprechenden Zahlen 300 m^3/s und 20 m. Bilden wir in beiden Fällen das Produkt aus Zulauf mal Fallhöhe, so finden wir, daß schon die Leistung bei Häusern größenordnungsmäßig $^1/_{10}$ der Leistung des Rheins erreicht. Dazu kommen die Leistungen der beiden unteren Teilstufen, die erheblich größer sind als bei der ersten. Unter Verwendung der bekannten Leistungseinheiten „Pferdestärke" und „Kilowatt" (1 Pferdestärke = 75 m · kg/s = 0,736 kW) ergibt sich, daß aus dem Rheinfall rund 80000 PS oder 60000 kW gewonnen werden *könnten*, aus den Schluchseestufen — mit Hinzurechnung der neuen Projekte — eine Zahl von *derselben* Größenordnung. Es kommt dazu: die Arbeitsleistung läßt sich mit der Stromerzeugung aus Kohlen (vom Niederrhein her) und mit den Wasserkraftwerken am Oberrhein *kombinieren*. Der Nachtstrom dieser Werke kann nämlich zusammen mit dem Wärmekraftstrom dazu benützt werden, das aus dem Schluchsee ablaufende Wasser aus dem Rhein in die Staubecken *zurückzupumpen* — denn im Rhein selbst ist nicht genügend Stauraum, um Wasser während der Nacht zurückzuhalten, von den Schädigungen, die dieses Verfahren für die Schiffahrt und die weiter unten liegenden Kraftwerke hätte, ganz abgesehen. So wird der Nachtstrom des Rheins zum zusätzlichen Tagstrom des Schluchseewerks; er kann als *Spitzenbedarf* dann eingeschaltet werden, wenn die Industrie es erfordert. Dieses Zurückpumpen ist aber nur dann möglich, wenn die Talsperren den nötigen Fassungsraum haben. Das trifft für den Schluchsee im weitesten Sinne zu: er vermag nicht bloß einen Ausgleich zwischen den Tages- und Jahreszeiten, sondern sogar einen gewissen *Überjahresausgleich* zu schaffen. Es tritt bei ihm der seltene Fall ein, daß der Nutzraum des Staubeckens mit 108 Mill. m^3 den durchschnittlichen Jahreszufluß nicht nur erreicht, sondern sogar etwas übersteigt! *Innerhalb* des Jahres vermag er große Beträge aus der sommerlichen Hochflut des Rheins in sich aufzunehmen und bei winterlicher Wasser- und Stromknappheit wieder abzugeben. — Neben der *mittleren* Leistung spielt für die Stromversorgung die *installierte* Leistung (in Kilowatt, die mögliche Spitzenleistung in kurzer Zeit) eine Rolle, die u. a. von der Rohrweite der Zuleitungen abhängt. Diese sind bei Waldshut für 160 m^3/s ausgeführt ($^1/_6$ der durchschnittlichen Rheinwasserführung). Nach völliger Fertigstellung soll das Werk im ganzen 730 Mill. kWh im Jahre liefern, wovon 450 Mill. kWh auf die natürliche Speicherwasserkraft und 280 Mill. kWh auf die Pumpspeicherung entfallen.

Das Prinzip der Kraftspeicherung durch Zurückpumpen von Wasser in hochgelegene Behälter ist durchaus ausbaufähig und wird z. B. auch bei den elsässischen Kraftwerken von Klein-Kembs zum Zurückpumpen von Wasser in die Vogesenseen verwendet. Allerdings ist es ein glückliches Zusammentreffen, daß gerade am Oberrhein reichliche Wasserkräfte im Sommer mit Speichermöglichkeiten im hohen Mittelgebirge örtlich vereinigt sind.

Einige Angaben über weitere Stauwerke in verschiedenen Teilen der Erde s. Tab. 2c.

7. Schiffahrt und Kanäle.

Die Flußregelungen (s. S. 16) ergeben durch Zusammendrängung des Wassers auf eine schmale Rinne und Herstellung einer größeren Tiefe auch erweiterte Möglichkeiten für die *Schiffahrt*. Die technische Verwendbarkeit eines Flusses als Verkehrsstraße hat schon immer eine große Rolle gespielt; aber erst die moderne Entwicklung, welche die mittelgroßen Flüsse, so den Neckar und den Main, in Staustufen aufteilte, macht die Schiffahrt mit anderen Verkehrsmitteln wieder konkurrenzfähig. Dabei ist wesentlich, daß auch der Oberlauf der Flüsse und die Verbindungsstrecken über die Wasserscheiden allmählich kanalartig ausgebaut werden.

Abb. 36 zeigt den geplanten Ausbau des Hochrheins zwischen Ryburg-Schwörstadt oberhalb Basel und dem Bodensee als Kraftquelle und zugleich als Schiffahrtsstraße (im Anschluß an die neuesten schweizerischen Pläne, nach Grundlagen des Wasserstraßenamtes Freiburg i. B. 1950). Der geplante Schiffahrtsweg wird im allgemeinen dem heutigen Flußlauf folgen; an einzelnen Stellen (bei Säckingen, bei Koblenz-Kadelburg, bei Rheinau und bei Schaffhausen) sind zur Überwindung der großen Höhenunterschiede neue Staustufen geplant. Der künftige Schiffahrtskanal wird die große Schlinge bei Rheinau und den Rheinfall unterhalb Schaffhausen in Abkürzungswegen, die mit großen Schleusen versehen sind, umgehen (s. oberen Teil der Abbildung). Der Rheinfall selbst wird nicht angetastet, der Fluß muß nur das zur Füllung der Schleusenkammern nötige Wasser hergeben; bei Rheinau wird der Schiffahrtsweg durch einen Tunnel hindurchgeführt.

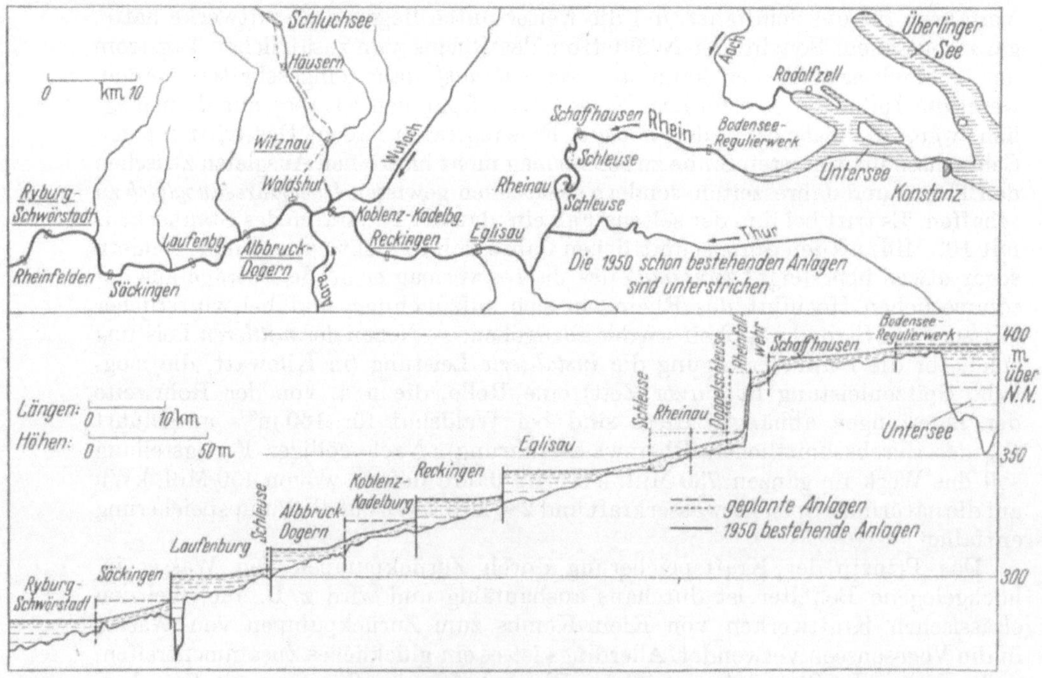

Abb. 36. Der Ausbau des Hochrheins als Energiequelle und als Schiffahrtsstraße. Nach Unterlagen des Wasserstraßenamts Freiburg i. Br. 1950.

Erfahrungsgemäß ist anzunehmen, daß sich nach Ausführung des Projekts das natürliche Gefäll der Sohle in den Staustufen allmählich ausgleicht und durch Austiefung in den oberen, durch Anlandung in den unteren Teilen eine Annäherung an das (fast horizontale) Spiegelgefäll zustande kommt.

Die *Maße* der Schleusen bilden bei allen Großschiffahrtswegen eine wichtige Rolle. Die Breite der Schleuse wird am Rhein 12 m betragen und entspricht der Norm, die auch bei der Neckar- und Mainkanalisierung angewandt wurde. Die Länge der Schleusenkammer wurde auf 180 m festgesetzt. Der untere Vorhafen Birsfelden (etwas oberhalb Basel liegend) bekommt eine Länge von 450 m und eine Breite bis zu 85 m; die Maße müssen den großen Schleppern, die den Rhein heraufkommen, erlauben, zu wenden und ihre Kähne an kleinere Einheiten abzugeben; aber auch der Kanal selbst soll für die großen Schleppkähne (1500 t) benutzbar sein.

Gebräuchliche Kahnabmessungen nach SCHLEICHER, *Taschenbuch S. 1004.*

Länge (m)	Breite (m)	Tiefgang (m)	Tragfähigkeit (t)	Bemerkungen
55	7,4 bis 8,0	1,4 bis 1,7	400 bis 500	Bromberger Kanal, gr. Oderkahn
65	8,0	1,75	600	Ems-Weser-Kanal, Teltowkanal
67	8,2	2,00	830	Groß-Plauer Maßkahn
80	9,2 bis 10,5	1,6 bis 2,5	1000 bis 1350	Rhein-Herne-Kanal
85	9,5	2,5	1500	Ausgeb. Dortmund-Ems-Kanal
85	11,0	2,6	1800	Rheinkahn

Bei der Regelung von Flüssen, die zugleich der Schiffahrt dient, rechnet man mit einer Wassertiefe von wenigstens 30 cm unter der Tauchtiefe und einer Fahrwasserbreite von mindestens 2 mal Breite des größten Schiffes, vermehrt um 3 mal 3 m. Die Halbmesser der Krümmungen sollen bei kleinen Schiffen (bis 400 t) nicht unter 300 m, bei den größten (über 700 t) nicht unter 600 m betragen. Die Wassergeschwindigkeit wird so lange der Schiffahrt nicht abträglich, als die Geschwindigkeit der Schiffe zu Berg wenigstens 5 km in der Stunde erreicht.

Da die Kanäle in der Nähe der Wasserscheiden den Charakter einer künstlichen Stauhaltung annehmen, muß man ihnen von außen her Wasser zuführen, um die Verluste durch Verdunstung, Versickerung und Durchschleusung zu decken. In Mitteleuropa kann man im Sommer bis zu 4 mm Verdunstung täglich rechnen (im Winter viel weniger); für die Versickerung muß man 2 l/s ha in Anschlag bringen. Doch hängt letzterer Betrag stark von den Verhältnissen ab; u. U. dichten sich Kanäle durch Verschlammung der Poren mit der Zeit selbst ab. Beim Weser-Elbe-Kanal werden für Verdunstung 2,7 %, für Versickerung 19,3 %, für den Schleusenbetrieb 78 % des Wasserverlustes gerechnet. Auf den letzteren entfällt also weitaus der Hauptteil (DEHNERT); vgl. auch HILFER (Bem. 7, S. 310, H. 10, 1952). Für den künftigen Main-Donau-Kanal ist an der Scheitelhaltung eine stärkere Wasserzufuhr durch Überleitung aus dem Lech vorgesehen. Eine rationelle Anlage von Kanälen schließt in sich, daß die Höhenunterschiede und die Zahl der Schleusen möglichst klein gehalten werden. Bei großen Höhendifferenzen können Hebewerke an Stelle der Schleusen treten, deren Ausgestaltung aber bei großen und mit Vorsicht zu hebenden Lasten bei den bisher verwendeten Bauformen Schwierigkeiten hervorruft. Größere Täler und auch Flüsse werden von den Kanälen mit Hilfe von Brücken überquert (z. B. das Wesertal bei Minden durch den Mittellandkanal).

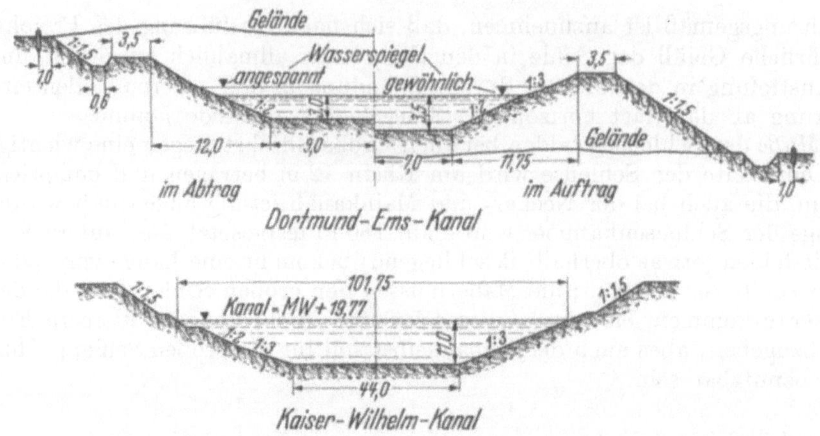

Abb. 37. Querschnitte von Schiffahrtskanälen. Maße in m.

In Abb. 37 werden die Abmessungen für den Dortmund-Ems-Kanal im Abtrag (beim Einschnitt ins Gelände) und beim Auftrag (bei Höherlegung über das Gelände) wiedergegeben. Der zweite Teil der Abbildung gibt einen Querschnitt durch den Kaiser-Wilhelm-Kanal, der Nord- und Ostsee miteinander verbindet (vgl. Dehnert und Taschenbuch Hütte).

Die Leistungsfähigkeit der Schiffahrt erläutert folgender Vergleich: Befördert man mit der Geschwindigkeit 1 m/s auf der Landstraße 1 t, so reicht diese Zugkraft bei derselben Geschwindigkeit auf der Eisenbahn für 8 t und auf dem Wasserwege für 75 t. Im Jahre 1939 entfielen 75% des Lastenverkehrs auf die Reichsbahn, mehr als 20% auf die Binnenschiffahrt und 5% auf den Last-Straßenverkehr (Dehnert, S. 8). Aber die Kostenfrage verändert dieses Bild wesentlich, ferner rückt die neueste Entwicklung den Straßenverkehr viel stärker in den Vordergrund.

Stellen wir einander gegenüber, daß der alte Main-Donau-Kanal (Ludwigskanal) nur 127 t-Schiffe befördern konnte, daß die modernen Kanäle in Deutschland solche mit 1200 bis 1500 t aufnehmen und daß in Amerika sogar Ozeandampfer mittels Schleusen und Kanälen bis in den Oberen See gelangen, so zerfällt der Begriff der Schiffbarkeit weithin in Kleinschiffahrt und Großschiffahrt. Der Anker, der auf den Landkarten den Beginn der Schiffbarkeit eines Flusses anzeigt, hat nur eine relative Bedeutung. Schon zur Römerzeit wurde auf dem Neckar bei Marbach, wie aus einer alten Inschrift hervorgeht, „Schiffahrt" mit kleinen Kähnen betrieben. Der erwähnte Anker findet sich für den Neckar etwas weiter oberhalb, bei Cannstatt. Tatsächlich liegt aber die ältere (sehr bescheidene) Schiffahrt dort seit vielen Jahrzehnten still, weil sie mit den Leistungen der Eisenbahn nicht Schritt halten konnte. Erst der Ausbau des Neckars als Großschiffahrtsstraße bis Cannstatt bzw. Plochingen wird die Schiffahrt auf dem Neckar gegenüber anderen Verkehrsmitteln wieder konkurrenzfähig machen.

Die *Wasserbewegungen* in den Kanälen und Schleusen, die durch die Schiffahrt entstehen, werden — als speziell technisches Problem — hier nicht besprochen. Es sei nur erwähnt, daß der Wasserspiegel bei einem fahrenden Schiff sich ebenso einstellt wie in strömenden Gewässern bei einem Hindernis: vor dem Hindernis (am Bug des Schiffes) Stauwirkung, Spiegelsenkung mit Wellen entlang dem Schiff, Wiederhebung des Spiegels an der Rückseite des Schiffes (Dehnert, S. 27).

8. Natürliche und künstliche Seen als Speicher.

Natürliche Seen haben vor Talsperren den Vorzug, daß Stauwerke nur in kleinerem Außmaße nötig sind und eine größere Staufläche von vornherein nur einen geringen Aufstau erfordert. Andererseits ist dem Aufstau bei natürlichen Seen durch Überschwemmung von Kulturflächen ein rascheres Ende gesetzt als bei Talsperren, wo diese Verhältnisse im voraus berücksichtigt werden können.

Ein instruktives Beispiel für Projekte dieser Art bietet der Bodensee. Abb. 38, auf Grund von schweizerischen Plänen (nach Unterlagen des Wasserstraßenamts Freiburg i. B.) wiedergegeben, veranschaulicht die dortigen Verhältnisse. Der mittlere Stand des Untersees (Rheinauslauf bei Stein) erreichte sein durchschnittliches Maximum 1904/41 zu Anfang Juli, sein Minimum zu Ende März. Ihm sind als Grenzkurven die Umhüllenden der höchsten und der tiefsten Stände in den einzelnen Monaten gegenübergestellt. Das Bodenseeregulierwerk, das unterhalb von Stein bei Hemishofen angelegt und mit einer Schiffsschleuse verbunden wird (s. S. 54) hat den Zweck, die Hochstände abzusenken und die Tiefstände zu heben. Für den *Obersee* (oberhalb Konstanz) sind als Wasserstände (m üb. N.N.) beobachtet: HHW (1817) 398,46; MHW 396,94; MW (1817 bis 1924) 395,71; MNW 394,86; NNW (1858) 394,48. Als „Schadengrenze" gilt die Höhe 397,14 m, die von 1800 bis 1949 in 33 Jahren an insgesamt 1016 Tagen überschritten wurde. Durch Absenkung des Hochwassers unter die Schadengrenze können rund 21 km² Gelände und rund 1300 Gebäude den Überschwemmungen entzogen werden. Der Spiegel des *Untersees* liegt im Mittel etwa 0,4 m unter dem des Obersees.

Die künstliche Beeinflussung ist so berechnet, daß im Untersee eine Senkung des Julihochwassers (für das Durchschnittsjahr) um etwas über 50 cm eintritt, während der winterliche Tiefstand normal um etwa 30 cm, in Ausnahmefällen (Absenkungsgrenze!) nur um 15 cm gehoben wird. Das sommerliche Maximum verspätet sich durch die Regulierunug um rund 2 Monate, d. h. ein Teil der frühsommerlichen Hochflut kommt erst im Herbst und Winter zum Abfluß. — Die geplanten Maßnahmen sind nur ausführbar, wenn sowohl am Ausfluß bei Konstanz als bei Stein (bis Schupfen) Baggerungen und Ausweitungen vorgenommen werden; auch weiter unten, bei Schaffhausen, sollen solche ausgeführt werden. Diese Pläne kommen einerseits

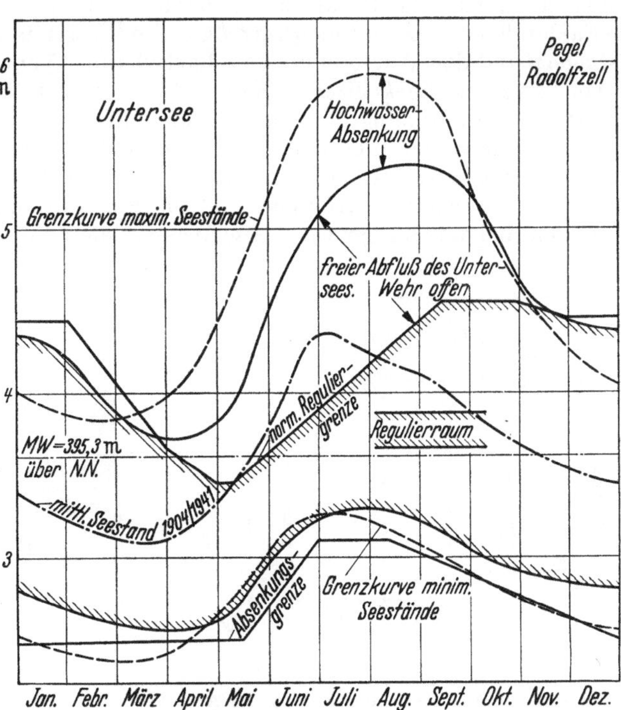

Abb. 38. Einfluß der Regulierung des Bodensees (Untersees) auf die Wasserstände nach schweizerischen Plänen. Nach Unterlagen des Wasserstraßenamts Freiburg i. Br. 1950.

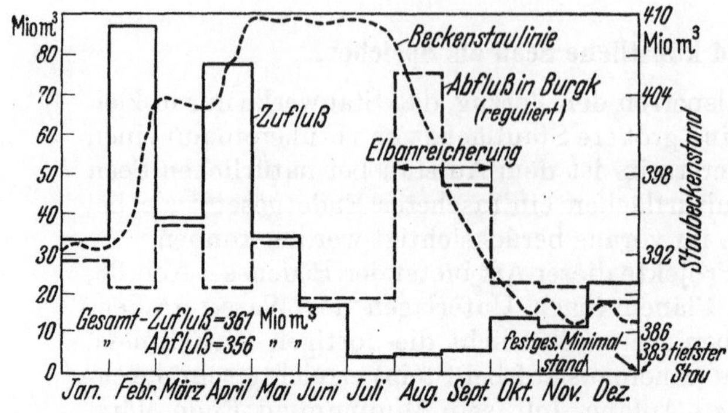

Abb. 39. Wasserwirtschaft an der Saaletalsperre Bleiloch im Jahre 1935. Nach Kyser.

der „Schaffhauser Bedingung" (nicht über 1062 m³/s Wasserführung) entgegen, andererseits wirken sie sich bei allen Unterliegern (vgl. die Staustufen Abb. 36) in günstigem Sinne aus.

Abb. 39 gibt die Wasserwirtschaft an der *Bleilochtalsperre* (an der Saale) im Jahre 1935 nach Kyser wieder. Die ausgezogene Linie zeigt den natürlichen Zufluß zur Sperre mit seinen Unregelmäßigkeiten in Monatsstaffeln. Der regulierte Abfluß (gestrichelt) läßt den starken Zufluß im Januar bis Mai großenteils im Becken zurück, weshalb die Beckenstaulinie bis zum Mai ansteigt. Im August und September werden die Auslässe in Burgk stärker geöffnet, um das Niedrigwasser der Saale und damit auch der Elbe aufzuhöhen. Für die Stauhöhe im Becken ist ein Minimalstand von 383 m festgesetzt, der aber in *diesem* Jahr nicht erreicht wurde. Selbstverständlich kann dieser Plan nur in seinen allgemeinen Zügen — Aufspeicherung im Frühjahr, Abgabe im Spätsommer — auf andere Jahre übernommen werden; denn jedes Jahr hat im Witterungsverlauf sein besonderes Gepräge. Es muß daher sowohl mit außergewöhnlichen Hochwässern, die in der Sperre keinen Platz finden, als mit extremen Dürrezeiten gerechnet werden, in denen man versucht wird, das Becken auch über den Minimalstand hinaus abzulassen. — Alle Saaletalsperren zusammen vermögen die Wasserführung der Elbe um 60 m³/s zu steigern und den Wasserstand (bei Barby) um 45 cm zu erhöhen.

Abb. 40 zeigt die *kritischen Wasserstände an der Oder bei Dyhernfurt* (nach Krieg) in einem beliebig herausgegriffenen Einzeljahr. Die auftretenden Hoch- und Tiefstände lassen in einfachster Weise die hier (wie anderwärts) zu lösenden Aufgaben erkennen. Talsperren müßten die in mehreren Zeitpunkten auftretenden Hochwasserwellen auffangen und sie zur Aufhöhung des Niedrigwassers verwenden, bei dem an der Oder eine Wassertiefe von 1,1 m nicht unterschritten werden soll. Solche Aufgaben sind meist nur teilweise lösbar und wechseln zudem von Jahr zu Jahr ihr Ausmaß und ihre zeitliche Lage.

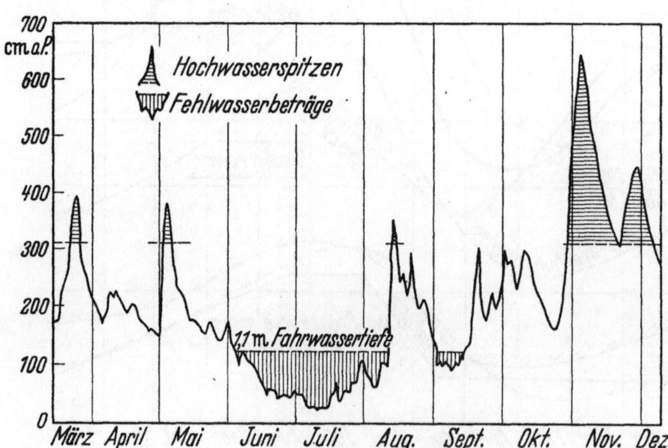

Abb. 40. Kritische Wasserstände der Oder bei Dyhernfurt (Einzeljahr). Nach Krieg.

9. Allgemeines. Rahmenplanung.

Einzelaufgaben der praktischen Gewässerkunde treten überall auf; hier sollen nur einige häufiger vorkommende Fragen kurz beantwortet werden.

a) Wieviel von dem als bekannt vorausgesetzten Niederschlag kommt als (oberflächlicher oder unterirdischer) Abfluß wieder zum Vorschein? — Die Lösung mit Abflußbeiwerten eignet sich nur für Stadtentwässerungen und kurze Zeitdauer; für größere Gebiete und Zeiträume von Jahren wird der Abfluß durch Abzug der — auf Grund der Mitteltemperatur zu schätzenden — Landesverdunstung vom Niederschlag veranschlagt; s. S. 253.

b) Wie werden klimatische Mittelwerte (z. B. Niederschlagsmittel) für Flußgebiete am einfachsten berechnet? — Nicht durch Mittelbildung aus den verschiedenen Stationen, weil diese zu ungleich verteilt sind und vorzugsweise im Tal liegen, sondern durch Ziehung von Regengleichen unter Berücksichtigung des Reliefs. Hierauf Schätzungen des Mittelwerts auf Grund der Methode von Meinardus; s. S. 205.

c) Kann man Wasserstände auf längere Zeit, z. B. auf Monate hinaus, voraussagen? — Diese Frage ist im wesentlichen zu verneinen. Wohl geben Grundwasserstand, Schneehöhen usw. auch Komponenten für die folgende Zeit ab, aber es ist bis jetzt unmöglich, die Niederschläge der Folgezeit, die den Haupteinfluß darstellen, im voraus zu beurteilen; s. S. 289.

d) Ist es möglich, für Hochwässer, die an bestimmten Orten eintreten können, aus den bekannten Regen- und Abflußspenden der Nachbarschaft feste Schlüsse zu ziehen? — Dies ist nicht möglich, denn die Hochwässer sind im allgemeinen nicht örtlich bestimmt, und man kann für künftige Höchstabflußspenden immer nur Wahrscheinlichkeiten angeben; s. S. 217, 224.

e) Kann man beim Fehlen unmittelbarer Wasserstands- und Wassermengenbeobachtungen an einem Fluß den Jahresgang des Abflusses im voraus abschätzen? — Dies ist auf Grund des Ganges an hydrologisch verwandten (nicht bloß benachbarten) Flüssen in gewissem Umfang möglich; s. S. 204.

f) Sind die in der Gewässerkunde üblichen Formeln physikalisch begründet? — Der Zusammenhang mit den physikalischen Gesetzen ist sehr lose; es sind in der Hauptsache Erfahrungsformeln, die nur beim Vorhandensein völlig gleicher Bedingungen auf andere Fälle übertragbar sind. In den meisten Fällen genügt — unter Verzicht auf Formeln — die Festlegung des Zusammenhangs in graphischen Darstellungen; s. S. 175.

g) Sind die Mäander zu begradigen oder dem Flusse zu belassen? — Unter möglichster Belassung der natürlichen Formen ist ein Mittelweg einzuschlagen. Da Zusammenhänge nur ganz allgemein festgestellt sind, bleibt bis auf weiteres im Einzelfall der Weg des Versuchs, der auf Grund der Bettverfestigung die Maße für die beste Annäherung an das Gleichgewicht zwischen Erosion und Anlandung ermitteln soll; s. S. 23 und 98.

h) Gibt es zur Lösung bautechnisch-gewässerkundlicher Fragen *Formeln*, die hier nicht erwähnt worden sind? — Es mag in der Literatur manche solche Formeln geben, aber sie sind ganz vorwiegend auf besonderen Verhältnissen aufgebaut und können daher auf neue Fälle nicht ohne weiteres übertragen werden.

· *Rahmenplanung.* Viele technische Probleme können auf Grund der *örtlichen* Verhältnisse gelöst werden, aber ebenso viele erfordern eine Betrachtung des ganzen Flußgebietes und darüber hinaus der Interessen eines oder mehrerer Länder. Zu der örtlichen Planung muß daher eine *Rahmenplanung* hinzutreten. Man spricht in diesem Zusammenhang auch oft von *Generalplanung*, aber dieser Begriff geht in der Regel zu weit. Der Ingenieur, der eine Aufgabe zu lösen hat, muß in erster Linie die *örtlichen* Verhältnisse betrachten und sich über die Ursachen und Folgen klar werden, durch die seine Planung mit der *Umgebung* verknüpft ist. Wenn wir z. B. das Schluchseewerk ins Auge fassen, so erstreckt sich die Betrachtung gleichzeitig auf die benachbarten Rheinkraftwerke, darüber hinaus wird die zum Ausgleich notwendige Stromerzeugung aus Ruhrkohle mit einbezogen. Bei der Allgemeinplanung im Ruhrgebiet handelt es sich nur wenig um Wasser*kraft*, viel mehr um Wasser*versorgung*, ferner um die Neugewinnung von Mengen aus dem Abwasser und damit um Probleme der angewandten Chemie. Wieder andere Fragestellungen zeigt das Walchensee- (Sylvenstein-) Projekt in Bayern: hier handelt es sich darum, neben der Kraftgewinnung die Verarmung der Flußläufe und die Senkung des Grundwassers durch gewisse Mindestwassermengen aus den Talsperren wieder auszugleichen. Wir erkennen daraus, daß die Probleme überall wieder anders liegen und daß in der Technik das *konkrete* Problem zur Rahmenplanung *ausgeweitet* werden muß, während eine zentralistisch gedachte *Generalplanung* in Gefahr kommt, vom grünen Tisch aus zu urteilen. — Eine Rahmenplanung hat sich natürlich oft mit *widerstreitenden Interessen* zu beschäftigen. Wie diese aussehen, zeigt folgende *Gegenüberstellung*:

Entwässerung und Dränung	**— Steigerung der Hochwassergefahr**
Ableitung des Wassers aus hochgelegenen Gebieten	**— Überschwemmung in den Niederungen**
Steigerung der Zuleitung zu den Kraftwerken	**— Schmälerung der für Bewässerung und Landwirtschaft verfügbaren Mengen; Grundwassersenkungen**
Entnahme von Grundwasser	**— Schädigung der Kulturbelange durch Austrocknung**
Gewinnung von Brauchwasser	**— Schädigung der Kraftanlagen und der Schiffahrt**
Verwendung der Flüsse zur Aufnahme des Abwassers	**— Schädigung der Fischerei, hygienische Schäden**
Technische Vorteile	**— Eingriffe in Naturschutzfragen**
Ausbau von Schiffahrtsstraßen	**— Beeinträchtigung anderer Verkehrsmittel**

Über Möglichkeiten des Ausgleichs äußerte sich SCHROEDER in der Deutschen Akademie für Städtebau und Landesplanung wie folgt [Ref. in Schweizer Bauzeitung Bd. 45 (1950) S. 630]: „Das Wasser wurde mehr und mehr zu einer Mangelware, was noch dadurch verschlimmert wird, daß viele Wasserläufe verschmutzt sind. Jetzt soll für jedes Flußgebiet ein Plan aufgestellt werden, der die Interessen der einzelnen Wirtschaftszweige ausgleichen soll, d. h. die Einzelplanungen sollen sich in diesen Plan einordnen. Gebiete mit Wasserüberschuß werden mit der Zeit Wasser an jene Gebiete abgeben müssen, die Wassermangel leiden. Diese so ermittelten Grundlagen sollen dazu dienen, die zukünftige Verteilung der Siedlungsflächen zu studieren."

Für die Abwägung der Interessen kann kein allgemeines Schema gegeben werden; aber es muß eine Instanz vorhanden sein, die auf Grund eingehender Kenntnis einen gerechten Ausgleich schaffen kann. Allerdings handelt es sich dabei nicht bloß um Erwägungen der *Billigkeit*, sondern auch des bestehenden *Rechts*, das an bestehende und manchmal veraltete Gesetze gebunden ist. Gewisse Probleme gehen sogar über die Ländergesetzgebung hinaus und werden zu Fragen der Politik. Dazu gehört z. B. die Rheinregulierung, die Schiffahrt und die Kraftnutzung bei diesem Strom, die nur auf dem Wege internationaler Vereinbarung gelöst werden kann. Aber auch innerstaatlich bestehen große Schwierigkeiten. In Deutschland ist die Schaffung eines *einheitlichen* Wasserrechts eine dringliche Aufgabe, zunächst in Form eines *Rahmengesetzes* für den Bund. Dabei tritt auch die Frage auf, welchen staatlichen Behörden eine bestimmende Oberaufsicht zugeteilt werden soll; es ist nicht damit getan, daß einzelne Ämter für sich ihre Pläne entwerfen und dann Vereinbarungen treffen sollen, wobei Meinungsverschiedenheiten vom juristischen Standpunkt aus entschieden werden. MARQUARDT hat zur Organisation in

England wertvolle Hinweise gegeben: die höchste Instanz ist dort (vom Parlament abgesehen) der Gesundheitsminister, dem damit die Gewässerkunde, der Verkehr, die Kultur, die Trink- und die Abwasserversorgung unterstehen.

Sind so der allgemeinen Planung vom rechtlichen und Verwaltungsstandpunkt gewisse Hindernisse gesetzt, so trifft dies für die Planung im Sinne von *Weiterforschung* nicht zu. Eine wichtige Aufgabe in dieser Richtung ist die Herstellung *hydrogeologischer Karten* [vgl. R. KELLER (1a)]. Für Deutschland ist das Blatt Stuttgart erschienen (1:500000). Neben vielem anderen kann zur Darstellung kommen: die geologische Schichtlagerung mit den Grundwasserleitern, die Lage und Stärke der Quellen, die Minimalschüttung der Flüsse zum Zwecke der Wasserentnahme und die chemischen Beimengungen des Wassers, soweit diese für den praktischen Gebrauch von Wichtigkeit sind. — Das gewässerkundliche *Beobachtungsnetz* bedarf mancher Verbesserungen. Trotz der Existenz von Tausenden von Grundwasserwarten ist es nur bei ganz wenigen Stationen möglich, fortlaufende Reihen für einige Jahrzehnte zu bilden, die zur Untersuchung des Grundwasserhaushaltes notwendig sind. Hier wären an Stelle von vielen zerstreuten Stationen mit unregelmäßigen Beobachtungen wenige gut ausgestattete Warten und Versuchsfelder am Platze, mit denen man die Wasserbilanz in typischen kleinen Räumen laufend verfolgen könnte. Die *Verschmutzung* der Flüsse mit Abwasser, bisher zu wenig beachtet und in ständiger Zunahme begriffen, sollte einer umfassenden Beobachtung und Prüfung unterzogen werden, auf der sich allgemeine Maßnahmen zur Behebung der Schäden aufbauen müßten.

Die wichtigste Aufgabe der praktischen Gewässerkunde ist die Untersuchung der *Vorratsbildung* und einer gleichmäßigen Gestaltung des Abflusses, die erlaubt, jederzeit die nötigen Wassermengen für beliebige Zwecke zur Verfügung zu stellen. Zur Erreichung dieses Ziels ist es notwendig, den Zusammenhang zwischen Niederschlag, Verdunstung sowie oberirdischem und unterirdischem Abfluß noch weiter aufzuhellen. Wünschenswert in dieser Hinsicht ist ein Ausbau der *Hydrometeorologie*, von der die Gewässerkunde kritisch-genaue Messung der Niederschläge, einen Ausbau des Netzes der Regenwarten und Mittelbildungen über die Einzugsgebiete der Flüsse erhofft.

Von der Untersuchung der Witterungsverhältnisse und der Klimaschwankungen kann man sich für die Gewässerkunde so lange nicht viel Erfolg versprechen, als die Meteorologie und Klimatologie in der *Prognose* für längere Zeiträume nur wenig Angaben machen kann. — Von den Gliedern des Wasserkreislaufs bietet das *Grundwasser* vermöge seiner langsamen Bewegung neben den Seen und Talsperren gute Aussichten auf Speichermöglichkeit.

Für die Gewässerämter als übergeordnetes Glied zwischen Wasserwirtschaft und Gewässerkunde eröffnen sich dadurch schwierige, aber auf die Dauer sehr dankbare Aufgaben. Als Vorgänge hierzu vgl. SCHROEDER (4) für das Emsgebiet und Bem. 12, S. 310 für den Regierungsbezirk Düsseldorf.

C. Gewässerkunde und Klima.

I. Die meteorologischen Elemente, Klimatypen.

Die Meteorologie beschäftigt sich mit den Witterungserscheinungen von kürzerer Dauer; die Klimatologie schält aus längeren Beobachtungsreihen das Gemeinsame heraus und schafft zeitliche und örtliche Typen. Zu dem Aufgabengebiet des Wetterdienstes (vgl. S. 176ff. gehört die Beobachtung des Niederschlags und die weitere Bearbeitung der beobachteten Daten, ferner die Messung der Temperatur, des Luftdrucks, der Luftfeuchtigkeit, der Sonnenscheindauer, der Windrichtung und Windstärke sowie der Schneehöhe und Schneedichte. Von diesen ist die Niederschlagsmenge für die Hochwässer von besonderer Bedeutung; auch die Temperatur hat großen Einfluß auf den Wasserkreislauf. Bei den übrigen Elementen ist der Zusammenhang mit der Gewässerkunde weniger eng.

Nicht genannt ist bis jetzt die *Verdunstung als Meßgröße* der Meteorologie. Da die Verdunstung vom Meere in letzter Linie die Gewässer speist und auch vom Festlandsniederschlag ein großer Teil zurückverdunstet, ist der Zusammenhang mit der Wetterkunde ohne weiteres gegeben. Aber es treten in der Begriffsbestimmung bei der Verdunstung und bei ihrer Messung allerlei Schwierigkeiten auf. Bei der Größe V ist die Verdunstung von einer *freien Wasseroberfläche*, deren Bestimmung zur Meteorologie gehört, von der *Landesverdunstung*, die vornehmlich ein Problem der Gewässerkunde ist, scharf zu unterscheiden; denn letztere umfaßt sowohl die Verdunstung vom Boden als die von den vorhandenen freien Wasserflächen, ferner die Transpiration der Pflanzen.

Vereinzelt wird auch die Verdunstung vom feuchten Boden selbst als „Landverdunstung" (ohne -es!) bezeichnet, während an Stelle von „Land*es*verdunstung" (mit -es!) der Ausdruck „Gebietsverdunstung" gebraucht wird. Da $V = N - A$ in diesem Buch auch für die gesamte Festlandsfläche verwandt wird, bleiben wir bei der Definition der Landesverdunstung = Niederschlag minus Abfluß, beschränken sie aber auf die *Mittelwerte* aus einer Reihe von Jahren. Diese Beschränkung ist notwendig, da in den Einzeljahren und kürzeren Zeiträumen N nicht nur dazu dient, A und V zu bestreiten, sondern außerdem zur Bildung von Rücklagen verwendet wird, während in anderen Fällen A und V neben dem Niederschlag aus solchen Rücklagen gespeist werden (s. S. 272ff.). Aber für eine längere Reihe von Jahren pflegen sich Rücklage und Aufbrauch auszugleichen; V ist dann wirklich gleich N minus A.

Die von den Meteorologen gemessenen Gewichts- und damit Wasserverluste, die man z. B. mit der WILDschen Waage (einer Art Briefwaage) bestimmt, setzen voraus, daß diese Wasserfläche immer vorhanden ist; ferner, daß das Verdunstungsgefäß eine bestimmte Form und Größe hat. Tatsächlich zeigen Waagen, deren Verdunstungsfläche halb so groß ist, *mehr* als die Hälfte an Verdunstungsmenge oder eine größere Verdunstungshöhe, da die *Umgebung* des Gefäßes durch Wärmezufuhr beim Verdunsten kräftig mithilft. Umgekehrt nimmt die Verdunstungsmenge bei Vergrößerung des Meßapparates bei weitem nicht so zu, wie es die Zunahme der Fläche erwarten läßt. Die Abhängigkeit von anderen Faktoren (Aufstellung usw.) ist dabei noch nicht einmal berücksichtigt. Man hat viel Mühe darauf verwandt, für die Verdunstung wenigstens bei einer ständig vorhandenen Wasserfläche *Formeln* (es gibt deren eine ganze Reihe!) zu finden, die alle Einflüsse zum Ausdruck bringen. TOMCZAK (nur als Beispiel) fand für die Gesamtverdunstung V einer rechteckigen Fläche F mit den Seiten x Meter parallel und y Meter senkrecht zur Windrichtung

$$V = 0{,}30\,x\,y\,(E - e)\,(1 + 7{,}23\,u^{0,73}\,x^{-0,13}) \cdot 10^{-4}\,,$$

wo E den Sättigungsdampfdruck (mm Hg), e den Dampfdruck (mm Hg) — also $(E - e)$ das Sättigungsdefizit — und u die Windgeschwindigkeit (m/s) bedeuten. — Weiteres über die experimentelle Bestimmung der Verdunstung findet sich S. 176f., wo auf einzelne Geräte unter Einbeziehung der Pflanzentranspiration eingegangen wird. Zur Bestimmung der Wasserbilanz des Bodens im Sinne der Gewässerkunde dienen die *Lysimeter* (in den Boden eingesenkte Erdklötze), deren Wasserhaushalt (mit oder ohne Bewuchs) durch Wägung kontrolliert wird. Sie haben jedenfalls den Vorzug, daß nicht eine ständige Wasserfläche, sondern eine je nach den Wetter- und Bodenbedingungen befeuchtete oder abgetrocknete Fläche erfaßt wird. Eine solche ist für die Wasserbilanz wichtiger als eine Seefläche.

Das weitaus sicherste Mittel zur Bestimmung der Landesverdunstung V ist aber ihre Bestimmung aus der Differenz Niederschlag N minus Abfluß A, denn diese beiden Größen sind mit einiger Genauigkeit meßbar. Allerdings muß N und A dabei für ganze Gebiete ausgewertet werden, und damit kommen wir an die Aufgabe, die Beziehung $A = N - V$ oder $V = N - A$, die uns schon beim Wasserkreislauf beschäftigte, nun auch *regional* zu verfolgen.

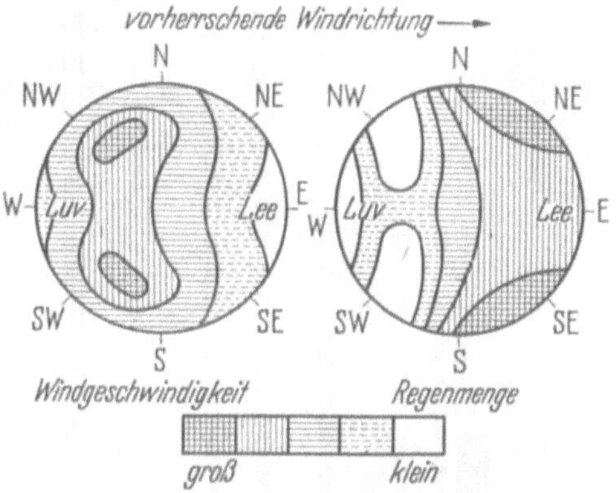

Abb. 41. Verteilung von Wind und Regen an einem Hügel (schematisch). Nach Beobachtungen von R. GEIGER am Hohen Karpfen.

Bei der Niederschlagsbildung ist (vgl. S. 5) das *Relief* stark beteiligt (s. die frühere Abb. 3).

Die Regenzunahme auf der dem Wind zugewandten Seite der Gebirge ist durch zahllose Beispiele erwiesen; die *Steigerung des Niederschlags im Luv, seine Abfall im Lee* durch den erzwungenen Auf- und Abstieg der Luftmassen bedarf keiner weiteren Begründung mehr. Es treten aber noch Einflüsse örtlicher Art hinzu. In Abb. 41 ist die Verteilung von Wind und Regen an einem Hügel dargestellt (nach GEIGER); der Hügel befindet sich selbst in einer Senke zwischen etwas höheren Bergen. Es zeigt sich dabei eine Umströmung des Hügels und eine Steigerung der Windgeschwindigkeit im Luv, eine Steigerung der Regenmenge jedoch eher im Lee des Hügels. Aber die Frage der reliefbedingten Änderung des Niederschlags ist auch eine Sache der *Definition* und der geometrischen Betrachtung. GRUNOW hat am Hohenpeißenberg, LÜTSCHG und HOECK (2) haben im Gebiet der Baye de Montreux hangparallele Auffangflächen bei den Niederschlagsmessern verwandt. Diese werden dabei mit einem Aufsatz versehen, der eine — der Hangneigung entsprechende — vergrößerte Auffangfläche hat. Es ist klar, daß bei schiefem Einfall des Regens der Empfang auf der Luvseite vergrößert, auf der Leeseite verkleinert wird. HOECK unterscheidet bei der Auswertung den *meteorologischen* Niederschlag, der sich als Wasserhöhe auf einer idealen Horizontalunterlage einstellen würde, vom *hydrologischen* Niederschlag, der sich auf geneigter Unterlage ergibt. Schon beim meteorologischen Niederschlag (d. h. beim HELLMANNschen Regenmesser) stellen sich die bekannten Unterschiede zwischen Luv und Lee ein, aber sie werden beim hydrologischen Niederschlag noch wesentlich gesteigert (obwohl auch bei diesem nur die Horizontalprojektion der geneigten Fläche als Einheit betrachtet wird). Bei dem vorwiegend luvseitig gestalteten Gebiet der Baye de Montreux ist der hydrologische Niederschlag (als Mittel planimetrisch bestimmt) um 7% höher als der meteorologische. Es muß aber beachtet werden, daß der hydrologische Niederschlag, der im Sinn der Gewässerkunde der wichtigere ist, nicht etwa einen Absolutgewinn größerer Gebiete gegenüber der bisherigen Messung darstellt, sondern nur eine Steigerung im Luv auf Kosten von benachbarten leeseitigen Gebieten [HOECK (2)]. — In entgegengesetzter Richtung, d. h. Steige-

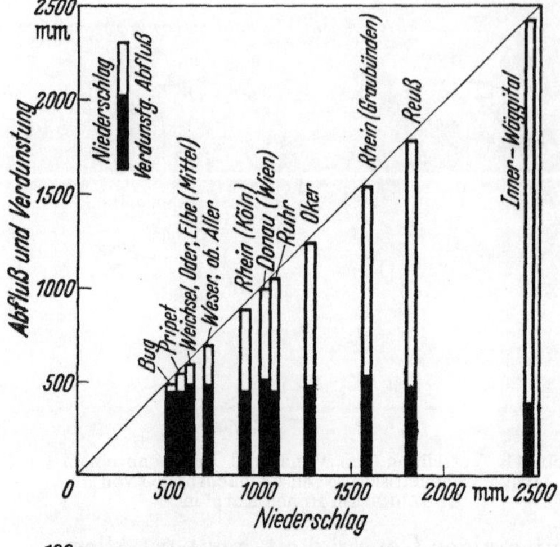

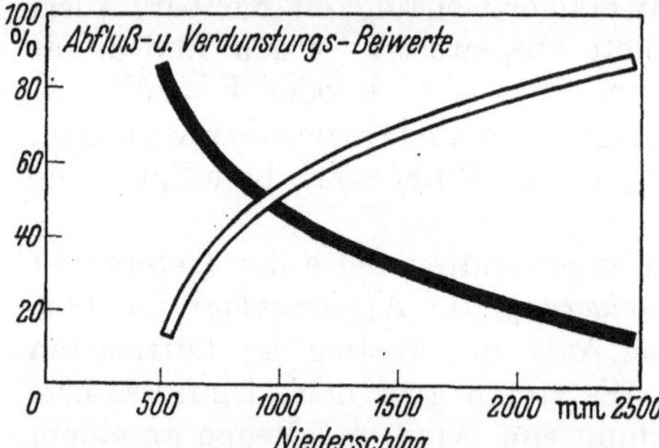

Abb. 42. Niederschlag, Abfluß und Verdunstung in verschiedenen Flußgebieten. Abfluß- und Verdunstungsbeiwerte. Nach K. Fischer

rung des Leeniederschlags auf Kosten des Luvs, wirkt das Hinüberwehen von Niederschlags-, besonders von Schneemassen über die Gebirgskämme hinweg. Ferner können stark aufsteigende Luftströme (an Steilhängen der Gebirge) den Regen geradezu am Niederfallen und Eindringen in den Niederschlagsmesser hindern (hierzu Abb. 41!). Alles in allem bleibt die Tatsache bestehen, daß *größere Flächen im Luv mehr Niederschlag* erhalten als die entsprechenden im Lee, aber die Größe des Unterschiedes hängt stark von den örtlichen Bedingungen ab, und allgemeine Gesetze dafür lassen sich bis auf weiteres nicht angeben.

Wichtig für das Verständnis der Entstehung des Abflusses aus dem Niederschlag ist die Betrachtung von $A = N - V$ an einer Anzahl von Flußgebieten, wie sie in Abb. 42 durchgeführt ist. Diese sind in der Abszissenrichtung nach der Größe des jährlichen Niederschlags geordnet und N ist nochmals als Ordinate aufgetragen, wobei es jeweils in V und A zerlegt wird. Es stellt sich heraus, daß die schwarzen Teilstücke für V fast gleich bleiben, während der darauf gesetzte Abfluß A mehr und mehr anwächst. — Im unteren Teil der Abbildung ist ferner der Abfluß in % des Niederschlags, d. h. der viel gebrauchte „*Abflußbeiwert*" dargestellt, außerdem der „*Verdunstungsbeiwert*". Man sieht, daß der Abflußbeiwert bei schwachen Niederschlägen nur klein ist (die Verdunstung zehrt alles weg!), dann aber rasch, bei hohen Niederschlägen langsamer anwächst. Gerade umgekehrt verhält sich der schwarze Streifen des *Verdunstungsbeiwertes*: hohe Werte bei schwachem Niederschlag, niedrige bei großen Regenhöhen. Die Bedeutung des Abflußbeiwertes bei kleinen Flächen und bei Hochwasser ist auf Seite 41 ff. erörtert; er kommt besonders für Stadtentwässerungen in Betracht. Für große Flächen finden sich Angaben auf S. 258.

Aus den beiden Abbildungsteilen sieht man aber auch, daß es einfacher ist, den Abfluß A als *Differenz* $N - V$ aufzufassen, statt ihn als *Prozentsatz* des Niederschlags anzusehen; die Abhängigkeit beim Prozentsatz ist nicht linear, während bei der anderen Auffassung von N einfach ein fast gleich bleibender Teil weggenommen wird, um A zu erhalten. Diese Beziehung $A = N - V$ wird sich wie ein roter Faden durch alle unsere Betrachtungen hindurchziehen.

Ehe wir mit den regionalen klimatischen Tatsachen fortfahren, sollen die meteorologischen Elemente erwähnt werden, die für die Gewässerkunde von geringerer Bedeutung sind. Es ist der *Luftdruck*, der durch seine Beziehungen zum Niederschlag schon genügend in die Gestaltung des Wasserkreislaufs eingeht. — Der *Wind* hat zwar auf die Entstehung des Niederschlags und der

Verdunstung großen Einfluß, aber auch seine Wirkung ist im gemessenen N und V schon enthalten und damit auch sein Einfluß auf A, so daß er nicht systematisch verfolgt, sondern nur gelegentlich zur Erklärung herangezogen werden muß.

Bei der *Feuchtigkeit* in der Atmosphäre unterscheidet man u. a. folgende Größen: 1. den Dampfdruck e, der als Teildruck neben dem Druck der trockenen Luft vorhanden ist, in mm Hg oder in Millibar gemessen (1000 Millibar = 750,1 mm Hg); 2. den Maximaldampfdruck E, der bei einer gegebenen Temperatur vorhanden sein *könnte*; 3. die relative Feuchtigkeit F, die das Verhältnis $e:E$ in % wiedergibt; 4. das Sättigungsdefizit $E - e$; 5. die absolute Feuchtigkeit, d. h. den Wasserdampf in g je m³ Luft.

Vom Zusammenhang der Verdunstung V mit dem *Sättigungsdefizit* ($E - e$) hat man sich früher weitgehende Erkenntnis versprochen, ist aber enttäuscht worden. Die Beziehung des meteorologisch gemessenenen Sättigungsdefizits (auch „Dampfhunger" genannt) zur Landesverdunstung hat sich als recht kompliziert erwiesen. Dies mag vor allem daran liegen, daß die Verhältnisse an der Boden- und Pflanzenoberfläche sich doch wesentlich von dem unterscheiden, was wir mit dem Temperaturunterschied des feuchten und des trockenen Thermometers messen (diese „psychrometrische Differenz" dient zur Bestimmung von $E - e$). Die tatsächliche Verdunstung hängt weitgehend von *Lufterneuerung* über der Wasserfläche ab. Die Untersuchung des *Mikroklimas* (des Klimas der untersten Luft- und obersten Bodenschicht) hat gezeigt, daß wir mit den älteren Messungen nicht auskommen, aber auch, daß der Weg zu neuen Erkenntnissen auf Grund der Instrumentenbeobachtung *allein* sehr schwierig ist. — Zahlreich sind ferner die Forschungen über *Ein- und Ausstrahlung*, die ja ebenfalls eine Grundlage für die Verdunstung bilden. Doch treten auch hier die beim Sättigungsdefizit geschilderten Schwierigkeiten in

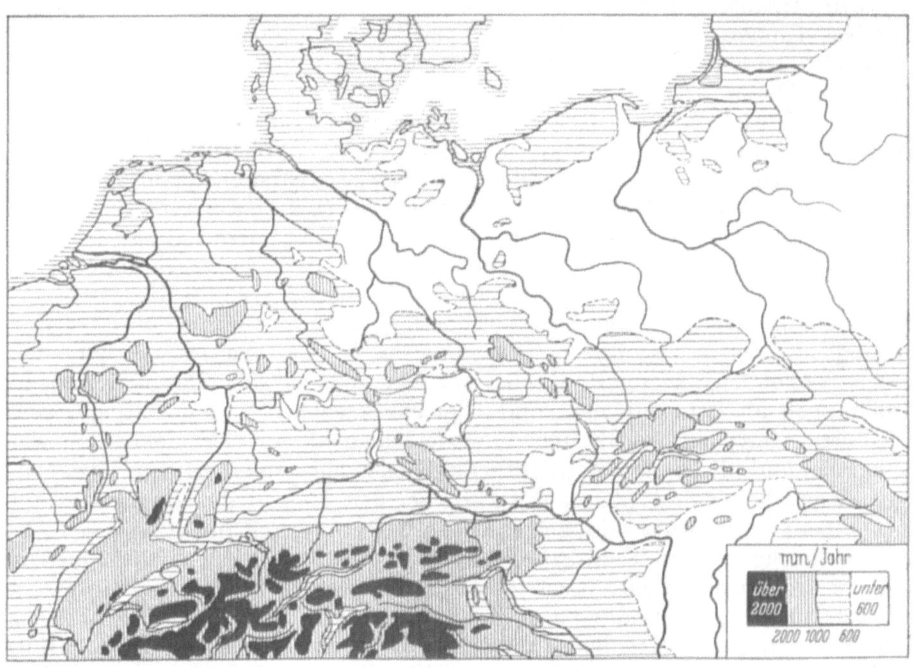

Abb. 43. Niederschlagsverteilung in Mitteleuropa.

Erscheinung. Grundlegendes hat in dieser Hinsicht ALBRECHT geliefert; aber im wesentlichen muß die Gewässerkunde heute noch von den statistischen Endergebnissen der Klimatologie ausgehen, die im Niederschlag, in der Landesverdunstung und in der Mitteltemperatur bestimmter Zeitabschnitte vorliegen: auf die weiter zurückliegenden Ursachen kann sie nur in gewissen Fällen eingehen, wenn ausreichende Daten aller Art zur Beurteilung vorliegen.

In Abb. 43 (Niederschlagsverteilung in Mitteleuropa) geben wir eine Regenkarte von Deutschland und den angrenzenden Gebieten. Sie ist mit Absicht stark vereinfacht (nur in großen Stufen gegeben). Nicht einmal Spezialkarten für viel kleinere Gebiete können die Niederschlagsverteilung „genau" darstellen, da der Niederschlag im bergigen Gelände von Ort zu Ort sehr rasch wechselt. — Daß Jahresmaxima von 10 m und darüber in Assam (Indien), auf den Hawaii-Inseln, auf Java und solche von fast gleicher Höhe in den Ghats und in Kamerun existieren, dürfte bekannt sein. Aber neuere Messungen lassen vermuten, daß Höchstwerte von 6 m und darüber auch in Norwegen, am pazifischen Abhang der Anden in Nord- und Südamerika usw., allerdings nur auf ganz kleinen Flächen, vorkommen. In den Hochalpen sind Werte von annähernd 4 m mit Totalisatoren (s. unten) gemessen worden. Dies ist insofern bemerkenswert, als man noch vor wenigen Jahrzehnten 2 m als eine Art Höchstgrenze ansah, die nach den vorhandenen Messungen für Europa nur in Schottland und in der Bucht von Cattaro wesentlich überschritten wurden. Immerhin scheint der Betrag von 2 m für größere Flußgebiete als Durchschnitt auch nach dem heutigen Forschungsstand nur selten erreicht zu werden.

Die *mittleren Niederschlagshöhen für Flußgebiete* sind es, die hier besonders interessieren [Jahreswerte in m; nach PARDÉ (2)].

Asien: Einige Flüsse in Insulinde (Java, Borneo usw.) 2 bis 3, Irawadi und Fleuve Rouge (Indochina) 1,8; Jangtse 0,9 bis 1,0; Ob 0,37; Jenissei 0,45; Lena 0,40; Hoangho 0,48.

Afrika: Kongo 1,35; Niger 1,20; Blauer Nil 1,35; ganzer Nil 0,82.

Amerika: Mississippi 0,76; Ohio 1,1; Amazonas 1,8; Colorado (West) 0,32.

Europa: Rhein 0,91; Donau 0,82; Elbe und Oder je 0,60; Wolga 0,47; Dnjepr 0,54; Göta-Elv 0,69; Rhone 1,1; Seine 0,68; Loire 0,75; Po 1,20; Tiber 1,05; Havel (Rathenow) 0,57; Böhmische Elbe (Tetschen) 0,69; Ruhr (Meschede) 1,13; Weser oberhalb Aller 0,71; Aller 0,70; Neckar (Offenau) 0,85; Tessin bis Langensee einschl. 1,90; Alpenrhein 1,60; Rhone bis Gletsch (39 km^2) 2,6; Rhone bis Lyon (20500 km^2) 1,45; Rhone bis Beaucaire (nicht ganz 100000 km^2) 1,1. Mittelmeerfläche 0,35; Ostseefläche 0,47 [nach WÜST (4)], beide *ohne* Zuflußgebiete.

Besondere Schwierigkeiten macht, wie schon angedeutet, die Niederschlagsmessung im höheren Gebirge. Da hier der Abfluß teilweise sogar über den N-Betrag hinausgeht, glaubte man zeitweise die Ursache in „verborgenen Kondensationen", d. h. in Rauhreif, Nebeltraufe von den Bäumen und in Reifbildungen an Schneeflächen und Gletschern suchen zu müssen, die sich der Messung mit den gewöhnlichen Niederschlagsmessern entziehen. In der Tat können auf diese Art beträchtliche Niederschlagsmengen zur Erde gelangen, wie schon der Augenschein, z. B. bei den Massen des Rauhreifes auf dem Feldberg im Schwarzwald, zeigt. Aber der Hauptgrund für die starken Abflüsse aus hochgelegenen Gebirgsteilen ist der, daß dort Niederschläge niederfallen, die man früher weder erwartet noch gemessen hatte. Klarheit in dieser Frage ist durch die Erfindung des *Totalisators* gekommen (vgl. S. 176). Dies ist ein Meßinstrument, das die Regen- und Schneemengen eines ganzen Jahres in sich beherbergen kann, also auch nur einmal jährlich abgelesen zu werden braucht. Um den aufgefangenen Niederschlag vor Verdunstung zu schützen, bringt man in den Totalisator eine wässerige Lösung von Kalziumchlorid ($CaCl_2$), die mit einer dünnen Schicht Vaselineöl bedeckt ist; der Schnee dringt durch die Ölschicht hindurch, wird geschmolzen und gleichzeitig an der Wiederverdunstung gehindert. Man fand auf diese Art $N = 3{,}92$ m am Mönchsgrat (Nordschweiz) als Durchschnitt von 14 Jahren und Werte von 3 m jährlich an einer Reihe weiterer Beobachtungspunkte. Werte aus einzelnen Jahren können nicht als Grundlage dienen, weil auch die Jahressummen stark schwanken. Das Verhältnis von N im niederschlagsreichsten zum niederschlagsärmsten Jahr (sog. Schwankungsquotient von HELLMANN) ist in Mitteleuropa 2 bis 3, im Innerfestland ist er höher (4 bis 5) und steigt gegen die Trockenzonen in unregelmäßiger Weise weiter an. Selbst die Zehnjahrsmittel weichen von den Durchschnitten aus *mehreren* Dezennien noch erheblich ab, so z. B. um 12% bei der Saône und um 14% beim Ohio. Über die — in der Hauptsache noch ungeklärten — Ursachen dieser Schwankungen vgl. S. 232ff.

Zeitweise hat sich eine wissenschaftliche Diskussion darüber entwickelt, ob und in welcher Höhe ein *Maximum des Niederschlags* zu finden sei. Man glaubt ein solches in 2000 bis 2500 m Höhe an den äußeren Ketten der Nordalpen festzustellen, in 3000 bis 3500 m Höhe in den inneren Massiven. Stellenweise, z. B. im Wäggital, scheint der Maximalniederschlag bis 1500 m herabzusteigen. Außerdem kommen merkwürdig hohe Niederschlagswerte bei einzelnen tiefliegenden Stationen vor; so weist Ornovasso im Norden des Langensees in 208 m Höhe $N = 2{,}64$ m auf! — Es scheint, daß dieser Zusammenhang mit der Meereshöhe viel zu schematisch verwendet wird. Wohl bedingt der lokal konzentrierte Anstieg eines Gebirges, z. B. der Nordalpen, eine gewisse Maximalzone, aber diese ändert ihre Höhenlage jeweils mit dem Relief, muß also in den Zentralalpen höher hinaufsteigen. Bei den Winterniederschlägen ist die Zunahme mit der Höhe viel deutlicher als bei den gewittrigen Niederschlägen des Sommers. Die *Änderungen* in der Höhenlage *beim Relief* sind das Ausschlaggebende, nicht die absolute Höhe des Kondensationsniveaus. Allerdings muß mit Zunahme der Gebirgshöhe schließlich auch die Ausscheidung von Niederschlag abnehmen, da die Luft bei niedrigerem Druck auch wasserdampfärmer wird. Aber es ist gut möglich, daß sich diese Art von Abnahme erst oberhalb der Alpenhöhe bemerkbar macht. Jedenfalls ist die Maximalzone nach den bisherigen Beobachtungen in den Alpen an den Ort gebunden und gestattet keine Übertragung auf benachbarte Gebiete.

Der Grad der Zunahme des Regens mit der Höhe ist sehr verschieden. Man hat den sog. *pluviometrischen Gradienten* untersucht, d. h. den Betrag (in mm), um den der Jahresniederschlag auf je 100 m Erhebung zunimmt; er beträgt in den Apenninen an manchen Stellen 400 bis 500, er ist 150 in den französischen Alpen, unter 100 in den inneren Alpenketten, rund 100 beträgt er auch am Westabfall des Schwarzwaldes. Als Größenordnung mögen diese Gradienten gute Dienste leisten, unterliegen aber im einzelnen starken Schwankungen. Im Luv ist der Gradient anders als im Lee; KLEINSCHMIDT hat gezeigt, daß enge Täler im Schwarzwald, die senkrecht zu den vorherrschenden Westwinden laufen, z. B. das Nagoldtal, fast ebensoviel Regen empfangen wie die umliegenden Höhen, weil sie von den darüber hinwegziehenden Luftströmungen gewissermaßen ignoriert werden; die Täler in der West-Ost-Richtung zeigen in ihren tieferen Teilen eine geringe Zunahme, in den Quellästen ein starkes Ansteigen des Gradienten.

Ist so der pluviometrische Gradient nur als Mittelwert verwendbar, so trifft das in noch viel höherem Grade für die *Formeln* zu, die versuchen, die Abhängigkeit des Niederschlags N von der Höhe h allgemein darzustellen. Für eine

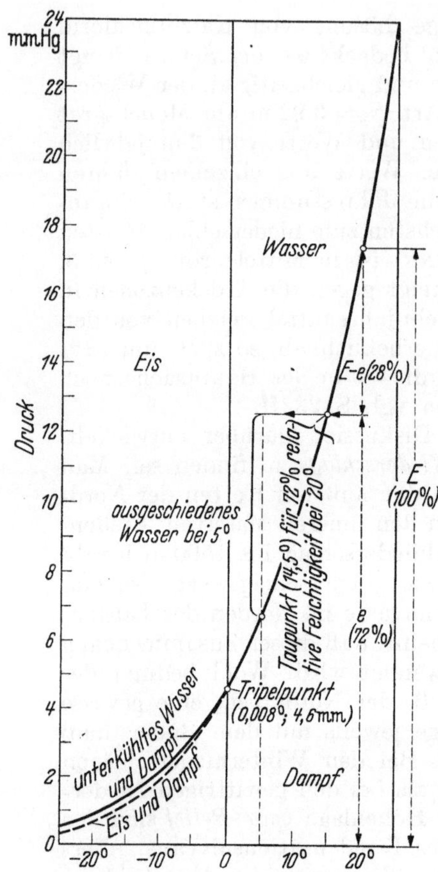

Abb. 44. Dampfdruckkurve des Wassers. Eis-, Wasser- und Dampfphase. Beispiel zur Auffindung des Taupunkts.

Reihe von Gebieten sind solche Beziehungen aufgestellt worden, wobei Funktionen zweiten und höheren Grades verwendet werden. Diese Formeln haben keinerlei physikalische Bedeutung, wenn sie auch die Mittelwerte des erfaßten Gebietes richtig wiedergeben. Auf den Einzelfall dürfen sie nicht angewandt werden.

Von der *Mitteltemperatur* im Zusammenhang mit Niederschlag, Verdunstung und Abfluß war bisher nur beiläufig die Rede. Ihre Rolle wird am besten im Zusammenhang mit dem Verhalten des Dampfdruckes (E bzw. e) des Wassers besprochen (Abb. 44).

Bei dem verhältnismäßig hohen Luftdruck (um 760 mm Hg) und den relativ niedrigen Temperaturen, die das Klima der Erdoberfläche aufweist, können alle drei Phasen des Wassers (Eis, Flüssigkeit, Dampf) vorkommen. Unter „Dampf" ist natürlich im physikalisch-meteorologischen Sinn das uns umgebende (unsichtbare!) *Wasser in Gasform* zu verstehen; im Sprachgebrauch dagegen wird die Bezeichnung „Dampf" für fein verteilte Flüssigkeitsteilchen verwendet, wie man sie z. B. über kochendem Wasser, im Nebel usw. beobachtet. Zu jeder Temperatur gehört nun eine maximale Dampfmenge, die in der darüberliegenden Luftsäule ohne Kondensation existieren kann und, wie die gesamte Luftsäule, durch ihren Druck (in mm Hg oder in Millibar) gemessen wird. Diese Größe E hat hohe Werte bei hohen Temperaturen, sehr kleine bei niedrigen Temperaturen; deswegen schlägt sich bei Abkühlung eines Luftquantums überall Wasser an den umgebenden Gegenständen nieder. Wir erkennen darin die Bedeutung von *Tau* und *Reif*, die uns auch zum Wasserhaushalt bescheidene Beiträge liefern. Das in der Abb. 44 dargestellte Beispiel zeigt folgendes: Es wird angenommen, daß bei einer Temperatur von 20° eine relative Feuchtigkeit von 72% herrsche, d. h. daß von dem *Maximaldampfdruck* $E = 17{,}4$ mm Hg nur $^{72}/_{100}$, also $e = 12{,}5$ mm vorhanden sind. Kühlt man nun die Luftsäule ab (Pfeilrichtung in der Figur!), so gelangt man auf der Dampfdruckkurve an einen Punkt, wo *e selbst* zum Maximaldampfdruck wird; dies ist für unser Beispiel bei rund 15° der Fall, und dieser Wert ist der *Taupunkt* für die angenommenen Ausgangswerte. Kühlt man noch weiter ab, so findet Ausscheidung (Kondensation) statt, die z. B. bei einer Abkühlung auf 5° den Wert von 5,9 mm erreicht. Dabei stimmen die in 1 m³ Luft enthaltenen g Wasser mit den mm Hg zahlenmäßig ungefähr überein. Trifft die in der Höhe des Taupunktes gezogene Parallele die Dampfdruckkurve erst links unten, dann wird statt Tau *Reif* ausgeschieden. Eine leichte Verzögerung, die dabei eintreten kann, wird durch die Spaltung der Dampfdruckkurve in zwei Teile (für unterkühltes Wasser und

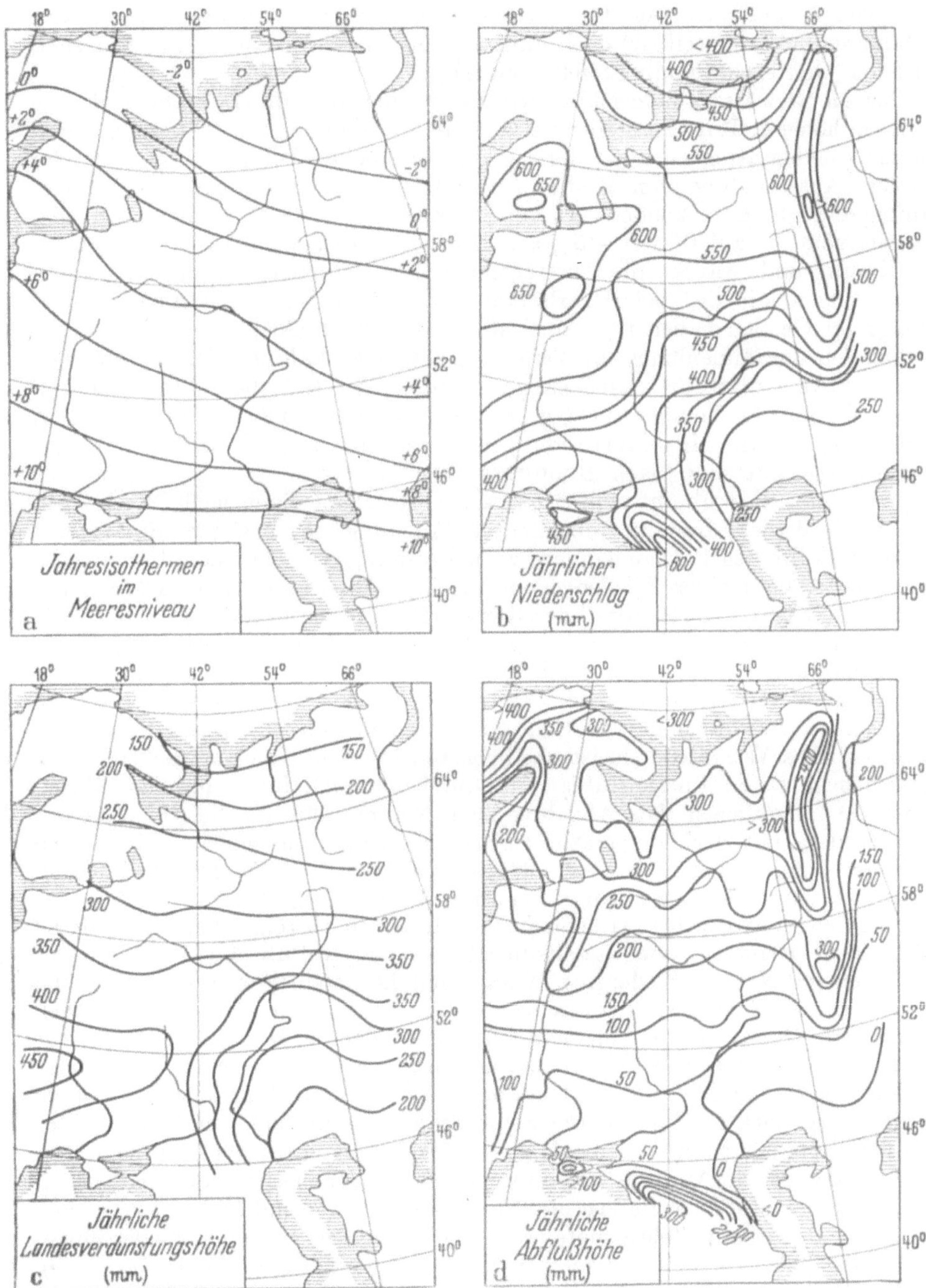

Abb. 45. Jahreswerte von Temperatur, Niederschlag, Landesverdunstung und Abfluß in der Sowjetunion. Nach KOLUPAILA, PARDÉ und BUCHHOLZ.

Dampf bzw. Eis und Dampf) angedeutet. Zum Verständnis sei noch bemerkt, daß die Dampfdruckkurve nach rechts oben (weit außerhalb des Blattes) dem Siedepunkt des Wassers (100°; etwa 760 mm Hg) zustrebt; ferner, daß die Linie, die die Eisphase des Wassers von der flüssigen Phase trennt, nicht *genau* senkrecht von 0° aus aufwärts strebt, sondern eine ganz leichte Neigung (in der Abbildung nicht darstellbar) nach links aufweist; denn mit dem höheren Druck wird der Gefrierpunkt allmählich erniedrigt.

Für die Gewässerkunde ist es von Bedeutung, daß die Dampfdruckkurve in ihrem höheren Teil viel steiler verläuft als im unteren. Ihre Überschreitung, die zur Kondensation nötig ist, hat also bei den hohen Temperaturen eine viel stärkere Ausscheidung von Wasser zur Folge als bei den niedrigen. Wasserdampfgesättigte Luft kondensiert bei Abkühlung von 30° auf 20° etwa 13 g Wasser, von 10° auf 0° nur 4,5 g aus 1 m³. Dies ist, physikalisch betrachtet, der Hauptgrund, warum die aufsteigenden Luftströme der Tropen so große Regenmengen, die der polaren Breiten nur verhältnismäßig geringe Niederschläge im Gefolge haben [vgl. BERG (3) und WUNDT (13)].

Auf den Zusammenhang der *Verteilung des Niederschlags auf die Jahrezeiten* mit V und A wird S. 254f. eingegangen werden. Wie sich die Jahreswerte von N, A, V und der Temperatur t gegenseitig bedingen, möge Abb. 45 zeigen, wo für *Rußland* die Mittelwerte von t neben denen von N, V und A kartographisch dargestellt sind [nach BUCHHOLZ (1)].

Die Temperatur nimmt, wie zu erwarten, im allgemeinen nach Norden hin ab; aber außerdem besteht eine leichtere Abnahme gegen Osten hin, die auf die Winterkälte des Festlandsinnern zurückzuführen ist. Man könnte demnach auch eine Abnahme des Niederschlags in derselben Richtung erwarten. Aber dieses Gesetz ist nur im Nordteil der Karte erfüllt; ferner erkennen wir den Einfluß des Reliefs, das beim Ural im Nordosten und beim Kaukasus im Süden die Niederschläge in die Höhe treibt. In der Ebene nimmt der Regenfall nach Süden hin ab, weil wir uns hier dem Einfluß der Trockenzone mit vorwiegend absteigenden Luftströmen nähern. Die Landesverdunstung (Abb. 45c) zeigt ein eigentümliches Verhalten: sie ist am höchsten in einem Rücken, der sich vom Westen nach Osten durch Rußland hindurchzieht und für V nirgends Werte unter 350 mm aufweist. Die Abnahme nach Norden geht auf die Abnahme des Niederschlags mit der Temperatur zurück, wie es dem allgemeinen Verhalten nach der Dampfdruckkurve (Abb. 44) entspricht. Die Abnahme nach Süden kommt dagegen vom Regenmangel her; die Ursachen liegen hier in der Annäherung an den subtropischen Trockengürtel mit seinen absteigenden Luftströmen und seinem geringen Feuchtigkeitsumsatz. — Der Abfluß A (Abb. 45d), der die Differenz $N - V$ wiedergibt, zeigt seine höchsten Werte in Anlehnung an die Maximalzone des Niederschlags, aber mit starker Verschiebung nach Norden hin. Der Grund ist einleuchtend: Im Norden ist der Niederschlag zwar nicht allzu hoch, aber es wird sehr wenig von ihm verdunstet; in Mittelrußland ist der Niederschlag höher, aber gleichzeitig ist die Verdunstung durch die höhere Verdunstung stark gewachsen. Der Schwerpunkt des Abflusses muß also weiter nördlich liegen als beim Niederschlag. — Im Südosten wird mehr und mehr aller Niederschlag von der Verdunstung hinweggezehrt; wir nähern uns dem halbariden und ariden Gebiet. Der Abfluß ist hier Null, beim Kaspisee und Aralsee sogar negativ, da sie als extreme Zehrgebiete nicht nur den auf sie fallenden Niederschlag, sondern auch das von den Flüssen zugeführte Wasser an die Luft abgeben. — Die Karten 45b, c, d entstehen so, daß b und d aus den Beobachtungsdaten direkt gezeichnet werden; c wird kraft der Beziehung $V = N - A$ dadurch erhalten, daß man die beiden anderen aufeinanderlegt und jeweils für die Schnittpunkte der Kurven die Differenzen bildet. Dieses Verfahren ist schon früher (1910) von BAULIG zur kartographischen Darstellung von N, A und V in den Vereinigten Staaten von Nordamerika verwendet worden (vgl. Abb. 170, 171), desgleichen von WUNDT für einzelne Gebiete in Südwestdeutschland (vgl. MÜLLER, K.).

II. Klima am Boden. Temperaturen in Seen, Flüssen und im Grundwasser.

Die Klimatologie ist längst dazu übergegangen, die Vorgänge in den untersten Schichten der Atmosphäre und am Boden selbst, die für die Lebensvorgänge von besonderer Wichtigkeit sind, als *Mikroklima* noch besonders zu untersuchen. Die Erscheinungen der untersten zwei Meter berühren uns soweit, als sie den Wasserhaushalt und das Verhalten der Gewässer im allgemeinen beeinflussen. Aber man kann dabei nicht in den Erörterungen über *lokale* Änderungen in dieser Vertikalschicht stehenbleiben, sondern muß gleichzeitig die Vorgänge auf der ganzen Erdoberfläche ins Auge fassen. Die mittlere Temperatur der Erde, fast nur aus Landstationen berechnet, wird zu 14° bis 15° angegeben. Aber nach Schätzungen, die schon vor Jahrzehnten erfolgten, ist die Oberflächentemperatur der Meere im Durchschnitt 3° höher als die der Landoberfläche! Ohne uns auf diese Zahl festzulegen, stellen wir fest, daß sich der Abkühlungsprozeß auf dem Lande in ganz anderer Weise vollzieht als auf den Ozeanen. An dem Wärmegleichgewicht der festen Erdoberfläche ist aus Mangel an Eindringungsmöglichkeit fast nur die oberste Schicht beteiligt; dabei beträgt die Zu- und Abfuhr durch Strahlung Zehntausende bis Hunderttausende von Kalorien (cal) je cm^2 und Jahr, der Zuschuß aus Erdwärme nur 50 bis 60 $cal/cm^2 \cdot$ Jahr. Beim Meer liegt der Fall anders. Die Zufuhr von der Sonne her ist natürlich die gleiche wie auf dem Lande, aber beim Gegenprozeß der Ausstrahlung sackt das erkaltende Wasser in die Tiefe ab, und schließlich landet das schwerste Wasser, das (unter Berücksichtigung des Salzgehaltes) eine Temperatur von etwa 0° hat, am Grunde der Ozeane. Überall in der Tiefsee finden wir Temperaturen um den Nullpunkt! Die *abgekühlten Schichten* werden also *bei den Meeren in die Tiefe hinab verlegt*, während die Wärme — viel stärker als beim Festlande — der Oberfläche erhalten bleibt. In geringerem Ausmaß stellt sich dieser Zustand bei den Seen der Erde ein, wo sich, soweit sie Süßwasser enthalten, am Grunde häufig eine Schicht von 4°, der größten Dichte des Wassers entsprechend, vorfindet. Weiteres über Temperaturschichtung in Seen s. S. 157f. Auch bei den *Flüssen* kann man eine Tendenz zu diesem Zustand erwarten, aber durch die ständige Strömung und die Turbulenz (Wirbelbewegung) kommt meist eine gleichmäßige Temperatur im ganzen Flußbett zustande, und beim Grundwasser bemerken wir sogar eine gewisse Temperaturzunahme gegen das Erdinnere, weil hier die Abgabe von Erdwärme der ausschlaggebende Faktor wird; nur die obersten, von den Gewässern beeinflußten, Schichten machen eine Ausnahme. Aber die Wasserbedeckung bzw. Wassererfüllung der obersten Erdschichten wirkt noch in einer anderen Richtung. Es ist bekannt, daß sich das maritime Klima von dem kontinentalen vor allem durch die Milderung der jahreszeitlichen Extreme unterscheidet. Die Mikroklimaforschung hat gezeigt, daß das Verhältnis des wassergetränkten Bodens zum trockenen ein ganz ähnliches ist. Das im Boden enthaltene Wasser vermag die starke Abkühlung in der Nacht zu stoppen und damit die Bodenfrostgefahr herabzusetzen. Die Freilandtemperatur ist winters und bei Nacht im allgemeinen tiefer als im Walde, sommers und bei Tag ist es umgekehrt — großenteils eine Folge der ausgleichenden Feuchtigkeitsvorgänge. Nach Untersuchungen von LAUTENSACH-LÖFFLER waren im Pfälzer Gebrüch in den Jahren 1937/38 nur verhältnismäßig wenige Tage frostfrei. Als Ursache stellte sich die übermäßig starke Entwässerung des Moorbodens heraus. Umgekehrt erweist sich genügende Füllung der Gräben als wirksamer Schutz gegen *Frostgefahr* [vgl. hierzu und zum folgenden GEIGER, KESSLER-KAEMPFERT, LUNDEGARDH, SCHNELLE].

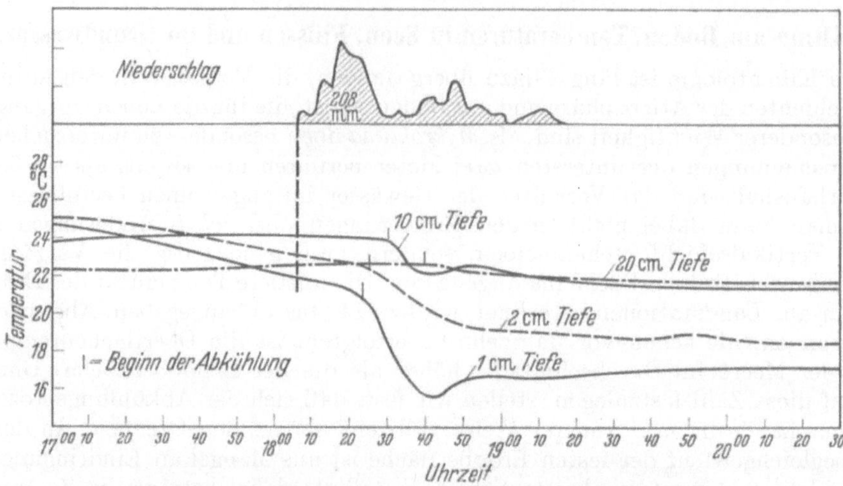

Abb. 46. Das Eindringen eines kalten Gewitterregens zeigt sich im schrittweisen Absinken der Bodentemperatur. Benetzungswiderstand. R. GEIGER nach F. BECKER.

Die Temperatur der Bodenoberfläche wird auch vom Regen stark beeinflußt (Abb. 46). Daß die Abkühlung durch kalten Regen in der obersten Schicht viel stärker ist als in den tiefer liegenden und daß sie sich allmählich verspätet, ist ohne weiteres einzusehen. Auffallend bleibt aber, daß das Durchdringen in den obersten cm-Schichten langsamer vor sich geht im Vergleich zu den unteren bis 20 cm Tiefe. Dies kann aus dem *Benetzungswiderstand* erklärt werden, den die oberste Bodenschicht einer Befeuchtung entgegensetzt (Gegensatz dazu: *Eindringkapazität*).

Auch das *Grundwasser*, daß sich in sehr verschiedener Tiefe unter der Oberfläche vorfindet, wirkt auf die Bodentemperatur ein. Dies ist wichtig für die Anlage von tief liegenden Kellern, in denen eine niedrige Temperatur nötig ist, ferner für Kläranlagen u. ä.

Hängt so der Wasserhaushalt an der Erdoberfläche mit der Bodenfeuchtigkeit und der Bodentemperatur eng zusammen, so zeigen auch die Oberflächengewässer mit ihrer wesentlich größeren Wassermenge starken Einfluß auf das Bodenklima und die bodennahe Luftschicht. Leider liegen über *Wassertemperaturen* nur verhältnismäßig wenig Beobachtungen vor. Die älteren Zusammenstellungen geben zwar qualitative Anhaltspunkte über ihr Verhalten, aber es fehlen meist nähere Angaben, z. B. über die Tageszeit der Beobachtung. Naturgemäß kann die niedrigste Temperatur nicht unter 0° betragen; der Gefrierpunkt stellt eine deutliche *Grenze* dar, da die unter Null abgekühlten Wassermassen als Eis irgendwo hängenbleiben, die Kälte aufspeichern und sich erst im Frühjahr beim Auftauen durch Verzögerung des Temperaturanstiegs wieder bemerkbar machen. Von hier aus findet gedanklich ein fließender Übergang zum Verhalten der Gletscherbäche statt, deren tiefe Temperaturen ja nur eine *Verzögerungserscheinung* durch Übertragung von Kälte aus dem Winter und von kalten Gebietsteilen her darstellen.

Nach neueren Beobachtungen ist als höchstes *Jahresmittel* unter deutschen Flüssen für die Mosel bei Kochem 12,1° festgestellt, für die Seine bei Paris hat man 12,5° gefunden. Nach einer Zusammenstellung, die FRIEDRICH (2) gegeben hat, nimmt die mittlere jährliche Schwankung mit der Annäherung an das kontinentale Klima im Osten zu; am Pregel steigen die Monatsmittel im Sommer bis 22° an. Die höchste Einzeltemperatur wurde an der Mosel bei Kochem mit 26,7° beobachtet. Im ganzen genommen sind die Schwankungen natürlich geringer und die Höchstwerte kleiner als bei der Lufttemperatur.

Bei Gletscherflüssen in den Ostalpen ergab sich am Gletschertor im Mittel aus 6 Bächen 1,1°. Aber die Bäche wiesen im weiteren Lauf eine sehr rasche Erwärmung auf; so zeigte der Abfluß des Mitterkarferners schon nach 1,9 km langem Lauf eine Temperatur von 7,6°. Da sich die Temperaturen der „Gletscherflüsse" so schnell ändern, müßte ihr thermisches Verhalten streng genommen zur Lauflänge, zur Gletscherfläche (im Verhältnis zum gesamten Einzugsgebiet) und anderen Faktoren in Beziehung gesetzt werden.

Neuerdings wurde der Temperaturgang in Gewässern auch laufend mit Thermographen registriert [an der Werre bei Löhne; H. Wagner in der „Gedenkschrift" Bielefeld 1952 (vgl. Bem. 1b S. 310)].

Für den Vergleich von Wasser- und Lufttemperatur ergibt sich als Haupttatsache: *Die Wassertemperatur ist fast durchweg höher*. Dies ist nach den allgemeinen Ausführungen zu Beginn dieses Abschnittes nicht anders zu erwarten. Bei 10 württembergischen Flüssen (wobei *keine* Gletscherflüsse) bewegt sich der Überschuß der Wassertemperatur zwischen 0,7° und 2,3°. Bei Gletscherflüssen und sonstigen aus dem Hochgebirge stammenden Gewässern kann der Unterschied allerdings sehr klein werden, u. U. sich ins Negative verkehren. Hierfür gibt es folgende Erklärung. Gemessen wird ja die Lufttemperatur am tiefsten Punkte des Laufs, während der Fluß sein Wasser von höher liegenden und daher kälteren Orten mitbringt. Trotzdem ist die Wassertemperatur in der Regel höher, weil eben die letzte Laufstrecke stärkeren Einfluß hat als die früheren. Aber alpine Gewässer behalten vermöge ihres Wasserreichtums und ihres raschen Laufs ihre Eigenschaften auch weit in die Ebene hinaus bei. Dies trifft, wenn auch in geringerem Maße, für jeden Mittelgebirgsfluß zu; denn die Wärmezunahme, die sich nach dem mechanischen Wärmeäquivalent durch Umwandlung aus der Fallenergie ergibt, beträgt nur etwa 2° je 1000 m, während die Lufttemperatur bei der gleichen Höhendifferenz um 5° bis 6° zunimmt. Das Wasser kommt also, von den Strahlungsverhältnissen ganz abgesehen, um rund 3° kälter als seine Umgebung in der Ebene an. Es tritt hinzu, daß das Wasser schon beim Niederfallen als Regen meist kälter ist als die Erde, weil es die Temperaturen der höheren Luftschichten (Kondensationsschichten) mit sich bringt; man denke an die Hagel- und Graupelfälle im Sommer.

Man hat früher die Flüsse nach den Wassertemperaturen in Gletscherflüsse, Gebirgsquellflüsse, Flachlandflüsse, Gebirgsflüsse mit teilweisem Flachlandcharakter und Seeabflüsse eingeteilt. Wundt (8) schlägt statt dessen eine andere Einteilung vor, in einen *Einstrahlungstyp* und einen *Niederschlagstyp*. Zum Einstrahlungstyp, bei dem die Wassertemperatur (WT) das ganze Jahr höher als die Lufttemperatur (LT) ist, gehören die meisten Flüsse, die Flachlandflüsse und die Mittelgebirgsflüsse mit kleinem Gefäll und kleiner Wassermenge. Zum Niederschlagstyp gehören die Flüsse mit im Sommer kühlem Wasser: die Gletscherflüsse und die Wasserläufe der Mittelgebirge mit sommerlicher Niederschlagssteigerung. Viele Flüsse nehmen Zwischenstellungen zwischen beiden Typen ein; auch Sonderstellungen kommen vor, z. B. bei Karstflüssen, die jahraus jahrein fast dieselbe Temperatur zeigen — abhängig von der Tiefenlage der Karstgerinne unter der Oberfläche. Für eine endgültige Klassifizierung sind weitere Untersuchungen abzuwarten, zu denen die Bodenklimauntersuchungen und die Ergebnisse der Strahlungsforschung neues Material liefern werden.

Als Beispiel für den Einstrahlungstyp möge der Neckar bei Heilbronn, für den Niederschlagstyp der gleiche Fluß weiter oben bei Horb dienen:

		Januar	Februar	März	April	Mai	Juni	Juli	August	Septemb.	Oktober	Novemb.	Dezemb.	Jahr	Schwankung
Neckar-Heilbronn	WT	*3,9*	4,4	6,8	10,5	15,0	18,2	**20,6**	19,2	16,5	11,8	7,1	4,2	11,5	16,7
1921/50	WT – LT	2,0	2,0	0,9	0,8	0,5	1,3	1,2	1,2	1,3	1,3	2,2	2,4	1,4	
176 m; 8180 km²	LT	1,9	2,4	5,9	9,7	14,5	16,9	**19,4**	18,0	15,2	10,5	4,9	*1,8*	10,1	17,6
Neckar-Horb	WT	*4,1*	4,2	6,2	9,5	13,0	15,6	**17,5**	16,8	14,2	10,2	6,3	4,0	10,1	**13,4**
1921/30	WT – LT	3,4	3,4	1,9	1,7	0,4	0,4	–0,6	0,4	0,6	1,1	2,7	3,5	1,6	
383 m; 1103 km²	LT	0,7	0,8	4,3	7,8	12,6	15,2	**18,1**	16,4	13,6	9,1	3,6	*0,5*	8,5	17,6

Der Neckar bei Horb (im Oberlauf) zeigt im Juli (WT – LT = –0,6) den Einfluß der kühlen Niederschlagsmassen vom Schwarzwald her. Beim Neckar-Heilbronn hat sich diese Einwirkung zugunsten der Ein- und Ausstrahlung längst verloren; hier ist die WT auch im Juli höher als die LT. Im Winter ist die WT in Heilbronn kaum höher als die LT und bringt dadurch ebenfalls die Abhängigkeit von den *örtlichen* Temperaturverhältnissen zum Ausdruck. — Auch bei Seen zeigt sich die Höherlage der WT gegenüber der LT. So überstieg nach FRIEDRICH („Neues Archiv für Niedersachsen" Heft 21, 1951) die Oberflächentemperatur des Steinhuder Meeres die Lufttemperatur in Hannover im 11jährigen Mittel um 0,9°.

In Abb. 47 ist dargestellt, wie sich die verhältnismäßig starken Schwankungen der *Luft*temperatur im Quellgebiet der Donau bei den *Wasserläufen abschwächen.*

Die Lufttemperatur zeigt in der Baar auf der Ostseite des Schwarzwaldes (Villingen) starke Extreme; die Temperatur der Donau bei Immendingen ist

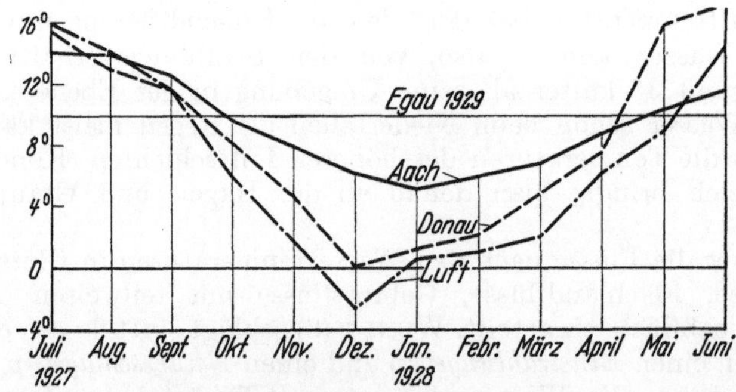

Abb. 47. Temperaturen der Donau bei Immendingen, der Aachquelle, der Luft bei Villingen-Donaueschingen und der Egauquelle. Nach G. WAGNER.

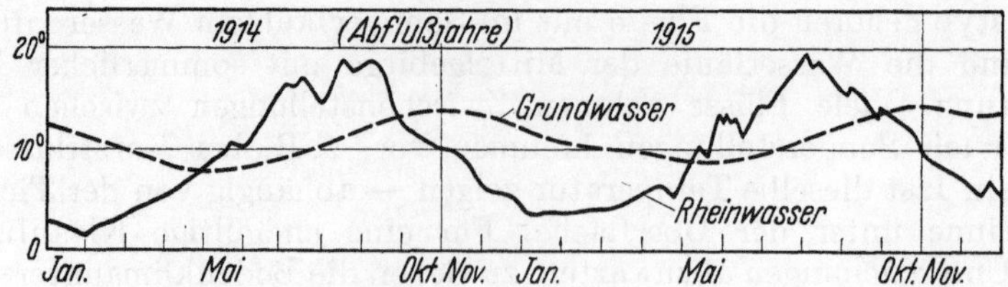

Abb. 48. Gang der Temperatur im Rheinwasser und im Grundwasser bei Schaffhausen. Nach SCHAAD.

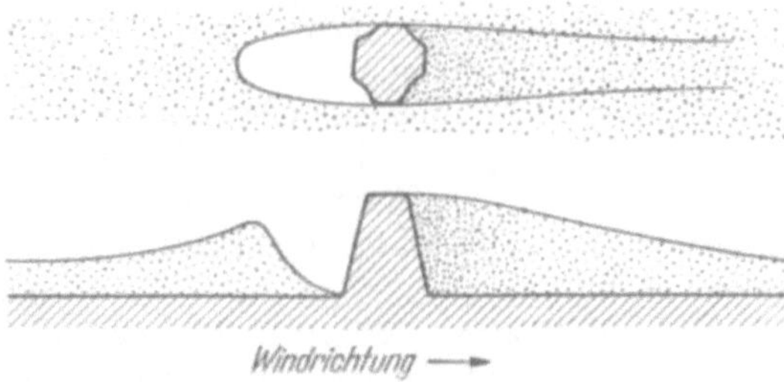

Abb. 49. Schneeverwehungen an Hindernissen (Grund- und Aufriß).

fast durchweg höher und mehr ausgeglichen. Die Abschwächung der Extreme setzt sich in der Aachquelle, die bekanntlich auf unterirdischem Wege von der Donau gespeist wird, fort, doch kommen hier außer den Temperaturen der oberen Bodenschichten auch die Einflüsse der tief liegenden Karstgerinne zum Ausdruck, die den Weg von der Donau zur Aach vermitteln. Die allergeringste Schwankung zeigt aber der Quelltopf der Egau, eines nordöstlich von Ulm in die Donau mündenden Flüßchens (Lage s. Abb. 55). Dieses Karstgewässer (von Oberflächenzuflüssen nicht genährt) wies im Jahre 1929 nur eine Schwankung zwischen 8,93° und 9,12° auf.

Ein ähnliches Bild zeigt das Grundwasser im Vergleich zum Rheinwasser bei Schaffhausen (in der Nähe des bekannten Wasserfalls); s. Abb. 48. Das Grundwasser ist hier ganz wesentlich vom Strom beeinflußt (eine Abzweigung desselben) und gibt dessen Schwankungen abgeschwächt und verzögert wieder.

Auch die *Windwirkung*, deren Zusammenhang mit der Bodenerosion auf S. 29 gestreift wurde, erfährt gewisse Abwandlungen in der Nähe des Bodens. Bekannt ist der Schutz, den Zäune, Hecken, Buschwerk und Waldstreifen dem Boden vor Austrocknung gewähren; vgl. S. 30 und SCHOENICHEN. Aber unmittelbar hinter natürlichen und künstlichen Hindernissen findet eine stärkere Ansammlung von Niederschlag, besonders von Schnee statt (vgl. Abb. 49: Schneeverwehungen). Diese Beobachtungen gelten aber nur für *kleine* Hindernisse; der Luv des Gebirges behält natürlich seinen Vorrang vor dem Lee, was die Gesamtausscheidung vom Niederschlag anbelangt.

III. Das Wasser in fester Form.

1. Schnee und Gletscher.

Vom Standpunkt des Wasserhaushalts aus ist die wichtigste Form des „festen" Wassers der *Schnee*, der auch in gletscherlosen Gebieten das Landschaftsbild im Winter beherrscht und Abflußverzögerungen von wechselndem Ausmaß hervorruft. Ist er auch im allgemeinen in Form einer gleichmäßigen Decke abgelagert, so entstehen doch an Hindernissen, hinter Mauern, Häusern und Bäumen infolge der Windwirkung auch größere Schneedünen und Schneeverwehungen. Eine solche Verwehung zeigt Abb. 49.

Für den Abflußvorgang ist der *Schneeanteil des Niederschlags* von Bedeutung. Man schätzt ihn in der Schweiz bei 1000 m auf 27%, bei 2000 m auf 60%, bei 3000 m auf 90% des gesamten Niederschlags; natürlich nehmen die Prozentsätze nach Norden hin zu, nach Süden hin ab. Als Wasserwert der Schneehöhen, die hoch liegende Gletschergebiete jährlich zum Abfluß bringen, kommen nach PARDÉ (2) für die Massa (Aletschgletscher), die Lütschine, die Rhone, die Arve und die Aare Werte von 1,4 bis 2 m in Betracht. — Bei der Schneehöhe ist zu beachten, daß der Wasserwert nach der Dichte des Schnees stark schwankt; letztere steigt von 0,1 und noch weniger (bei frisch gefallenem Schnee) bis 0,4 bei älterem Schnee und bei Firnschnee bis 0,8 an, woraus schließlich das Gletschereis mit Dichte 0,9 hervorgeht.

STEINHÄUSSER (a) gibt für die Ostalpen an, daß in 1350 m Höhe ein Schneedichte*minimum* (im Jahresdurchschnitt) existiere, während die Dichte in höheren Lagen (Verwehungen) und in tieferen Lagen (Schmelzprozesse) größer ist. Von demselben Verfasser und für das gleiche Gebiet wurden die maximalen Schneehöhen und das Datum ihres Eintritts statistisch ermittelt (b) und die Einwirkung von Luv und Lee erörtert (vgl. Abb. 49).

Da man in der Gewässerkunde die Gletscher in erster Linie vom Standpunkt der *Wasserspeicherung* betrachtet, seien hier (nach PERTHES) einige Flächenangaben zitiert:

Antarktis 13 Mio. km², Arktis 2,1 Mio. km² (wovon Grönland 1,9 Mio. km²), Südamerika 40000 km², Nordamerika 20000 km², Asien 12000 km², Skandinavien 5000 km², Alpen 3800 km², Afrika 20 km² (!).

Serafschangletscher (Innerasien, größter Gletscher der Tropen und Subtropen) 890 km². Die sechs größten Alpengletscher: Aletsch 115 km², Gorner 67 km², Mer de Glace 55 km², Fiescher 41 km², Unteraar 39 km², Pasterze 32 km²; bei den Längen ist die Reihenfolge teilweise eine andere. Weitere Angaben über Gletscher nach SCHMIDT-THOMÉ s. S. 271.

Man darf sich aber die Rolle von Schnee und Eis bei den Alpen- und Mittelgebirgsflüssen auch nicht zu groß vorstellen. Während sich der Schneeanteil des Niederschlags bei der Rhone bis zum Genfer See noch zu 57% erhebt, ist er beim alpinen Gebietsteil des Rheins schon wesentlich geringer und beträgt bei den Schwarzwald- und Vogesenflüssen im Durchschnitt nicht mehr als 10% des Abflusses. Für die Alpenrhone gibt PARDÉ (2) die folgende Schätzung: Nimmt man als mittlere Dicke der Gletscher den (sehr niedrigen) Wert von 50 m an, so ergibt sich für ihren Rauminhalt etwa das 8fache der Wassermenge, die die Rhone jährlich in den Genfer See ergießt. Wenn man damit vergleicht, daß Talsperren nur in seltenen Fällen den vollen Jahresbetrag ihrer Zubringer in sich aufzunehmen vermögen, so stellen die Gletscher im oberen Rhonegebiet einen sehr beachtlichen Wasserspeicher dar. Aber bei den anderen Alpenflüssen ist das Verhältnis viel ungünstiger als bei der Rhone.

Daß sich die *Gletscherschmelze* an manchen Stellen deutlich von der *Schneeschmelze* abhebt, hat WUNDT (9) am Beispiel der *obersten* Rhone (bis Reckingen oberhalb Brig, 215 km²) gezeigt. Es findet sich dort im Mittel von 11 Jahren das erste Maximum (Schneeschmelze) in der zweiten Junidekade, das zweite Maximum (Gletscherschmelze) in der dritten Julidekade. Es scheint, daß das jährliche Aufsteigen der Nullisotherme an der Firngrenze einen Halt erfährt, der erst durch einen neuen „Anlauf" überwunden wird. Natürlich bietet die Betrachtung der Gletscher noch viele interessante Gesichtspunkte, die aber in einer „Gewässerkunde" zurücktreten müssen. Eine neue erschöpfende Darstellung der Gletscher verdanken wir v. KLEBELSBERG; ihre Schwankungen sind in die Klimaschwankungen einzureihen (S. 232ff.). Von Gletscherkatastrophen durch Auslaufen von abgedämmten Seen (Märjelensee am Aletschgletscher), vom Vordringen des Giétroz- und des Tête-Roussegletschers, von Gletschern im Ötztal (Vernagt usw.) ist in den letzten Jahrzehnten wenig mehr die Rede gewesen. Dies ist, wie beim Märjelensee, teilweise vorbeugenden technischen Maßnahmen zuzuschreiben, mehr aber noch dem allgemeinen Rückgang der Gletscher, der — mit kurzen Unterbrechungen — gegen das Ende des vorigen Jahrhunderts eingesetzt hat.

Die *Lawinen* spielen als Zubringer des Schnees zu den Gletschern eine wichtige Rolle. Viel auffallender ist aber ihre Schadenwirkung. Deren Bekämpfung ist in eine Reihe mit den vorbeugenden Maßregeln bei der Wildbachverbauung (s. S. 27) zu stellen. Sie besteht u. a. in der Pflege der Waldbestände; wo solche fehlen, in der Anlage von hintereinanderliegenden Lawinensperren. Forschungsarbeit wird in dieser Hinsicht vom *Observatorium Weißfluhjoch* (Schweiz) geleistet.

2. Einfrieren und Auftauen der Flüsse und Seen.

Das Wasser kühlt sich im Herbst zusammen mit der Umgebung ab; dabei sinkt das erkaltete Wasser in stehenden Gewässern vermöge seiner größeren Dichte in die Tiefe, und am Grunde sammelt sich eine Schicht schwersten Wassers von der Temperatur +4° an, soweit es sich um Süßwasser, von etwa 0°, wenn es sich um Salzwasser von der ungefähren Konzentration des Meerwassers handelt. Allerdings kann durch Strömungen eine Durchmischung des Wassers, durch Winde eine Aufrollung der oberen Schichten eintreten, die einen Temperaturausgleich schafft. — In den warmen Klimaten gibt es natürlich Seen, bei denen die Temperatur +4° bzw. 0° am Grunde auch nicht annähernd erreicht wird. Die tiefste Temperatur der Seen kann nämlich nicht unter die Wintertemperatur an der Oberfläche herabsinken. Dies trifft auch für ganz oder nahezu abgeschlossene Meeresbecken, z. B. für das Mittelmeer, zu. Solche Gewässer können also nie zufrieren; sie werden nach dem Vorgang FORELs als *tropische* Seen bezeichnet. Ihnen stehen als *temperierte* Seen die Gewässer gegenüber, die zeitweise eine Eisdecke tragen, und als *polare* Seen die Wasseransammlungen, bei denen der gefrorene Zustand der normale ist. Aber diese Einteilung hat sich, wie auch von RUTTNER betont, nicht durchgehend als zweckmäßig erwiesen: nach ihr würde der Genfer See im wesentlichen zu den tropischen, der Bodensee zu den temperierten Seen gehören. Es ist eher zu empfehlen, die Frage des Einfrierens individuell zu behandeln, zumal sich der Unterschied maritimen und kontinentalen Klimas in der gleichen Stärke bemerklich macht wie die Breitenlage. Dabei finden allmähliche Übergänge statt, indem sich, bei den nie gefrierenden Seen beginnend, die Dauer des Einfrierens schrittweise vergrößert.

Wesentlich für das thermische Verhalten der Seen ist ferner das jahreszeitliche Verhalten der verschiedenen Schichten. SCHOKLITSCH hat eine Darstellung des raumzeitlichen Verhaltens der Temperatur im Wörther See gegeben. Allgemein (Abb. 50) stellen sich, von der Durchmischung abgesehen, die tiefsten Temperaturen am *Grunde* ein, mit Ausnahme des Hochwinters, wo die Oberflächenschicht ein wenig kälter sein kann als die Bodenschichten. Aber im Sommer sind die Deckschichten immer ausgesprochen wärmer als die darunterliegenden, und es bildet sich bei schwacher Wasserbewegung eine deutliche *Sprungschicht* heraus, die anzeigt, wie weit die Erwärmung einer sommerlichen Hitzeperiode nach unten gedrungen ist. Die allgemeine Schichtung ist um diese Zeit wegen der großen Dichteunterschiede sehr stabil. Aber mit der herbstlichen Abkühlung der Oberschicht nimmt die Stabilität mehr und mehr ab und weicht

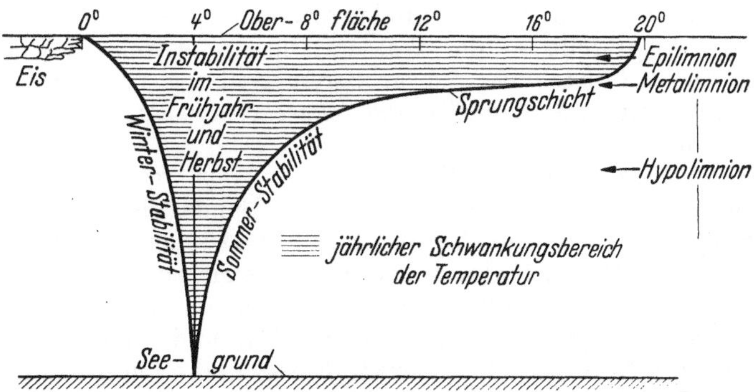

Abb. 50. Jahresgang der Temperaturschichtung in temperierten Seen (schematisch).

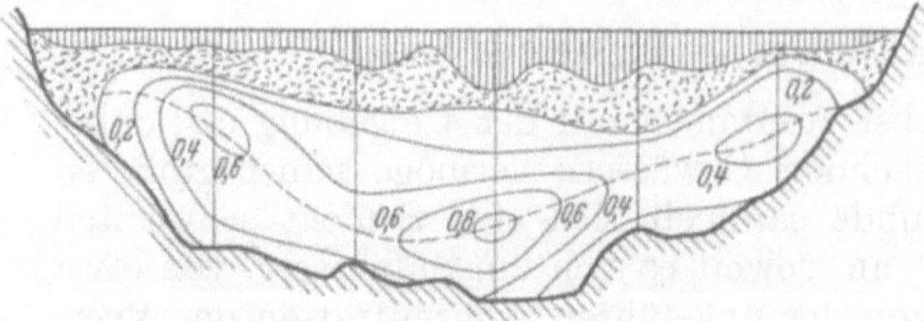

Abb. 51. Eisdecke der Memel (bei Niemanui) zu Beginn des Winters 1927/28. Unter der Eisdecke halbflüssige Zone. Verteilung der Geschwindigkeit in m/s. Nach KOLUPAILA.

im Spätherbst einer ausgesprochenen *Labilität*, weil beim Eintritt einer *durchgehenden* Temperatur von $+4^\circ$ keine Dichteunterschiede mehr vorhanden sind. Sinkt die Oberflächentemperatur von $+4^\circ$ auf 0°, so wird die Schichtung wieder etwas stabiler, aber lange nicht in dem Grade wie im Hochsommer. Die Eisbildung an der Oberfläche beschränkt dann für einige Zeit die thermischen Vorgänge auf die äußerste Deckschicht. Nach dem Auftauen im Frühjahr kommt wieder eine Periode starker Labilität, die dann allmählich mit wachsender Erwärmung der sommerlichen Stabilität weicht. Durch graduelle und zeitliche Abstufung der geschilderten Vorgänge kann man die Temperaturverhältnisse der meisten Seen erklären, muß aber dabei die Durchmischung, die durch Windeinfluß und durch kalte oder warme Zuflüsse entsteht, mit in Rechnung ziehen. — Beim Einfrieren spielt die Lage des Grundes insofern eine Rolle, als tiefe Seen zur Überwindung der Oberflächenabkühlung beim Austausch größere Reserven haben. So gefriert der Walensee (Tiefe 103 m) nicht zu, im Gegensatz zum Züricher See, der nur 44 m tief ist (nach BENDEL). Bei der Besprechung der Lebewelt in den Seen wird auf die Frage der Temperaturschichtung nochmals eingegangen (s. S. 157).

Bei den *fließenden Gewässern* ist die Durchmischung in der Regel so stark, daß die Temperatur oben und unten das ganze Jahr dieselbe ist. Das Wasser kann daher nach der nötigen Abkühlung *überall* gefrieren, aber es bevorzugt die Stellen, wo es mit anderen Medien in Berührung kommt, d. h. die Oberfläche, die Sohle und die Unterwasserböschungen; es bildet sich *Grundeis* und *Treibeis*. Da das Grundeis spezifisch leichter ist als das Wasser, lösen sich von Zeit zu Zeit größere Stücke ab und treiben zusammen mit dem Oberflächeneis weiter. Mit dem Fortschreiten des Gefrierprozesses verdichtet sich das treibende Eis und kommt an irgendeiner Stelle zum Stehen, worauf sich die geschlossene Eisdecke bald über den ganzen Fluß ausbreitet. Aber unter dem stehenden Eis bewegt sich noch ein Eisbrei, der aus einer Mischung von Eiskörnern und Wasser besteht. Abb. 51 gibt nach wirklichen Messungen das Bild eines solchen Zustandes. Die Breite des Flusses dürfte etwa 150 m, die Überhöhung etwa das 10fache betragen.

Zugleich werden die Geschwindigkeitsverhältnisse grundlegend geändert. Die Höchstgeschwindigkeit, die sonst nahe der Oberfläche angetroffen wird (vgl. S. 181) wird in größere Tiefe hinabgedrückt; ferner steigt — in dieser Abbildung nicht dargestellt — der Wasserstand an eisfreien Stellen infolge des verengten Querschnitts und der größeren Reibung ruckweise an. Nach BLÜTHGEN tritt eine Mischung von *Eis- und Schneekörnern* als Brei auch in stehenden Gewässern auf.

Wie sich das *Einfrieren und Wiederauftauen vom regional-geographischen Standpunkt* aus gestaltet, zeigt das Beispiel Rußlands, das sich durch seine gleichmäßigen weiten Flächen für das Studium klimatischer Einflüsse besonders eignet. Nach RYKATSCHEW tritt das vollständige Gefrieren im hohen Nordosten schon um Mitte Oktober, im äußersten Südwesten erst Mitte Dezember ein. Das Auftauen beginnt im Südwesten um Mitte März und pflanzt sich bis Ende Mai in den äußersten Nordosten fort. Große Flüsse und Seen hinken gegenüber den allgemeinen Terminen um mehrere Wochen hinterdrein.

Das Gefrieren der Flüsse *bindet* auch gewisse Wassermengen, die im Frühjahr wieder zum Abfluß kommen. Bei der Memel (in Tilsit, 91267 km²) gibt SPERLING für den Januar 1937 an, daß auf dem Fluß von Kowno bis Tilsit 31 Mio m³ Eis gebildet wurden; dies ergibt, auf die genannte Gebietsfläche umgerechnet, eine Wasserschicht von 0,3 mm Dicke, also mit Niederschlagshöhen verglichen einen ganz unbedeutenden Betrag.

Ganz allgemein wird das Einfrieren von Flüssen durch starke Beimengungen von Grundwasser (Quellwasser) verhindert oder stark hinausgezögert, da diese Mengen viel weniger den jahreszeitlichen Temperaturschwankungen unterliegen als die Oberflächengewässer. Das Einfrieren von *Karstflüssen* ist eine Seltenheit; aus diesem Grunde und wegen ihrer kühlen Sommertemperatur sind sie, wenn wir von ihrer großen Keimgefahr (s. S. 167) absehen, für die Trinkwasserversorgung beliebt.

3. Bodeneis und Gewässer.

Andere Wirkungen als die *Flußeismassen* zeigen die Eismengen, die vorübergehend im Boden und unmittelbar über der Erdoberfläche gebildet werden. Sie treten in sehr verschiedenen Formen auf. Das *Kammeis*, *Stengeleis* u. ä. im lockeren Schutt ist von geologischer und geographischer Seite eingehend beschrieben worden (TROLL); dazu kommt das Bodeneis im engeren Sinn. Was die Entstehung anlangt, so geht der Eisbildung immer eine gewisse Unterkühlung voraus. Diese ist in den Kapillaren des Bodens um so mehr gesteigert, je feiner die Kapillare ist. Die Raumvergrößerung durch Gefrieren begegnet an der Oberfläche keinem Hindernis, deshalb strömt das Wasser aus den Poren heraus und gefriert dort zuerst. Dadurch wird weiteres Wasser nachgesaugt, schiebt das gefrorene Ende vor sich her und verlängert es stengelartig. Bei starkem Temperaturwechsel zwischen Tag und Nacht schmilzt das Eis in den Tagesstunden hinweg, bildet sich aber periodisch in jeder Nacht von neuem. Durch das Herausschießen der Stengel entsteht zwar eine dünne Schuttschicht an der Oberfläche, aber eine Aufpressung des Bodens wird verhindert. Die Möglichkeit des Herauspressens von Wasser ist natürlich mengenmäßig begrenzt; aber der gleiche Vorgang kann sich nach WELNER auch im Boden selbst vollziehen, wenn dieser größere Hohlräume enthält, wie dies z. B. bei lockeren Diluvialböden der Fall ist. Infolgedessen treten auch Unterschiede in der Speicherung zwischen milden schneereichen und kalten schneearmen Wintern auf. Bei den ersteren können sich die zwischen Geländeoberfläche und Grundwasser hängenden Vorräte besonders stark vermehren, wie dies im Winter 1930/31 für Estland zutraf. Das Frühjahrshochwasser 1931 wuchs bedeutend über die nach den Schneeverhältnissen möglich erscheinende Höhe hinaus und kam einer Abnahme des Wasservorrats in den oberen Bodenschichten um 111 mm gleich. Speicherungen in dieser Höhe sind natürlich eine Ausnahme, zeigen aber die Größenordnung, in der sich unterirdische Vorräte in Form von Eis ansammeln können.

Der *gefrorene Boden*, der sich in den polwärts gelegenen Teilen der Festländer jeden Winter neu bildet, ist weniger für die Vorratsbildung als für den Abflußvorgang im Frühjahr von Bedeutung. Die schmelzenden Schneemengen können, z. B. in Sibirien, nicht wie in Gebieten mit gemäßigten Wintertemperaturen in den Boden eindringen und ihm die nötige „Winterfeuchte“ verleihen, sondern fließen infolge der Undurchlässigkeit der obersten Schicht in einem großen *Schwall* ab. Der Abflußvorgang konzentriert sich also auf wenige Wochen im Jahr, während die übrigen Jahresteile teils infolge des Frostes, teils wegen unzureichender Regenfälle den Flüssen nur sehr geringe Wassermengen liefern. Dazu gesellen sich in der zweiten Hälfte des Winters große

Aufpressungen des Bodens, die von der Raumvermehrung des Wassers beim Gefrieren herrühren. Es kommt auch vor, daß das Bodeneis, das sich an einer Stelle bildet, das Grundwasser an einer benachbarten Stelle aus dem Boden auspreßt; das dort austretende Wasser gefriert dann durch Abkühlung an der Luft und kann große *Eishügel* bilden. — *Hochwasserschwalle auf gefrorenem Boden* werden auch auf der Schwäbischen Alb gelegentlich beobachtet. Im *Lohntal* (Lage s. Abb. 55) wurde bei der Schneeschmelze 1947 [nach Angaben von HAUFF und MARQUARDT] in den Trockentälern der Hochfläche Anschwellungen gemessen, die 400 l/s · km² lieferten; das Wasser verschwand wieder in Erdlöchern. Bekannt sind auch die Anschwellungen des *Wedels* in Heidenheim, der in manchen Jahren als Wildwasser vom *Stubental* herunterbraust, während dieses Gebiet sonst ganz trocken liegt. — Bezüglich des *Dauereisbodens* (Sibirien, Kanada usw.) wird auf die geographische Literatur verwiesen (SCHOSTAKOVITCH u. a.).

D. Gewässerkunde und Relief (Geomorphologie).

I. Metrische Beziehungen.

1. Längen.

Man kann Rangordnungen für die Flüsse der Erde auf Grund ihrer *Länge* aufstellen; ein anderes Maß für die Rangordnung ist die *Gebietsfläche*. Wir werden beides nachher in der Tabelle 1 (S. 296) vereinigen. Vorher sind jedoch einige grundsätzliche Fragen zu klären.

In Abb. 52 sind Quelle und Mündung eines (schematischen) Flusses durch eine geradlinige Strecke von der Länge d verbunden. Ist die Länge des Flußlaufes l, so nennt man das Verhältnis $(l - d) : d$ die *Flußentwicklung* für den ganzen Fluß. Bei einem Fluß mit weiter Ausbiegung (Orinoko) ist die Entwicklung groß, bei einem Fluß, dessen Lauf sich der Geraden nähert (Po) ist sie klein; beim Rhein (Quelle bis Mündung) beträgt sie etwa 0,9. Die gleiche Beachtung wie für den ganzen Fluß verdienen diese Werte, wenn man sie für einen natürlichen Flußabschnitt, z. B. den Durchbruch durch ein Gebirge, berechnet; für den oberen Niederrhein Bonn bis Köln ergibt sich z. B. der Wert 0,38. — Besonderen Wert gewinnt die Flußentwicklung als ein Maß für die *Mäander*, d. h. wenn die Windungen des Flusses einigermaßen regelmäßig sind. In diesem Fall empfiehlt es sich, statt der geradlinigen Strecke d eine gekrümmte t (Abb. 52b) zu nehmen und $(l - t) : t$ als *Laufentwicklung (Talentwicklung)* einzuführen. Man findet sie am besten, indem man das „Mäanderbett" auf beiden Seiten des Flusses abgrenzt und die Mittellinie bestimmt; die Ziehung der Begrenzung wird oft durch die Existenz eines Hochufers (des natürlichen Abschlusses für das Hochwasserbett), bei eingesenkten Mäandern durch die Talwände gegeben. Für die Mäander des Mississippi fand man (auf 1850 km) nach RUDZKI den Wert 0,72; für die Unterläufe von Donau, Rhein und Aare 1,0, für Main, Maas und Themse 0,68. — Nach DE MARTONNE beträgt die Breite des Mäanderbettes beim Mississippi, Rhein, Po und Donau etwa das 18fache der Flußbreite.

Zur Definition von *Flußentwicklung, Lauf- und Talentwicklung* (Abb. 52) sei bemerkt, daß in älteren Veröffentlichungen die Nenner d und t im Zähler *nicht* abgezogen und statt dessen $l : d$, $l : t$, $t : d$ berechnet sind, wodurch sich die oben angegebenen Werte um 1 erhöhen (1,9; 1,38; 1,72; 2,0; 1,68).

Bei den großen Strömen findet man in den Längenangaben Werte, die sich um Hunderte von km unterscheiden. Bei den Flächen sind die Unstimmigkeiten fast noch größer. Dies kommt von verschiedenen Umständen her, die teil-

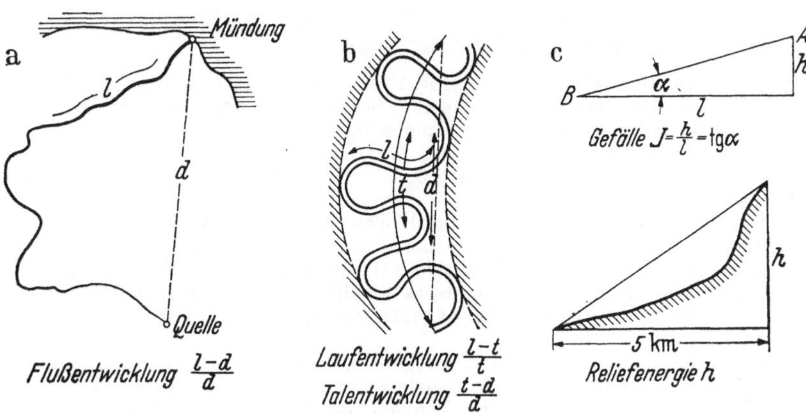

Abb. 52. Längenbeziehungen zur Morphologie.

weise in den Definitionen liegen. Sowohl die Quelle als die Mündung der Flüsse sind nicht immer festgelegte Punkte. Man kann als Stelle der Entstehung für den Nil den Viktoriasee nehmen, man kann aber auch dessen größtem Zufluß, dem Kagera, bis an die Quelle nachgehen. Wie das Beispiel des *Mississippi* zeigt, muß man seinem Nebenfluß Missouri folgen, um die größte Länge zu erzielen; das trifft auch für den Amazonas-*Ucayali* zu, der den Amazonas-*Marannon* etwas an Länge übertrifft. Ferner münden die Ströme teils in Deltas, teils in Mündungstrichtern; wieder andere vermischen sich in der Nähe der Mündung mit anderen; welche Stelle soll dann für das Flußende maßgebend sein? Diese Fragen sind z. B. beim St. Lorenz, beim La Plata und beim Rhein zu entscheiden. Endlich entstehen manchmal Zweifel darüber, ob bei der Ausmessung die kleineren Fluß*windungen* mitberücksichtigt oder ob die *Tallängen* verwertet werden sollen. Sogar wenn man sich auf die Flußläufe selbst beschränkt, entstehen etwas verschiedene Werte, je nachdem man die *Mittellinie* des Flusses oder den „*Stromstrich*", d. h. die Verbindungslinie der größten Oberflächengeschwindigkeiten, oder endlich den „*Talweg*", der die tiefsten Punkte der Querschnitte unter sich verbindet, zugrunde legt. Ganz ähnliche Schwierigkeiten bestehen beim Feststellen der Mäanderentwicklung aus der Begrenzung der Mäanderstrecke oben und unten und aus der Ziehung der Mittellinie, die weithin in das Ermessen des einzelnen gestellt ist. Bei den Flächen entsteht die Frage, ob anstoßende aride Gegenden in das Gebiet einbezogen werden sollen oder nicht; ferner weicht die oberirdische Wasserscheide von der unterirdischen vielfach ab. Alle diese Möglichkeiten kann man nicht mit einem „richtig" oder „falsch" erledigen und eine bestimmte bevorzugen; es sind dies Methoden, die *nebeneinander* Berechtigung haben und in ihrem Für und Wider verglichen werden können, ohne daß man einzelne von ihnen ganz verwerfen kann. Nach der positiven Seite ist auch zu sagen, daß die Endergebnisse nicht allzuviel voneinander abweichen; allerdings sollte überall die Grundlage angegeben werden, was bei den aus der Literatur übernommenen Angaben meistens nicht möglich ist.

Zu den Längenbeziehungen gehört auch der wichtige Begriff des *Gefälls* J (Abb. 52c), das den Höhenunterschied h zu der in horizontaler Richtung gemessenen (also aus der Karte zu entnehmenden) Entfernung l ins Verhältnis setzt; $J = h : l$. Man pflegt J in Prozent, öfter noch in Promille auszudrücken. Übrigens unterscheidet sich die schräg abwärts gemessene Entfernung AB nur sehr wenig von l, da J und der aus $\text{tg}\,\alpha = h : l$ sich ergebende Neigungswinkel in der Regel sehr klein ist. Es seien folgende Werte in Promille ($^0/_{00}$), d. h. m Steigung auf 1 km Horizontalentfernung, angeführt:

Rhein von den Quellen (etwa 3000 m Höhe) bis zum Bodensee (durchschnittlich und überschläglich) 16, Bodensee bis Marlen (oberhalb Straßburg) 0,89; Marlen bis Maxau 0,52; Maxau bis Mannheim 0,24; Mannheim bis Bingen 0,09; Bingen bis Linz (oberhalb Köln) 0,28; Linz bis Emmerich 0,17; Emmerich bis Mündung 0,09.

Neckar im obersten Lauf 6, im untersten 0,5; Main Lichtenfels bis Würzburg 0,5, von da ab nur 0,34.

Elbe in Böhmen 0,35; Oder Breslau bis Hohensaaten 0,20; Weichsel Warschau bis Thorn 0,12; Mississippi Vicksburg bis Baton Rouge 0,05. Nil Assuan bis Kairo 0,07, von da ab nur 0,04; unterster Jangtse 0,025, Hoangho (Mündungsgebiet auf 675 km Länge) 0,19 bis 0,08; der relativ hohe Wert beim Hoangho erklärt sich so, daß der Fluß mit seiner laufenden Aufschüttung, die besonders intensiv ist (Löß!), gerade fertig werden muß. Vgl. auch S. 27 und 184.

Für den Oberlauf der Gebirgsflüsse können keine einheitlichen Angaben gemacht werden [als Beispiel neben dem Rhein: Rhone (Rhonegletscher bis Brig) 22]. Aber selbst im Hochgebirge nähert sich das Gefäll in den Talstrecken den normalen niedrigen Werten. Wir führen an: Inn von Perjen (bei Landeck) bis Innsbruck 2,6, von Innsbruck bis Reisach (unterhalb Kufstein) 1,15; Salzach von Mittersill (Oberpinzgau) bis Salzburg 3,0. Zum Vergleich noch zwei technisch übliche Werte: Dränröhren 2, Sammlerröhren 1 (Mindestwerte).

Von dem Flußgefäll J ist die *Geländeneigung* φ zu unterscheiden, deren Durchschnittswert für ein ganzes Gebiet nach FINSTERWALDER definiert wird durch

$$\operatorname{tg} \varphi = \frac{\text{Summe der Höhengleichen} \times \text{Abstand der Höhengleichen}}{\text{Grundrißfläche}}.$$

ERTL (2) hat auf Grund dieser Formel festgestellt, daß φ in den Teilgebieten der Iller zwischen 25° 20′ und 2° 35′ schwankt (d. h. zwischen 473$^0/_{00}$ und 45$^0/_{00}$). Diese Werte haben für den Abfluß bei Hochwasser besondere Bedeutung und liegen im allgemeinen viel höher als die Flußgefälle.

Alles, was sich auf das Gefälle bezieht, erfaßt nur den *Wasserspiegel* der Flüsse; dieser hat, wenn wir von Wellen, Walzen u. ä. absehen, eine ständige, wenn auch streckenweise fast auf Null erniedrigte Neigung nach abwärts. Anders steht es mit der *Sohle* der Flüsse. Diese zeigt oft eine Aufeinanderfolge von Kolken, deren Grund viel tiefer liegt als an den abwärts liegenden Flußstrecken. So zeigt der Rhein bei der Lorelei eine Tiefe bis zu 26 m; die Sohle liegt also tiefer als die Oberfläche bei Bonn; die Donau beim Eisernen Tor ist bis 54 m tief, erreicht also am Grund ungefähr das Niveau des weit entfernten Schwarzen Meeres. Der Zusammenhang der Kolkbildung (bei den Gletschern die Übertiefung der Betten) mit der Erosion ist ein Problem, das noch nicht genügend untersucht ist.

Unstetigkeiten im Gefäll werden von den Flüssen in Stromschnellen (Katarakten), größere Sprünge in Wasserfällen (Kaskaden) überwunden. Die Unstetigkeiten sind meist eine Folge junger geologischer Entwicklung zusammen mit verschiedener Härte der Gesteinsschichten. Einige Zahlenangaben: Niagara 50 m (5900 m^3/s); Rheinfall 21 m (320 m^3/s); Trollhätta (Götaelv) 33 m, Iguassu (zum Parana) 64 m, Viktoriafälle (Sambesi) 110 m, Yosemite (Kalifornien, höchster Fall der Erde) 740 m. Bei Beurteilung der Höhe ist in Rücksicht zu ziehen, daß oft mehrere Absätze des Falls zu einem Wert zusammengefaßt werden.

Die *Reliefenergie* ist ein Maß für die Konzentration bedeutender Höhenunterschiede auf kurzen Strecken (Abb. 52c). Wasser, das auf den Höhen der Gebirge fällt, kann nur dann zur Energiegewinnung verwendet werden, wenn die relativen Höhendifferenzen zu den benachbarten Tälern dies erlauben; ausgedehnte Hochflächen sind für die Wassernutzung von geringem Wert. Auf *kurze* Strecken — z. B. bei senkrechten Abbrüchen — werden natürlich überall sehr hohe Gefällswerte erreicht; aber es ist des Vergleichs wegen notwendig, die Höhendifferenz auf eine *einheitliche* nicht zu kleine *Horizontalstrecke* zu beziehen. Der *größte Unterschied*, der auf *5 km* waagrechte Entfernung vorkommt, wird als *Reliefenergie* bezeichnet. In den Mittelgebirgen sind Werte der Reliefenergie von 1000 m (200‰ Gefäll, das sich auf 5 km hin erstreckt) bereits selten; in Deutschland treffen wir solche Werte z. B. im südlichen Schwarzwald (Abfall des Belchens gegen die Rheinebene). KREBS hat den Einfluß der Reliefenergie auf die Gestalt der Landschaft Süddeutschlands in einer Karte anschaulich wiedergegeben. In den Alpen sind Höhenunterschiede von 2000 m auf 5 km (400‰) häufig, dagegen solche von 3000 m auf dieselbe Entfernung schon wieder selten (Berner Oberland, Montblanc).

2. Flächen.

Man denke sich einen kleinen Flußabschnitt von der Quelle ab mit der zugehörigen Gebietsfläche F. Irgendwo auf der Erde werden wir Entwässerungsgebiete von ähnlicher Form, aber größerer Fläche finden. Nehmen wir 3 Flächen an (Abb. 53), bei der die Flußlängen das Verhältnis $l_1 : l_2 : l_3 = 1 : 2 : 3$ haben, so müssen die zugehörigen Flächen F_1, F_2, F_3 sich wie $1 : 4 : 9$ verhalten. Da sich die gesamte Landfläche der Erde in solche kleine Flächen aufteilen läßt, bei denen man die unter sich ähnlichen heraussuchen kann, so müssen die Flußgebiete, *im Durchschnitt* betrachtet, wie die Quadrate der Flußlängen anwachsen, d. h. es muß die Beziehung $F = a \cdot l^2$ gelten, worin a eine Konstante darstellt. HAHN (1b) hat die deutschen Flußgebiete nach Gruppen der Gebietsgröße geordnet und mit den zugehörigen Flußlängen zusammengestellt; seine Tabelle bestätigt empirisch das hier induktiv gewonnene Gesetz und gibt zugleich ungefähre Werte für die Konstante a. Bei den größeren Flußgebieten herab bis zu etwa 1000 km² ergibt sich für a ein Wert von etwas über 0,1; erst für die kleinen Flächen stellen sich Werte heraus, die wesentlich über 0,1 liegen. Man kann sich dies so erklären: Im allgemeinen stoßen an einem Punkt nur wenige Wasserscheiden zusammen. Das Gebiet beginnt daher mit einer groben Keilform, wird aber bei weiterer Ausdehnung durch die Entstehung neuer Verzweigungszentren und Nachbargebiete eingeengt, so daß das Tempo der Zunahme und damit die Konstante a fallen muß. Immerhin behält sie ihren Durchschnittswert auf lange Erstreckung bei. Aber gegen die Mündung hin muß der Zuwachs an Fläche von neuem geringer werden, denn die Zuflüsse, die immer noch größer werden müßten, erreichen den Hauptfluß schließlich nicht mehr und gehen als

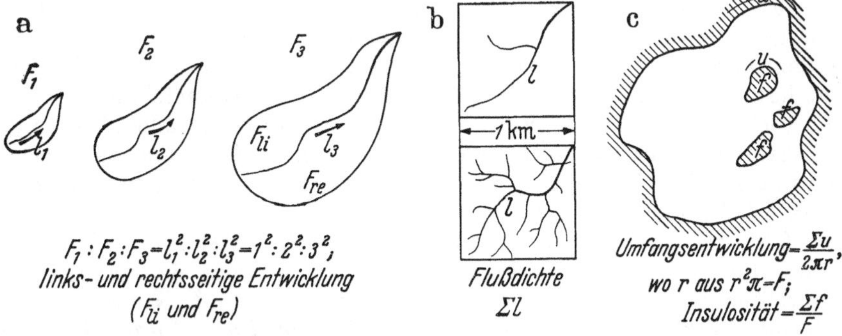

Abb. 53. Flächenbeziehungen zur Morphologie.

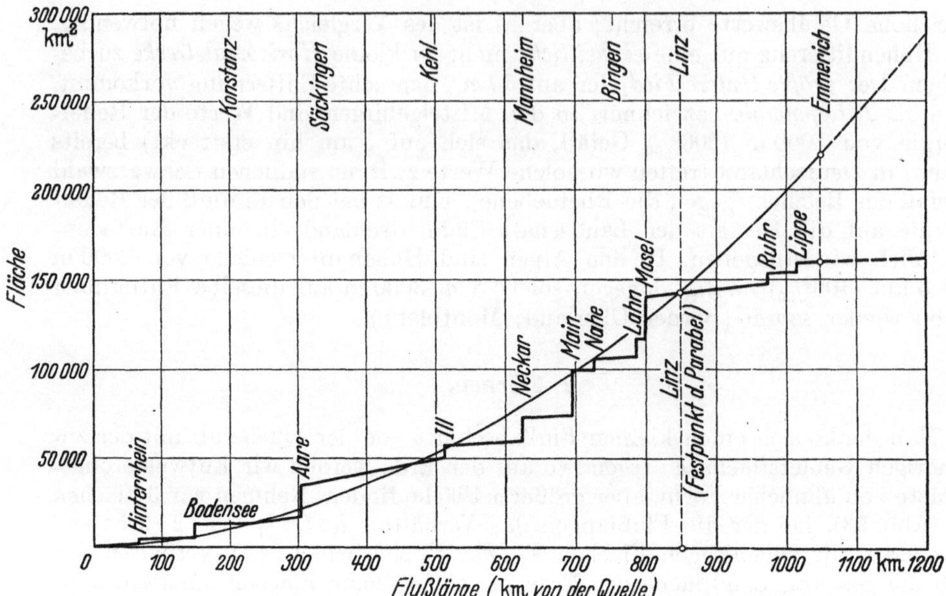

Abb. 54. Zunahme der Gebietsfläche beim Rhein mit der Lauflänge. Parabolischer Anstieg.

selbständige Flüsse ins Meer. Wir erkennen also an der Quelle und an der Mündung den Einfluß der *Randbedingungen*.

Die genannten Einflüsse zeigt das Beispiel des Rheins (Abb. 54). Die raschere Zunahme im obersten Quellgebiet ist nicht zu erkennen, da hierfür keine Angaben (beim Vorderrhein erst von Disentis ab) vorliegen und der verwendete Maßstab zu klein ist. Überall zeigt sich ein staffelförmiges Ansteigen an den Stellen, wo große Nebenflüsse hereinkommen. Daneben ist der wachsende (parabolische) Anstieg unverkennbar und setzt sich bis zur Einmüdung der Mosel fort; diese ist der letzte große Nebenfluß und gibt neben dem Nullpunkt (= Quelle) den zweiten Festpunkt der Ausgleichsparabel, der auf die Station Linz unterhalb der Moselmündung gelegt wird. Von hier ab tritt eine deutliche Verlangsamung des Anstiegs ein: mit der Maas findet nur mehr eine „Flußvermischung" statt; große Nebenflüsse (Themse, Ems), die ihn in der Diluvialzeit, als die Nordsee trocken lag, noch erreicht haben mögen, sind heute selbständige Flüsse geworden und dies hat ein Absinken des tatsächlichen Zuwachses unter den parabolischen zur Folge. Im ganzen genommen bestätigt sich der parabolische Anstieg (er tut dies auch bei der später folgenden Tabelle für die Ströme der ganzen Erde); aber er ist eben ein Massengesetz, das sich im Einzelfall und in den Grenzverhältnissen nur in rohen Zügen wiederfindet.

Nach dem Vorgange von GRAVELIUS, der die Morphometrie in vieler Hinsicht ausgebaut hat, kann man den allmählichen Aufbau der Gebietsfläche mit der Flußlänge auch in einen links- und rechtsseitigen Zuwachs aufteilen. Man erhält dann zwei Staffellinien und zusammengefaßt eine linksseitige und eine rechtsseitige Zuwachsfläche F_{li} und F_{re}, die im allgemeinen verschieden sind. Beim Rhein z. B. ist F_{li} kleiner als F_{re}.

Die *Flußdichte* (Abb. 53d) ist ein klimatisch wichtiges Maß für die Länge der Wasserläufe, die auf der Flächeneinheit angetroffen werden; sie wird definiert als die durchschnittliche Zahl der km Flußlänge auf 1 km². NEUMANN führt dafür folgende *Werte im Zusammenhang mit der jährlichen Niederschlagshöhe* (mm) an:

	Eifel	Glatzer Geb.	Elbsandstein-gebiet	Schwarzwald	Harz
Flußdichte	0,84	1,06	1,13	1,40	1,77
Niederschlag . . .	620	770	820	1180	1000

Man glaubte auf Grund solcher Umstände die ***Flußdichte*** als Maß für den ***Regenreichtum*** ansehen zu können; später erkannte man aber, daß diese Abhängigkeit in ihrer Bedeutung gegenüber einer anderen zurücktritt, nämlich der ***Durchlässigkeit*** des Bodens. Der Rückgang der Flußdichte im Karst ist so auffallend, daß er den Einfluß des Regens völlig überdeckt; an die Stelle der Flußdichte tritt hier (aber nur teilweise) die ***Taldichte***. Auf der Albhochfläche bei Neresheim (Württemberg, Weißer Jura) ist die Flußdichte nur 0,03, für den oberen und mittleren Jura der Schweiz werden 0,12 bis 0,15 angegeben; auch die Gäufläche zwischen Herrenberg und Nagold (Württemberg, Hauptmuschelkalk) weist nur 0,15 auf. Dagegen finden wir im Keuperland des Schönbuchs östlich davon die Flußdichte 1,84, und ihre höchsten Werte in Württemberg werden mit 5,0 im Murgtal bei Baiersbronn (Grundgebirge) festgestellt, wo relativ geringe Durchlässigkeit und große Niederschlagshöhe zusammenwirken. In Abb. 55 ist das Ineinandergreifen der Flußdichte und Taldichte an einem Beispiel dargestellt. Zahlreiche Täler, zumeist im klüftigen Gebiet des Weißen Jura liegend, führen kein Wasser, was teilweise auch auf tektonische Vorgänge (Kippung der Albtafel in der Richtung Nordwest-Südost) zurückzuführen ist.

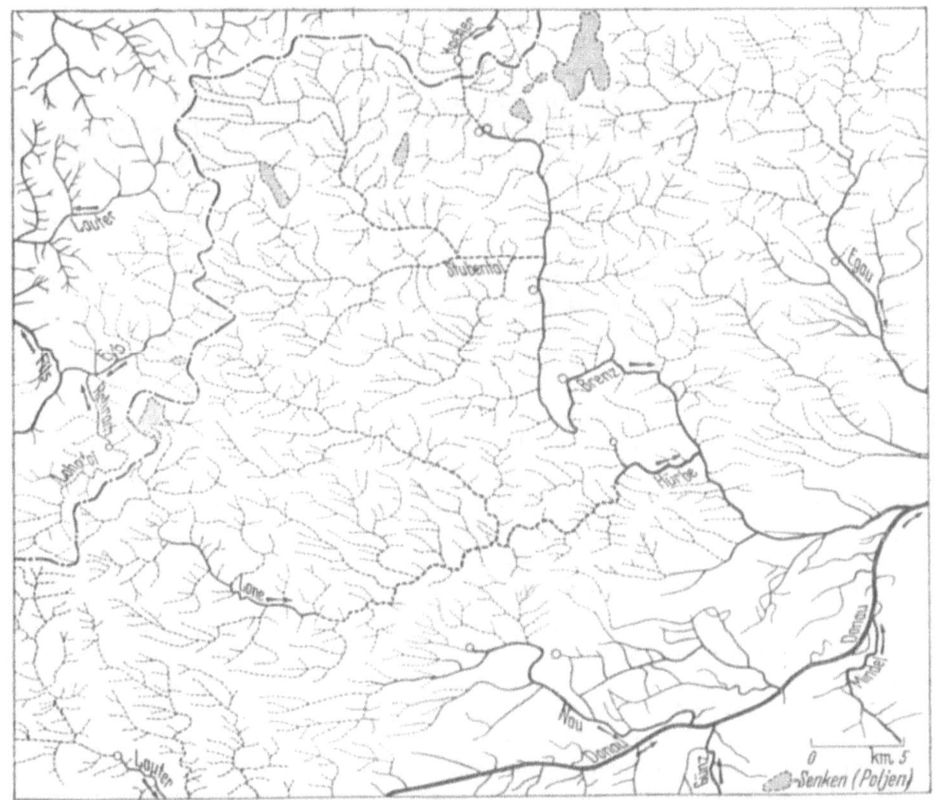

Abb. 55. Flußdichte und Taldichte im Nordostteil der Schwäbischen Alb. Nach G. WAGNER.

Das Vorland der Alb im Nordwesten der (strichpunktierten) europäischen Wasserscheide, im undurchlässigen Braunjura liegend, hat ein reiches Gewässernetz, ebenso das diluviale Schwemmland um die Donau im Südosten. Starke Karstquellen (deren Einzugsgebiet mit dem oberflächlichen nicht übereinstimmt!) sind mit Ringen bezeichnet.

Eine wenig beachtete, mit der Flußdichte zusammenhängende Größe ist die *Talbreite*. Findet man an einer Stelle die Flußdichte 2, so bedeutet dies, daß auf 2 km Flußlänge 1 km² Fläche kommen, daß also 1 km Flußlänge durchschnittlich $^1/_2$ km² entwässert. Da die Gebietsbreite als lineare Dimension sich umgekehrt wie die Flußlänge ändert, wird man in dieser Gegend nach rund 500 m Entfernung im Mittel einen neuen Wasserlauf antreffen. Somit ist auch die Talbreite zu 500 m zu veranschlagen; in dem vorhin genannten oberen Murgtal wäre die Talbreite nur 0,2 km.

Auch bei der Bestimmung der Flußdichte stoßen wir auf allerhand Schwierigkeiten. Im humiden Gebiet liegt der Fall verhältnismäßig einfach; aber bei der Annäherung an das aride Gebiet liegen die Wasserläufe in zunehmendem Maß einen Teil des Jahres trocken, und man kommt in Zweifel, was man überhaupt als Wasserlauf rechnen soll. Nach der äußeren Seite hin wird die Sache noch dadurch erschwert, daß Angaben über die Zeit und das Maß des Trockenliegens meist nicht vorhanden sind. Man kam so darauf, statt der Wasserläufe einfach die Täler zu nehmen, in denen sie dauernd oder zeitweise fließen. Aber was ist ein Tal — kann man jede Welle im Gelände, jede Runse dazu zählen? Wie ist die Frage der Taldichte bei Karstgebieten anzupacken? Dazu kommt noch, daß Täler vielfach nicht ein Produkt der Jetztzeit, sondern der Vorzeit sind. Also eine Fülle von Problemen, deren Verfolgung neue Definitionen und Sammlung neuen Beobachtungsmaterials erfordert.

Sogar für die einfachen Begriffe: Strom, Fluß, Bach existieren keine allgemein angenommenen Umschreibungen; man begnügt sich mit der allgemeinen Vorstellung einer Größenabstufung und läßt im übrigen weitgehende Überschreitung der gegenseitigen Grenzen zu, wie das auch in diesem Buche geschehen ist. NUSSBAUM (bei KLUTE) rechnet zu den *Riesenströmen* die Gebiete bis 1 Mio km² abwärts, die *Ströme* bis 100000 km², die *Großflüsse* bis 10000 km², die *Kleinflüsse* von 10000 km² an abwärts. — Die Kennzeichen des *Baches* werden darin gesehen, daß er sich dem Bodenrelief unmittelbar anschmiegt, während der *Fluß* diese schon teilweise ausgleicht.

In der Tab. 1 des Anhangs ist eine Aufzählung wichtiger Flüsse und Ströme nach Länge und Gebietsfläche gegeben, geordnet nach den 5 Erdteilen, aber mit starker Hervorhebung Europas. Die Reihenfolge ist nach der *Gebietsfläche* genommen, ist daher bei den *Flußlängen* vielfach eine andere. Eine ebenso wichtige Rangordnung — nach der absoluten und der spezifischen *Wasserführung* — wird auf S. 264f. und in Tab. 6 des Anhangs gegeben werden. Nimmt man die Ströme aller 5 Erdteile zusammen, so ergibt sich folgendes Bild für die *Flächen* (in Mio km²): Amazonas (bis Xingu einschl.) 5,5; Kongo 3,7; Mississippi 3,2; La Plata 3,1; Nil 3,0; Ob 2,9; Jenissei 2,6; Lena 2,4; Niger 2,1; Amur 2,1; Jangtse 1,8; Ganges-Brahmaputra 1,7; Mackenzie 1,7; Wolga 1,5; Sambesi 1,3; St. Lorenz 1,2; Winnipeg-Nelson 1,1; Oranje 1,0. Alle übrigen, von denen als nächste Hoangho, Indus, Orinoko und Murray folgen, bleiben unter 1 Mio. km². — Bei den *Längen* (km) stehen der Nil-Kagera und der Mississippi-Missouri mit je rund 6500 an der Spitze; in einigem Abstand folgt auf sie der Amazonas, der Jangtse, der Jenissei-Selenga, der Ob und der La Plata.

Für kulturgeographische Zwecke (Verkehr, Wirtschaft) wurde neuerdings der „zentrale Quotient" als Einzugsgebiet geteilt durch Flußlänge definiert.

Er ist groß bei annähernd kreisförmigen Flächen, klein bei langgestreckten Flußgebieten; erstere sind der Entwicklung günstiger [Keller, R. (2)].

3. Maßbeziehungen bei den Seen.

Bei stark zerlappten Seen, z. B. beim Staffelsee in Oberbayern und beim Saimasee in Finnland, empfindet man das Bedürfnis, diese Eigenschaft durch eine schärfere Definition auszudrücken. Nun ist bei gegebener Fläche F die kleinstmögliche Begrenzung die *Kreisform*. Man findet also ein Maß der Zerlappung (Umfangsentwicklung), indem man den tatsächlichen Umfang (einschl. der Inselumfänge) u durch den Umfang eines flächengleichen Kreises dividiert (vgl. Abb. 53). Der Radius dieses Kreises sei r, so besteht die Beziehung $r^2 \pi = F$, also $r = \sqrt{\frac{F}{\pi}}$. Der Umfang dieses Hilfskreises ist also $2 \pi r = 2 \pi \sqrt{\frac{F}{\pi}} = 2 \sqrt{F \pi}$ und die *Umfangsentwicklung* ergibt sich, in den gegebenen Größen $\sum u$ und F ausgedrückt, zu $\frac{\Sigma u}{2 \sqrt{F \pi}}$. Bei Kraterseen und Karseen ist dieses Verhältnis meist nahezu 1, weil ihre Form an und für sich schon der Kreisform ähnelt; bei anderen, z. B. länglichen, Formen steigt das Verhältnis, und bei Verzweigung des Sees in einzelne Arme kann die Umfangsentwicklung hohe Werte erreichen. Als Beispiele führe ich einige Schwarzwaldseen an: Feldsee 1,3; Titisee 1,44; Schluchsee alt 1,9, neu 2,6 [nach Elster u. Schmolinsky (b)]; der See dringt infolge der Stauung in mehrere Seitentäler ein.

Die *Insulosität* (Abb. 53c), d. h. das Verhältnis der Inselflächen zur Seefläche, ist beim Fehlen von Inseln natürlich 0, und das trifft für die meisten Krater- und Karseen zu. Umgekehrt kann die Insulosität bei glazialen Seen in der Ebene, wo der unausgeglichene Untergrund auch innerhalb der Seefläche hervortritt, hohe Werte erreichen (Saimasee in Finnland).

In Tab. 2a des Anhangs sind eine Anzahl *Binnenseen der Erde nach ihrer Größe geordnet* aufgeführt (Weiteres bei Halbfass); außerdem ist ihre Höhe über dem Meer angegeben. Manche von diesen Seen stellen *Kryptodepressionen* dar, d. h. ihr tiefster Punkt liegt unter dem Meeresspiegel (Beispiele: Baikal bis —1061 m, Tanganjika bis —653 m). Einige deutsche Seen mit genaueren Angaben setzen in Tab. 2b die Zusammenstellung fort, und schließlich sind in Tab. 2c einige künstliche Seen (Talsperren) mit Angaben über den Stauraum zum Vergleich beigefügt. Bei den letzteren beachte man den gewaltigen Inhalt der sowjetischen und der amerikanischen Stauseen. — Nach Hahn betragen die natürlichen Seeflächen in Deutschland (Gebiet von 1938) 9‰, die künstlichen Seeflächen 1,5‰, die Wasserflächen der Ströme (einschl. der Zuflüsse I. bis IV. Ordnung) 4,6‰ der Gesamtfläche; Erklärung des Begriffes „Ordnung": Rhein—Neckar—Enz—Nagold = I—II—III—IV usw. Der höchstliegende See der Erde ist nach Halbfass der *Horpa-Tso* in Tibet, der 5470 m ü. d. M. liegt. Abflußlose Seen und solche mit Abfluß sind in den meisten Fällen als solche klar zu erkennen. Es gibt aber auch Zwischenstufen in Form von Seen, die nur periodisch, sei es jährlich in der Trockenzeit oder in längeren Jahresreihen, abflußlos werden. In Europa gehört dazu der Plattensee und der Neusiedlersee, in Afrika der Njassasee und der Tanganjikasee. Bei letzteren spielen aber, wie Jaeger (3) berichtet, auch *Verstopfungen*, vor allem pflanzlichen Ursprungs, eine Rolle, die von Zeit zu Zeit wieder fortgeschwemmt werden. Der Tanganjikasee hat nach Beseitigung einer bis 1878 bestehenden Verstopfung einen ziemlich regelmäßigen, wenn auch schwachen Abfluß (100 m^3/s von 238000 km^2 Fläche, nach Tison). Vgl. dazu auch Ref. über Vortrag Jaag (S. 161 zitiert).

II. Formung und Kräfte.

Dem Titel des Buches „Gewässerkunde“ entsprechend, werden hier nur solche Formen der Geomorphologie behandelt, die zu den Wasserläufen in naher Beziehung stehen. Zahlreiche andere Formen, z. B. die des ariden Klimas, des Vulkanismus usw., bleiben hier außer Betracht; auch die glazialen Formen treten in den Hintergrund.

1. Aufriß.

Ein Flußbett und seine Wasserfüllung kann man auf drei Arten verfolgen, nach seiner Längserstreckung (dem Aufriß), nach dem Kartenbild (dem Grundriß) und nach dem Querschnitt (Profil) einschließlich der Talaue und der Talhänge. Wir haben die Entwicklung der Fläche mit der Länge beim Rhein betrachtet und wollen dies nun auch beim Gefälle tun (Abb. 56).

Der allgemeine Verlauf der Gefällskurve zeigt die bekannten Züge: Steiles Gefäll im Oberlauf, allmählich abnehmendes Gefäll im Mittellauf, geringes Gefäll im Unterlauf. In solcher Weise verteilt sich das Gefäll bei den meisten Flüssen der Erde, und auch bei den Nebenflüssen ist dies deutlich ausgeprägt (s. die ausgeglichene Kurve des Neckars in der Abbildung). Aber daneben machen sich doch allerhand Eigentümlichkeiten bemerklich. Beim Rhein sucht sich die nach unten konvexe Kurve im ganzen *dreimal* auszubilden, im Anschluß an ebene Schlußstrecken, die von der Natur vorgegeben sind. Nicht bloß die Mündung in den Niederlanden, auch die Oberrheinebene und der Bodensee übernehmen die Rolle einer *Erosionsbasis*. Nach dem Verlassen der Erosionsbasis setzt das Gefäll jeweils erneut mit stärkeren Werten ein; man kann diese Unterbrechung, mindestens teilweise, mit dem härteren Gestein erklären, das der Fluß bei der Durchquerung des Jura und des Rheinischen Schiefergebirges überwinden muß, während sein Lauf in den Zwischenstrecken die weicheren Gesteine des Alluviums und Diluviums, darunter das Tertiär, vorfindet. Viele andere Flüsse haben

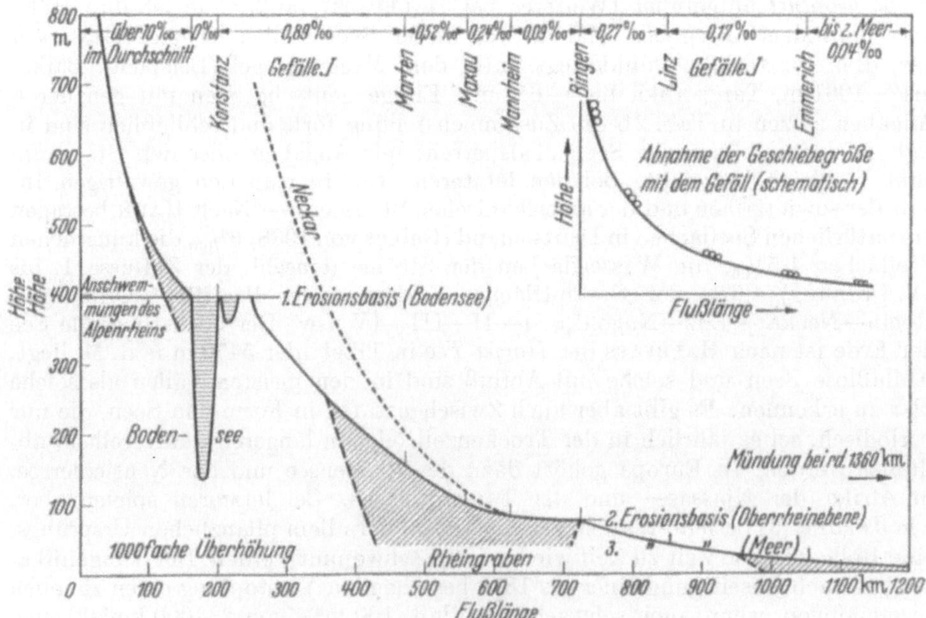

Abb. 56. Gefällskurve des Rheins mit dreifacher Erosionsbasis.

wie der Rhein mehrere Erosionsbasen, so die Donau in den Niederungen unterhalb Regensburg, als weitere die Ungarische Tiefebene und als letzte das Mündungsgebiet in das Schwarze Meer. Auch in kleineren Verhältnissen finden wir diese eingeschalteten Erosionsbasen, besonders in Gebirgstälern, wo Flachstrecken oder „Böden" mit Steilstrecken oder „Klammen" abwechseln. Man kann dies durch Wechsel der *Gesteinshärte*, ferner mit „*Konfluenzstufen*", die durch erhöhte Tiefenerosion am Zusammentreffen zweier Bäche entstehen (A. PENCK), oder auch dadurch erklären, daß kleine Unterschiede in den präglazialen Tälern durch die Wirkung des darübergleitenden Eises unverhältnismäßig gesteigert wurden (DE MARTONNE); man kann beim *Eise* auch eine *Analogie zum Verhalten der Bäche* vermuten, die bei kleinen Abstürzen die „schießende" Bewegungsform annehmen und sich ganz oder teilweise vom Untergrund *loslösen* (zum Begriff „schießen" vgl. S. 49).

Neuere Jahrbücher (Société Hydrotechnique de France 1950) enthalten neben Abflußtabellen auch Längsprofile (Gefällskurven) für ganze Flußläufe, die neben den allgemeinen Formen die größeren Gefällsknicke zeigen (vgl. Abb. 56); ferner finden sich Angaben über die Fläche der einzelnen Höhenstufen in den Flußgebieten, die für die Berechnung der Mitteltemperatur, der Schneebedeckung und der Hochwassermengen von Bedeutung sind.

Die Frage der Entstehung einer Gefällskurve ist noch nicht eindeutig gelöst, vielfach auch nur im einzelnen Fall zu klären. Für die Flußkunde bleibt bei der Ausbildung im kleinen zunächst die einheitliche Tatsache, daß vor jedem Hindernis eine Gefällsverringerung stattfindet und daß das Hindernis selbst unter Steigerung des Gefälls überwunden wird. Das kann man an jedem kleinen Schwemmkegel beobachten, der aus einem Seitental kommend den Hauptbach zur Seite drängt, und wiederum bei technischen Eingriffen, z. B. bei Brücken, die das Profil etwas einengen und den Fluß vor der Brücke zu leichtem Stau, unter der Brücke zu rascherem Lauf und Spiegelabsenkung veranlassen (vgl. Überfälle oder Abstürze; Abb. 32, 33, 34).

Wenn man Vergleiche zwischen den *Gefällskurven in verschiedenen Klimaten* zieht, so zeigt sich, daß sie im humiden Reich stärkere Krümmung aufweisen als in polaren und in halbariden Gebieten. MORTENSEN, auf den diese Beobachtungen zurückgehen, hat sie auch auf die Entstehung der Stufenlandschaften ausgedehnt (zeitlich alternierende Abtragung). Jene Unterschiede erklären sich so: die humiden Gebiete sind die vegetationsreichen, die halbariden und die polaren Gebiete die vegetationsarmen Bezirke. In den von Pflanzenwuchs bedeckten Gebieten ist die Oberfläche besser verfestigt, und die Erosion drängt sich daher in einzelnen Wasseradern zusammen (*lineare Erosion*), während im kalten und im ariden Klima die Abspülung des Bodens *flächenhaft* und ruckweise (bei der Schneeschmelze oder nach einzelnen starken Regengüssen) erfolgt. Dies bewirkt die relativ stärkere Eintiefung der Wasseradern im humiden Gebiet.

Für die Entstehung der nach unten konvexen Form der Gefällskurve wird meist die von PHILIPPSON gegebene Erklärung angeführt (Abb. 57). Nehmen wir als Ausgangszustand eine gleichmäßig geneigte Fläche an und lassen auf ihr das Wasser abrinnen, so muß die Wasserführung der Flüsse nach unten zunehmen; die Ausräumungskraft muß daher in der Nähe der Mündung am stärksten sein. Dadurch entsteht aber bei A eine Gefällstufe

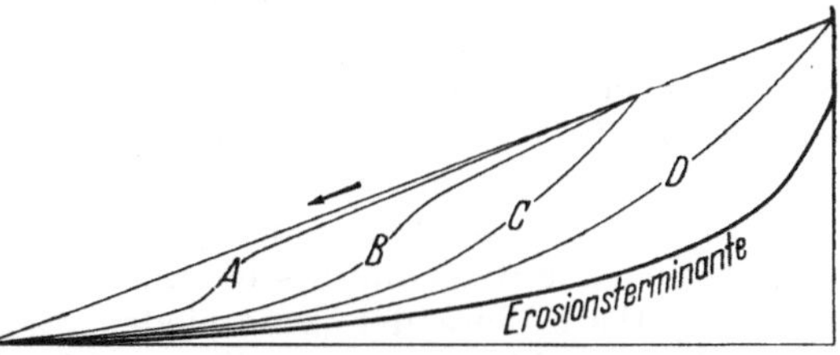

Abb. 57. Rückwärtsschreitende Erosion. Nach PHILIPPSON.

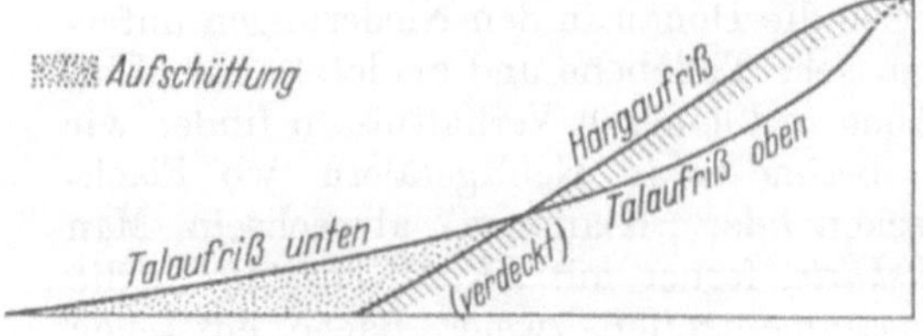

Abb. 58. Talaufriß und Hangaufriß.

und eben dort eine verstärkte Erosionskraft, welche die Ausräumung von *A* nach *B* fortschreiten läßt. Aber die nun in *B* verstärkte Erosionskraft läßt die Stufe dort nicht stehen, sondern verschiebt sie weiter nach *C* und *D*, bis die ganze Kurve schließlich in eine Endlage, die sog. ***Erosionsterminante***, kommt. Die grundsätzliche Richtigkeit dieser Anschauung wird durch zahlreiche Beobachtungen in der Natur, z. B. durch das Rückschreiten von Wasserfällen (Niagara), bewiesen, wenn auch eine wirkliche Endlage nie erreicht wird.

Zur Ergänzung muß aber die Rolle des *Geschiebes* und der *Aufschüttung* bei dem ganzen Vorgang erörtert werden. Die Erfahrung zeigt — in Abb. 56 und 75 ist dies schematisch angedeutet —, daß die Größe der Gerölle und auch die Korngröße der schwebenden Teile (Sand und Schlamm) mit der Abnahme des Gefälls ebenfalls zurückgeht und an der Mündung der Flüsse in der Regel den kleinsten Wert erreicht (Näheres bei G. Wagner). Dies zeigt sich auch in der Weise, daß an Stellen mit gesteigertem Gefäll während des Laufes wieder größere Geschiebe gefunden werden. Die Erklärung finden wir in dem grundlegenden physikalischen Gesetz: *Kraft = Gegenkraft*. Die Fallenergie des Wassers arbeitet am Boden — der Boden antwortet durch einen entsprechenden Widerstand, der sich in der Größe der Gerölle ausdrückt. Zu starke Eintiefung von Flüssen, die z. B. durch Geradlegung entsteht, kann dadurch gedämpft werden, daß man grobes Steinmaterial in das Bett bringt. Gleichgewicht ist nur vorhanden, wenn der Widerstand des Geschiebes der Größe des Gefälles entspricht. Dabei strebt die Natur dem Zustand zu, wo die Fallenergie dem Untergrund möglichst wenig mehr anhaben kann (*Prinzip des kleinsten Zwanges*); deswegen legen sich auch die Geschiebe im Fluß *dachziegelartig* übereinander und bieten dem anstürmenden Wasser ihren *Rücken*, weil sie in dieser Lage vor Weiterbewegung am besten gesichert sind. Das sind aber keine *mystischen* Vorgänge, sondern einfache Folgerungen aus den Gesetzen der Mechanik (vgl. Mach).

Die *Aufschüttung* (*Akkumulation*) tritt bei der Erklärung von Philippson nicht in Erscheinung. Wir müssen neben der Gefällskurve der Flüsse, die dort mit dem *Talaufriß* gleichgesetzt wird, die Neigungskurve der Talwände, den *Hangaufriß* betrachten; ferner muß die lineare Erosion, wie schon vorhin angedeutet, von der Flächenerosion auseinandergehalten werden. Das Niederschlagswasser sammelt sich auf den Bergen zunächst in kleinsten und kleinen Adern, und der Zusammenschluß erfolgt um so langsamer, je mehr die Pflanzendecke die Bodenkrume zusammenhält. In der Nähe der Wasserscheiden herrscht infolgedessen nur flächenhafte Erosion; dort wird das Gefäll wieder sanfter, wenn wir von den entblößten Kämmen der Hochgebirge absehen. Die Gefällskurve biegt daher, soweit sie die Flächenerosion darstellt, in ihrem obersten Teile leicht ab (hier Entstehung der „Dellen", einer Art flacher Mulden, die von Schmitthenner eingehend behandelt worden sind). Trifft dies für die kleinen Rinnsale in den obersten Talspitzen zu, dann gilt es noch mehr für die das Tal begleitenden Hänge, bei denen die sanfte Flächenerosion ein viel größeres Gebiet einnimmt (Abb. 58, Talaufriß und Hangaufriß).

Die oberen Teile des Talaufrisses und des Hangaufrisses sind in der Hauptsache das sichtbare Werk der (verschieden wirkenden) Erosion. Weiter unten, nach der Überschneidung mit dem Hangaufriß, schüttet der Bach auf, und zwar das meiste Material in seinem Schwemmkegel in unmittelbarer Nähe der Erosionsmulde; denn nur ein kleiner Teil davon erreicht die großen Erosionsbasen, und noch weniger wird bis ins Meer hinaus verfrachtet. Die Mantellinien des Schwemmkegels stellen die Fortsetzung des Talaufrisses dar. — Beim Hangaufriß spielen natürlich auch Gleitvorgänge und Rutschungen eine Rolle.

Diese Erklärung für die Gestaltung der Täler und der Hangneigungen scheint zunächst den Erfahrungen im Gebirge angepaßt, aber sie wird, wenn man die Proportionen ändert, auch sonst den wichtigsten Beobachtungen gerecht. Tatsächlich sind die Talböden auch der größeren Flüsse eine Zusammensetzung von sehr flachen und immer neu ansetzenden Schwemmkegeln des Hauptflusses mit den steileren Schuttkegeln der Nebenflüsse; der Erfahrung entspricht weiterhin der meist sichtbare Knick beim Übergang vom unteren Talaufriß zum Hangaufriß, endlich die Verflachung des Hangaufrisses gegen die Wasserscheiden hin. Vgl. zu diesen Fragen auch BAULIG (Ref. Ann. de Géogr. 1952, S. 123).

Zu beachten ist ferner, daß die Form des Hangaufrisses, der in seinen tieferen Teilen vom Talquerschnitt abgelöst wird, schon aus der ***Existenz einer Erosionsbasis schlechthin*** abgeleitet werden kann. Bei den Verbiegungen der Erdrinde kommen *Schiefstellungen* von Schollen zwar vor (z. B. im Gebiet der schwäbischen und der lothringischen Stufenlandschaft infolge der Hebung der Ränder des Rheintalgrabens sowie bei der Albhochfläche), aber sie ordnen sich in ***Faltungsvorgänge*** ein, die noch großräumiger sind (z. B. Alpenfaltung). Ein primäres Element der Morphologie ist also die ***Faltung***, und diese enthält schon mit ihren sinusförmigen Querschnitten die Grundlagen der Gefällskurve, die sich auch in den Kleinfalten (Schweizer Jura) wiederholen. Das Wesen der Tal- und Hangbildung, wie wir es aus der Erosion und Akkumulation ableiten, erscheint so als eine Ausflachung eines schon vorhandenen ähnlichen Querschnitts (Abb. 59, Teil a).

Bemerkenswert ist, wie Teil b der Abbildung zeigt, daß dieser Querschnitt in seinen Grundzügen auch dann entstehen muß, wenn wir andere Ausgangsformen annehmen, z. B. eine Verwerfung oder einen Grabenrand. Auch hier muß an den Rändern der hoch liegenden Scholle die Erosion besonders stark einsetzen und die nächstliegenden Teile der vorgelagerten Ebene ausfüllen; dasselbe muß sich in abgeschwächter Form wiederholen, wenn wir im Anschluß an die Ebene eine schief gestellte Tafel voraussetzen (Teil c): auch hier liefern die Aufschüttungen der Ebene den unteren flachen Ast der Gefällskurve, die sich durch die Abtragung im Gebirge bildet.

Die rückwärtsschreitende Erosion erscheint also, wenn wir die nötige Aufschüttung hinzunehmen, nur mehr als eine Sonderform, die für die ***Betten der Flüsse*** in den ***Hangaufriß*** hineinmodelliert wird.

Bei der Erklärung des Hang- und Flußaufrisses ist endlich zu beachten, daß man für die Entstehung kein *Hintereinander* der Vorgänge, also zunächst Auffaltung bzw. Schrägstellung und dann erst die Erosion ins Auge fassen darf; beide Vorgänge setzten vielmehr in der Vergangenheit fast gleichzeitig ein. Die Hebung der Gebirge erfolgt in der Regel so langsam, daß die vorhandenen Flüsse Zeit haben, ebensoviel zu erodieren, als ihnen die Hebung des Gebirges auferlegt, ohne daß sie ihren Lauf

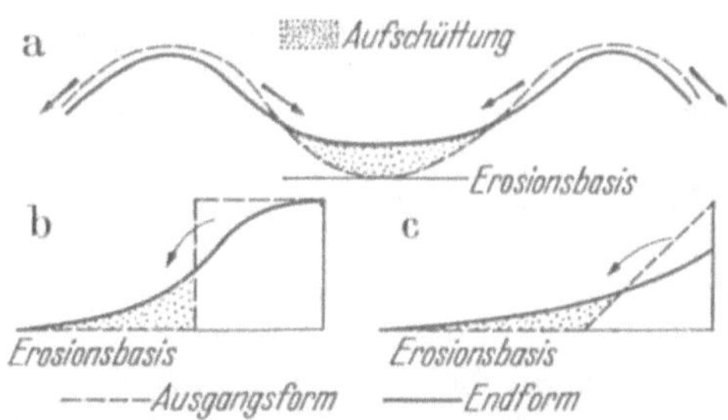

Abb. 59. Entstehung des Hangaufrisses unter Beteiligung der Aufschüttung.

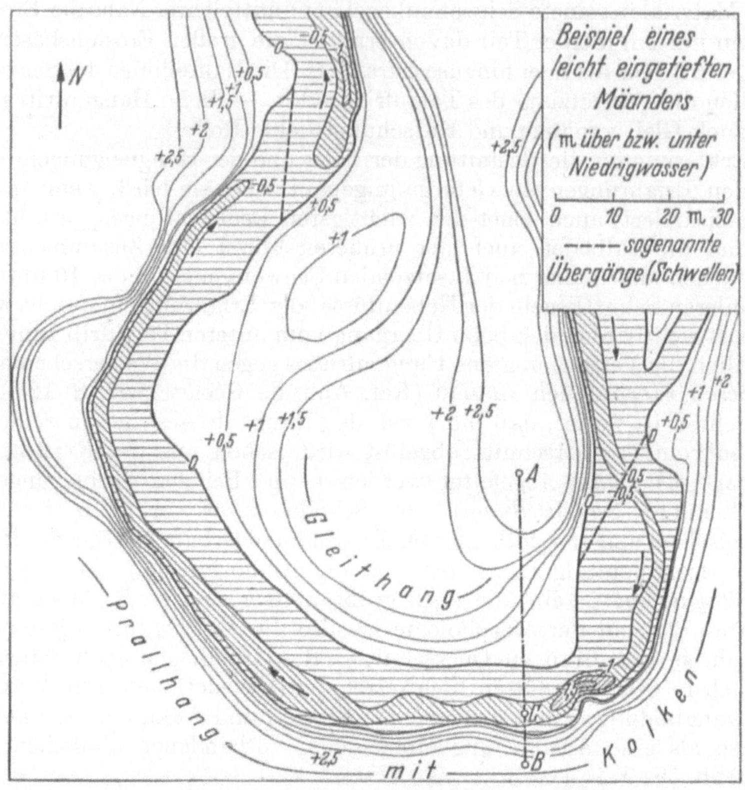

Abb. 60. Schlinge der Malapane in Oberschlesien. Nach ROSCHKE.

erheblich ändern müssen. Viele Flüsse, die man als *antezedent* bezeichnet, haben die Entstehung der Gebirge, die sie durchqueren, *miterlebt*, und die dafür nötige Erosion ist der Hebung in relativ kurzer Zeit nachgefolgt.

Eine *mathematische Darstellung* der Gefällskurve ist wiederholt versucht worden. Bei mathematischen Behandlungen muß man unterscheiden, ob sie eine empirisch gefundene Kurve *rein formal* in ein mathematisches Gewand kleiden soll, oder ob den aufgestellten Gleichungen eine *physikalische Begründung* gegeben werden kann. Das erstere ist hier verhältnismäßig leicht: es handelt sich darum, die Gleichung einer Kurve aufzustellen, die im Anfang starken, dann allmählich verminderten Abfall zeigt und sich der Achse der Längen (möglichst) asymptotisch nähert. Hierzu eignet sich in erster Linie eine fallende Exponentialfunktion; auch eine richtig gewählte Parabel oder Hyperbel oder Zykloide kann gute Annäherung an die tatsächliche Form aufweisen. Aber die Übertragung auf weitere Fälle bleibt immer zweifelhaft, auch dann, wenn man mit Hilfe variabler Beiwerte die Anpassung an andere Gefällskurven erreicht; denn es entsteht nie eine Gleichung, die sich auf einem inneren Gesetz aufbaut. Wertvoller sind die Versuche, eine Gefällskurve aus physikalischen Gesetzen (z. B. den Fallgesetzen unter Berücksichtigung der Reibung) herzuleiten; aber die Verhältnisse liegen gerade bei der Gefällskurve so kompliziert, daß ein solcher Versuch nicht aussichtsvoll erscheint. Besonders erschwert werden hier die Voraussetzungen dadurch, daß zwei sehr verschiedene Vorgänge — Erosion und Akkumulation — und dazu noch in zeitlich getrennten Intervallen — an dem Zustandekommen der Gefällskurve beteiligt sind. Auch ist zu bedenken, daß jede Gefällskurve nur einen *vorübergehenden* Zustand darstellt, denn solange Erosion überhaupt besteht, kann sich ein dauernder Beharrungszustand nicht einstellen. Wir verzichten unter diesen Umständen darauf, hier irgendwelche Gleichungen für die Gefällskurve anzuführen oder abzuleiten.

2. Grundriß und Querschnitt.

Die Erörterung über den Grundriß der Flußläufe beginnen wir mit dem Hinweis auf das Bild, das uns schon von Abb. 5 bekannt ist: den „*verwilderten Fluß*“ und den „*Ebenenmäander*“. Die Eintiefung der Flüsse, die mit der künstlichen Geradlegung der Mäander verknüpft ist, wurde schon durch Abb. 6ff. und den begleitenden Text erläutert. Als ein weiteres Beispiel für die Mäander, das genaue Maße auch in der Tiefenrichtung enthält, möge — nach ROSCHKE — eine Schlinge der *Malapane* (Oberschlesien) dienen (Abb. 60). Die Art des hier wiedergegebenen Mäanders unterscheidet sich von den früheren dadurch, daß es sich um einen leicht *eingesenkten Mäander* handelt, wobei eine stetige Entwicklungsreihe zu den großen *Gebirgsmäandern* (beim Rhein, Mosel, Neckar, Donau und vielen anderen) hinführt. Ebenen- oder Flußmäander haben mit den Gebirgs- oder Talmäandern viel Gemeinsames, doch zeigen sich auch Sondereigenschaften. Die Ebenenmäander liegen im weichen Gestein (das tieferliegende härtere wird gar nicht erreicht!), daher sind Seitenerosion und rasche Bettänderungen vorwiegend. Ist der Fluß einmal leicht eingetieft, dann kann er seinen Lauf nur noch wenig und in langen Zeiträumen ändern; er muß stärker in die Tiefe erodieren und erreicht infolgedessen den härteren Untergrund. Dabei entstehen beständigere und mehr ausgereifte Formen. Das Sinnfälligste an neu hinzutretenden Eigenschaften ist ein (verhältnismäßig) flacher *Gleithang* auf der konkaven, ein steiler *Prallhang* auf der konvexen Seite des Mäanders. In unserem Profil AB ergeben sich für die Neigung des Gleithanges AC 74‰, für den Prallhang 330‰. Für andere Flüsse ergeben sich beim *Gleithang* folgende sehr verschiedene Werte der Neigung in Promille: *Seine*mäander unterhalb Paris etwa 15; *Neckar*schlingen oberhalb Heilbronn etwa 35, Mäander

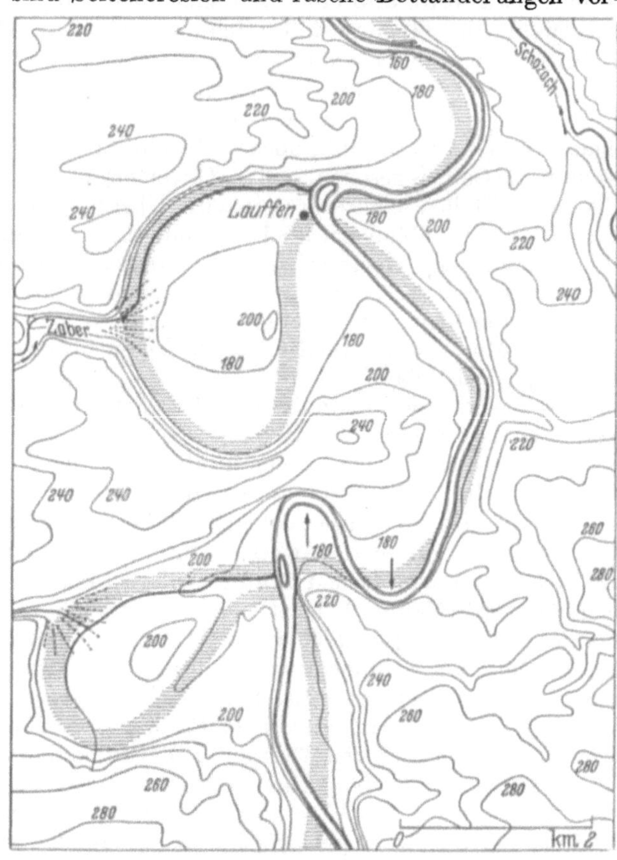

Abb. 61. Eingetiefte Mäander und Umlaufberge des Neckars bei Lauffen. Nach G. WAGNER.

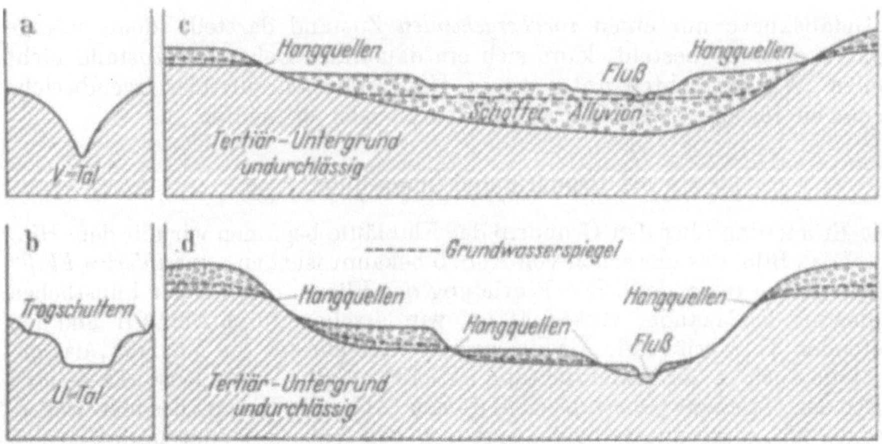

Abb. 62. Extreme Talquerschnitte bezüglich Form (V- und U-Tal) und Wasserführung. Terrassenbildung.

der Donau in ihrem stark eingetieften Durchbruchstal durch die Alb oberhalb Sigmaringen 150. Bei der Donau ist zu berücksichtigen, daß sie bei ihrer Eintiefung, die vermutlich ins Pliozän zu stellen ist, wohl noch das ganze System der Aare mitentwässerte, also eine unvergleichlich größere Wassermenge führte als heute. Die in Abb. 60 dargestellte Schlinge zeigt auch die Änderung der Tiefenverhältnisse, wenn der Prallhang von der einen Seite des Flusses auf die andere hinüberwechselt. An solchen *Übergängen* (Furtprofilen) wird der ganze Wasserlauf flach, und oft fehlt die *stetige* Überleitung von linksseitigen zum rechtsseitigen Kolk (s. Abb. 60 links oben); obwohl Erosion und Akkumulation in den Mäandern, als Ganzes gesehen, sich im Gleichgewicht befinden, kennzeichnen doch die Kolke die Stellen leichter Erosion, die Übergänge die vorübergehender Akkumulation. — Alle Mäander, auch die eingesenkten, suchen sich *stromabwärts*, in diesem Fall nach Westnordwest, zu *verlegen*; dies kommt dadurch zum Ausdruck, daß auch an den „neutralen" Punkten (oberhalb der Übergänge) das Steilufer im Westen liegt; auch ist dort eine Ausbuchtung des Steilufers zu sehen, die den (bei Hochwasser stattfindenden) Versuch beweist, die Prallstelle stromabwärts zu verschieben.

Dieses Drängen der Mäander nach Talwärtsverlegung führt auch in längeren Zeiten dazu, daß einzelne Mäander abgeschnitten werden (Abb. 61). Als Reste der verlassenen Stromschlingen bleiben im alten Bett des Flusses Gerölle und inmitten der Schlingen die *Umlaufberge* stehen. Wir erkennen in der Abbildung zwei große Schleifen, die erst in junger geologischer Vergangenheit verlassen wurden und Umlaufberge hinterließen. An der Durchbruchsstelle konzentriert sich das ganze Gefälle der verlassenen Schlinge, das an beiden Stellen von Kraftwerken ausgenützt wird (Name „Lauffen" = Stromschnelle). An der südlichen Schleife sucht der Fluß die gebildete Ecke durch einen neuen Mäander auszuweiten (Pfeile!). Die alten Schlingen sind teilweise versumpft und wurden zur Anlage von künstlichen Seen benutzt. Seitenbäche ergießen ihre Schwemmkegel in das verlassene Bett. Alte und neue Prallhänge sowie Gleithänge sind an der stärkeren und schwächeren Drängung der Höhenkurven gut zu erkennen. — Weiteres über diese interessanten Erscheinungen, z. B. den Nachweis alter Flußläufe durch Schotter, die Änderung der Formen bei den Gebirgsmäandern nach Erreichung eines anderen geologischen Horizonts u. ä. siehe bei G. Wagner.

Querschnitt. Die Grundzüge der Querprofile bei Mäandern sind im vorstehenden schon mitbesprochen: Steilufer mit anschließendem Kolk am Prallhang,

Flachufer und seichte Stellen am Gleithang; asymmetrischer Querschnitt, der von einem zum anderen Ufer hinüberwechselt.

Aber es gibt bei den Talquerschnitten Erscheinungen, die mit den Mäandern nichts zu tun haben. Über die Ausbildung eines besonderen Hochwasserbetts wurde schon S. 20 gesprochen. Wichtiger noch ist der grundsätzliche Gegensatz zwischen tiefeingeschnittenen oder *V-Tälern* und trogförmigen oder *U-Tälern* im Gebirge (Abb. 62). Man schreibt die ersteren (die häufigere Form, auch Kerbtäler genannt) der *Flußerosion*, die breiten U-Täler (auch Trogtäler und Kastentäler genannt) der *Gletschererosion* zu; man faßt also die U-Täler als hinterlassene glaziale Form auf, die sich mit weiteren Merkmalen (Trogschultern, Moränen usw.) noch heute in Gletschergebieten herausbildet. Gelegentlich wird der Begriff Kastental auch für die flachen Hochwasserbetten gebraucht, die sich bei flächenhafter Erosion mit steilen Rändern in eine höher liegende Terrasse einsenken.

Außer diesen Formen a und b, die in der Abbildung schematisch dargestellt sind, finden sich Talquerschnitte, die in anderer Hinsicht Extreme darstellen, nämlich bezüglich der *Grundwasserverhältnisse*. In den Teilen c und d sind Fälle wiedergegeben, wo beim einen der Fluß über eine tiefe und in sich gegliederte Schotterdecke mit starkem Grundwasserinhalt dahinfließt, während er sich beim anderen bis zur Unterlage durchgenagt hat, so daß das Grundwasser zum Flußbett absackt (Beispiele aus dem bayerischen Alpenvorland).

An Kleinformen des Querschnitts ist zu erwähnen: Bäche, die sich in festen Rasen einschneiden, zeigen häufig eine *Unterspülung der Ufer*; sie beweisen damit die Verfestigung der obersten Bodenschicht durch die Pflanzendecke und den von ihr gebildeten Humus.

3. Die Mäander vom mathematisch-physikalischen Standpunkt aus.

Man könnte annehmen — und das ist lange Zeit hindurch geschehen — daß *die Gerade* als kürzeste Verbindungslinie zweier Punkte der natürliche Weg wäre, die herabstürzenden Wassermassen in die tiefere Lage zu schaffen. Aber das trifft nur für ganz feste Unterlagen bzw. völlig geröllfreie Wasserläufe zu. Am ehesten sind diese Voraussetzungen noch auf hartem Gestein (z. B. *dichtem* Eruptivgestein oder Kristallin) verwirklicht, wo die Wasserrinnen, genügendes Gefäll vorausgesetzt, tatsächlich nur wenig von der Geraden abweichen. Aber das Bild ändert sich sofort, wenn der Fluß erodiert, und das tut er immer, wenn der Boden einigermaßen nachgiebig ist. Dann verlangt das *Prinzip des kleinsten Zwangs*, daß er von der Geraden abweicht und Windungen macht, weil er sonst *in die Tiefe* erodiert und selbst sein Bett verstopft. In den Windungen wird die Tiefenerosion im wesentlichen durch *Seitenerosion* ersetzt, bei der das losgelöste Material leichter zu umgehen ist. Die Fallenergie wird dabei in Arbeit der *Zentrifugalkraft* umgesetzt, die bekanntlich durch die Formel mv^2/r ausgedrückt wird (m = Wasserführung, v = Geschwindigkeit, r = Krümmungsradius). Sowohl für die Wasserführung als für die Geschwindigkeit darf man annehmen, daß sie im Durchschnitt längerer Zeit (z. B. von einigen Jahrzehnten) gleich bleiben; dasselbe trifft auch für die Bodenneigung zu, die ja in letzter Linie die Fallenergie bestimmt. Aus diesen Gründen muß auch der Krümmungsradius in den Windungen einen gleichmäßigen Wert haben, d. h. der *Fluß muß dabei der Kreisform zustreben*. Dies ist der erste Grundsatz für die Bildung der Mäanderform. Aber die Ausbildung des Kreises ist durch das allgemeine Gefälle und die Talbreite auch an *Randbedingungen* geknüpft, die nur eine Aufeinander-

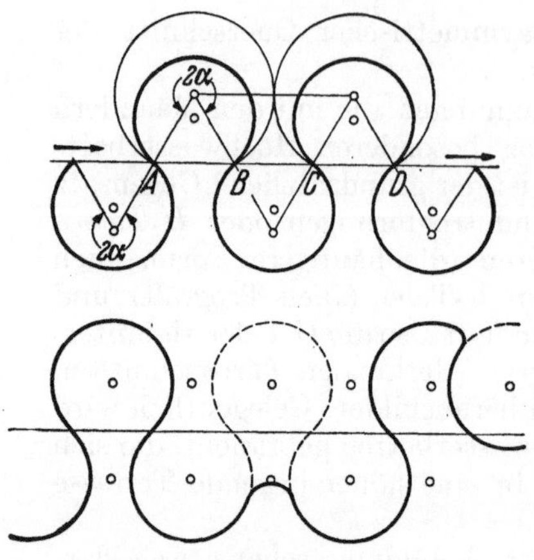

Abb. 63. Grund- und Durchbruchsformen der Mäander.

folge von Kreisen in alternierender Lage zulassen. In dem bisherigen liegt eine Begründung der Abb. 63; der Lauf des Flusses wird durch Kreise dargestellt, die über AB, BC usw. als Sehnen gelegt werden.

Es kann auch eine obere Grenze für den Halbmesser der Kreise angegeben werden. Wenn sich zwei Kreise *berühren*, findet ein *Durchbruch* statt, wie er uns von den *Umlaufbergen* her bekannt ist. Die Abbildung ergibt ohne weiteres, daß der Halbmesser der Grenzkreise selbst $= AB = BC$ usw. sein muß. Da der Verlauf in den Grenzkreisen eine äußerste Lage darstellt, wird der Normalverlauf etwas weiter einwärts zu suchen sein (kleinere Kreise, stärker ausgezogen). Im ganzen genommen ist die Ähnlichkeit mit den wirklichen Formen (z. B. Mäander des Rheins Abb. 5) nicht zu verkennen. Über die absolute Lage der Mäander besagen die bisherigen Überlegungen nichts; die Flüsse können sich mit der Zeit verlagern, durchbrechen und alte verlassene Schlingen wieder neu benützen; diese Verhältnisse sind in der unteren Hälfte der Abb. 63 dargestellt, und auch hier wird man an wirkliche Formen erinnert. — Vgl. ferner über mäanderartige Bildungen in der Atmosphäre und in den Ozeanen bei FLOHN (4).

Die Gesetze der Mechanik lassen aber noch weitere Anwendungen zu [WUNDT (10)]. Nimmt man zu den bisher betrachteten Veränderlichen m, v, r noch den Zentriwinkel 2α der Mäander hinzu, so ergibt sich, daß der Radius der Mäander mit der Quadratwurzel aus der Wasserführung (im Sinne von Hochwasserführung) wachsen muß (r mit $\sqrt{m}$). Diese Rechnung wird durch Einzelbeispiele bestätigt. Für die Pegnitz bei Nürnberg ist $r_1 = 0{,}2$ km, für den mittleren Rhein $r_2 = 1{,}5$ km, für den unteren Mississippi $r_3 = 4{,}5$ km in runden Werten. Daraus ergibt sich als zu forderndes Verhältnis $m_1 : m_2 : m_3 = r_1^2 : r_2^2 : r_3^2 = 0{,}04 : 2{,}25 : 20{,}3$, was mit dem Verhältnis der mittleren Hochwasserführungen $50 : 3000 : 30000$ (je m^3/s) gut übereinstimmt.

Flüsse, die in Tälern mit *ehemals* größerer Wasserführung laufen, suchen nachträglich kleinere Windungen anzulegen, so die Maas, die bei Toul ihren einstigen Zustrom von der oberen Mosel her verloren hat (sog. *Kümmerfluß*). — Ferner ist aus den Formeln zu schließen: bei Verringerung des Gefälls, die sich in kleiner werdendem v ausdrückt, müssen sich die Mäander ausweiten, bei Verstärkung des Gefälls, die z. B. bei junger Hebung des Gebirges eintritt, müssen sie sich strecken (Beispiele für letzteren Fall: Mittelrheintal unterhalb Bingen, schwedische Flüsse).

Nach G. WAGNER kann man die Neigung der Gleithänge als Maß für das Verhältnis der Tiefenerosion zur Seitenerosion ansehen ($\operatorname{tg} \varphi$ = T.E. : S.E.). Diese Beziehung ist grundlegend. Man kann aber bei Anwendung der Gesetze der Mechanik die Tiefenerosion umgehen, indem man sie als eine, der Gebirgshebung entsprechende, zeitlich summierte Seitenerosion auffaßt. Insofern besteht kein Bedenken, die Erwägungen für die Ebenenmäander auch auf die eingesenkten Mäander zu übertragen.

Auch ohne Formeln kann man sich klar machen (vgl. RUDZKI), daß die Arbeit der Zentrifugalkraft, d. h. die Seitenerosion, an zwei Stellen ein Minimum erreicht: einmal beim geradlinigen Verlauf, weil der Krümmungsradius unendlich groß wird, und dann wieder bei sehr großen Windungen, weil hier r ebenfalls beliebig wachsen kann. Dazwischen muß ein Maximum der Seitenerosion liegen, wobei „Seitenerosion“ ein Ausweichen gegenüber „Tiefenerosion“ bedeutet. Die Rechnung zeigt, daß es bei $2\alpha = 134°$, also bei kurzen und flachen Bögen und Verschiebung des Kreismittelpunkts auf die andere Seite der Grundlinie liegt. Die Bögen der *verwilderten* Flüsse (Abb. 5) zeigen in der Tat die Neigung, nach Durchlaufen eines Zentriwinkels dieser Größe in die entgegengesetzte Ausbauchung überzugehen.

Neben der Überwindung des Gefälles spielt der schwächere Bau der (verwitterten) Oberflächenschichten gegenüber dem Untergrund die Hauptrolle für das Vorwiegen der Seitenerosion. Dies gilt für ebenes Gelände. Ist aber dem Fluß durch Eintiefung sein Weg in der Hauptsache schon vorgeschrieben, so tritt die leichtere Ausnagbarkeit der oberen Schichten zurück und der Fluß kann sogar vorwiegend in die Tiefe erodieren (Klammen im Gebirge).

Von der allmählichen Umwandlung der potentiellen Energie der stürzenden Wassermassen über die kinetische Energie hinweg in Wärme, die man auch als „Vernichtung“ der Energie bezeichnet, ist schon bei den Abstürzen im Flußlauf die Rede gewesen. Man trifft nun vielfach die Meinung, in der Natur herrsche das Ziel, durch stürzende Wassermassen und gewaltsame Eingriffe möglichst viel zu vernichten. Für die *Flüsse* trifft gerade das Gegenteil zu! Diese haben die Tendenz, den Hindernissen auszuweichen, um sie herumzufließen und den Untergrund möglichst wenig anzugreifen. Wenn trotzdem Exzesse vorkommen, so ist das so zu erklären, daß sie den Flüssen durch Wolkenbrüche *aufgezwungen* werden. — Betrachten wir die Tätigkeit des Ingenieurs! Er sucht in den Werkkanälen die Fallenergie des Flusses, die sich in den Wirbeln des natürlichen Bettes nutzlos verzehrt, bis zu einer bestimmten Stelle aufzusparen, wo sie durch die Turbinen mechanische Arbeit verrichten kann, eine Arbeit, die sonst der „Vernichtung“ anheimfallen würde. Der Ingenieur ist also hier bestrebt, den sanften Weg der Natur durch gewaltsame, aber gelenkte Vorgänge zu ersetzen. Dies ist der häufigste Eingriff in die Natur. Allerdings kommt auch der entgegengesetzte Fall vor: Wenn in Wildbäche Einbauten gemacht werden, so sucht man die erodierende Kraft des Wassers zu hemmen und in Wärme aufzulösen. Geht so das Bestreben des Ingenieurs bald in der einen, bald in der anderen Richtung, so ist doch unverkennbar, daß die Flüsse von sich aus die gewaltsamen Wege nur einschlagen, wenn sie von den atmosphärischen Kräften durch lokale Konzentration der Niederschlagsmassen dazu genötigt werden.

Wenn hier der Fluß und die Erdoberfläche wiederholt so eingeführt sind, als ob sie *handelnd* wären (der Fluß „sucht“ etwas zu tun usw.), so ist das nur als eine sprachliche Ausdrucksweise zu verstehen. Es gibt *Primärvorgänge* (das Fallen der Regenmassen) und *Sekundärvorgänge* (die Reaktion der Erdoberfläche), die durch Zeitintervalle voneinander geschieden sind. Aber man kann dieses Hintereinander am besten als Zielstrebigkeit *beschreiben*. Mit metaphysischen Kräften hat dies gar nichts zu tun (vgl. E. Mach).

Als Leitprinzip zieht sich durch die ganze Betrachtung das *Prinzip des kleinsten Zwanges*: die stürzenden Wassermassen suchen auf der Erdoberfläche gewisse Veränderungen hervorzubringen; als *aktiver* Teil suchen sie dabei die Richtung *des kleinsten Widerstandes*, aber der Boden will die ihm aufgezwungenen Wirkungen möglichst gering gestalten; daher auch vom Standpunkt des Bodens (als des *passiven* Teils) die Bezeichnung: Prinzip *des größten Widerstandes*. Wir erkennen hier die Bedeutung des Wortes von Exner: „Die Erosion hat die Tendenz, sich selbst zu vernichten“!

Was die Grundlage der hier zitierten rechnerischen Behandlung des Mäanderproblems anlangt, so ist sie — dies sei im Sinne einer Selbstkritik gesagt — nicht „exakt“. Sie ist es ebensowenig, wie z. B. die Behandlung der Wurfgesetze, wenn man die Reibung in der Luft außer acht läßt. Trotzdem behält die Wurfparabel ihre grundlegende Bedeutung! Bei der Wirkung der niedergehenden Wassermassen auf die Erdoberfläche sind die Vorgänge sehr kompliziert; die Prinzipien der Mechanik leisten uns aber bei der Deutung wesentliche Dienste, wenn auch manche Lücken übrigbleiben, die vor allem bei der Umwandlung der Fallenergie in Wärme zu suchen sind. Gewisse Grundlinien sind gegeben; weitere Aufklärung bleibt der Zukunft vorbehalten.

Die von technischer Seite oft gestellte Frage: *Sollen die Mäander geradegelegt werden?* ist in dieser Form unvollständig. Im natürlichen Zustand legt der Fluß seine Mäander so an, daß Erosion und Akkumulation einander das Gleichgewicht halten. Wird an der Festigkeit der Ufer und des Untergrundes nichts geändert, dann ist es zweckmäßig, dem Fluß seine Mäander einfach zu belassen. Wenn man aber Dämme anlegt und das Bett durch Steinpackungen befestigt, dann kann man auch die Mäander wesentlich abkürzen, und den restlichen Trieb zum Mäandern befriedigt der Fluß durch Bildung von Sandbänken. Man wird daher immer einen von der *Festigkeit der Einbauten abhängigen Mittelweg* einschlagen müssen (vgl. S. 188).

4. Entwicklung von Fluß-Systemen.

Eine ältere Einteilung der Flüsse nach Davis geht von einer *schief gestellten Tafel* aus, von der die Flüsse abrinnen (Abb. 64).

Die entstehende Hauptrichtung der Flüsse entspricht der Linie des stärksten Falls; man spricht dann von *konsequenten Flüssen*. Da die unterliegenden geologischen Schichten aber nicht die gleiche Härte haben, muß sich der Fluß durch sie hindurchnagen; sie bleiben teilweise stehen und entwickeln ein zweites zu dem ersten senkrecht verlaufendes System von Flüssen, die sog. *subsequenten* Flüsse; diese verlaufen in den Mulden zwischen den stehengebliebenen Kämmen. Auch auf den Abhängen der (asymmetrisch gebildeten) Mulden bilden sich Wasserläufe aus, die den konsequenten Flüssen teils gleichgerichtet sind (resequente Flüsse), teils ihnen entgegenlaufen (obsequente Flüsse). — Im Laufe der Zeiten wird die junge, stark gegliederte Landschaft zu einer „*Rumpffläche*“ abgetragen, und schließlich wird sie zur „*Fastebene*“ (*Peneplain*).

Von dieser stark konstruktiven Entwicklung haben sich (unter Vereinfachung der Begriffe) die konsequenten Flüsse im Sinne von Wasserläufen, die der Hauptabdachung der Gebirge folgen, und die subsequenten Flüsse, die senkrecht dazu verlaufen, als Begriffe erhalten; von den Schnittflächen, die nach der ursprünglichen Auffassung die geologischen Schichten schief durchsetzen, wird also dabei abgesehen. — Im Landschaftsbild erweisen sich die subsequenten Flüsse als die wichtigeren (z. B. im Faltenjura, Abb. 65). In den Schichtstufenlandschaften verlaufen sie oft vor den Stufenrändern. An Stelle einer schief gestellten Tafel, von der Davis ausgeht, wird als Voraussetzung besser eine *gefaltete Oberfläche* gesetzt (vgl. S. 91). Die Flüsse benützen naturgemäß zunächst die Mulden (Synklinalen, Längstäler),

Abb. 64. Flußentwicklung nach Davis (Blockdiagramm).

wo dann jüngere Ablagerungen entstehen. Aber auch *auf* den zwischen den Mulden liegenden Sätteln (Antiklinalen) können sich Längstäler herausbilden, wenn die Sättel aus leicht zerstörbaren Gesteinen bestehen. Die Ränder der Antiklinale bleiben dann erhalten, und zwischen ihnen entstehen Erosionstäler, die dem nächsten Quertal zustreben. *Tiefe* Quertäler können auch als antezedent aufgefaßt werden. Ganz allgemein folgen die Quertäler (in der Schweiz Klusen genannt) kleinen Einbeulungen in den Antiklinalen, die schon vor der Abtragung vorhanden waren und jetzt noch in der Schichtenneigung zu erkennen sind. Man vergleiche dazu den Lauf des Birs. —Die konsequenten Flüsse, die einfach der Abdachung der Falten folgen, haben meist nur kurzen Lauf. Auch in den Alpen sind die Längstäler (Wallis, Inntal, Pustertal) stärker landschaftsbestimmend als die Quertäler.

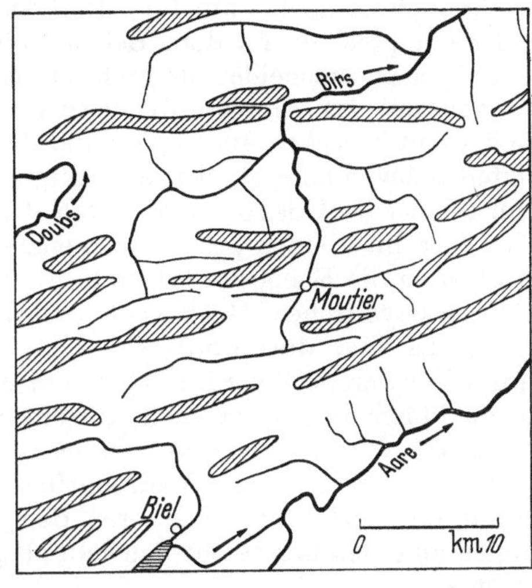

Abb. 65. Flußentwicklung im Schweizer Faltenjura.

Eine andere stark verbreitete Form der Flußsysteme bildet sich längs der größeren und kleineren *Verwerfungen* der Erdkruste. Der Lauf des Rheins zwischen Basel und Mainz, der Lauf der Leine von Göttingen bis Hannover, der des Jordan vom Libanon zum Toten Meer sind klare Gegebenheiten der *Grabenbrüche*, denen sich andere Einflüsse weit unterordnen.

Die *antezedenten* Flüsse, die schon vor den Gebirgshebungen bestanden und diese *miterlebten*, sind schon mit dem Begriff der eingetieften Mäander verbunden (sogenannte „Durchbrüche" des Rheins durch das Schiefergebirge, des Neckars durch den Odenwald usw.). Etwas anders, aber auf dem hohen Alter der Flüsse aufbauend, ist das Quertal der Donau unterhalb Passau durch die südlichen Ausläufer des Böhmer Waldes zu erklären. Man nimmt an, daß dieser Lauf schon vorhanden war, ehe sich der Fluß ins Kristallin (in die harte Unterlage) einschnitt, daß also das Tal infolge der Trägheitskräfte an seiner Stelle blieb, während der Ablauf an anderer Stelle leichter gewesen wäre. Dies ist das Beispiel eines *epigenetischen* (von oben her sich einschneidenden) Flusses.

Epigenetisch und antezedent brauchen keinen Widerspruch zu bedeuten. Fassen wir antezedent als „vorausgehend" auf, so trifft dies für den Grundriß des epigenetischen Flusses ebenso zu wie für den des antezedenten.

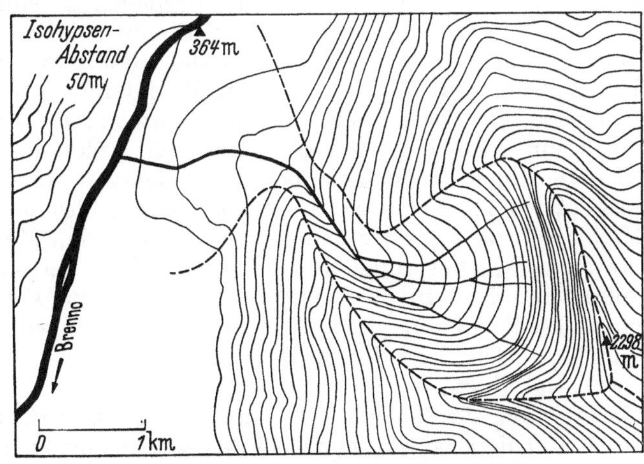

Abb. 66. Wildbach bei Biasca. Nach DE MARTONNE.

In Abb. 66 ist noch einmal die Rolle der *Erosion* und der *Akkumulation*, die einander entsprechen, an dem Beispiel eines Wildbaches in der Schweiz dargestellt. Man unterscheidet deutlich das breite Einzugsgebiet mit halb flächenhafter Erosion, das schmale Mittelstück (Kanal, Hals, Tobel) mit ungefährem Gleichgewicht zwischen Ausnagung und Aufschüttung und dem breiten schwach geneigten Schwemmkegel, der das mitgebrachte Material wieder aufnimmt — nur ein kleiner Teil davon wird durch den Hauptfluß (Brenno) weitergeleitet!

Was hier im kleinen geschieht, vollzieht sich im großen beim Austritt der Alpenflüsse in die Ebene; es bilden sich hier die großen *Aufschüttungsebenen* der schwäbisch-bayerischen Hochebene und der Poebene (auch Piedmontflächen genannt). Es sind dies weitflächige, sehr flache Schwemmkegel, die in der Hauptsache während der Eiszeit gebildet wurden. In der Nacheiszeit haben sich dann die Flüsse in ihre eigenen Aufschüttungen eingeschnitten, zwischen den Tälern große *Riedel* (Reste der früheren Oberfläche) zurücklassend. Als Vergleichsmaß der Neigung der Piedmontflächen mit den Flußgefällen sei erwähnt, daß sie in der Poebene bei mehreren Beispielen $4^0/_{00}$ beträgt. Über neuere Auffassungen und Geschichte der Schwemmkegel vergleiche man die Ausführungen von SÖLCH.

Diese Überlegungen lassen sich auch auf die *Deltas der großen Ströme* ausdehnen, wenn wir nicht vom Meer, sondern vom Land ausgehen. Das Delta des Hoangho z. B. ist ein riesiger Schwemmkegel, dessen Mantellinien der Strom in zeitlich wechselndem Lauf folgt, indem er sich periodisch den Weg durch eigene Aufschüttungen verstopft und nach anderer Richtung hin durchbricht. Dieser Vorgang läßt sich ebenso an ganz kleinen Beispielen, z. B. an Schutthalden, verfolgen.

Eine Begleiterscheinung der großen flachen Schwemmkegel sind auch die *Flußverschleppungen*. Die Ill erreicht den Rhein erst unterhalb von Straßburg, und erst in der Postglazialzeit sind Kinzig und Murg zum Rhein direkt durchgebrochen, während sie in gewissen Perioden der Eiszeit von den Aufschüttungen des Rheins als „Kinzig-Murg-Fluß" an die Ostseite des Rheintalgrabens gedrückt wurden und den Strom erst oberhalb Mannheim erreichten.

Ein interessantes Kapitel sind die Verschiebungen der *Wasserscheiden*. Von der abweichenden Lage der unterirdischen Wasserscheide gegenüber der oberflächlichen ganz abgesehen, gewinnt ein rückwärts sich einschneidender Fluß seinen Nachbarn Gebiet ab, wenn diese sein Tempo nicht einhalten können. Dabei ist immer der Fluß mit der tiefer liegenden Erosionsbasis vermöge seiner höheren Erosionskraft im Vorteil. Deshalb nimmt der Oberrhein dem höher liegenden Quellgebiet der Donau dauernd Raum ab, worauf wir noch ausführlich zu sprechen kommen werden. Es entsteht auf diese Art die Erscheinung der *geköpften Täler*: Auf der Schwäbischen Alb streichen Seitentäler der Donau, wenn man in ihnen aufwärts geht, plötzlich in die Luft hinaus, weil das von ihnen früher entwässerte Gebiet von einem Gegenfluß angezapft und schließlich ganz erobert wurde. Hierher gehört auch das oberste Inntal am Malojapaß, das von der zum Comersee gehenden Mera geköpft wurde. Die oberste Mosel war ursprünglich der Hauptquellast der Maas, wurde aber durch Anzapfung bei Toul in ihr heutiges Bett, das eine Fortsetzung der Meurthe bedeutet, herübergeholt. Das Quertal Mosel-Maas ist heute fast wasserleer, und der ganze Oberlauf der Maas ist, wie an seinen Mäandern sichtbar, verkümmert (vgl. S. 96).

Die Formung der Täler durch Gletscher zu *U-Tälern*, die Formung durch Flüsse zu *V-Tälern* wurde schon bei den Querschnitten besprochen (s. S. 94f.). Das morphologische Bild der Alpen, aber auch das der Hochlagen in manchen

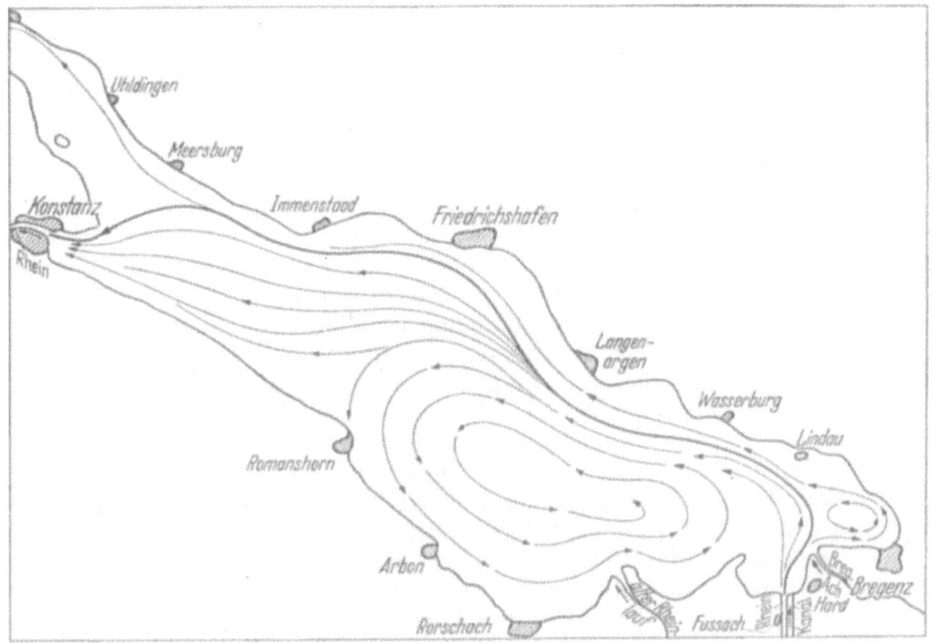

Abb. 67. Der Lauf des Rheins durch den Bodensee. Nach AUERBACH und SCHMALZ.

Mittelgebirgen (Schwarzwald), wird weithin von den U-Tälern beherrscht, die in der Eiszeit herausmodelliert wurden und bis jetzt nur leicht überformt worden sind. Eine weitere von der Eiszeit hinterlassene Form sind die sog. *Hängetäler.* Während der Gletscher des Haupttals sich stark eintiefte, brachte es der Gletscher des Nebentals nicht so weit. Das Haupttal weist eine *Übertiefung* auf, und die Einmündung der Nebentäler erfolgt daher in Form eines Steilabsturzes, der vom Seitenbach in Wasserfällen mit Klammen überwunden wird. Die rückwärts schreitende Erosion hatte hier noch nicht genügend Zeit, die Stufe zu beseitigen, wie überhaupt Gefällsknicke in der Regel auf junge geologische Entwicklung zurückzuführen sind.

Die Hängetäler als glaziale Form haben auch beim fließenden Wasser ihr Gegenstück — da, wo ein Strom infolge rezenter Zunahme der Wasserführung [WUNDT (2)] sich rasch eintiefte, ohne daß ihm die seitlichen Zuflüsse folgen konnten. Dies trifft für den Jangtsekiang in seinen Engpässen oberhalb Itschang zu, wo die Seitentäler, auf das sommerliche Hochwasser des Stromes eingestellt, im Winter ihre Zubringer in Wasserfällen und Katarakten zum Hauptfluß entlassen (LACHENMANN).

Ein Sondereffekt in der Flußmorphologie soll sich nach dem BAERschen Gesetz dadurch ergeben, daß infolge der Ablenkung durch die *Erddrehung* die nach Süden strömenden Flüsse, z. B. die Wolga, auf der Westseite Steilufer erhalten, die nach Norden strömenden auf der Ostseite (für die Nordhalbkugel gültig). Dieser Effekt müßte sich aber nach geophysikalischen Gesetzen ebensogut in der Ost-West-Richtung, d. h. immer durch eine Ablenkung nach rechts, kennzeichnen, und die gleiche Wirkung müßte sich auf der Südhalbkugel durch Erosionseffekte auf der linken Seite der Flüsse zeigen. Umfassende Wirkungen dieser Art sind jedoch nicht nachgewiesen. Der BAERsche Effekt ist wohl möglich, aber in seinem Ausmaß bei Flüssen wohl überschätzt worden. Bei *Seen* (Strömungen im Bodensee, Abb. 67) setzt er sich leichter durch, wir werden noch darauf zurückkommen (S. 104).

5. Morphologie und Wasserbewegungen bei stehenden Gewässern.

Den Schuttkegeln in den Tälern entsprechen bei den stehenden Gewässern die *Deltabildungen.* Ein schematischer Längsschnitt ist in Abb. 68 wiedergegeben.

Der charakteristische Unterschied gegenüber dem Schwemmkegel des festen Landes, dessen Ende wir rechts oben erkennen, liegt in dem deutlichen *Abbiegen der Schwemmschichten* vom Niveau des Seespiegels ab. Dieser Knick entspricht der plötzlich verminderten Bewegungsenergie und Transportkraft, die zum Absatz des mitgeführten Geschiebes führt. Natürlich wird zuerst das gröbere Material abgesetzt (übrigens ist nur bei Gebirgsbächen wirklich grobes vorhanden), dann kommen die feineren Stoffe und schließlich der feinste „Schweb"; die Korngröße vermindert sich um so mehr, je weiter wir uns in den See hineinbewegen. Man kann dies alles auch an ganz kleinen Verhältnissen (an Pfützen) und durch Beobachtungen nach einem Regen bestätigt finden. — Umgekehrt gelten diese Gesichtspunkte auch für die Mündungsgebiete großer Ströme, wenn sie in ruhige Binnenmeere einfließen. Als Beispiel wählen wir den Nil, der dem „Delta" bekanntlich seinen Namen gegeben hat (Abb. 69). Die Abbildung zeigt aber neben dem vorgeschobenen Schwemmkegel auch noch anderes. Das vor der Küste abgelagerte Material wird von den Meeresströmungen (die sich entsprechend auch bei großen Binnenseen finden!) entlang der Küste weiter verfrachtet und schließt sich hier zu festen Landstreifen (*Nehrungen*) zusammen, die in der Richtung der vorherrschenden Wind- bzw. Seeströmung weiter wachsen. Dem von den Flüssen gelieferten (potamogenen) Material gesellt sich solches bei, das vom Meere selbst durch Wellenschlag und Brandung abgetragen wird

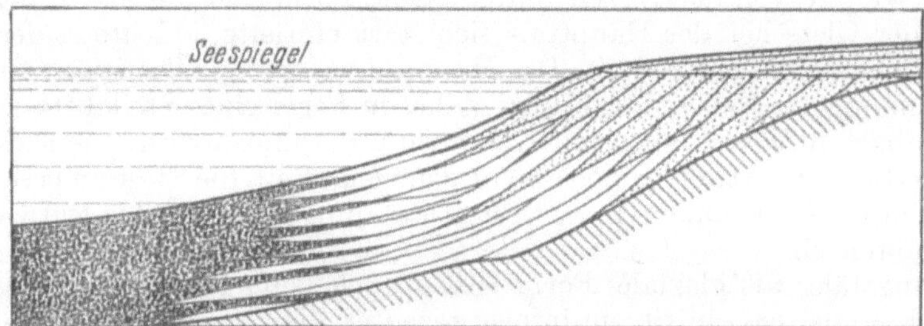

Abb. 68. Längsschnitt eines Seedeltas. Kreuzschichtung. Nach BRINKMANN-KAYSER.

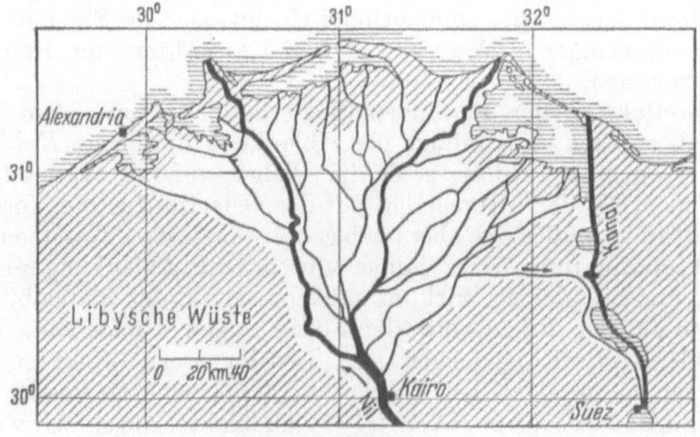

Abb. 69. Das Nildelta; Nehrungen und Lagunen.

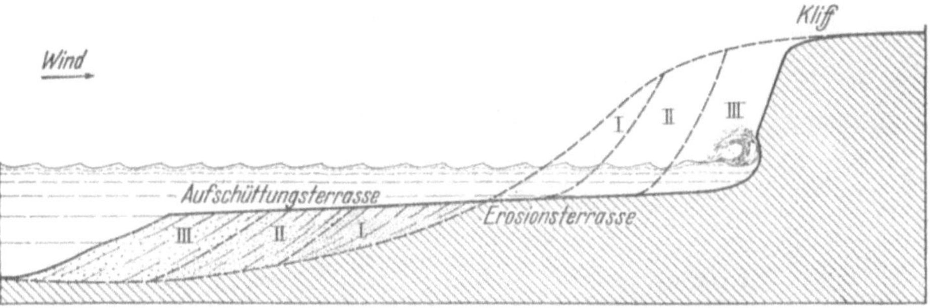

Abb. 70. Uferprofil: Wirkung des Wellenschlages. Nach G. WAGNER.

(thalassogenes Material). Wo einmündende Flüsse fehlen, herrscht natürlich das an der Meeresküste *selbst* gebildete Material vor; für die entstehenden Formen ist dies aber von geringer Bedeutung. Die hinter den Nehrungen liegenden Meeresteile werden mehr oder weniger abgeschnürt und in verschiedenem Grade ausgesüßt.

Die *Wirkung des Wellenschlages* am Meer, in geringerem Maße auch bei Seen, zeigt Abb. 70, auf die gegen Schluß dieses Abschnitts bei den *Gezeiten* nochmals eingegangen wird.

Deltabildungen neueren Datums zeigt der Einfluß des Rheins in den Bodensee (Abb. 71 und 72). Neben der 1885 erfolgten Einleitung des Rheins in sein neues Bett, das die in Abb. 72 wiedergegebenen Anlandungen zur Folge hatte, bemerken wir in Abb. 71 zwei alte Mündungen, von denen die westliche in dem genannten Jahr, die andere („Rohrspitz") viel früher verlassen wurde. In allen Fällen baut sich der Fluß in den See vor, in der Weise, wie es Abb. 68 im Längsschnitt zeigt und in der Nebenfigur von Abb. 72 nochmals wiedergegeben ist. Merkwürdig ist die unterseeische Rinne, die sich von der alten Westmündung

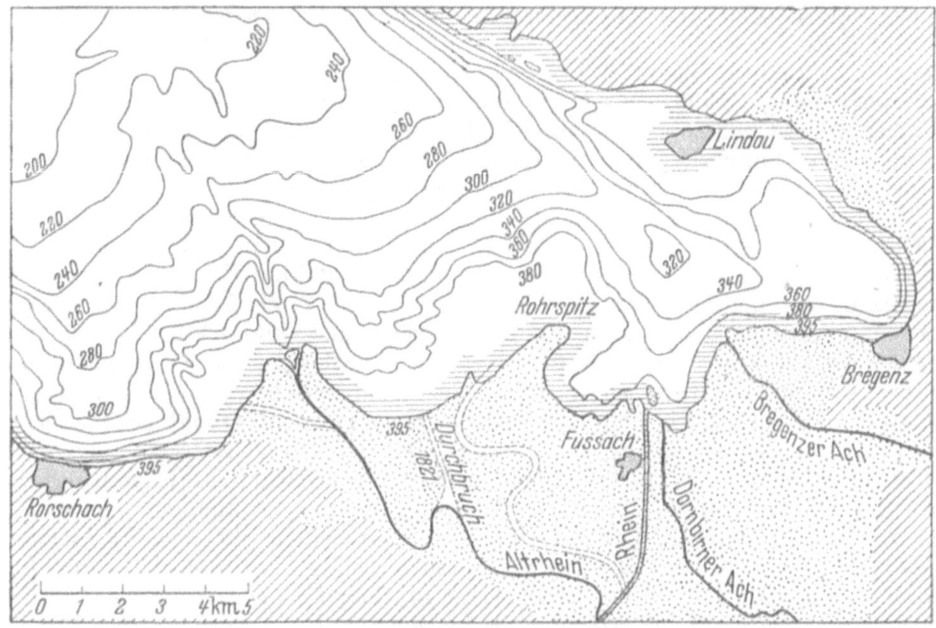

Abb. 71. Delta des Alpenrheins im Bodensee. Unterseeische Rinnen. Nach G. WAGNER.

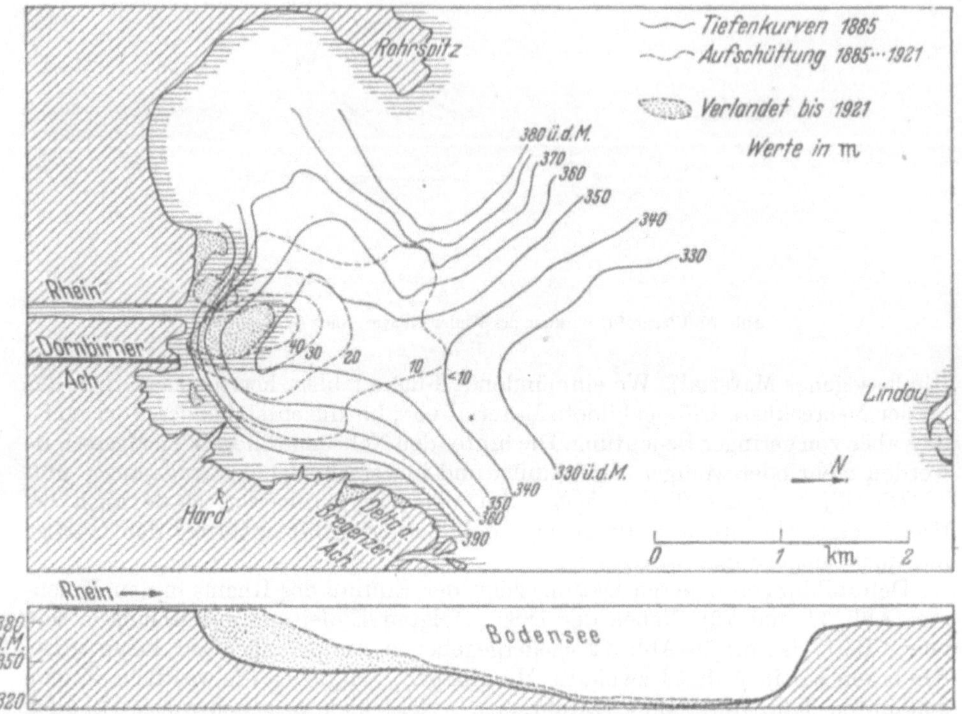

Abb. 72. Aufschüttung und Anlandung im Bodensee nach dem Durchstich bei Fußach. Nach G. Wagner.

aus in den See hinein erstreckt. Man erklärt sie durch das kältere (schwerere) Rheinwasser, das sich beim Einmünden unter das wärmere Seewasser hinunterschiebt. Eine Stütze findet diese Auffassung durch die eigentümliche Wellenbewegung, die am Einfluß entsteht — hier „Brech", am Genfer See „bataillère" genannt. Auffallend bleibt aber, daß der Brech nicht unmittelbar an der Mündung, sondern 1500 m *vor* dieser im See auftritt (Ritzi). — An dem *neuen* Durchstich zeigt sich *keine* unterseeische Rinne; dabei darf allerdings nicht vergessen werden, daß die neue Anlandung durch die Gefällssteigerung im abgekürzten Lauf gewaltig vermehrt wurde.

Die Strömungen innerhalb des Bodensees sind von Auerbach, Schmalz und Elster untersucht worden (Abb. 67). Aus Tiefenprofilen, die sich vor allem auf die Temperaturschichtung beziehen, ergab sich, daß die Hauptwassermasse des Rheins dem nordöstlichen Ufer des Sees folgt; ein Zweig kehrt in der Höhe Langenargen-Romanshorn zum Südufer zurück und bildet dadurch einen Kreisstrom; ein schwächerer Arm zweigt bei Meersburg zum Überlinger See ab. Der Verlauf der Strömungen wird auf die ablenkende Kraft der Erddrehung (Baersches Gesetz) zurückgeführt, was bei Seen mehr überzeugt (wegen der Stetigkeit der Bewegung) als bei Flüssen. Bei der Horizontalverteilung der Strömungen betont Elster, daß außer der primären Richtung des Rheinwassers auch die lokalen Winde mitwirken. Die dargestellten Strömungen beziehen sich auf den Tiefenabschnitt 5 bis 10 m, die Hauptschicht dieser Bewegungen umfaßt die Tiefen 5 bis 20 m. Die Schichten oberhalb und unterhalb nehmen im Sommer, also zur Zeit der stärksten Wasserführung des Rheins, im allgemeinen an der Bewegung nicht teil. Die obige Erklärung der Rinne vor der alten Mündung wird also durch diese Beobachtungen *nicht* gestützt. Man könnte aber die unterseeischen Rinnen durch *nicht erfolgte Akkumulation* erklären: die vom Fluß ausgehende Strömung behält die Richtung bei und führt den Schweb weiter, während er links und rechts davon niedersinkt. Daß bei *untermeerischen* Rinnen scharfe Rinnenbildung und Erosion im Fels beobachtet wird, widerspricht dem nicht, denn der Meeresspiegel war in der Eiszeit um 50 bis 100 m gesenkt.

Unter diesen Umständen müssen auch die *untermeerischen Rinnen*, die bekanntlich vor der Mündung des Adour, des Hudson, des Kongo und anderer Flüsse bis in große Tiefen hinein auftreten, die *Schelfzerschneidung* und die *Kontinentalrandgräben* noch als wenig geklärte Probleme betrachtet werden (Machatschek, Saarmann, Shepard). Eine Erleichterung für die Erklärung wird gewonnen, wenn man die Schwebstoffe als Einheit mit dem einströmenden Wasser betrachtet, weil dieses dadurch ein höheres spezifisches Gewicht bekommt. Aber zunächst hat die Erklärung jener Rinnen als alte Flußtäler und nachträgliche Versenkung durch *Abbiegung der Schichten* an der Grenze von Ozean und Festland eine größere Wahrscheinlichkeit! Der Kongo zeigt folgende Gefällswerte: Stanleyville bis Brazzaville (1500 km) 0,07 ‰; Brazzaville bis Mündung (350 km) 1,1‰; Mündung bis Isobathe —1500 m (100 km) 15‰(!); von da bis Isobathe —2000 m (100 km) 5‰.

Austauschströme zwischen den oberflächlichen und den tieferen Schichten der Seen können auch durch Winde hervorgerufen werden. So saugt der Südwestwind im untersten Teil des Genfer Sees die kühleren Wasserschichten hoch und treibt sie entgegen der allgemeinen Abflußrichtung an der Oberfläche nach Nordosten [Dienert und Guillerd]. — An Talsperren in Norwegen wurde nach Devik eine gelegentliche Verstopfung der Auslässe durch Eis beobachtet: sie entstand durch Hinabsaugen überkühlter und vom Oberflächenwind herangetriebener Wassermassen, die dann vor den Auslässen erstarrten (vgl. Bem. 10 S. 310.)

Bei den *Deltabildungen* werden noch zahlreiche Unterarten beschrieben, deren Namen sich weniger aus ihrer morphologischen Eigenart als aus sprachlich-regionalen Gründen herleiten. Als „Lido" gilt eine vorwiegend aus Flußanschwemmungen gebildete, ziemlich weit draußen liegende Insel (im Unterschied zur Nehrung), als „Lagune" der zwischen dem Lido und dem Festland liegende Meeresteil, der selbst teilweise verlandet. Das Gegenstück zum deutschen „Haff" ist der russische „Liman" am Schwarzen Meer. Unterschiede ergeben sich ferner aus der Entwicklung der Küsten. Durch Hebung des Meeresspiegels entstehen *Transgressionen* des Wassers über das Land (bei plötzlichen Einbrüchen auch *Ingressionen* genannt). Zu dieser Art von Küsten gehört z. B. ein großer Teil der atlantischen Küste von USA, so die Chesapeakebai mit ihren weitverzweigten Buchten. Die Abtragung des Landes durch das Meer wird durch ein solches Eindringen sehr erleichtert, so daß sich *vor* den zerlappten Küsten ein Nehrungsgürtel bildet. An Felsenküsten dringt in solchen Fällen das Meer in die Flußtäler ein (*Riasküsten* in Galizien und in der Bretagne). — Das Gegenstück zu den genannten Küsten sind die *Regressionsküsten*, bei denen das Meer zurückweicht oder das Land sich hebt; so hat die Küste von Skandinavien in der Nacheiszeit bis zur Gegenwart eine aufsteigende Tendenz, wobei durch Terrassen und alte Brandungslinien die ehemalige Lage der Küste angezeigt wird.

Bis hierher sind die Gesichtspunkte für die Morphologie der Seeufer und der Meeresküsten dieselben; dies gilt so lange, als es sich um Küsten *ohne Gezeitenwirkung* handelt. Diese aber verändert das Bild grundlegend in einer Weise, die schon S. 33f. am Beispiel der Nordseeküste geschildert wurde. Die Erosionskraft wird durch Ebbe und Flut an der Küste ungeheuer verstärkt; sie bringt es dann sogar fertig, eine schon gebildete Nehrungsküste wieder in einzelne Inseln aufzulösen und die hinter den Nehrungen gebildete *Marsch* wieder in ein *Wattmeer* zu verwandeln. Wir müssen annehmen, daß in der ersten Hälfte der Nacheiszeit die west- und ostfriesischen Inseln noch einen geschlossenen Gürtel bildeten und daß erst der Einbruch des Meeres an der Straße von Dover den Gezeiten die Kraft verlieh, die aufgebauten Küstenwälle wieder zu zerstören. Die starke Wirkung der Gezeiten läßt sich gerade an dem Unterschied zwischen Nord- und Ostseeküste gut erkennen.

Die Gezeitenwirkung arbeitet häufig der Deltabildung entgegen. Diese wird oft ganz unterbunden und durch das ständige Einspülen und Rückspülen entstehen *trichterförmige Mündungen* (Elbe, Seine). Aus dem Kampf zwischen Ablagerung und Ausspülung gehen an manchen Stellen merkwürdige Mischungen zwischen Delta- und Trichtermündungen hervor (Orinoko, Ganges-Brahmaputra).

Auch da, wo keine Flüsse münden, arbeiten die Gezeiten zusammen mit dem Wellenschlag eine breite Brandungsterrasse heraus. Dieselbe findet sich — um nun zum Festland zurückzukehren — in kleineren und abgemilderten Formen als die *Uferterrasse der Seen* wieder (s. Abb. 70). Am Meer wie bei den Seen bildet sich durch die Abspülung der Wellen eine Kehle (*Kliff* genannt), davor liegend eine Strandterrasse, die sich seewärts zu *Riffen* (unterseeischen Sandwällen) fortsetzt. — Ein sehr schönes Beispiel für die Aufarbeitung der Küste durch den Wellengang bietet der Bodensee, wo sich das in den See geschwemmte Material als „Wysse" (weiß schimmernd = Flachregion) scharf von den tieferen Teilen des Sees abhebt.

Eine besondere Betrachtung erfordern die *Fjordküsten*. Man sucht sie auf glaziale Übertiefung zurückzuführen; zur Begründung kann man darauf hinweisen, daß auch die Seen am Ausgang der Alpentäler (Comersee, Gardasee usw.) sehr bedeutende Tiefen aufzeigen, die teilweise unter den Meeresspiegel hinabreichen. Aber ob Tiefen bis 1000 m und darüber, wie sie in den norwegischen Fjorden festgestellt werden, auf diese Art erklärt werden können, bleibt doch zweifelhaft. Es ist zu bedenken, daß der Gletscher mit dem Untertauchen durch den Auftrieb den größten Teil seiner Stoßkraft verliert und anfängt zu „kalben". Auch für die Tatsache, daß so *viele* Länder in den höheren Breiten beider Hemisphären Fjordküsten aufweisen (Skandinavien, Schottland, Island, Grönland, nordamerikanischer Archipel; südliches Chile, Neuseeland usw.) bleibt diese Erklärung für sich allein unbefriedigend. Hier muß eine allgemeine Ursache für das Steigen des Meeres oder Sinken des Landes in junger geologischer Vergangenheit vorliegen: Es tritt die *Eustasie* (Niveauänderung des Meeres durch Entnahme von Wasser für die Gletscher und deren Wiederabschmelzen) in ihr Recht. Aber sie wird gestört durch die *Isostasie*, die manche Landesteile unter der Eislast einsinken und nach dem Abschmelzen wieder aufsteigen läßt. Ferner hat Wundt (Geologentagung 1951 in Köln) die Vermutung ausgesprochen, daß sich die Trägheitsmomente der Erdkruste in den Breitenkreisen zu erhalten suchen (*isodynamisches Gleichgewicht*): einer Aufschichtung von Inlandeis entspricht in gleicher Breite eine Senkung des Meeresspiegels; mit dem Schmelzen des Eises tritt in der betreffenden Breite eine Transgression des Meeres ein. Dazu tritt die *Tektonik*, die regional teils Hebung (Südengland), teils Senkung Spiegellande) der Küsten hervorrief — vgl. Woldstedt. Neueste Angaben über (Niederschwankungen des Mittelmeers in vorgeschichtlicher Zeit siehe bei Pfannenstiel.

6. Weiteres zu den Binnenseen.

In Querprofilen am Strande, sowohl in rezenten als vorzeitlichen, beobachtet man oft *Faltungsvorgänge*. Man erklärt sie nicht durch die tektonischen Ereignisse, sondern sieht in ihnen *Ufergleitungen* und *subaquatische Rutschungen*.

Hinsichtlich der *Entstehung der Seen* unterscheidet man nach Supan zwei Hauptgruppen: *Eintiefungs*becken und *Aufschüttungs*becken (letztere auch *Abdämmungs*becken genannt). Zu den Eintiefungsbecken gehören die schon erwähnten glazialen Übertiefungen, die wir überall in den ehemals vergletscherten Gebirgen finden. Doch können solche auch durch Ausblasung der weiteren Teile des Bodens infolge heftiger Winde (in ariden Gebieten) und durch Einsturz der Oberfläche über Hohlräumen (in Karstgebieten) entstehen und Anlaß zur Bildung von Seen geben. Weiter gehören zu dieser Gruppe die *Kraterseen* in ehemaligen Vulkangebieten (Maare im Rheinischen Schiefergebirge), endlich die große Zahl bedeutender Seen, die sich in *tektonischen Gräben* finden: Nyassasee, Tanganjikasee in Afrika, Totes Meer in Palästina und viele andere. Bei der Entstehung gehen Ursachen verschiedener Art oft Hand in Hand; so ist der Bodensee auf Tektonik im jüngeren Tertiär zurückzuführen, ist aber im Diluvium durch glaziale Einflüsse vertieft worden. Die Seen der Ebenen im Norden Europas verdanken ihr Dasein der Ausschürfung durch das Inlandeis, wobei die größeren noch die radiale Ausbreitung des Gletschers durch ihre Richtung und langgestreckte Form anzeigen (Finnland!); kleinere Seen mit geschlossener Form erklärt man durch Toteismassen, die den allgemeinen Rückgang des Eises einige Zeit überdauerten. Aber der Gletscher hat im Zuge der allgemeinen Nivellierung des Geländes nicht bloß ausgeschürft, sondern noch mehr aufgeschüttet. Auch die *Karseen* sind sowohl ein Produkt der *Abtragung* im bergzugewandten Teil als eines der Moränen, die sie nach Talseite hin *abdämmen*. Aufschüttungs- (Abdämmungs-)Becken nicht glazialer Natur finden sich da, wo der Schwemmkegel eines Nebenflusses den Hauptfluß in seinem Tal aufstaut; auch Katastrophen (Bergstürze) können solche Erscheinungen hervorrufen. Sein glaziales Gegenstück hat der durch einen Schuttkegel aufgestaute Fluß in den Seen, die von Gletschern in den Nebentälern aufgestaut werden (Märjelensee am Aletschgletscher).

Was die geographische Verbreitung der Seen anlangt, so kann man Häufungen in zwei Hauptgebieten feststellen, das sind die *ehemals vergletscherten Gebiete* und — merkwürdigerweise! — die *Trockengebiete*. Bei den letzteren denke man an den Seenreichtum der Hochgebiete Zentralasiens und an die vielen Endseen der Flüsse, die ins aride Gebiet münden. Die Entstehung dieser Gruppe kann man auf die mangelnde Erosionstätigkeit zurückführen. Während der Fluß des humiden Gebietes schließlich doch den Weg zum Meer findet und etwaige Stauungen durch Erosion beseitigt, geht diese Eigenschaft mit dem Eintritt ins aride Reich verloren: die Flüsse kommen nur bis zu einem gewissen Punkt und sammeln dort ihr Wasser an, bis das Gleichgewicht mit der Verdunstung hergestellt ist; auf diese Art entstehen die von Jaeger beschriebenen *Trockenseen* oder *Pfannen*, die sich periodisch füllen, in der übrigen Zeit aber nur Salzkrusten darstellen. Auch *wandernde* Seen — auf Grund wechselnder Wasserzufuhr und Verstopfung des Bettes durch Sandstürme — gehören in diese Kategorie (Lob-Nor!).

An *Wasserbewegungen* zeigen die Binnenseen die eigentümliche Form der *Seiches*. Erhöht sich über einem langgestreckten See, z. B. dem Genfer See, der Luftdruck am einen Ende, oder fällt auf diese Seite ein heftiger Wolkenbruch, so entsteht an der Oberfläche eine Schaukelbewegung, indem abwechselnd das eine Ende hinabgedrückt und das andere hinaufgedrückt wird, während die Höhe in der Mitte ungeändert bleibt. Es kann sich dabei um cm und dm, in Ausnahmefällen sogar um m handeln. Neben diesen einknotigen (uninodalen) Schwingungen kommen auch mehrknotige vor, bei denen *Teile* der Seelänge als Längeneinheit auftreten; doch wird die Regelmäßigkeit der Saitenschwingungen natürlich nicht erreicht. Beim Genfer See beträgt die Schwingungsperiode etwa 73 Minuten, beim Eriesee 12 bis 14 Stunden. Sie entspricht der „Eigenschwingung“, die physikalisch betrachtet jeder Körper aufweist. Der Anstieg und Wiederabstieg bedeutet einen erheblichen Wassertransport in horizontaler Richtung zu der sich hebenden Stelle und entsprechenden Rücktransport beim Fallen des Wassers. — Ein Hin- und Hertransport ganz anderer Art findet in den *Rückstauseen* statt, die wir in Südostasien antreffen. Der Jangtsekiang füllt u. a. den *Poyang-tu* mit seinem sommerlichen Hochwasser, und mit fortschreitender Jahreszeit läuft dieser Überschuß wieder aus — eine gewaltige, aber von der Natur selbst vorgenommene Regulierung der Wasserführung. Daß sie überhaupt möglich ist, ist wohl darauf zurückzuführen, daß die höheren Niederschläge der Monsungebiete erst in der Nacheiszeit eingesetzt haben, so daß die Erosion ihre Gegenarbeit noch nicht durchführen konnte [Wundt (2)]. — Ein Beispiel *künstlichen* Einflusses dieser Art bietet die „*Juragewässerkorrektion*“ in der Schweiz: dem Neuenburger See fließt jetzt im Sommer Wasser aus dem von der Aare gespeisten Bielersee zu, das dann im Spätjahr dorthin und damit zur Aare zurückkehrt.

In Gegenden mit undeutlicher Wasserscheide kommen auch *Flußgabelungen* (Bifurkationen) vor. Das bekannteste Beispiel hierfür ist die Abzweigung, die der Orinoko im Casiquiare zum Rio Negro und damit zum Amazonas entsendet. Künstliche Überleitungen, z. B. zur Kraftgewinnung, sind häufig. In Mündungsgebieten findet öfters eine *Flußvermischung* statt, die die Ziehung einer Wasserscheide verhindert (Rhein und Maas, Ganges und Brahmaputra usw.); in solchen Gebieten haben, historisch betrachtet, auch große Änderungen im Flußlauf stattgefunden. — Über unterirdische Abzweigungen s. Abschn. 1.

7. Flußgeschichte. Kampf um die Wasserscheide.

Ein Beispiel für diese wichtigen Vorgänge gibt uns die Abbröckelung des Donaugebietes zugunsten des Rheingebietes (Abb. 73). Die hier auftretenden Erscheinungen sind keineswegs auf das Donau-Rhein-Gebiet beschränkt, sondern finden sich in anderem Zusammenspiel und in anderer Abstufung in allen Teilen der Erde.

Das heutige Donaugebiet, das sich wie ein Keil von Osten her in das Rheingebiet einschiebt, war in früheren Zeiten viel größer (s. die großen Pfeile in der Abbildung). Infolge der verhältnismäßig tiefen Lage des Rheingebietes (die Höhenangaben sind der Abbildung zu entnehmen!) konnten sich seine Flüsse rückwärts einschneiden und das Donaugebiet schrittweise erobern. Die Stellen, wo flache breite Täler des Donaugebietes als geköpfte Täler gegen den Neckar hin ausstreichen, sind in der Karte besonders gekennzeichnet; sie werden heute vorzugsweise von den Eisenbahnen und Straßen benützt, die den Albrand überqueren. Auf der Südseite des Donaugebietes ist diese Erscheinung auch vorhanden, aber sie fällt wegen der geringeren Höhenunterschiede nicht so ins Auge. Nur an einer Stelle — da, wo die Wasserscheide dem Donaulauf am nächsten kommt — finden sich bedeutendere Höhendifferenzen, die sich zwischen den Talböden der Hegauer Aach und der Donau bei Immendingen zu 200 m auf 12 km steigern. Es kommt hinzu, daß dort der Untergrund von den klüftigen Kalken des Weißen Jura gebildet wird; infolgedessen wird die Donau in mehreren Strängen unterirdisch angezapft und schickt ihr Niedrigwasser, das die Hälfte des Jahres umfassen kann, vollständig zur Aachquelle hinüber. Das Bett der Donau liegt dann unterhalb von Immendingen auf weite Strecken hin trocken, und nur was über das Niedrigwasser hinausgeht, kommt dem weiteren Lauf des Flusses zugute. Der *oberirdischen Abbröckelung* auf der Neckarseite stellt sich

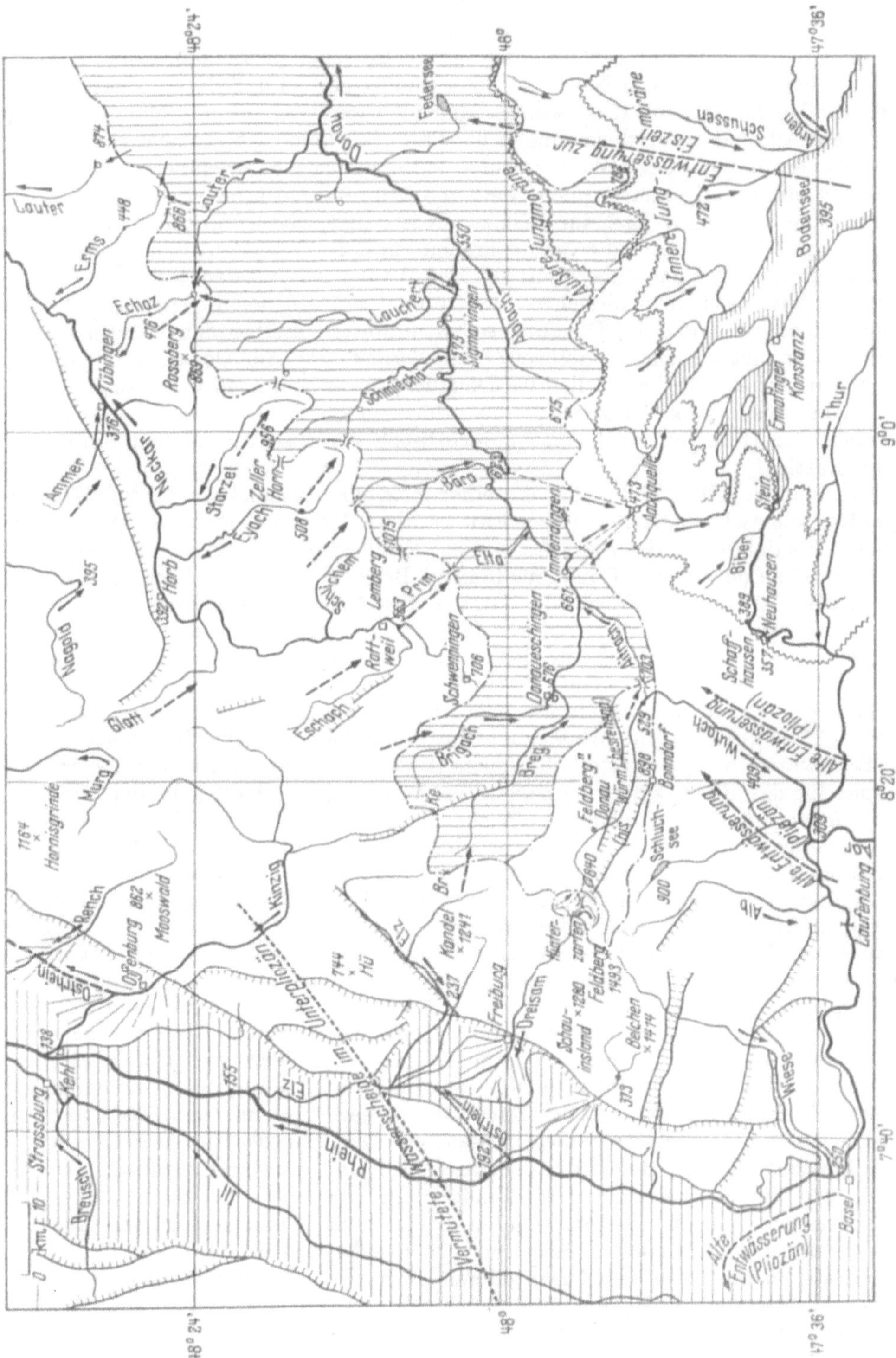

Abb. 73. Die Abbröckelung des Donaugebiets zugunsten des Rheingebiets. Alte Entwässerungsrichtungen im Tertiär und der Eiszeit. Flußverschleppungen, alte Flußläufe und Schwemmkegel in der Oberrheinebene. Einfluß der Tektonik auf die Flußrichtungen. Die Feldbergdonau. Lage der Karstquellen. Zentripetale Entwässerung im Bodenseegebiet.

also hier eine *unterirdische Aushöhlung* gegenüber. Diese verschiedenartige Auswirkung hängt auch mit der Neigung der geologischen Schichten zusammen. Diese fallen durchweg von Nordwest nach Südost ein, so daß der einsickernde Niederschlag im Inneren des Gebirges den gleichen Weg nimmt. Man findet daher am Albrand von Schwenningen bis Tübingen keine Karstquelle von Bedeutung; die unterirdische Wasserscheide kann sich sogar gegenüber der oberirdischen, die im allgemeinen nicht weit vom Albrand entfernt ist, leicht nach Nordwesten verlagern. Erst im Echaz-, Erms- und Oberlenninger Lautertal treten starke Quellen auf, die darauf hindeuten, daß die unterirdische Wasserscheide etwas nach Süden übergreift. — Das Wasser, das auf der Albhochfläche versinkt, tritt dann in zahlreichen Quelltöpfen, z. T. in den Seitentälern der Donau, aber mehr noch im Donautal selbst, unmittelbar über den Flüssen zutage und ersetzt wenigstens teilweise den Verlust, den die Donau durch die Aach erlitten hat. Starke Quellen bei Donaueschingen stammen vermutlich aus der leicht verkarsteten Umgebung; dazu dürfte auch Wasser gehören, das im Bregbett bei Hüfingen versickert; unterirdische Abflüsse zur Wutach finden nicht statt.

Die Wutach selbst bietet uns ein eindrucksvolles Beispiel einer ***Flußablenkung*** in geologisch junger Zeit (nach Erb während der ersten Phase der Würmeiszeit). Bis dahin war die Aitrach als sog. „Feldbergdonau" ein gleichwertiger Partner neben den beiden Donauquellflüssen Brigach und Breg. Aber vermöge des großen Höhenunterschieds, der jetzt in der Nähe der Wasserscheide fast 300 m beträgt, gelang es der unteren Wutach, sich rückwärts einzuschneiden und den Oberlauf der Aitrach für sich zu erobern. Erleichtert wurde die rasche Eintiefung wohl auch durch die Verwerfungen, die den Bonndorfer Graben bilden, ferner durch eine spätpliozäne oder frühquartäre Hebung des Südschwarzwaldes (Paul), welche die Abdachungsflüsse im Süden aktivierte. Heute ist die Rückwärtserosion bis unterhalb Neustadt vorgeschritten. Ein kleines Seitenbeispiel für das Rückwärtseinschneiden bieten auch zwei Quellbäche der Dreisam, die unterhalb von Hinterzarten zusammenfließen. Der nördliche davon, der Ravennabach, kommt in Wasserfällen vom Breitnauer Moor herunter, zeigt aber durch einen verlassenen Tallauf, daß er früher zum Titisee und damit zur Feldbergdonau floß. Hier wie in anderen Fällen lag die Wasserscheide Rhein-Donau in früherer Zeit weiter im Westen.

Ähnliche Vorgänge wie im Schwarzwald und auf der Alb sind auch außerhalb unserer Karte zu finden: so waren einige Quelläste der zum Bodensee gehenden Argen ursprünglich der Iller tributär. Sogar der Mensch hat diesen Vorgang in den letzten Jahrzehnten verschärft, indem er einige Gletscherbäche der Silvretta, die zum Paznaun und damit zum Inn abfließen, durch Überleitung zur Ill dem Vermuntkraftwerk in Montafon und damit dem Rhein dienstbar machte. Andererseits hat auch der Rhein an gewissen Stellen seinen Tribut an tiefer liegende Stromgebiete zahlen müssen: ein Quellarm des Medelser Rheins (Graubünden) wird in den Ritomsee abgeleitet und verstärkt dadurch den Zufluß und die Krafterzeugung im Tessingebiet.

Kehren wir nun zu unserem engeren Gebiet zurück und suchen wir nach *konsequenten* (Abdachungs-) Flüssen und nach *subsequenten* (senkrecht dazu) fließenden Wasserläufen! — Die größeren sind zweifellos die subsequenten, nämlich der Neckar von Horb an und die Donau von Immendingen an abwärts; sie folgen, wie beim Neckar ohne weiteres zu sehen und bei der Donau zu vermuten, alten Verwerfungen oder Einknickungen. — Die Nebenflüsse dagegen gehören zur großen Masse der Abdachungs- oder konsequenten Flüsse, wobei wir einen ehemaligen von dem heutigen Stand unterscheiden müssen. Der alte, gegenüber jetzt verlängerte Lauf der Donauzuflüsse, durch große Pfeile angedeutet, lag hoch über den Tälern der jetzigen Neckarzuflüsse; die Ur-Eschach und die Ur-Prim können gewissermaßen heute noch als der Oberlauf der Elta betrachtet werden. Als sich dann die Zubringer des Neckars von diesem her einschnitten, hörte der Zufluß zur Donau auf, die Wasserscheide wurde zurückverlegt, und es fand eine Umkehrung der allgemeinen Fließrichtung zum Neckar hin statt.

Weitere interessante Züge zur Flußgeschichte gibt der *Rheintalgraben.* Die in Abb. 73 eingezeichneten Verwerfungen am Rande der Vogesen und des Schwarzwaldes zeigen klar, daß die Hydrographie dieses Gebietes durch den großen Grabenbruch des Rheintales und die Hebung seiner Ränder bestimmt ist. Die Gebirge selbst liefern kurze Abdachungsflüsse, soweit nicht vorhandene Einmuldungen (z. B. auch die Verlängerung des Bonndorfer Grabens) die Bildung längerer Flüsse erlauben. Dagegen sind die Flußsysteme der Ebene ganz auf den großen Schwemmkegel des Rheins abgestellt, der mit seinem nach Norden immer feiner werdenden Korn den ganzen Raum erfüllte. Über ihn lagerten sich die Schwemmkegel der kleineren Flüsse, von denen einige auch in unserer Abbildung angedeutet sind. Die Aufschüttungen des Rheins drängen die Nebenflüsse seitwärts (Ill im Elsaß, Elz und Kinzig auf der badischen Seite). Alte Schotter deuten an, daß der Rhein sich seinen Charakter als *verwilderter* Fluß (Abb. 5) in der Diluvialzeit auch dadurch verdiente, daß er sog. Ostrheine bildete und zeitweise östlich vom Kaiserstuhl vorbeifloß. — Merkwürdig geradlinige Talstrecken, z. B. bei der mittleren Elz, sind durch Verwerfungen bedingt, die den Tälern einen asymmetrischen Charakter verleihen; man vergleiche die Höhen auf beiden Seiten der Elz, die in den höchsten Erhebungen Unterschiede von über 400 m aufweisen!

Wieder andere Züge bietet die Südostecke unserer Karte. Wir befinden uns hier im Gebiet des *alten Rheingletschers*, von dem zwei Endmoränenzüge aus der jüngsten Eiszeit eingezeichnet sind. Die Wasserscheide schließt sich den Endmoränen an, nur wechselt sie stellenweise vom äußeren zum inneren Moränenzug hinüber. Wie an anderen Stellen des Alpenvorlandes befindet sich weit hinter den Moränenwellen ein großes Zungenbecken, das hier vom Bodensee eingenommen wird. Die radiale Ausbreitung des Gletschers vor seiner Ausmündung aus dem Alpenrheintal hat zur Folge, daß hier ein *zentripetales* Entwässerungssystem entsteht: die kleineren Gewässer strömen, entgegengesetzt zur Richtung des alten Gletschers, der Mitte des tiefer liegenden Beckens zu.

Der schwierigste Punkt in der Flußentwicklung ist die zeitliche Einordnung der verschiedenen Phasen. Solange wir uns im Eiszeitalter bewegen (ungefähr die letzten 600000 Jahre umfassend), können wir, wie bei der Ablenkung der Wutach, aus der Schotterdatierung auf das Alter schließen. Aber der Eiszeit voraus geht die große Faltungsperiode des Tertiärs, die unvergleichlich länger dauerte als die Eiszeit und selbst in ihrer letzten Phase, dem Pliozän, noch Millionen von Jahren umfaßte. In diese Zeit fällt die große Alpenfaltung; sie hat auch die Formung unseres Gebietes grundlegend beeinflußt. Wenn man von alten Entwässerungen im Tertiär spricht, so ist noch ein gewaltiger Zeitspielraum gegeben, und die durch Pfeile angedeuteten Entwässerungssysteme brauchen keineswegs *gleichzeitig* bestanden zu haben. Fest steht jedoch aus *Schottern*, die im *Sundgau* (westlich von Basel) gefunden werden, daß zeitweilig eine Entwässerung gegen Doubs-Saône-Rhone hin stattfand, daß also der Rheinlauf bei Basel dorthin umbog; ferner ist nördlich vom Kaiserstuhl eine Wasserscheide zu vermuten, die den noch weiter nördlich auftretenden „Ur-Rhein" von seinem heutigen Oberlauf trennte (vermutlich im Unterpliozän). —

Festgestellt ist weiter, daß dem Durchbruch des Rheins zwischen Bodensee und Basel eine Periode vorausging, in der die ganze Nordschweiz einschl. Aare und Alpenrhein zum Oberlauf der Donau gehörte, eine Periode, die mit der Ablenkung der Feldbergdonau nichts zu tun hat und viel früher gelegen haben muß. Man schließt auf die Existenz einer solchen tertiären Donau aus hochgelegenen Schottern oberhalb des Aitrachlaufs und Donaulaufs. Auch die breite Ausbildung des Aitrachtales kann nicht allein auf den bescheidenen Zufluß vom Feldberg her zurückgeführt werden. Weiter unten zeigen die Mäander der Donau bei der Albdurchquerung, die durch verlassene große Schlingen mit Umlaufbergen ergänzt werden, daß ein viel *größerer* Fluß hier am Werke gewesen sein muß, der nicht bloß vom Neckar, sondern auch von der Schweiz her starken Zufluß hatte. Erst dadurch konnte er das große Erosionstal schaffen; die heutige Wasserführung hätte dazu bei weitem nicht ausgereicht. Vgl. zu diesen Fragen G. Wagner und das Mitteilungsblatt der Bad. Geol. Landesanstalt 1948 und 1949 (Aufsätze von Becksmann, Erb, Paul u. a.).

III. Lösungsfracht, Schwebstoffe und Gerölle.

1. Allgemeines.

Das fließende Wasser führt eine Menge Material mit sich, das sich in drei Hauptgruppen teilen läßt: Gelöstes, Schwebstoffe und Gerölle (Geschiebe). Der Übergang zwischen den drei Gruppen ist fließend, vor allem zwischen Schweb und Geröll: es ist klar, daß Sande, die bei schwacher Wasserbewegung liegenbleiben, bei größerer Geschwindigkeit in den Schweb eingehen und daß schließlich auch größere Steine vom Boden emporgehoben werden. Was sich im ruhenden Wasser von selbst wieder absetzt, kann man auch als *Schwerstoff* oder *Schwemmstoff* zusammenfassen. Man pflegt die mitgenommenen Schwerstoffe nach *Korngrößen* einzuteilen. Bei gröberen Geschieben versteht man unter Korngröße den mittleren Durchmesser, der als Durchschnitt aus den drei Achsen gewonnen wird. Man erhält etwa folgende Reihe: *Geröll (Geschiebe, Kies)* von den größten Dimensionen bis 3 mm (nach anderer Definition bis 1 mm) abwärts, von da ab der *Schwebstoff*; innerhalb des Schwebs rechnet man den Grobsand bis 2 mm, den Feinsand bis etwa 0,2 mm. Von 0,1 mm an abwärts wird der Sand (Mehlsand) nach Abtrocknung vom Winde fortgetragen, daher auch die Bezeichnung Flugsand für diese Größenklasse. Endlich entspricht die Korngröße 0,05 bis 0,01 mm dem *Löß*, einem Gestein, das im kühl-ariden Klima vom Wind ausgeblasen und unter Mitwirkung von Steppenvegetation wieder abgesetzt wird; die Übertragung der Bezeichnung auf den Schweb rechtfertigt sich dadurch, daß als Ursprung hauptsächlich die Flußtrübe angenommen und daß der Löß selbst oft verschwemmt wird. — Unterhalb von 0,01 mm vollzieht sich dann der Übergang zu den *Lösungen* und den chemischen Beimengungen; geologisch wird von „Schluff“ bis 0,02 mm gesprochen, unterhalb dieses Wertes von Rohton. Als „Staub“ wird die Größenordnung 0,05 bis 0,01 mm angenommen. — Nach Clarke enthält das Flußwasser durchschnittlich 0,01% Salze gelöst; in seiner Zusammensetzung weist es 60% Karbonate von Ca und Mg, 28% Sulfate und Chloride von Na, K und Mg, 10% SiO_2 und 2% Fe_2O_3 auf. Aus dieser Zusammensetzung, die ganz anders ist als bei den Salzen des Meeres, lassen sich Schlüsse auf den Stoffkreislauf zwischen Meer und Land ziehen (vgl. Kalle).

Bei der allgemeinen *Abtragung* der Erdoberfläche, die mit diesen Vorgängen verbunden ist, kann man neben der normalen (natürlich bedingten) eine *Boden-*

verheerung und — in die Tiefe gehend — *Bodenverwüstung* unterscheiden, die vom Menschen z. B. durch Streunutzung, durch Zerstörung der Pflanzendecke und Geradlegung von Flüssen ohne Schutzmaßnahmen hervorgerufen wird.

2. Mengenangaben

werden hier — der Unstimmigkeiten halber — nach dem Schrifttum getrennt angegeben; sie stammen schon dort vielfach aus zweiter Hand und sind von ungleichem Wert, ohne daß die Möglichkeit einer Nachprüfung besteht. — Sieht man von der Gebietsgröße und der Zeit ab, so spricht man von Lösungsfracht, Schwebstofffracht, Geschiebe- oder Geröllfracht, bei allen drei zusammen von Gesamtabtragung, bei Schweb plus Geröll von Schwerstoffabtrag; beim Wasser von Abflußfülle (vgl. Tab. 8a). Auf die Flächen- und Zeiteinheit bezogen, kann man unterscheiden:

Abtragung im allgemeinen: t/km^2 · Jahr. Umrechnung in Abtragshöhe (mm/Jahr) durch Multiplikation mit 0,0004 (Dichte der Ausgangsfläche zu 2,5 angenommen); $^1/_{1000}$ mm = 2,5 t/km^2 · Jahr.

Anlandung in Seen (von 1 km^2 Einzugsgebiet): m^3/km^2 · Jahr. Umrechnung in t durch Multiplikation mit der Dichte der Absatzstoffe (1 bis 1,6 und darüber, hier zu 1,3 angenommen).

Zeit (Jahre) zur Abtragung um 1 m: 1000 geteilt durch die mm/Jahr.

Gewicht des Schwebs in der Raumeinheit Wasser (Schwebstoffbelastung, Dichte der Schwebführung): 1 mg/l = 1 g/m^3. Entsprechend beim Gelösten.

Gelöstes (t/km^2 · Jahr):

Pardé (2): Rhone ob Genfer See 200, Arve Genf 330, Durance (Mirabeau) 400, Isère 600.

G. Wagner: Nil 6, Amazonas 20, Yukon 25, Mississippi 33, Elbe (Mündung) 38, Donau (Mündung) 48, Jangtse 50, Rhein (Emmerich) 96, Neckar (Gundelsheim) 120.

Kalle schätzt die Abtragung des humiden Gebiets der Erde durch gelöste Stoffe auf 33 t/km^2 · Jahr oder 0,013 mm (Mindestwert).

Schwerstoffe (t/km^2 · Jahr), d. h. Geschiebe und Schwebstoffe:

a) Geschiebe: Nach Pardé im Mittellauf der Alpen- und Apenninnenflüsse 50 bis 100, Quelläste 450 bis 700. Nach Schoklitsch bei italienischen Flüssen Werte von über 1000.

b) Die *Schwebstoffe* umfassen nach allgemeiner Ansicht ein Mehrfaches des Geschiebes, das Verhältnis von den Quellästen an wachsend. Nach G. Wagner ist das Verhältnis der Rhone (Leuk) 1,2:1, Verdon (Durance) 3:1; Rhone (ob Genfer See) 6,9:1; beim Mississippi 9:1; Wolga (Mündung) 500:1. — Das grobe Geschiebe wird schon in den Gebirgstälern abgelagert; ein weiterer Teil wird beim Transport abgeschliffen und zerkleinert und geht dadurch von selbst in den Schweb ein. Unter diesen Umständen kann man für den Unterlauf (vielfach schon für den Mittellauf) der Ströme annähernd Schwerstoff = Schwebstoff setzen.

Pardé (2) gibt an (t/km^2 · Jahr): Gesamtgebiete von Wolga, Elbe, Seine 25 bis 50. Mississippi (Mündung) 129, Po und Rhone 300 bis 400, Amazonas ebensoviel (die starken Regenmengen der Tropen ersetzen in der Wirkung die relativ geringe Fläche der Gebirge). — Bei den Alpen wird der Rhein ob Bodensee mit 845, die Rhone ob Genfer See mit 853, die Dixence (Wallis) mit 972, die Arve (Genf) mit 1000 angegeben, mit ausdrücklicher Betonung, daß die Schwebstoffmessung in *allen* Tiefen vorgenommen wurde. Noch höhere Werte wurden für die Durance (Mirabeau) mit 1100 bis 1300 ermittelt und für die Apenninnenflüsse Enzia, Secchia, Panaro 2000 bis 2500; von außereuropäischen Flüssen für den Colorado (Grand Canon) 500, den Amu-Darja etwa 1000, den Hoangho 1300 bis 1700.

G. Wagner zitiert folgende Werte: Elbe (Mündung) 5, Nil 15, Neckar (Gundelsheim) 23, Rhein (Emmerich) 28, Yukon 100, Donau (Mündung) 105, Amazonas 140, Jangtse 200, Mississippi 305, Ganges 738.

Ann. Idrologici: Tiber (Rom) 454 nach Ref. Bundesanstalt (Bem. 1 a, S. 310) Nr. 28.

Lopatin gibt als Werte für Newa annähernd 0, Petschora 65, Düna 68, Wolga 88, Terek 1350, für die örtliche Erosion im südlichen Ural bis 15000.

van Rinsum zählt auf für: Main (Hallstadt) 13,4; Rednitz 16,2; Fränkische Saale 24,5; Donau (Regensburg) 29,7; Donau (Neuulm) 41,4; Donau (Ingolstadt) 57,3; Isar (München) 115 — durch Walchenseewerk herabgedrückt; Ammer (Weilheim) 168, Inn (Wasserburg) 219, Tiroler Ache 252, Saalach (Jettenberg) 270, Salzach (Burghausen) 276.

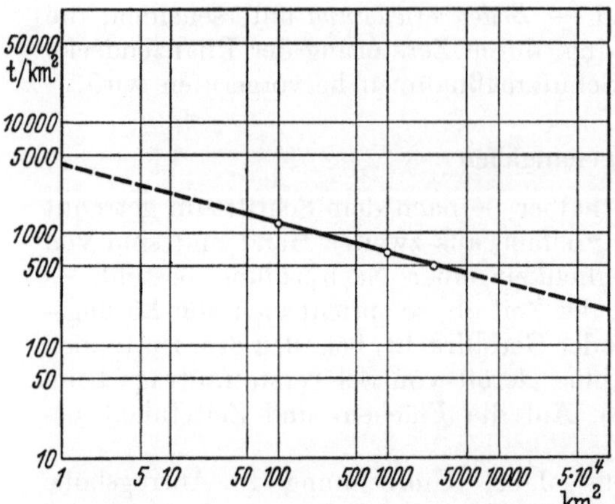

Abb. 74. Abnahme der spezifischen Anlandung im Jahr mit Zunahme der Fläche (im logarithmischen Maßstab) auf Grund von Durchschnittswerten an Stauseen in USA. Nach KHOSLA.

BENDEL faßt Schwebstoff und Geröll zu einer Einheit zusammen und gibt folgende Werte an, die vorwiegend aus Anlandungen in Seen gewonnen sind (seine Angaben sind mit der Dichte 1,3 in t umgerechnet): Linth (Walensee) 150, Reuß (Vierwaldstättersee) 230, Kander 450, Maggia (Lago Maggiore) 500; Aare (Brienzer See) 525, Verdon (Durance) 560; als Extreme sind Vogelbach (Pontebba) mit 2000 und Luscharibach in Kärnten mit 8800 angegeben.

KHOSLA hat auf Grund von Messungen in USA nach Ref. Bundesanstalt (Bem. 1a, S. 310) Nr. 28 technische Maßnahmen gegen die Verlandung von Stauräumen beschrieben. Danach liegt die obere Grenze der *Schwerstoff* (Geschiebe + Schwebstoff)-*Ablagerung* nach Messungen an 200 Staubecken für Flächen von mehr als 2500 km² durchschnittlich bei 360 m³/km², für 1000 km² bei 466 m³/km², für 100 km² bei 1160 m³/km². Unter Annahme einer Dichte 1,3 für die Absatzstoffe ergibt dies 470 bzw. 610 bzw. 1500 t/km². Als Mittelbildung einer größeren Zahl von Flächen sind diese Zahlen von besonderem Wert; die Abnahme der Schwerstoffablagerung mit der Zunahme der Fläche erklärt sich durch die stärkere Erosion in den gebirgigen Quellgebieten. In Abb. 74 sind die Ergebnisse im logarithmischen Maßstab dargestellt: die 3 Bestimmungspunkte liegen annähernd auf einer Geraden, wodurch auch eine gewisse Extrapolation sich rechtfertigt. Die Höchstwerte der jährlichen Anlandung für kleine Flächen dürften sich demnach im Durchschnitt um 5000 t/km² bewegen (Einzelwerte natürlich noch viel höher).

KALLE schätzt die Abtragung des humiden Gebiets der Erde durch Schwerstoffe auf 212 t/km² · Jahr oder 0,085 mm (Zeit zur Abtragung um 1 m durch gelöste und Schwebstoffe *zusammen* rund 10000 Jahre!).

Gewicht des Schwebstoffs in der Raumeinheit (g/m³).

Es werden angegeben [bayerische Flüsse nach VAN RINSUM, die übrigen nach BENDEL, LOPATIN, PARDÉ und G. WAGNER]:

Flüsse in Nordrußland bis 20, Main (Hallstadt) 30, untere Elbe 31, Rhein (Holland) 54, Donau (Regensburg) 80, Ammer (Weilheim) 104, Saalach (Jettenberg) 221, Salzach (Burghausen) 239, Isère 500 bis 600, Mississippi (Mündung) 625, Hugli (Kalkutta) 1234, Amu-Darja (Nukuss) 1593, Nil 1600, Indus 2500, Hoangho 5000, Hochlagen in Rußland 5000, Colorado (Grand Canon) 11700, Hoangho 20000 bis 30000 (Löß!). Naturgemäß sind diese Angaben teilweise veraltet und recht unsicher. — Als Höchstwerte (von kurzer Dauer) werden angegeben: Euphrat und Tigris 9000 bis 13000; Iller (Krugzell) 12260, Saalach (Jettenberg) 15535, Tiber (Rom) 28464, Drance (Wallis) 35000, Durance (Mirabeau) 49000, Colorado (ein Tagesmittel) 138000, Glandon (Zufluß der Isère) 150000 bis 260000, Hoangho und Zuflüsse 400000 [TODD und ELIASSEN nach PARDÉ (1)]. Für Muren (Schlamm- und Geschiebeströme) nimmt man bis 800000 an.

Schwankungen in den Jahreswerten: Main (bei Faulbach) 353 i. J. 1941 bei MQ = 267 m³/s; 18 i. J. 1950 bei MQ = 98 m³/s.

Gewicht des Gelösten in der Raumeinheit (g/m³).

Niedrige Werte: Eger 17, Saale 17 (beide aus dem Grundgebirge kommend); Amazonas (Obidos) 37, Uruguay 66 (starke Pflanzendecke, daher geringer Mineralgehalt, gleichzeitig starke Verdünnung durch tropische Regen).

Mittlere Werte: Yukon 122, Dwina (Archangelsk) 187; Ostzuflüsse des Mississippi 19 (viel Regen), desgleichen Westzuflüsse 436 (wenig Regen), trotzdem aber Gesamtfracht im Osten größer; Rhein (Köln) 200, Donau ob Passau 201, unterhalb Passau 184 (Inn 166, Ilz nur 30!); Elbe (ob Hamburg) 237; Weser (Mündung) 281, Neckar (Plochingen) 400 bis 500.

Hohe Werte: Kocher (Kochendorf) 420 bis 771, Altmühl 461, Neckar (Gundelsheim) 574 bis 691; dies ist auf den Kalk- und Gipsreichtum der Einzugsgebiete zurückzuführen.

Höchstwerte bei „Salzflüssen“: Pecos River (Texas) 3652, Rio de los Papagayos (Argentinien) 9185.

Zusammenfassung. Die Aufzählung der Meßergebnisse zeigt je nach den geographischen Bedingungen, aber auch nach den Quellen im Schrifttum, die nicht im gleichen Maße zuverlässig sind, auffallende Verschiedenheiten. Es muß aus diesem Grunde darauf verzichtet werden, eine Tabelle anzulegen, wie sie für Stromlänge, Gebietsgröße und Wasserführung im Anhang gegeben ist. Vom morphologischen Standpunkt ist die *Abtragung*, vom technischen Standpunkt die *Gewichtsmenge in der Raumeinheit* Wasser von größerer Bedeutung. — Man muß sich damit begnügen, einige große Linien herauszuheben die in der Abb. 75 schematisch dargestellt sind. Es sei ein Fluß angenommen, der im höheren Gebirge entspringt, das Vorland desselben durchläuft und in wechselndem Lauf zwischen Mittelgebirgen eine Mündungsebene vor dem Meer erreicht. Im ersten Abschnitt herrscht starke Erosion; doch kommt das Material schon in den Talweitungen und im Vorland des Gebirges größtenteils zur Ablagerung. Die Geröllverfrachtung ist im wesentlichen auf den ersten Teil des Flußlaufs beschränkt. Die Größe des Gerölls nimmt mit dem Gefäll ab. Als Faustregel gilt, daß der Durchmesser der größten Geschiebe in dm gleich der Promillezahl des Gefälls ist. Nach dem Oberlauf folgt dann eine Laufstrecke des Gleichgewichts zwischen Erosion und Aufschüttung, die durch die Mäander charakterisiert ist. Mit der Annäherung ans Meer wird wieder aufgeschüttet, im Meere selbst angelandet. Die Schwebstoffe umfassen, für das ganze Festland gesehen, den Hauptteil der Abtragung. Auch die gelösten Stoffe — wir sehen dies am Beispiel des Mississippi — treten (absolut genommen) gegenüber dem Schweb zurück. Wesentlich für dieses Verhalten sind die großen Regenmengen, die einerseits in den Tropen und in den Monsunländern, andererseits überall im Gebirge fallen. Starker Abtrag *trotz* geringer Regenmengen findet sich in halbariden Gebieten, in denen die Verwitterungsprodukte von einzelnen, aber sehr *intensiven* Regengüssen abgespült werden. — Der Anteil des Gelösten

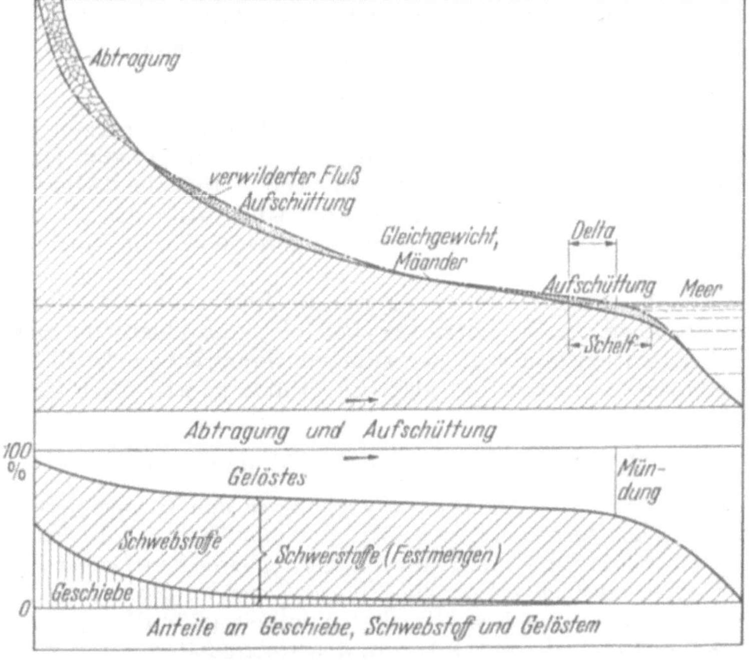

Abb. 75. Gefällskurve, Abtragung und Aufschüttung; die Zusammensetzung der Beimengungen.

und damit die „Härte" des Wassers hängt sehr stark von der geologischen Natur des Gebietes ab: kalkreiche Flächen liefern an Lösung ein Vielfaches der Gebiete, wo das Grundgebirge vorherrscht. Im allgemeinen nimmt der *Prozentsatz* (nicht die absolute Menge) der gelösten Stoffe trotz teilweiser Wiederausfällung gegen den Unterlauf der Flüsse zu, da die Schwebstoffe sich allmählich absetzen. Wollte man die *regionale* Verteilung anteilmäßig zum Ausdruck bringen, so wäre in der Abbildung die Scheidelinie zwischen Schweb und Gelöstem bei den Tropen nach oben, für die gemäßigte Zone nach unten hin zu verschieben. Für Rußland gibt LOPATIN als Verhältnis von Schweb zu Gelöstem bei der Newa 0,29, bei der Wolga 0,57 an (Grenzwerte bei anderen Flüssen 0,18 und 9,57).

Im einzelnen sind noch manche Unstimmigkeiten aufzuklären. G. WAGNER nimmt für die alpinen Flußgebiete eine jährliche Gesamtabtragung von 0,4 bis 0,6 mm/Jahr an, was 1000 bis 1500 t/km² entspricht; ähnliche Werte gibt BRINKMANN; noch höhere Werte finden wir bei PARDÉ. Dagegen werden für den Schwebstoffabtrag, der die Hauptmenge umfassen soll, beim Inn und seinen Nebenflüssen nur 200 bis 300 t/km² angegeben (VAN RINSUM). Nach den Angaben von geologischer und vereinzelt auch von technischer Seite müßte der Schweb ein Mehrfaches dieses Betrages sein. Die Abtragungszeiten für 1 m bei den Alpenflüssen schwanken dementsprechend zwischen 2000 und 10000 Jahren. Aber die bayerischen Messungen erwecken durch ihr Gleichmaß in ähnlichen Gebieten und in verschiedenen Jahren besonderes Vertrauen. Möglichkeiten für die Aufklärung dieser Diskrepanz liegen teils in den regionalen Unterschieden des Bodens, teils in der Zunahme des Schwebs gegen die Sohle des Gewässers, für die noch kein sicheres Gesetz aufgestellt ist. Von späteren Messungen darf man, wenn sie nach übereinstimmenden Methoden vorgenommen und auf einer einheitlichen Definition (z. B. der Zusammenfassung von Geröll und Schweb) aufgebaut werden, eine gegenseitige Annäherung der Ergebnisse erwarten.

Zu den regionalen Verschiedenheiten sei noch erwähnt, daß der Löß als Schwemmstoff eine Sonderstellung einnimmt. Am Hoangho wurden als mittlere Durchmesser 0,012 bis 0,018 mm (für Löß) bestimmt, während am Mississippi jener Wert 0,13 bis 0,48 mm (für Schweb im allgemeinen) beträgt! Als Hauptgrund für die feine Zerteilbarkeit bzw. leichte Zerstörbarkeit des Lößes wird der Mangel an kolloidalen Bestandteilen angesehen [PARDÉ (1)].

Am ehesten dürften sich für die Messung von Geröll plus Schweb die Anlandungen in Seen eignen, die genügend groß sind; denn der *Durchtransport* von Schwebstoffen beträgt z. B. am Saalachstausee (nach Messungen 1929/30) noch 41%.

Solange sich die klimatischen und durch die Einwirkung des Menschen gegebenen Bedingungen nicht ändern, streben die Flußgebiete im allgemeinen einem Gleichgewichtszustand zu, der zwar von kurzfristigen (z. B. jahreszeitlichen) Einflüssen gestört wird, aber im großen ganzen nach einiger Zeit wiederkehrt.

3. Weiteres zur Erosion und Akkumulation.

Aus dem Umstand, daß die Hauptabtragung in den Hochgebieten und im Bereich der heftigen Niederschläge erfolgt und nur Teile davon ins Meer gelangen, folgt ein wichtiger Schluß: Soweit die regenreichen Gebiete nicht unmittelbar ans Meer stoßen, erfolgt die *Hauptablagerung schon im Inneren des Landes*, im Vorland der Gebirge. Mit Bestimmtheit trifft dies für die Alpenflüsse zu, die ihre Geschiebe teils schon in den Gebirgstälern selbst (in den sog. „Böden"), dann in den Seen und in den großen Schwemmkegeln abgeben.

Die sowjetischen Autoren sprechen in diesem Zusammenhang von *Transit-erosion*, die eine Verfrachtung von Material aus den höheren Gebietsteilen in die tieferen bedeutet. Erdgeschichtlich betrachtet wird dabei die überall vorhandene Gefällskurve in den obersten Teilen erniedrigt, in den mittleren Teilen erhöht. Es kommt eben bei ihrer Ausbildung nicht bloß auf die Abtragung, sondern auch auf die Aufschüttung an.

Man muß sich die Rolle der *Erosion und Akkumulation alternierend* vorstellen (sowohl zeitlich als auch örtlich). An dem gleichen Ort, wo während des Hochwassers stark erodiert wird, findet beim Absinken der Wasserführung Aufschüttung statt; auch kann Erosion im Hauptbett von gleichzeitiger Akkumulation in den Seitenarmen begleitet sein. Im ganzen genommen findet aber in den Schwemmkegeln Aufschüttung so lange statt, bis sich der Fluß selbst sein Bett verbaut und mittels Durchbruch einen neuen Weg suchen muß. Auch im Mündungsgebiet der Flüsse finden wir ähnliche Verhältnisse (Flußverlegungen des Hoangho!). Ausmessungen in einem Versuchsgebiet in USA haben nach Happ, Stafford u. a. ergeben, daß in den hoch liegenden Teilen in kurzer Zeit 1 m *abgetragen*, in der Niederung 14 cm *aufgetragen* wurden, während nur 6% der bewegten Massen das Versuchsgebiet verließen.

Auch für die Mündungsgebiete der Flüsse kommen wir zu einer etwas veränderten Auffassung gegenüber den Aufschüttungsgebieten des Mittellaufs. Wie wir bei der Deltabildung gesehen haben (Abb. 68), biegen die Schwemmschichten dort ab; das Gefäll verschwindet, auf die Einheit der Erstreckung wird mehr abgeladen als vorher, und der ganze Vorgang wirkt als Hemmung für die nachströmenden Stoffmengen. Wir können dabei von einer *rückwärts schreitenden Akkumulation* sprechen, wie solche auch bei eingeschalteten Binnenseen beobachtet wird (z. B. am Lac de Motty — oberer Drac — in den französischen Alpen, nach Pardé). Man kann sogar den *Schelf* selbst — erdgeschichtlich betrachtet! — teilweise als eine Flußdeltabildung betrachten, die infolge der Abtragung nach den Orogenen immer neu einsetzte und in den Ruheperioden feste Gestalt annahm. Allerdings sind die Aufschüttung und die Erosion nicht die einzigen Kräfte bei der Formung der Landkonturen. Auch die Tektonik ist am Werke, welche die Küsten hebt und senkt; hinzu kommt die Wirkung der Gezeiten sowie isostatische und eustatische Veränderungen im Meeresspiegel, die die Lage der Erosionsbasis verschieben. Im Landinnern sind Abtragung und Aufschüttung wohl die wichtigsten, aber keineswegs die einzigen Kräfte, die die Gefällskurve der Flüsse gestalten. Um einen Vergleich der Größenordnungen zu haben, mit denen die verschiedenen Kräfte an der Umgestaltung des Endreliefs arbeiten, seien folgende Angaben gemacht: Skandinavien hebt sich zur Zeit durch das Streben nach Isostasie (Wiederaufstieg der durch die Eislast niedergedrückten Landesteile) bis zu 30 mm/Jahr, beim Schwarzwald (Tektonik am Rand des Rheintalgrabens) kann man den jährlichen Aufstieg auf 1 bis 2 mm schätzen, für die Senkung der großen Ozeanböden [nach Wundt (10) eine Folge der Kontraktion durch die tiefen Temperaturen] kann man bis zu 0,1 mm/Jahr annehmen. Für die jährliche Gesamtabtragung des humiden Festlandes kommen etwa 0,1 mm jährlich heraus; aber es ist kein Zweifel, daß die Denudation örtlich ein Vielfaches von diesem Wert erreicht, auch in den Orogenen wohl im ganzen noch höher war als in der Jetztzeit; man vergleiche dazu die hohen Werte, die Winkler-Hermaden in den Ostalpen für das Miozän und das Pliozän begründet. Andererseits dürfte es in den ruhigen Zeiten der Erdgeschichte Perioden gegeben haben, wo die Erosions- und Aufschüttungstätigkeit noch weit unter der heutigen lag. Auch jetzt kann der *Abtrag* eines Flußgebietes von einem Jahr zum anderen, von ariden Gegenden ganz abgesehen, weit mehr schwanken als der Niederschlag und der Abfluß (vgl. die Angaben für den Main S. 114).

Das *Problem der Anlandung* in Seen und Staubecken ist für den Techniker von großer Bedeutung; es handelt sich dabei nicht nur darum, die Schwerstoffmassen dort aufzunehmen, sondern auch sie wieder zu beseitigen. Das Hauptmittel zur Entfernung der unerwünschten Anlandung in Stauseen sind *Spülungen* bei abgelassenem Stau (ORTH), gegebenenfalls unter Ausnützung von Hochwässern.

Wie stark der Einfluß der Gebietsgröße im Verhältnis zur Staubeckengröße ist, erfolgt aus folgender Gegenüberstellung: die Saalachsperre kann durch den mittleren Jahresabfluß 355 mal gefüllt werden, dagegen die Elephant-Batte-Sperre (am Rio Grande, Neu-Mexiko) nur 0,46 mal! Daraus entspringen auch für die Verlandung sehr verschiedene Voraussetzungen.

Für die Zeitlage des Endes der *letzten Vereisung* lassen sich aus der fortschreitenden Verlandung der Alpenseen wichtige Schlüsse ziehen (nach A. PENCK), indem man das Volumen der Schwemmkegel durch die beobachtete jährliche Anlandung teilt.

Für *lineare Erosion* im Fels, aus alten Hochwassermarken erschlossen, seien zwei Werte erwähnt, die sich auf lange Zeiträume gründen: Glan (Mittel-

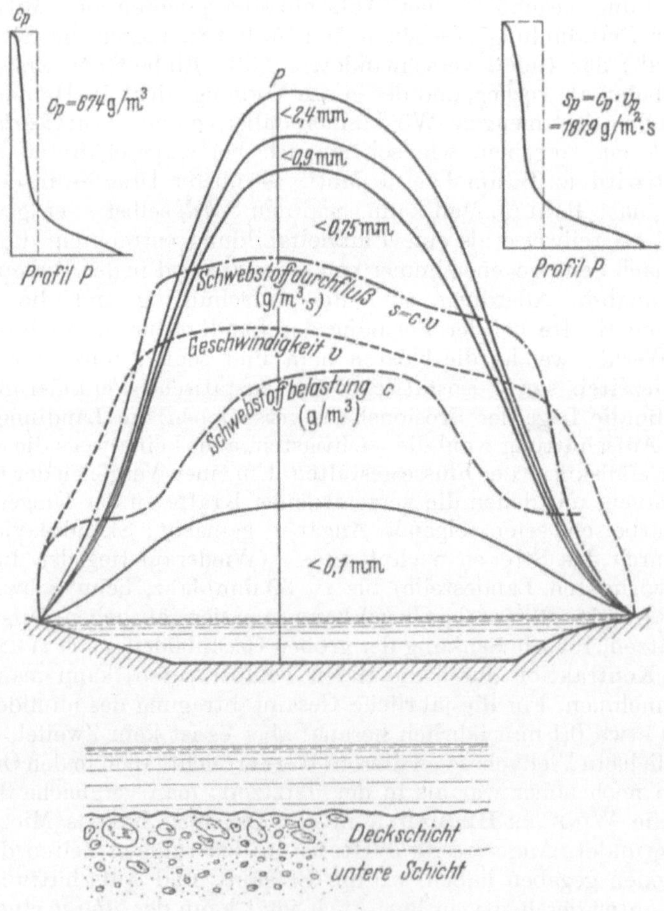

Abb. 76. Schwebstoffverfrachtung der Aare. Nach BENDEL.

rheingebiet) seit der Römerzeit 1,5 mm/Jahr, Nil seit der Pharaonenzeit 0,2 mm/Jahr; Genaueres bei RUDZKI.

Die Korngröße des vom Fluß mitgeführten bzw. an der Sohle abgelagerten Materials pflegt man durch *Mischungsbänder* darzustellen. Man nimmt Siebe mit verschiedener Maschenweite und bestimmt, mit den engmaschigen beginnend, wieviel Gewichtsprozente bei einer bestimmten Maschenweite durchgehen, so lange, bis das ganze Material die Siebe passiert hat. Auf diese Weise ist die Schwebstofführung der Aare ermittelt worden (Abb. 76).

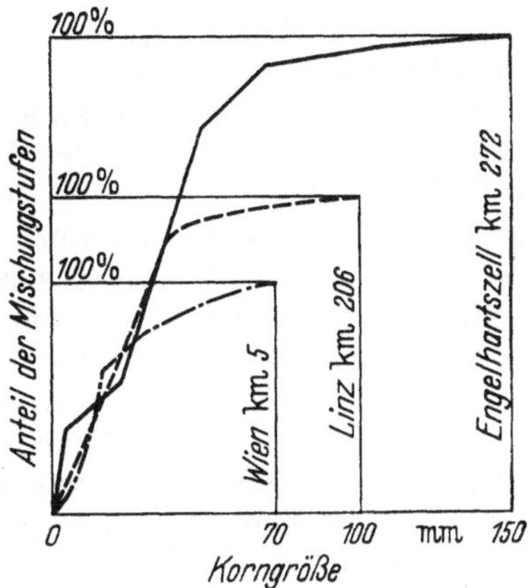

Abb. 77. Geschiebemischungsbänder der Donau oberhalb Wiens.

Für eine Reihe von Profilen (ein beliebiges Profil P ist herausgegriffen) werden die Gewichtsprozente der Siebstufen ermittelt, senkrecht zum Wasserspiegel aufgetragen und verbindende Kurven gezogen. Außerdem wird nach dem S. 180f. geschilderten Verfahren die Geschwindigkeit v bestimmt. Die Summe der Gewichte im Einzelprofil ergibt die „*Schwebstoffbelastung*“ c (vgl. S. 113, in g/m³), das Produkt $s = c\,v$ ist der „*Schwebstoffdurchfluß*“ in dem betreffenden Profil, woraus sich durch Verbindung der Endpunkte in der Lotrechten weitere Kurven ergeben. Die Verteilung der c und der s im Profil P ist durch zwei kleine Nebenfiguren dargestellt: naturgemäß steigen beide Größen gegen den Grund des Flusses an, am Schluß in rasch wachsendem Maße. Eine Grenze des *Schwemmstoffs* gegenüber dem an der Sohle mitgeschleiften *Geschiebe* (das hier nicht besonders ausgeschieden wird) kann nur in einem bestimmten Zeitpunkt, nicht allgemein gezogen werden, da Geschiebe bestimmter Größe bei höheren Geschwindigkeiten mitgeschleppt wird, bei kleineren dagegen liegenbleibt. Aber der Gedanke, daß sich das allmähliche *Gröberwerden* auch in dem Geröll an der Sohle des Flusses fortsetzen müsse, bestätigt sich nicht: hier liegen in der *Deckschicht* die groben Teile oben, die feineren weiter unten. Dies kommt davon her, daß der Fluß zwar bei Hochwasser den Grund aufwühlt, dann aber erlahmt und seine Tätigkeit auf ein Auswaschen der oberen Schicht beschränkt (vgl. Sortierung der Geschiebe nach MARQUARDT).

Diese Unstetigkeit ist für die Erklärung von Diskordanzen in der Ablagerung von Bedeutung, wie sie z. B. in den *Aulehm*profilen auftreten.

Man erkennt aus dem Beispiel der Abb. 76 die Kompliziertheit des ganzen Problems: trotz der Erfassung des Querschnitts in seinen einzelnen Punkten wird hier zu der — ständig wechselnden! — *Geschiebe*führung gar nicht vorgedrungen, und die Änderung mit der Wasserführung im Laufe des Jahres wird gar nicht betrachtet, von der Erfassung der chemisch gelösten und mitgeführten Bestandteile des Wassers ganz zu schweigen. Wir müssen daher die meisten Meßreihen, sowohl bei der Schwebstoffbelastung als bei der Geschiebeablagerung zunächst mehr als Stichproben betrachten, die über die Materialverfrachtung nur sehr beschränkte Auskunft geben.

Einige typische *Geschiebemischungsbänder* stellt Abb. 77 dar. Die nach oben gewölbte Form aller drei Bänder zeigt, daß dort das feine Geschiebe überwiegt; bei relativer Zunahme groben Geschiebes würde sich das Band der Diagonalen des Rechtecks nähern. Bei Wien kommen nur mehr Geschiebe bis 70 mm Durchmesser vor, weiter oben solche bis 100 mm bzw. 150 mm. — Aus den Gerölldurchmessern d bei den Anteilen 60% und 10% pflegt man den örtlichen sog.

Ungleichförmigkeitsgrad $d_{60}:d_{10}$ zu bilden (s. S. 187 und Abb. 125). Nach dem Material betrachtet, bewegt sich dieser für Sand zwischen 1 und 15, für Ton zwischen 10 und 100 (SCHLEICHER, S. 773).

Eine andere Darstellung der Mischungsstufen längs eines Flußlaufes (Gail) gibt Abb. 78. Die Einmündung der Nebenbäche ist im unteren Teil der Figur angedeutet. Der Anteil des groben Geschiebes nimmt an solchen Einmündungen jeweils zu, aber auf den Zwischenstrecken wieder ab. Wie sich die *Verteilung von Korngrößen in den Anlandungen von Stauseen* gestaltet, ist aus Abb. 79 zu ersehen (Saalachstausee). Wir erkennen die rasche Abnahme der Korngrößen von der Einflußstelle ab, die das Geröll (hier durch die Grenze 3 mm Durchmesser definiert, die 1 mm-Grenze ist ebenfalls eingezeichnet) nach etwa 2 km Entfernung fast ganz verschwinden läßt; die Lage der Untersuchungsprofile ist aus den Knicken und Unstetigkeiten zu sehen, die die einzelnen Linien aufweisen. Man beachte auch, daß die tatsächliche Drängung der Kurven bei den hohen Werten der Korngröße viel größer ist, weil hier der Abstand von 10 zu 10 mm, in den unteren Stufen dagegen nach Bruchteilen von mm genommen wurde. Die vorliegende Darstellung gibt nur die prozentuale *Verteilung*; die wirklich abgelagerten *Mengen* ergeben sich durch fortlaufende Summierung von der Einflußstelle aus.

4. Regionale und jahreszeitliche Verteilung (Beispiel der oberen Donau).

Eine Untersuchung von VAN RINSUM über die bayerischen Flüsse enthält Angaben über die jährliche Schwebstofffracht P und die jährliche Abflußfülle Q neben der Fläche F der Einzugsgebiete. $P:Q$ als mittlere *Schwebstoffbelastung* und $P:F$ als mittlere *Abtragung* sind die Größen, die besonders interessieren und *Vergleiche* für die Erosion und Akkumulation bei größeren Flächen bieten. Neben den Mittelwerten für längere Jahresreihen finden sich auch Angaben für die Durchschnitts- und Einzelmonate. Die Hauptergebnisse für das Durchschnittsjahr sind in der Tab. 3 des Anhangs. zusammengestellt.

Wie zu erwarten, ist der Schwebstoffabtrag (t/km²) in den alpinen Gebieten groß, während er im Vorland der Alpen auf kleine Beträge zurückgeht. Von besonderem Interesse sind aber die Restgebiete, die aus den Differenzen der erfaßten Gebiete gewonnen werden. Hier zeigt sich beim Vergleich der Gesamtfrachten, daß in die Gebiete teilweise mehr hineingetragen als hinausbefördert wird, daß also eine *Aufschüttung* stattgefunden hat. Zum Beispiel weist das Gebiet des Chiemsees, das aus der Differenz Alz am Seeausfluß weniger Tiroler Ache bei Staudach gewonnen wird, eine jährliche Akkumulation, d. h. in der Hauptsache Seeablagerung, von 476 t/km² auf. Aber auch andere Gebiete, bei denen die Seen kaum eine Rolle spielen, zeigen erhebliche Aufschüttungsbeträge; wieder andere, z. B. das Donaugebiet oberhalb Ulm nach Abzug der oberen Iller, lassen fast völliges Gleichgewicht zwischen Abtragung und Aufschüttung erkennen.

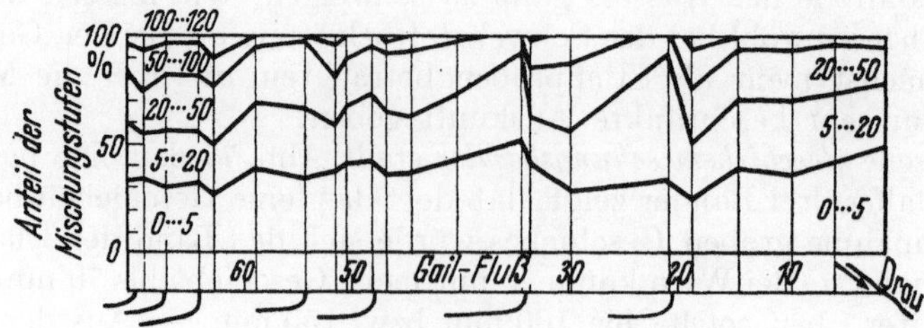

Abb. 78. Wechselnde Geschiebezusammensetzung beim Gail-Fluß. Nach SCHAFFERNAK.

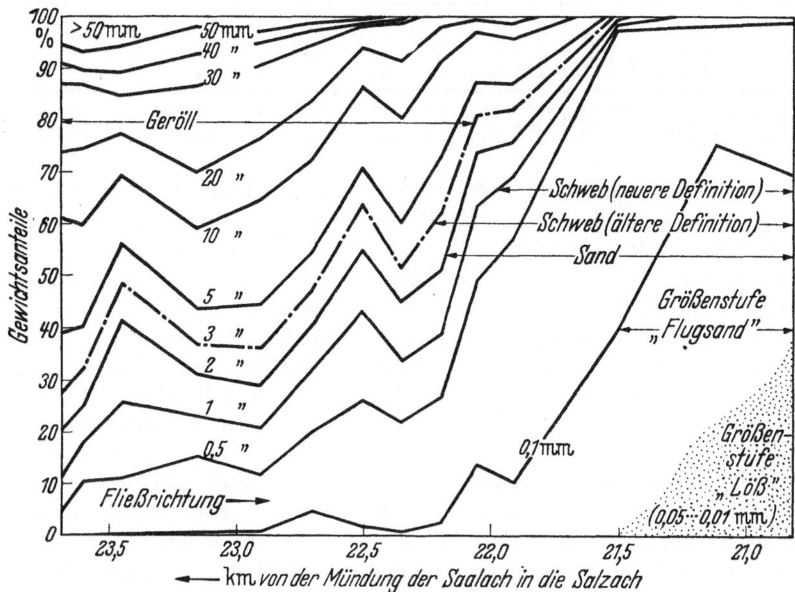

Abb. 79. Geschiebemischungsband (Gewichtsprozente der Siebstufen) in den Ablagerungen des Saalachstausees. In der Hauptsache nach OEXLE.

Nebenbei sei erwähnt, daß der jährliche Abtrag im *Main*gebiet (nach VAN RINSUM) zwischen 16 und 25 t/km² beträgt, also sich den niedrigsten Werten der Tabelle anreiht. — Die starke Erosion im Restgebiet Wasserburg-Neuötting ist in der Hauptsache auf technische Maßnahmen zurückzuführen (vgl. Abb. 8). — Selbstverständlich vollzieht sich die Erosion und die Akkumulation nicht gleichmäßig über das ganze Gebiet: die Hauptänderungen treten im Flußbett selbst und seiner unmittelbaren Umgebung ein, indem bei Hochwasser im allgemeinen erodiert, beim Rückgang des Wasserstandes aufgeschüttet wird; die flußfernen Niederungen erfahren nur minimale Abtragung durch Flächenerosion.

Allerdings sind *die hier verwendeten Werte*, obwohl in t/km² berechnet, *nur relativ* — aus verschiedenen Gründen. Neben dem *Schwebstoff* wäre auch das „*Gelöste*" und das „*Gerollte*" in Betracht zu ziehen, wofür hier im allgemeinen keine Messungen existieren. Die veröffentlichten *Schwebstoffmengen* selbst *stützen sich nur* auf die regelmäßig vorgenommenen *Wasserproben* vom Stromstrich *in der Nähe der Oberfläche*, die durch einzelne Vollmessungen (bis $^1/_2$ m über der Sohle) ergänzt werden. Da der Schweb mit der Tiefe erheblich zunimmt, müßte man, um zum tatsächlichen Gesamtwert zu gelangen, die Oberflächenproben mit einem stark wechselnden Faktor multiplizieren (s. S. 116), der auch nach theoretischen Untersuchungen (PRANDTL, S. 301) noch nicht feststeht.

Aber auf alle Fälle haben wir hier eine Grundlage für die *geographische Anordnung* von Erosion und Akkumulation; denn die Einbeziehung des Gerollten und des Gelösten würde die Unterschiede wohl steigern, aber keine grundsätzliche Änderung mit sich bringen.

Die *jährliche Verteilung der Schwebstoffbelastung* $P:Q$ ist eine weitere Quelle für die Erkenntnis des Wesens der Abtragung und Aufschüttung. Wir stellen zwei Gebiete zusammen (g/m³ im Durchschnitt des Monats bzw. Jahres; Jahrgänge 1929/1939):

	Nov.	Dez.	Januar	Februar	März	April	Mai	Juni	Juli	August	Sept.	Oktober	Jahr
Donau (Hofkirchen)	24	6	52	50	37	46	80	98	92	83	46	41	59
Saalach (Jettenberg)	62	17	65	19	46	144	245	170	374	444	138	234	205

Das Mehr an Schwebstoff bei der Saalach — fast das Vierfache der Donau — entfällt also ganz wesentlich auf das Konto der Sommermonate; im Winter ist es teilweise in eine Minderbelastung verkehrt. Dies kann nur eine Folge des Frostes sein; die Erosion wird durch ihn im Gebirge in Fesseln geschlagen, während sie im Flachland durch Tauwetter des öfteren wieder in Gang kommt. Auch das Verhältnis der sommerlichen Abtragung zur winterlichen gestaltet sich bei der Saalach extremer als bei der Donau, und diese Erscheinung würde sich wohl noch stärker zeigen, wenn die Donau (Hofkirchen) ein reiner Flachlandfluß wäre, wovon sie ja weit entfernt ist. Die Ursache der sommerlichen Erosionssteigerung ist eine Folge der frühsommerlichen Schneeschmelze, mehr noch aber der sommerlichen Überregnung der Alpen, der im Winter das Liegenbleiben des Schnees und ein Einfrieren der vorhandenen Wasservorräte gegenübersteht. Bemerkenswert ist bei den hohen Belastungen, daß sie vor allem im aufsteigenden Ast der Regen- und Schmelzperioden eintreten; offenbar dienen die zwischengeschalteten Trockenzeiten dazu, das Material für die Abschwemmung gewissermaßen vorzubereiten, so daß der erste Schwall besonders reich an transportierten Stoffen wird. Diese Erscheinung findet sich auch bei anderen Flüssen (außerhalb der Alpen) wieder.

Stellt man die Wasserführung der Einzelmonate (16 Stationen — 3 Beobachtungsjahre — 12 Monate = 576 Werte) mit den zugehörigen mittleren Belastungen in einem Koordinatensystem zusammen, so ergibt sich ein Punktschwarm, der das allgemeine Ansteigen der spezifischen Belastung mit der Wasserführung zum Ausdruck bringt, aber noch eine andere Eigentümlichkeit zeigt, nämlich die starke *Häufung* der Bezugspunkte *bei niedrigen Werten beider Koordinaten*. Die Monate mit relativ geringer Wasserführung und klarem Fluß sind also die Regel, hoher Wasserstand und starke Trübung mehr die Ausnahme, auch bei den Gebirgsflüssen. Man kann auch die Monatsbelastungen unter sich ordnen und findet, der vorigen Überlegung entsprechend, folgende Zusammenstellungen:

Verteilung der mittleren Monatsbelastungen.

Stufe (g/m³)	0—50	51—100	101—150	151—200	201—250	251—300	301—350	351—400	über 400
% der Fälle	41	21	10	8	7	5	2	2	4

Verteilung der größten Monatsbelastungen.

Stufe (kg/m³)	0—1	1—2	2—3	3—4	4—5	5—6	6—7	7—8	über 8
% der Fälle	37	22	15	9	5	3	1	2	6

Noch stärker tritt die Bevorzugung der unteren Stufen bei der *Abtragung* in Erscheinung, d.h. die Monate mit geringer Abtragung herrschen zahlenmäßig durchaus vor. Man erhält

Verteilung der mittleren Schwebstoffabtragung (Jahreswerte)

Stufe (t/km²)	0—10	10—20	20—30	30—40	40—50	50—60	60—70	70—80	über 80
% der Fälle	66	12	6	4	6	2	2	1	1

Diese letzte Zusammenstellung zeigt neben der allgemeinen Abnahme der Fälle gegen die höheren Stufen hin eine gewisse Streuung (Wiederzunahme der Fälle in der Stufe 40 bis 50).

Natürlich ändert sich das Bild etwas, wenn wir berechnen, wieviel die einzelnen Stufen zur Gesamtabtragung beisteuern. Nehmen wir die mittlere Abtragung in der untersten Stufe zu 5, in den folgenden zu 15, 25 usw. an, so erhalten wir als

Beisteuer der einzelnen Stufen zur Gesamtabtragung in %

Stufe (t/km²)	0—10	10—20	20—30	30—40	40—50	50—60	60—70	70—80	über 80
% der Fälle	23	12	10	10	18	8	9	5	5

Die hohen Stufen sind also in ihrer Bedeutung für den Gesamtabtrag wohl gestiegen, aber trotzdem liegt der Schwerpunkt noch auf den unteren Stufen. Nur für Einzelerscheinungen, z. B. den Niedergang von *Muren* (Schlammfluten im Gebirge) müssen wir schließen, daß ein einziger Wolkenbruch mehr Material zu Tal fördert als lange Monate niedriger Wasserführung. Wir sind zwar bei der letzten Betrachtung vom Schwebstoff auf das Geröll übergegangen, aber im Grundsatz kann dieses das Verhalten des Schwebstoffes nur verstärkt wiederholen. Allerdings darf man in der Untersuchung der Einzelerscheinungen nicht bei den Monaten stehenbleiben, sondern müßte kurze Zeiträume ins Auge fassen, wozu vorläufig die statistischen Unterlagen fehlen. Einige Schlüsse kann man jedoch, wenn wir jetzt vom Abtrag zur Belastung und zum Beispiel der Saalach zurückkehren, aus dem Verhältnis der *mittleren* Schwebstoff*belastung* zur *maximalen* ziehen, die in den Beobachtungen erfaßt sind. Die *minimale* Belastung ist zwar in der Statistik nicht angegeben, wohl aber erscheint der Februar mit etwa 19 g/m³ als der Monat der kleinsten Belastung, und dieser Betrag kann nicht viel über dem Minimalwert liegen. Aus diesem Gedankengang ergibt sich für die Extreme der Schwebstoffbelastung der Saalach im Verhältnis zur mittleren Belastung des Jahres (für 1929/41, also Zeitraum etwas verändert)

$$\text{Maximum} : \text{Mittelwert} : \text{Minimum} = 15555 : 221 : 19.$$

Die Höchstbelastung — immer mit Beschränkung auf die erfaßten Wasserproben — ist also roh genommen das 800fache der Mindestbelastung und das 70fache der mittleren Belastung. Nach der Gesamtheit der Schwebstoffmengen liegt die Sache aber so, daß der Haupteffekt der Abtragung eben doch den niedrigeren Belastungsstufen zuzuschreiben ist und daß sich die ruckweise Abtragung auf kurze Zeiten und örtliche Vorkommen beschränkt. Allerdings würde die Einbeziehung des Gerölls, d. h. die gemeinsame Betrachtung von Geröll und Schweb als „Schwerstoff", das Gewicht in der Richtung auf die groben Bestandteile verschieben; in welchem Maße, kann bis auf weiteres nicht beantwortet werden.

Das Gebiet der oberen Donau gibt endlich Fingerzeige für die Verteilung des *Schwebstoffabtrags P:F auf die Monate*, die von allgemeinem Interesse sind. Zu diesem Zweck sind die Ergebnisse für direkt beobachtete und einige Restgebiete zusammengestellt:

Schwebstoffabtrag P:F (t/km²) im Monat und im Jahr (+ = Aufschüttung).

	Nov.	Dez.	Januar	Februar	März	April	Mai	Juni	Juli	August	Sept.	Oktober	Jahr
Saalach (Jettenberg) . .	−4	−1	−3	−1	−3	−20	−48	−25	−44	−62	−12	−21	−244
Salzach (ohne Saalach) .	−3	0	−3	−2	−5	−12	−32	−39	−60	−80	−28	−10	−274
Restgebiet um Donauwörth	0	0	−4	−4	−2	− 2	− 9	− 8	−15	− 5	− 5	− 3	− 57
Restgebiet um Regensburg	−1	0	0	−1	−1	0	+ 4	+ 2	+ 8	+ 4	+ 2	0	+ 17
Restgebiet um Passau . .	−4	−4	−1	−4	0	− 2	+12	− 3	+23	+ 7	+ 2	+ 1	+ 27

Bei der Differenzbildung mußte hier angenommen werden, daß die einzelnen Monate einander bezüglich der Schwebstofführung entsprechen, was infolge der Abflußverzögerung nur in beschränktem Umfang zutrifft. Wir können daher nur allgemeine Schlüsse auf das Verhalten der *Jahreszeiten* ziehen. Aber in dieser Beziehung spricht die Zusammenstellung eindeutig: Die Eigenschaft der *Restgebiete als Gebiete der Akkumulation*, die wir schon in den Jahreswerten feststellen, kommt nun klar als *Eigenschaft des Sommers* zum Vorschein, während im Winter dort wie in anderen Gebieten leichte Erosion stattfindet. Im Saalach- und Salzachgebiet zeigt sich, daß auch die Abtragung (wie die Belastung) ganz überwiegend in den Sommermonaten vor sich geht, während der Winter wie überall eine Zeit der Ruhe darstellt. — Die Rollen der *Erosion und Akkumulation muß man sich örtlich wechselnd* vorstellen. Ob erodiert oder akkumuliert wird, hängt in erster Linie von der Wasserführung ab; deshalb tritt auch der Juli als der stärkste Vertreter bei *beiden* Vorgängen, nur eben in verschiedenen Reihen auf. Wiederholt sei hier betont, daß sich die Abtragungs- und Aufschüttungsvorgänge ganz vorwiegend in den Flußbetten und ihrer unmittelbaren Nähe vollziehen; eine Ausnahme zeigt sich nur bei den entblößten Hängen des Hochgebirges. Soweit der Boden von Wald oder Wiesen bedeckt ist, was im humiden Klima die Regel darstellt, findet nur eine unbedeutende Flächenerosion statt; die lineare (in die Tiefe gehende) Erosion beschränkt sich auf die Umgebung der Wasserläufe, im Gegensatz zu den Trocken- und polaren Klimaten, wo sich die Abtragung mehr auf die ganze Fläche verteilt.

Weiteres über die Geschiebeführung und verwandte Fragen sowie deren Messung findet sich S. 187.

E. Grundwasser, Quellen und Boden.

I. Grundwasser und Quellen.

1. Entstehung des Grundwassers.

Die Bildung des unterirdischen Wassers wurde schon beim Wasserkreislauf (s. Seite 3) kurz gestreift. Auf eine genauere Definition von „Grundwasser" wird mit Absicht *hier* verzichtet; sie wird sich aus dem Bedürfnis der Abgrenzung gegen Nebenerscheinungen ergeben. Als „*Quelle*" bezeichnen wir eine Austrittstelle des Grundwassers („*Brunnen*" s. Tab. 8a). Damit ist schon das Wesentliche über die Entstehung des Grundwassers angedeutet: es bildet sich aus dem Niederschlag, zum kleineren Teil durch Einsickerung von Flüssen, also mittelbar ebenfalls aus dem Niederschlag. Diese Auffassung gründet sich vor allem auf den unmittelbaren Vergleich der Ganglinien des Niederschlags und des Grundwassers; KOEHNE hat dafür eine Reihe von Beispielen gegeben. Trägt man nämlich die Grundwasserstände G als Abszissen, die Niederschläge N als zugehörige Ordinaten auf, so zeigt sich der — an und für sich sehr wahrscheinliche — Zusammenhang, daß G mit N wächst. Allerdings ist die Zunahme nicht regelmäßig: hohe Niederschläge bewirken im Winter starke, im Sommer nur schwache Anstiege des Grundwassers; aber dies ist ohne weiteres dadurch zu erklären, daß die Verdunstung im Sommer viel stärker an den Niederschlägen zehrt als im Winter. Ferner zeigt sich im Anstieg des Grundwassers G eine erhebliche Verspätung gegenüber dem Niederschlag N, so daß die *Korrelation* (mathematisch definierter Zusammenhang zwischen Wertegruppen, s. S. 196) zwischen G und N besser wird, wenn man z. B. die Grundwasserhöhen eines Monats zu den Regenhöhen des *vorausgehenden* Monats in Beziehung setzt.

Quantitativ kommen bei den Niederschlägen hier nur Regen und schmelzende Schneelagen in Betracht. Tau und Reif sind zwar für den Aufbau der Pflanzen von Bedeutung; Rauhreif bringt in Gebirgsgegenden und über Schneeflächen eine leichte örtliche Steigerung des Niederschlags; aber zur Speisung des Grundwassers und der Gewässer wird, auf große Flächen berechnet, hierdurch nur wenig beigetragen. Alles in allem bedarf es kaum einer besonderen Begründung, daß der Gang des Grundwassers sich in letzter Linie aus dem Niederschlag herleitet. Trotzdem ist es notwendig, dies hervorzuheben, weil die *Grundwassertheorie von* Volger die Entstehung des Grundwassers in der Hauptsache aus *unterirdischen Kondensationen* begründen wollte. In der Tat gibt es Grundwasserschwankungen, die keinen ersichtlichen Zusammenhang mit den Niederschlägen zeigen. Erhöhter Luftdruck kann Wasser verdrängen, Eindringen warmer Luftmassen in den Boden Verdunstung herbeiführen, während Sinken des Luftdrucks Wasser aus dem Boden ansaugt und kühle Luftmassen dort Kondensationen hervorrufen. Das Gestein zeigt bei der Bloßlegung meist eine gewisse „Bergfeuchte", die mindestens teilweise auf solche Vorgänge zurückgeführt werden kann. Für den Betrag der Bergfeuchte existieren zahlenmäßige Zusammenstellungen [Keilhack, S. 84]; aber sie kann 1% beim Volumen kaum überschreiten, beim Gewicht noch viel weniger. Vor allem aber ist die Bergfeuchte *kapillar gebunden* und bildet nur eine schwache Grundsubstanz, die sich wenig ändert und in den Kreislauf so gut wie gar nicht eintritt. Endlich ist, wenn man das Grundwasser aus Kondensationen entstehen lassen will, zu bedenken, daß Änderungen des Luftdrucks und der Temperatur ungefähr ebensoviel Wasser aus dem Berg herausführen als sie in ihn hineinbringen.

Der einzige Fall, wo unterirdische Kondensation in größerem Maßstab eintritt, dürfte in den *Eishöhlen* vorliegen. Ihnen allen ist gemeinsam, daß sie eine Öffnung nach oben hin haben, durch die kalte Winter- und Bergluft eindringen kann. Diese sammelt sich vermöge ihrer Schwere in den tief liegenden Höhlungen und weist dort große Stabilität auf, weil ihr die Sonnenwärme ja gar nicht beikommen kann. Auf diese Art werden die Winterverhältnisse auch in die warme Jahreszeit übertragen, und die etwas wärmere und dadurch wasserdampfreichere Luft der Sommermonate, durch kleinere Kanäle zugeführt, kann an Eiskörpern dauernd neue Feuchtigkeit ausschwitzen. Außerhalb des Berges liegt der Fall anders: wohl fängt auch hier im Winter die kalte Luft an, in den den Tälern zu stagnieren, aber es kommen immer wieder Wetterlagen, wo damit aufgeräumt wird, und im Sommer wird ein Absitzen kalter Luft durch die Gegenwirkung der Sonnenstrahlung völlig unterbunden.

Kurzfristige Änderungen im Grundwasserspiegel können auch durch *Druckschwankungen* veranlaßt werden, die von benachbarten Flüssen ausgehen. Plötzliche Anschwellungen im Vorfluter setzen sich durch Druckübertragung in ein Steigen des Grundwassers um, ohne daß ein erheblicher Mengentransport dorthin stattfindet (vgl. Abb. 161 und die Seiches bei den Seen, s. S. 107). Als mittlere Geschwindigkeit einer Grundwasserdruckwelle nimmt man (nach Bendel) 500 m in der Minute an. — Bei den Thermen vermutet man, daß dort *juveniles*, d. h. im Erdinnern neu gebildetes Wasser austritt. Aber das Fehlen solcher Quellen im ariden Gebiet weist darauf hin, daß auch das Wasser der Thermen zum größten Teil dem allgemein zirkulierenden (*vadosen*) Wasser angehört und seine hohe Temperatur eben dem tiefen Eindringen von Oberflächenwasser in Spalten und Klüfte verdankt. Jedenfalls können diese Beträge keinen nennenswerten Einfluß auf die *Menge* der Grundwasservorräte ausüben.

2. Durchlässigkeit. Arten der Quellen.

Beobachtet man die geographische Verteilung der Quellen, so findet man, daß sie mit Vorliebe in *Quellenbändern* oder *Quellenlinien* (früher als „Quellhorizonte" bezeichnet) auftreten: das Wasser sammelt sich oberhalb einer *undurchlässigen* Schicht und tritt, der Schichtenneigung entsprechend, seitwärts aus (Abb. 80). Näheres s. Abschnitt 3.

Das Quellenband ist ungefähr senkrecht zur Ebene des Blattes an der Stelle zu denken, wo der Quellaustritt durch einen kleinen Kreis bezeichnet ist. Die Oberfläche des Grundwassers steigt vom Quellenband aus mit leichter Wölbung konvex nach oben an. Diese Art von Quelle, die sog. *Schichtquelle*, ist die am stärksten verbreitete und stellt z. B. im Stufenland (Schwaben, Franken, Lothringen) die Normalerscheinung dar.

Ist die undurchlässige Schicht eingemuldet, dann sammelt sich das Grundwasser in der Mulde wie in einem Becken so lange an, bis es seitlich überfließt (Abb. 81 — *Überfallquelle*). Die Verhältnisse entsprechen schematisch dem, was am hohen Meißner (Niederhessen) angetroffen wird; die durchlässige Schicht wird hier von losem Basalt, die darunterlagernden Schichten hauptsächlich von Ton und Sandstein gebildet.

Häufig sind auch die Schichten gegeneinander verworfen; das Wasser sammelt sich dann in der durchlässigen Schicht an und tritt als *Stauquelle* an der Verwerfung aus (Abb. 82). Die Darstellung folgt schematisch (nach KEILHACK, S. 299) einem Fall in den Nordvogesen, wo durchlässiger Hauptbuntsandstein auf verworfenem Rötelschiefer lagert.

Dem hier dargestellten Fall einer Stauquelle reiht sich der *artesische Brunnen* an (Name von der Landschaft Artois in Frankreich). Dort ist eine durchlässige Schicht, aus Grünsand gebildet, zwischen zwei undurchlässigen eingeschlossen, von denen die liegende (untere) den tieferen Kreideschichten, die obenaufliegende (hangende) den Schichten der Oberkreide angehört (Abb. 83). In dem Fall des Pariser Beckens, der hier schematisch dargestellt ist, kommt das Wasser aus mehreren hundert m Tiefe und steht unter einem gewissen Überdruck, der durch die Höhe der Einsickerungsstellen des Wassers über der Austrittstelle bestimmt wird. Da das Wasser unter natürlichen Verhältnissen gar nicht zum Vorschein kommt, sondern erst erbohrt werden muß, wird

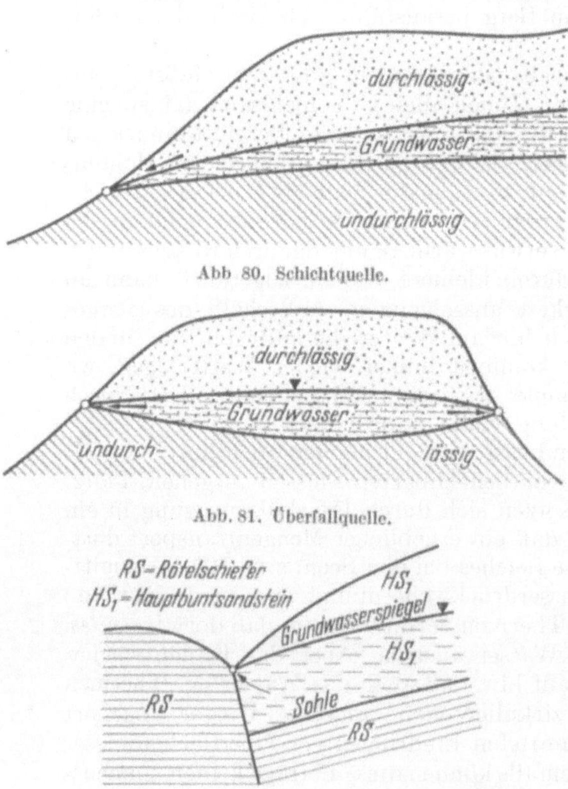

Abb. 80. Schichtquelle.

Abb. 81. Überfallquelle.

Abb. 82. Stauquelle an einer Verwerfung. Nach KEILHACK.

hier statt „Quelle" der Ausdruck „Brunnen" gebraucht. — Diese Art der Wassergewinnung findet sich an vielen Stellen der Erde.

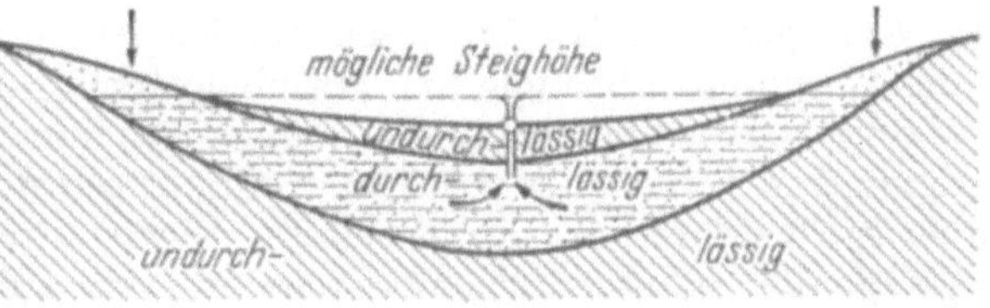

Abb. 83. Artesischer Brunnen.

Die folgende Abb. 84 soll die stockwerkartige Anordnung von Grundwasser zeigen; auch hier sind mindestens zwei undurchlässige Schichten zur Entstehung nötig. Fälle dieser Art finden sich z. B. im Muschelkalk. Als Maß für die *Ergiebigkeit* solcher Quellen wird vielfach die *Dicke* der wasserführenden Schicht angenommen (Abb. 84 unten); doch ist darauf hinzuweisen, daß außerdem die von der auskeilenden Schicht eingenommene *Fläche* in Betracht kommt, da ja der weiter oben liegende Grundwasserleiter (Definition s. Abschn. 3) einen Teil des Wassers wegnimmt. Die *Dicke* der Schicht spielt mehr für ihre *Speicherfähigkeit* eine Rolle.

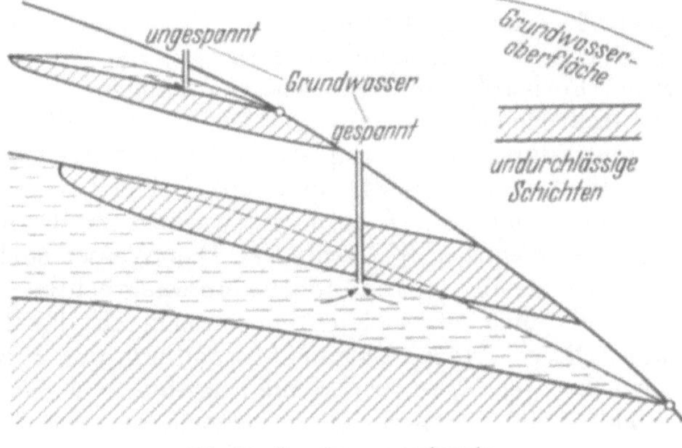

Abb. 84. Grundwasserstockwerke.

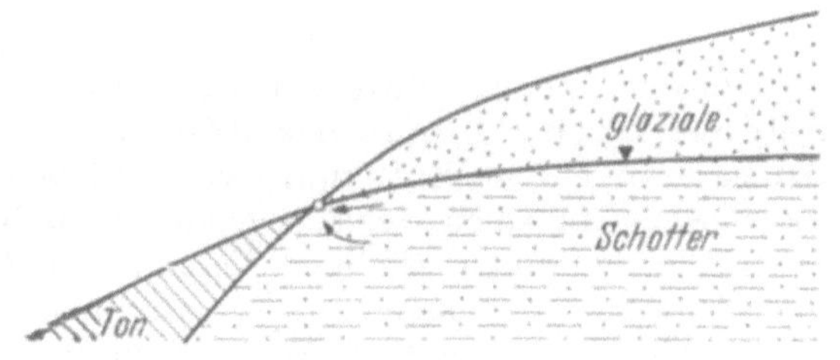

Abb. 85. Überfallquelle (Stauquelle) bei steilstehender undurchlässiger Schicht.

Eine eigentümliche Form von Quellen, die sowohl als Überfallquelle wie als Stauquelle angesprochen werden kann, wird in der Nordschweiz beobachtet (Abb. 85, nach Keilhack, S. 294, und nach J. Hug). Eine steil stehende Tonschicht lagert sich hier an durchlässige glaziale Schotter an und zwingt das Grundwasser an ihrer Obergrenze zum Überlaufen (sog. Grundwasseraufstoß).

Die Zusammensetzung der durchlässigen und der undurchlässigen Schichten. Bei den angeführten Beispielen wurde im allgemeinen vermieden, auf die geologische Stellung der Schichten innerhalb der Formationen näher einzugehen. Der Grund liegt darin, daß es kaum möglich ist, bestimmte geologische Horizonte als „durchlässig" oder „undurchlässig" zu bezeichnen; eine scharfe Trennung ist nicht durchführbar, selbst wenn wir eine Zwischenstufe in Form von „mitteldurchlässig" einführen. Man kann nur ganz allgemein sagen: Undurchlässigkeit finden wir vorwiegend in den massigen kristallinen und Eruptivgesteinen, also z. B. im dichten Granit und Gneis. Auch kristalline Schiefer, Tone, Mergel, gewisse Sandsteine und Konglomerate sowie tonige Sande gehören zu dieser Gruppe. Am anderen Ende der Durchlässigkeitsreihe stehen die Kalke und die losen Sande. Aber die Durchlässigkeit ist nicht eine Eigenschaft der einzelnen Kalkstücke, sondern sie kommt nur dem Gestein als Ganzem vermöge seiner *Klüftigkeit* zu. Bei den losen Sanden ist die Durchlässigkeit wesentlich von der Korngröße abhängig und vermindert sich schrittweise mit der Feinheit des Materials. — Auch beim Ton, einem bekannten Wasserstauer, muß Mißverständnissen vorgebeugt werden: er nimmt selbst sehr viel Wasser auf, leitet es aber nicht weiter. — Eine weitere Schwierigkeit kommt dadurch herein, daß gerade die undurchlässigen Gesteine in großen Brocken verwittern, die sich als Schutt in den Talsohlen ansammeln. Der Grund der Alpentäler ist damit ausgefüllt, und diese Füllung ist — im Gegensatz zum Ausgangsmaterial — sehr durchlässig, zumal wenn die Oberfläche nicht zu feinerer Bodenkrume aufgearbeitet ist. So kommt es im Hochgebirge vor, daß das Wasser an den Bergwänden abrinnt, ohne einzudringen, und daß es sich in den Trümmern der gleichen Formation im Tale wieder sammelt.

Es stellt sich auch heraus, daß für das Aufhalten von Wasser keine absolute Undurchlässigkeit notwendig ist, sondern nur eine gewisse Minderung der Durchlässigkeit. Koehne (S. 34) gibt ein Beispiel von Grundwasser, das an der Sohle von diluvialem *Kies* über Tertiär*sande* dahinfloß. Hier zeigt sich das *Prinzip des kleinsten Widerstandes*: Das Wasser sucht seinen Weg dort, wo er geringer ist als an anderen Stellen; ein waagrechtes Abfließen im diluvialen Kies geht immer noch etwas leichter vor sich als das Durchsickern des tertiären Sandes. Dieses Prinzip ist eine Abwandlung des *Prinzips des kleinsten Zwangs*, das wir bei den Mäandern kennen lernten (s. S. 95, 97): Der Fluß sucht nach Möglichkeit die Tiefenerosion zu vermeiden, obwohl es ihm dazu nicht an Kraft fehlen würde. Er geht den widerstandsfähigen Schichten im Untergrund gar nicht zuleibe, sondern versucht sich statt dessen in der Seitenerosion, weil sie ihm geringeren Widerstand bietet. — Doch ist das Seitwärtsabfließen nicht *immer* der bequemste Weg für das Wasser. Koehne (S. 104) begründet für den Schlachtensee bei Berlin, daß das Absinken seines Spiegels nicht ein Wegströmen zu der in einiger Entfernung vorbeifließenden Havel bedeutet, sondern eine Absickerung in einen tiefer liegenden Grundwasserstrom. Auch die obere Donau gibt — von den größeren Versinkungen abgesehen — oberhalb und unterhalb Tuttlingen Wasser zunächst an einen 13 m tiefer liegenden Grundwasserleiter ab. *Wo* der geringste Widerstand und daher die Strömungsrichtung liegt, ist also individuell zu beurteilen.

Endlich muß zur Frage der Durchlässigkeit hervorgehoben werden, daß die *oberste Bodenschicht und die Vegetation* (oft *mehr* als das darunterliegende *Muttergestein*) über „durchlässig“ und „undurchlässig“ *mit*entscheiden. Wie in der späteren Abb. 101 dargestellt, ist der Rasen nur wenig, der Waldboden viel stärker durchlässig; bei Wiesen und Weiden ist der Oberflächenabfluß zeitweise zu rasch und stark, muß also bei Trockenheit durch Wässerung ersetzt werden, während sich im gelockerten Waldboden in geringer Tiefe kleine Grundwasserströme bilden können. Diese Vorgänge, vielfach vom Menschen gelenkt, haben mit dem Verhalten der geologischen Schichten nur wenig zu tun; eine Beispiel hierfür gegen die Muschelkalkebenen Württembergs, die in der Tiefe verkarstet, aber an der Oberfläche nur wenig durchlässig sind. Eine bodenkundliche Kartierung nach Durchlässigkeit und Undurchlässigkeit hätte also neben der horizontalen Verteilung auch die sehr komplizierte vertikale zu berücksichtigen.

3. Grundwasserleiter.

Grundwasserleiter wird nach den neuesten Vorschlägen (Tab. 8a) definiert als der Teil einer geologischen Bildung, die Grundwasser enthält und geeignet ist, es weiterzuleiten. „Grundwasserträger“ ist als Bezeichnung zu vermeiden, ebenso „Grundwasserhorizont", da er vermöge seiner Neigung eben *keinen* Horizont darstellt. Daß mehrere Grundwasserleiter (Grundwasserstockwerke) übereinander vorkommen können, wurde schon erwähnt; liegen undurchlässige Schichten wie Linsen zwischen durchlässigen eingebettet (Abb. 84), dann nennt man das auf der Linse sich sammelnde Wasser auch „schwebendes Grundwasser"; ein hier niedergebrachter Brunnen kann also mehrere wasserleitende Schichten durchteufen und trifft teilweise auf *gespanntes* Wasser.

Die Geschwindigkeit des Grundwassers bildet sich auf Grund des einfachen *Gesetzes von* DARCY $v = k \cdot J$, nach dem die Geschwindigkeit v dem Gefälle J proportional ist. Bei den Oberflächengewässern ist dagegen v im allgemeinen der Quadratwurzel aus dem Gefälle J verhältnisgleich! — Über die Art der Strömung im Grundwasser ist im allgemeinen zu sagen, daß sie eine „laminare" oder Bandströmung mit parallelen Stromfäden darstellt, während die Bewegung in Bächen und Flüssen „turbulent", d.h. als Flechtströmung in Wirbelbewegungen vor sich geht (vgl. S. 49). Unter Geschwindigkeit beim DARCYschen Gesetz versteht man in der Regel die „Filtergeschwindigkeit", d.h. die gemittelte Fortbewegung des Querschnitts unter Einrechnung der festen in ihm liegenden Bestandteile, nicht die Geschwindigkeit der Wasserteilchen selbst, die sich *zwischen* den Körnern des Bodens hindurchzwängen. Ist also der Porengehalt des Gesteins 20%, so ist die Filtergeschwindigkeit nur $^1/_5$ der Wassergeschwindigkeit. Nach Neuvorschlägen (Tab. 8a) wäre an Stelle von Filtergeschwindigkeit „Durchgangsgeschwindigkeit eines Grundwasserkörpers" zu setzen. — Für die Grundwasseroberfläche aus einer Anzahl benachbarter Bohrungen ergibt sich eine gewölbte Fläche. Man hat auch versucht, die senkrechten Schnitte für gewisse Fälle als Ellipse aufzufassen und durch eine Gleichung darzustellen. Man nimmt die halbe Entfernung zwischen zwei Gräben, in denen das Wasser gleich hoch steht, als große Halbachse a der Ellipse und findet für die kleine Halbachse b, die zum höchsten Punkt der Wölbung führt, die Formel $b = a\sqrt{\frac{10^{-9} \cdot q}{v}}$. Darin bedeutet v die Filtergeschwindigkeit m/s und q die unterirdische Abflußspende (l/s km²); a und b sind in m gemessen — vgl. hierzu KOEHNE (S. 36). Da die Ellipse in der Nähe der Gräben fast senkrecht nach oben verlaufen müßte — im Widerspruch mit der Erfahrung —, kann es sich bei dieser Berechnung nur um grobe Annäherungen handeln.

Aus naheliegenden Gründen ist die Filtergeschwindigkeit im Kies verhältnismäßig groß, wenn sie auch lange nicht die Strömungsgeschwindigkeit eines Flusses erreicht; im Ton mit seinen feinen Bestandteilen ist sie sehr klein; dazwischen gibt es allerlei Übergänge. Neben der im allgemeinen vorherrschenden Horizontalbewegung kann eine *abwärts* gerichtete *Sickerbewegung* einhergehen, aber auch (je nach dem Verhältnis der Kräfte) ein *aufwärts* gerichtetes Streben der Wasserteilchen in den Kapillaren des Bodens. Im Tonboden ist diese Aufwärtsbewegung so stark, daß sogar Wasser aus benachbarten Schichten gröberer Konsistenz abgesaugt wird und eine ungleichförmige, von der Korngröße abhängige Grundwasseroberfläche entsteht (vgl. S. 137).

Auf die lokale und regionale Bindung der Grundwasserleiter an die geologischen Schichten wird hier nicht eingegangen; vgl. dazu für die Bundesrepublik GRAHMANN in „Gedenkschrift" (Bem. 1b, S. 310) und HASEMANN. Eine allgemeine Übersicht geben DENNER und KOEHNE in den Berichten zur Hydrologischen Konferenz in Washington 1939. Zudem ändern sich die Eigenschaften einer geologischen Schicht, die sog. Fazies, schon auf verhältnismäßig kurze Entfernungen auch hinsichtlich der Durchlässigkeit.

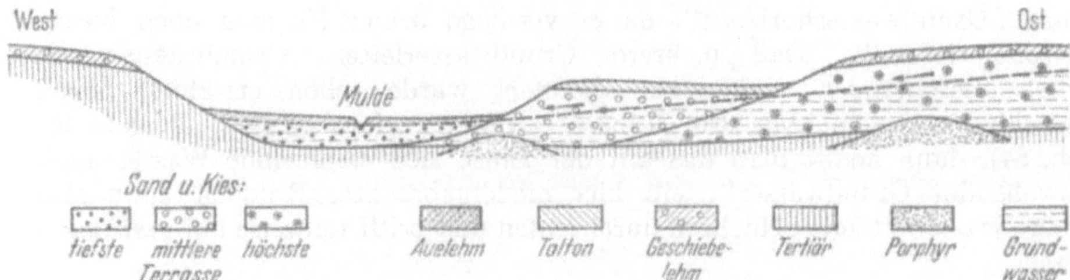

Abb. 86. Grundwasserstrom in einem Seitental der Mulde. Nach KEILHACK.

Abb. 86 (aus KEILHACK, S. 117) soll — ohne Schematisierung — zeigen, wie sich die Verhältnisse in der Natur rasch komplizieren. Das wiederholte Vorstoßen des skandinavischen Eises brachte dem Muldetal *verschiedene* Aufschotterungen, in die sich der Fluß während der Interglazialzeiten wieder eintiefte. Aber der Grundwasserstrom, der das von Süden nach Norden ziehende Hauptal von Osten her erreicht, zieht sich im allgemeinen quer durch die Ablagerungen hindurch, bis er auf den Spiegel der Mulde im tiefsten Punkte des Tales trifft.

4. Die Karsthydrographie

zeigt in ihren Formen sehr charakteristische Züge (der Name hat sich von der so benannten Landschaft im Norden des Adriatischen Meeres auf ähnliche Landschaften übertragen). An Stelle von Gesteinen, die das Wasser *allmählich* einsickern und auch wieder ausrinnen lassen, treten im Kalkgebirge *Klüfte* und *Spalten,* in denen das Wasser mehr oder weniger *geschlossen* versinkt; über etwas dichteren Schichten im Untergrunde sammelt sich dann das Wasser und wäscht langgestreckte Höhlen aus, deren Inhalt schließlich in großen Quellen zutage tritt. Neben den mechanischen Kräften sind bei der Ausbildung der Höhlengerinne auch chemische Kräfte stark beteiligt. An der Oberfläche entstehen durch die Auswaschung *Erdfälle* oder *Dolinen* (größere heißen Poljen); das sind muldenartige Vertiefungen (Senken), die das Wasser durch steilstehende Klüfte (*Ponore*) und Schlucklöcher in die Tiefe leiten. Die bekannten Höhlen des Juragebirges waren ursprünglich unterirdische Wasserläufe, die erst durch Hebung oder Schiefstellung des Gebirges trockengelegt wurden, wobei sich die Wasserläufe in tiefer liegende Höhlen verlegten; manche von ihnen, z. B. die Wimsener Höhle bei Zwiefalten, sind heute noch Quellhöhlen. Die Bewegung des Wassers im Inneren des Gebirges kann noch zum Grundwasser gerechnet werden, obwohl die Fortbewegung schon Anklänge an die Bewegung der Oberflächengewässer zeigt. Die Übergangsstellung zeigt sich darin, daß die Höhlenflüsse im Gegensatz zum Grundwasser den gebotenen Raum nicht immer ganz ausfüllen und daß auch die Geschwindigkeit Mittelwerte zwischen der des Grundwassers und der Flüsse aufweist. — In den Klüften des Gebirges verschwindet nicht bloß Niederschlagswasser, auch schon gebildete Flüsse versinken dort an „*Flußschwinden*“ oder „*Schwalglöchern*“, und tauchen an anderer Stelle in „*Flußkimmen*“ wieder auf (Beispiele: Donau — Hegauer Aach, Reka — Timavo bei Triest). Für die Schüttung der Karstquellen führe ich einige Beispiele an (Mittelwerte, die Extreme in Klammern beigefügt): Hegauer Aach 9,5 m³/s (1,3 bis 24,8), größte Quelle Deutschlands; Partnachquellen mit etwa 4 m³/s; Rhumequelle (südlich vom Harz, von der Oker und Sieber genährt) 2,7 m³/s (1,6 bis 4,8); Paderquellen, Blautopf, Brenztopf, Egauquelle und einige andere Quellen des Schwäbischen und Fränkischen Jura mit Schüttungen von 0,5 bis 2 m³/s (als

Größenordnung). Noch stärkere Quellen finden sich in den Karstgebieten Frankreichs: die Vauclusequelle 18 bis 20 m^3/s (4,5 bis 150), die Lévêquequelle im Verdongebiet mit 6 m^3/s und eine Reihe von Quellen in den Causses (Zentralfrankreich) mit 1 m^3/s und darüber. Als stärkste Quelle der Erde galt neben der Vaucluse bis vor kurzem die Silberquelle in Florida mit 15 m^3/s. Aber sie werden nach neueren Messungen durch andere Quellen übertrumpft. Die stärkste Quelle, für die genauere Messungen vorliegen, ist die Quelle der Stella in Oberitalien mit 37,3 m^3/s (24,3 bis 65,8); sie ist keine Karstquelle im engeren Sinn, entspringt aus diluvialen Schottern und wird vom Tagliamento unterirdisch genährt. Die Peschieraquelle (Mittelitalien) und die Timavoquelle (bei Triest) zeigen Schüttungen, die etwas unter der Vaucluse liegen; ferner gibt es im Karst nordöstlich der Adria noch zahlreiche andere Quellen, die sich in der Nähe dieses Bereiches bewegen, aber in ihrer Schüttung nicht genau bekannt sind. Einzelne von ihnen, so bei Kap-St. Martin, treten direkt ins Meer aus und bilden dort eine örtliche Süßwasserschicht, aus der die Schiffe tanken können; bei Hochwasser zeigt sich deutliches Aufquellen und schmutzige Färbung an der Meeresoberfläche. Ähnliche Erscheinungen finden sich in Amerika in der Nähe der Halbinseln Yucatan und Florida. Die Quelle des Khabur (Nebenfluß des Euphrat im Irak vom Norden her) soll ebenfalls etwa 40 m^3/s schütten; es ist damit zu rechnen, daß bei genauerer Durchforschung der Erde noch da oder dort stärkere Quellen gefunden werden. — Zum Vergleich sei gesagt, daß Quellen, die normalerweise zur Versorgung von Ortschaften herangezogen werden, nur eine Schüttung von (höchstens) einigen Zehnerlitern aufweisen; ein solcher Quellertrag gilt schon als reichlich, bleibt aber hinter den großen Karstquellen um zwei Zehnerpotenzen zurück! Der Maßstab verschiebt sich also sehr stark, wenn man das eine Mal die Wasserführung der Flüsse, das andere Mal die Trinkwasserversorgung zum Vergleich heranzieht (vgl. S. 37). Eine Brücke zwischen den Auffassungen entsteht dann, wenn wir die Wasserversorgung von Großstädten betrachten. München hat durch Sammlung einer größeren Zahl von Quellen im Mangfallgebiet eine sekundliche Wassermenge von etwa 3 m^3 gefaßt. Die württembergische Landeswasserversorgung fördert bei Langenau aus Grundwasservorkommen bis zu 1000 l/s. Damit kommen wir auf einen wesentlichen Punkt: es handelt sich weniger darum, *eine* große Quelle auszunutzen, als ein *Gebiet* zu finden, das durchschnittlich viel Wasser hergibt oder eine hohe Abflußspende (l/s · km^2) besitzt; der Ertrag muß bequem *zusammengeleitet* werden können. Wichtig ist auch, daß die gefaßten Quellen keine zu großen Schwankungen aufweisen. Für die Rhumequelle ist das Verhältnis des niedrigsten Niedrigwassers (NNQ) zum höchsten Hochwasser (HHQ) nur 1:3, bei der Vauclusequelle steigt dieses Verhältnis auf 1:33. Aber auch dieser Betrag ist noch klein gegenüber den Schwankungen der Oberflächengewässer: so hat der Neckar bei Horb (Einzugsgebiet 1103 km^2) das Verhältnis 1:150, was noch als durchaus normal zu betrachten ist; aber bei der Jagst (Schweighausen) mit einem fast undurchlässigen Einzugsgebiet von 268 km^2 steigt dieses Verhältnis auf 1:1300! Vgl. S. 230.

Im allgemeinen wirken Durchlässigkeit und Karsteigenschaft *dämpfend* auf die Extreme des Abflusses ein. Besonders günstig erscheint dieser Einfluß bei einigen italienischen Flüssen. So verhält sich bei der Nera (Nebenfluß des Tiber) die mittlere Wasserführung im wasserärmsten *Monat* zu der im wasserreichsten wie 1:1,44, während beim Neckar (Horb) dieses Verhältnis auf 1:2,4 und bei der Jagst (Schweighausen) auf 1:3,4 steigt. Daß diese Zahlen im ganzen so viel niedriger sind als die früher genannten, kommt daher, daß ganze Kalendermonate zusammengefaßt werden (vorher waren es nur Einzelwerte). Aber die

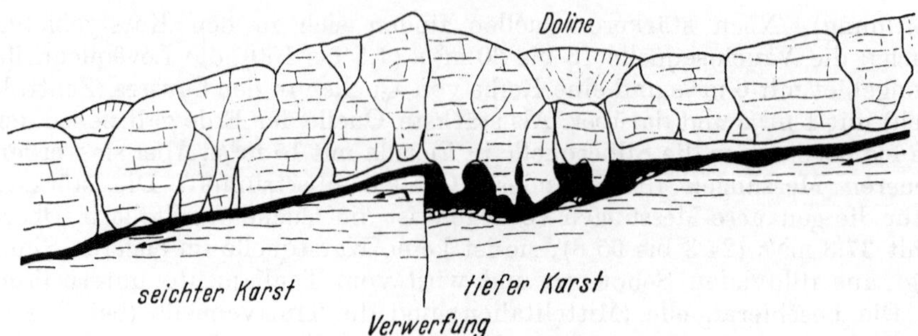

Abb. 87. Karstentwässerung, Höhlenfluß.

dämpfenden Eigenschaften des Karstes scheinen sich nur dann voll auszuwirken, wenn die Neigung der Schichten nicht zu groß und auf größere Erstreckung hin gleichmäßig ist. Im Faltenjura treffen wir schon ungünstigere Verhältnisse; so zeigt die Pécherquelle bei Florac im Aingebiet schon ein Verhältnis der extremen Schüttungen von etwa 1:100. Auch bekannte Quellen aus der Schweiz (die der Areuse, die von Noiraigue, die Birsquellen) stehen an Beständigkeit hinter denen des Tafeljura zurück. — Endlich ist bei all diesen Überlegungen zu beachten, daß die Karstnatur die Beständigkeit der Quellen nicht allein bestimmt, daß dabei auch die Verteilung der Regen auf die Jahreszeiten und die Intensität der Regen stark mitwirkt [PARDÉ (2)]. Bei der allgemeinen Darstellung der Wasserführung und ihrer Schwankungen (s. S. 230) wird auf die Karstgewässer nochmals eingegangen werden, auf die hygienische Seite dieser Fragen auf S. 167. — Als Grundwasserspende (Abfluß von km^2 in der Sekunde) — nicht bloß für Karstgebiete gültig! — werden im allgemeinen $5\ l/s \cdot km^2$ angenommen, die in Niederungen mit hohem Grundwasserstand (wegen der stärkeren Verdunstung) auf $2\ l/s \cdot km^2$ heruntergehen (vgl. dazu auch S. 142 und 282). Es ist aber klar, daß diese Werte sehr stark von der Niederschlagshöhe und der effektiven Durchlässigkeit abhängen. Auch in der Definition liegen Schwierigkeiten; denn das Grundwasser liefert ja zeitweise gar kein Quellwasser, sondern ist selbst Empfänger von Wasser aus den Flüssen, oder es wird von diesen zurückgestaut.

Abb. 87 soll ein schematisches Beispiel für *Karstentwässerung* und einen *Höhlenfluß* geben. Außerdem entsteht hier „*tiefer Karst*“ durch Stauung des Wassers an einer Verwerfung, „*seichter Karst*“ im weiteren Verlauf des Flusses. Allgemeiner kann der tiefe Karst zu den Überfallquellen, der seichte zu den Schichtquellen in Parallele gesetzt werden (vgl. Abb. 80, 81, 82). — Man beachte, daß die Zuführungsklüfte sich nach oben zu verjüngen pflegen, daß daher für weitere Wasserzufuhr wenig Platz mehr bleibt.

Ähnliches zeigt auch Abb. 88. Sie kann im linken Teil bis zum „Fluß“ als schematischer Querschnitt durch die Schwäbische Alb von Nordwest nach

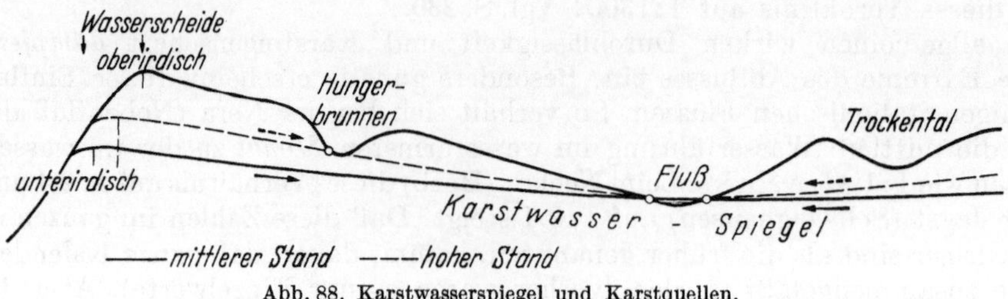

Abb. 88. Karstwasserspiegel und Karstquellen.

Südost gelten; der Fluß wäre die Donau, wobei aber die Schichtlagerung im einzelnen nicht feststeht. Die Wasserscheide ist, soweit nicht Verwerfungen und von Norden eingefurchte Täler da sind, unterirdisch leicht nach Nordwest verschoben. Beim Grundwasser (Karstwasserspiegel) ist ein hoher und ein mittlerer Stand zu unterscheiden. Bei hohem Stand kann die Sohle von Trockentälern erreicht werden, so daß *Hungerbrunnen* (*Bröller*, ausnahmsweise laufende Quellen) entstehen. Die normalen Karstquellen treten unmittelbar über dem Flußbett der Dauerflüsse oder in diesem selbst zutage. — Das allgemeine Bild der Entwässerung ist bei der Albtafel durch *Schiefstellung* entstanden; die großen zur Donau ziehenden Trockentäler waren ursprünglich normale Flußtäler und wurden erst durch die Kippung trockengelegt. Eine andere Theorie, welche in Trockentälern eiszeitliche Flüsse vermutet, die über gefrorenen Boden dahinflossen, wird heute kaum mehr als Allgemeinursache vertreten.

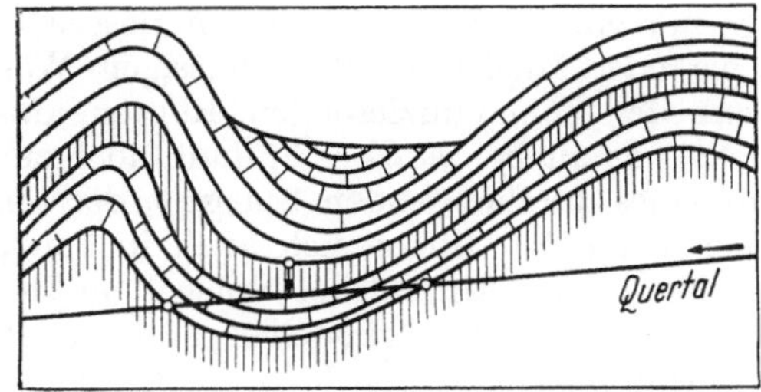

Abb. 89. Quellen im Faltenjura. Nach HEIM.

Abb. 89 gibt die Verhältnisse im Faltenjura wieder. Aus Mangel an Stauraum und wegen des großen Gefälles ist die Bildung von Wasserspeichern viel stärker beschränkt als im Tafeljura.

Eine Kontroverse ist darüber entstanden, ob man überhaupt einen *Karstwasserspiegel* annehmen darf. Von GRADMANN wird dieser vertreten, von KATZER dagegen bestritten (vgl. KEILHACK). Die Gründe, die KATZER gegen die Existenz eines Karstwasserspiegels anführt, sind folgende: die Entwässerung geht in einzelnen Strängen vor sich; die Quellen treten in verschiedener Höhe aus. Die Ponore wirken bei der Entwässerung der Dolinen als Schlucklöcher, nicht als Ventile bei der Füllung von unten her. Beide Anschauungen lassen sich aber vereinigen. Wenn wir bedenken, daß die unterirdischen Gerinne schon bei normalem Wasserstand stark gefüllt sind und sich nach oben oft flaschenhalsartig verengen, so kann plötzlich starker Regen die Behälter zum raschen Auslaufen nach *oben* bringen, während sich in der folgenden Trockenzeit die Dolinen wieder langsam entleeren. Die verschiedene Austrittshöhe der Quellen erklärt sich dadurch, daß der Karstwasserspiegel infolge des geringen zur Verfügung stehenden Raumes genötigt ist, stark zu schwanken. O. LEHMANN (vgl. MACHATSCHEK) weist darauf hin, daß man frei strömendes und unter Druck strömendes Wasser auseinanderhalten muß. Ein bei Trockenheit noch bestehender Karstwasserspiegel wird bei Hochwasser durch Füllung der Spalten mit Karstgerinnen überdeckt, die ganz verschiedene Höhen und Druckverhältnisse aufweisen. Die vom fließenden Wasser eingenommenen Hohlräume sind aber nicht allzu groß. Eine Schätzung: Für die Geschwindigkeit des versinkenden und in der Aachquelle wieder zutage tretenden Donauwassers kann man nach Färbeversuchen 5 cm in der Sekunde annehmen. Vermöge der geförderten Wassermenge ergibt sich daraus der Querschnitt des Höhlenflusses zu rund 190 m^2, was einem Quadrat von 14 m Seitenlänge entspricht. Nimmt man statt der Luftlinie, auf Grund deren die Geschwindigkeit berechnet ist, einen größeren unterirdischen Weg, etwa den doppelten, an, so muß die Geschwindigkeit auf 10 cm/s steigen, und das Quadrat des Querschnitts hat nur noch 10 m Seitenlänge, gibt also ein Höhlenprofil von relativ bescheidenen Dimensionen. Auch für die Geschwindigkeiten anderer Karstgewässer werden 2 bis 20 cm/s angegeben. Die Höhlenflüsse, deren Bettform wir ja aus den trockenliegenden Höhlen kennen, nehmen also innerhalb der Gebirge nur einen kleinen Raum ein, dessen Überschreitung sofort mit Nichtaufnahme oder Rückgabe überschüssigen Wassers beantwortet wird. Aber das Gesetz der kommunizierenden Röhren, das sich im Karstwasserspiegel ausdrückt, kommt bei *mäßiger* Füllung doch zur Geltung. Eine Stütze für die Existenz eines durchlaufenden Spiegels, der seine Höhe in Trockenzeiten einigermaßen beibehält, findet sich auch in den „fossilen" Karstwasserspiegeln der Oberrheinebene. Ein solcher Spiegel mußte sich jeweils auf den Vorfluter, in diesem Fall den Rhein, einstellen; andererseits machten seine Spuren die Hebung mit, die die Randgebirge in junger geologischer Zeit erfahren haben. Nun hat sich der Rheinspiegel unter dem Einfluß der Tullakorrektion in den letzten 100 Jahren stellenweise um 5 bis 6 m gesenkt; umgekehrt hat sich der Schwarzwald im Diluvium um Hunderte von m gehoben. Vorübergehende Stillstände in diesen Bewegungen hinterlassen „Wassermarken", die in den Aufschlüssen auf längere Erstreckung zu verfolgen sind und im allgemeinen horizontal verlaufen (RUTTE). Solche Erscheinungen sind nur zu erklären, wenn sich ein durchlaufender Wasserspiegel im Berg hinzog und seine Lage ruckweise änderte.

5. Quellen besonderer Art.

Die *Mineral- und Thermalquellen* können vermöge ihrer Bedeutung für Heilzwecke und die über sie existierende Literatur ein besonderes Buch ausfüllen; vgl. dazu KAMPE: Handbuch der Hydrologie 1934 und die Berichte zur Hydrologischen Konferenz in Washington 1939. Neben den physikalischen und chemischen Eigenschaften im allgemeinen hat sich die Untersuchung der Radioaktivität einen breiten Platz erobert. Für *Mengen*betrachtungen im Wasserkreislauf ist aber die Schüttung jener Quellen ohne Bedeutung, da sie nur einen minimalen Teil des Gesamtumsatzes ausmacht. Für den Geologen ist ihre reihenförmige Anordnung längs von Verwerfungsspalten und Querbrüchen von besonderem Interesse, zumal sie ein Licht auf die Möglichkeit von Neubohrungen und Verstärkung der vorhandenen Quellen wirft. „Baden-Wildbad-Zell — kommen aus *einem* Quell!" (Zell = Liebenzell).

Intermittierende Quellen können überall, besonders im Karstgebirge vorkommen, wenn der Abzugskanal einer unterirdischen Ansammlung zuerst etwas ansteigt dann umbiegt und hierauf in tieferer Lage ausmündet; es entsteht dabei eine periodisch selbsttätige Entleerung durch *Heberwirkung*. Solche automatischen Entleerungen werden z. B. bei selbstschreibenden Niederschlagsmessern künstlich angebracht. Ihr Vorkommen in der Natur ist nicht allzu häufig (vgl. KEILHACK, S. 303). Sind die intermittierenden Quellen zugleich heiße Quellen (*Geysire*), so ist der Hauptfaktor der entstehende Dampf, der periodisch durchbricht, wenn sein Überdruck den Gegendruck von außen (der künstlich gesteigert werden kann) überwindet. Auch diese Vorgänge zählen zu den Seltenheiten in der Natur.

II. Beziehungen zum Boden.

1. Der Wassergehalt des Bodens.

Neben die Betrachtung des Bodens im einzelnen, die ihn bald vom geologischen, bald vom chemischen, biologischen, landwirtschaftlichen oder technischen Standpunkt aus untersucht, ist neuerdings eine *zusammenfassende dynamische* Auffassung getreten: Man versteht unter Boden denjenigen Teil der Erdkruste, der unter der Einwirkung der Kräfte von Sonne, Wärme, Wasser und Wind sowie der biologischen Einflüsse von Pflanze, Tier und Mensch Veränderungen erleidet und ständig weiter erlebt. — Erst von dieser allgemeinen Begriffsbestimmung ausgehend wird man dann nach den Ursachen suchen, die dem Boden seine oft nur vorübergehenden morphologischen, physikalischen, chemischen, biologischen und hydrologischen Eigenschaften verleihen (JACOB).

Von diesem Standpunkt aus sind z. B. die Begriffe *Eluvialhorizont Illuvialhorizont* zu verstehen. Das von den Niederschlägen stammende Wasser ist zunächst chemisch fast rein; beim Durchsickern der obersten Bodenschicht (Eluvialhorizont) sättigt es sich mit deren löslichen Bestandteilen, führt sie in die nächsttiefere Schicht und gibt ihnen dort Gelegenheit, mit den dort liegenden Stoffen zu reagieren (Illuvialhorizont). Erst an dritter Stelle kommt der Horizont des unveränderten *Muttergesteins*. Ein spezielles Beispiel hierzu sind die *Podsolböden* (Bleicherden), die etwas tiefer in den sog. *Ortstein* (unter Ausfällung von Salzen der Humussäure) übergehen. Diesen Böden mit besonders starker Auslaugung stehen solche gegenüber, wo die Lösungserscheinungen gerade den für den Anbau günstigen Grad erreichen; zu diesen zählt die *Schwarzerde* (Tschernosem). Hier verbleiben den oberen Schichten die nötigen Mengen Kalziumkarbonat und Kalziumsulfat sowie die Kieselsäure und die Sesquioxyde, so daß vom Standpunkt der Lösungsvorgänge ein Optimum erzielt wird. Die Braunerden nehmen eine Zwischenstellung zwischen Schwarzerden und Podsolen ein. Mit Abnahme der Niederschläge und gesteigerter Verdunstung gelangen wir über die Gelb- und Roterden zu den Salz-, Staub- und Sanderden. R. LANG hat versucht, die Mitteltemperatur, die jährliche Niederschlagshöhe und die Bodenart durch den sog. *Regenfaktor* in Verbindung zu bringen (Abb. 90). Ist dieses Bild auch mehr historisch zu werten, so gewährt es doch einen qualitativen Einblick in die Verhältnisse. Die Niederschlagsmenge wird durch die Temperatur dividiert, und es ergibt sich für den Quotienten (d. i. der Regenfaktor) eine strahlenförmige Anordnung vom Koordinatenursprung aus, die einigermaßen der Aufeinanderfolge der verschiedenen Bodenarten entspricht. — War dieser Gedanke auch glücklich, so genügte er doch nicht zu einer endgültigen Klassifizierung der Böden, denn die Verhältnisse sind viel zu kompliziert. Es kommt bei der Regenmenge und der Temperatur nicht nur auf die Jahresmittelwerte, sondern auch auf die jahreszeitliche Verteilung an; auch ist das Ausgangsmaterial (das Muttergestein) gar nicht berücksichtigt. Dem Mangel, daß negative Temperaturen auch negative Regenfaktoren abgeben, auch daß die Verdunstung als Faktor nicht direkt auftritt, hat man auf verschiedene Weise abzuhelfen versucht und dadurch gewisse Fortschritte zur Klassifizierung der Böden erzielt. Einen solchen stellt z. B. der „*N. S.-Quotient*" von MEYER (vgl. BLANCK) dar, der das Sättigungsdefizit (s. S. 65) heranzieht; ebenso nach der geographischen Seite hin der Trockenheitsindex von DE MARTONNE; er ist definiert durch $\frac{N}{t+10}$ (N = jährlicher Niederschlag, t = Temperatur). Über weitere Möglichkeiten, den Trokkenheitsgrad, der die Natur des Bodens mitbedingt, durch Formeln festzulegen, vgl. S. 260,

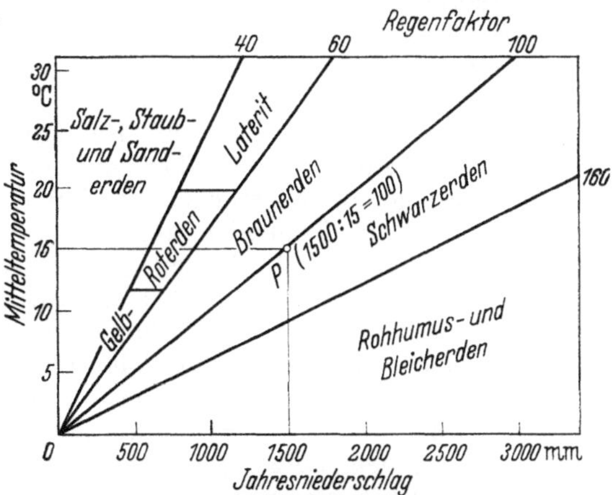

Abb. 90. Der Regenfaktor. Nach R. LANG.

ferner CREUTZBURG, LESSMANN, THORNTHWAITE und A. SCHULZE. Als *klimatische* Grundlage strebt man an, neben dem Gesamtniederschlag auch dessen Verteilung auf die Jahreszeiten zum Ausdruck zu bringen und *Isohygromenen* (Gleichen für die Anzahl der ariden und humiden Monate; vgl. LAUER) zu ziehen. Aber die Grundschwierigkeit, *beim Boden* die gegenseitige Abhängigkeit von vielen statt von 3 Faktoren zum Ausdruck zu bringen, kann durch Feststellung von Teilzusammenhängen nicht beseitigt werden.

Über die hydrologischen Eigenschaften einzelner Bodenarten ist zu bemerken: *Löß* ist für Niederschläge sehr durchlässig und leitet das Wasser senkrecht in die Tiefe, womit zusammenhängen mag, daß der Löß in senkrechten Wänden abbricht, ohne zusammenzustürzen. Seine Entstehung wird teils durch verwehte Flußtrübe in den Eiszeiten, teils durch Feinverwitterung in kontinentalen Lagen erklärt; auch einer ursprünglich vorhandenen dünnen Grasdecke und ihrem Wurzelwerk wird eine Mitwirkung bei der Struktur der Lößböden zugeschrieben. Die zwischenliegenden Lößlehme werden auf Entkalkung (Ausschwemmung) in den Interglazialen zurückgeführt. — *Ton* ist für seine starke Aufnahmefähigkeit von Wasser bekannt, leitet das Wasser aber nicht weiter; Ähnliches gilt für *Mergel*böden (Hauptbestandteile Ton und Kalk). Ton- und Mergelböden gelten in diesem Sinne als „feucht": sie halten die Winterfeuchte bis tief in den Sommer hinein, aber sie sind schlechte Lieferanten für die ober- und unterirdischen Vorfluter. — *Kreide* verhält sich im allgemeinen ähnlich wie Löß. — *Lehm*böden nähern sich je nach dem Muttergestein (mehr sandig, mehr kalkig) und der prozentualen Zusammensetzung dem Ausgangsmaterial, gelten aber im allgemeinen als wenig durchlässig. „Schwere" Böden werden durch Zusatz von Sand, „leichte" durch Zufuhr von kalkigem oder tonigem Material ertragsfähiger gemacht. — *Kies* sowie alle Trümmergesteine sind sehr durchlässig für Wasser, wie auf Grund der Größen ihrer Bestandteile ohne weiteres verständlich ist. Verfolgen wir die Reihe in der Richtung der kleineren Korngrößen weiter, so kommen wir über den Grobsand zum Feinsand und finden eine allmählich abnehmende Durchlässigkeit, die wiederum mit der Möglichkeit kapillaren Aufsteigens zusammenhängt. Bei mittelkörnigen Sanden ($^1/_2$ bis $^1/_{10}$ mm Durchmesser) kann das Wasser bis 0,4 m aufsteigen, bei feinen Sanden bis 1 m, bei tonigen Gesteinen bis 2 m, noch höher bei Tonen mit starker Humusbeimengung. — Über die *Bergfeuchte* im Sinne einer überall sich bildenden, aber mengenmäßig kaum in Betracht kommenden Wasseransammlung wurde schon gesprochen (S. 125).

Unter den allgemeinen Eigenschaften des Bodens tritt die Bestimmung des *Porenraums* als besonders wichtig hervor. Man versteht darunter den mit Luft erfüllten Raum des Gesteins (in % des Volumens), der auch mit Wasser ganz oder teilweise ausgefüllt sein kann. Der Porenraum beträgt 35% bei Sand und Kies, 50% bei Lehm, über 50% bei Ton und mehr als 90% bei Torf. Die Reihenfolge ist also gerade umgekehrt wie bei der Durchlässigkeit, wie schon bei der Erörterung der Tonböden angedeutet wurde. Bei dichtem Gestein sinkt der Hohlraumgehalt auf 1% herab (von Klüften natürlich abgesehen). Die Wasserspeicherung im Boden hat also deutlich zwei Seiten: Einerseits Wasseraufnahme im Boden, die für *Kulturzwecke*, vor allem für die Pflanzenwurzeln, notwendig erscheint; andererseits Weiterleitung in den Untergrund, der das Wasser vor Verdunstung schützt, die Schwankungen des Zuflusses dämpft und ihn schließlich an die *Wasserwerke* und die *Wasserkraftwerke* weitergibt. Diese beiden Ziele sind entgegengesetzt und scharf auseinanderzuhalten (vgl. S. 60). Wenn wir von dem *für Wasserwerke nützlichen Porenraum* sprechen, schränken wir ihn in doppelter Hinsicht ein: einmal betrachten wir nur den Raum, der von Wasser wirklich erfüllt *ist* (nicht bloß sein *könnte*), zum anderen innerhalb des letzteren nur den Teil, der vermöge der Grundwasser*strömung* den Quellen Wasser liefert. Der andere, stagnierende oder kapillargebundene Teil im Saugraum gehört nur insofern zum Wasserkreislauf, als er Wasser durch die Pflanzenwurzeln in die Atmosphäre zurückleitet und dadurch die Oberflächenverdunstung um die Pflanzentranspiration vergrößert. Für zahlenmäßige Bilanzen im Boden kann man außer dem Niederschlag N nur den Gesamtabfluß A messen und seine Aufteilung in oberflächlichen A_0 und einem unterirdischen A_u abschätzen. Den kapillar festgehaltenen und schließlich zurückverdunstenden Teil $N - A$ bezeichnen wir als Bodenfeuchtigkeit L, die wir später (s. S. 281) für bestimmte Beispiele abschätzen werden. Wasserwirtschaftlich betrachtet versteht der Verfasser unter *Bodenfeuchtigkeit den Teil des Niederschlags, der nach dem Eindringen in den Boden nicht als Grundwasserabfluß wieder zum Vorschein kommt* (demnach im weiteren Verlauf einen Teil der Landesverdunstung bildet). In diese Definition sind also Wassermengen, die weder zum Abfluß noch zur Verdunstung etwas beitragen, nicht eingeschlossen; wir zählen also dazu *nicht* die sog. Bergfeuchte (schwache Mengen unterirdischen Kondensationswassers) und das hygroskopische Wasser, das an der Oberfläche der Bodenteilchen verdichtet ist und erst durch Erhitzung ausgetrieben werden muß. Dagegen gehört das vom Ton aufgesaugte Wasser zu der so definierten Bodenfeuchtigkeit. Als ein für Wasserwerke und Kraftwerke nützlicher Porenraum, d.h. als Lieferant des unterirdischen Abflusses und Gegenstück der Bodenfeuchtigkeit, bleiben beim Sand vielleicht noch (bis) 35%, beim Ton nur 2% übrig. Andererseits sind die Klüfte, die im Kalkgebirge die Hauptrolle spielen, ein Faktor, der den Nutzraum wesentlich vergrößert. Es kommt eben nicht darauf an, wieviel Raum in den Wasseraustausch eingehen *könnte*, als wieviel davon *tatsächlich* entweder für Pflanzenverdunstung oder für Grundwasserabfluß ausgenützt wird. Hier stehen Mengenwirtschaft und kulturelle Verwendung einander gegenüber. Auf S. 279f. wird versucht werden, mit Hilfe des Grundwassers, soweit es als „Wasserwert“ den Porenraum wirklich ausfüllt, eine Bilanz für den Wasserhaushalt einzelner Flußgebiete aufzustellen.

2. Der Aufbau des unterirdischen Wassers.

Im Anschluß an die Ausführungen auf S. 136 beschäftigen wir uns mit dem allgemeinen Aufbau des unterirdischen Wassers (Abb. 91).

Die Bodenpartikel — in Wirklichkeit von unregelmäßig-eckiger Gestalt, aber hier durch Kreise dargestellt — bilden die Deckschicht, die nach unten in das Muttergestein übergeht. Fällt Niederschlag, dann dringt er teilweise in den Boden ein; bei schwächeren Regen bleibt alles in den oberen Bodenschichten hängen, dagegen schlägt stärkerer Regen nach unten durch. Aus den durchbrechenden Mengen (zum geringeren Teil auch durch Einsickerung von den Flüssen her) bildet sich das Grundwasser. Der Übergang vom geschlossenen Grund-

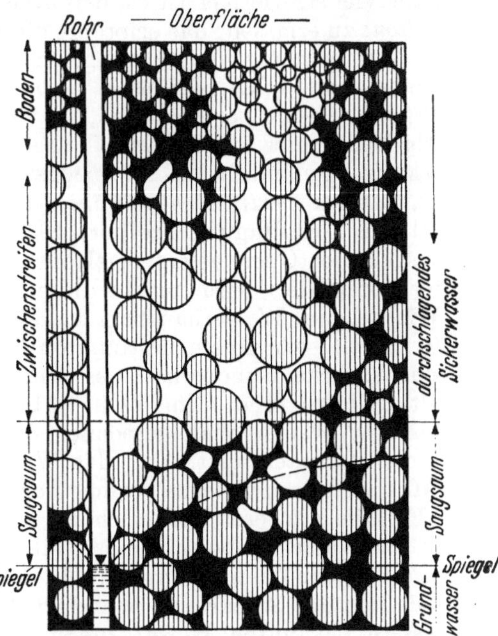

Abb. 91. Erscheinungsformen des unterirdischen Wassers (unter Anlehnung an ZUNKER).

wasser zum trockenen *Zwischenstreifen* ist nicht scharf, vielmehr lockert sich der Zusammenhang der wassererfüllten Hohlräume allmählich, indem sich leere Räume dazwischenschieben. Die nur halb von Wasser erfüllten Schichten bilden den *Saugsaum* (*Kapillarsaum*, auch *Saugraum* genannt), in welchem das Wasser durch kapillare Kräfte der Schwerkraft entgegen nach oben gezogen wird. Aber dieses Aufsteigen ist nicht die einzige Quelle für den Wassergehalt des Saugsaums; von Zeit zu Zeit erhält er auch Nachschub von oben durch *Sickerwasser*, wie dies in der rechten Hälfte der Abbildung angenommen wird. Auch der Zwischenstreifen wird in unregelmäßigen Zeitintervallen durchfeuchtet und gibt sein Wasser in der Zwischenzeit teils nach oben an die Pflanzenwurzeln, teils nach unten durch Sickerung wieder her. — In diesen räumlich und zeitlich unscharf bestimmten Austausch kommt aber durch Einlassen eines Brunnenrohres eine gewisse Klarheit. In einem solchen Rohr sackt das Wasser infolge Wegfalls der Kapillarkräfte zusammen, und es entsteht eine scharfe Oberfläche, die den Grundwasserspiegel definiert; sie wird auch Grundwasserdruckfläche genannt und läßt sich durch Einstoßen des Rohrs an anderen Stellen der Umgebung eindeutig als Fläche festlegen (vgl. Definition des Grundwassers in der Tab. 8a). Der aus den Rohren bestimmte *Grundwasserspiegel* gibt uns ein festes Maß für die Tiefe, von der ab mit einem geschlossenen Grundwasserkörper zu rechnen ist. Beobachtet man ferner längere Zeit hindurch das Steigen und Sinken dieses Spiegels, so findet man unter Berücksichtigung des *Wasserwertes*, d. h. des *wirklich* von Wasser erfüllten Raumes, was sich an *Vorräten* im Laufe eines Jahres — oder auch eines längeren Zeitraums — ansammelt und wieder entleert. Dies sind die Vorräte im Sinne von regelmäßigen Zu- und Abgängen in der *Unterwasserspiegelzone*. Allerdings umfaßt diese Zone infolge des Zusammensackens bei der Einführung der Grundwasserrohre auch einen kleinen Teil des Wassers, das man bei der Betrachtung von Bodenproben der höher liegenden Zone schwebenden Wassers zurechnen würde.

Sehr viel schwieriger ist es, den Wechsel an Speicherung in der *Überwasserspiegelzone* zu erfassen; das erfordert die Untersuchung zahlreicher Bodenproben durch Austrocknung und Wägung. An deren Stelle kann man auch *Unterdruckmessungen* verwenden (JACOB u. GROSSE; vgl. auch BENDEL); d. h. man mißt durch eingelassene poröse Zellen, wieviel der atmosphärische Druck, der durch ein Hg-Manometer auf die Oberfläche übertragen wird, örtlich durch die Kapillarkräfte gemindert ist. Die neuesten Messungen gründen sich auf die Abhängigkeit der *elektrischen Leitfähigkeit* vom Wassergehalt (LOSSNITZER auf der Forstl. Hochschultagung Freiburg 1952); vgl. auch S. 186. Aber der ständige Wechsel in der Überwasserspiegelzone, der durch die *Saugtätigkeit der Pflanzen* weiter kompliziert wird, macht diese Messungen schwierig.

Wie sich der Wasserhaushalt im Boden — in diesem Fall aus Einzelmessungen ermittelt — in einem bestimmten Beispiel *zeitlich* entwickelt, möge Abb. 92 zeigen. Wir erkennen oberhalb des Grundwassers, das die Zone von 25% Wassergehalt umfaßt, eine allmähliche Abnahme. Der Kapillarsaum (Saugsaum) ist bis 20% Wassergehalt gerechnet, darüber findet eine weitere Abnahme auf 15% und darunter statt. Aber das Wichtigste ist der *zeitliche* Verlauf. Ein um den 10. Juli fallender Regen vermag nur die obersten Schichten leicht anzufeuchten. Erst die stärkeren Niederschläge um den 17. Juli schlagen durch und lassen das Grundwasser emporschnellen, mit ihm auch den Kapillarsaum, der sich in diesem Fall von oben her ergänzt. In der auf die Regentage folgenden Trockenperiode fällt der Grundwasserstand wieder ab, und zwar in der von Oberflächengewässern bekannten Weise: zuerst rasch und dann immer langsamer (nach Art der „Trockenwetterkurve“, s. S. 199).

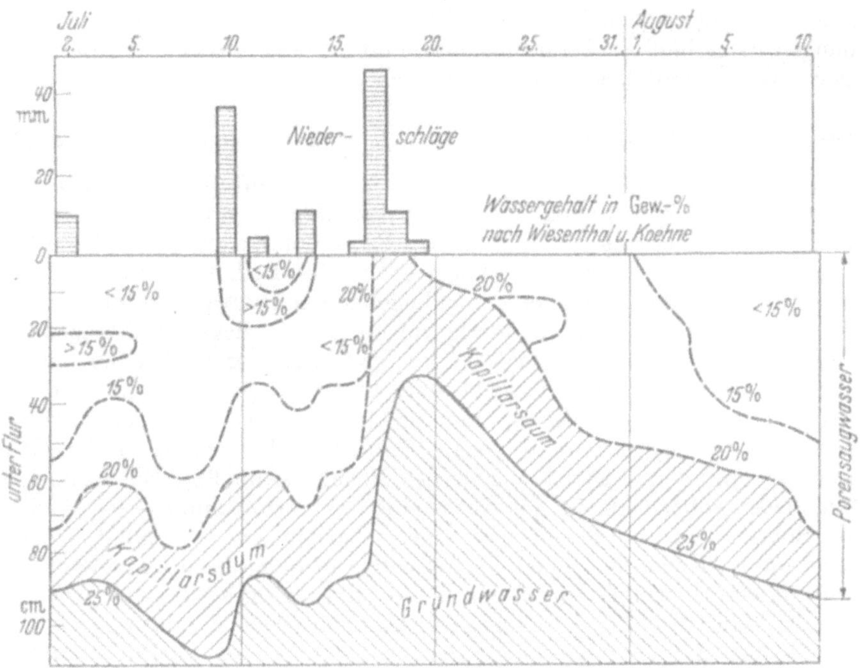

Abb. 92. Zeitlicher Gang des Wassergehalts im Boden in Gewichtsprozenten. Nach Wiesental und Koehne.

Beim Eindringen des Wassers in den Boden kann man fragen, ob es im Winter und Sommer gleichmäßig erfolgt. Die *Lysimetermessungen* in Eberswalde zeigen nach Bartels in der Tat gewisse Unterschiede. Es scheint, daß sowohl im Winter als im Sommer Gleichgewichtszustände eintreten, die aber unter sich verschieden sind. Der „*Naßzustand*" des Winters läßt die Niederschläge ziemlich ungehindert eindringen, während der „*Trockenzustand*" des Sommers einen *Benetzungswiderstand* entwickelt, der erst durch Zusammenschluß des Sickerwassers zu kleinen Strängen überwunden wird (vgl. auch S. 72). Nähere Untersuchungen hierüber bleiben abzuwarten.

Ferner ist die Frage aufgeworfen worden, ob die Austauschbewegungen im Grundwasser auch die Wassermengen *unterhalb des tiefsten Standes* noch umfassen. Man hat letztere als die „*passive*" Zone im Gegensatz zu der darüberliegenden „*aktiven*" Zone bezeichnet. Aber Modellversuche haben gezeigt — und die Erfahrungen von Thiem und Pennink haben es bestätigt —, daß sich die Bewegungen von den höheren Schichten her auch auf die unteren übertragen, so daß man von einer passiven Zone des Grundwassers wohl nicht sprechen kann (vgl. Keilhack). — Die Wahrheit dürfte in der Mitte zwischen den beiden Auffassungen liegen. Wohl überträgt sich die Bewegung bei den angestellten Versuchen von oben nach unten, aber zugleich nimmt die Dichte der Stromlinien, die in Maß für die Intensität des Austausches ist, nach unten hin rasch ab. Daraus geht hervor, daß der weitaus größte Teil des Austausches eben doch auf die obersten Schichten des Grundwassers entfällt, während in der Tiefe fast vollständige Ruhe herrscht. Es kann also mengenmäßig und zur Berechnung von Bilanzen keinen sehr großen Fehler bedeuten, wenn man die Beteiligung der unter dem tiefsten Stand liegenden Grundwasserschichten vernachlässigt. Es sei daran erinnert, daß auch der Wasseraustausch in Seen und im Meere sich vorwiegend in den obersten Lagen vollzieht, wobei die Tiefenströmungen nicht bloß nach ihrem Querschnitt, sondern auch nach ihrer (sehr geringen!) Geschwindigkeit beurteilt werden müssen.

3. Wasseraustausch zwischen Boden, Pflanzendecke, Grundwasser und Fluß.

Bei den dynamischen Vorgängen ist auch der Einfluß der Pflanzendecke in Rechnung zu ziehen. Schon bei der *Ortsteinbildung* (vgl. S. 135) spielen die Humussäuren, die sich aus den pflanzlichen Resten bilden, eine erhebliche Rolle. Die in geringer Tiefe eintretende Verdichtung des Bodens wirkt als Wasserstauer; er übernimmt die Rolle eine hochliegenden Grundwasserleiters und wirkt infolge von Vernässung sehr ungünstig auf die darüberliegende Pflanzendecke. Ähnlich kann auch eine *Pflugsohle* wirken, wenn immer in gleicher Tiefe gepflügt und der Boden mit gleich tief wurzelnden Pflanzen bebaut wird; auch hier tritt Verdichtung und Verschlämmung ein, die dem Anbau schädlich wird.

Aber noch wichtiger ist der *allgemeine Einfluß der Wurzeltiefe* auf den Grundwasserstand und den Wasserhaushalt des Bodens (Abb. 93). Wir hörten, daß die Grundwasseroberfläche in der Natur eine unscharfe Linie ist — daß sie erst in den Bohrlöchern und Brunnen zu einer scharfen *wird* —, und dasselbe gilt in erhöhtem Maße von der oberen Begrenzung des Saugsaumes. Immerhin kann man für einen Überblick die Grenzen des Saugsaumes als kurz bzw. lang gestrichelte Linie in die Abbildung einzeichnen. Die Erfahrung lehrt, daß sich die beiden Linien mit wachsender Entfernung vom Vorfluter auch von der Oberfläche (der Flur) mehr und mehr entfernen; am größten ist der *Flurabstand* durchschnittlich betrachtet da, wo die Talsohle in den Hang übergeht. Aber zugleich verschwindet auch hier die Anwendbarkeit des Begriffes Grundwasser und Saugsaum. Denn das Gestein wird am Berghang — plötzlich oder allmählich — dichter und nimmt massiven Charakter an, der das Niederschlagswasser teils auf den Oberflächenabfluß, teils auf vorhandene Klüfte verweist (vgl. den „Hangaufriß“, S. 90). Von einer durchlaufenden Grundwasseroberfläche kann man im Gebirge nicht mehr sprechen, es sei denn im reinen Karst und auch hier nur in besonderem Sinne. Die Grundwasserbrunnen am Rande der Talsohle sind meist sehr tief und zeigen durch ihre starken Schwankungen zisternenartigen Charakter. Aber die Annahme, daß die großen Schwankungen starken Umsatz andeuten, wäre irrig; denn sie werden durch den geringeren

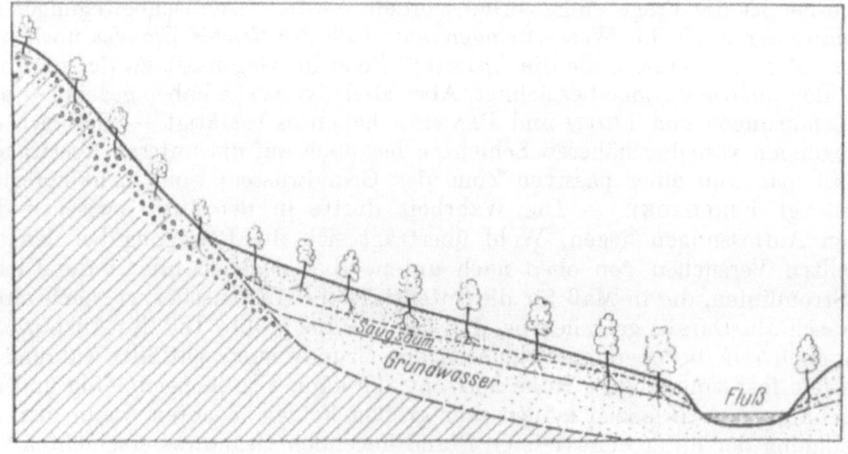

Abb. 93. Grundwasser, Saugsaum und Wurzeltiefen im Querschnitt eines Tales.

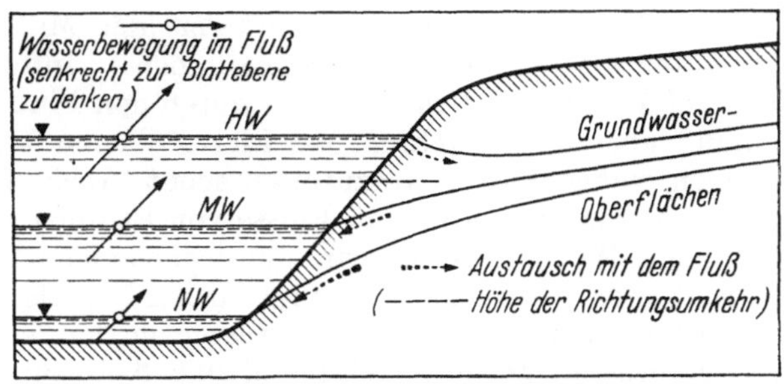

Abb. 94. Grundwasser im Austausch mit dem Fluß bei HW (Hochwasser), MW (Mittelwasser) und NW (Niedrigwasser).

Porenraum im dichteren Gestein hervorgerufen. — Die Pflanzen kommen im humiden Klima im allgemeinen fort, auch ohne daß ihre Wurzelspitzen ins Grundwasser tauchen (vgl. S. 152). Auf den Höhen bestreiten sie ihren Bedarf aus dem Niederschlagswasser, das in den oberen Bodenschichten zurückgehalten wird; beim Eintritt in die Talsohle dringen die Wurzeln allmählich in den Saugsaum ein; aber erst in der Nähe der Flüsse erreichen sie das Grundwasser selbst, passen im übrigen ihre Wurzellängen den vorhandenen Möglichkeiten an, wobei hoher Grundwasserstand zwar üppigen Wuchs, aber zugleich Flachwurzelung hervorruft. Bei starkem Wasserandrang (in unserer Abbildung nicht mit aufgenommen) kann das Grundwasser schon vor Erreichung der Flüsse an die Oberfläche treten und pflegt dann sog. *Flachmoore* (*Niedermoore*, *Moose*) zu bilden.

Der Wasserhaushalt des Grundwassers ist also reichlich kompliziert. Die Einnahmen bestehen im einsickernden Niederschlagswasser, teilweise auch in Zusickerung von Flußwasser, während die Ausgaben nicht bloß in dem wieder austretenden Grundwasser, sondern auch in dem von den Pflanzen zurückgesaugten Wasser bestehen. Doch dürfte dieser letzte Posten (im Vergleich zum Saugsaum) verhältnismäßig klein sein und sich auf die Flußniederungen beschränken.

In bezug auf die Wurzeltiefe sind folgende Zahlenangaben von Interesse (Näheres bei Koehne, S. 216, 223):

Häufige Wurzellängen in m:

Roggen	2,0	Rotklee	1,7	Ulme	2,5
Weizen	2,6	Zuckerrübe	3,7	Linde	3,0
Gerste	2,5	Luzerne	10 bis 12	Eiche	1,5
Erbse	1,5	Kartoffel	2,5	Kiefer	3,0
Bohne	1,5	Kohlrübe	1,5	Fichte	2,0

Die Pflanzen decken ihren Wasserbedarf in der Hauptsache aus dem Kapillarsaum, der sowohl durch Einsickerung von oben als durch Aufstieg von unten her gespeist wird. Für den *Bedarf* der Pflanzen, der neben dem Niederschlag beobachtet wird, gibt es Beobachtungsreihen mit zahlenmäßigen Aufschlüssen. Der Haushalt der Pflanzen kann auch durch Begießen und Beregnen reguliert und dabei wertmäßig erfaßt werden, wobei sich zeigt, daß man u. U. mit geringeren Mengen auskommt, als sie der natürliche Niederschlag bietet; denn dieser kommt im Sinne des Pflanzenwuchses oft zu unerwünschter Zeit. Vgl. Witte.

Eine Untersuchung des Wasserhaushalts, der Niederschlag, Abfluß und Verdunstung im Zusammenhang mit den Bodenarten *und* dem Pflanzenbedarf *quantitativ in absoluten Werten* erfaßt, steht noch aus; sie könnte durch Zusammenwirken der verschiedensten Behörden und wissenschaftlichen Institute erreicht werden.

Wie sich der Austausch des Grundwassers mit dem Fluß gestaltet, ist aus Abb. 94 zu ersehen. Bei Mittelwasser und Niedrigwasser senkt sich die Grundwasseroberfläche in bekannter Weise zum Flußspiegel, und es findet dort ein Austritt von Wasser statt. Dabei ist — bisher wenig beachtet! — auf den Einfluß der vorkommenden Geschwindigkeiten hinzuweisen. Die Bewegung im Fluß ist sehr viel rascher als im Grundwasser (das Mißverhältnis ist in Wirklichkeit stärker als in der Figur angenommen!). Infolgedessen findet *normalerweise ein Rückstau* des Grundwassers durch den Fluß statt. Man kann diese Erscheinung überall beobachten, wo klares Wasser an den Ufern eines schnell fließenden trüben Flusses auszutreten sucht. Auch Bäche werden auf diese Art von Flüssen zurückgestaut und Flüsse von Strömen (z. B. die Nahe bei Bingen vom Rhein). Wir erblicken darin eine segensreiche Wirkung, da *jeder Fluß das ihm zusickernde Wasser aufspart* und für die Niedrigwasserzeiten zurückhält. — Aber darüber hinaus kann bei Hochwasser der Fall eintreten, daß der Fluß über den Grundwasserspiegel ansteigt und daß dann ein Einströmen vom Fluß in die Umgebung stattfindet. Von der Vorstellung, daß dieses Abströmen von Flußwasser ins Grundwasser mit dem Austritt von Grundwasser in den Fluß regelmäßig abwechsle, ist man aber abgekommen. Der Zustrom von Grundwasser zum Fluß ist die Regel, das andere die Ausnahme; eine weitere Ausnahme findet sich bei Gebirgsbächen, die sich beim Eintritt in Flachstrecken in ihre Schuttkegel verteilen. Aber die Jahresmittel der Grundwassergleichen bei größeren Flüssen nähern sich stärker dem *tiefen* Stand (vgl. schon hier Abb. 96). Der Ausdruck „*Grundwasserspende*“ wird bei dieser Auffassung vieldeutig. Bei Hochwasser wird sie ja negativ, und im übrigen tritt das Grundwasser nicht als selbständiger Spender auf, sondern nur als Vermittler eines wechselnden Zu- und Abstroms. Man wird gut tun, im einzelnen Fall genau zu sagen, was man unter Grundwasserspende verstehen will. — Wenn die Grundwasserbrunnen in der Nähe der Flüsse (z. B. in der Nähe des Rheins) die Schwankungen des Stromes bis auf einige km Entfernung getreulich wiedergeben, so ist dies als eine Fortpflanzung des Druckes vom steigenden Hauptstrom aufzufassen, der das Grundwasser zum langsameren Ausfließen zwingt. Allerdings gibt es auch Flüsse, die in der Ebene zwischen künstlichen Dämmen erhöht dahinfließen. In diesem Fall kann die Ausnahme zur Regel werden, und der Fluß kann — künstlich oder durch undichte Stellen der Dämme — *dauernd* Wasser an die Umgebung abgeben (Rheinmündungen, Poebene!). Verfolgen wir diese Vorgänge in der Nähe der Flußmündungen, so kommen wir auf die Begriffe *Qualmwasser* und *Kuverwasser,* die unter der Bezeichnung *Drängewasser* zusammengefaßt werden (s. Tab. 8a). — Das von einem erhöht dahinfließenden Gewässer oder von einem Stausee (meist unerwünscht) abströmende Wasser wird als „*Seihwasser*“ bezeichnet. Durch das Seihwasser wird auch die Brücke zur *künstlichen Grundwassergewinnung* geschlagen: diese geht z. B. durch Uferfiltrierung vor sich, indem man die Seihwasserbildung durch Uferschlitze begünstigt, durch Einleitung von Wasser in Niederungen, wo es versickert und nach einem gewissen Weg durch den Boden wiedergewonnen wird, oder durch Aufpumpen von Grundwasser an Stellen, wo infolge der Durchlässigkeit des Gesteins von selbst ein Nachströmen aus dem Fluß stattfindet. Alle diese Verfahren werden in Industriegebieten (Ruhrgebiet und Berlin) zu Zwecken der Wasserversorgung angewandt; vgl. IMHOFF und DENNER.

4. Örtliche Verteilung des Grundwassers in Beispielen.

Eine Übersichtskarte der Grundwassergebiete in Westdeutschland mit den *Versorgungsmöglichkeiten* der Städte gibt GRAHMANN (Bem. 4, S. 310, 1952 H. 14). In Abb. 86 lernten wir einen Talquerschnitt der Mulde kennen. In einem Querprofil durch die Oberrheinebene (Abb. 95) bemerken wir als typische Züge den sanften Anstieg des Grundwassers vom Rheinspiegel aus, das Zurückbleiben des Grundwasseranstiegs an der Geländestufe des Hochgestades, die Annähe-

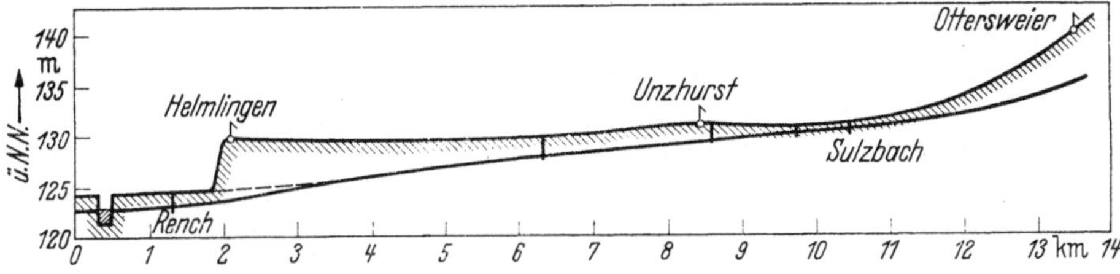

Abb. 95. Grundwasserprofil durch die Oberrheinebene. (Profil *II* in Abb. 97.)

rung des Grundwasserspiegels an die Flur vor Erreichung des Gebirges und ein erneutes Zurückbleiben unter dem Hanganstieg. Was zu der schematischen Darstellung in Abb. 93 neu hinzukommt, ist also der *Einfluß des Hochufers*; außerdem ist die vermutliche Wirkung der *Tullakorrektion* mit dargestellt. Der Raum zwischen Rhein und Hochgestade ist das alte Hochwasserbett des Rheins und wurde erst durch die Rheinkorrektion der Kultur zugänglich gemacht. Die andere *Vernässungszone* vor dem Gebirge, die an vielen Stellen der badischen Rheinebene wiederkehrt, hat durch umfangreiche *Dränungen*, z. B. in der Maiwald- (Rench = Acher-) Korrektion kulturelle Verbesserungen erfahren. Diese verfolgen nicht allein das Ziel der *Ent*wässerung, sondern auch der *Be*wässerung durch örtliche Stauung in trockenen Zeiten. Bemerkenswert ist, daß das Grundwasser vermöge seines Gefälls von dieser Zone aus dem Rhein unterirdisch zuströmt. Auf diese Art ist ein Teil der Wasserverluste zu erklären, die manche Schwarzwaldflüsse beim Eintritt in die Ebene erfahren — eine zusätzliche Auffassung zu den Wasserverlusten der Bäche in ihren Schwemmkegeln. Das versunkene Wasser tritt an der Unterkante des Hochgestades in starken Quellen („Mühlbächen") wieder zutage. Die Auffindung von Grundwasser in Talauen, wo der Fluß jetzt korrigiert ist, wird dadurch erleichtert, daß man den alten Flußläufen nachgeht. Auch nach der Verlandung sind alte Mäander mit loserem Material gefüllt, und dieses dient als Sammler des Grundwassers.

Wenden wir uns der Darstellung der *Grundwassergleichen* zu! Abb. 96 zeigt solche für das Gebiet der Niederweser bei hohem Stand (Januar 1903) und bei tiefem Stand (Sommer 1902) nach KOEHNE, S. 96.

Bei hohem Stand schieben sich die Grundwassergleichen längs des Flusses vor, und es findet ein Abströmen in die Umgebung, senkrecht zu den Grundwassergleichen, statt. Aber dieser Zustand ist, wie schon ausgeführt, eine bei Hochwasser eintretende Ausnahme. Der Zustand vom Sommer 1902 (tiefer Stand) repräsentiert zugleich den Normalfall und das Bild des Jahresdurchschnitts: die Grundwassergleichen laufen aufwärts im spitzen Winkel auf den Fluß zu; dessen Spiegel liegt tiefer als der ihn umgebende Grundwasserspiegel, und das Wasser strömt ihm von dort zu.

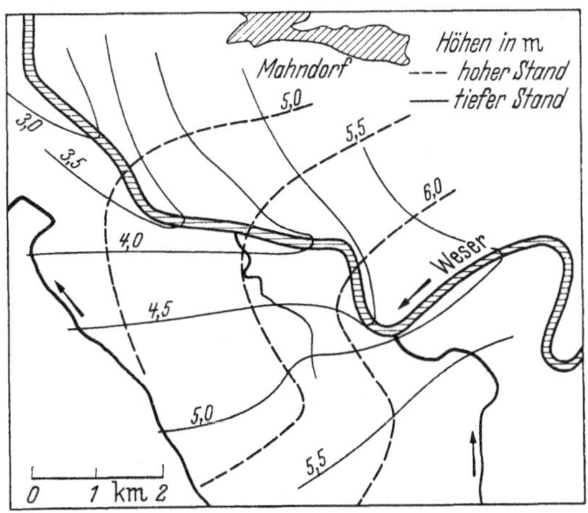

Abb. 96. Grundwassergleichen an der Niederweser bei hohem und bei tiefem Stand. Nach KOEHNE.

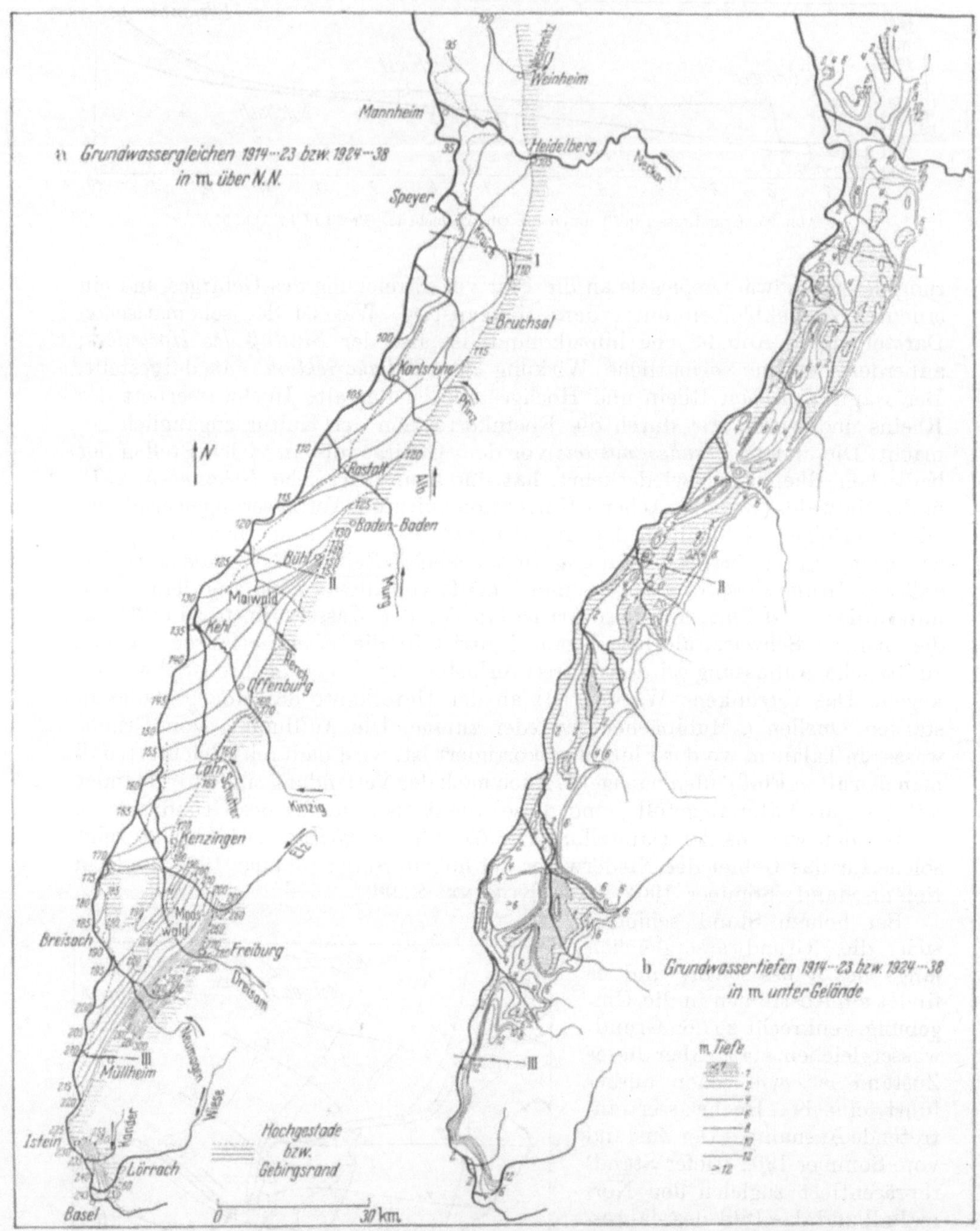

Abb. 97. Grundwassergleichen und Flurabstand des Grundwassers in der Oberrheinebene.

Für eine große Fläche finden wir diese Auffassung in der badischen Oberrheinebene bestätigt (Abb. 97). Die Abbildung gibt links die *Grundwassergleichen* der badischen Oberrheinebene im Abstande von 5 zu 5 m. Da sich das Gelände von Süden nach Norden (dem Rheinlauf entsprechend), aber auch von Osten nach Westen (vom Gebirge gegen den Strom) hin senkt, so muß ein allgemeiner Verlauf der Isohypsen des Grundwassers von Südwesten nach Nordosten herauskommen. Da ferner das Gefälle des Rheins im Nordteil Badens stark abnimmt, nehmen dort die Grundwassergleichen allmählich eine Richtung an, die dem Strom annähernd parallel ist. Den Verlauf auf der Westseite des Rheins im Elsaß und in der Pfalz, für den im gleichen Zeitraum leider keine Beobachtungen vorliegen, hat man sich zum Verlauf auf der badischen Seite ungefähr spiegelbildlich zu denken. — Im Süden werden, dem stärkeren Gefäll des Rheins und der steileren Gebirgsabdachung entsprechend, die Grundwassergleichen in zunehmendem Maße dichter, und in den Winkeln der Freiburger und Staufener Bucht erlaubt die Darstellung kaum mehr die Aufnahme aller Isohypsen. Die Strömung erfolgt überall senkrecht zu den Isohypsen, ihre Drängung gibt zugleich ein Maß für die Geschwindigkeit des Grundwasserstroms. Es mag auch an manchen Stellen mehrere Grundwasserhorizonte übereinander geben, aber im Rahmen der systematischen Beobachtungen sind solche nirgends festgestellt; bis auf weiteres spielen sie in dem hier betrachteten Gebiet keine Rolle. Die Schuttkegel der Nebenflüsse: Elz, Kinzig, Neckar zeichnen sich in den Grundwassergleichen nur undeutlich ab. Wir können annehmen, daß diese Flüsse zwar im allgemeinen aufschütteten, aber dann in ihre Schwemmkegel wechselnde Erosionsrinnen eingruben, denen der jeweilige Grundwasserstand in Form einer Einbuchtung folgt. — Eine besondere Rolle übernimmt bei den Isohypsen des Grundwassers das Hochgestade. Nähert sich eine Isohypse dem Hochufer von Süden, so muß sie ihm zunächst eine Zeitlang entlanglaufen, bis sie nach Ersteigen der Kante die allgemeine Richtung wieder findet; dies ist, da sie ja den plötzlichen Anstieg im Gelände nicht mitmacht, nicht anders zu erwarten.

Die rechte Hälfte, in der die *Tiefe des Grundwasserspiegels unter Flur* wiedergegeben ist, bietet besonderes Interesse. Sie ist auf Grund der *Geländehöhen* bei den Grundwasserbrunnen hergestellt; auf Grund der Oberflächenisohypsen könnte ein noch genaueres Bild gegeben werden. Die Geländehöhen werden aus den *Festpunkten* der einzelnen Grundwasserbrunnen ermittelt; letztere liegen meist etwas über dem Gelände. — In unserer Abbildung tritt die Rolle des Hochufers deutlich zutage. Dem Hochgestade entlang liegen auf der ganzen Erstreckung Inseln besonders tiefen Grundwasserstandes, wobei im Südteil der Karte 12 m und darüber, im Nordteil an vielen Stellen über 8 m erreicht werden. Wo diese Inseln fehlen (in Mittelbaden), da ist auch das Hochufer stellenweise unterbrochen. Dagegen zieht sich längs des ganzen Rheins eine Region, wo das Grundwasser auf 2 m und weniger an die Oberfläche herangeht, an manchen Stellen sogar nur eine Schicht von etwa 1 m über sich läßt; dadurch sind eigentliche Zonen der *Vernässung* abgezeichnet, die den tief liegenden Teilen der Rheinaue entsprechen. Aber auch in der Nähe des Gebirgsrandes und in den gefällsarmen Niederungen zwischen Gebirge und Hochufer findet sich vielfach ein sehr hoher Grundwasserstand: wir entdecken ihn vor allem bei Freiburg im „Mooswald" zwischen Tuniberg, Nimberg und Kaiserstuhl, in den Niederungen der Schutter, wo der Wasserabfluß durch den Schuttkegel der Kinzig gehemmt wird, in der Rench-Acher-Niederung („Maiwald"), die neuerdings einer großzügigen Korrektion unterworfen wurde (vgl. das Profil *II*, Abb. 95) und in der Pfinz-Saalbach-Niederung, wo ebenfalls umfangreiche Dränungen vorgenommen worden sind. Auch das Gebiet der Weschnitz nördlich des Neckarschuttkegels, das mit einem alten Neckarlauf zusammenfällt, zeigt solch hohe Grundwasserstände. An zahlreiche kleine Inseln, die geringere Versumpfung anzeigen, klammern sich vielfach die Siedlungen an („hurst"-Orte). Wieder andere

Verhältnisse treffen wir im äußersten Süden zwischen Isteiner Klotz und Basel. Hier tritt das Gebirge schon nahe an den Strom heran, die Niederterrasse spaltet sich dort in mehrere Terrassen auf, die verschiedenen ehemaligen Eisvorstößen entsprechen; zudem wird der Untergrund von Felsschwellen durchzogen, die sich, z. B. bei Efringen, auch als Barren im Strombett bemerklich machen. Hier kommen also schon die individuellen Züge zu ihrem Recht, die bei der Untersuchung des Grundwassers in Flußtälern die Regel bilden.

Weitere Zusammenhänge des Grundwasservorkommens mit dem Boden, der Waldbedeckung und der Siedlung. Die Ablagerungen in der Rheinebene werden nach Norden allmählich feinkörniger, weil der Schuttkegel des alten Rheingletschers seine Wurzel in der Gegend von Basel hat. Im Zusammenhang damit und mit dem weiter vorgeschrittenen Verwitterungszustand wächst auch die Fruchtbarkeit des Bodens im allgemeinen gegen Norden hin. Einen Höhepunkt erreicht sie im Schuttkegel des Neckars, der im Gegensatz zum Rheinschuttkegel aus recht feinem Material zusammengesetzt ist, während die Uferbezirke in Südbaden und die Sandböden des Hardtwaldes um Karlsruhe wenig zur Rodung und zum Ackerbau einluden. Wenn wir als Urlandschaft unter den heutigen klimatischen Verhältnissen den *Wald* ansehen müssen (GRADMANN), so haben ihm die Siedler sein Gelände sowohl in der Rheinaue als in den sumpfigen Niederungen am Fuß der Gebirge belassen, aber auch da, wo ihnen der Boden zu dürftig erschien. Im allgemeinen aber wurden die *Gegenden mit tiefliegendem Grundwasserspiegel von den Siedlern bevorzugt*, während Gebiete mit hohem Grundwasserstand geradezu gemieden wurden. Dies mag überraschend scheinen, denn Wasser und Siedlung sind ja zwei zusammengehörige Begriffe! Aber der Siedler will das Wasser nur in seiner Nähe, nicht in dem Untergrund, auf dem er lebt. So sind bevorzugte Plätze für die ältere Siedlung der Gebirgsrand, wo sich neben den ausströmenden Bächen genug trockenes Gelände findet, und dann wieder der Rand des Hochgestades, wo die Niederterrasse weite Möglichkeiten für den Anbau und der Fuß des Hochufers reiche Quellen bietet. Aber die Grundwasserströme am Ausgang der Gebirgstäler, dazu in Baden der untere Rand des Hochgestades und der Uferbereich des Rheins, besonders im Südteil, gehören auch für die moderne Siedlung zu den Stellen, wo der Bedarf am leichtesten gedeckt werden kann. — Weiteres zum Grundwasser in der Oberrheinebene siehe bei SCHWARZMANN.

Die starken Grundwasservorkommen der Oberrheinebene sind den lockeren diluvialen Sanden zu verdanken. Auch sonst sind die losen Aufschüttungen der Eiszeit und Nacheiszeit wichtige Grundwasserspeicher. In erster Linie sind hier die sog. *Urstromtäler* in Norddeutschland zu nennen (Abb. 98). Man nimmt an, daß diese Täler alten Eisrandlagen entsprechen, wobei das Schmelzwasser wegen des nach Süden ansteigenden Geländes seinen Weg zum Meere im Westen vor der Gletscherfront suchen mußte. Charakteristisch ist der staffelartige Grundriß der heutigen Flußläufe, der durch Hinüberwechseln von einem Urstromtal zum nächsten entsteht. Dementsprechend floß die ehemalige Weichsel über das Tal der Netze der Oder zu, die Oder über das Spree- und Haveltal zur Elbe usw., alles natürlich in starkem zeitlichem Wechsel. Die Abflußrichtung des jetzigen Grundwassers in den Urstromtälern stimmt aber mit der Ost-West-Richtung der ehemaligen Ströme nur teilweise überein. Die postglaziale Entwicklung und die Eintiefung der rezenten Ströme hat auch geänderte Entwässerungsrichtungen geschaffen, während der Charakter der Urstromtäler als Grundwasserspeicher geblieben ist.

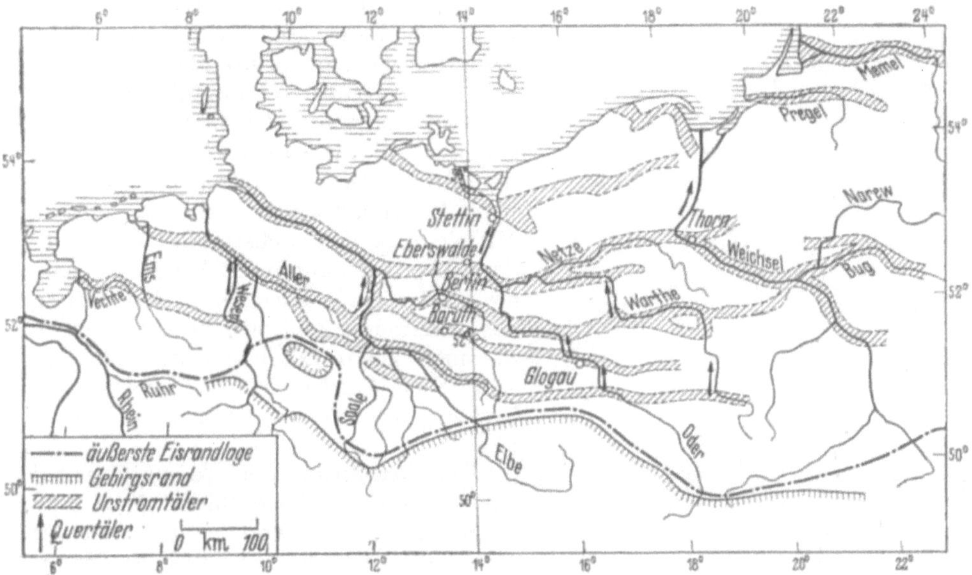

Abb. 98. Urstromtäler in Norddeutschland.

5. Räumlich-zeitliche Schwankungen des Grundwassers.

Außer den langjährigen Schwankungen zeigt das Grundwasser überall einen jährlichen Gang, der sich aus dem Verhalten der Niederschläge und der Temperatur herleitet. Von den aus dem Hochgebirge kommenden Flüssen, die ihren Hochstand im Sommer haben, wird auch das umgebende Grundwasser stark beeinflußt. Hierzu das Beispiel des Oberrheins!

Zwei Schwankungstypen sind in der Oberrheinebene zu unterscheiden. Die von der sommerlichen Überregnung der Alpen und der Gletscherschmelze herrührende Hochwasserwelle des Rheins teilt sich auf einige Kilometer Breite auch seiner Umgebung mit. Dabei kommt der Hochstand des Grundwassers zur Zeit der Rheinanschwellungen durch einen Rückstau vom Strom aus zustande; der Strom selbst spart seine unterirdischen Zuflüsse auf und schafft sich dadurch einen Speicher für Trockenzeiten. — Im Gegensatz zu diesem „Rückstautyp" der Grundwasserwarten stehen die weiter vom Strom entfernten Stationen; diese geben — mit gewisser Verzögerung — den Gang des örtlichen Niederschlags und der Zuflüsse aus dem Schwarzwald wieder. Eine scharfe Grenze zwischen den verschiedenen Schwankungstypen existiert nicht; stark abgeschwächt geht der Einfluß des Stromes bis an den Bergrand. — Eine Übertragung dieser Betrachtungen auf andere Flußgebiete ist möglich; aber die Verhältnisse sind in der Oberrheinebene insofern sehr günstig, als die Maxima beim Strom und seinen Nebenflüssen zu verschiedenen Zeiten liegen, so daß auch im Grundwasser eine für die Speicherung förderliche Interferenz der Wasserstände eintritt. Beispiele für den Gang des Grundwassers in Sachsen finden sich in der (späteren) Abb. 153, die neben langjährigen Schwankungen auch den *durchschnittlichen Gang innerhalb des Jahres* enthält.

Für ganz Deutschland lassen sich Kärtchen für den *durchschnittlichen Eintritt der extremen Monatsmittel* beim Grundwasserstand herstellen; dieser verspätet sich mit der zunehmenden Kontinentalität. Im Westen bestimmt sich der höchste Stand unmittelbar aus den ozeanischen Winterregen und ist etwa

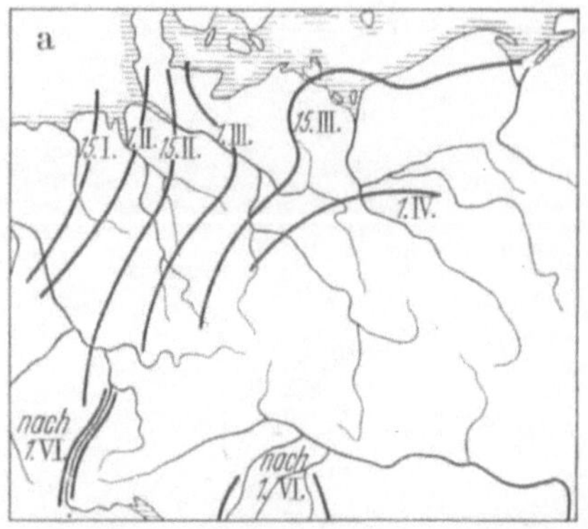

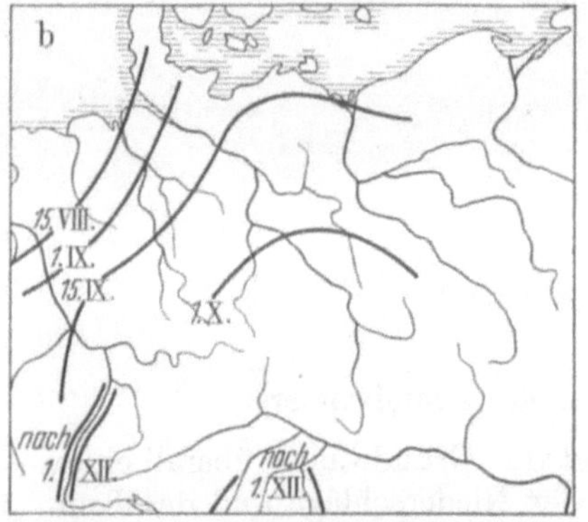

Abb. 99. Verspätung der Extreme des Grundwasserstands (a = Maximum, b = Minimum) in 2,5 m Tiefe in Mitteleuropa.

auf den 15. Januar anzusetzen. Je weiter wir nach Osten und in das Innere des Festlandes gehen, desto mehr verspätet sich der Eintritt, weil die Zahl der Frosttage anwächst, der Niederschlag in steigendem Maße als Schnee fällt und dadurch der Zutritt zum Grundwasser verzögert wird. So finden wir im östlichen Teil von Mitteleuropa den höchsten Stand erst um den 1. April. In ähnlicher Weise wirkt sich die kontinentale Lage durch Verspätung des Minimums aus, wobei die starken Sommerregen im Osten mitwirken. Durchschnittlich beträgt die in diesem Raum hervorgerufene Verzögerung zwei Monate (Abb. 99).

Die Reduktion der Verspätung auf eine einheitliche Tiefe (hier 2,5 m) muß vorgenommen werden, da auch mit der Tiefe selbst eine Verzögerung der Grundwasserstände eintritt. — In Südbrasilien sind Verspätungen der Grundwasserhochstände um rund $^1/_2$ Jahr beobachtet (in 18 m Tiefe!), so daß das Maximum in der Mitte der jährlichen Trockenzeit fällt (Rawitscher).

Endlich läßt sich auf Grund einer Reihe von tiefen Brunnen feststellen, wie sich die Extreme der Grundwasserstände der *Größe* nach mit wachsender Tiefe verhalten (Abb. 100). Aus den deutschen Jahrbüchern für die Gewässerkunde wurden für mehrere hundert Stationen die Mittelwerte (meist für 1916/35) der Monate berechnet, auf die Tiefen nach Metern bezogen und den extremen Monatswerten gegenübergestellt. Eine deutliche Zunahme der Schwankung mit der Tiefe zeigt sich nur bei den Extremwerten, die

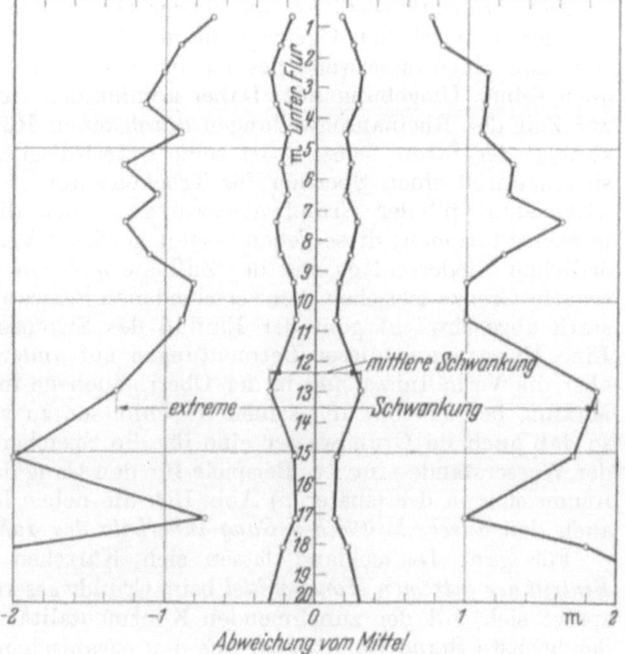

Abb. 100. Tiefengliederung der mittleren und der absoluten Monatswertextreme des Grundwasserstandes (Abweichungen vom Jahresmittel).

aber wegen der zunehmenden Dichte des Gesteins nach unten keine Zunahme der Schwankung im Wasser*wert* (Näheres S. 140 u. 279) bedeutet; aus dem Gleichbleiben der mittleren Schwankung mit wachsender Tiefe muß man eher auf eine Abnahme des Wasserumsatzes in der Tiefe schließen, die ja an und für sich wahrscheinlich ist. Beim Vergleich der extremen Schwankungen mit den mittleren zeigt sich ein ziemlich einfaches Verhalten: die (mehr zufälligen) Änderungen der mittleren Schwankung mit der Tiefe wiederholen sich durch Vergrößerung der Zacken und der Einbuchtungen bei den extremen Werten. Dies ist für die Abschätzung extremer Werte aus den mittleren (und umgekehrt) bemerkenswert. — Auch die Verteilung der positiven und negativen Abweichungen um die Mittelwerte zeigt in allen Tiefen eine gewisse *Symmetrie*; das Grundwasser verhält sich hier anders als die Flüsse, bei denen das Hochwasser viel stärker vom Mittelwert abweicht als das Niedrigwasser. Der Grund liegt darin, daß ein übermäßiger Anstieg des Grundwassers dieses zum Austritt aus dem Boden zwingt, daß also die Hochwasserspitzen von vornherein abgeschnitten werden (spätere Abb. 164).

F. Gewässerkunde und Biologie.

I. Wald und Wasser mit ihrer Lebewelt.

1. Pflanzenwelt und Gewässer. Wasserhaushalt im Walde.

Die Pflanzendecke hat uns schon vom Standpunkt des Technikers aus bei den Wildbachverbauungen (s. S. 27f.) kurz beschäftigt: wir erkannten in einer planmäßigen Bepflanzung der Hochlagen ein Hauptmittel gegen die übermäßige Erosion und Aufschüttung. Auch der Wasserhaushalt im Boden (S. 140ff.) hat schon eine Brücke von der Gewässerkunde zur Biologie geschlagen. Aber die Rolle des Waldes geht über die bisher besprochenen Anwendungsgebiete weit hinaus! Die Pflanzendecke beeinflußt den Wasserhaushalt ganz allgemein dahin, daß sie den Hochwasserabfluß abdämpft und eine schädliche Bodenabtragung verhindert. Diese Wirkungen sind unbestritten. Man ist allerdings zeitweise darüber hinausgegangen und hat gemeint, daß der Wald allgemein niederschlagssteigernd wirke. Aber neuere Untersuchungen von SCHUBERT in der Letzlinger Heide nordwestlich Magdeburg (die sich älteren in der Görlitzer Heide anschließen) haben ergeben, daß nur etwa 6% des Niederschlags auf die Bewaldung zurückzuführen sind. Bei dem kleinen Überschuß dürfte es sich darum handeln, daß der Wald wie eine leichte Bodenerhebung wirkt und daß die Transportkraft des Windes für den Niederschlag durch die Baumkronen etwas geschwächt wird. Die bekannte Annahme, daß das bei Niederschlagsreichtum im Walde zurückgehaltene Wasser in den folgenden Trockenzeiten die Quellen speise, dürfte in *gewissem Umfang* zutreffen. Solche Fälle treten in regenreichen Hochlagen auf, z. B. in dem von ENGLER und BURGER untersuchten Sperbel- und Rappengraben in der Schweiz (unweit Bern); hier kommt tatsächlich der gespeicherte Hochwasserabfluß den Niederwasserzeiten zugute, weil die Niederschlagsmengen an und für sich hoch und die Pausen zwischen den Regenfällen verhältnismäßig kurz sind. Aber in regenärmeren und höher temperierten Gebieten liegt der Fall anders: hier wirkt der Wald als starker *Verbraucher* in Trockenzeiten. Wohl hält er auch hier die Hochwasserwellen zurück, aber er verbraucht diesen Vorrat in den folgenden Wochen in der Hauptsache für sich selber. Ganz auffallend ist z. B. in Trockenzeiten die Wasserarmut des Goldersbaches bei Tübingen (Württemberg), der aus den stark bewaldeten Teilen des Schönbuchs kommt. Auch Hochmoore verhalten sich ähnlich. Man hat sie schon

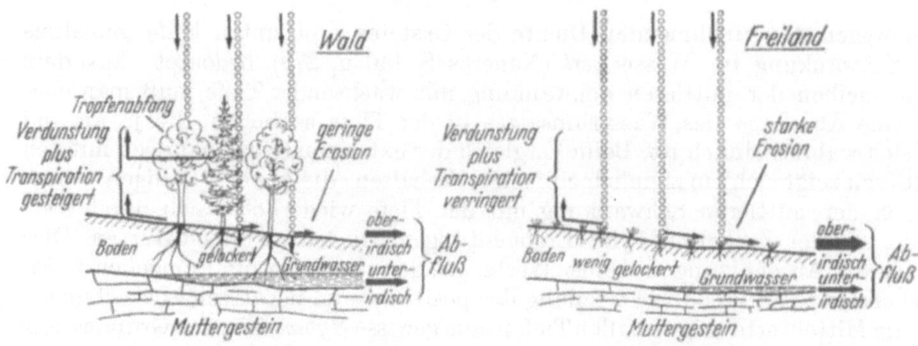

Abb. 101. Wasserhaushalt im Walde vor und nach der Entwaldung.

mit Schwämmen verglichen, die sich in Regenzeiten vollsaugen und den Abfluß regeln. Dies ist aber nur teilweise richtig; denn das gespeicherte Wasser wird in der Hauptsache durch gesteigerte Verdunstung *an die Luft* zurückgegeben.

Im ganzen überwiegt die *positive* Rolle des Waldes, wie der Pflanzendecke überhaupt, für den Wasserhaushalt. Der Raubbau an den Wäldern, wie er in den Mittelmeerländern schon vor langer Zeit betrieben wurde, hat die Wasserführung der Flüsse durch Verschärfung der Extreme sehr ungünstig beeinflußt; vgl. dazu Haase und Freckmann. Man hört im Zusammenhang mit der Entwaldung auch oft den Ausdruck „*Versteppung*". Dieser Begriff hat sich auf Grund von alarmierenden Nachrichten über Zerstörung von Ackerland in USA, unter dem Eindruck vom Sinken des Grundwasserstandes in trockenen Sommern u. ä. stark eingebürgert. Es mag sein, daß durch Kultureinflüsse da und dort eine Verschlechterung des Bodens eingetreten ist. Aber im Sinne eines Einflusses auf das regionale Klima und die Abflußzustände werden solche Vorgänge, mindestens für das humide Mitteleuropa, *übertrieben*. Vgl. S. 29f., S. 113, S. 155; Wasserwirtschaft (s. Bem. 7, S. 310) 1951, H. 10; Troll (Geog. Tagung Frankfurt 1951).

Der Zusammenhang der Vegetation mit den Gewässern wird am besten klar, wenn man auf den Wasserkreislauf im Walde eingeht. Auch hier spielen, wie beim allgemeinen Kreislauf des Wassers, die drei Größen Niederschlag N, Verdunstung V und Abfluß A herein, wobei wieder $N = A + V$ ist. Vom Niederschlag N wird im Wald ein Teil durch die Baumkronen aufgefangen, und zwar um so mehr, je schwächer der Regen ist (sog. interception = Tropfenabfang, s. Abb. 101). Der Betrag wird auf 15 bis 25% von N geschätzt; hiervon läuft wieder ein Teil an den Stämmen herab [vgl. Ref. Bundesanstalt (s. Bem. 1a, S. 310) Nr. 29]. Man wollte die geringere Erosion in Waldgebieten darauf zurückführen, daß die Energie der fallenden Tropfen auf diese Art geschwächt werde; doch hat Chapman darauf hingewiesen, daß die von den Blättern und Zweigen abrinnenden Tropfen größer seien als die aus der Luft kommenden und daß erst das Niederholz den Aufprall des Wassers breche. Aber der Hauptgrund für die *dämpfenden Eigenschaften des Waldes* beim Abflußvorgang dürfte an und in der *Boden*oberfläche liegen. Die Waldstreu wirkt in dieser Richtung, ferner lockern die Wurzeln der Bäume den Boden auf und werden in dieser Tätigkeit durch allerlei Tiere (Würmer, Insekten) sowie durch die Bodenbakterien unterstützt. Es entsteht hier ein Gefüge, das viel lockerer ist als im freien Felde; denn der Boden im freien Feld, besonders im Rasen, entwickelt eine gewisse Festigkeit und läßt das Wasser viel schwerer zum Einsickern kommen als im Walde. Aus diesem Vergleich folgt, daß das freie Feld im allgemeinen etwas mehr Wasser an die Flüsse abgibt, aber örtlich und zeitlich in schlechter Verteilung; im Wald geht eine gewisse Speicherung, d. h. Steigerung der Grundwasserbildung, vor sich, allerdings auch stärkerer Verbrauch in Trockenzeiten. — Außer der Regulierung der Wasserbilanz macht der Wald seinen Einfluß noch in anderer Weise geltend: die Windwirkung wird gemildert, der Boden vor rascher Austrocknung geschützt; die Schneedecken halten sich länger in den Wäldern. Diese Einflüsse dehnen sich auch auf Lichtungen aus, die sich *zwischen* den Wäldern befinden. KAEMPFERT betont die Niederschlagsanreicherung im Lee von Windschutzstreifen, die ganz ähnlich vor sich geht wie die Anhäufung von Schnee bei Hindernissen (Abb. 49). Man vergleiche damit auch die Ausführungen von LEIMBACH (2).

Zur Beurteilung der Erosion hat man auch die Schwebstoffmengen gemessen, die von Kahlschlägen abgetragen wurden, und fand sie größenordnungsmäßig gleich dem Siebenfachen der entsprechenden Waldflächen; aber *besonders* hohe Werte, die über die auf S. 113 genannten Beträge *hinausgingen*, sind bei Entwaldungen nicht bekannt geworden.

Will man den Einfluß der Entwaldung auf den Wasserhaushalt feststellen, so muß man immer auch noch die anderen Faktoren berücksichtigen: Relief. Größe und Verteilung der Niederschläge, geologischer Untergrund haben mindestens dieselbe Wirkung wie die Waldbestockung, und man darf Vergleiche nur für sonst gleiche Verhältnisse vornehmen. Dies ist bei der nachstehenden Zusammenstellung zu beachten. Nach einem Referat von FRIEDRICH (4) sind die

Jahresbeträge in mm bei Versuchsgebieten:		N	A	V
Schweiz	Sperbelgraben (bewaldet)	1600	951	649
	Rappengraben (70% unbewaldet)	1660	1031	629
USA Nord-Carolina	Coweeta (bewaldet)	1690	614	1076
	Coweeta (entwaldet)	1800	1118	682
USA Colorado	Wagon Wheel Gap (bewaldet)	540	158	382
	Wagon Wheel Gap (entwaldet)	528	185	343

Hierzu sei bemerkt: Die V-Verluste sind bei den Schweizer Gebieten (nach ENGLER und BURGER) — besonders im Vergleich zu anderen schweizerischen Gebieten, für die von O. LÜTSCHG genaue Messungen vorliegen — auffallend hoch; es müßte bei einer Mitteltemperatur von 5° bis 6° ein viel kleineres V herauskommen (A zu niedrig bestimmt?). In Nord-Carolina dagegen sind bei den dort herrschenden Temperaturen (subtropisches Gebiet!) die gefundenen V-Werte durchaus einleuchtend, ebenso sind es die für Colorado gemachten Angaben, weil diese Gebiete eine große Meereshöhe besitzen. Die großen Unterschiede der N-Werte sind klimatisch bedingt. Auf Grund der Werte für Nord-Carolina kann man schließen, daß die Bewaldung mit steigender Temperatur einen rasch wachsenden Einfluß auf die Höhe der Verdunstung gewinnt. — Von einem neu eingerichteten Versuchsgebiet in der Eifel (Hürtgenwald) sind weitere Ergebnisse zu erwarten (s. Bem. 12, S. 310). — Über Schutzwaldstreifen in der Sowjetunion vgl. O. LANGBEIN in Mitt. Geog. Ges. Wien 1952, S. 55. — Zu wünschen wären genauere Untersuchungen über die *Abflußverzögerung* durch den Wald sowie die Differenzierung des Einflusses nach der Art der Bestockung; Fichtenbestände weisen geringere Speicherkraft auf als andere Baumarten.

2. Aufteilung der Verdunstung in Oberflächenverdunstung und Transpiration.

Die aus $N - A$ bestimmte Landesverdunstung V setzt sich aus zwei verschiedenen Teilen zusammen, der *direkten Verdunstung* von der Oberfläche des Bodens, von den Pflanzen und den vorhandenen Wasserflächen einerseits, von der *Transpiration* der Pflanzen andererseits. Der Vorgang wird noch dadurch kompliziert, daß der Tropfenabfang durch die Bäume die Oberflächenverdunstung vergrößert und daß schwache Regen auf diese Weise dem Eindringen in den Boden und der Transpiration der Pflanzen ganz entzogen werden. Immerhin gelangt der größte Teil des abtropfenden Wassers auch auf die Erdoberfläche und hat infolge Verlangsamung des Abflusses sogar bessere Gelegenheit, sich den Pflanzenwurzeln zu nähern. — Den Gegensatz zwischen dem Wasserhaushalt des Waldes und des Freilandes (bzw. nach der Entwaldung) gibt Abb. 101 wieder, wo auch die Grundwasserverhältnisse dargestellt sind.

Die Transpiration direkt zu messen, ist oft versucht worden, indem man die Wassermengen bestimmte, die den wichtigsten Kulturpflanzen in der Vegetationsperiode zugeführt werden müssen. Die für den Wasserkreislauf maßgebende Größe (Transpirationshöhe) ergibt sich als Produkt aus der tatsächlichen Erzeugung je km^2 in 10^6 kg und der Anzahl Liter Wasser je kg Trockensubstanz. Nach einer Zusammenstellung, die 1939 auf Grund der Untersuchungen von VAGELER und SCHOENEFELDT gemacht wurde [WUNDT (3)], beträgt die

Transpirationshöhe (mm) je Vegetationsperiode:

Grasflächen (einschließlich Weiden) 184 bis 272 (Mittel 228); Kleegewächse 194 bis 248 (Mittel 221); Roggen, Weizen, Gerste 132 bis 278 (Mittel 205); Mais und Hafer 60 bis 154 (Mittel 107); Hackfrüchte 162 bis 176 (Mittel 169); Laubwald 161; Nadelwald 167.

Diese Werte werden auch von O. LÜTSCHG (1. Bd, 1. Teil, 1949) angeführt. Es handelt sich hier nur um rohe Schätzungen; aber auch solche bieten mehr als eine Beiseitestellung aus Mangel an genauen Grundlagen.

Nach Angaben von R. KELLER (2), die für den Niederrhein gültig sind, beträgt die Transpiration bei Trockenwiesen 200 mm, bei Fettwiesen 330 mm; für den Wald werden ähnliche Beträge (um 300 mm) angenommen. — Man kann von der für *Deutschland* (in nicht zu hohen Lagen) gültigen *Landesverdunstung* (rund 450 mm) etwa 300 mm der Transpiration, 150 mm der Oberflächenverdunstung zurechnen. Eine weitere Unterteilung auf die Pflanzenarten ist vorläufig nicht durchführbar. Zur Feststellung des Wasserverbrauchs soll nach R. KELLER eine Kartierung der Pflanzengesellschaften nicht erforderlich sein, da die transpirierte Wassermenge pro Flächeneinheit nur von der erzeugten Menge Pflanzensubstanz abhänge. Diese Anschauung ist aber durch Messungen nicht genügend belegt. Bis auf weiteres wird die Abhängigkeit von der *Temperatur*, die den Einfluß der Luftfeuchtigkeit in vereinfachter Weise zum Ausdruck bringt, als Hauptmittel zur Analyse der Landesverdunstung zu gelten haben (s. S. 253 f.).

Extremfälle der Verdunstung werden besser verständlich, wenn wir die *Lysimeterbeobachtungen* zum Vergleich heranziehen. Lysimeter sind Erdklötze, die unter möglichst natürlichen Bedingungen in den Erdboden eingesenkt und in ihrem Wasserhaushalt durch Wägung kontrolliert werden. Um Vergleiche zu erhalten, wird das eine Mal eine kahle Oberfläche (Sand), das andere Mal ein Bewuchs mit Gras oder mit jungen Kiefern hergestellt, in weiteren Versuchsreihen ein künstlicher Grundwasserstand, der natürlich erhöhend auf die Verdunstung wirkt. Nach diesen von FRIEDRICH (2) begründeten und von GÖHRE übernommenen Anlagen in Eberswalde bei Berlin kann man etwa folgende Schlüsse ziehen [WUNDT (3)]: Die Landesverdunstung setzt sich aus verschiedenen Stufen zusammen; die erste Stufe vom Boden *ohne* Vegetation umfaßt 178 mm i. Jahr. Die zweite Stufe (grasbedeckter Boden, aber ohne Grundwasser) liefert ungefähr das Doppelte des vorigen Wertes; eine weitere Steigerung um über 100 mm tritt mit dem Wechsel der Bepflanzung (Bäumchen statt Gras) ein; der größte Anstieg ist endlich dann zu finden, wenn die Wurzeln mit dem sog. „Grundwasser" in Berührung treten; dann steigt beim Gras V bis 706 mm an und würde bei Bäumchen wohl noch höhere Beträge erreichen. Diese Werte, verglichen mit dem aus der Bilanz $V = N - A$ für Flußgebiete ermittelten Wert (in Mitteleuropa etwa 500 mm), weisen darauf hin, daß niedrige Beträge aus Gegenden mit tief liegendem Grundwasser mit hohen Werten an anderen Stellen zu einem Mittelwerte sich *ausgleichen*. Merkwürdig ist, daß die Verdunstung bei hohem künstlichem Grundwasserstand sowohl den Niederschlag als die gleichzeitigen Messungen mit einer WILDschen Waage (d. h. die Verdunstung von einer freien Wasserfläche) weit hinter sich läßt! Es wird dadurch bestätigt, daß die Verdunstung von einer Landoberfläche u. U. die von einer Wasseroberfläche übersteigen kann (vgl. dazu CONRAD).

Die Berechnungen der *Seeverdunstung* (aus Bilanzen von Zu- und Abfluß sowie von N und A) haben für den Zugersee und den Aegerisee in der Schweiz nur 775 und 740 mm, (als Beispiele größerer Flächen, vgl. S. 177) im Jahr ergeben. Man kann sich dies so erklären, daß zwar die Möglichkeit der Verdunstung von einer ebenen Wasserfläche an und für sich größer ist als die von einer ebenen Landfläche, daß dies aber durch die *vertikale Erstreckung des Verdunstungsapparates* bei den Pflanzen, die mit einer vergrößerten Oberfläche verbunden ist, mehr als ausgeglichen wird. Wir müssen annehmen, daß in sumpfigen Gegenden die Vegetation nicht bloß den Niederschlag, sondern auch von außen zuströmendes Grundwasser aufzehren kann. Würden diese Gegenden vom Grundwasserzufluß abgeschnitten, so würde sich dies von selbst dadurch regeln, daß durch Sinken des Grundwasserstandes die Wurzeln den Kapillarsaum nicht mehr erreichen und die Vegetation aus dem Zustand der Überernährung in einen normalen zurückgeht (Gleichgewichtszustand). Solche Erscheinungen müssen sich bei der Entwässerung von *Flußniederungen* zeigen. Soweit hier im Sinne der Nutzproduktion ein übermäßiger Wasserverbrauch stattfindet, sind solche Entwässerungsmaßnahmen vom Standpunkt des Wasserhaushalts gerechtfertigt; aber auch hier können durch Anpflanzung passender Holzarten die Erträge mit dem Wasserverbrauch in Einklang gebracht werden. Man muß annehmen, daß der Zustand, wo die Pflanzen mit ihren Wurzeln direkt das Grundwasser ansaugen, doch mehr die Ausnahme ist, während das Eintauchen in den Kapillarsaum zu den normalen Fällen gehört. Aber darüber hinaus gibt es große Flächen in Deutschland, wo auch der Kapillarsaum nicht erreicht wird, weil das Grundwasser viel zu tief liegt. Dies trifft für die Schwäbische Alb und den Fränkischen Jura mit ihren Karstgebieten zu, aber auch für Teile des Vorlandes der Alpen, wo mächtige Schotterdecken das Wasser in die Tiefe sickern lassen. Trotzdem weisen diese Gegenden eine reichliche Vegetation auf. Dies kann nur so erklärt werden, daß Niederschläge von 700 bis 1000 mm im Jahre bei richtiger Verteilung durchaus genügen, um den für die Pflanzendecke nötigen Wasserkreislauf auch ohne Grundwasser zu sichern. Allerdings muß die Bodenkrume in den oberen Schichten so viel Rückhaltekraft für das Niederschlagwasser besitzen, daß die Vegetation schon beim Hinabsickern des Wassers ihren Bedarf decken kann.

Aus unseren Betrachtungen wird auch die reiche Flora, die den Ufersaum der Flüsse in halbariden Gegenden und im Bereich der Savannen begleitet, verständlich: hier ist die Pflanzendecke auf das Grundwasser *angewiesen* und muß ferne von den Wasserläufen verkümmern. In den humiden Gebieten nährt der Niederschlag die Pflanze in erster Linie *direkt* mittels der oberen Bodenschichten; aber jeder kräftige Regen schickt außerdem einen Schuß Wasser in die Tiefe, aus dem sich das Grundwasser ergänzt. Fängt schon das Blattwerk der Vegetation einen Teil des Regens ab, so trifft dies noch mehr für das Wurzelwerk zu, das einen weiteren Teil beim Einsickern für sich in Anspruch nimmt, ehe es das Grundwasser erreicht. Das örtlich gebildete Grundwasser (also soweit es nicht von den Flüssen kommt) erscheint so als Überschuß der *kräftigen* Regen sowie der Zeiten, wo die Pflanzen infolge der Winterruhe wenig für sich beanspruchen. Die ungünstigen Folgen trockener Sommer in Form von Mißernten können durch *einen* „durchschlagenden" Regen gemildert werden; so erhielt die Gegend östlich von Freiburg i. Br. im Trockensommer 1947 *einmal* einen kräftigen Regen, der ihre Kartoffelernte vor den anderen Landesteilen deutlich heraushob. In unserem *Hochsommer* mit Temperaturen von 25° bis 30° nähert sich die Verdunstung den *tropischen Verhältnissen*, wo die Landesverdunstung (aus $N - A$ bestimmt) auf jährlich 1100 mm ansteigt, also *auf den Tag* umgerechnet *etwa 3 mm* beträgt. Dieser Wert gilt auch bei uns für heiße Tage bei genügender Feuchtigkeit; für den Durchschnitt des Sommers nur 1 bis 2 mm, während für den Winter noch sehr viel kleinere Beträge anzunehmen sind.

Schoenefeldt und Alten [Wundt (3)] haben interessante Überlegungen darüber angestellt, wie stark man durch vermehrte Ausnützung des Niederschlags für die Pflanzendecke den Wasserkreislauf beeinflussen kann; Schirmer gibt eine Schätzung des Betrages, wie weit eine solche Beeinflussung in Mitteleuropa tatsächlich schon stattgefunden hat. Für beide Werte findet man als Größenordnung eine Steigerung der Verdunstung um 60 mm jährlich. Schoenefeldt nimmt an, daß die Erhöhung der Verdunstung zur einen Hälfte dem Abfluß entnommen wird, zur anderen durch den inneren Kreislauf des Wasserdampfs dem Niederschlag zugute kommt. Man kann diese Vorstellung auf folgende Art stützen: was mehr verdunstet wird, wird auf die Dauer auch mehr kondensiert; eine Abnahme des Abflusses kommt in einer Steigerung des Regens wieder zum Vorschein, und da wir die Verdunstung endgültig aus der Differenz $N - A$ bestimmen, müssen ihre Änderungen doppelt so groß erscheinen als die des Abflusses und des Niederschlags. Eine Steigerung der Verdunstung um 60 mm wäre also mit einer Niederschlagsmehrung und einer Abflußminderung von je 30 mm verbunden. Ein Teil der Mehrverdunstung wird bei uns allerdings als Niederschlag nicht dem Ort der Steigerung, sondern den weiter östlich liegenden Gegenden zugute kommen; an welcher Stelle und wieviel, hängt von Richtung und Geschwindigkeit der Weströmung und vom inneren Kreislauf ab. — Es ist wahrscheinlich, daß solche Steigerungen der Verdunstung eingetreten sind bzw. noch eintreten können, aber es wird sehr schwer sein, sie exakt nachzuweisen, da eine Zunahme des Niederschlags um 30 mm jährlich weit weniger ist, als was sonst an Schwankungen in trockenen und nassen Klimaspannen beobachtet wird. Änderungen der Niederschlagshöhe um solch kleine Beträge werden von den unregelmäßigen Schwankungen, die das Klima ständig mit sich bringt, bis zur Unkenntlichkeit überdeckt. — Man kommt bei diesen Überlegungen zu der Vorstellung eines *Gleichgewichts*, das sich zwischen N, A, V und der *Pflanzendecke* einstellt. Wohl ist der Niederschlag das Primäre, aber die Pflanzen stellen sich auf ihn ein, geben ihn größtenteils durch ihre Transpiration zurück und beeinflussen auf diese Weise selbst wieder den Niederschlag. In diesem Sinne sind auch die Projekte zur Klimaverbesserung von Davydow und Hiehle (vgl. S. 47) zu verstehen. Weite, im Sinne eines Abflusses nach außen hin *aride* Bezirke haben dennoch eine innere Wasserbilanz, die sie zu kulturellen Erträgnissen befähigt; denn das A der humiden Gebiete erfaßt ja nicht *den* Teil der Niederschläge, der in den Boden eindringt und durch die Pflanzenwurzeln wieder an die Oberfläche zurückkehrt. Die Pflanze ist, wie die Untersuchungen von Rawitscher u. a. gezeigt haben, in ihrer Wurzeltiefe außerordentlich anpassungsfähig. In den tief verwitterten Böden der Tropen gehen die Wurzeln bis 30 m (!) Tiefe hinab, weil erst dort ein Grundwasserleiter zu finden ist. Aber die Pflanzenwelt hat auch durch die Einwirkung des Menschen, besonders durch das Abbrennen der Wälder, tiefgreifende Veränderungen erlitten; so wird die Entstehung der *Savannen* jetzt großenteils durch Umwandlung des Urwaldes, Vernichtung der Laubkronen und Auswaschung der oberen Bodenschichten erklärt; sie sind nur teilweise als natürliche Landschaft aufzufassen (RAWITSCHER). Eine Betrachtung der Pflanzenwelt im Zusammenhang mit dem Wasserkreislauf sucht natürlich auch Folgerungen für die *Pflanzenarten* zu ziehen, die am passendsten verwendet werden. Aber man kommt damit auf Fragen, die weit über die Aufgaben des vorliegenden Buches hinausgehen; diese können sich jedenfalls nicht auf die Lebensbedingungen einzelner Pflanzen beziehen. Ein Hinweis sei da gestattet, wo planmäßige Züchtung bestimmter Arten auch die von den Gewässern gegebenen Bedingungen in anderes Licht setzt. Dies ist bei bestimmten Pappelsorten (Sammelname: kanadische Pappel) der Fall, mit deren Anbau in Flußniederungen und Auwäldern sehr günstige Erfahrungen gemacht wurden (Umwandlung von Auwald in Hochwald nach F. BAUER in Baden). Eukalyptusbäume werden in halbariden Gegenden (z. B. Palästina) zur Austrocknung von Sümpfen angepflanzt. Doch bleibt wohl die weitere Entwicklung — man denke an das Urteil über die Anpflanzung der Fichte, das sich doch schon stark gewandelt hat! — noch abzuwarten. Eine einleuchtende Entwicklung hat sich in den letzten Jahrzehnten dahin vollzogen, daß an Stelle des einförmigen Waldes wieder der *natürliche Mischwald* und an Stelle des gleichaltrigen Waldes das Nebeneinanderbestehen verschiedener Altersstufen (Plenterbetrieb) bevorzugt wird.

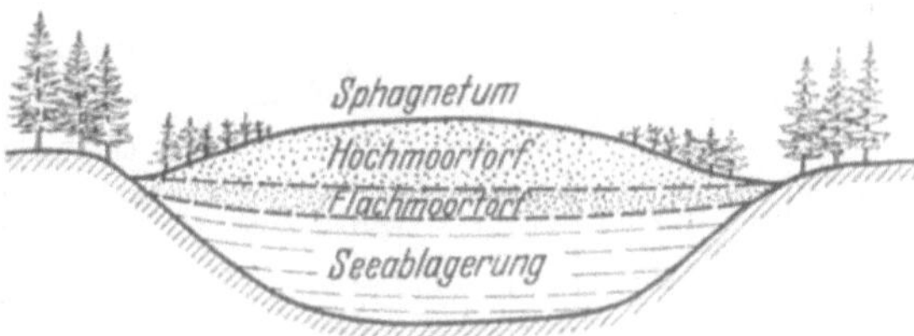

Abb. 102. Schnitt durch ein aus einem See entstandenes Hochmoor. Nach RUTTNER.

Über die Bedeutung der *Pflanzensoziologie* im allgemeinen für die Gewässerkunde vgl. H. SCHMIDT [Gedenkschrift (s. Bem. 1b, S. 310) 1952].

Eine nicht unerhebliche Änderung im Gewässerbild des Landes bringen die *Verlandungen* an Seen, die durch die *Pflanzendecke* am Ufersaum eintreten (Abb. 102). Auf die Ablagerungen am Grunde des Sees folgt zunächst der Flachmoortorf, im Gang der weiteren Entwicklung das uhrglasartig emporgewölbte Hochmoor. In der Regel geht die Verlandung von den Ufern aus; bei etwas größeren Seen ist *die* Seite bevorzugt, die dem Wellengang nicht stark ausgesetzt ist. Auch Verlandungen über schwimmende Inseln (losgelöste Uferbildungen) hinweg kommen vor.

Über das *pflanzliche Plankton* wird im nächsten Abschnitt 3 zusammen mit dem tierischen Plankton gesprochen werden.

3. Die Lebewelt der Gewässer (Hydrobiologie).

Die Lebewelt im Wasser selbst ist ebenso stark an *physikalische und chemische Bedingungen* gebunden wie die Pflanzen und Tiere, die nur von außen mit dem Wasser in Berührung kommen. Am klarsten tritt diese Abhängigkeit bei stehenden Gewässern zutage. Bekanntlich erreicht Süßwasser sein Dichtemaximum bei 4°; es wird also, wenn diese Temperatur im Laufe des Jahres überhaupt erreicht wird, am Grunde des Sees eine Temperatur von 4° zu finden sein, weil die schwersten Schichten dorthin absinken.

Abb. 103 zeigt, wie die Dichte des Wassers mit der Temperatur wechselt. Wir erkennen nicht nur die Lage des Dichtemaximums, sondern auch, daß sich die Dichte bei hohen Temperaturen ziemlich *rasch* ändert, während der Anstieg unterhalb von 4° und das Absinken oberhalb von 4° zunächst ganz langsam

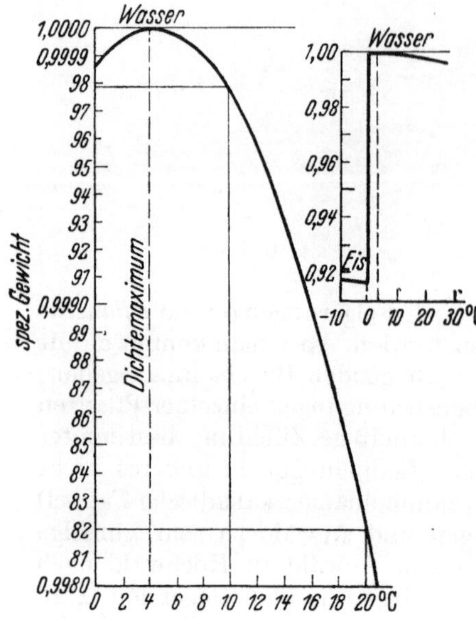

Abb. 103. Dichteänderung des Wassers mit der Temperatur. Darstellung nach RUTTNER.

vor sich geht. Beim Gefrieren (s. Nebenabbildung — mit anderem Maßstab!) tritt eine *plötzliche* Minderung der Dichte auf 0,9 ein.

Wir denken in diesem Zusammenhang auch an die Änderungen der Dichte durch Beimengungen von gelösten und von Schwebstoffen. Die mittlere Schwebstoffbelastung wird bei verschiedenen Alpenflüssen zu 200 bis 300 g/m³ angegeben; bei Hochwasser, bei tropischen und subtropischen Flüssen u. U. schon bei Mittelwasser, steigt sie auf 1000 g/m³ (Weiteres s. S. 113f.). Beim Hochwasser unserer Flüsse wächst die Dichte im allgemeinen um 0,001, bei den Höchstwerten der Alpenflüsse um 0,015. Andererseits zeigt Abb. 103, daß eine Änderung der Dichte um nur 0,0016 durch Abkühlung von 20° auf 10° hervorgerufen wird. Wir erkennen daraus die Kompliziertheit des ganzen Problems, das uns schon bei der Anlandung (Einfluß des Rheins in den Bodensee, s. S. 104) beschäftigte. — Eine wichtige Rolle spielt diese Frage bei der Einmündung der Flüsse ins Meer. Da sich die Dichte des Meerwassers zwischen 1,020 und 1,028 bewegt, so müssen schon extrem hohe Beimengungen im Süßwasser vorhanden sein, wenn es unter das Salzwasser untertauchen soll. Der normale Fall ist also eine Ausbreitung des Flußwassers über dem Meerwasser, die sich auch tatsächlich über 300 km vor der Mündung großer Ströme, z. B. der Kongomündung, im offenen Meer bemerklich machen kann (KALLE, S. 118).

Über die *Stabilität* der Schichtung wurde schon S. 77 gesprochen. Sie läßt sich nach BIRGE und W. SCHMIDT vom mathematisch-physikalischem Standpunkt aus behandeln (s. RUTTNER, 2. Aufl.). Zum folgenden vgl. die frühere Abb. 50. — Mit dem Eintritt der Sommerhitze tritt eine starke Erwärmung an der Oberfläche ein; da hierbei das Wasser leichter wird, kann ein Absacken nicht stattfinden, und es bildet sich in wechselnder Tiefe unterhalb der Oberfläche eine *Sprungschicht* heraus. Sie wird als *Metalimnion* bezeichnet, die darüberliegende warme Schicht als *Epilimnion*, die darunterliegende kalte als *Hypolimnion*. In der zweiten Jahreshälfte kühlt sich das Oberflächenwasser ab, wird dadurch schwerer, und schließlich wird ein Zustand erreicht, wo die Dichte in allen Schichten ungefähr dieselbe ist. Dadurch werden sie gegeneinander leicht verschiebbar, und es tritt die *herbstliche Instabilität* ein — im Gegensatz zum *Sommer*, wo starke *Stabilität* herrschte. Kühlt sich nun das Oberflächenwasser weiter unter 4° ab, so wird es von neuem etwas leichter, und es tritt die winterliche Stabilität ein, die aber wegen der geringen Dichteunterschiede bei weitem nicht den Grad der sommerlichen erreicht. Bildet sich dann im Winter eine Eisdecke, so stellt das, was darunterliegt, ein geschlossenes Ganzes dar, das nur mehr sehr kleinen Änderungen unterworfen ist. Nach dem Auftauen des Eises und leichter Erwärmung im Frühjahr tritt wieder der gleiche Zustand ein wie im Herbst, d. i. die *Instabilität des Frühjahrs* mit fast denselben Dichtewerten in allen Schichten, bis dann mit der allmählichen Erwärmung wieder die sommerliche Stabilität Platz greift. Temperatur und Dichteänderung sind also, geophysikalisch gesehen, als die wichtigsten Eigenschaften des Seewassers anzusehen. — Von etwas geringerer Bedeutung ist die Zähigkeit (Widerstand gegen das Fließen und gegen das Absinken schwebender Körper), das wir schon bei der Grundwasserbewegung kennen lernten. Die Temperaturschichtung hängt ferner stark von der *Durchflutung* (durch Winde und starke Zuflüsse) ab (Abb. 104), vgl. übernächsten Absatz.

Die Temperaturschichtung in künstlichen Seen, z. B. Talsperren, hat sowohl technische als biologische Bedeutung. Werden die Wasserauslässe der Staumauern von den tiefen Schichten des Stausees gespeist, so erhält der Unterlieger kaltes Wasser. Dies ist z. B. für die dort liegenden Badeanstalten, aber auch für die Bedürfnisse der Fischerei von Wichtigkeit; die Zufuhr wärmeren Wassers (im Sommer) von der Oberfläche her kann bis zu einem gewissen Grade reguliert werden. — Über die Einteilung der Seen in tropische, temperierte und polare s. S. 77.

Die Betrachtung der Stabilitätsverhältnisse gibt eine wichtige Grundlage für die biologische Einteilung. Die Stabilitätsperiode des Sommers ist die Zeit, wo sich vorzugsweise das Leben der Pflanzen und Tiere entwickelt; aber in Wirklichkeit werden diese Zustände, die sich ungestört nur in einem ruhend gedachten See aufbauen, durch die *Bewegungen des Wassers* stark abgewandelt. Die Verbreitung der Wärme von oben nach unten erfolgt in der Hauptsache nicht durch Leitung, sondern durch *Konvektion*, die in Form von Turbulenz (in ungeordneten kleinen Wirbelbewegungen) vor sich geht, ferner durch Strömungen, die teils von den Winden, teils von den Zuflüssen und Abflüssen des Sees in Gang gebracht werden. Bei den Seen der Tropen bewegt sich die Oberflächentemperatur das ganze Jahr um einen Wert von etwa 25°, und deshalb können auch die Tiefentemperaturen nicht sehr viel von ihm abweichen. Der geringen Stabilität wirkt allerdings der Umstand entgegen, daß in den höheren Temperaturbereichen die Dichte des Wassers sich rascher ändert als in kühleren Gewässern. Aber in den gemäßigten Breiten, die zugleich die nötige Sommerwärme entwickeln, kann sich im See eine sommerliche Stabilitätsschicht bilden, in der sich pflanzliches und tierisches Leben in Ruhe entwickeln kann (man denke an die sog. „Wasserblüte", die durch Massenentfaltung von Algen bedingt ist). — Die ***biologische Einteilung*** spricht von ***eutrophen***, d. h. nährstoffreichen, und ***oligotrophen***, d. h. nährstoffarmen Seen. Dabei findet sich der Nährstoffreichtum vor allem im Epilimnion, also den obersten Schichten, während in den nährstoffarmen Seen der Unterschied von Epilimnion und dem darunterliegenden Hypolimnion infolge der Durchmischung stark verwischt ist. Um Beispiele zu nennen, so gehören zum eutrophen Typus die meisten norddeutschen Seen, klein an Fläche und ohne starken Umsatz; zu den oligotrophen, der die Mehrzahl angehört, zählen die größeren und tieferen Seen der Voralpen, so der Genfer See mit seinen lebhaften Strömungen, die von den Winden und starkem Wasseraustausch vermöge der alpinen Zuflüsse herrühren. Es ist aber auch eine Wandlung von „oligotroph" in „eutroph" durch den Einfluß des Menschen möglich (Zufuhr von großen Mengen fäulnisfähigen Abwassers), wie LAUTERBORN am Beispiel des Züricher Sees gezeigt hat. In stark eutrophierten Seen können die Edelfische (Salmoniden: Felchen,

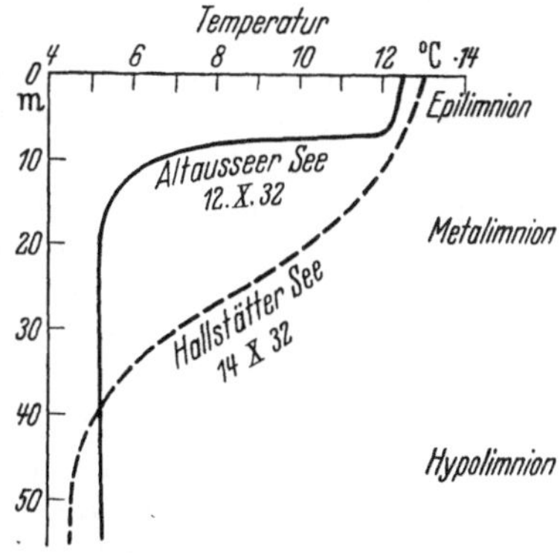

Abb. 104. Einfluß der Durchflutung auf die Mächtigkeit der Sprungschicht zweier benachbarter Seen. Nach RUTTNER.

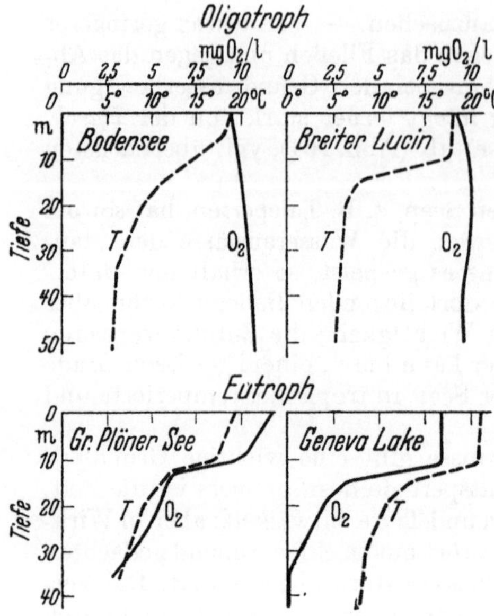

Abb. 105. Temperatur- und Sauerstoffverteilung in oligotrophen und eutrophen Seen. Nach RUTTNER.

Forellen usw.) nicht mehr wie in natürlichen Gewässern gedeihen. Dagegen verhindert — kulturgeographisch für das Tiefland betrachtet — eutrophes *Flußwasser* eine Ausdehnung der Hochmoore bis unmittelbar an die Flüsse, z. B. in Nordwestdeutschland, und erleichtert die Siedlung längs der Flußläufe.

Nach dem Grade des vertikalen Austauschs hat man für die Seen auch die Bezeichnungen „*meromiktisch*" (mit teilweiser Durchmischung) und „*holomiktisch*" (mit Volldurchmischung) geprägt; zu den ersteren wird der Krottensee (eutroph), zu den letzteren der Grundlsee (oligotroph), beide in Österreich, gezählt. Der Nährstoffgehalt hängt nicht bloß von den biologischen Faktoren im See selbst ab, obwohl diese auf die Dauer ein Eigenleben entwickeln; denn in letzter Linie müssen ja die anorganischen Stoffe, die zum Aufbau der Lebewesen dienen, von den Zuflüssen herangeschafft sein. In dieser Hinsicht sind aber die Voraussetzungen bei vielen Seen äußerst dürftig, namentlich bei solchen, die ihr Wasser aus armen Sandböden beziehen (z. B. beim Hohlohsee im nördlichen Schwarzwald). Hier kann sich wohl pflanzliches, aber wegen der Kalkarmut nur ganz wenig tierisches Leben entwickeln; am Boden lagert sich Torfschlamm ab, in der Umgebung siedeln sich Flachmoore an, und die weitere Entwicklung geht zur Hochmoorbildung und völliger Verlandung des Sees. Solche und ähnliche Seen werden den eutrophen und oligotrophen als *dystrophe* (extrem nährstoffarme) Seen gegenübergestellt.

Der Träger des organischen Lebens im freien Wasser des Sees ist das *Plankton*, jene frei schwebende und frei schwimmende Kleinlebewelt, die bei starker Entwicklung den biologischen Charakter des Gewässers bestimmt. Das Plankton, selbst in ein Phytoplankton und ein Zooplankton geschieden, setzt sich in der Hauptsache aus niederen Formen zusammen. Im Phytoplankton treffen wir neben Spaltpilzen vor allem Algen, und zwar sog. Blaualgen, und in stärkster Entfaltung Grünalgen, ferner die geißeltragenden „Flagellaten" sowie die Kieselalgen oder Diatomeen. Rotalgen, Moose, Farne und Blütenpflanzen sind gar nicht oder, wie die Pilze, nur sehr schwach vertreten. Im einzelnen überwiegen dort weitaus die Familien, bei denen die einzellige Lebensform oder die Bildung kleiner Zellverbände (Kolonien) die Regel ist (RUTTNER).

Im Zooplankton finden wir zunächst Urtiere (Protozoen), weiter Rädertiere und zahlreiche Gattungen und Arten von kleinen Krebsen. An Insekten trifft man aus diesem Kreis nur die Larve der Mückengattung Corethra an, die über die ganze Erde verbreitet ist.

Der Zusammenhang von Temperatur und Sauerstoffverteilung ist aus Abb. 105 zu ersehen. Das pflanzliche und das tierische Plankton ergänzt sich gegenseitig in seinen Lebensbedingungen. Das Phytoplankton erfüllt vor allem die Funktion, unter Mitwirkung des Sonnenlichts und des Chlorophylls (Blattgrüns) aus der vorhandenen Kohlensäure (CO_2) das C abzuspalten und das O_2 frei zu machen (*Assimilation*); deshalb ist in eutrophen Seen die oberste Schicht reich an Sauerstoff, dessen Anteil sogar dem täglichen Sonnenstand folgt. Das C dient zum Aufbau der lebenden organischen Substanz bei Pflanze und Tier, trägt aber seinerseits bei der Ausatmung (Oxydation) und nach dem Absterben des Organismus zur Neubildung von CO_2 bei (*Dissimilation*). Im Hypolimnion, das die lichtlosen Tiefräume der Seen umfaßt, werden die abgestorbenen Körper aufgefangen und die organischen Rückstände in langer Entwicklung abgebaut. Wird der See gut durchlüftet, d. h. dringt Sauerstoff vermöge der Strömungen auch in die tieferen Schichten, wie dies bei oligotrophen Seen der Fall ist, dann können sich die Bakterien auch hier entwickeln, und es verbleibt durch ihre Reduktionstätigkeit beim *Halbfaulschlamm* (Gyttja). Aber nicht immer genügt den Bakterien der von oben zugeführte Sauerstoff. Ist die Schichtung im See einigermaßen stabil, so entreißen sie den organischen Rückständen den Rest ihres Sauerstoffs und es bildet sich der *Vollfaulschlamm* oder Sapropel, der eine Art Mineralisierung der Ausgangsstoffe darstellt und mit Reduktionsprodukten, vor allem mit SH_2 (Schwefelwasserstoff) stark angereichert ist. Man betrachtet den Vollfaulschlamm, der sich am Grunde von abgeschlossenen Seen und Meeresteilen (Schwarzes Meer, das Innere norwegischer Fjorde) findet, als die Ausgangssubstanz des *Erdöls*, das sich in geologischen Zeiträumen aus den organischen Rückständen der Vorwelt gebildet hat. Da die Durchlüftung weiter behindert wird, wenn leicht angesüßtes Wasser über salzreichem und daher schwerem Wasser lagert, sind *Binnenmeere* bevorzugte Stellen der Ablagerung von Vollfaulschlamm. Vgl. zu diesen Fragen auch LIEBMANN sowie JAAG (Bem. 4, S. 310, 1952, H. 6), der Sauerstoffprofile für die Schweizer Seen gibt.

Nach der Farbe kann man die Seen auch in *Hellwasserseen* und *Braunwasserseen* einteilen. Die Hellwasserseen haben einen geringen Gehalt an Humusstoffen und reagieren schwach alkalisch; ihre Vertreter gehören meist zu den eutrophen und den oligotrophen Seen. Ihnen stehen die Braunwasserseen, mit starkem Humusgehalt und saurer Reaktion, gegenüber, die von dem dystrophen Typ der Seen gestellt werden. Es ist also das Fehlen der tierischen Komponente und weiter zurückliegend die Kalkarmut des Untergrundes, die den Braunwasserseen ihren Charakter gibt.

Plankton findet sich nicht bloß in den Seen, sondern, wenn auch in geringerem Maße, in den Flüssen, vor allem in deren trägem Unterlauf; im Tierbestand herrschen die Rädertiere vor. Im allgemeinen ist der Planktonbestand umgekehrt proportional dem Gefäll der Gewässer, deshalb sind die Gebirgsbäche fast frei davon. — Gewonnen wird das Plankton außer mit dem Planktonnetz, das die kleineren Körper durchschlüpfen läßt, dadurch, daß man Wasserproben zentrifugiert (sog. Nannoplankton). Auch die Grundwasseradern bergen eine Menge von Kleintieren.

4. Die Fische des Süßwassers.

Die Kleintier- und Kleinpflanzenwelt des Planktons wurde verhältnismäßig ausführlich hier behandelt, weil sie für den Stoffwechsel in den Gewässern die besten Unterlagen liefert. Herrschen beim Plankton die gemeinsamen Züge vor, so muß sich die Betrachtung bei den höheren Formen mehr und mehr individuell gestalten, und das würde sich hier schon aus Raumgründen verbieten. Nur auf die Fische soll in Kürze eingegangen werden. Es finden sich im Ober- und Mittellauf aus der Ordnung der Stachelflosser vor allem die Familien der Barsche und der Grundeln, im Unterlauf und im Brackwasser die der Brassen vertreten.

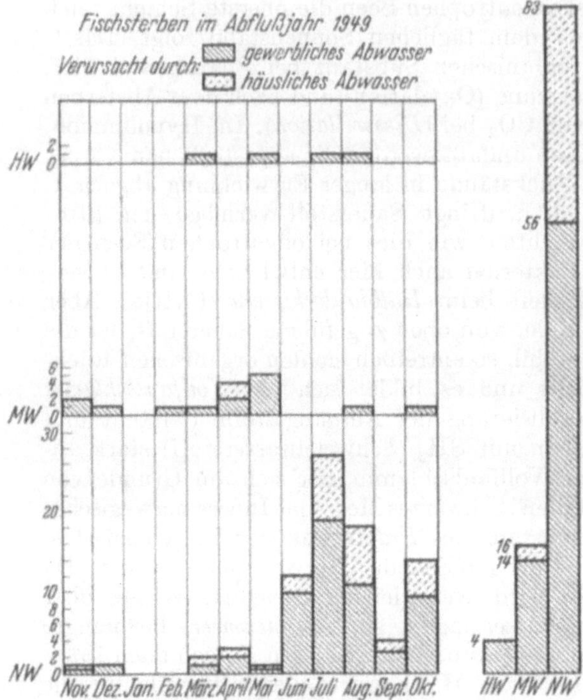

Abb. 106. Abhängigkeit des Fischsterbens vom Wasserstand und der Art des Abwassers. Nach H. WAGNER.

Den Hauptbestand der Fischwelt unserer Gewässer bilden die Knochenfische. Hier finden wir in einer Reihe von Familien (und weiterhin Sippen) die Welse, Karpfen und Barben, ferner die Lachse, die durch die bekannten Sippen der Renken (Felchen), der Äschen und Forellen vertreten sind. Dazu kommen als eigene Familie noch die Aale (bei uns nur durch den Flußaal vertreten). Regional unterscheidet man, an den meerfernsten Lagen beginnend, eine Forellen-, eine Äschen-, eine Barben- und eine Brassen (= Brachsen-) Region (SUPAN-OBST). Daneben kann man eine rheophile (strömungsfreundliche) Fauna in fließenden Gewässern von einer limnophilen (seefreundlichen) in stehenden Gewässern trennen. Erstere haben ein stärkeres Bedürfnis nach Sauerstoff.

Auffallend ist, daß auch die Stromgebiete mit ihren Nebenflüssen gegenüber dem nächsten Stromgebiet für die höheren Tierformen im allgemeinen eine Einheit darstellen; die Wasserscheide macht sich also auch im Fischbestand bemerkbar (Rhein und Donau!). Dagegen stellen die niederen Formen des Planktons in den Protozoen, den Rädertieren u. a. im wesentlichen Kosmopoliten dar. Wenig an den Ort gebunden sind bekanntlich die Lachse und Aale (Wanderfische im Gegensatz zu den Standfischen). Die Lachse streben zum Laichen flußaufwärts und überwinden in natürlichen Verhältnissen auch kleine Wasserfälle. Um ihnen zu Hilfe zu kommen, werden an den Wehren die Fischleitern (Fischpässe) angebracht. Umgekehrt strebt der ausgewachsene Aal zum Laichen nach abwärts bis in den Ozean, wo er fern von der europäischen Küste in den Tiefen des Sargassomeers seine Laichplätze findet und dann zugrunde geht. Die Aallarven schlagen natürlich den umgekehrten Weg ein.

Neben der Fischerei und Fischzucht in natürlichen Gewässern besteht seit langer Zeit die künstliche Aufzucht von Fischen in Fischweihern, die einen Erwerbs- und Wissenszweig für sich darstellt. — Andererseits sind viele Fischteiche, die in früheren Jahrhunderten zur Gewinnung von Fastenspeise angelegt waren, jetzt wieder verschwunden.

Schädigungen der Fischerei sind in den letzten Jahrzehnten durch die Entwicklung der Industrie in wachsendem Maße eingetreten. Sie entstehen durch den unkontrollierten Einlauf von Abfallstoffen, die große Fischsterben veranlassen, zum kleineren Teil durch das Verschwinden von Unterschlupfen, die in den natürlichen Wasserläufen vorhanden waren und durch Flußregulierung, Einbauten und ähnliche Maßnahmen beseitigt wurden. Die Schädigungen zeigen sich teils direkt im Sterben der Fische, teils indirekt in Fischkrankheiten, die ebenfalls auf die Dauer den Fischbestand reduzieren. Einer Denkschrift (SCHADE) sind Daten aus dem Jahre 1949 zu entnehmen, die eine bestimmte Ursache und einen bestimmten Ort enthalten.

Eine Zusammenstellung von Fischsterben in Abhängigkeit von den *Wasserständen*, ebenfalls für das Jahr 1949, teilt die Bundesanstalt mit (Bem. 1a, S. 310, Nr. 15) und H. WAGNER (Wasserwirtschaft 1951); von dort ist Abb. 106 entnommen. Es zeigt sich, daß die Hauptgefahr — infolge der mangelnden Verdünnung des Abwassers — bei niedrigen Ständen auftritt. Außerdem ist in der Abbildung zwischen häuslichem Abwasser und gewerblichem Abwasser unterschieden. Bei dem letzteren kann man, generell betrachtet, folgende Hauptschädigungen hervorheben: zu heiße Abwässer mit dem daraus folgenden Sauerstoffmangel; Verschiebung der Reaktion des Wassers nach der sauren oder alkalischen Seite hin (Veränderung des p_H-Wertes), die auch die Lebensbedingungen der Fische verschiebt; zur „sauren“ Gruppe gehören besonders die metallverarbeitenden Fabriken, Kohlengruben usw., zur „alkalischen“ die Kalkwerke, die Zementfabriken und die Sodafabriken. — Als speziell „giftig“ sind die blausäurehaltigen Abwässer aus der Metallindustrie zu nennen, desgleichen solche aus Hütten und Kokereien (Schwefelwasserstoffgehalt, Phenole!). — Phenol macht sich noch auf andere Art unangenehm bemerkbar, indem es sich im Fischkörper aufspeichert und ihn durch Petroleumgeschmack ungenießbar macht. — Eine weitere Art von Schädigung des Fischbestandes geht auf dem Wege über die Bakterien und Pilze vor sich. Meist sind es organische fäulnisfähige Stoffe, durch die sich ein Übermaß von Bakterien und Pilzen im Wasser bildet und dann ein Fischsterben durch Sauerstoffmangel hervorruft. Regelmäßige Lieferanten solcher Stoffe sind die städtischen Abwässer, aber auch Zucker- und Stärkefabriken sowie Industrien, die Stoffe pflanzlichen und tierischen Ursprungs verarbeiten (Molkereien, Gerbereien, Brauereien usw.). — Über den Zusammenhang mit der Algenbildung (in Schweizer Seen) siehe JAAG [vgl. S. 159 und Bem. 4, S. 310, 93 (1952) S. 145].

Durch rechtliche und technische Maßnahmen — die beide erst im Anfang ihrer Entwicklung stehen! — soll dem Rückgang des Fischbestandes Einhalt geboten werden. Es zeigen sich hier auch Gegensätzlichkeiten bei den Interessen der Sportfischer und der Berufsfischer. Bei allen Verbesserungen ist darauf zu achten, daß das *biologische Gleichgewicht*, d. h. die Lebensbedingungen der Fische im Rahmen der Umwelt, möglichst erhalten bleibt.

Muß die Binnenfischerei an Bedeutung gegenüber der Meerfischerei auch zurückstehen, so hat doch die Jahresproduktion in Deutschland im Anfang der dreißiger Jahre 80000 Tonnen im Werte von 60 Mill. Reichsmark betragen, wovon die Flußfischerei 60% betrug. Eine besondere Aufgabe entsteht durch die Ausnützung der *Stauseen* für die Fischzucht, die nur auf Grund der individuellen Verhältnisse und unter Rücksicht auf die künstlichen Veränderungen gelöst werden kann (Beispiel: Schluchsee durch Einbringung von Rheinwasser).

II. Beziehungen zur Chemie.

1. Allgemeines.

Die wichtigsten chemischen Bestandteile des natürlichen Wassers, die wir erst teilweise kennenlernten, sind in Abb. 107 dargestellt, die in ihrem Aufbau kaum einer Erläuterung bedarf.

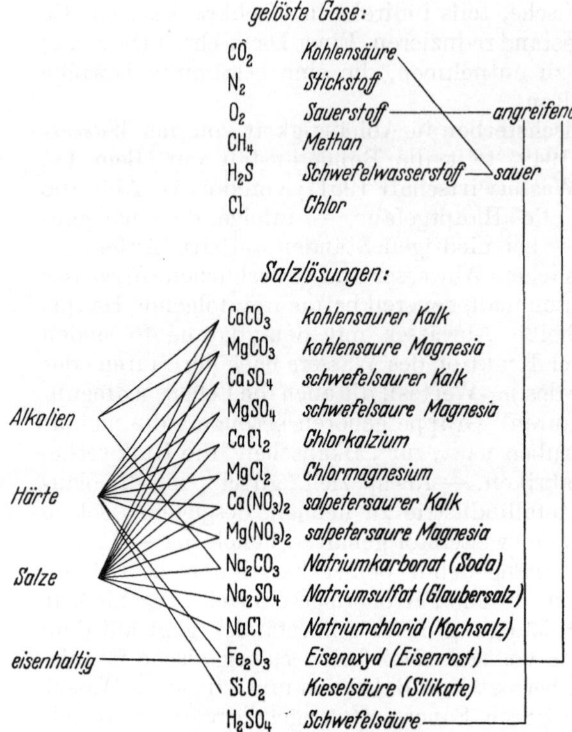

Abb. 107. Die wichtigsten chemischen Bestandteile des natürlichen Wassers. Nach MARQUARDT.

Im natürlichen Wasser finden sich auch Spuren des „schweren“ Wassers; an Stelle des H in der Masse 1 tritt hier das Wasserstoffisotop mit der Masse 2 (Deuterium) bzw. 3 (Triterium). Über Eigenschaften des schweren Wassers, die sich in den *Gewässern* bemerklich machen, ist nichts Sicheres bekanntgeworden.

Als Hauptobjekte bei der Untersuchung gelten: Sauerstoffgehalt, Härte, Alkalinität, p_H-Wert, Chloride, Eisen, Mangan, Kohlensäure (BENDEL); sie werden in ihren Auswirkungen in Abschnitt 3 (S. 165f.) besprochen. Der Nachdruck liegt bei den nicht abbaufähigen Stoffen auf den Chloriden, bei den abbaufähigen Stoffen auf dem Sauerstoffgehalt.

Eine besondere Rolle spielt die Aufdeckung der Ursachen für die *Versalzung des Grundwassers* (MARTINI auf der gewässerkundlichen Tagung in Hamburg 1951). Neben der Versalzung vom Meer aus gibt es versalzenes Grundwasser in Flußtälern und Versalzung durch Auslaugung von im Untergrund anstehendem Salz; die Lage und Form der Salzstöcke zu prüfen, ist Sache der Geologie; vgl. LIPPERT (Bem. 1b, S. 310).

Das auf S. 159 über Hellwasser und Braunwasser*seen* Gesagte können wir teilweise auch auf die *Farbe der fließenden Gewässer* übertragen und weiter ausdehnen.

Die Verwendung des Attributs „Blau“ in der Namengebung der Flüsse ist nicht selten. Sie ist in der Regel so zu erklären, daß das Wasser, wie jedes Medium, infolge der diffusen Zerstreuung der kurzwelligen Strahlen an den fein verteilten Beimengungen im durchgehenden Licht leicht bläulich erscheint (vgl. gewässerte Milch, das Blau des Himmels); in manchen Fällen mag auch der Reflex des Himmelsblaus bei der Namengebung mitgewirkt haben. Die Durchsichtigkeit des Wassers ist aber in solchen Fällen kaum beeinträchtigt. Tritt eine Eigenfarbe des Wassers, z. B. durch organische Beimengungen, hinzu, so geht das Blau meist in Grün über. — Andere Farbenbezeichnungen, wie „Rot“ und „Weiß“, die oft bei Flüssen auftreten, gehen auf gröbere Beimengungen, d. h. Schwebstoffe, zurück (rötliche Lehmflüsse, milchige Gletscherflüsse). Das Attribut „Schwarz“ bedeutet nur ausnahmsweise einen abdestillierbaren Schwebstoff von dunkler Farbe; ein solcher kann z. B. aus brüchigen Schiefern stammen. In der Regel finden wir aber die Bezeichnung „Schwarz“ bei *klaren* Flüssen, bei denen der dunkle Grund bis zur Oberfläche durchschimmert; sie sind in der Hauptsache identisch mit den schwach erodierenden Flüssen. Viele von ihnen zeigen auch einen Mangel an Kalkgehalt, sind dagegen reich an gelösten organischen Bestandteilen, die ihnen eine kaffeebraune Farbe verleihen. Ein niedriger p_H-Wert beweist in solchen Fällen den sauren Charakter der Gewässer, eine geringe Pufferkapazität und nur schwache Eignung für tierisches Leben (vgl. hierzu Abschn. 2).

Im großen Stil treffen wir *Klar-* und *Trüb*flüsse (*Schwarz-* und *Weiß*flüsse; Typ des Rio *Negro* und des Rio *Branco*) im Gebiet des Amazonasstroms (SIOLI). Eine Zwischenstufe zwischen den Schwarz- und Weißflüssen bilden klare Flüsse mit gelbgrünem bis olivengrünem Wasser (Beispiel: Rio Tapajoz). — Eine ähnliche Wandlung von „Weiß" über „Grün" zu „Schwarz" kann man bei manchen Alpenflüssen nach der sommerlichen Hochflut beim Absinken des Wasserstandes gegen den Winter hin beobachten.

2. Die Rolle der Karbonate. Pufferung.

Wie wir sahen, ist von grundlegender Bedeutung für das organische Leben die Gewinnung von Kohlenstoff, die vor allem durch Abscheidung des C aus der Kohlensäure (CO_2 bzw. gelöst H_2CO_3) und ihren Salzen vor sich geht. Als Grundstoff der Organismen gilt die „Stärke" $C_6H_{12}O_6$, die sich auf Grund der *Assimilation* aus der Kohlensäure nach der Formel bildet:

$$6\,H_2O + 6\,CO_2 = C_6H_{12}O_6 + 6\,O_2\,.$$

Für diese Reaktion ist aber nicht bloß die in der Luft vorhandene oder im Wasser gelöste Kohlensäure CO_2 maßgebend, sondern auch der Bikarbonatgehalt des Wassers $Ca(HCO_3)_2$. Destilliertes Wasser, das der Luft ausgesetzt war, oder auch Regenwasser sind niemals neutral, sondern reagieren sauer wegen der gelösten und H^+-Ionen abgebenden Kohlensäure. Der p_H-Wert (Maß für den Säuregrad, s. nachher) beträgt meist 4 bis 5, steigt aber beim Kochen, das die Kohlensäure austreibt, bis zum Neutralwert 7 an. Umgekehrt verhält es sich, wenn man im Wasser Kochsalz (NaCl), also das Salz der starken Säure HCl, auflöst; die Reaktion wird dadurch nicht beeinflußt, sondern lediglich durch die absorbierte Kohlensäure. Jedes Hinzufügen auch nur von Spuren einer Säure oder Base bewirkt sowohl im destillierten Wasser wie auch in Neutralsalzlösungen *gewaltige Schwankungen* der p_H-Werte. Wesentlich anders liegen die Verhältnisse dann, wenn das Wasser doppeltkohlensauren Kalk gelöst enthält. Fügt man dieser Lösung eine Säure zu, so wird ein Teil des Bikarbonats gespalten, die Säure jedoch gleichzeitig gebunden. Infolgedessen steht die eintretende Abnahme des p_H-Wertes in gar keinem Verhältnis zu der Menge der zugesetzten Säure; erst wenn das Bikarbonat restlos verbraucht ist, wird die Reaktion plötzlich stark sauer. Ganz ähnlich hält sich die Verschiebung der Reaktion nach der alkalischen Seite durch Hinzufügen von Lauge in mäßigen Grenzen, wenn gleichzeitig Bikarbonat in Lösung vorhanden ist. Die in Seen mit normalem Kalkgehalt beobachteten Reaktionsschwankungen halten sich daher im allgemeinen in dem Bereich $p_H = 7$ bis 9 (diese Darstellung im wesentlichen nach RUTTNER, S. 52). Man nennt solche Gemische *schwacher* Säuren mit ihren Salzen *Puffer* oder Regulatoren; ihre Eigenschaft, Reaktionsschwankungen weitgehend zu bremsen und auszugleichen, heißt *Pufferung*. Die Reaktion ihrer Lösungen wird nicht von der Höhe der Konzentration, sondern von dem Verhältnis Säure : Salz bestimmt und daher durch Verdünnung kaum geändert.

Die Unempfindlichkeit gegen Reaktionsschwankungen ist ein lebenswichtiger Faktor. Da der Neutralpunkt eine scharfe Scheidung bewirkt in dem Sinne, daß viele Arten entweder nur im alkalischen oder nur im sauren Bereich gedeihen, wird der Gehalt an kohlensaurem Kalk von großer Bedeutung für die Zusammensetzung der Lebensgemeinschaften. — Die Bestimmung des

Bikarbonatgehaltes muß also bei limnologischen Untersuchungen die p_H-Messung ergänzen. Aber es sind auch andere Salze im Wasser gelöst, und alle zusammen bestimmen die *Härte* des Wassers. In hartem Wasser lösen sich weitere Stoffe, z. B. Seife, nur schwer auf, während umgekehrt weiches Wasser sich zu sättigen sucht und daher seine Umgebung angreift (physiologische Wirkung bei den Verdauungsvorgängen!). Schon 1922 hat H. KELLER aus der verschiedenen Härte des Flußwassers Schlüsse auf seine Herkunft zu ziehen versucht. Anleitung zur Bestimmung der Härte siehe z. B. bei BENDEL II. Bd. S. 161.

Als Einheit der Härte benützt man den Gehalt an CaO in 100000 Teilen Wasser und rechnet darauf alle Ca-Salze und Mg-Salze um. Es entspricht *ein* deutscher Härtegrad 10 mg/l CaO = 18 mg/l $CaCO_3$ = 24,3 mg/l $CaSO_4$ = 7,1 mg/l MgO = 15 mg/l $MgCO_3$. So erhält man die Gesamthärte, bei der man wieder zwischen vorübergehender oder Karbonathärte ($MgCO_3$ und $CaCO_3$) und dauernder oder Gipshärte unterscheidet. — Ein französischer Härtegrad ist das 0,56fache, ein englischer das 0,8fache des deutschen Härtegrades (nach G. WAGNER, S. 33). — Die p_H-Reaktion mißt die Wasserstoffionenkonzentration einer Lösung und damit die elektrolytische Dissoziation der Lösung; genauere Definition s. RUTTNER (S. 51), IMHOFF (S. 82) usw.

Die Bestimmung des p_H-Wertes geschieht mit genügender Genauigkeit in der Regel kolorimetrisch (Farbumschlag mit Methylorange). Die Puffereigenschaften der CO_2-Karbonatmischungen beherrschen nicht bloß weitgehend die organischen Vorgänge im Plankton der Seen, sondern machen sich auch in den Lösungsstoffen der Flüsse und in ihren Absätzen bemerklich. Das in den Boden eindringende Wasser bringt schon aus der Luft einen gewissen CO_2-Gehalt mit und reichert sich aus den organischen Zersetzungsprodukten der obersten Bodenschicht weiter damit an. Dadurch wird das Wasser befähigt, aus kalkhaltigem Boden (mit viel $CaCO_3$) eine Kalziumbikarbonatlösung $Ca(HCO_3)_2$ zu bilden, deren Anteil durch die *nicht* gelöste CO_2 (Gleichgewichtskohlensäure) bestimmt wird; außerdem enthält solches Wasser einen weiteren Anteil an *freier* Kohlensäure. Endlich wird die Aufnahmefähigkeit für CO_2 auch durch Erhöhung des *Drucks* gesteigert, durch Erhöhung der *Temperatur* dagegen verringert. Es gilt die umkehrbare Reaktion

$$CaCO_3 + CO_2 + H_2O \underset{\text{steigende Temperatur}}{\overset{\text{steigender Druck}}{\rightleftarrows}} Ca(HCO_3)_2.$$

Die Pfeile deuten an, in welcher Richtung die Reaktion bei steigendem Druck bzw. bei steigender Temperatur verläuft.

Beim Austritt der Quellen aus dem Boden nimmt der Druck im allgemeinen ab; Verdunstung setzt ein, besonders da, wo das Wasser in feiner Verteilung über Platten herabrieselt. Deshalb scheidet sich ein Teil des im Kalziumbikarbonat gelösten $CaCO_3$ wieder aus und bildet Kalksinter in der Nähe der Quellen, dessen Bildung auch durch die Vegetation gefördert wird. In ähnlicher Weise wirkt Temperaturerhöhung, die die Kohlensäure austreibt und Kalk ausfällt (künstlich in großem Maßstab bei der Bildung von Kesselstein infolge des Erhitzens). Bei der Anreicherung mit $CaCO_3$ im Grundwasser, der Ausfällung in offenen Gewässern ist auch zu bedenken, daß das Wasser *im Boden* zu 1 km Entfernung vielleicht die hundertfache Zeit braucht, sich also entsprechend stärker mit Salzen sättigen kann. Dies dürfte der Grund sein, warum nach Regenfällen die Verdünnung des Mineralgehalts der Quellen nur sehr langsam eintritt (SCHAAD): Das unterirdische Wasser reichert sich in Trockenzeiten mit Salzen an, und diese Mengen werden bei erhöhtem Nachschub mit ausgeschwemmt. — Da in kalkreichen Gebirgen für die Lösung von $CaCO_3$

viel CO_2, im Grundgebirge nur wenig CO_2 abgezweigt wird, so bleibt im letzteren Fall, also bei den weichen Wässern, viel *freie* (*aggressive*) *Kohlensäure* übrig; da diese die Leitungen angreift, so muß darauf gesehen werden, daß Quellwasser gegebenenfalls durch Zugabe anderen Wassers eine gewisse Härte erhält; vgl. KEILHACK (S. 377), KOEHNE (S. 371), BRINKMANN-KAYSER (S. 15 u. 74), RUTTNER (S. 49). Auch aus hygienischen Gründen und solchen des Geschmacks muß die Verwendung zu weichen Trinkwassers vermieden werden.

In der Nähe warmer Quellen bilden sich *Kalktuffe* in verstärktem Maße; geradezu entscheidend ist aber der Temperatureinfluß bei den *Kieselsinterbildungen*, die sich in der Nähe heißer Quellen (von Geysiren in Vulkangebieten) finden.

3. Die Behandlung des Abwassers.

Ist die Beschaffung des Trink- und Brauchwassers — neben den rein *gewässerkundlichen* Gesichtspunkten — eine Sache der *Geologie* und der *Technik*, so ist die Beseitigung und Reinigung des Abwassers eine Aufgabe der Chemie und der Technik. Die Abwasserfrage hat nach dieser Seite immer größere Bedeutung gewonnen und sich zu einer besonderen Wissenschaft entwickelt. Abwasser „*reinigen*" heißt, die Schmutzstoffe so weit aus ihm entfernen oder verändern, daß die behandelte Flüssigkeit zu Mißständen hygienischer, ästhetischer oder wirtschaftlicher Art keinen Anlaß mehr gibt (MARQUARDT). Man kann ferner neben den „verschmutzten" auch „verödete" Gewässer unterscheiden, bei denen das organische Leben ganz oder teilweise abgetötet ist (WEIMANN).

Die *Regenwassermenge* muß, wie S. 39 ausgeführt, nach neueren Erfahrungen von dem *Schmutzwasser* der Haushaltungen und der gewerblichen Anlagen nach Möglichkeit *getrennt* werden. Es handelt sich nicht darum — wie man früher glaubte — dieses Wasser möglichst zu verdünnen, sondern auf dem Wege der *mechanischen* Ausscheidung, z. T. auch durch *chemische* Ausfällung, die schädlichen Stoffe an Ort und Stelle zu beseitigen, um den Selbstreinigungsprozeß der Flüsse vorzubereiten und die Abfallstoffe gegebenenfalls, wie in dem Abschnitt über Bewässerung angedeutet, nützlichen Zwecken zuzuführen. Die mechanische Beseitigung arbeitet mit Sieben und Rechen, mit dem Absetzen- und Aufschwimmenlassen der Abfallstoffe u. ä. Zum Ausscheiden von Fetten und Ölen dienen Schaumbecken. Viel schwieriger gestaltet sich die Absonderung der *schwebenden* und der *gelösten Stoffe;* vor den Lösungen im strengen Sinn schalten sich hier die *Kolloide* (Halblösungen) ein. Eine Vorstellung von der Größenordnung der Partikel mögen folgende Angaben vermitteln (Durchmesser in mm): Moleküle 0,000001 bis 0,0001, wobei die größeren Werte den Kolloiden entsprechen; Bakterien um 0,001, ebenso Feinton. Vgl. hierzu die Angaben bei WEIDENBACH (2, S. 221).

Bei den *geringen* Größenordnungen treten an Stelle der mechanischen Vorgänge weitgehend die chemischen, speziell die biochemischen. Im Bereich der anorganischen Chemie setzt man dem Abwasser z. B. Eisenchlorid ($FeCl_3$) zu, das die Eigenschaft hat, durch Umsetzung mit anderen im Abwasser gelösten Stoffen große Flocken zu bilden; für chemische Fällung dieser Art kommt auch Aluminiumsulfat und gelöschter Kalk in Frage. Aber schon bei diesen Vorgängen kommt die organische Chemie herein, und so gut wie alle Umsätze fallen in ihren Bereich, wenn wir die Rolle der *Bakterien* (Spaltpilze) betrachten, die für die weiteren Vorgänge ausschlaggebend sind. Zunächst einige Bemerkungen, die dem allgemeinen Verständnis dienen: Bei den Kolloiden, die einen großen Teil des Abwassers umfassen, sind — unter Herstellung der gleichen Bedingungen — umkehrbare und nicht umkehrbare Vorgänge zu unterscheiden. Zu den umkehrbaren gehört z. B. die Lösung von Tischlerleim in heißem Wasser und seine Wiedereintrocknung, zu den nicht umkehrbaren das Gerinnen des Eiweißes in der Hitze, das nicht ohne weiteres rückgängig gemacht werden kann. Es besteht aber auch bei diesem die Möglichkeit, die entstandenen Verbindungen wieder zu lösen, und zwar eben mit Hilfe der Bakterien, die sich in dem Organismus und auch im Abwasser überall finden. Sie bewirken mit Hilfe komplizierter chemischer Vorgänge [Fermente, Enzyme, vgl. MARQUARDT (3)] die Spaltung der Verbindungen, bauen sich selbst aus ihren Elementen auf und hinterlassen *Oxydations*produkte, während ihr eigener Aufbau im wesentlichen einen *Reduktions*vorgang darstellt. Die Produkte der Oxydation sind Kohlensäure, Salpetersäure und Schwefelsäure, die Reduktionsprodukte sind die komplizierten Aufbaustoffe der organischen Körper. Die lebende Zelle zeigt sich dabei den anorganischen Einflüssen weit überlegen und wirkt als Katalysator (Beschleuniger der Reaktionen). Die Bakterien wuchern und bilden schließlich große Kolonien in Form von schleimigen Häuten als Hauptteil des sog. „belebten“ Schlammes. Die Oxydationsvorgänge können auch als „nasse Verbrennung“ aufgefaßt werden; was die Bakterien nicht für sich verbrauchen, sind in der Hauptsache Zerfallsprodukte tierischer und pflanzlicher Herkunft. Da bei der Oxydation viel Sauerstoff gebunden wird, ist gute Lüftung beim Abwasser Voraussetzung für den ungestörten Verlauf der Reaktionen. Die Lüftung kann dabei auch durch Rührvorrichtungen, sog. Flokkulatoren, unterstützt werden.

Zu diesen Vorgängen, die im Sprachgebrauch schlechthin als „*Fäulnis*“ bezeichnet werden, ist bei den Bakterien noch zu bemerken: es gibt *aerobe* Bakterien, die ihren Sauerstoff aus der Luft beziehen, und *anaerobe*, die darauf angewiesen sind, bei Mangel an Sauerstoff (also bei schlechter Lüftung und in tiefen Gewässern) diesen aus anderen Verbindungen für sich abzuspalten. Wir erkennen hier die Analogie mit der Bildung des Halb- und Vollfaulschlammes in den Seen! — Auch haben die Bakterien bei den beschriebenen Reaktionen einen gewissen Wärmebedarf. Während die aeroben diesen verhältnismäßig leicht decken — bei Fäulnisvorgängen wird sogar vielfach eine Erwärmung beobachtet —, kommt die Spaltungstätigkeit der anaeroben beim Sinken der Temperatur, wie sie am Grunde der Seen zu finden ist, leicht zum Stillstand; die Bakterien holen alles, was an Sauerstoff noch da ist, für sich heraus, und was übrigbleibt, sind typische Reduktionsprodukte, von denen wir Methan (CH_4), Ammoniak (NH_3) und besonders Schwefelwasserstoff (SH_2) nennen. Doch sind dabei verschiedene Stadien zu unterscheiden. Schon zu Beginn des ganzen Faulungsprozesses beobachtet man verschiedene Phasen. In der Regel entwickelt sich im Anfang die „saure“ Gärung, bei der der p_H-Wert stark herabgeht und äußerst unangenehme Gerüche durch Bildung von Buttersäure, Ammoniak, Schwefelwasserstoff u. ä. entstehen. Diese Phase dauert aber nur verhältnismäßig kurze Zeit und kann dadurch, daß man dem gärenden Schlamm frischen, noch nicht sauer reagierenden Schlamm zusetzt, gestoppt werden; nach amerikanischen Erfahrungen genügen hierzu etwa 2% der alten Schlammenge. Die alkalische Gärung, die nach einiger Zeit einsetzt. ist von viel längerer Dauer und macht sich nicht so unangenehm bemerklich. Bei genügender Durchlüftung werden die Rückstände allmählich immer mehr abgebaut, und es besteht sogar die Möglichkeit, von den Reduktionsstoffen das Methan als Treibgas wirtschaftlich zu verwenden. Aus dem anfallenden Klärschlamm und Müll können Düngemittel gewonnen werden, die z. B. unmittelbar bei der Wiederaufforstung Verwendung finden (Pläne von PÖPEL für Baden-Baden). Phenol wird aus den Abwässern der Kokereien, Eisenvitriol aus denen der Beizereien, Fett aus den Abwässern der Preßhefefabriken gewonnen. — Hier sei erwähnt, daß man von der früher (außerhalb der Siedlungen) üblichen Fortführung des Abwassers in *geschlossenen* Leitungen wieder mehr zu offenen Kanälen übergegangen ist; auch die hygienischen Bedenken gegen diese Art der Ableitung haben nachgelassen; vgl. CARP. — Was von festen Stoffen schließlich übrigbleibt, ist ein „ausgefaulter" Schlamm von dunkler Farbe, von krümeliger verhältnismäßig gleichmäßiger Struktur, mit Schwefeleisen in feiner Verteilung und erdölartigem Geruch. Damit ist wieder der Anschluß an die Zustände gefunden, die wir am Grunde abgeschlossener Wasserbecken feststellten.

Auch die Erfahrungen, die der Landmann bei der Verwertung der tierischen Abfälle macht, finden sich bestätigt: der Mist wird zur nötigen Lüftung (Oxydation) aufgeschichtet; der Dung wird vielfach im Herbst ausgefahren, damit er im Winter etwas ausfaulen kann. Die Jauche verbleibt längere Zeit in der Grube, ehe sie auf den Acker kommt. — Auch das Abwasser unserer Leitungen ist in gewissem Sinne eine verdünnte Jauche. Den Prozeß der Ausfaulung sucht man durch Warmhaltung, biologisch durch Tropfkörper zu beschleunigen, die vom Schmutzwasser berieselt werden und sich mit den Schleimhäuten der Bakterien bedecken. Im weiteren Verlauf leitet man das Wasser auf Rieselfelder oder läßt es dort verregnen, wobei wiederum die Durchlüftung den Bakterien ihre Tätigkeit erleichtert; hierauf folgt der Übergang der Restmengen in das Grundwasser und die Rückkehr in den Fluß. Ziel ist die Gewinnung eines Wassers, das zwar nicht den ursprünglichen Reinheitsgrad erreichen kann, aber in hygienischer Beziehung keinen schweren Bedenken mehr begegnet.

Auf dem Gebiet der Hygiene ist die Verhütung der *Seuchengefahr* ein besonders wichtiges Kapitel. Sie hat mit der allgemeinen Behandlung des Abwassers wenig zu tun, steht sogar in einem gewissen Gegensatz dazu, da mit den schädlichen Bakterien (Typhus, Cholera usw.) zugleich auch andere Stämme abgetötet werden, die nützliche Arbeit leisten. Aber Bekämpfung der Keimgefahr ist notwendig. Zum Beispiel zeigte sich nach SCHMEHLE [GWF 1949 (s. Bem. 4, S. 310)] in Gemeinden, die ihr Wasser mittelbar oder unmittelbar aus der Blau, einem Karstgewässer der Schwäbischen Alb, beziehen, eine Coli-Epidemie. Sie war auf eine Infektion des Wassers zurückzuführen, die vermutlich schon in den Erdfällen des Flußnährgebietes erfolgte; genügende *Chlorung* leistete bei der Beseitigung der Epidemie wesentliche Hilfe. Auch in vorbeugender Weise bekämpft man die Seuchengefahr durch *Chlorung*: Chlor wird in größerem Umfang aus Kochsalzlösungen durch Elektrolyse gewonnen und sowohl dem Trink- und Brauchwasser als dem Abwasser in seinen verschiedenen Reinigungsstadien beigemischt, wo es sich löst. Zur Betrachtung dieser Fragen vom geologischen Standpunkt aus vgl. WEIDENBACH in GWF 1951 (s. Bem. 4, S. 310). — Zur Desinfektion, z. B. in Bedürfnisanstalten, wird Chlorkalk $CaCl(OCl)$ verwendet, der durch Einbringung von Cl_2 in gelöschten Kalk $Ca(OH)_2$ gewonnen wird. In gewissen Fällen, z. B. bei Milzbrandspuren, ist auch die Vorbehandlung durch Chlor in hygienischer Beziehung nicht ganz zuverlässig; hier hilft nur die Verbrennung des Schlammes und zeitweises Auskochen der Flüssigkeiten.

Die *gewerblichen Abwässer* zeigen natürlich allerlei Eigenschaften, die vom gewöhnlichen Schmutzwasser abweichen und unter sich selbst verschieden sind. Als allgemeiner Grundsatz für die Einleitung in das sonstige Abwasser muß gelten, daß sowohl große Azidität als starke Alkalinität beseitigt werden muß, weil die Bakterien gegen solche Schwankungen sehr empfindlich sind und in ihrer reinigenden Tätigkeit dadurch gestört werden; man erinnere sich hier an das, was über Pufferung bei der Besprechung des CO_2-Gehaltes der Gewässer gesagt wurde. Die Beseitigung übermäßiger Säure geschieht durch Leitung des Wassers über Kalksteinstücke (kohlensauren Kalk), gegebenenfalls auch durch Beigabe von gelöschtem Kalk; zur Abstumpfung starker Laugigkeit wendet man zweckmäßig Verdünnung an. Beimengungen von Kochsalz und Zucker wirken sonst „konservierend“; diese in anderen Fällen erwünschte Eigenschaft wirkt hier störend, weil sie die Tätigkeit der Bakterien hemmt. Für Öle und Fette müssen Abscheidevorrichtungen geschaffen werden, Benzin und Motorentreibstoff wegen der Explosionsgefahr von der Einleitung in das Abwasser sorgfältig ausgeschlossen werden. Dasselbe trifft für Schwergifte, wie Verbindungen des Arsens, des Bariums, des Bleis, des Chroms und gewisse Kupfersalze zu. Die (stark alkalischen) Abwässer der Gaswerke beeinträchtigen die biologische Reinigung des städtischen Abwassers nicht nennenswert, wenn sie 2 bis 5 % des Abwassers nicht überschreiten. Die Abwässer der Getränke- und Nahrungsmittelindustrie können im allgemeinen von den Kläranlagen mitverarbeitet werden; doch müssen größere Anfälle an Gemüse- und Obstresten vor dem Eintritt in das Schmutzwasser zurückgehalten werden. — Für das allgemeine Empfinden sind Abwässer der Papier- und Zellulosefabriken, die gelöste Farbstoffe enthalten (Gerberei- und Sulfitzelluloseabwässer mit Tintenbildung) besonders anstößig und schädigen auch die Fischerei; gerade diese Abwässer brauchen verhältnismäßig lange zur Reinigung, weshalb Neuanlagen an *schwachen* Wasserläufen von vornherein vermieden werden sollten. — Bei der biologischen Reinigung werden die organischen Farbstoffe (Teerfarben) z. T. zerstört, teilweise auch durch den Schlamm adsorbiert. Man versucht die Laugen einzudämpfen und schafft Ausgleichbecken; bei Ausdehnung des Betriebs ist die Verlegung an wasserreiche Vorfluter zu erwägen, der allerdings meist die Kostenfrage im Wege steht. — Eine eingehende Erörterung dieser Fragen findet sich bei SANDER (s. Bem. 1 b, S. 310).

4. Zeitliche und örtliche Güteprofile. Darstellungen der Härte.

Als passendes Maß, die Verschmutzung der Abwässer festzustellen, hat sich die *Sauerstoffmenge in mg je Liter* eingeführt, die von dem Abwasser in einer bestimmten Beobachtungszeit *aufgezehrt* wird. Darauf aufbauend hat man in USA

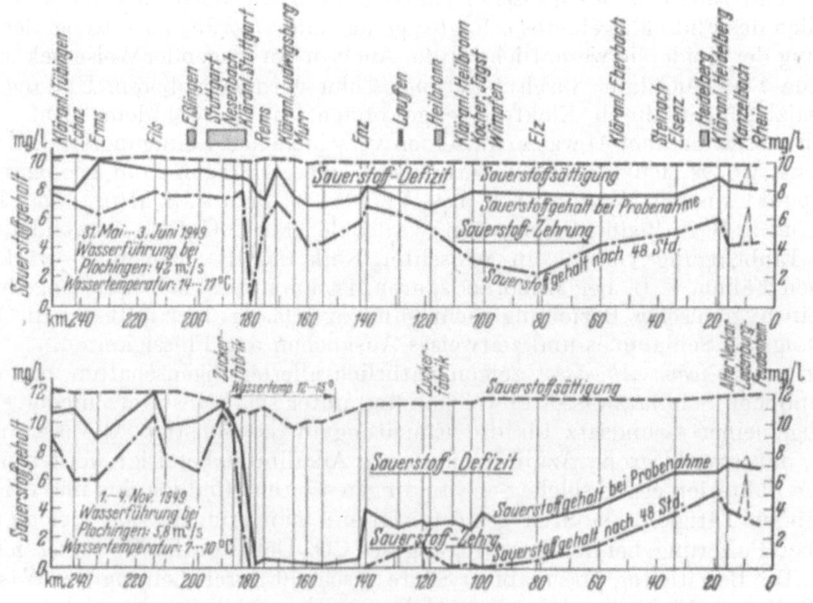

Abb. 108. Sauerstofflängenprofil des Neckars an Stichtagen. Nach JORDAN.

für die gewerblichen Abwässer sog. *Einwohnergleichwerte* errechnet, die sich auch in Europa eingebürgert haben. Maßgebend ist der 5 tägige Sauerstoffbedarf BSB 5, der auf Grund der auf 1 Einwohner täglich fallenden Abwassermenge ermittelt wird. Er beträgt für deutsche Verhältnisse im Mittel etwa 54 g [IMHOFF, S. 216]. Da die abwasserliefernden gewerblichen Anlagen sehr verschieden gestaltet sind, lassen sich Korrekturen für den Einzelfall nicht umgehen; man kann z. B. den Einwohnergleichwert durch einen „Schmutzbeiwert" ergänzen.

Um ein Bild von der Verschmutzung von *Flußläufen* zu gewinnen, wäre es nötig, laufend Proben an verschiedenen Stellen des Flusses zu entnehmen. Eine vorbildliche Anlage stellt die *Wasseruntersuchungskammer* im Pfeiler der Elbbrücke bei Lauenburg dar, die auch zur *kontinuierlichen* Registrierung der Wassereigenschaften übergegangen ist. Aus äußeren Gründen müssen sich die Untersuchungen meist auf gelegentliche Versuchsreihen und auf besonders wichtige Eigenschaften beschränken. Im Vordergrund steht die Bestimmung des Chloridgehalts (bei nicht abbaufähigen Stoffen) und der Kaliumpermanganatverbrauch zur Feststellung des Sauerstoffbedarfs (bei abbaufähigen Stoffen). Darüber hinausgehend kommen für *chemische Grundwasserkarten* in Betracht: Eine Darstellung der Gesamthärte, der Karbonathärte, der Chloride, der Sulfate, der freien Kohlensäure, des p_H-Werts, des Vorkommens von Eisen und Mangan, des $KMnO_4$-Verbrauchs, des Abdampfrückstandes; Kennzeichnung der hygienisch gefährdeten Wässer. Beim Sauerstoff wird zwischen dem augenblicklichen Sauerstoff*bedarf*, dem nach 48 Stunden und dem fünftägigen BSB 5 unterschieden. Ferner wird der Sauerstoff*gehalt* (gelöster Sauerstoff) bestimmt. Zum Vergleich mit der Wasserführung wird das Längsprofil und die Abflußdauerlinie herangezogen, besonders für Niedrigwasser. Niedrigwasser in besonderem Sinne entsteht

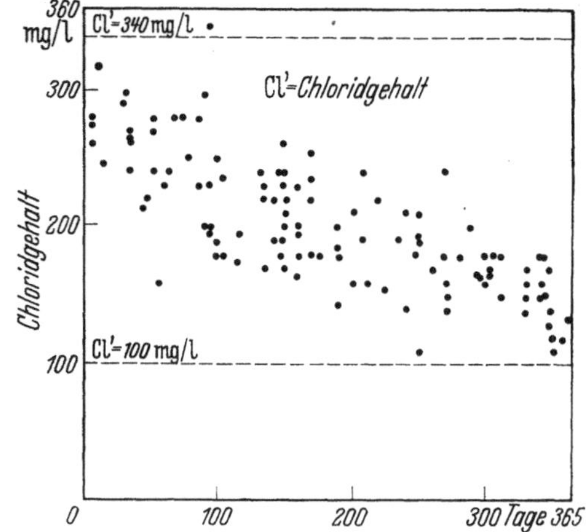

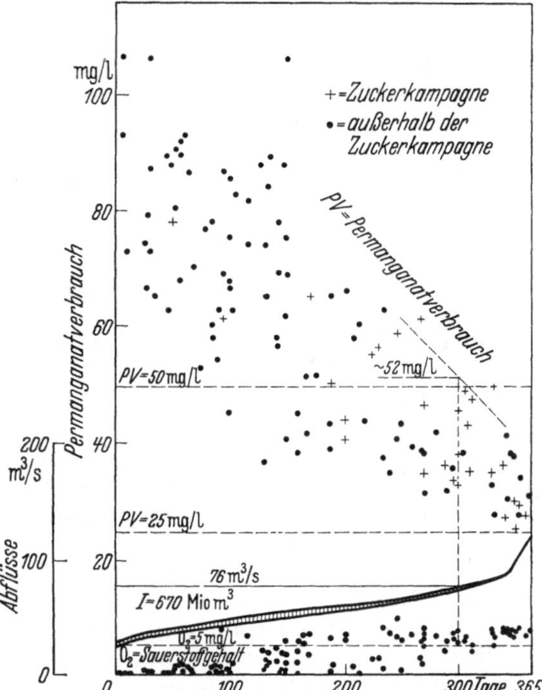

Abb. 109. Jahresgütebild (1943) für die Saale unterhalb Halle. Nach NATERMANN.

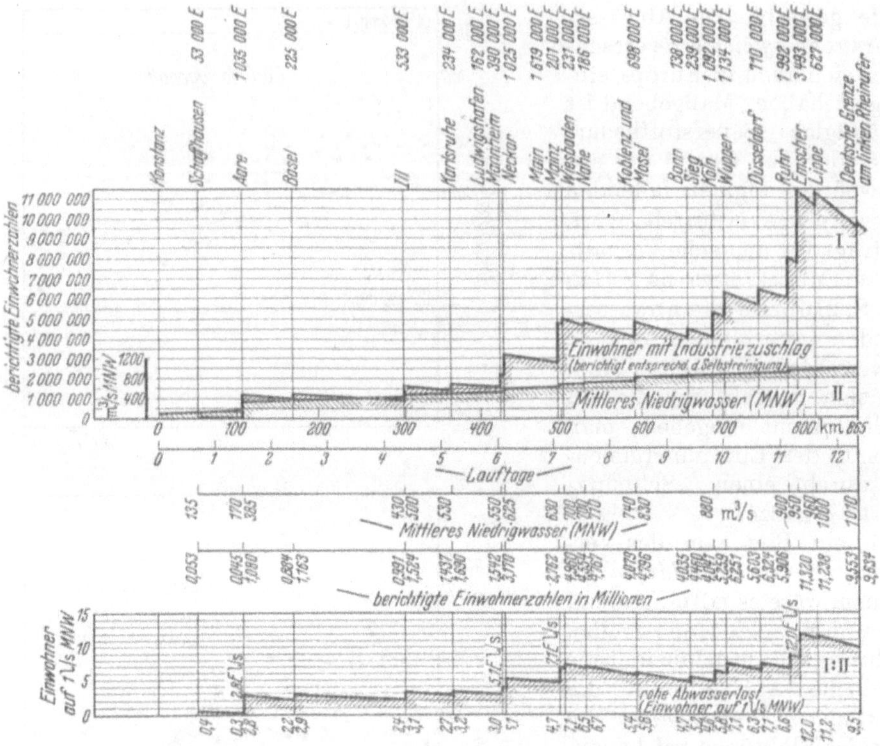

Abb. 110. Die Abwasserlast des Rheins. H. WAGNER nach IMHOFF.

da, wo dem Fluß durch Werkkanäle das Wasser ganz oder teilweise entzogen wird.

Abb. 108 gibt zwei Sauerstofflängenprofile für den Neckar von Tübingen bis Heidelberg zu Anfang Juni (bei Mittelwasser) und zu Anfang November (bei Niedrigwasser). Der Einfluß der städtischen Kläranlagen ist jeweils deutlich zu erkennen, am besten natürlich bei Stuttgart. Umgekehrt macht sich an der Einmündung verhältnismäßig reiner Nebenflüsse (Enz!) ein Anstieg des Sauerstoffgehalts bemerkbar. Weitere Darstellungen von JORDAN siehe Bem. 7, S. 310, 1951/52 H. 12. — Ähnliche Untersuchungen existieren für die Havel-Spree (LEOPOLD, L. MÖLLER, NÖTHLICH, SCHULZ).

Die Abb. 109 gibt ein *Gütedauerbild* für die Saale am Pegel Trotha dicht unterhalb Halle [NATERMANN (2), (3)]. Die Abflußdauerlinie ist durch Zuschüsse aus den oberhalb liegenden Talsperren in den unteren Teilen leicht aufgehöht (s. die Schraffung). Der Punktschwarm für den O_2-Gehalt liegt zum größeren Teil *unter* dem für einen gesunden Fluß gültigen Grenzwert 5 mg/l. Der spezifische Gehalt an Chloriden und der Permanganatverbrauch muß naturgemäß bei den hohen Wasserführungen kleiner sein, also neigen sich die zugehörigen Punktschwärme von links nach rechts. Aber der Permanganatverbrauch liegt den größeren Teil des Jahres *über* 50 mg/l, d. h. über dem Wert, der für abwässerführende, aber noch leidlich gesunde Flüsse gilt. Auch ein stärkerer Wasserzuschuß aus den Talsperren hätte nur ungenügende Erfolge gezeitigt. Die Ursache für den Sauerstoffmangel lag in der Einleitung großer Mengen warmer Abwässer (Kühlwässer) von den Leuna-Werken her; vgl. zu den warmen Abwässern H. WAGNER. — NATERMANN erörtert ferner die günstige Wirkung von

Überlaufwehren durch Steigerung des O_2-Gehalts. Zur Versalzung des Rheins s. LIPPERT (Bem. 1 b, S. 310).

Ein wichtiges Grundmaß für die Verschmutzung eines Gewässers ist ferner die *Abwasserlast*, d. h. die auf 1 Sekundenliter *Niedrigwasser* entfallende *Einwohnerzahl*; wegen der bei höheren Wasserständen eintretenden Verdünnung muß ein *ungünstiger* Fall angenommen werden, als den man in der Regel das mittlere Niedrigwasser *MNQ* ansieht. Ferner werden bei der Ermittlung der zugehörigen Einwohnerzahl *Industriezuschläge* auf Grund der gewerblichen Abwässer (berichtigt entsprechend der Selbstreinigung) gemacht.

In Abb. 110 sind für den Rhein die berichtigten Einwohnerzahlen (I), das *MNQ* (II) und als Quotient (I:II) die rohe Abwasserlast im Längsprofil dargestellt. Wir erkennen den jeweiligen Anstieg an den Sitzen der Industrie, andererseits den Abfall auf den Zwischenstrecken infolge der Selbstreinigung.

Die Längsprofile leiten über zur kartographischen Darstellung der Verhältnisse für ganze Länder. Abb. 111 gibt diese für Bayern (mit Anlehnung an

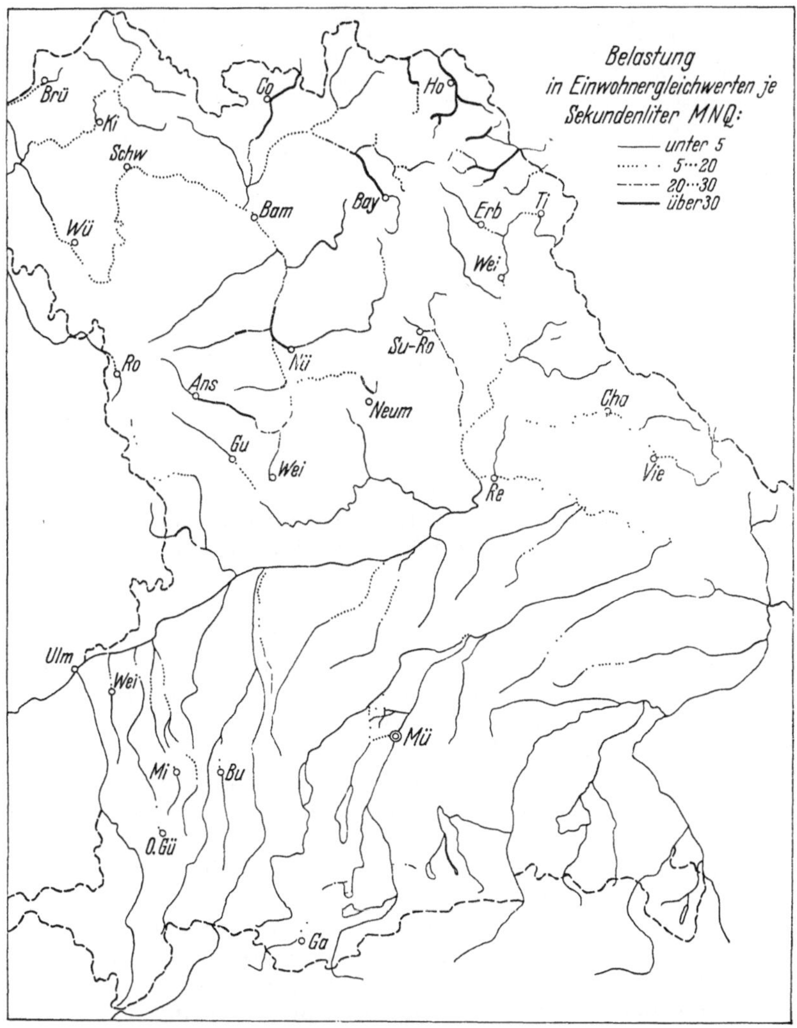

Abb. 111. Belastung und Selbstreinigung der bayerischen Flüsse. Nach E. SCHMITT, bearbeitet von W. EDEL

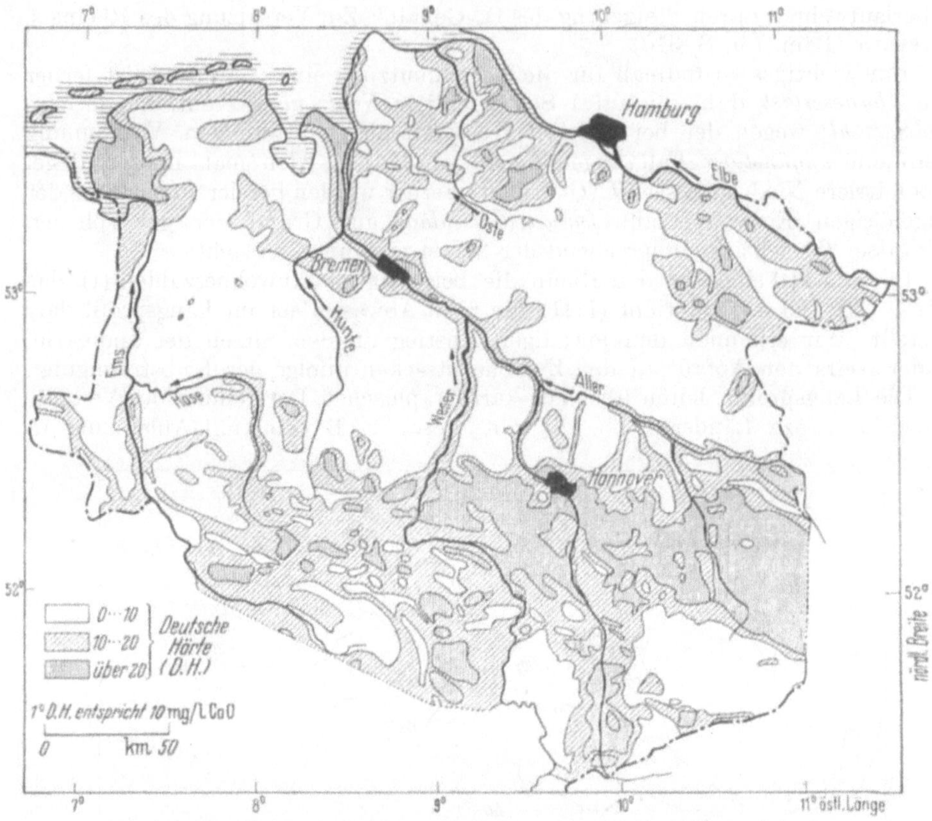

Abb. 112. Härtegrade des Wassers in Niedersachsen. Nach L. MÖLLER.

SCHMITT-EDEL) wieder, unter Zugrundelegung von *Einwohnergleichwerten* je Sekundenliter mittleres Niedrigwasser.

Der *Einwohnergleichwert* ist, wie hier wiederholt wird, der 5tägige Sauerstoffbedarf der auf einen Einwohner fallenden täglichen Abwassermenge; durch die Division mit den genannten Sekundenlitern kommt die natürliche Verdünnung des Abwassers zum Ausdruck, die noch bei Wasserklemmen stattfindet. — Wir erkennen die geringen Werte der Verunreinigung an der Donau und ihren südlichen Zuflüssen, die eine Folge der hohen *MNQ* sind. Ihnen stehen in Nordbayern starke Verschmutzungen durch Städte und industrielle Anlagen gegenüber. Aber überall macht sich nach einer gewissen Lauflänge die *Selbstreinigung* der Flüsse bemerklich. Über Mindesterfordernisse vgl. Ref. über SCHMASSMANN betr. Kanton Basel-Land (Bem. 1a, S. 310, Nr. 25).

Eine Weiterführung dieser Gedanken bilden die *Abwasserlastpläne*, bei denen die Lage der Schmutzquellen (mit näherer Bezeichnung) in die Karte eingezeichnet und ihre Auswirkung auf das Gewässer abgeschätzt wird; vgl. dazu die Darstellungen von H. WAGNER (Bem. 7, S. 310, Sonderheft 1951) und in der Denkschrift für Nordrhein-Westfalen (Bem. 12, S. 310).

In Abb. 112 finden wir eine kartographische Darstellung der *Härte des Wassers* in Niedersachsen (nach L. MÖLLER im „Niedersachsenatlas", unter Zusammenfassung der Stufen). Wir erkennen zwei Zonen großer Härte, eine solche in der Nähe der Küste und eine noch stärker ausgesprochene rings um das Bergland im Süden. Doch heben sich bei beiden auch wieder Zonen geringerer Härte heraus, z. B. im Norden des Harzes, während sich andererseits die bekannten Salzvorkommen auch in der Härte des Grundwassers und der Oberflächengewässer bemerklich machen. Um die Flüsse sind Streifen stärkerer Härte des Wassers gelagert, die als eine Folgeerscheinung des von den Flüssen selbst herangeführten Wassers aufzufassen sind. Vgl. dazu ferner die Darstellung von M. Keller zur Hydrochemie der Gegend am Niederrhein in Forsch. z. deutsch. Landeskunde 50 (1951) mit weitergehenden Angaben.

Auch der Einfluß gewerblicher Abwässer auf den *Zustand der Seen* wird in steigendem Maße untersucht. Es zeigte sich, daß in Seen mit starker Uferbebauung (Züricher See, Bodensee) eine Verarmung an Sauerstoff eintritt, die den Fischbeständen sehr schädlich ist (Untersuchungen des *Instituts für Seenforschung und Seenbewirtschaftung in Langenargen*); vgl. S. 161.

Über die Entnahme von Wasser aus Alpenseen hört man günstige Urteile. So entnehmen Friedrichshafen und andere Bodenseestädte ihr Trinkwasser *ohne Filterung* in einigen Dekametern Tiefe aus dem See (Fernwasserversorgung für Mittel- und Nordwürttemberg von dort geplant!).

III. Gewässerkunde und Mensch. Naturschutz.

In die Darstellung von Gewässerkunde und Lebewelt könnte ein Kapitel eingeschaltet werden, das speziell das Verhältnis zum Menschen behandelt. Über die Beziehungen des Grundwassers zur *Siedlung* wurde schon kurz gesprochen (S. 146); auch von der Namengebung bei Gewässern im Zusammenhang mit natürlichen Eigenschaften war schon die Rede (S. 159, 162). Die Frage naoh der Entstehung der Gewässernamen (Hydronymie) würde aber vom sprachlich-historischen Standpunkt aus längere Ausführungen erfordern [vgl. dazu Mentz 1927; Krahe (zuletzt 1951)]. Man könnte auch über die Rolle der Gewässer in der *Malerei* und der *Dichtung*, in der *Ästhetik* und der *Philosophie* sprechen und auf Fragen des *Wasserrechts* eingehen (Marquardt, s. Bem. 4, S. 310, 1949ff.; Niehuss, ib. Bem. 7, 1951/52 H. 11). Aber dies würde den Rahmen eines technisch-naturwissenschaftlichen Buches weit überschreiten.

Bei der Erörterung des *Naturschutzes* soll jedoch eine Ausnahme gemacht werden, da hier eine Auseinandersetzung mit technischen Fragen stattfindet. Als erster Vertreter der Lebewelt hat der Mensch bei den Gewässern auch ideelle Interessen. Fluß und See als Glieder der Landschaft sprechen zu uns innerlich in Gefühlswerten! Die Naturschutzbewegung hat ihre Wurzel nicht im wirtschaftlichen Denken und im Streben nach materiellem Nutzen, sondern entspricht einer bestimmten Einstellung zur Natur, die man als *Ehrfurcht vor der Schöpfung* bezeichnen kann (Schwenkel).

Wie kann sich diese Gesinnung auswirken? — Wir müssen uns darüber klar sein, daß beim Schutz der Naturdenkmäler dieselben Konflikte mit den wirtschaftlichen Interessen entstehen, die beim Schutz der Kunst- und Geschichtsdenkmäler auftreten. Sie sind oft nur auf dem Wege des Kompromisses zu lösen! Wohl aber gilt es. bei den technischen Regelungen das richtige Maß zu treffen und alles zu vermeiden, was als Überschreitung von unerläßlichen Erfordernissen anzusehen ist. Darüber hinaus sind alle Eingriffe so zu gestalten, daß sie das natürliche Landschaftsbild möglichst wenig stören. In dieser Beziehung kann vieles getan werden! In Heidelberg z. B. ist bei der Kanalisierung des Neckars streng darauf geachtet worden, daß das Bild der alten Brücke mit dem Schloß im Hintergrund in den Hauptzügen erhalten blieb. Die Bauten bei den Stauwerken müssen der Umgebung angepaßt, Leitungen nach Möglichkeit verdeckt werden. Hier ist schon manches verfehlt worden. Die großen Zuleitungsrohre zu den Turbinen verderben das Landschaftsbild! — Die Berechnung der abgezweigten Wassermengen sollte von vornherein so gestaltet werden, daß dem Fluß ein gewisses Mindestmaß verbleibt, nicht nur vom hygienischen, sondern auch vom ästhetischen Standpunkt aus, wobei man etwa vom mittleren Niedrigwasser ausgehen könnte. Engtalstrecken, aber auch freie Flußbetten verlieren mit dem Wasser den größten Teil ihres Reizes. — Als Beispiel sei angeführt, daß beim Ausbau der Argenwasserkräfte seitens der Wasserrechtsbehörde von Württemberg-Hohenzollern dem Mutterbett eine Pflichtwassermenge von 1,7 $l/s \cdot km^2$, nach Auffassung der bayerischen Wasserrechtsbehörde sogar von 2,5 $l/s \cdot km^2$ zu belassen wäre. — Stauseen können u. U. eine Belebung der Landschaft bringen, der zu den wirtschaftlichen Vorteilen hinzutritt. Aber ein bis jetzt nicht befriedigend gelöstes Problem bilden die jährlichen Absenkungen, die sie von den natürlichen Seen unterscheiden. Der landschaftliche Reiz bleibt eben nur so lange erhalten, als der Stausee einigermaßen ufervoll ist.

Beleidigend für das Auge wirkt die in der Technik aus verständlichen Gründen oft verwendete *gerade Linie*. Wie sich die Straße der welligen Form des Geländes anzupassen hat, so sollte auch beim Fluß die völlige Geradlegung vermieden werden. Und hier kommen die — geophysikalisch aufgebauten — Erfordernisse der Technik den Wünschen des Naturschutzes auf halbem Wege entgegen! Jeder Fluß sucht zu mäandern, und er tut dies auch noch innerhalb der geradlinigen Dämme, die ihm vorgeschrieben werden. Aber das Mäandern wird großenteils durch die Schwerstoffführung des Flusses bedingt und hängt weitgehend von der Bettverfestigung ab. Es wird — vom Standpunkt des Naturschutzes aus könnte man sagen: glücklicherweise — niemals gelingen, die Erosionskraft des Flusses und damit seine Geschiebeführung *ganz* zu beseitigen und in dem Maße, als sie noch vorhanden ist, muß man dem Fluß auch seine verkleinerten Mäander belassen (vgl. S. 98 und 188). Versuche zur Durchführung eines Mittelwegs zwischen den Erfordernissen von Technik, Hygiene und Naturschutz gibt CARP für das Flußgebiet der Emscher. Bei kleineren Wasserläufen hat sich vielfach die Betonrinne eingebürgert, die inmitten eines breiteren Hochwasserbetts eingesenkt wird. Da sie sehr häßlich wirkt, könnte in manchen Fällen, wie dies in Baden-Baden am Oosbach zu sehen ist, an ihre Stelle ein breiteres Gesamtbett mit Schwellen in kurzen Abständen gesetzt werden. Das über die Schwellen stürzende Wasser belebt das Bild, übermäßiger Erosion ist vorgebaut, und das Hochwasser vermag infolge des größeren Querschnitts auch ohne besonderes Bett abzufließen.

Im Gelände muß man darauf achten, den Wasserläufen die Vegetation, besonders die Uferbäume, zu belassen. Sie sind ein Schmuck der Landschaft und dienen zugleich als Schutz für die Flußufer. Vegetation aller Art kann u. U. dauerhafter sein als Beton und Stein, denn der Pflanzenwuchs ist ständig bemüht, auch ohne Hilfe des Menschen das Ufer auszubessern und zu verfestigen. Gewässer mit gleichbleibendem Spiegel (Seen, Kanäle) sind natürlich anders zu behandeln als solche mit stark schwankendem Wasserstand. Vom wirtschaftlichen Standpunkt kann zum Schutz der Ufergehölze noch angeführt werden: Die Uferbefestigung mit Flechtwerk und eingefügten Weidenruten, bei der sich rasch eine neue Vegetation entwickelt, kommt billiger als Stein- und Betonanlagen; passende Bepflanzung (kanadische Pappel) nützt die Abfallstoffe im Fluß zu ihrem Aufbau aus und gibt ansehnliche Holzerträge; für die Fische entstehen Unterschlupfe, und ihre Lebensbedingungen werden durch Beschattung und Niedrighaltung der Temperatur (größerer Sauerstoffgehalt!) gebessert; das Ufergehölz wirkt als Windschutz, dient durch seinen Pollenanfall als Nahrung für die Bienenvölker und steigert dadurch mittelbar den Obstertrag, bei dem die

Befruchtung durch die Bienen erfolgt; die Auwälder bieten Nistplätze für die Vögel, welche die schädlichen Insekten (Kartoffelkäfer!) vertilgen.

Alles in allem handelt es sich bei den Ufergehölzen um die Wiederherstellung eines Gleichgewichtszustandes in der Natur, der durch künstliche Eingriffe gestört worden ist (BRODBECK aus Biel-Basel in einem Vortrag in Freiburg i. B. 1951). Vgl. dazu auch HIRSCH (Bem. 7, S. 310, 1952/53 H. 1).

Von wirtschaftlichen Gesichtspunkten abgesehen, erwachsen dem Naturschutz besondere Aufgaben in der Erhaltung von Altwässern und Mooren aller Art; sie sind die Zufluchtsstätten für viele Tiere und Pflanzenarten, die von ihren natürlichen Bedingungen abgeschnitten sind. In derselben Richtung liegt die Pflicht zur Reinhaltung der Gewässer und, wo eine vorübergehende Verschmutzung unvermeidlich ist, die Sorge dafür, daß sie örtlich und zeitlich beschränkt bleibt. Auch wenn die Abwässer nicht mehr gerade schädlich sind, bleibt die Färbung des Wassers, z. B. bei Holzverwertungs- und Papierfabriken, dem Auge sehr anstößig. Der Mensch, der in seinen Erholungsstunden Wanderungen unternimmt, hat Anspruch darauf, reines Wasser zu sehen, von üblen Gerüchen und sonstigen Schädigungen ganz abgesehen. Hier erwächst dem Techniker und Chemiker die wichtige Aufgabe, die Reinigungsverfahren der Abwässer weiter zu verbessern, und in besonderen Fällen muß auch die Gesetzgebung mehr als bisher in die Lage versetzt werden, einzuschreiten.

G. Messung und Statistik in der Gewässerkunde.

I. Direkte Messung.

1. Allgemeines.

Messung und Statistik gehen ineinander über. Das Primäre ist die Feststellung von Längen, Zeiten, Raumeinheiten; aber die Verarbeitung dieser Werte nimmt einen fast größeren Raum ein als die Beobachtung selbst. Die gewässerkundlichen Arbeiten im engeren Sinn gliedern sich daher in die Messungen, die Sammlung und die Verarbeitung der Meßergebnisse. Gemessen werden: Wasserstand, Abfluß, Wassertemperatur, Schwebstoff- und Geschiebeführung, Grundwasserstand und Quellschüttung, chemische Eigenschaften.

Die Beobachtung kann einfach sein, in anderen Fällen dagegen komplizierte Apparate erfordern. Abbildungen können für den wirklichen Gebrauch der Geräte keinen vollen Ersatz bieten, aber sie können die Grundgedanken vermitteln, auf denen sie aufgebaut sind.

Statistische Größen können listenmäßig oder zeichnerisch dargestellt werden. Listen geben eine genauere Unterlage für zahlenmäßige Berechnungen, zeichnerische Darstellungen eine größere Anschaulichkeit. In welchem Umfange beide Arten anzuwenden sind, muß im Einzelfall entschieden werden.

In der Meßtechnik bemerkt man bei manchen Arbeiten die Neigung zu verstärkter Anwendung der Mathematik; sie kleiden ihre Ergebnisse in mathematische Form und nehmen an, daß diese Form auch auf andere Messungsreihen übertragbar sei. Andere dagegen stehen auf dem Standpunkt der reinen Erfahrung und fragen nicht nach einem inneren Zusammenhang der beobachteten Werte. Benützt man graphische Bilder, so geben diese die Möglichkeit, mathematisch-physikalischen Abhängigkeiten wenigstens auf die Spur zu kommen; außerdem sind sie das einfachste Mittel, vorkommende Fehler zu entdecken und sie, soweit sie unvermeidlich sind, auszugleichen. Der Verfasser neigt zu der letzteren Auffassung und vermeidet mit Absicht lange mathematische

Entwicklungen. Eine Formel hat, wenn sie nicht eine reine Ausgleichsrechnung darstellt, nur dann eine weitergehende Bedeutung, wenn ihr ein physikalisches Gesetz zugrunde liegt oder beim Zustandekommen der Meßergebnisse erheblich mitwirkt. Aber die Verhältnisse in der Gewässerkunde liegen so kompliziert, daß ein einfaches Gesetz in vielen Fällen gar nicht gegeben werden *kann*. Umgekehrt besteht bei Aufstellung einer Formel für die Fernerstehenden die Gefahr, daß er glaubt, es komme nur auf die richtige Anwendung und Ausrechnung dieser Formel an, während seine Fragestellung bei der Berechtigung der Formel *selbst* beginnen müßte. Keine Wissenschaft darf Ergebnisse vermitteln, ohne zugleich auf die Fehlerquellen hinzuweisen, denen ihre Ergebnisse unterliegen. Mathematisch kann dies z. B. durch Angabe des „mittleren Fehlers" oder „wahrscheinlichen Fehlers", graphisch durch Angabe von Grenzlinien geschehen, die ein Maß für die Genauigkeit der Messungen vermitteln (vgl. S. 198).

2. Der Niederschlag

wird mit dem bekannten HELLMANNschen Regenmesser bestimmt; er besteht aus einem zylindrischen Blechgefäß, das an einem senkrechten Pfahl angebracht ist und eine Auffangfläche von 200 cm² Größe in 1 m Höhe (teilweise auch 1,5 m über dem Boden) besitzt. Bei der Aufstellung wird ein Mittelweg zwischen zu starker Windexposition und besonders geschützter Lage gewählt, um den natürlichen Verhältnissen nahezukommen. Über den Einfluß von Luv und Lee, die Ergebnisse von Niederschlagsmessern, die in den Boden versenkt sind, und solchen mit hangparallelen Auffangflächen wurde S. 13 und 63 gesprochen. Die dort erwähnten Totalisatoren ermöglichen die Summierung der Niederschläge (einschl. Schnee, der sich löst) auf längere Zeit, z. B. im Hochgebirge. HAAS und LÜTSCHG, in ähnlicher Weise WICHT, haben Instrumente benützt, die den Nachteil der ebenen Auffangfläche — zu wenig Niederschlag bei aufsteigendem Wind an Berghängen! — dadurch vermeiden, daß ein kugelförmiger Sammler mit radial angebrachten Löchern Wasser von allen Richtungen aufnehmen kann. Ältere Meßreihen geben für das Hochgebirge viel zu geringe Niederschläge an; in manchen Gegenden, z. B. in skandinavischen Hochgebieten, ist ein Abfluß ermittelt worden, der *über* dem Niederschlag liegt und nur dadurch erklärt werden kann, daß der letztere zu niedrig bestimmt wurde. — *Selbstschreibende Regenmesser* zeichnen den Niederschlag auf einer Trommel auf, und das Meßgefäß entleert sich bei starkem Regen von selbst durch Heberwirkung, worauf die Schreibfeder an neuer Stelle ansetzt. Vgl. S. 9.

3. Die Verdunstung

von einer kleinen freien Wasseroberfläche wird durch die Gewichtsabnahme an einer Art Briefwaage (WILD*sche Waage*) gemessen. Sie wird, auf die Flächeneinheit bezogen, auch *Verdunstungskraft* genannt und ist von der *Landesverdunstung* zu trennen (vgl. S. 62!). Die Verdunstung von *Seen* hat man durch Floßgefäße zu erfassen versucht, die unter möglichst natürlichen Bedingungen ins Wasser eingesenkt wurden. Dieses Prinzip der *Anpassung* verfolgen die BINDEMANNschen Verdunstungskessel und die Meßgeräte nach GALLENKAMP. FRENZEL hat zur Bestimmung der Verdunstung in sumpfigen Gegenden (Spreewald) Steingutgefäße mit gleichartigem Bodeninhalt in die Erdoberfläche eingesenkt und dann so viel Wasser zugeführt, daß der „Grundwasserstand" im Gefäß und außerhalb desselben gleichblieb — so daß die notwendige Zufuhr ein Maß für die Verdunstung abgab.

Genauer bestimmt man die Verdunstung von Seeflächen aus ihrem *Wasserhaushalt* ($V = N - A$ unter Berücksichtigung der Zu- und Abflüsse). Auf diese Art wurden als Jahresbeträge für südschwedische Seen im Mittel 600 mm, für den Aegerisee in der Schweiz 740 mm, für den Trasimenischen See (Italien) 1057 mm, für den Tularesee (Kalifornien) 1402 mm gefunden. Der Wert 1500 mm wird bei großen Flächen nirgends überschritten, auch nicht auf dem Meere. — Die in der Gewässerkunde manchmal verwendete Regel, daß 2 mm Wasserhöhe bei der Verdunstung 1 cm Grundwasserhöhe entsprechen, folgt aus der (viel zu allgemeinen!) Annahme, daß das Grundwasser $^1/_5$ des Bodenraums ausmache. Außerdem fehlt hier die Betrachtung der Bodenfeuchtigkeit (s. S. 137).

Den Verdunstungsbedingungen der *Pflanzen* kommt man näher, wenn man den Wasserverlust bei getränkten Filterpapieren mißt (Evaporimeter von PICHE); an Stelle einer ebenen Fläche kann man auch eine kugelförmige verdunsten lassen (Gerät von ROBITZSCH-LEISTNER). Diese Methoden haben sich für Vergleichsmessungen an verschiedenen Orten und zu verschiedenen Zeiten, aber mit dem gleichen Gerät, bewährt. Aber für all diese Messungen, sowohl an freien Wasseroberflächen als bei der Nachahmung von pflanzlichen Bedingungen, muß der Einwand gelten, daß die Verdunstung nur unter bestimmten Bedingungen ermittelt wird, also nur *relative* Werte gemessen werden, die mit Änderung jener Bedingungen stark wechseln. — Mehr Erfolg versprechen die Messungen mit großen *Lysimetern*, das sind Erdklötze, die unter möglichst natürlichen Bedingungen, d. h. mit Pflanzenwuchs verschiedener Art bedeckt, in den Erdboden eingesenkt und in ihrem Wasserhaushalt durch Wägung kontrolliert werden.

4. Der örtliche Wasserhaushalt

kann mit Hilfe der genannten großen *Lysimeter* (S. 63, 152) untersucht werden (FRIEDRICH, GÖHRE). Einzuwenden ist, daß bei den bisherigen Dimensionen der Lysimeter Bäume mit längeren Wurzeln und die üblichen Grundwasserstände von 2 bis 3 m unter Flur nicht verwendet werden können; auch müßte der natürliche Abfluß nicht bloß aus Durchsickerung, sondern auch aus dem Abrinnen an der Oberfläche bestimmt werden; vgl. dazu FRIEDRICH (2). — Immerhin geben die Lysimeter eine gute Vorstellung von der Verteilung der Landesverdunstung auf die Monate; daß sie gut ist, geht aus der weitgehenden Übereinstimmung hervor, die die Versuchsreihen aus verschiedenen Gegenden und mit verschiedenen Geräten zeigen. — In der Sowjetunion wird (unter Verzicht auf den Einfluß des Bewuchses!) ein kleineres Gerät, der Lysimeter von POPOFF (ein Blechzylinder von 25 cm Höhe) verwendet, bei dem die täglichen Änderungen des Wassergehalts aus dem Vergleich zweier Zylinder mit Bodeninhalt durch Wägung festgestellt werden. Bei dem einen Zylinder ist der Boden unten verschlossen, bei dem anderen (sog. Evaporimeter) ist er vom Untergrund nur durch ein dünnes Sieb getrennt, das die Sickermengen in einen Sammelbehälter entläßt. Unter Berücksichtigung des gleichzeitigen Niederschlags wird die Verdunstung bestimmt.

5. Wasserstände, Querprofil, Gefäll.

Ehe man sich mit der *Wasserführung*, d. h. dem Abfluß in der Zeiteinheit, beschäftigte, richtete man sein Augenmerk nur auf die Höhe des *Wasserstandes*: auch heute noch ist seine Bestimmung als Zwischenglied zur Wasserführung unentbehrlich. Neben den „Hochwassermarken“ und den „Hungersteinen“, die da und dort noch Kunde von alten Hoch- und Tiefständen der Flüsse geben, finden wir seit Jahrhunderten einzelne und später auch fortlaufende Aufzeichnungen

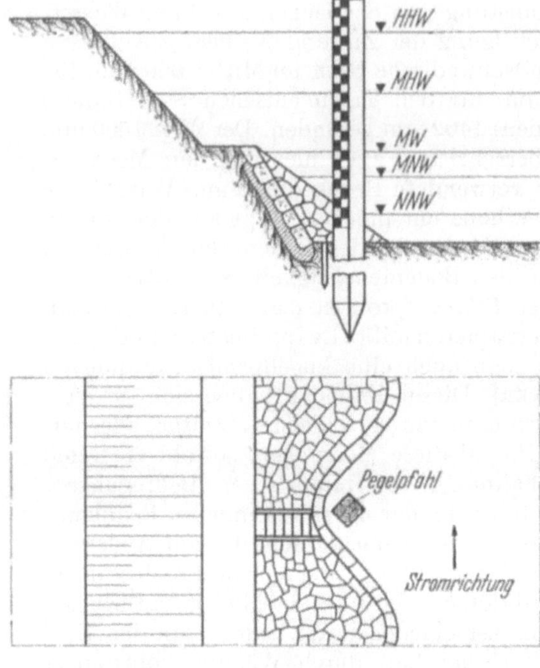

Abb. 113. Lattenpegel mit Befestigung.

von *Pegelständen*. Die Ablesung des Wasserstandes geschieht am *Lattenpegel* (Abb. 113), der in irgendeiner Form am Ufer, an den Böschungen, an Pfeilern usw. befestigt ist. Zur kontinuierlichen Aufzeichnung dienen *Schreibpegel* (Abb. 114): ein Schwimmer wird in einem senkrecht stehenden Rohr angebracht, das mit dem Fluß nur eine enge Verbindung hat, um die kurzfristigen Schwankungen zu dämpfen; der Schwimmer überträgt seine jeweilige Höhe auf einen höher liegenden Schreibstift, der seine Lage auf einer Registriertrommel aufzeichnet. Eine andere Konstruktion ist der *Bandmaßpegel*, der vom Schwimmer aus über eine Rolle läuft und durch ein Gegengewicht auf der anderen Seite der Rolle eine Dämpfung erzeugt. — Für zeitliche Mittelbildung stehen die Lattenpegel (als Stichprobenmessung!) hinter den Schreibpegeln weit zurück. — Ferner ergibt sich die Aufgabe, die Registrierungen auf elektrischem Wege zu übertragen, die für *große* Entfernungen (über 100 km) noch Schwierigkeiten bietet. — Für die synoptische Auswertung, z. B. bei Hochwässern, spielt auch die *Dichte des Pegelnetzes* eine Rolle. Nach dem „Jahrbuch für die Gewässerkunde des Deutschen Reiches“ 1940 entfällt auf je 866 km² ein Pegel, in Österreich nach dem neuesten Stand schon auf 177 km².

Erhöhter Wasserstand vergrößert außer der Geschwindigkeit v das *Querprofil* F (Wasserführung $Q = F \cdot v$). Die genaue Ermittlung von F ist eine wichtige Aufgabe der Wassermessung. Von einer über den Fluß gelegten Basis aus (Brücke, Stahlseil, an dem ein Fahrzeug oder Meßfloß entlang bewegt wird) stellt man die Tiefe in kurzen Abständen der Reihe nach mit *Peilstangen* fest und zeichnet danach das Querprofil auf. Für die Vermessung im Gelände existieren zerlegbare *Meßflöße*, die in Kraftwagen transportiert werden können. Bei der Wahl des Querprofils sind Krümmungen im Flußbett und Stellen unregelmäßigen Gefälls nach Möglichkeit zu vermeiden, dies namentlich wegen der Unstetigkeiten in der Geschwindigkeit, die ebenfalls gemessen werden muß (S. 180).

Im bayerischen Gewässernetz sind an den üblichen Geräten eine Reihe von Verbesserungen angebracht worden: es werden dort durch übergespannte Drahtseile, Laufkatzen und elektrische Kontakte Vorrichtungen geschaffen, um Tiefe und Geschwindigkeit veränderlicher und rasch fließender Gebirgsflüsse auch von *einem* Ufer aus zu messen (Bem. 5, S. 310).

Für gewisse Zwecke, z. B. um die Lage wandernder Sandbänke festzustellen, müssen auch *Längsprofile* durch die Flüsse gelegt werden. Hierzu hat Türk eine Tiefenbestimmung durch die Luftdruckpeilmethode entwickelt. Vom fahrenden Schiff aus schleift ein offener Schlauch auf dem Boden des Flusses nach. In den Schlauch wird Luft eingepumpt und der zugehörige Druck wird auf ein an

Deck stehendes Manometer übertragen. Da die Luft im Schlauch gleichzeitig unter dem Druck der darüberstehenden Wassersäule steht, entsteht eine Druckdifferenz gegenüber dem an Deck gemessenen Druck, auf Grund deren die Tiefe des Flusses ohne weiteres ermittelt werden kann. Die Frage der Tiefenmessung durch direkte Peilung mit elektrischem Kontakt einerseits, mit Hilfe des Luftdrucks andererseits ist in ihren Vor- und Nachteilen noch nicht voll geklärt. Das Luftdruckpeilverfahren hat durch NATERMANN auch eine Verwendung zur Feststellung des *Gefälls* gefunden. Von einer Meßstelle am Ufer werden zwei Schläuche, in diesem Fall mit Saugluft gefüllt, zu den Stellen hingeführt, zwischen denen der Höhenunterschied und damit das Gefäll bestimmt werden soll. Auch hier entsteht in einer umgekehrten U-Röhre, zwischen deren Schenkeln der Saugstutzen angebracht ist, eine Druckdifferenz, die der verschiedenen Wasserhöhe der Versuchsstellen entspricht und im cm-Maß geeicht werden kann. Da es sich meist nur um kleine Differenzen handelt, ist eine große Ablesegenauigkeit erforderlich; ferner muß die Einführung der Schläuche in den Fluß durch sog. Beruhigungsgefäße erfolgen, die mit ihm nur durch eine enge Öffnung in Verbindung stehen und dadurch die Schwankungen des Spiegels ausgleichen. — Noch wichtiger als die genannten Methoden ist die Benutzung des *Echolots* zur Tiefenmessung; es können damit jetzt auch sehr kleine Zeitdifferenzen gemessen werden, womit es für Peilungen in Flüssen verwendbar wird. — Bei allen Quer- und Längsprofilen der Flüsse ist eine dauernde Kontrolle notwendig. Es hat sich gezeigt, daß im Laufe der Jahre und Jahrzehnte teils Auflandungen, teils Eintiefungen eintreten, die mit der Zeit ganz unregelmäßig wechseln. Jahrzehntelange Beobachtungsreihen, bei denen man zu spät auf diese Einflüsse aufmerksam wurde, sind dadurch unbrauchbar geworden. — Besondere Berücksichtigung erfordert das Auftreten von Verkrautung, von Eisstau und von Grundeis bei den Wassermessungen (SPERLING, FICKERT, HAHN, HILLEBRAND u. a.; vgl. die spätere Abb. 127). — Zur *Peilung* i. allg. vgl. ESCHWEILER (Bem. 7, S. 310, H. 10, 1952).

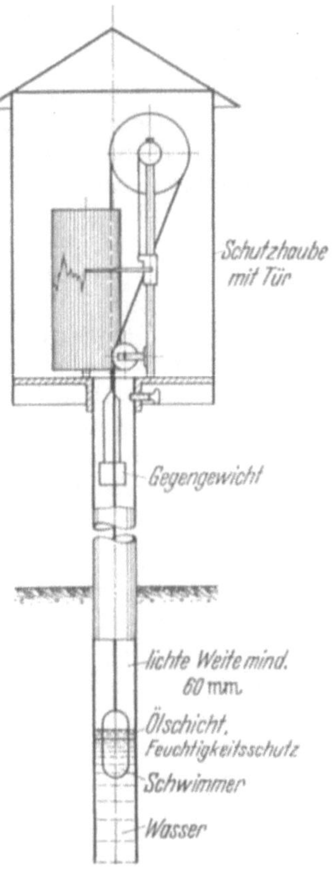

Abb. 114. Schreibpegel.

6. Abflußmessungen.

Einfache Abflußmessungen, z. B. Bestimmung von Quellschüttungen, erfolgen durch Aufstau und Einleitung in ein Gefäß von bekanntem Inhalt; man mißt, nachdem ein stationärer Zustand in der Zufuhr eingetreten ist, die Zeit, die zur Füllung des Gefäßes notwendig ist. Werden z. B. zur Füllung eines 100-Liter-Gefäßes 50 Sekunden gebraucht, so ist die Quellschüttung 2 l/s.

Die *Messung größerer Abflüsse Q* erfordert die Bestimmung der *Geschwindigkeit v* und des *Querprofils F* (s. S. 178) zur Ermittlung der Wasserführung aus $Q = F \cdot v$. Es handelt sich vor allem darum, aus Einzelmessungen für v eine *mittlere* Geschwindigkeit v_m zu gewinnen. Einzelmessungen können mit primitiven Hilfsmitteln ausgeführt werden: es wird die Zahl der Sekunden ermittelt, die eingeworfene Körper (Flaschen, Holzstücke) zur Zurücklegung einer gewissen Strecke brauchen. Dann ist die Oberflächengeschwindigkeit gleich zurückgelegtem Weg durch die dazu erforderliche Zeit. Da die Geschwindigkeit mit der Tiefe abnimmt, so kann man durch Beschwerung des Schwimmkörpers dafür sorgen, daß sein Hauptteil in einer gewünschten Tiefe dahintreibt, während seine Lage durch ein herausragendes leichtes Stück angezeigt wird. Bei sehr langsamer Strömung (unter 1 m/s) befestigt man den Schwimmer zweckmäßigerweise an einer Schnur, die an einer Meßtrommel auf feststehendem Floß abläuft (*Fesselschwimmer*). — Ein weiteres Verfahren, jetzt wenig mehr gebraucht, besteht in der Verwendung des *Wasserdrucks* zur Bestimmung der Geschwindigkeit. Die PITOTsche Röhre, die dieses Prinzip benützt, besteht aus einer beiderseits offenen, in der Mitte abgebogenen Röhre, von der ein Ende in die Strömung waagerecht eingelegt wird, während das andere senkrecht über das Wasser aufragt. Das Wasser strömt in den einen Schenkel ein und wird dabei in dem anderen etwas emporgedrückt. Das Maß des Hochdrückens hängt natürlich von der Geschwindigkeit ab und kann danach geeicht werden, indem man umgekehrt die Röhre mit bekannter Geschwindigkeit durch ruhendes Wasser hindurchführt. Ein Mangel dieser Messungsweise besteht darin, daß die Höhe der Wassersäule in dem freistehenden Schenkel ständig schwankt. — Über Geschwindigkeitsmessungen mit dem „*Venturikanal*" vgl. S. 49 (SCHLEICHER, S. 134).

Das Hauptmittel zur Geschwindigkeitsbestimmung ist aber die von WOLTMANN eingeführte *Flügelmessung* (Abb. 115). Die Form der „Flügel" hat inzwischen, besonders nach L. A. OTT, eine weitgehende Verfeinerung und Anpassung an verschiedene Geschwindigkeitsstufen erfahren. Dabei zeichnen sich zwei Hauptformen ab, eine zweiflächige, schrägkantige Schraube und eine dreiteilige Speichen- (Schaufel-) Schraube. Zu diesem „Propeller" kommt der Flügelkörper hinzu, der die Achsenlagerung, das mechanische Zählwerk und den elektrischen Meldemechanismus mit Glocke umfaßt. Um das Funktionieren des Flügels an einem bestimmten Ort sicherzustellen, wird er an einer senkrechten Stange auf und ab geführt, die zugleich die Tiefe anzeigt und das Meldewerk trägt. Die Geschwindigkeit in den verschiedenen Tiefen wird entweder durch Einzelmessung festgestellt, oder der Flügel wird mit konstanter Geschwindigkeit an der Meßstange auf und ab geführt, so daß selbsttätig eine Durchschnittsgeschwindigkeit in der betreffenden Vertikalen zum Vorschein kommt (*Integrations- oder Ablaufverfahren*). Aber neben diesem Verfahren bleibt die „Punktmessung" in einzelnen Tiefen als Hauptverfahren bestehen, kann übrigens auch als „*Pendelpunktmessung*" ausgeführt werden, indem man den Flügel zunächst in geringer Tiefe über die Breite des Flusses hinüberführt, dann in etwas größere Tiefe zurückkehrt, in noch größerer Tiefe eine neue Messungsreihe anfügt usw., bis sämtliche Tiefen des Flusses erfaßt sind.

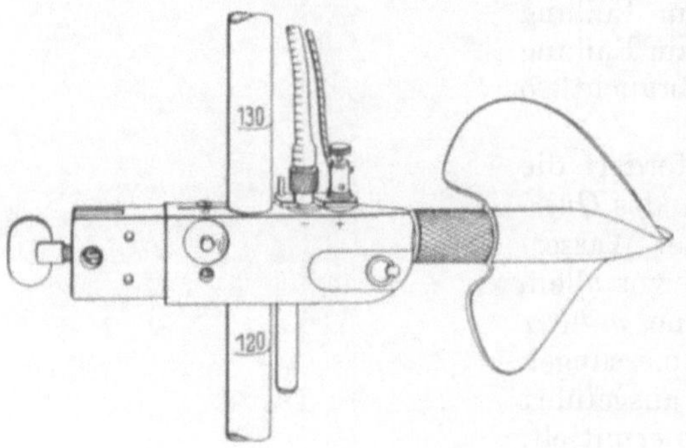

Abb. 115. Universalflügel. Nach L. A. OTT.

Einen Überblick über die graphische Auswertung der Geschwindigkeitsmessungen nach der Punktmethode gibt Abb. 116. Das Querprofil wird schon vor der Messung in passendem Maßstab aufgezeichnet und die Hauptbrechpunkte der Sohle bestimmt. In diesen werden die Meßlotrechten I, II, III usw. errichtet, in welchen nachher die Geschwindigkeits-

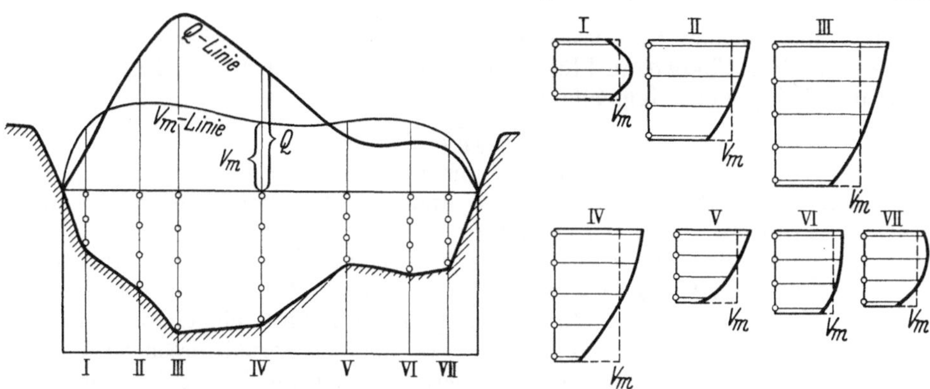

Abb. 116. Graphische Auswertung der Geschwindigkeitsmessungen. Nach L. A. OTT.

messungen erfolgen. Man macht eine Messung dicht über der Sohle, eine dicht unter dem Wasserspiegel und zwei oder mehrere in gleichen Abständen dazwischen. Nun zeichnet man für jede Lotrechte das zugehörige Vertikal-Geschwindigkeits-Polygon (s. Abb. 116 rechts), das begrenzt ist von einer vertikalen Strecke gleich der Wassertiefe t, von zwei horizontalen Strecken gleich der Oberflächengeschwindigkeit v_0 bzw. der Sohlengeschwindigkeit v_s und der die Endpunkte der einzelnen Geschwindigkeitsstrecken verbindenden Vertikalgeschwindigkeitskurve. Nach Verwandlung der Polygone in Rechtecke dienen die mittleren Geschwindigkeiten in der Hauptfigur zur Festlegung der v_m-Linie. Ferner werden die *Flächeninhalte* der Polygone bestimmt und ergeben die *Q-Linie*. Deren Fläche gegenüber dem Wasserspiegel stellt unter Berücksichtigung der Zeichenmaßstäbe die gesuchte Abflußmenge Q dar. — Zur praktischen Durchführung der Flügelmessung lese man bei der Bem. 1c, S. 310 angegebenen Stelle nach.

Von den genaueren Bestimmungen abgesehen, ist es für praktische Zwecke wichtig, von vornherein *Mittelwerte für v_m abzuschätzen*. Die mittlere Geschwindigkeit v_m in einer Vertikalen hat Werte, die zwischen 75% und 92% der Oberflächengeschwindigkeit v_0 schwanken; Minimalwerte trifft man wegen der großen Reibung in Gebirgsbächen, Maximalwerte in Kanälen mit glatten Wänden. Will man endlich einen Überschlag für die mittlere Geschwindigkeit des ganzen Flusses aus der größten Oberflächengeschwindigkeit $v_{\max}$, die sich im Stromstrich findet, so lehrt die Erfahrung, daß v_m 60% bis 80% des $v_{\max}$ beträgt.

In *kanalisierten Flüssen*, d. h. in gestauten Strecken, kann zum gleichen Wasserstand W je nach den Geschwindigkeiten ein verschiedener Abfluß A gehören; die Aufstellung einer Bezugskurve zwischen W und A („Abflußkurve" s. S. 189) ist daher unmöglich. Hier bleibt nichts anderes übrig, als aus der (vorher geeichten) Turbinenleistung rückwärts auf den Abfluß zu schließen und weitere Beträge, die nebenher durch die Schleusen, durch Überlauf bei höheren Wasserständen, durch Grundablässe und durch Sickerung abfließen, abzuschätzen und daraus den Gesamtabfluß zu bilden (ECKOLDT).

7. Bestimmung der Geschwindigkeit nach der Formel von CHÉZY-BRAHMS-EYTELWEIN.

Kann man die Geschwindigkeit nicht direkt messen, was z. B. häufig für unterirdische Leitungen zutrifft, dann bleibt noch die schon mehrfach, z. B. S. 43 erwähnte Methode der *Bestimmung von v durch Formeln*, die sich aus den Fallgesetzen und der Bettform einschl. der Reibung (Rauhigkeit) aufbauen. Man kann diese Methode nur teilweise den direkten Messungen zurechnen. Für die einfachen Fälle des Fließens in Flüssen, in Kanälen, aber auch in Leitungen gilt die aus den Fallgesetzen folgende Formel:

$$v = c\sqrt{2gh},$$

wobei für die Konstante c der Durchschnittswert 0,425 angenommen wird. In Wirklichkeit schwankt dieser Wert stark, und er wird vollends ungewiß, wenn Unstetigkeiten in der Strömung eintreten.

Die Bestimmung der Geschwindigkeit in Verbindung mit dem Abfluß geschieht bei kleineren Gewässern mit Hilfe von *Meßwehren* (vgl. die früheren Abb. 32ff). Das Wasser wird durch ein quer zum Fluß eingebautes Wehr gestaut und fällt über dessen Krone herab: bei kleinen Verhältnissen wird das Wehr einfach zu einer Schwelle im Flußbett. Die von der Wasserführung abhängige Veränderliche ist die Überfallhöhe h; dazu tritt ein Beiwert c, der von der Form der Schwelle abhängt. Der Querschnitt der Schwelle kann rechteckig-scharfkantig sein oder eine irgendwie gekrümmte Form haben, das Wasser kann über die Schwelle frei herabstürzen oder sich irgendwie an die Rückwand anlegen. Jedem dieser Überfälle entspricht eine besondere Formel, die sich zwar auf den Fallgesetzen aufbaut, aber doch durch Form und Rauhigkeitskonstanten stark modifiziert wird. In letzter Linie gehen sie alle auf die auf S. 43 besprochene Formel:

$$v = c\sqrt{RJ}$$

(Chézy-Brahms-Eytelwein) zurück. Es sei hier wiederholt, daß R gleich dem benetzten Querschnitt F geteilt durch die benetzte Querlinie am Boden und an den Böschungen ist. R ist *klein* bei unregelmäßigem (stark ausgedehntem, flachem) Bett, verhält sich also umgekehrt wie die Rauhigkeit. An Werten für c in der letzten Formel werden 25 bis 32 bei kleinen Bächen angegeben, während die Angaben bei großen und ruhig fließenden Strömen auf 50 bis 55 und darüber hinaufgehen. Außerdem hängen die Werte vom Wasserstand ab; c nimmt bis um 20% ab, wenn Hochwasser die Schuttmassen aufwühlt und damit die Rauhigkeit vergrößert. Soweit die allgemein übliche Methode. Van Rinsum hat an dem Aufbau und der Verwendung der zahlreichen Formeln von Chézy bis Kutter berechtigte Kritik geübt (s. Bem. 5, S. 310). Die historische Entwicklung dieser Formeln beruht auf dem Bestreben, die physikalische Formel $v = c\sqrt{2gh}$ durch Modifizierung der Konstanten c, durch Einführung der „mittleren" Geschwindigkeit v_m, des „mittleren" Gefälls J_m usw. zu einer technisch brauchbaren Formel umzuwandeln. Auch die Einführung des hydraulischen Radius R geht von der Abwandlung der bei Leitungen häufigen Kreisform aus. In Wirklichkeit sind die örtlichen Naturkonstanten, die man im Begriff der Rauhigkeit und im hydraulischen Radius unterbringt, so wechselnd, daß man als örtliche Veränderliche besser die *schrittweise gemessene Tiefe t* einführt. Man wird dadurch der unregelmäßigen Gestalt des Bettes eher gerecht; dieser Gedanke ist auch von Natermann aufgenommen worden. Wie er durchgeführt wird, wird S. 191 besprochen werden. — Auf seltener gebrauchte Methoden zur Abflußmessung, wie Schirmmessungen, Zugkraftmessungen (Tauchseilverfahren) und Messungen mit festen Stauvorrichtungen (Venturikanal; s. Schleicher S. 134), wird hier nicht eingegangen.

8. Methoden der Salzverdünnung und der radioaktiven Stoffe.

Erstere läßt die einfache Mengenbestimmung in anderer Form wieder aufleben (Kirschmer). In Gebirgsbächen, die ganz unregelmäßige Querprofile und Geschwindigkeitsverteilungen aufweisen, lassen sich die bisher besprochenen

Methoden kaum durchführen. Man kommt aber auf andere Art zum Ziele. Es wird dem Gewässer eine Salzlösung von bestimmter Konzentration und bestimmter Menge in der Zeiteinheit (z. B. ein Liter in der Sekunde) eingespritzt und weiter unten am Bachlauf, wenn genügende Durchmischung stattgefunden hat, werden Proben entnommen, bei denen die eingetretene Verdünnung bestimmt wird. Am einfachsten erfolgt dies durch Titration; das eingespritzte NaCl wird durch $AgNO_3$ ausgefällt und die neue Konzentration ermittelt. Ist beim vorigen Beispiel eine Verdünnung im Verhältnis 1:2000 eingetreten, so führt der Bach 2000 l/s. Für die durchschnittliche Genauigkeit solcher Messungen werden 1,7% angegeben. — Über Bestimmung von Fließgeschwindigkeiten mit radioaktiven Stoffen siehe SONS (Bem. 7, S. 310 H. 10, 1952).

9. Messungen am Grundwasser.

Die einfachste und zugleich wichtigste Messung am Grundwasser besteht in der Feststellung des Grundwasserspiegels unter Flur (unter Gelände). Von den neuerdings eingeführten Beobachtungsrohren abgesehen, beruht die Mehrzahl der Beobachtungsreihen auf Messungen, die mit Hilfe von *Grundwasserbrunnen* gewonnen wurden (Abb. 117). Es ist hier ein Brunnen mit gespanntem Spiegel dargestellt, bei dem Wasser von der wasserführenden Kiesschicht im Brunnenschacht „heraufdrückt". Eine Brunnenpfeife, im wesentlichen ein Hohlzylinder (Abb. 118), wird in den Schacht eingelassen und ertönt beim Auftreffen auf den Wasserspiegel, da die Luft von dem *unten* eintretenden Wasser herausgepreßt wird. Die Randvertiefungen der Rillen nehmen von *außen* her Wasser auf und zeigen beim Herausziehen an, um wieviel die Bandablesung zu korrigieren ist, um den Grundwasserstand in und außer dem Rohr zu ermitteln. Der Festpunkt oben, gegen den die Differenz bestimmt wird, ist durch Nivellement festgelegt, befindet sich aber meist etwas *über* dem Gelände. Soweit die einfachste Apparatur, die vom technischen Standpunkt aus allerlei Verbesserungen erfahren kann. Abgelesen wird in der Regel nur wöchentlich einmal, da die Schwankungen im Grundwasser kleiner sind als in den Flüssen. In neuerer Zeit hat die Gewinnung von Wasser aus *Horizontalbrunnen* steigende Bedeutung gewonnen; wegen dieser mehr technischen Frage vgl. das Schrifttum (ABWESER).

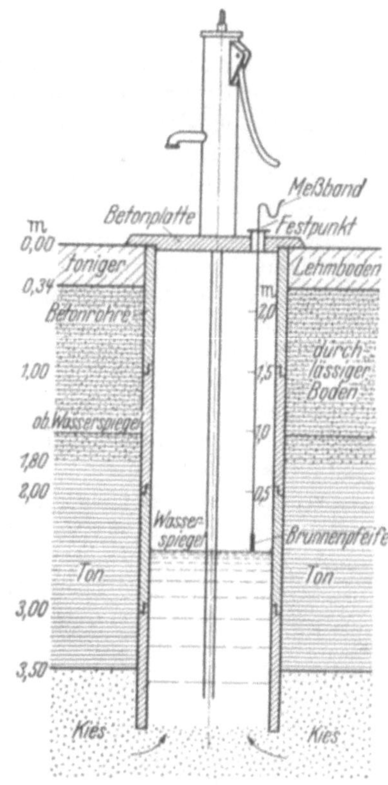

Abb. 117. Brunnen und Grundwassermessung. Nach KOEHNE.

Die Messung der *Temperatur* geschieht mit Thermometern, die in *Schöpfgefäße* eingebaut sind; denn die Augenblickstemperatur der Wasserprobe muß bis zu der Ablesung aufrechterhalten werden. Ähnliche Thermometer werden auch zur Ermittlung der Flußtemperaturen benützt (Abb. 119). Bei dauernder Beobachtung ist es notwendig, die Ablesung stets zur gleichen Tageszeit vorzunehmen, und zwar zu der Stunde, in der durchschnittlich das Tagesmittel einzutreten pflegt; die Meßstelle ist nach Möglichkeit in die Nähe einer

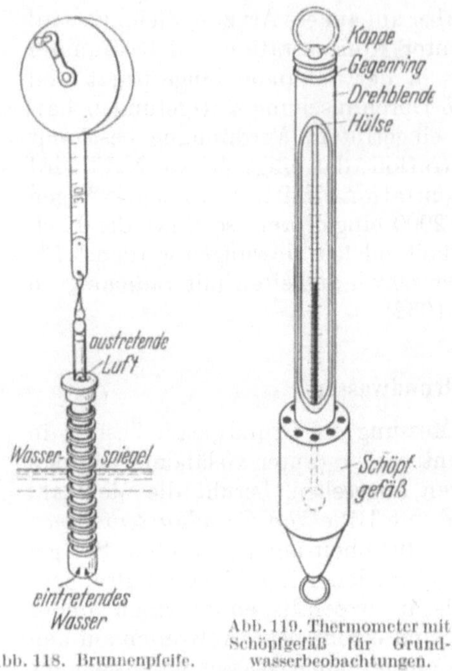

Abb. 118. Brunnenpfeife.

Abb. 119. Thermometer mit Schöpfgefäß für Grundwasserbeobachtungen.

Pegelstelle zu verlegen. Näheres hierüber findet sich in den Vorschriften der Bundesanstalt für Gewässerkunde (Bem. 1 c, S. 310).

Zur Feststellung der Strömungen im Grundwasser können Färbeversuche, für quantitative Untersuchungen wieder die Salzverdünnungsmethode dienen. Bei der Donau-Hegauer Aach konnte durch Einwerfen von Kochsalz außer der Richtung des versinkenden Wassers auch festgestellt werden, daß fast die ganze Menge des versenkten Salzes in der Aachquelle wieder erschien; aus der verflossenen Zeit läßt sich die Geschwindigkeit im unterirdischen Gerinne und dessen durchschnittlicher Querschnitt berechnen, soweit er am Fließvorgang beteiligt ist. Ferner kann aus der Strömungsrichtung des Grundwassers der Ursprung von Verunreinigungen in Quellen festgestellt werden.

Um die Ergiebigkeit eines Grundwasserstromes für Brauchzwecke zu ermitteln, kann man verschiedene Wege einschlagen. Ein Weg besteht in der Aufzeichnung der *Grundwasserhöhengleichen*, die senkrecht zur Strömung verlaufen; in der Richtung der Gleichen werden die Brunnenketten angelegt. Will man die Brunnenergiebigkeit längs dieser Linie nicht direkt ermitteln, dann besteht auch die Möglichkeit, sie aus Querschnitt mal Geschwindigkeit zu bestimmen. Dies erfordert die Kenntnis der Tiefe des Grundwasserstromes, die im Grundwasserleiter bis zu seiner unteren Begrenzung (Grundwassersohle) gemessen wird. Nach der Bestimmung der Gleichen und der Tiefe (aus Bohrungen) kann man die Geschwindigkeit v aus dem Gefälle J (das ja durch die Gleichen mitbestimmt ist) ermitteln, wenn man J mit einer Materialkonstanten k multipliziert. Nach dem Gesetz von Darcy ist dann $v = k \cdot J$. Nicht voll geklärt ist, wie sich der Begriff des Gefälles J auf das Grundwasser mit seinen gewundenen Bahnen übertragen läßt. Folgende kleine Zusammenstellung gibt die (*horizontalen*) *Geschwindigkeiten des Grundwassers* (*m/Jahr*) nach Schroeder (3):

	1000 k	J in Promille			
		0,1	1	10	100
Grober Kies	200	6,3	63	631	6307
Feiner Kies	100	3,2	32	315	3154
Grober Sand	50	1,6	16	158	1577
Feiner Sand	20	0,63	6,3	63	631

Für die *vertikalen* Geschwindigkeiten macht Bendel folgende Angaben: Bei der Abwärtsbewegung in humosen Kalken 0,006 mm/s, bei Sanden 0,5 bis 1 m/Tag, bei der Aufwärtsbewegung durch Kapillarwirkung im Sandboden 4 bis 12 mm/Tag.

Das bisher beschriebene Verfahren erfordert nur Probebohrungen für die Tiefe des Grundwasserspiegels und des Grundwasserleiters, während die Geschwindigkeit (beim Grundwasser immer im Sinne von Filtergeschwindigkeit [s. S. 129]) nicht gemessen, sondern berechnet wird, es sei denn, daß Färbeversuche vorgenommen werden. Aber *ein* Verfahren *allein* führt bei der Untersuchung des Grundwassers in der Regel nicht zu sicheren Ergebnissen. — Eine andere Methode zur Messung der Grundwasserergiebigkeit ist von A. und G. THIEM (s. Bem. 4, S. 310, 1951, H. 8) entwickelt worden. Es fußt auf dem Begriff der *Einheitsergiebigkeit* ε, die mit der Konstanten k des DARCYschen Gesetzes verwandt ist. Man versteht darunter die Anzahl der l/s, die bei der Gefällseinheit 1 : 1 als Durchfluß durch die Flächeneinheit 1 m² dauernd gefördert werden können. Der Nachdruck liegt dabei auf „*dauernd*"; denn der ständige Zufluß aus dem Entnahmetrichter (s. Abb. 120) muß gerade der Förderungsmenge entsprechen. Da sich dieser Gleichgewichtszustand erst allmählich einstellt, nimmt THIEM nur kurzdauernde Entnahmen vor, für die der *vorläufig* sich einstellende Senkungstrichter in der Hauptsache aus drei Tiefenlagen (der Spitze und zwei benachbarten Bohrungen) bestimmt wird. Aus der Spitze des Trichters möge in der Zeiteinheit die Wassermenge Q gefördert werden, ferner seien (unter Vernachlässigung der leichten Neigung) in den Horizontalabständen x_1 und x_2 die abgesenkten Grundwasserhöhen y_1 und y_2 beobachtet. Die Erfahrung zeigt — wie auch theoretisch (zuerst durch DUPUIT) begründet wurde —, daß der Grundwasserspiegel von der Entnahmestelle aus nach allen Seiten zuerst rasch und dann immer langsamer (logarithmisch) ansteigt; ein Endzustand (stationärer Zustand) ist bei diesen rasch und an einer Reihe benachbarter Stellen auszuführenden Bohrungen nebst Trichtern nicht erforderlich. Das ε, das sich bei längerer Beobachtung einstellen würde und das eigentliche Ziel der Messung ist, läßt sich schon aus den kurzdauernden Bohrungen nach der Formel ermitteln:

$$\varepsilon = \frac{Q(\ln x_2 - \ln x_1)}{\pi(y_2^2 - y_1^2)} \qquad \ln = \text{natürlicher Logarithmus.}$$

Diese Formel gilt, wie schon aus der Abbildung ersichtlich, für eine *nicht gespannte* (nicht unter Druck stehende) Grundwasseroberfläche über einem tiefer liegenden Grundwasserleiter. Bei *gespanntem* Grundwasser, wie es bei einer zweiten undurchlässigen Schicht, die darüberlagert, vorkommt (vgl. artesische Brunnen), tritt eine andere Formel in ihr Recht (KOEHNE, S. 161; KEILHACK, S. 423). — Als Werte für ε (nach THIEM) seien angeführt: Körniger Kies 0,001 bis 0,004; bei Sand vermindert er sich auf die Hälfte und sinkt bei festgelagertem Sandstein auf 0,0001 bis 0,0005 herab.

Bei solchen Versuchen ist es erwünscht, auch die Größe der *Entnahmefläche*, aus der dem Brunnen wirklich Wasser zufließt, zu ermitteln. Diese ist mit der Fläche, die von dem Brunnen überhaupt beeinflußt ist, dem sog. *Senkungstrichter*, nicht identisch, sondern durch die Nachbarbrunnen und die Geländeneigung stark geändert. Dies wird in Abbildung 121 veranschaulicht. Die ungestörte Grundwasseroberfläche ist ja nur

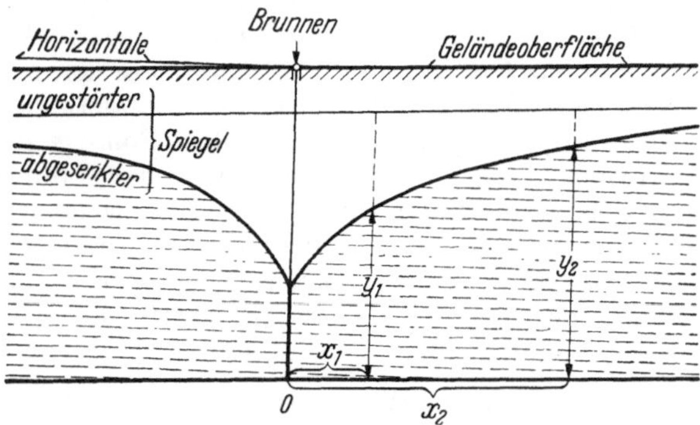

Abb. 120. Das ε-Verfahren. Nach THIEM.

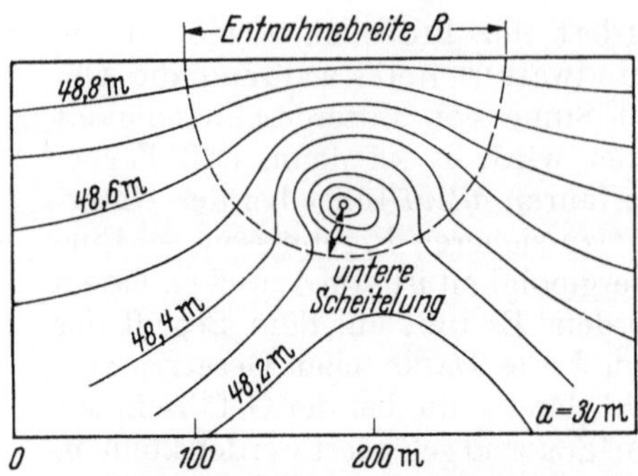

Abb. 121. Grundwassergleichen in der Umgebung eines Versuchsbrunnens. KOEHNE nach BRINKHAUS.

angenähert horizontal; in Wirklichkeit bildet sie eine schwach geneigte Fläche, in die sich die Entnahmefläche wie ein Trog in einen Bergabhang einsenkt. Die Stromlinien, die senkrecht zu den Grundwassergleichen zu denken sind, können den Grundwasserbrunnen nur innerhalb der umrandeten Fläche speisen, und diese dehnt sich gegen den Berghang hin viel stärker aus als gegen die Talseite. Die Breite des vom Brunnen beanspruchten Zuflußgebietes wird als Entnahmebreite B bezeichnet; der durchflossene Querschnitt etwas oberhalb des Brunnens ist gleich der Entnahmebreite mal der vertikalen Ausdehnung. Der Abstand a des Brunnens von der unteren Scheitelung kann auch zur Bestimmung der Entnahmebreite B dienen; es ist nämlich nach SMREKER $B = 2a\pi$. — Der gesamte Einflußbereich des Brunnens übersteigt den Zuflußbereich; denn beim ungestörten Spiegel würden ja die tiefer liegenden Isohypsen 48,2 m; 48,3 m usw. alle den höheren (48,8 m usw.) ungefähr parallel laufen, sind also *mit* gestört, obwohl sie an der Entnahmefläche z. T. vorbeilaufen. — Ein Übergreifen der Senkflächen von einem Brunnen auf die benachbarten ist bei Brunnenreihen zu beachten. Die leichtverständliche Beeinträchtigung eines Brunnens durch seinen Nachbarn wird also schärfer darin umschrieben, daß die beiden Senktrichter sich in den Außenteilen überschneiden.

Ein wichtiges Maß für die Grundwasserergiebigkeit ist ferner das MNq der örtlichen Gewässer [vgl. WUNDT (16) und S. 282].

10. Elektrische Verfahren

zur Untersuchung des Untergrundes werden nicht bloß zur Aufsuchung des Grundwassers, sondern allgemein zur Feststellung von Unstetigkeitsflächen und damit der geologischen Schichtung verwandt. Untersuchungen hierzu sind von SCHLUMBERGER, EBERT u. a. (vgl. Bem. 9, S. 310) veröffentlicht worden. Zusammenfassendes siehe bei BENDEL. Beim Grundwasser ist die „Vierpunktsmethode" verbreitet. SCHLUMBERGER verwendet dabei Gleichstrom, der sich mehr für humide Gegenden eignet; für aride Gegenden wird Wechselstrom vorgezogen. Das Grundprinzip ist folgendes (Abb. 122): Bei *homogenem* Untergrund verlaufen die Stromlinien im Untergrund zwischen den Polen eines oberirdischen Stromkreises so, wie in der Abbildung angegeben, während die Abb. 123 den Verlauf bei Vorhandensein einer *Unstetigkeitsschicht* andeutet. An dieser Schicht, die z. B. eine Grundwasseroberfläche sein kann, findet eine Brechung bzw. Reflexion der Stromlinien statt; dabei ändert sich der Gesamtwiderstand im Boden (sog. „*scheinbarer Widerstand*"). Solange nur die beiden Pole A und B in den Boden eingelassen werden, kann man kaum einen Schluß auf den Untergrund ziehen; wohl aber ist dies der Fall, wenn wir zwischen die beiden *Speissonden* A und B zwei *Suchsonden* A_1 und B_1 ($A_1 B_1 = a$) einschalten [genauere Schaltung s. bei BENDEL oder bei KEILHACK, (S. 411)], die den Spannungsabfall messen (V = Spannung; i = Stromstärke); der scheinbare Widerstand ist dann $2a\pi\frac{V}{i}$. Man ändert nun unter Beibehaltung des Schemas den

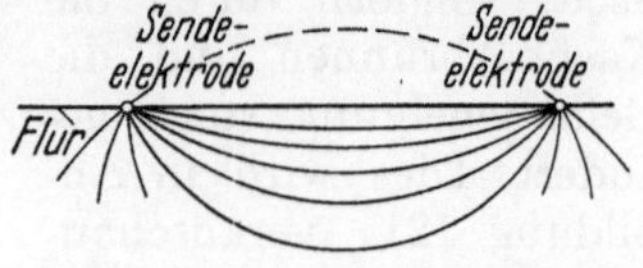

Abb. 122. Verlauf der Stromlinien im Boden bei homogenem Untergrund.

Abstand a schrittweise, bestimmt den zugehörigen Widerstand und stellt die Abhängigkeit graphisch dar. Der Verlauf dieser Kurve, speziell der Punkt, wo sie ihre Krümmung ändert, gibt Aufschluß über die Lage der Unstetigkeitsfläche. Erfahrungsgemäß kann man diesen Punkt verhältnismäßig rasch finden, wenn die Punkte A, B, A_1, B_1 im *gleichen* Abstand a voneinander liegen und a gleich der *vermuteten* Tiefe der Unstetigkeitsfläche gewählt wird (also der Abstand der Speissonden $= 3a$); a wird dann in diesem engeren Bereich variiert. Schwierigkeiten, mit denen diese Methode in der Praxis zu kämpfen hat, liegen in den Unregelmäßigkeiten der geologischen Schichtung (mehrere Unstetigkeiten übereinander, Verwerfungen u. ä.), aber auch in der Inhomogenität der Schichten bezüglich ihrer elektrischen Leitfähigkeit; z. B. kann die an und für sich hohe Leitfähigkeit des Grundwassers durch groben Kies, in den es eingebettet ist, stark herabgedrückt werden. Vgl. S. 138. — AMBRONN gibt Vertikal- und Horizontalschnitte durch Gelände, das nach elektrischen Methoden untersucht wurde. Über Messungen der „Bodenfeuchtigkeit" mit anderen Methoden s. JACOB und GROSSE und S. 277ff.

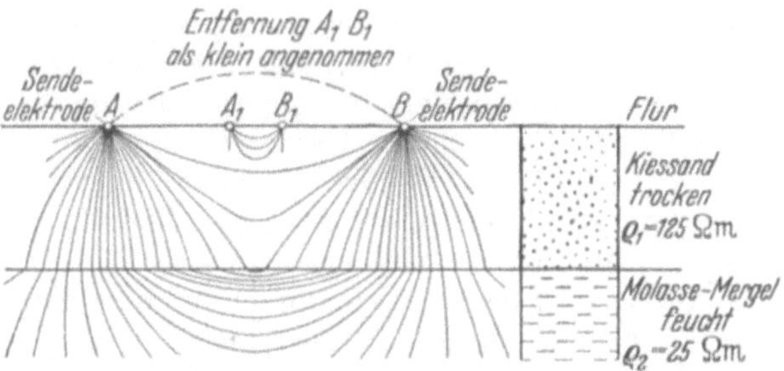

Abb. 123. Verlauf der Stromlinien im horizontal geschichteten Untergrund, wenn die untere Schicht 5 mal so gut leitet als die obere. Nach BENDEL.

11. Geschiebemessung und Schwebstofführung.

Die Schwebstoffe werden mit Schöpfproben erfaßt, die festen Stoffe mit Hilfe von Papierfiltern ausgeschieden und dann gewogen. Für feine Schwebstoffe, die nur Trübung verursachen, sind photoelektrische Methoden entwickelt worden (KLEIN, s. Bem. 1a, S. 310 Nr. 38). — Zur Messung der gröberen Bestandteile am Boden einschl. der Gerölle dient der *Fangbeutel* (Abb. 124, nach SCHAFFERNAK). Die Sortierung der Geschiebe wird mit Hilfe von Sieben verschiedener Maschenweite vorgenommen.

Nach Aufzeichnung des Mischungsbandes (s. S. 119) kann man den sog. Ungleichförmigkeitsgrad, definiert durch $d_{60} : d_{10}$ ermitteln (Abb. 125); allgemeinere Definition der Ungleichförmigkeit s. Tab. 8a.

Schleppspannung, Schleppkraft und Grenzgeschwindigkeit. Die Schleppkraft, d. h. die kinetische Energie des Flusses, wirkt sich auf den benetzten Umfang des Gerinnes, insbesondere die Gerölle, als *Schleppspannung* aus, die auch von der Form und Größe des Geschiebes und dessen spezifischem Gewicht abhängt.

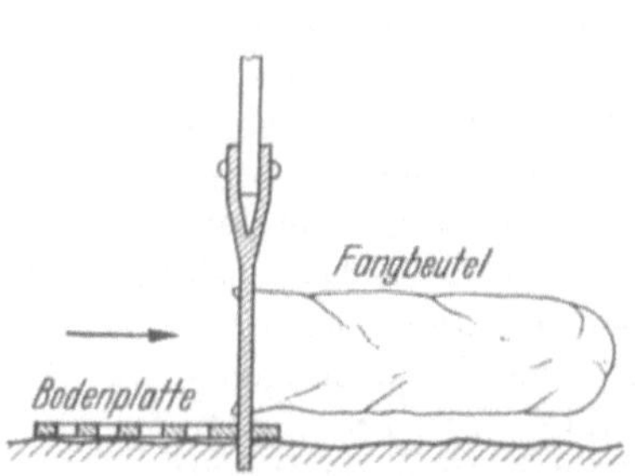

Abb. 124. Fangbeutel für Geschiebe. Nach SCHAFFERNAK.

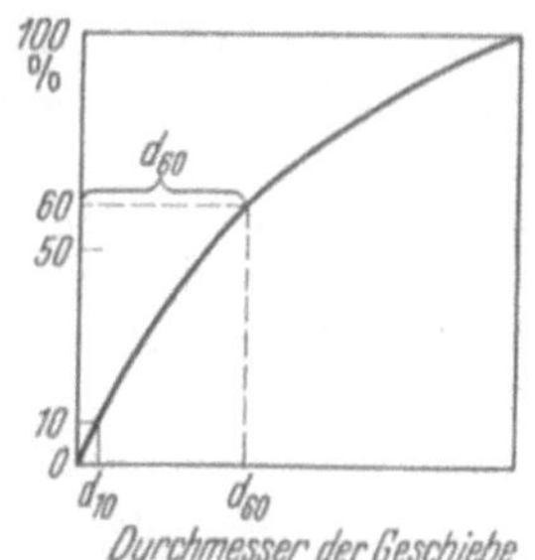

Abb. 125. Mischungsband und Ungleichförmigkeitsgrad.

Ist sie kleiner als der Widerstand der Sohle, so bleibt alles in Ruhe. Wird aber mit Zunahme der Strömung die Grenzgeschwindigkeit überschritten, dann kommt das Geschiebe in wachsendem Maße in Bewegung. Der Grenzgeschwindigkeit entspricht die Grenzschleppspannung. Dabei muß noch zwischen wachsender und abnehmender Geschwindigkeit unterschieden werden: die Schleppspannung, bei der laufendes Geschiebe *zur Ruhe* kommt, ist um 20 bis 30% kleiner als die Grenzschleppspannung.

Da die Geschiebe im allgemeinen keinen einheitlichen Durchmesser aufweisen, kann man als Berechnungsgrundlage den sog. „maßgebenden" Durchmesser einführen; dieser ist nach SCHOKLITSCH derjenige, der von 45% des Gemisches unterschritten wird, nach MEYER-PETER von 35%. Bei den Rheindurchstichen oberhalb des Bodensees wurden noch wesentlich niedrigere Werte, etwa 12 bis 15% zugrunde gelegt.

Die Schleppspannung ist proportional der Tiefe T und dem Gefäll J des Gerinnes (die ihrerseits die Geschwindigkeit bestimmen). Man kann setzen:

$$\text{Schleppspannung } S = 1000\, T \cdot J \text{ (in kg/m}^2\text{)}.$$

Die Grenzwerte für die Schleppspannung bei klarem Wasser bewegen sich bei Quarzsand mit 0,2 bis 0,4 mm Durchmesser um 0,2 kg/m². Reinem sandigem Lehm schreibt man den Wert von etwa 1 zu, lehmigem Kies 1,5 bis 2, ebensoviel etwa dem Rasen. Bei plattigem Kalkgeschiebe steigen die Werte bis etwa 5 (nach SCHLEICHER). Die zugehörigen Grenzgeschwindigkeiten (mittlere Querschnittsgeschwindigkeiten) bewegen sich zwischen 0,3 und 1,8 m/s.

Für Ablagerungs-Grenzschleppspannungen bzw. -geschwindigkeiten werden bei leichtem Schlamm 0,4 bis 0,5 kg/m² bzw. 0,3 m/s, für Schlamm und Fäkalien in Betonschale 0,25 kg/m², für feinen Sand als Geschwindigkeit 0,3 bis 0,5 m/s genannt.

Mit SCHOKLITSCH — und neuerdings von MARQUARDT betont — muß aber auf die örtliche und zeitliche Verschiedenheit des Schwerstofftransportes besonders hingewiesen werden; Grenzschleppspannung und Grenzgeschwindigkeit verlieren ihre Bedeutung, wenn das Geschiebe ungleichartig wird. In den „Übergängen" zwischen den Mäandern z. B. hält sich wegen der geringeren Tiefe das grobe Geschiebe, während sich das feine an den Gleithängen der Kolke anlegt. Diese Überlegung gilt für niedrige bis mittlere Wasserstände. Bei hohen Wasserständen gleichen sich Tiefe und Geschwindigkeit großenteils aus, so daß eine Neusortierung der Geschiebe eintritt, die erst beim Sinken des Wasserstandes wieder zur Ruhe kommt.

Wenn man daher von einem *Gleichgewicht* in der Gestaltung des Flußbettes spricht, so bezieht sich dies nur auf die groben Umrisse, d. h. auf die Gefällskurve längs *größerer Flußabschnitte* und die Konstanz der Mäander während *einiger Jahrzehnte*. Im einzelnen arbeitet der Fluß ständig weiter und kann, da ja ständig etwas Material abgetragen wird, einen Endzustand niemals erreichen. Wohl aber strebt er nach einem *dynamischen Gleichgewicht*, indem er den Exzessen des Niederschlags die Reaktion des Flußbettes entgegensetzt und die angreifenden Kräfte durch Gegenkräfte bis zu einem gewissen Grade bändigt.

Eine ganz andere Zielsetzung hat die Geschiebemessung bei den Beziehungen der Gewässerkunde zum Relief. Durch Ausmessung der 3 Dimensionen bei den Geröllen, durch Ermittlung der Zurundung usw. gelang es, wichtige Folgerungen für die Geschiebeverfrachtung in der Jetzt- und der Urzeit zu ziehen (CAILLEUX; TRICART; POSER in den Abh. d. Braunschw. Wiss. Ges. 1951). Man spricht hier von *Morphometrie*; doch wird dieser Begriff auch in anderem Sinn (s. S. 84) gebraucht.

II. Indirekte Messung. Statistische und analytische Methoden.

1. Die Abflußkurve und die Dauerlinie.

Auf S. 177ff. wurde die Bestimmung der Wasserführung aus Querschnitt mal Geschwindigkeit nach verschiedenen Methoden geschildert. Aber mit einer einmaligen Messung ist nur ein kleiner Teil der Arbeit geleistet, denn die Wasserführung ist ständigen Schwankungen unterworfen, und wir müssen, um Mittelwerte zu erhalten, die Messungen auf längere Zeit hin ausdehnen. Da es praktisch unmöglich ist, die *Mengen* täglich zu messen, müssen wir die leichter zu beobachtenden Wasser*stände* eines *Bezugspegels* zu Hilfe nehmen und es muß der Zusammenhang der Mengen mit den Ständen durch die *Abflußkurve* festgelegt werden (Abb. 126).

Hier eine allgemeine Anmerkung: „Kurve“ soll nach dem Gebrauch der Ämter einen durch *Ausgleich* entstehenden Verlauf bezeichnen, während die „Linie“ gemessene Einzelwerte verbindet. Da sich aber der Ausgleich in verschiedenen Schritten vollzieht, ist auch der Übergang von der Linie zur Kurve als fließend anzusehen.

Es zeigt sich, daß die Wasserführung nicht gleichmäßig mit dem Wasserstand wächst, sondern rascher als dieser; dies ist ohne weiteres zu erklären, denn mit dem Anstieg des Wasserspiegels wächst auch die Breite des Flusses, und gleichzeitig nimmt die Geschwindigkeit zu. Die für zahllose Fälle empirisch festgestellte Kurve zeigt die in Abb. 126 links oben dargestellte charakteristische Form. Man kann diese Kurve im Einzelfall durch eine Parabel annähern und ihre Gleichung aufstellen, aber man wird dadurch den natürlichen Gegebenheiten nur in roher Weise gerecht. Doch schon aus der allgemeinen Form der Kurve ergeben sich für die *Mittelbildung* wichtige Folgerungen. Es seien zu den Wasserständen W_1 und W_2 an zwei aufeinanderfolgenden Tagen, die durch die Ordinaten dargestellt sind, die zugehörigen Wasserführungen Q_1 und Q_2 als Abszissen abgetragen, dann entspricht der mittleren Wasserführung der beiden

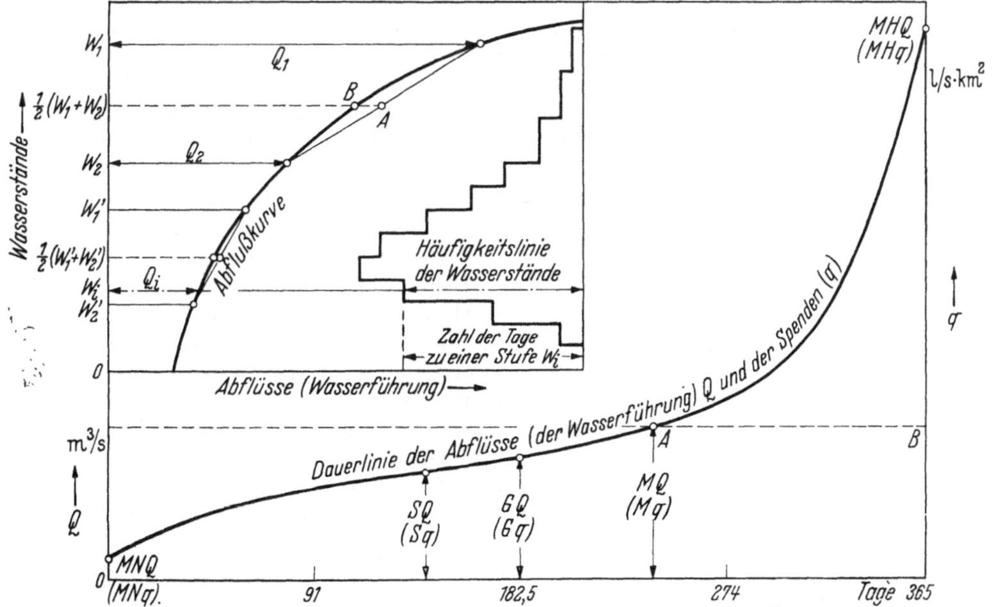

Abb. 126. Zusammenhang der Wasserstände mit den Abflüssen (Abflußkurve). Häufigkeitslinie der Wasserstände, Dauerlinie der Abflüsse und der Abflußspenden.

Tage die in Punkt A endigende Abszisse $^1/_2\ (Q_1 + Q_2)$. Man könnte nun auf den Gedanken kommen, statt dessen zunächst das Mittel der Wasserstände $\frac{1}{2}(W_1 + W_2)$ zu bilden und dann auf Grund dieser Ordinate an der Abflußkurve abzulesen: dabei erhält man aber die bei Punkt B endigende, also *kleinere* Abszisse. Diese Überlegung gilt auch für die Mittelbildung aus n, z. B. 365 Tagen, und ergibt stets für die Wasserführung einen zu kleinen Wert. Der entstehende Fehler ist bei hohen Wasserständen im allgemeinen groß, bei niedrigen Wasserständen wird er kleiner; im Durchschnitt kann er für die Ermittlung der Wasserführung aus alten Jahrgängen, wo nur Wasserstände vorliegen, leicht 10% und mehr betragen. — Die *richtige* Mittelbestimmung erfolgt so, daß man zunächst eine *Häufigkeitslinie der Wasserstände* aufstellt, die nach bestimmten Intervallen aufgeteilt werden; die Zahl der Tage innerhalb der Intervalle wird festgestellt und danach eine Staffellinie der Häufigkeit entworfen (Abb. 126 Mitte). Sind die Intervalle nicht zu groß gewählt, so kann man beim Übergang auf die Abflußkurve den vorhin erwähnten Fehler vernachlässigen. Man liest also für jede Stufe den zugehörigen Abfluß an der Abflußkurve ab und erhält dadurch die Grundlagen zur Weiterrechnung. Der Abfluß Q_i, der einer bestimmten Zahl n_i von Tagen zukommt, wird mit ihr zum Produkt $n_i\, Q_i$ vereinigt und die $\sum (n_i\, Q_i)$ ist die sog. *Abflußfülle*, d. i. die im ganzen Jahr und vom gesamten Gebiet abgeflossene Menge. Diese kann man dann wieder durch die Zahl der Sekunden im Jahr zu $365^1/_4$ Tagen (31,557 Mio) und durch die Fläche (km^2) teilen und erhält dadurch die sog. *Abflußspende* q, die angibt, wieviel Liter durchschnittlich von einem Quadratkilometer in einer Sekunde abfließen ($l/s \cdot km^2$).

In den neueren Jahrbüchern wird Q auch für die einzelnen Tage aus der Abflußkurve entnommen und neben dem W veröffentlicht. Die täglichen *Abflüsse* — die neuere Bezeichnung vermeidet die Bezeichnung „Abflußmengen" — kann man dann nach der Größe ordnen und erhält dadurch die *Dauerlinie* der Abflüsse oder der Wasserführung, die den Hauptteil der Abb. 126 einnimmt. Sie ist zugleich die Dauerlinie der Abfluß*spenden*, wobei die beiden Skalen (m^3/s bzw. $l/s \cdot km^2$) in *einer* Abbildung untergebracht werden können. Die *Fläche* der Dauerlinie gegen die Abszissenachse stellt also den gesamten Jahresabfluß (die jährliche Abflußfülle) dar. Verwandelt man die Fläche in ein Rechteck mit der Jahreslänge als der einen Seite, so entspricht dessen Höhe dem *mittleren* Jahresabfluß. Die Fläche, um welche die Dauerlinie rechts (von Punkt A) über das Rechteck hinausragt, ist ebenso groß wie die Fläche, um die die Dauerlinie links unter ihm zurückbleibt. In der Regel werden die Dauerlinien als Durchschnitt aus einer Reihe von Jahren gebildet, sie endigen dann links unten beim mittleren Niedrigwasser (MNQ bzw. MNq), rechts oben beim mittleren Hochwasser (MHQ bzw. MHq); doch sind nachher über diese Endstücke einige Bemerkungen zu machen. — Als weiterer charakteristischer Wert der Dauerlinie ist die „gewöhnliche" Wasserführung (GQ bzw. Gq) zu nennen — auch Zentralwert genannt —, d. i. die Wasserführung, die im Laufe des Jahres ebensooft unterschritten als überschritten wird, demnach bei $^1/_2 \times 365$ Tagen $= 182^1/_2$ Tagen liegt. Dagegen wird in dem von uns gewählten Beispiel das MQ (Mq) an etwa 245 Tagen *unter*schritten, an 120 Tagen *über*schritten. Neben dem MQ (Mq) kann man noch Werte für ein $Q(MW)$, ebenso ein $Q(MNW)$ und ein $Q(MHW)$ ermitteln, die angeben, welche Wasserführung den mittleren Wasser*ständen* sowie den mittleren Tief- und Hoch*ständen* entspricht; diese liegen normalerweise etwas *unter* den entsprechenden Mitteln der *Mengen*. Endlich kann man noch neben dem häufigsten Stand eine *häufigste Menge* (SQ bzw. Sq) aus der Häufigkeitslinie der Wasserstände in der Nebenfigur ableiten.

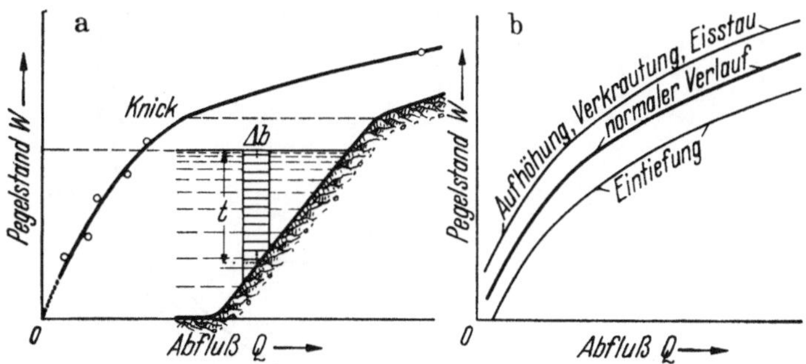

Abb. 127. Einzelheiten zum Verlauf der Abflußkurve.

Einzelheiten zum Verlauf der Abflußkurve zeigt Abb. 127. Die Praxis erweist, daß man den Bezugspunkten im unteren Teil der Abflußkurve viel leichter beikommt als im oberen, weil sich Messungen bei niedrigen Wasserständen besser ausführen lassen; meist fehlt die Bestimmung von Hochwassermengen, die zudem unvorhergesehen eintreten, und so muß man sich im höheren Teil der Kurve oft mit Extrapolation begnügen. Auch schon im unteren und mittleren Teil findet sich eine gewisse *Streuung* der Bezugspunkte; wenig beachtet wird hierbei ein Hilfspunkt, der sich aus der Überlegung ergibt, daß die Nullstelle für die Wasserführung auch dem tiefsten Punkt des durchflossenen Querschnitts entsprechen muß (nicht etwa dem Nullpunkt der Pegelskala, denn diese wird willkürlich angelegt). Es wird dabei nur vorausgesetzt, daß dieser tiefste Punkt nicht gerade in einem Kolk liegt. Tatsächlich ist die Forderung nach einer stetigen Krümmung der Wassermengenlinie, die meist mit Hilfe des Kurvenlineals hergestellt wird, nur ein Dogma, denn die Unregelmäßigkeiten des Flußbettes müssen sich auch in der Abflußkurve widerspiegeln. Die Hauptunstetigkeit pflegt bei der Ausuferung des Flusses am oberen Rand der Uferböschung einzutreten. NATERMANN und VAN RINSUM haben Wege gewiesen, wie diese Unregelmäßigkeiten berücksichtigt werden können. Man kann ja die Geschwindigkeit außer durch direkte Messung auch aus der Formel von CHÉZY-BRAHMS-EYTELWEIN bestimmen und diese zu der Mengenformel

$$Q = F\,v = F\,c\sqrt{R\,J}$$

umgestalten. Diese läßt sich weiter umformen. Man zerlegt den Querschnitt F in schmale senkrechte Streifen von der Breite Δb und der mittleren Tiefe t (Abb. 127a). Die Fläche eines Streifens ist $t \cdot \Delta b$, der benetzte Umfang ist $\Delta b : \cos\alpha$, folglich der hydraulische Radius R des Flächenelements

$$R = \frac{t\,\Delta b}{\Delta b : \cos\alpha} = t\cos\alpha$$

und die zugehörige Wasserführung

$$\Delta Q = t\,\Delta b\, c\sqrt{t\cos\alpha\, J} = c\sqrt{J}\; t^{3/2} \cdot \underbrace{\sqrt{\cos\alpha}\,\Delta b}_{W}.$$

Von den beiden (rechts) durch einen Punkt getrennten Faktoren ist der erste durch den veränderlichen Beiwert c und das Gefäll J bestimmt, ändert sich aber im allgemeinen stetig von der Sohle bis zur Oberfläche in ähnlicher Weise wie die Geschwindigkeit v. Der zweite Faktor hängt nur von der Form des Querschnitts an der betreffenden Stelle ab; er kann für jeden Flächenstreifen gesondert berechnet, bei funktionell definierter Abhängigkeit der Tiefe t von α auch für den ganzen Querschnitt integriert werden. Bei der Summierung bzw.

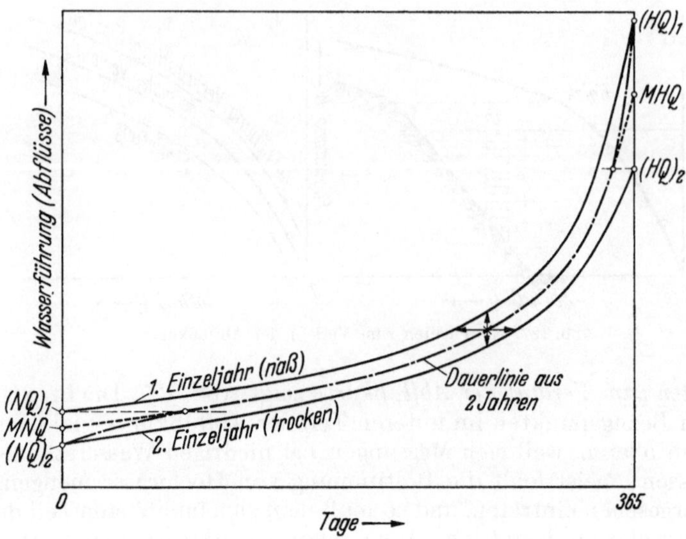

Abb. 128. Zur Herstellung der Dauerlinien durch Mittelbildung.

Integration kommen dann die natürlich bedingten Knicke zum Vorschein und *ersetzen* einen Ausgleich, z. B. parabolischer Art. Erörterungen zu diesen Fragen s. HENSEN (Bem. 7, S. 310, 1951/52, H. 9/10) und SCHROEDER (ebenda H. 12).

Abb. 127b zeigt schematisch, welche Fehler gegenüber dem normalen (durch Messungen festgelegten) Verlauf der Abflußkurve durch neue Einflüsse entstehen. Es kann z. B. nach Ablauf der Messungen eine *Eintiefung* des Profils durch Erosion an der Sohle eintreten, und die Abflußkurve zeigt dann für die späteren Pegelstände einen zu niedrigen Betrag an. Umgekehrt kann von selbst eine *Aufhöhung* (Anlandung) im Bett stattfinden, der die später abgelesenen Mengen im Sinne einer Erhöhung fälscht; der letztere Fall tritt auch bei sommerlicher *Verkrautung* des Bettes ein sowie im Winter bei *Eisstau* und ist eine sehr verbreitete Erscheinung. Für die Bettverkrautung im Sommer können Erfahrungswerte eingestellt werden; für den Eisgang ist dies schon viel schwieriger und erst recht für Aufhöhungen und Eintiefungen an der Sohle, die ganz unregelmäßig eintreten können. Bei geschlossener Eisdecke kann man nach dem Vorgang von KOLUPAILA Sondermessungen der Geschwindigkeiten mit Hilfe von Bohrungen anstellen. Die so für Einzelfälle ermittelte Wasserführung Q' dient dazu, die auf Grund des durch Eisstau erhöhten Wasserstandes bestimmte Wassermenge Q zu reduzieren und für den Eisstand eine besondere Bezugslinie herzustellen. Ganz allgemein erfordert die *genaue* Abflußbestimmung eine ständige Kontrolle (HILLEBRAND, HAHN) und Nachprüfung der Abflußkurve. — Über die Unterschiede des Abflusses bei gleichem Pegelstand, aber steigendem bzw. fallendem Wasser („*Abflußschleife*") s. S. 211.

Hinsichtlich der beiden *Endstücke* erfordert die Dauerlinie der Wasserführung noch eine besondere Erörterung. Solange es sich um Einzeljahre handelt und um Tagesmittel, ist es klar, daß der Tag mit der niedrigsten Menge am weitesten links, der mit der höchsten am weitesten rechts steht. Aber die Einzeljahre unterscheiden sich voneinander: die Dauerlinie eines Naßjahres liegt höher als die eines Trockenjahres (Abb. 128). — Bildet man eine Durchschnittsdauerlinie oder -dauerkurve aus zwei schon gezeichneten Dauerlinien zweier Jahre, so kann man entweder das Mittel der Ordinaten oder das der Abszissen nehmen. Da der Sinn des Durchschnitts auch einen mittleren Höchststand *MHQ* und einen mittleren Tiefststand *MNQ* verlangt, so kann kein Zweifel sein, daß man das Mittel der *Ordinaten* bilden muß. Tatsächlich wird aber in vielen Veröffentlichungen anders verfahren: Man bildet das Mittel der Abszissen zwar nicht direkt, aber man geht auf die Häufigkeit der Wasserstände, z. B. für 10 Jahre, zurück, summiert diese und leitet daraus eine neue Abflußdauerlinie ab. Was man dadurch erhält, ist aber nicht die Abflußdauerlinie eines Jahres, sondern von 10 Jahren. Von den in Betracht gezogenen rund 3650 Tagen sammeln sich natürlich die Tiefstände einzelner Trockenjahre am unteren Ende, die Hochstände von Naßjahren am oberen Ende. Die Endstücke der Kurve stellen daher nicht einen Mittelzustand für das Normaljahr dar, sondern die herausgegriffenen Sonderzustände von Einzeljahren; der Durchschnittszustand wird nur durch den Mittelteil der Kurve vertreten. Übrigens stimmt auch hier die Kurve der Ordinatenmittel mit der der Abszissenmittel nur annähernd überein. Die mittlere Kurve darf aber keinesfalls im *NNQ* bzw. *HHQ* endigen, wenn sie repräsentativ für den Zustand des Durchschnittsjahres sein soll, sondern im *MNQ* und *MHQ*. Wohl aber ist das *NNQ* und das *HHQ* für die Abflußdauerlinien längerer Zeiträume und als Sonderfall für die Praxis von Wichtigkeit. Bemerkenswert ist bei der Durchführung, daß die charakteristische Abbiegung im untersten Teil — die an und für sich berechtigt ist und in den Einzeljahren auftritt — bei der Hinführung zum *MNQ* beinahe verschwindet.

2. Streuung und Ausgleichung.

Bei der Aufstellung der Abflußkurve sahen wir Unregelmäßigkeiten auftreten, die sich z. T. aus den Unstetigkeiten im Flußbett erklären, zum andern Teil aber auch auf unvermeidliche Fehler der Messung zurückgehen. Zum Beispiel nimmt (nach WITTMANN) die Geschiebemenge mit dem Pegelstand in gewissem Bereich linear zu, aber ein Ausgleich der streuenden Messungen ist unvermeidlich (Abb. 129). Daraus ergibt sich wie bei vielen Messungsreihen das Problem der Ausgleichung dieser *Streuung* auf mathematischem Wege. Die Hilfsmittel dazu gibt uns die *Methode der kleinsten Quadrate.* Besteht bei der graphischen Darstellung der Abhängigkeit einer Größe y von der Größe x Grund zur Annahme, daß die Abhängigkeit linear ist, daß also an Stelle einer streuenden Punktwolke eine geradlinige Anordnung der Punkte herauskommen sollte, dann können wir diese Gerade bestimmen. Sie muß so gelegt werden, daß die Summe der Abweichungsquadrate (Fehlerquadrate) ein Minimum wird. Die Abweichung eines statistisch erfaßten Bezugspunktes (x, y) von der Ausgleichsgeraden kann sowohl als Abweichung in der Ordinaten- als in der Abszisseneinrichtung verstanden werden. Verlegt man das Koordinatensystem aus der ursprünglichen Lage 0 in den Schwerpunkt S des Punktschwarmes und bezeichnet die von dort

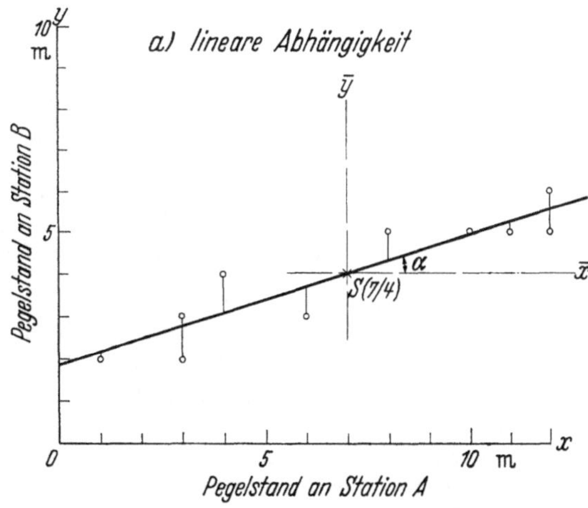

Abb. 129. Gerade zum Ausgleich der Streuung.

aus gerechneten Koordinaten mit $(\bar{x}, \bar{y})$, so ist die Summe aller $\bar{x}$ sowohl als die aller $\bar{y}$ nach der Definition des Schwerpunkts gleich Null; nach der Theorie der kleinsten Quadrate muß die Ausgleichsgerade durch diesen Schwerpunkt hindurchgehen, und es handelt sich nur noch darum, ihre Steigung $a = \operatorname{tg}\alpha$ für ihre Gleichung $\bar{y} = a\,\bar{x}$ zu berechnen. Die $\bar{x}_i$ $(i = 1, 2, \ldots, n)$ seien der Wertevorrat der unabhängigen Veränderlichen, der als *genau* erfaßt angesehen wird, und $\bar{y}_i$ die zugehörigen Werte der statistisch bestimmten abhängigen Veränderlichen, die als *unsicher* betrachtet werden und von den aus der Geradengleichung bestimmten $\bar{y}$ abweichen. Die *Ordinatenabweichung* ist also definiert durch

$$\lambda_i = a\,\bar{x}_i - \bar{y}_i.$$

Es soll dann sein $\sum \lambda_i^2 = \sum (a\,\bar{x}_i - \bar{y}_i)^2 = \text{Minimum}.$

Damit der Ausdruck ein Minimum wird, muß die nach dem Parameter a differenzierte Summe Null werden, also

$$\frac{d}{d\,a}\,\Sigma(a\,\bar{x}_i - \bar{y}_i)^2 = \Sigma\,2\,\bar{x}_i(a\,\bar{x}_i - \bar{y}_i) = 0.$$

Ausmultiplikation ergibt: $$a\,\Sigma\,\bar{x}_i^2 - \Sigma\,\bar{x}_i\,\bar{y}_i = 0,$$

woraus $$\operatorname{tg}\alpha = a = \frac{\Sigma\,\bar{x}_i\,\bar{y}_i}{\Sigma\,\bar{x}_i^2}.$$

Als Maß gilt in der mathematischen Statistik die

Standardabweichung $\sigma = \sqrt{\dfrac{\Sigma\,\lambda_i^2}{n-1}}$ (n = Anzahl der Wertepaare).

Diese wird auch als *mittlerer Fehler m* (der Einzelmessung) bezeichnet. Außerdem wird eine *wahrscheinliche Abweichung w* und eine *durchschnittliche Abweichung* ϑ definiert (s. Seite 198). Als *Streuung* wird σ^2 bezeichnet.

Für den oben angeführten Fall der Ausgleichsgeraden folgt nun das

Beispiel 1 (in Abb. 129 maßgerecht wiedergegeben).

Gegeben sind 10 Wertepaare (x, y). Gesucht ist die Gleichung der Ausgleichgeraden $\bar{y} = a\,\bar{x}$ im Koordinatensystem $(\bar{x}, \bar{y})$ durch den Schwerpunkt S und die Streuung bei den Ordinatenwerten.

x	1	3	6	4	3	8	10	12	12	11	$x_S = \sum x : n = 7$
y	2	2	3	4	3	5	5	5	6	5	$y_S = \sum y : n = 4$

Es ergibt sich $$\bar{x}_i = x_i - x_S = -6,\ -4 \text{ usw.}$$
$$\bar{y}_i = y_i - y_S = -2,\ -2 \text{ usw.}$$

$$\Sigma\,\bar{x}_i^2 = 154;\quad \Sigma\,\bar{x}_i\,\bar{y}_i = 48;\quad \operatorname{tg}\alpha = a = 0{,}312;\quad \text{Ausgleichgerade } \bar{y} = 0{,}312\,\bar{x}.$$

Weiter ist $\lambda_i = a\,\bar{x}_i - \bar{y}_i = -0{,}12;\ -0{,}75$ usw. und $\Sigma\,\lambda_i^2 = 3{,}02$

$$m = \sqrt{\frac{3{,}02}{9}} = 0{,}58.$$

Dazu (Bedeutung siehe S. 198): $w = 0{,}39$.

Bei Anwendung auf die Wasserwirtschaft kann man unter x und y (den Größen der Abb. 129) die zusammengehörigen (gleichzeitigen) Pegelstände (in m) an zwei benachbarten Flüssen verstehen: bei eintretendem Regen werden *beide* Flüsse steigen, aber dabei ihre Eigentümlichkeiten beibehalten. Der parallele Gang bleibt jedoch im allgemeinen bestehen, und es erscheint manchmal wünschenswert, den Wert y des zweiten Flusses zu kennen, der einem beobachteten x des ersten entspricht. auch wenn dieses y nicht beobachtet wurde. Zum Beispiel ergibt sich für den Wert $x = 9$ der Wert $\bar{x} = 2$, aus der Ausgleichsgeraden $\bar{y} = 0{,}312\,\bar{x}$ der Wert $\bar{y} = 0{,}624$, woraus rückwärts $y = 4{,}624$ folgt. — Auch für die Ergänzung lückenhafter Beobachtungsreihen auf Grund von vollständigen Nachbarreihen leistet dieses Verfahren gute Dienste.

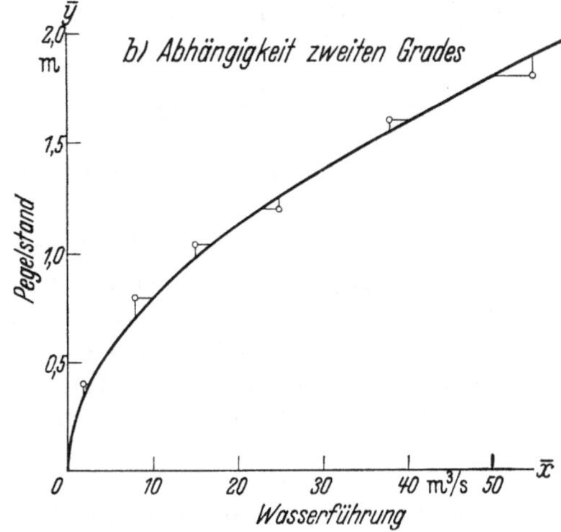

Abb. 130. Parabel zum Ausgleich der Streuung.

Ist für y eine *quadratische* Abhängigkeit von x anzunehmen, so ist die Berechnung sehr viel umständlicher, und man wird sich meist mit einem graphischen Ausgleich begnügen, zumal wenn die quadratische Abhängigkeit, wie bei der Abflußkurve, physikalisch nicht genügend begründet werden kann. Rechnerisch durchgeführte Fälle, wobei mehrere Konstanten zu bestimmen sind, finden sich bei SCHROEDER (1) und BAULE. Außer der Geraden und den Kurven 2. Grades kommen für den Ansatz manchmal auch Exponentialkurven in Betracht, für die BAULE ebenfalls ein Beispiel gibt.

Für die quadratische Abhängigkeit sei hier ein Beispiel mit *einer* Konstanten gegeben.

Beispiel 2. Es seien 6 Wertepaare für den Zusammenhang von Wasserführung (m^3/s) und Pegelstand (m) für einen Fluß bestimmt. Es soll die Gleichung der „besten" Parabel als einer rohen Ausgleichskurve und die Streuung bei den Abszissenwerten berechnet werden (Abb. 130, maßgerecht nach den Zahlenwerten unten).

Nimmt man zu den gegebenen Punkten als Hilfspunkt den tiefsten Punkt des Querprofils hinzu, bezieht sich auf seine Höhe als Nullpunkt (statt auf Pegelnull!) und ordnet ihm die Wasserführung 0 zu, so kann man die Ausgleichskurve in erster Annäherung als Parabel

$$\bar{y} = a\sqrt{\bar{x}} \quad (\bar{y} = \text{Pegelstand}, \ \bar{x} = \text{Wasserführung}) \qquad \text{oder} \quad x = \frac{y^2}{a^2}$$

darstellen. Es entsteht die Frage, welche Koordinate man als unabhängige Veränderliche auffassen will. Die sicheren Angaben liegen hier beim Pegelstand $\bar{y}$, die weniger sicheren bei der Wasserführung $\bar{x}$. Wir betrachten daher die *Abszissenabweichung* $\bar{x}_i - x$ als die Größe, für die die Summe der Quadrate möglichst klein werden soll. Es soll also

$$\Sigma \lambda_i^2 = \Sigma (\bar{x}_i - \bar{x})^2 = \Sigma \left(\bar{x}_i - \frac{\bar{y}_i^2}{a^2}\right)^2 \text{ ein Minimum werden.}$$

Differentiation nach dem Parameter a ergibt:

$$\Sigma \left[\left(\bar{x}_i - \frac{\bar{y}_i^2}{a^2}\right) \frac{2\,\bar{y}_i^2}{a^3}\right] = 0$$

hieraus

$$\frac{1}{a^2}\,\Sigma \bar{y}_i^2 - \Sigma \bar{x}_i = 0 \quad \text{und} \quad a = \sqrt{\frac{\Sigma \bar{y}_i^2}{\Sigma \bar{x}_i}}$$

$\bar{x}_i$	2	8	15	25	38	55	$\Sigma \bar{x}_i = 143$
$\bar{y}_i$	0,4	0,8	1,04	1,2	1,6	1,8	
$\bar{y}_i^2$	0,16	0,64	1,08	1,44	2,56	3,24	$\Sigma \bar{y}_i^2 = 9{,}12$

$$a = \sqrt{\frac{9{,}12}{143}} = 0{,}252; \qquad \text{Parabelgleichung } \bar{y} = 0{,}252\,\sqrt{\bar{x}}.$$

Weiter ist nach der Parabelgleichung

$$\bar{x} = 2{,}5;\ 10{,}9 \text{ usw.} \quad \text{und} \quad \lambda_i = \bar{x}_i - \bar{x} = -0{,}5;\ -2{,}9 \text{ usw.}$$

$$\Sigma \lambda_i^2 = 35{,}8, \quad m = \sqrt{\frac{35{,}8}{5}} = 2{,}67.$$

Dazu (Bedeutung siehe S. 198): $w = 1{,}80$.

3. Der Korrelationsfaktor

gibt einen rechnerischen Ausdruck einerseits für das, was man gemeinhin als „ähnlichen" oder „parallelen" Gang, andererseits, was man als „entgegengesetztes" Verhalten zweier Elemente bezeichnet. Will man z. B. den Zusammenhang des Niederschlags mit dem Abfluß in einer Reihe von Jahren prüfen, so steht folgender Weg offen. Die Abweichungen der Einzeljahre vom Mittelwert seien x_1, x_2, x_3 usw., die des Abflusses entsprechend y_1, y_2, y_3 usw. Dann ist wegen des im allgemeinen ähnlichen Verlaufs das Produkt $x_i\, y_i$ für ein beliebiges Jahr meist positiv; nur in Ausnahmefällen wird ein übernormaler Niederschlag von einem unternormalen Abfluß begleitet sein. Infolgedessen ist auch die Summe aller dieser Produkte $\sum (x_i\, y_i)$ positiv und sie wird ein Maximum erreichen, wenn auch die einzelnen $x_i\, y_i$ alle positiv sind.

Ferner ist der Wert der Summe $\sum (x_i\, y_i)$ auch davon abhängig, in welchen Maßeinheiten x_i und y_i dargestellt sind. Um hiervon unabhängig zu werden und vergleichbare Werte für alle Größen zu gewinnen, dividiert man $\sum (x_i\, y_i)$ durch $+\sqrt{\sum x_i^2 \sum y_i^2}$ und bezeichnet

$$k = \frac{\Sigma (x_i\, y_i)}{\sqrt{\Sigma x_i^2\, \Sigma y_i^2}}$$

als *Korrelationsfaktor*. Sind die beiden korrelierten Vorgänge *restlos* durcheinander bedingt, so nimmt der Korrelationsfaktor den Wert $+1$ an. Der Begriff des Korrelationsfaktors paßt aber auch für die Fälle, wo zwei Vorgänge entgegengesetzt verlaufen, z. B. in der Gewässerkunde Abfluß und Temperatur. In diesem Fall werden die Produkte $x_i\, y_i$ ganz vorwiegend negativ, also ist auch $\sum (x_i\, y_i)$ negativ. Bei genau spiegelbildlichem Verlauf nimmt der Korrelationsfaktor den Wert -1 an, während beim Fehlen jeden Zusammenhangs zwischen zwei Vorgängen $\sum (x_i\, y_i) = 0$, also auch $k = 0$ wird.

Weiteres über Korrelationen s. S. 285. Hier noch ein Zahlenbeispiel:

***Beispiel 3.** Es seien in einem Flußgebiet die Niederschläge N und die Abflüsse A für 10 aufeinanderfolgende Jahre in cm gegeben. Der Korrelationsfaktor k ist zu berechnen.*

N	76	77	72	66	66	65	72	74	67	65	70	Mittel
A	29	30	24	20	19	18	22	27	26	25	24	
x_i	6	7	2	−4	−4	−5	2	4	−3	−5		Abweichungen vom Mittel
y_i	5	6	0	−4	−5	−6	−2	3	2	1		
$x_i\, y_i$	30	42	0	16	20	30	−4	12	−6	−5	135	Summen
x_i^2	36	49	4	16	16	25	4	16	9	25	200	
y_i^2	25	36	0	16	24	36	4	9	4	1	156	

$$k = \frac{135}{\sqrt{200 \cdot 156}} = 0{,}76.$$

Außer dem *Korrelationsfaktor*, auch *Korrelationskoeffizient* genannt, kann man auch ein „*Korrelationsverhältnis*" definieren, bei dessen Berechnung eine Ausgleichung nach der Methode der kleinsten Quadrate nicht stattfindet. Man vergleiche darüber die Ausführungen von SCHROEDER (1), der auch die Beziehungen der verschiedenen Abweichungen zum Korrelationsfaktor erörtert.

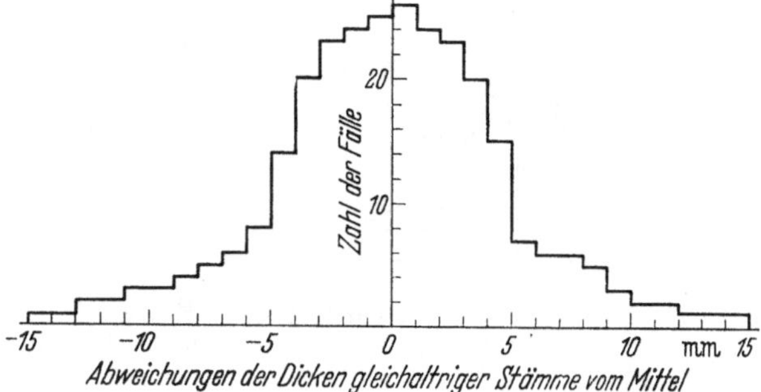

Abb. 131. Zur Entstehung der GAUSSschen Häufigkeitskurve.

4. Allgemeines. Die GAUSSsche Häufigkeitskurve.

Die auf S. 194 angeführten Begriffe der Streuung, des mittleren Fehlers, der Standardabweichung usw. bedürfen einer allgemeineren Begründung, die uns die Wahrscheinlichkeitsrechnung liefert. Den Schlüssel dazu geben uns elementare Überlegungen (Abb. 131) unter Annahme eines Beispiels. Bei Bäumen gleichen Alters läßt sich unter sonst gleichen Bedingungen des Standorts usw. auch die gleiche Dicke erwarten. Dies trifft im allgemeinen, aber im einzelnen nicht genau zu. Man bildet die Abweichungen der Einzeldicken vom arithmetischen Mittel aller Messungen (hier $n = 283$) und ordnet die positiven und die negativen Abweichungen nach Zahl und Größe. Dabei zeigt sich eine annähernd symmetrische Verteilung um den Mittelwert; außerdem eine Häufung der Fälle um diesen, dann eine rasche und zuletzt wieder langsame Abnahme nach beiden Seiten, die den vorkommenden Einzelextremen entspricht. — Bei solchen Berechnungen wird auch die Bezeichnung „*Kollektiv*" gebraucht, d. h. eine Zusammenfassung gleichartiger und gleichwertiger Gegenstände zum Zwecke der statistischen Bearbeitung (Definition nach BENDEL, 1, S. 771). — GAUSS hat gezeigt, daß eine ausgleichende Kurve bei wachsendem n schließlich eine gesetzmäßige Form annimmt, die in Abb. 132 dargestellt ist und die Gleichung hat:

$$y = \frac{h}{\sqrt{\pi}} e^{-h^2 x^2}.$$

Außer den Konstanten π und e kommt darin der Parameter h vor, für den die Ordinate im Nullpunkt $y_0 = h/\sqrt{\pi}$ ein Maß gibt. Die GAUSSsche „*Glockenkurve*" ist der Idealfall einer *symmetrischen* Verteilung der Einzelwerte um einen Mittelwert (die Abszisse x ist die Abweichung des Einzelwerts vom Mittel, die Ordinate y ist die Anzahl der zugehörigen Fälle). Es kommen aber auch *asymmetrische* Verteilungen vor, in der Gewässerkunde z. B. bei den Wasserständen, die um die niedrigen Werte sich häufen, bei den hohen stark auseinandergehen (vgl. Abb. 126, 164). Bei der Betrachtung der Hochwässer allein kommt man auf die sog. *J-Kurve* (Auslauf einer Glockenkurve). Zusammenfassendes hierüber siehe KREPS und Bem. 7, S. 310, 1933; vgl. auch S. 217. Für die mathematischen Definitionen beschränken wir uns hier auf den Fall der symmetrischen Verteilung.

Definitionen. Die Abszisse des Wendepunktes in Abb. 132 ist die

$$\textit{Standardabweichung}\ \sigma = \sqrt{\frac{\Sigma\lambda^2}{n-1}},$$

= *mittlerer Fehler m* (der Einzelmessung).

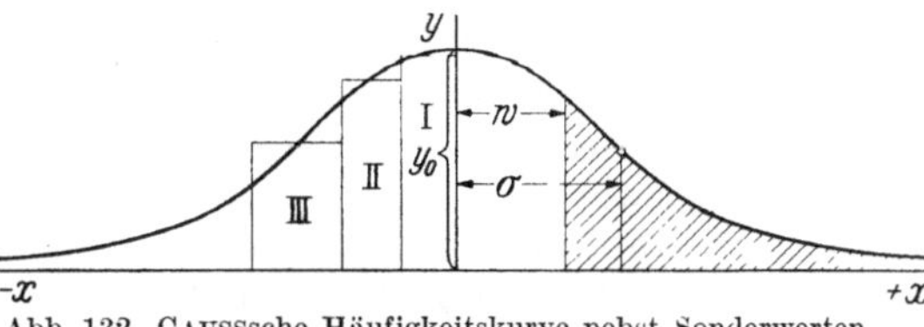

Abb. 132. GAUSSsche Häufigkeitskurve nebst Sonderwerten. Nach BENDEL.

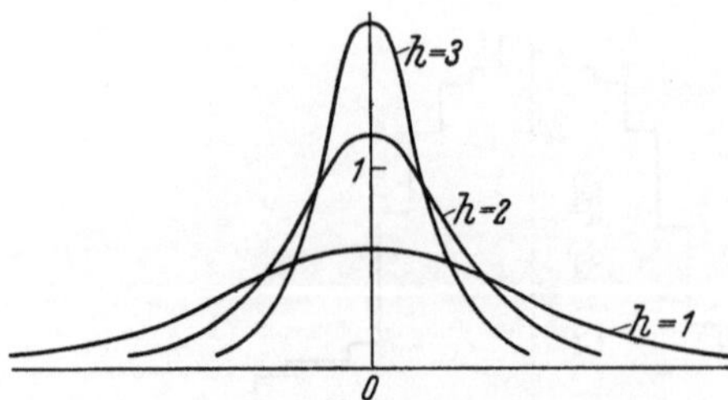

Abb. 133. Häufigkeitskurven bei verschiedener Streuung.

Für große n, die an und für sich in der Abbildung vorausgesetzt werden, kann das Zusatzglied -1 im Nenner neben n vernachlässigt werden; man findet daher in manchen Veröffentlichungen auch

$$\sigma = \sqrt{\frac{\Sigma\lambda^2}{n}}$$

angegeben. Das Zusatzglied hängt damit zusammen, daß das arithmetische Mittel, gegen das die Abweichungen gebildet werden, selbst schon aus den n Werten entsteht. Ferner bezeichnet man als

wahrscheinlichen Fehler $w = 0{,}674\ \sigma$;

w ist die Abszisse zu derjenigen Ordinate, welche die Fläche der Kurve im 1. Quadranten halbiert (s. Abb. 132). w umfaßt also den Spielraum beiderseits des Mittelwerts ($x = 0$), in dem 50% der Versuchsergebnisse liegen (immer unter der Voraussetzung, daß n sehr groß ist). — σ^2 heißt *Streuung* (S. 194).

Wird ein arithmetisches Mittel aus n Werten gebildet, so ist dessen Fehler kleiner als der mittlere Fehler des Einzelwertes; man findet

mittlerer Fehler (Fehler d. arithmetisch. Mittels) $m_0 = \frac{m}{\sqrt{n}}$.

Läßt man die Häufigkeitskurve beiseite und betrachtet die Abweichungen der Einzelwerte vom arithmetischen Mittel ohne Rücksicht auf das Vorzeichen, d. h. deren sog. absolute Werte, so definiert man als

durchschnittliche Abweichung $\vartheta = \frac{\Sigma|\lambda|}{n}$.

Die Bestimmung des sog. *Zentralwerts* möge folgendes Beispiel erläutern. Zu jedem Tag des Jahres (Abszisse) gehört bei einem Fluß eine bestimmte Wasserführung (Ordinate). Ordnet man die Ordinaten nach der Größe und bildet die sog. Dauerlinie (s. S. 249), so ist die zur Abszissenmitte ($^1/_2 \times 365$ Tage $= 182^1/_2$ Tage) gehörige Ordinate der Zentralwert (der zugehörige Abfluß wird „gewöhnliche" Wasserführung genannt).

Der Parameter h bringt vor allem die „Güte" der statistisch ermittelten Häufigkeitskurven, d. h. die Drängung der Werte um den Mittelwert zum Ausdruck. Abb. 133 gibt 3 Häufigkeitskurven wieder, von denen die für $h = 3$ die beste ist, weil sich hier die Ausgangswerte am stärksten um den Nullpunkt scharen.

Eine weitere Anwendung der Wahrscheinlichkeitsrechnung (auf die Hochwasservorhersage) wir auf S. 217 folgen; weitere Beispiele zur „Streuung" s. S. 295.

Zum Schluß noch einige einfache Überlegungen, die auf fehlertheoretischem Gebiet liegen! Man kommt in der Gewässerkunde öfters in die Lage, eine Größe aus dem Unterschied von zwei anderen bestimmen zu müssen, z. B. V aus N—A, den Abfluß eines Zwischengebietes aus den Abflüssen an der tiefer und der höher liegenden Beobachtungsstelle usw. Diese Bestimmung ist oft unvermeidlich, aber sie wird in ihren Ergebnissen um so weniger sicher, je größer die beiden Ausgangswerte im Verhältnis zu dem zu bestimmenden Endwert sind. Hier kommt man an einen kritischen Punkt, wo das Ergebnis überhaupt fragwürdig wird, z. B. bei der Differenzbildung N—A im hohen Gebirge, die manchmal negative (!) Werte ergibt. Der Grund kann hier auf geophysikalischem

Gebiet, aber auch in der Streuung der Einzelwerte liegen. Man muß sich also jeweils, soweit möglich, über den Grad der Sicherheit klarwerden, der den Einzelbeobachtungen zukommt. PANTLE hat daher vorgeschlagen, die in den Gewässerbüchern veröffentlichten Mittelwerte allgemein durch Darstellung des Streuungsbereichs zu ergänzen, der aus den Umhüllenden der Dauerlinien der Einzeljahre gewonnen wird. — In manchen Fällen genügt oft ein einfaches Mittel: Wird z. B. *neben* die *mittlere* Dauerlinie (der Wasserführung) die eines sorgfältig ausgeführten Trockenjahres, ebenso die eines Naßjahres gesetzt, so hat man damit schon für manche Zwecke die Schwankung genügend festgelegt (VÖLK). Man kann diese Betrachtungen auf die Monatsmittel ausdehnen. — Vgl. dazu S. 192.

5. Die Trockenwetterkurve.

Eine natürliche Abflußganglinie läßt erkennen (vgl. die späteren Abb. 139, 155), daß sie sich aus kurzen, steil ansteigenden Strecken, die vom Regen herrühren, und längeren, etwas flacheren Abfallstrecken zusammensetzt, die in den Trockenzeiten entstehen. Die Abfallstrecken haben eine charakteristische Form insofern, als der Abfall zuerst rasch und dann immer langsamer erfolgt. Bei gleichen Bedingungen der Jahreszeit, der Witterung und des Pflanzenwuchses muß sich nach Aufhören des Regens jeweils die gleiche Abfallkurve einstellen, die sich also ständig wiederholt (Abb. 134). Der Abfall, der sich über *I* hin erstreckt, wird bei *A* durch Regenfall gestoppt, die Wasserführung steigt bis *S* an, fällt bis *B*, und dann wiederholt sich der ganze Vorgang, der bei *A* unterbrochen wurde, bis zum nächsten Regenfall; die Abfallkurve wird dabei jeweils von links nach rechts verschoben. Daraus folgt zunächst, daß die dreiecksartigen Flächen *BCHE* und *ADHF gleich* sind (jeweils unter Hinzurechnung der Stücke, die sich zwischen der Abszissenachse und den Kurven ins Unendliche hinausziehen). Weiter folgt durch beiderseitige Subtraktion der dreiecksförmigen Fläche *GCHF*, daß die waagrecht schraffierte rechteckige Fläche unterhalb *AB* gleich der schräg schraffierten Fläche ist, die sich ebenfalls unterhalb *AB* nach rechts sichelförmig hinauszieht (die Schraffuren überdecken sich teilweise). Nimmt man endlich das punktierte Stück *ASB* oberhalb *AB* hinzu, so stellt *SADCB* den gesamten zwischen *A* und *B* erfolgten Abfluß dar; aber dieser teilt sich in einen oberflächlich aufgesetzten *ASB* und einen unterirdischen, wobei an Stelle des Rechtecks *ABCD*, das ihn repräsentiert, die nach rechts auskeilende Sichelfläche *ABEF* tritt. — Willkürlich angenommen ist bei der ganzen Betrachtung der Punkt *A*, wo wir den Niederschlag einsetzen lassen; die gleiche Überlegung läßt sich für einen höher liegenden Punkt *I* und einen tiefer liegenden Punkt *K* durchführen. Die Ordinaten in *I*, *A*, *G* und *K* geben also ein Maß für den jeweils vorhandenen unterirdischen Vorrat: er nimmt von *I* bis *A*.

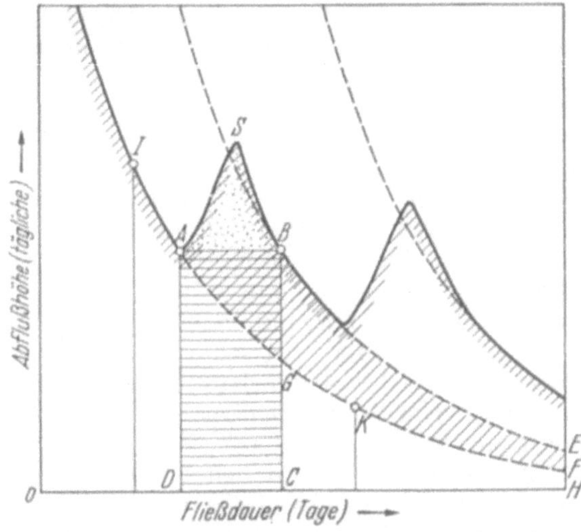

Abb. 134. Die Trockenwetterkurve oder Trockenwetterabflußlinie (flächenhafte Beziehungen).

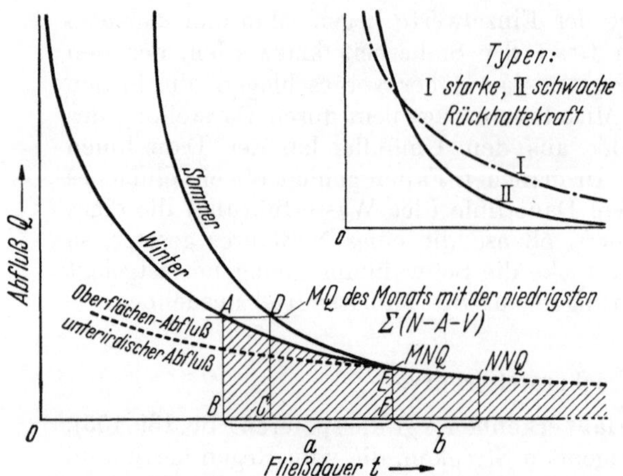

Abb. 135. Beziehungen der Trockenwetterkurve zum MQ, MNQ, NNQ. Verhalten im Winter und Sommer. Rückhaltekraft. Grundvorräte schraffiert.

von A bis G und von G bis K allemal um die Fläche ab, die sich zwischen diesen Kurvenstücken und der Abszissenachse befindet. Da sich die Abfallkurve dauernd wiederholt, ist die augenblickliche Wasserführung zugleich auch ein Maß für die Mengen, die noch ausrinnen können.

Soweit der rohe Sachverhalt, zu dem noch verschiedene Einzelheiten hinzukommen. Da man die Abfallkurve aus Kurvenstücken bei trockenem Wetter (am besten unter Zuhilfenahme von Ausgleichungsrechnung) zusammensetzen muß, heißt sie auch *Trockenwetterkurve*. Aber in den Trockenzeiten sind auch Tage mit leichten Niederschlägen eingeschlossen, denn schwache Regen bringen gar keine Unterbrechung des Abfalls, höchstens eine Verflachung zustande, und in den höheren Teilen der Abfallkurve trifft dies sogar für Regen mittlerer Stärke zu. Ferner findet man, besonders bei kleineren Flüssen, daß *Unterschiede* in der Abfallkurve im *Winter und Sommer* eintreten (Abb. 135). Daß die Kurve im Sommer steiler fällt, ist eine Folge der stärkeren Verdunstung in der warmen Jahreszeit; dies ist die Hauptursache. Es kann aber auch andere Gründe für einen besonders raschen Abfall geben: Abfluß über gefrorenen Boden; der besonders gesteigerte Verbrauch der Vegetation im Frühjahr; heftige Wolkenbrüche, bei denen das Wasser keine Zeit zum Eindringen in den Boden hat u. a. m. Aber je mehr der Oberflächenabfluß zugunsten des unterirdischen Abflusses zurücktritt, desto geringer wird die Wirkung der Verdunstung und desto mehr nimmt die Trockenkurve einen einheitlichen Verlauf. Bei dieser Ausgleichung kann auch das Grundwasser insofern beteiligt sein, als ein steiler Abfall durch Austritt von Grundwasser gemildert wird und daß dem langsam fließenden Grundwasser schließlich allein die Rolle zufällt, die fast geleerten Flußbetten noch etwas zu versorgen. Alles in allem kann man annehmen, daß die verschiedenen Zweige der Trockenkurve, vor allem der Winter- und Sommertyp, spätestens beim mittleren Niedrigwasser (MNQ) zusammenlaufen, daß sich der weitere Abfall zum niedrigsten Niedrigwasser (NNQ) einheitlich vollzieht und daß man die Kurve auch noch etwas verlängern darf, da ja das NNQ eines Zeitraumes in späteren Zeiträumen noch unterboten werden kann. Vergleichen wir weiter zwei gleich hohe Punkte der Winter- und Sommerkurve, z. B. A und D, miteinander, so entspricht der Winterkurve ein höherer Vorrat (in der Abbildung schraffiert!) als der Sommerkurve. Aus dem Unterschied der Flächen kann man Schlüsse auf die Mehrverdunstung im Sommer gegenüber dem Winter ziehen. — Die besondere Rolle des „MQ im Monat mit der kleinsten $\sum(A—N—V)$“ wird später auf S. 277ff. erörtert.

Wir haben uns gedanklich bisher nur mit der Trockenkurve ein und desselben Flusses beschäftigt. Beim Vergleich der Trockenkurven verschiedener Flüsse zeigt sich nun, daß Steil- und Flachabfall nicht nur eine Eigenschaft der Jahreszeiten, sondern auch der *Flußtypen* sein kann (Abb. 135, Nebenfigur):

es gibt *undurchlässige* Gebiete, in denen das Wasser rasch abfließt, die also eine Steilkurve aufweisen, und *durchlässige*, bei denen das Wasser in den Boden eindringt, allmählich zum Abfluß kommt und nur ein langsames Sinken der Kurve zuläßt. Wir erhalten also zwei Typen der Trockenkurve, den einen mit *schwacher*, den andern mit *starker Rückhaltekraft* oder Speicherungsfähigkeit. — Dieser Unterschied zeigt sich auch beim Wiederaufbau der Vorräte: Nach Trockenzeiten brauchen die Karstquellen relativ lange Zeit zur „Erholung".

6. Mathematische Behandlung der Trockenwetterkurve.

Zahlreiche physikalische Vorgänge, z. B. die Abnahme der Amplitude einer schwingenden Saite, erfolgen nach einer fallenden Exponentialkurve. Es liegt nahe, ein solches Abklingen auch den allmählich auslaufenden Wasservorräten zuzuschreiben und zu untersuchen, ob eine Abhängigkeit für den Abfluß Q von der Zeit t in der Form besteht:

$$Q = c\,e^{-\alpha t} \quad \text{(c und } \alpha \text{ sind örtliche Konstanten).}$$

Eine Reihe von Forschern, so MAILLET, PALLUCCHINI und BRATRANEK, haben derartige Ansätze gemacht und befriedigende Übereinstimmung ihrer Formeln mit den untersuchten Gewässern gefunden; die für die betr. Gewässer gültigen Konstanten — ein wesentlicher Bestandteil der Formeln! — sind in den Veröffentlichungen angegeben. PARDÉ zitiert auch einen erweiterten Ansatz, der für einen Bach bei Limoges gefunden wurde:

$$Q = 40\,e^{-0{,}285\,t} + 283\,e^{-2{,}76\,t}.$$

Dabei bezieht sich das erste Glied auf die Quelle des Baches, das zweite auf die Oberflächenzuflüsse. In der Größe der Exponenten kommt hier der *langsam* sinkende Quellabfluß (1. Glied) und der *rasch* fallende Oberflächenabfluß (2. Glied) zum Ausdruck. — Dem Wesen nach verwandt ist die Aufteilung der Trockenwetterabflußlinie in eine steilere Kurve, die das „Fallwasser, unechtes und gestörtes Grundwasser" vom „ungestörten Grundwasser" abtrennt, welch letzterem eine flachere Kurve entspricht [SCHROEDER (4) für die Ems].

Ein Ziel bei der Aufstellung der Trockenwetterkurve kann man darin sehen, daß man ermittelt, wann die Wasserführung von Q auf $^1/_2 Q$, von da auf $^1/_4 Q$ usw. herabsinkt, d. h. die sog. *Halbwertszeit* zu bestimmen; sie ist für Wasserwerke, für die Schiffahrt usw. im Sinne einer *Prognose* künftigen Wasserstandes von Interesse. Nach dem zuerst gemachten Ansatz müßte die Halbwertszeit für die hohen und die niedrigen Wasserführungen gleich groß sein. Das widerspricht aber der Erfahrung, da sich die Halbwerte bei niedrigen Wasserständen mit immer wachsender (und in der Praxis erwünschter!) Verzögerung einstellen. Um dieser Tatsache gerecht zu werden, kann man den Ansatz dahin erweitern, daß man Q von t im Exponenten nicht linear, sondern quadratisch abhängen läßt:

$$Q = c\,e^{-\alpha t - \beta t^2}.$$

Die drei Konstanten c, α, β können aus drei in der statistischen Kurve angenommenen Festpunkten (Q/t) ermittelt werden und bringen eine wesentlich bessere Anpassung an die beobachteten Werte als die frühere Formel. Auch für diese verbesserte Formel läßt sich die *Halbwertszeit* bestimmen, d. h. die Fließdauer, die zum Herabsinken der Wasserführung auf die Hälfte, auf ein Viertel usw. ihres Wertes benötigt wird [Näheres s. bei WUNDT-TROSSBACH (4)]. Ferner läßt sich der von einer bestimmten Zeit $(t = 0)$ bis zu einem späteren Zeitpunkt $(t = t_1)$

ausfließende Wasservorrat aus der Fläche der Kurve (t, Q) durch Auswertung des Integrals

$$\int_0^{t_1} Q\,dt = c\int_0^{t_1} e^{-\alpha t - \beta t^2}\,dt$$

ermitteln, wofür nachher die Zahlenangaben bei einigen Flüssen gegeben werden.

Die Mängel, die dieser mathematischen Berechnung vorgeworfen werden können, dürfen nicht verschwiegen werden. Sie liegen weniger im Ansatz als in den unzureichenden statistischen Grundlagen. Die Wasserführung ist bei niedrigen wie bei hohen Wasserständen oft recht unsicher. Die Wasserstände, auf Grund deren gerechnet wird, zeigen oft eine Reihe von Tagen den gleichen Wert, um dann plötzlich eine Stufe abzusinken, leiden also unter den Folgen einer Ungenauigkeit der Ablesung, die jedenfalls auf Grund der Tabellen nicht zu beseitigen ist. Auch ist das Absinken häufig nicht die Folge eines natürlichen Vorganges, sondern auf künstliche Einflüsse zurückzuführen; umgekehrt treten unvermutete Anstiege durch Stauungen, beim Grundwasser durch Wiesenwässerung usw. auf. Endlich kann man Angaben für die tief liegenden Teile der Trockenkurve durchaus nicht jedem Jahrgang, sondern nur den unregelmäßig auftretenden Trockenjahren entnehmen. Die Streuung der Bezugspunkte macht sich aus all diesen Gründen recht störend bemerkbar. Die mathematische Entwicklung übernimmt also auch bei der Trockenkurve nur die Rolle einer *Ergänzung*: die Grundlage bleibt die graphische Darstellung, auf Grund deren auch die Vorratsflächen planimetrisch ausgewertet werden können. Wesentlich bleibt immer für den Einzelfall die Feststellung des Abfalltempos und auf Grund von diesem eine Schätzung der Rückhaltekraft. Im folgenden finden sich

Zwei Zahlenbeispiele für die Trockenwetterkurve. Das eine bezieht sich auf die bei Tübingen in den Neckar mündende Steinlach (bis Bläsibad, 138 km², 1901/30), das andere auf die oberste Enz im nördlichen Schwarzwald (bis Lautenhof, 85 km², 1907/15). Das Steinlachgebiet ist wenig durchlässig und hat raschen Wasserablauf, das Quellgebiet der Enz ist durchlässig, stark bewaldet und hat große Rückhaltekraft. Die Jahresreihe 1901/30 weist für Karlsruhe einen Jahresniederschlag von 766 mm auf, von 1907/15 einen solchen von 768 mm, die Mitteltemperaturen waren in beiden Zeiträumen genau gleich (10°). Unter diesen Umständen ist in der Verschiedenheit der Jahresreihen keine Ursache für Änderungen in der Speicherkraft der Gebiete zu erblicken. Die Wasserführung der Steinlach braucht nur 30, die der Enz 81 Tage, um vom *MHQ* auf das *MNQ* zu fallen, und hierbei vermindert sich die Spende der Steinlach von 174 auf 1,5, die der Enz von 154 auf 8,2. Dieser Unterschied ist sehr auffällig; denn die Abflußspende 1,5 bedeutet für die Mehrzahl der deutschen Flüsse schon ein scharf ausgeprägtes Niedrigwasser, während der Wert 8,2 wesentlich größer ist als die *mittlere* jährliche Spende *Mq* des Elbe-, Oder-, Weichsel- und Memelgebietes; es liegt sogar noch etwas über der mittleren Spende des wasserreicheren Wesergebiets. Vom *MNQ* braucht die Steinlach nur 12 Tage bis zum *NNQ*, die obere Enz dagegen 21 Tage, und ihr *NNq* beträgt dann noch 5,3 l/s · km², was immer noch etwas mehr ist als die *mittlere* Jahresspende *Mq* der Elbe, Oder und Weichsel! — Für die Konstanten α und β der Gleichung ergeben sich die Werte (die schon vorher für die Berechnung der Zeiten benutzt wurden):

Steinlach: $\alpha = 0{,}020$; $\beta = 0{,}465 \cdot 10^{-2}$.
Enz: $\alpha = 0{,}019$; $\beta = 0{,}729 \cdot 10^{-5}$.

Während sich also die α für die beiden Flüßchen nur wenig unterscheiden, kommt in dem sehr kleinen β der Enz wieder die lange Abfallzeit zum Ausdruck. Der in den Gebieten bei Mq vorhandene Vorrat übersteigt den beim NNq noch verbleibenden bei der Steinlach um nur 8,1 mm, dagegen um 93,8 mm bei der Enz; dazu kommen noch (nach der Gleichung berechnet) 1 mm bei der Steinlach, 30 mm bei der Enz, wenn der vom NNQ bis zur Wasserführung 1 Liter in der Sekunde noch ausrinnende Vorrat ermittelt wird (die mm bedeuten eine für das ganze Gebiet ausgebreitete Wasserschicht wie beim Niederschlag). — Bei der allgemeinen Besprechung der Vorratsbildung wird noch einmal auf diese Fragen eingegangen werden (S. 277ff.).

7. Trockendauerkurve und Naßdauerkurve.

Die Dauerlinie der Wasserführung zeigt eine innere Verwandtschaft mit der Trockenwetterkurve. Abb. 136 gibt die *Abflußdauerkurve* des Neckars bei Offenau im Mittel der Jahrgänge 1925/34 in der bekannten Weise wieder. Man kann nun die Statistik auch so durchführen, daß man die Tage mit fallendem und mit steigendem Wasserstand gesondert summiert und ordnet. Dadurch löst sich die allgemeine Dauerkurve in eine Trocken- und eine Naßdauerkurve auf. Die Trockendauerkurve umfaßt ungefähr zwei Drittel des Durchschnittsjahres, die Naßdauerkurve ein Drittel. Dieses Verhältnis entspricht etwa der Zahl der Tage ohne und mit *Regen*; die Tage mit schwachem Regen, welche nicht imstande sind, die Abfallkurve emporschnellen zu lassen, werden dabei von Tagen mit starkem Regen, die auch an Folgetagen noch Anstiege verursachen, ungefähr kompensiert. Schwierigkeiten machen bei der Ausscheidung der Trockentage von den Naßtagen die Tage, wo durch Schneeschmelze ein Anstieg der Gewässer *ohne* Niederschlag eintritt. Ehe ein besserer Weg gefunden wird, empfiehlt es sich, solche Tage bei der Statistik einfach auszuscheiden; man muß aber auf alle Fälle die Temperaturkurve zu Hilfe nehmen. Schwierigkeiten machen auch die Tage mit gleichbleibendem Wasserstand: man kann sie nach der allgemeinen Tendenz auf die eine oder die andere Gruppe übernehmen oder sie nach einem bestimmten Schlüssel (etwa 2:1) auf die beiden Gruppen verteilen.

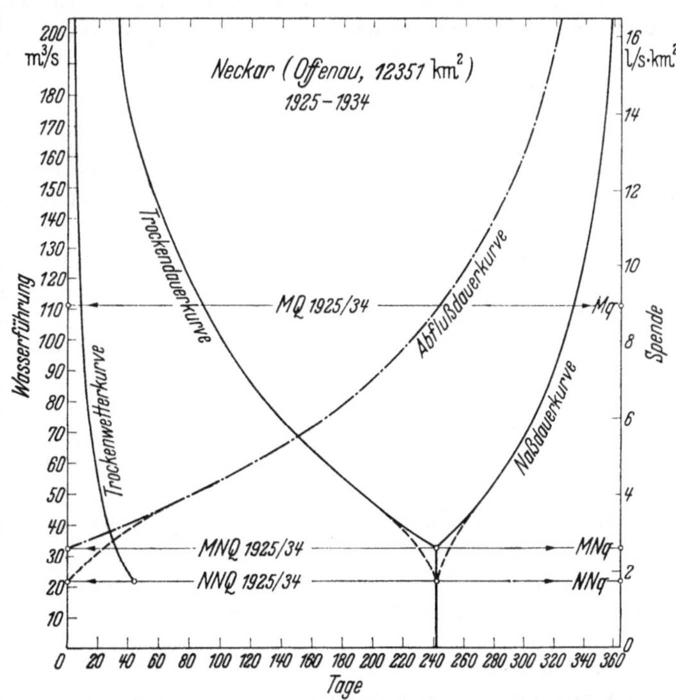

Abb. 136. Auflösung der Abflußdauerkurve in eine Trockendauerkurve und eine Naßdauerkurve. Zusammenhang mit der Trockenwetterkurve.

Neben den drei Dauerkurven ist die einfache *Trockenwetterkurve* des Neckars für Offenau eingezeichnet; diese erscheint hier sehr steil, was aber nur eine Folge des engen Abszissenmaßstabes ist. Die Trocken*dauer*kurve muß aus der einfachen Trocken*wetter*kurve dadurch hervorgehen, daß sie nach Art der Abb. 134 öfters, sagen wir *n*-mal, aneinandergereiht wird. Für dieses *n* findet man durch Vergleich der zugehörigen Abszissen beim Neckar-Offenau ungefähr den Wert 8 bis 9, der für alle Wasserführungen mit Ausnahme der Extreme ziemlich konstant bleibt. Man vergleiche dazu auch die mittlere Aufenthaltsdauer eines Dampfteilchens in der Atmosphäre (S. 13). Diese Analyse gibt, ohne zunächst praktische Zwecke zu verfolgen, die Möglichkeit, die Abflußdauerkurve in eine Summe von fallenden und steigenden Exponentialkurven zu zerlegen. Sie zeigt, daß auch das Tempo des Wasser*anstiegs* mit der Zeit wächst; es kommen dabei die Prinzipien der *Selbstabschwächung* beim fallenden und der *Selbstverstärkung* beim steigenden Wasserstand zum Ausdruck.

8. Mittelwerte für Zeiten und Flächen in der Gewässerkunde.

Als *Zeiteinheiten* werden in der Gewässerkunde neben der Sekunde und dem Tag der Monat gebraucht (hier kommt der bekannte Fehler durch die ungleiche Länge der Monate herein, dem man auf verschiedene Weise begegnet oder ihn auch vernachlässigt) und das Jahr, das man — im Unterschied vom Kalenderjahr — in Deutschland am 1. Nov. beginnen und am 31. Okt. endigen läßt. Das „*hydrologische Jahr*" 1950 fängt also am 1. Nov. 1949 an und hört am 31. Okt. 1950 auf. Man hat diese Abgrenzung so gewählt, weil im Spätherbst der Boden am stärksten ausgetrocknet ist und die Bilanz um diese Zeit gewissermaßen neu beginnt; andere Länder legen den Beginn auch auf den 1. Okt. Nach deutscher Einteilung dauert also der hydrologische Winter von November bis April einschl., der Sommer von Mai bis Oktober einschl. So vieles für eine solche Abgrenzung spricht, so hätten doch auch andere Einteilungen ihre Vorzüge. Wie auf S. 289 ausgeführt wird, ist der Abflußzustand des Winters mit dem vorausgehenden Sommer klarer verbunden als der des Sommers mit dem vorausgehenden Winter. Letzterer liefert zwar gewisse Grundwassermengen für den folgenden Sommer, aber diese sind relativ gleichmäßig, während der Austrocknungsprozeß im Sommer graduell verschieden auf den folgenden Winter einwirkt; man vergleiche dazu die Untersuchungen von Coutagne. — Seltener gebrauchte Einheiten in der Gewässerkunde sind Stunden und Minuten (bei Hochwasser); 5-Jahreszeiträume (Lustren), 10-Jahreszeiträume (Dezennien) und noch längere Jahresreihen bei klimatischen Mittelbildungen.

Als Grundlage für die Ermittlung klimatischer Mittelwerte *von Flächen* dienen in der Regel die „*Gleichen*", z. B. die Regengleichen (Isohyeten) oder Linien gleichen Niederschlags. Bei der Herstellung der Gleichen entsteht fast regelmäßig folgende Schwierigkeit: bei manchen Stationen fehlt ein Jahr oder mehrere Jahre, weil die Beobachtungen aus irgendwelchen Gründen ausfielen. Die fehlenden Werte muß man dann, um vergleichbare Mittel zu bekommen, auf Grund der benachbarten Stationen interpolieren. Haben diese Stationen — auf Grund von *überall* beobachteten Jahrgängen oder Zeiträumen — wenigstens ungefähr den gleichen Mittelwert, dann kann man auch die Einzelbeträge aus den Nachbarstationen in die fehlenden Jahrgänge übernehmen. Ist der Mittelwert der Nachbarstation um 20% höher, so nimmt man diese 20% bei dem einzufügenden Wert weg oder fügt sie hinzu, wenn die lückenhafte Station in diesem Grade regenreicher ist als die Nachbarstation. Doch sind dies nur Richtlinien, die im Einzelfall durch Sonderüberlegungen korrigiert werden müssen. Zweifelhafte Werte, auch wenn sie in den Veröffentlichungen darin stehen, werden besser ausgeschieden; aber niemals sollte, wenn irgend möglich, darauf verzichtet werden, die Gleichen auf dieselbe Jahresreihe zu beziehen; Mittel an benachbarten Stationen, die auf verschiedenen Jahrgängen fußen, haben nur beschränkten Wert und sollten, wenn auch mit Hilfe einer entfernteren Station, *auf den gleichen Zeitraum reduziert werden.* — Zweifelhaft werden die Grundlagen vor allem, wenn Einzelwerte aus kurzen Zeiträumen ausschlaggebend auftreten: Wolkenbrüche mit ihren heftigen Niederschlägen nehmen meist nur beschränkten Raum ein, beim Grundwasser werden durch Wiesenwässerung zu hohe Stände vorgetäuscht, während Entnahmen durch die Industrie dessen Stand unnatürlich absenken. In keinem Fall darf man das Mittel für eine Fläche einfach aus dem Durchschnitt der vorhandenen Stationen berechnen; denn diese sind fast immer ungleichmäßig verteilt, liegen z. B. vorzugsweise in den Tälern, so daß die Teilflächen nicht mit gleichem Gewicht in die Mittelbildung eingehen. Um die Ziehung der Gleichen ist also nicht herumzukommen, und sie müssen auch die Stationen, die außerhalb des Einzugsgebietes eines Flusses, aber in dessen Nähe liegen, berücksichtigen; denn gerade die randlichen Bergkämme geben Werte, die von den zentralen Lagen stark abweichen. Deswegen ist auch, wenn die Stationswerte einmal festliegen, bei der Ziehung der Gleichen noch sorgfältig auf die orographischen Verhältnisse Rücksicht zu nehmen.

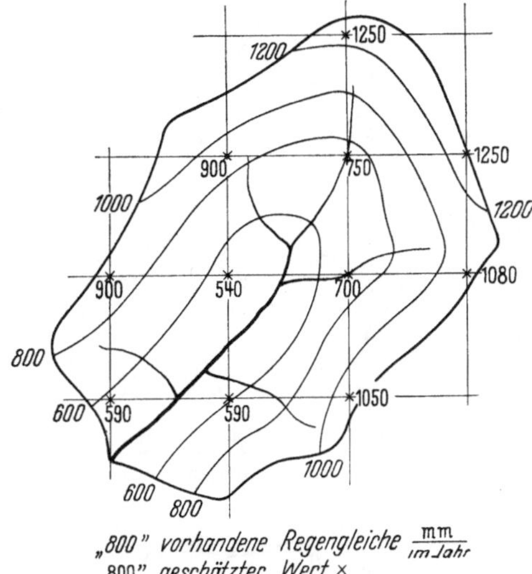

Abb. 137. Methode MEINARDUS zur Gewinnung von Mittelwerten.

Sind die Gleichen gezeichnet, so ist die genaueste Methode zur Mittelwertsbestimmung die *Planimetrierung* der Teilflächen mit besonders hierzu dienenden Geräten. Man kann auch die den Teilflächen zukommenden Beträge mit Hilfe von durchsichtigem Millimeterpapier durch Auszählung der kleinen Quadrate ermitteln; endlich kann man den Anteil der einzelnen Flächen durch Ausschneiden und *Feinwägung* bestimmen. Eine Methode, die im Wege der Abschätzung rasch zu guten Annäherungen führt, ist in Abb. 137 dargestellt (MEINARDUS). Sind z. B. für irgendein Flußgebiet die Regengleichen vorhanden und die mittlere Regenhöhe soll bestimmt werden, so legt man, wie die Abbildung zeigt, ein Quadratnetz darüber und *schätzt* für jede Quadratecke den ihr zukommenden Wert. Das Mittel aller so gefundenen Werte, soweit sie in die Gebietsfläche fallen, ist ohne weiteres die gesuchte mittlere Niederschlagshöhe. Genauer wird die Schätzung natürlich dann, wenn die Quadrate klein gewählt werden; man ersetzt dann zweckmäßig die Gebietsumrandung durch ein großes von den Quadraten gebildetes Polygon, dessen Begrenzung im ganzen ebensoviel über die Gebietsfläche vorspringt, als es (an anderen Stellen) hinter ihr zurückbleibt.

Sind die Niederschlagshöhen für die *Einzel*jahre und *Einzel*monate zu ermitteln, so legen sich weitere Vereinfachungen nahe, die von FRIEDRICH (Bem. 1 b, S. 310) kritisch erörtert werden.

Bei der Ziehung von *Abfluß*gleichen ergibt sich eine besondere Aufgabe der Gewässerkunde: diese müssen aus den Mittelwerten der Einzelgebiete erst

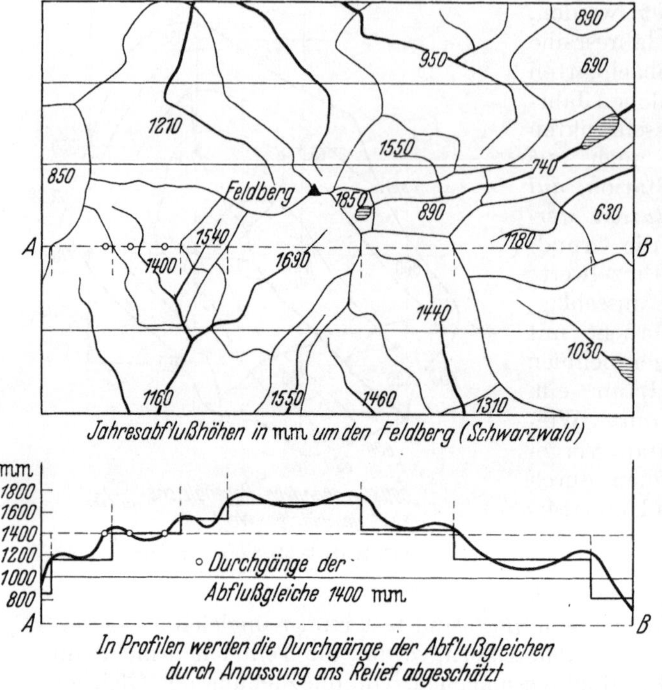

Abb. 138. Methode zur Herstellung von Abflußgleichen.

hergestellt werden (Abbildung 138). Legt man ein Profil AB durch die zu untersuchenden Gebiete, so ergibt sich zunächst ein staffelförmiger Aufbau der Abflußhöhen, aber dieser Aufbau entsteht ja selbst schon durch Mittelbildung. Man ersetzt also die Staffeln durch eine Wellenlinie, die sich den Höhenlinien ungefähr anpaßt (Zunahme des Abflusses mit der Meereserhebung!). Die Wellenlinie braucht die Staffelhöhe nicht um den gleichen Betrag zu unterschreiten als sie ihn überschreitet; dies richtet sich vielmehr danach, ob das Profil im höher oder tiefer liegenden Teil des Gebietes durchgelegt ist. Zum Beispiel ist in der Abbildung beim Gebiet „1440" die Wellenlinie oberhalb der Staffel gezeichnet, weil das Profil den höchsten Teil des Gebietes durchschneidet. Durch Ziehung solcher Profile kann man die Durchstoßpunkte der einzelnen Abflußgleichen (als Beispiel hier der Gleiche 1400 mm) ermitteln und dann durch gegenseitigen Ausgleich schrittweise die Festpunkte zum Entwurf der Karte gewinnen.

Im ganzen genommen sind die Abflußkarten — bei gleicher Zahl von Beobachtungsdaten — den Niederschlagskarten durchaus gleichwertig. Beim Abfluß entsteht die Endsumme aus kleinen Flächenstücken, denen bestimmte Werte zukommen, beim Niederschlag aus Stichproben; beim Abfluß zeigen die Summen, beim Niederschlag die Einzelwerte größere Sicherheit.

Die Ermittlung des *gewogenen* Durchschnitts (statt der *mechanischen* Mittelbildung) spielt auch bei Bestimmung der Grundwasservorräte eine Rolle. Wenn sich die Niederschlagswarten in den Tälern scharen, so trifft dies noch mehr für die Grundwasserwarten zu (s. S. 279ff.).

H. Die unregelmäßigen Schwankungen der Wasserführung.

I. Allgemeines.

Wir stellen zunächst einige schon bisher verwendete Begriffe zusammen und suchen sie gleichzeitig zu erweitern. Man versteht (sog. *Hauptzahlen*) unter

HHQ die höchste überhaupt beobachtete Wasserführung eines Flusses und unter *HHq* die zugehörige Spende (l/s·km²). Da der Beobachtungszeitraum stets beschränkt ist, können in der Vergangenheit und in der Zukunft noch höhere *HHQ* liegen;

MHQ ist der mittlere Jahreshöchstwert der Wasserführung aus einer Reihe von Jahren (evtl. abgeändert), auch Halbjahren, Kalendermonaten usw., dessen Eintrittszeit in den Einzeljahren im allgemeinen verschieden liegt — entsprechend *HHq* wird die Spende *MHq* gebildet;

MQ ist die mittlere Wasserführung aus einer Reihe von Jahren; der Begriff wird auch auf Halbjahre, Monate usw. angewendet; die zugehörige Spende ist *Mq*;

MNQ ist der mittlere Jahresniedrigstwert der Wasserführung aus einer Reihe von Jahren (evtl. abgeändert Halbjahren usw.); zugehörige Spende ist *MNq*;

NNQ ist die niedrigste überhaupt beobachtete Wasserführung eines Flusses; weitere Bemerkungen wie bei *HHQ* unter sinngemäßer Abänderung.

Seltener gebrauchte Begriffe sind

GQ (gewöhnliche Wasserführung, Zentralwert). Sie wird im Laufe des Jahres ebensooft unterschritten als überschritten, liegt daher bei der Ordnung der Tageswasserführungen eines Jahres nach der Größe bei $182^1/_2$ Tagen; entsprechend *Gq*;

SQ (dazu *Sq*) ist die Wasserführung, die bei der Ordnung nach der Größe am *häufigsten* auftritt.

Da man die Wasserführungen *Q* in der Regel erst aus den entsprechenden Wasserständen *W* herleitet, ist es nebenher notwendig, auch die *Stände* zu betrachten. Diese haben übrigens schon ihre Bedeutung für sich; während die Wasserwerke und die Wasserkraftwerke mehr nach den *Q* fragen, hat die Schiffahrt, die Landeskultur und auch die Technik (in einem Teil ihrer Fragestellung) mehr Interesse für die *W*. Wir können also unter sinngemäßer Änderung der erläuterten Begriffe ein *HHW*, *MHW*, *MW*, *MNW* usw. definieren und können zu diesen ein *Q*(*HHW*), *Q*(*MHW*), *Q*(*MW*), *Q*(*MNW*), *Q*(*NNW*), *Q*(*GW*), *Q*(*SW*) aus der Abflußkurve ablesen, wobei aber $Q(HHW) = HHQ$ und $Q(NNW) = NNQ$ ist. Das *Q*(*MW*) liegt, wie schon bei der Abflußkurve erläutert, im allgemeinen *unter* dem *MQ* (vgl. S. 268). Dasselbe trifft in wachsendem Maße für die hohen Stufen zu, während die Abweichung bei niedrigen Ständen gering ist. Unter Weiterführung dieser Betrachtung gibt es auch ein *q*(*MHW*), *q*(*MW*) usw. — *GW* bestimmt im *rechtlichen* Sinn die *Uferlinie* (vgl. Bem. 8, S. 310, Bes. Mitt. Nr. 6).

Meist beziehen sich alle bisherigen Angaben auf *Tages*durchschnitte als Ausgangswerte. Aber innerhalb der Tageswerte gibt es *Scheitelabflußwerte*, die, besonders beim *HHQ*, den Tagesdurchschnitt weit übersteigen. Bei den nach unten gerichteten Spitzen, also bei Niedrigwasser, ist dieser Einfluß weniger groß.

Innerhalb der Schwankungen kann man solche ausscheiden, die *unregelmäßig* wiederkehren. Man gebraucht in diesem Zusammenhang auch den Begriff des unregelmäßigen und des regelmäßigen „Rhythmus". Zu den unregelmäßigen Schwankungen gehören die Hochwässer und die Niedrigwässer im Sinne von Extremen der Wasserführung; zu den regelmäßigen Schwankungen, die wir *Perioden* nennen wollen, gehört vor allem die *jährliche Schwankung*, die in letzter Linie durch den Wechsel des Sonnenstandes hervorgerufen wird. Auch die tägliche Umdrehungszeit der Erde spiegelt sich in einigen Erscheinungen wider; die etwas längere Dauer des Mondentages zeichnet sich in den Gezeiten ab. Dagegen ist es bis jetzt nicht gelungen, weitere astronomische Perioden in dem Verhalten der Gewässer wiederzufinden. Die etwa 11jährige *Sonnenfleckenperiode* (vgl. Abb. 150, 151) ist in den Schwankungen der Flüsse nicht zu erkennen. Dies ist weiter nicht verwunderlich, weil diese Periode auch in der Klimatologie die Hoffnungen, die man in Hinsicht auf die Prognose darauf gesetzt hatte, keineswegs erfüllt hat. Noch weniger ist es gelungen, Mondperioden im Verhalten der Witterung und der Gewässer aufzudecken. Die

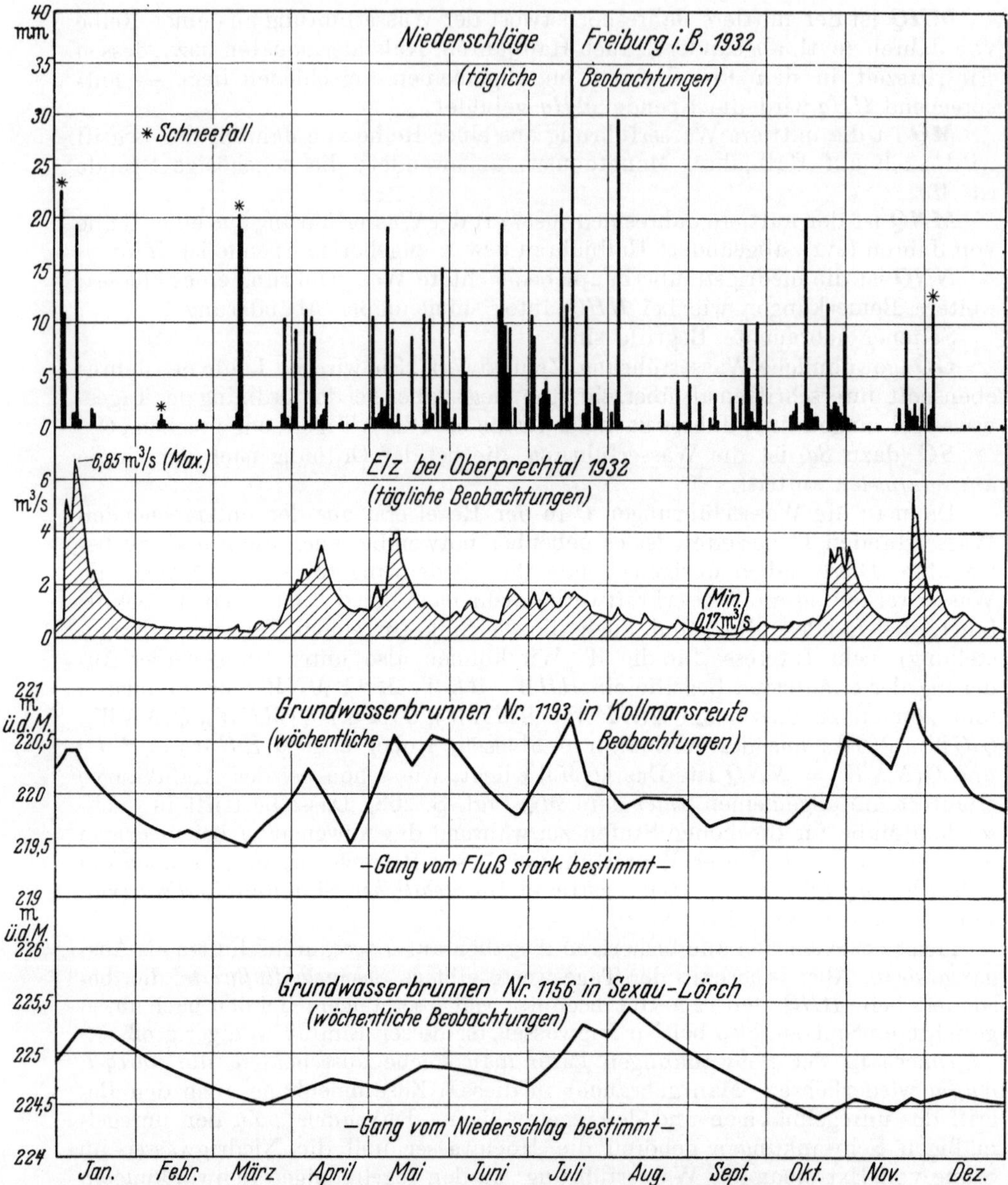

Abb. 139. Täglicher bzw. wöchentlicher Gang des Niederschlags, der Wasserführung und der Grundwasserstände an 4 benachbarten Stationen. Beispiel eines Einzeljahres.

Existenz solcher Perioden wird theoretisch nicht in Abrede gestellt; aber sie sind, wie für die atmosphärischen Erscheinungen längst nachgewiesen, so schwach gegenüber anderen Schwankungen, daß sie praktisch außer Betracht bleiben können. Auch innerhalb des Klimaverlaufs seit der letzten Eiszeit — also seit etwa 20000 Jahren — hat sich keine periodische Wiederkehr gleichartiger Erscheinungen nachweisen lassen, und sie ist auf Grund der Strahlungskurve von Milankovitch, deren Perioden viel länger sind, für diese relativ kurzen Zeiträume nicht einmal wahrscheinlich. Wohl aber wird die prähistorische Zeit und historische Zeit von unregelmäßigen Schwankungen durchzogen, von denen zwei Trockenzeiten um 2000 v. Chr. und um 1200 v. Chr. besonders genannt seien (Paret).

Als Grundlage für die Betrachtung der Hoch- und Niedrigwasser wollen wir den Verlauf des Niederschlags, der Wasserführung und der Grundwasserstände in einem *Einzeljahr* ins Auge fassen, aber eines solchen, das kein außergewöhnliches Verhalten zeigt. Es sind zu diesem Zweck eine Anzahl Daten für den Oberlauf der Elz (40 km²) im Kalenderjahr 1932 zusammengestellt (Abb. 139). An der Abbildung soll gezeigt werden, daß die Maxima und Minima der Wasserführung, die wir im Gang des Durchschnittjahres anzunehmen pflegen, im Einzeljahr noch schwer zu entdecken sind; sie werden hier von Unregelmäßigkeiten überschattet und kommen erst bei der Mittelbildung für eine Reihe von Jahren zum Vorschein. — Im einzelnen ist zu bemerken: Freiburg, für das die Niederschläge aufgezeichnet sind, liegt zwar an der Dreisam, einem Seitenfluß der Elz, der erst unterhalb von Oberprechtal einmündet; doch ist die Entfernung gering genug, um in den großen Zügen eine ähnliche Niederschlagsverteilung im Einzugsgebiet der Gewässer annehmen zu lassen. Die Grundwasserwarte Kollmarsreute, nahe der Elz gelegen, soll zeigen, wie hier das Grundwasser mehr dem Fluß als dem Niederschlag folgt; dagegen weist die Grundwasserwarte Sexau-Lörch, etwas weiter vom Fluß entfernt, eine viel stärkere Abhängigkeit vom *Niederschlag* auf. — Bei der Beurteilung der Niederschlagswirkung ist zu beachten, daß er im Winter großenteils als Schnee fällt, also nicht sofort zum Abfluß kommt (die betr. Stellen sind in der Abbildung besonders bezeichnet); ferner, daß die hohen Niederschläge des Sommers größtenteils der Verdunstung anheimfallen, also nur relativ kleine Anstiege in den Gewässern und im Grundwasser zustande bringen.

II. Hochwasser.

1. Regionale Betrachtungsweise.

Die Hochwässer tragen, wie schon die Betrachtung eines Einzeljahres bei seinen Anschwellungen erkennen läßt, ein stark *individuelles Gepräge*; sie sind in erster Linie von den Witterungseinflüssen abhängig und bringen deren Launen mit; erst in zweiter Linie kommen die geographischen Verhältnisse des Einzugsgebietes in Form von Meereserhebung, Bodenneigung, länglicher oder in die Breite gezogener Form des Gebiets, Durchlässigkeit, Pflanzenbedeckung usw. in Betracht.

Über das Zustandekommen der Hochwasserwellen ist eine im wesentlichen regional orientierte Literatur entstanden, aus deren Inhalt allein ein Buch gebildet werden könnte. Besonders genau untersucht sind die Hochwässer des Mississippi, des Ohio und seiner Nebenflüsse sowie die Anschwellungen der französischen Flüsse. Für Deutschland existieren außer den von H. Keller herausgegebenen Stromwerken (der Grundlage für viele Einzeldaten) auch ältere Monographien mit Beschreibung von Hochwässern (v. Tein u. a.). Da, wo *Regenzeiten* im Jahreslauf an bestimmter Stelle auftreten, sind sie natürlich auch der Entstehung von Hochwässern günstig. So pflegen die Hochwässer der Monsungebiete während des Sommers einzutreten; doch können die Maxima durch Schneeschmelze und größere Abflußbereitschaft des Bodens im Frühjahr etwas vorverlegt werden. — Einen anderen Typ finden wir in Westeuropa und in den Mittelmeergegenden; dort sind es die Herbst- und Winterregen, die die gefährlichen Anschwellungen verursachen. Der meteorologische Vorgang beruht hier sehr häufig in dem Aufgleiten von feucht-warmer Luft aus dem

Südwesten auf die erkaltenden Luftmassen des Kontinents. Die Sommerhochwässer im östlichen Mitteleuropa (vgl. S. 243) gehören ebenfalls zum Monsuntyp, der hier, wie in Südasien, als Folgeerscheinung einer über dem erhitzten Festland sich bildenden Wärmezyklone aufgefaßt wird (Ansaugung feuchter Luftmassen vom Mittelmeer her, vgl. S. 11). — Hochwässer, die durch schmelzenden Schnee gebildet werden, stehen an Bedeutung hinter den durch Regen verursachten im allgemeinen zurück, können aber bei Gebirgsflüssen entscheidende Bedeutung erlangen. — Für die Entstehung starker Hochwässer ist eine erhöhte *Abflußbereitschaft* des Bodens ausschlaggebend: Starkregen, die auf trockenen Boden treffen, haben bei weitem nicht die Wirkung wie bei durchnäßtem Untergrund; da der Boden aus dem Winter immer mit einem gewissen Feuchtigkeitsgrad hervorgeht, ist der Abflußfaktor (vgl. S. 258) schon aus diesem Grunde im Frühjahr höher als im Herbst. Gesteigerte Abflußbereitschaft herrscht ferner bei gefrorenem Boden; letzterer erklärt die steilen Hochwasserspitzen der sibirischen Ströme zu Beginn der wärmeren Jahreszeit. — Gefäll, Gebietsgröße und -form beeinflussen stark die Geschwindigkeit des Abflusses und damit die Intensität der Hochwässer. In den Hochcevennen bedarf es bis zum Eintritt des Hochwasserscheitels nur wenige Stunden, bei der Ardèche (Vallon) 12, beim Tarn (Albi) 15 bis 20, ebenso beim Drac (Grenoble), beim Lot (Cahors) 20 bis 30 Stunden; bei der Garonne (Toulouse), der Durance (Mirabeau), der Rhone (Lyon) und dem Rhein (Basel) 2 bis 3 Tage, während bei der Seine (Paris) 8 bis 9 Tage, beim unteren Mississippi etwa 30 Tage beansprucht werden. Aber diese Werte sind nur Richtwerte für den einzelnen Fluß; denn jedes Gewässer hat seine individuellen Züge.

Ehe wir zu den Wasser*führungen* bei Hochwasser übergehen, sei erwähnt, was an *höchsten Anstiegen* auf der Erde vorkommt. An der Garonne (Agen) wurden schon 11,7 m erreicht, die Seine (Paris) brachte es auf 5 m, der Rhein in Basel auf 6 m und in Köln auf 9,5 m. Vom Nil (Assuan) werden 15 m, von der unteren Wolga 16 m, vom Colorado 30 m, vom Iguassu (Südamerika) 43 m berichtet. Am Mississippi und seinen Nebenflüssen sind 12 bis 15 m und darüber möglich, in Vicksburg 7,9 m; am Ohio (Cincinnati) wurden im Januar 1937 sogar 24,4 m beobachtet. In den Engpässen des Jangtsekiang oberhalb von Itschang beträgt die Steighöhe 60 m und in der dort befindlichen „Blasebalgschlucht" werden gar 82 m angegeben! Weiter oberhalb bei Tschungking betrug der Höchstanstieg (im Juli 1937) noch 29,5 m (LACHENMANN).

Von raschen Anstiegen an *Seen* wurden innerhalb von 24 Stunden beobachtet: am Bodensee 34 cm; am Lago Maggiore, der für Hochwassererscheinungen bekannt ist, 106 cm vom 10. bis 11. Nov. 1951 und 276 cm für den Zeitraum 8. bis 12. Nov. 1951. Vom 5. bis 6. Okt. 1872 soll er um 183 cm gestiegen sein [HALBFASS (2)]. Naturgemäß hängt die Raschheit des Anstiegs auch vom Verhältnis des Einzugsgebiets zur Seefläche ab.

Wenn eine Reihe von Regentagen aufeinanderfolgen, kann sich keine einheitliche Hochwasserwelle bilden. Für den Muskingum (Zufluß des Ohio) ist in Form des „*Unit Hydrograph*" ein Untersuchungsverfahren ausgearbeitet worden, das diesem Umstand Rechnung trägt: dort fließen von dem am 1. Tag gefallenen Regen an diesem Tag 4%, am 2. 15% + 4% des Regens am 2. Tage, am 3. 27% + 15% vom 2. Tag + 4% vom 3. Tag usw. ab; in diesen Zahlen kommt sowohl die Abflußverzögerung als die Erhöhung der Abflußbereitschaft zum Ausdruck. Diese Beträge, die durch Summation eine Hochwasserprognose ermöglichen sollen, sind natürlich *örtliche* Konstanten und müßten für jeden Fluß gesondert aufgestellt werden [vgl. PARDÉ (3), S. 292]. Ein zusammenfassender Bericht über die Hochwasserforschung in USA findet sich bei WALLNER (siehe

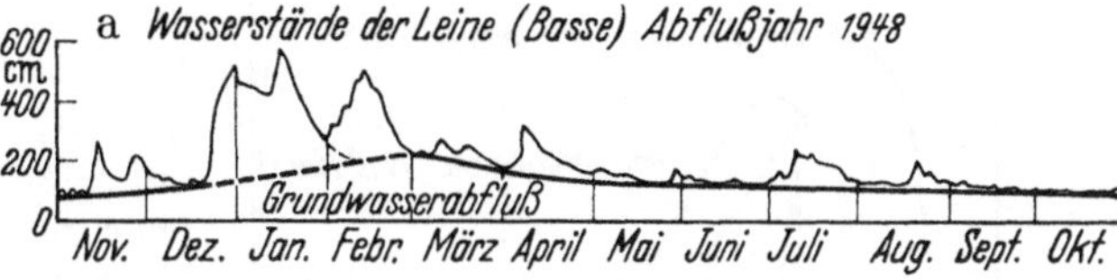

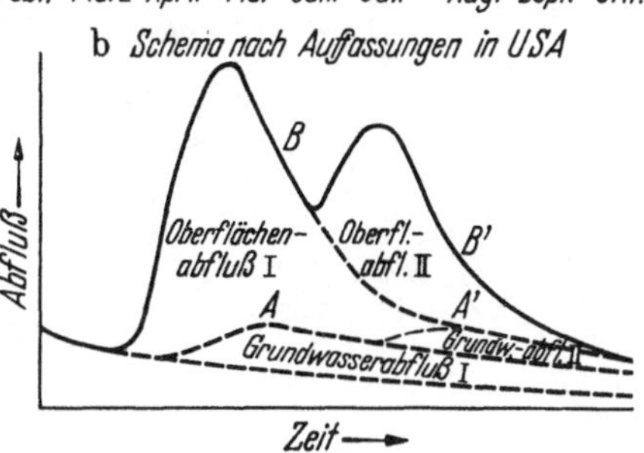

Abb. 140. Oberflächenabfluß und Grundwasseranstieg. Nach NATERMANN (a) und WALLNER (b).

Bem. 1a, S. 310, Nr. 19). Es tritt dabei die Frage der *Aufspaltung des Abflusses in einen oberirdischen und einen unterirdischen* auf. Schon bei der Trockenwetterkurve wurde sie berührt (s. S. 199; Abb. 134, 135) in dem Sinne, daß die Trockenkurve nach vorübergehendem Wasseranstieg immer von neuem beginnt und zugleich Anhaltspunkte für die Abgrenzung des Grundwassers gibt. Dieser Sachverhalt mit den zugehörigen Flächenbestimmungen wurde von WUNDT (Jahresh. d. Ver. f. vaterl. Nat.kde in Württemberg 1910) dargestellt und von K. FICKERT 1942 wieder aufgenommen. — Aber die genannte Frage ist auch von anderer Seite behandelt worden. SPECHT scheidet an der Pegnitz den Oberflächenabfluß vom unterirdischen durch Abschneiden der nach oben gerichteten Spitzen aus. NATERMANN legt an die nach unten gerichteten Spitzen eine Verbindungslinie (sog. A_u-Tangente) und betrachtet den unterhalb liegenden Teil als Grundwasserabfluß. Ein ganz ähnlicher Gedankengang wird nach WALLNER in der amerikanischen Hochwasservorhersage verfolgt (Abb. 140). Nach dieser Auffassung werden mehrere Schwalle mit jeweiliger Neubildung von Grundwasser aufeinandergeschichtet. — Aber die unterirdischen Grenzen liegen sehr unsicher. Es ist ein Zufall, daß man in dem von NATERMANN gegebenen Beispiel eine solche „Tangente" für einen größeren Teil des Jahres ziehen kann. In den meisten Fällen (vgl. Abb. 139, 155) ist dies kaum möglich, und besonders der aufsteigende Teil der Begrenzung ist dem persönlichen Ermessen überlassen. Diese Bedenken treten auch bei den amerikanischen Darstellungen auf. Bei der Trockenwetterkurve ist der Verlauf insofern unsicher, als sie im Winter flach, im Sommer etwas steiler ist. Aber der tiefere Grund liegt in der *Begriffsbestimmung*, die bis auf weiteres das oberirdische Wasser von dem unterirdischen gar nicht scharf zu trennen vermag. Wasser, das in den Ackerfurchen sich sammelt und im nächsten Graben wieder herausquillt, kann zu beiden Arten gerechnet werden. Man vergleiche hierzu die Schwierigkeiten, die bei der Absonderung der Bodenfeuchtigkeit vom Grundwasser auftraten (s. S. 137).

Von Bedeutung für die Hochwässer ist die sog. *Abflußschleife* (Abb. 141). Der Abfluß nimmt bei wachsendem Wasserstand rascher zu, als die Abflußkurve im Durchschnitt erwarten läßt; der Grund liegt darin, daß der Kopf der anstürmenden Hochwasserwelle vor sich ein stärkeres Gefäll vorfindet als der gleiche Wasserstand beim Abklingen der Welle; denn das Bett hat sich inzwischen gefüllt. Außer-

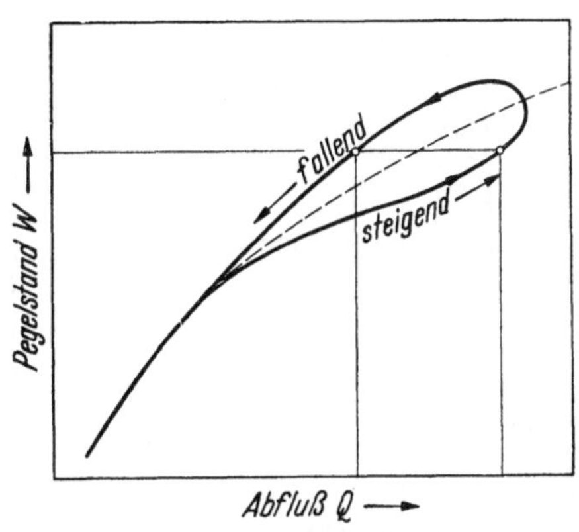

Abb. 141. Die Abflußschleife.

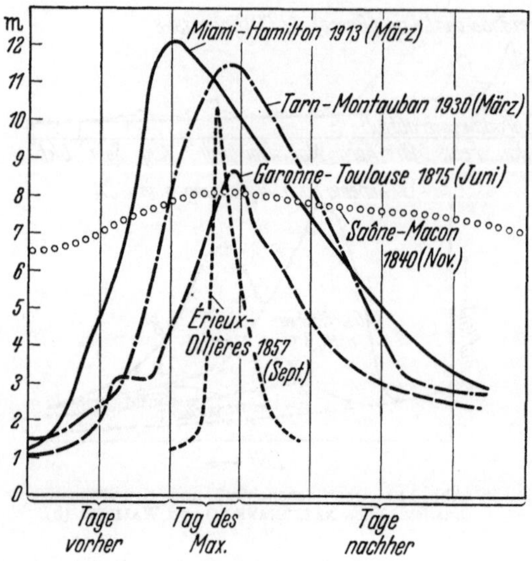

Abb. 142. Verlauf einiger bekannter Hochwässer. Nach PARDÉ.

dem wird in der Zwischenzeit das Gebiet durchtränkt und ein Teil des Wassers zurückgehalten, bis ein Gleichgewicht zwischen Speicherung und Abfluß erreicht ist. Diese Speicherung kann nach den von WALLNER beschriebenen (in Amerika entwickelten) Methoden berechnet werden. Fällt auf den gesättigten Boden neuer Regen, so ist die Abflußbereitschaft erhöht, wobei der Anfangswasserstand bei der neuen Welle ein Maß für das Tempo des neuen Anstiegs gibt. Die Beziehung des Anfangswasserstandes zum Abfluß aus neuen Niederschlägen wird von WALLNER durch Bezugskurven dargestellt.

Einzelbeispiele von Hochwässern. Abb. 142 gibt nach PARDÉ den Verlauf einiger großer Hochwässer in Frankreich. Die zeitliche Einordnung gruppiert sich um den Tag, an dem das Maximum eintrat; die Höhe des Anstiegs ist in Metern angegeben. Wir bemerken die spitze Hochwasserwelle, die der Érieux in den Hochcevennen im Gegensatz zu dem breit ausladenden Scheitel der träge fließenden Saône zustande bringt. Allen Hochwasserwellen gemeinsam ist die größere Steilheit des ansteigenden Astes gegenüber dem abfallenden. Vgl. dazu die statistische Behandlung nach HAHN für deutsche Flüsse (Bem. 8, S. 310, Bes. Mitt. Nr. 6).

Abb. 143 zeigt eine Hochwasserwelle für den Neckar (Offenau) nach TROSSBACH, wobei statt der Wasser*stände* die Wasser*mengen* als Grundlage dienen; die Raschheit des Anstiegs wird dadurch noch verschärft. Der Steilanstieg umfaßt hier etwa 24 Stunden. Für die Berechnung des aus dem Niederschlag N hervorgegangenen Abflusses A (also des Abflußfaktors) ist die Trockenwetterkurve benützt, wobei sich für den am 7. Mai gefallenen Regen der Wert $A:N = 0{,}48$ ergibt. Übrigens sind diese Größen schwer zu erfassen, zumal wenn sich mehrere Regenfälle und Wellen aufeinanderlagern. — Dasselbe Hochwasser ist in seinem Aufbau und seiner Entstehung in Abb. 144 für die weiter oben liegende Flußstrecke dargestellt: wir erkennen, wie der Scheitel mit der Zeit im Fluß fortschreitet. Steile Neigung (s. im Oberlauf) bedeutet ein rasches Vorrücken (bis 11 km in der Stunde oder 3 m in der Sekunde), während die Geschwindigkeit in den Flachstrecken bis auf etwa 4 km je Stunde oder 1 m je Sekunde

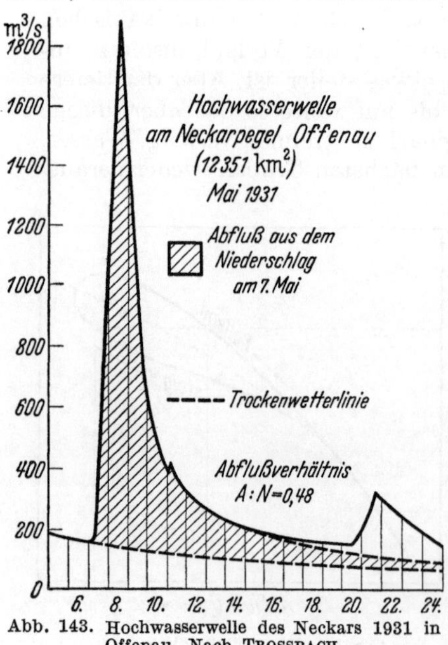

Abb. 143. Hochwasserwelle des Neckars 1931 in Offenau. Nach TROSSBACH.

heruntergeht. Die Abbildung zeigt ferner, wie sich der Scheitel durch die Hochwasserwellen der Nebenflüsse vorverlegen kann: die bei Plochingen mündende Fils ist dem Hauptfluß mit ihrem Scheitel fast $^1/_2$ Tag voraus; sie setzt sich auf den schon rasch steigenden Hauptfluß darauf und bewirkt, daß sich das Maximum von Plochingen an sich um 4 Stunden verfrüht, ein Vorgang, an dem sich natürlich auch spätere Nebenflüsse beteiligen. Die Abbildung läßt auch die Höhe des Anstiegs erkennen; sie beträgt in Offenau über 7 m, mehr als im Oberlauf, was damit zusammenhängt, daß in diesem Fall die Niederschläge um den Mittel- und Unterlauf stärker waren als im Oberlauf.

Eine andere Art der Darstellung ist in Abb. 145 von Monheim für das Hochwasser des Neckars vom 29./30. Dez. 1947 verwendet worden. Wir finden dort Uhrzeiten für das Eintreffen der Hochwasserwellen und Angaben für die höchste Wasserführung, desgleichen für die Fortpflanzungsdauern des Maximums.

Vergleicht man den Anteil einzelner Hochwasserwellen an der Jahresabflußfülle bei verschiedenen Flüssen, so stellen sich nach Friedrich (1) bei Neckar, Aller, Elbe, Main, Oker und Oder Sätze von 7,6% bis 12,8% heraus; doch sind in Einzelfällen an der Weser und am Rhein auch schon $^1/_5$ bis $^1/_4$ der gesamten Jahresabflußmasse ungenützt und schadenbringend abgeflossen. Beim Zustandekommen starker Hochwässer kann man neben den *plötzlich* hereinbrechenden Wellen einen *Summationstyp* ausscheiden, der sich bei schwächeren, aber oft wiederholten Niederschlägen einstellt. Was wir die Abflußbereitschaft des Bodens nannten, nimmt hier unter Einbeziehung der Oberflächengewässer immer weiter zu. Die große Überschwemmung des Mississippi im Jahre 1912 setzte sich aus vier Wellen zusammen, von denen die erste in Cairo Anfang Februar, die zweite Anfang März, die dritte und größte Ende März, die vierte Anfang Mai einsetzte; die Einzelwellen waren durch Senkungen voneinander getrennt, die aber die Durchtränkung des Bodens und die Füllung der Flußbetten nicht beseitigten. In den Monsunländern gehört der Summationstyp der Hochwasser zu den regelmäßigen Erscheinungen;

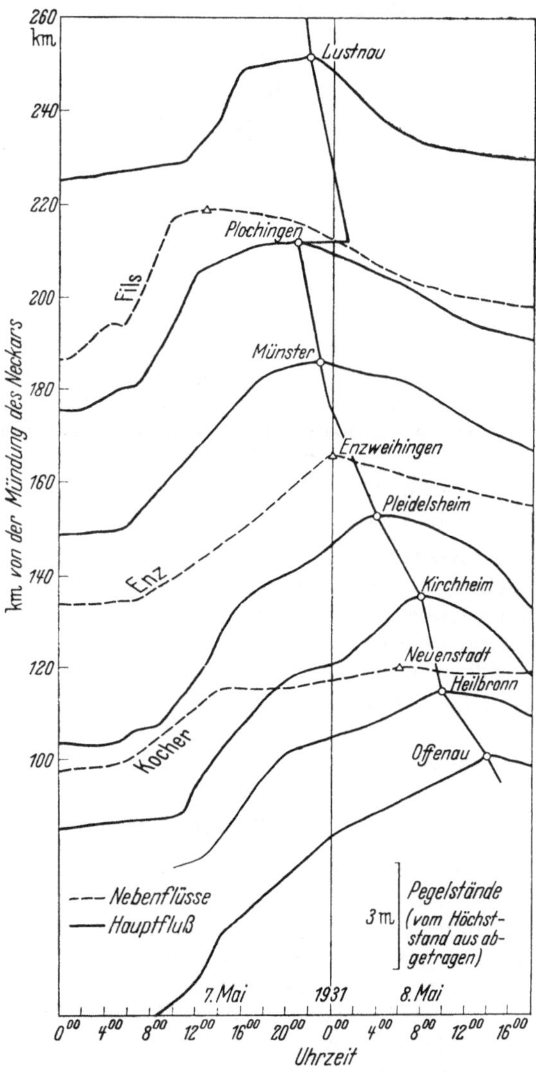

Abb. 144. Verlauf und Aufbau des Neckarhochwassers 1931. Nach Trossbach.

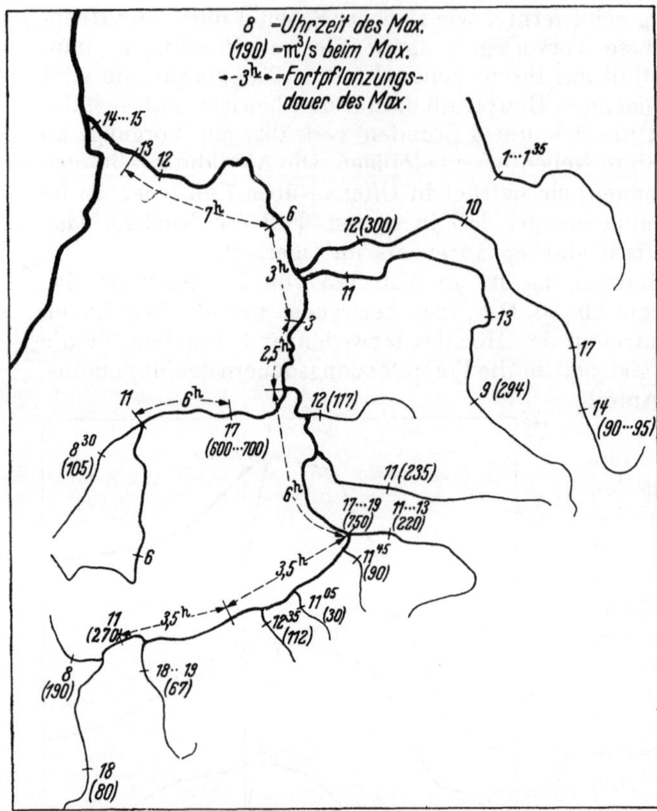

Abb. 145. Das Hochwasser des Neckars am 29./30. XII. 1947. Nach MONHEIM.

auch eine Reihe von Hochwässern der Seine in Frankreich sind dazu zu zählen.

Die Scheitelwasserführung der Hochwässer Q nimmt in Deutschland gegen den Unterlauf der Ströme verhältnismäßig wenig zu, da die Ströme länglich gestaltete Einzugsgebiete haben, in denen der Scheitel der unteren Nebenflüsse schon verflossen ist, wenn der Hauptscheitel von oben ankommt. Noch deutlicher zeigt sich dies bei der spezifischen Abflußmenge (Spende) q vom km². So betrug die größte bisher beobachtete Abflußspende HHq an der Oder bei Breslau 111, bei Frankfurt nur noch 46,7, bei Hohensaaten (einschl. der Warthe) 28,3. Hier kommt, wie nicht anders zu erwarten, auch die Konzentration des Niederschlags auf kleinere Flächen und die Gebirge zum Ausdruck.

VAN RINSUM (s. Bem. 5, S. 310) hat, auf älteren Arbeiten fußend, bei einer Untersuchung über die Regnitz den Einfluß der Morphologie zusammen mit der Überregnungshöhe auf folgende Formel gebracht: Die Hochwasserführung ist proportional dem Gebietszuwachs und der Quadratwurzel aus der Geländeneigung (s. S. 82), während die Überregnungshöhe m in die Potenz $m^{3/2}$ eingeht; man vergleiche dazu, daß auch in der Formel von CHÉZY das Gefälle J in der Form $\sqrt{J}$ auftritt. — Zur Hochwasservoraussage aus den Niederschlägen i. allg. vgl. SCHNELL (Bem. 12, S. 310).

2. Maßnahmen gegen Hochwassergefahr.

Die bautechnischen Probleme in dieser Hinsicht sind schon auf S. 16ff. berührt worden: sie bestehen in einer Verfestigung des Flußbettes, in der richtigen Berechnung der Durchflußprofile, die für die Hochwässer nicht zu eng sein dürfen, in der Anlegung von Dämmen und Deichen; bei kleineren Gewässern im Gebirge in Verbauungen und als Vorkehrungsmaßregel in der Bepflanzung der Hochlagen. Die Aufforstung größerer Flächen kann natürlich auch als allgemeines Problem des Hochwasserschutzes aufgefaßt werden. Bei der Geradlegung von Flußläufen muß — von anderen Gesichtspunkten ganz abgesehen — darauf gesehen werden, daß das neue Gefäll nicht zu groß wird und der Abfluß nicht zu rasch erfolgt. Wenn die Korrektion des Gewässers den *ganzen* Lauf erfaßt, dann ist die hieraus entspringende Hochwassergefahr nicht allzu groß; wohl aber ist sie es, wenn eine Verwaltung die Geradlegung durchführt, ohne sich mit einer anderen flußabwärts liegenden zu verständigen. Es ist klar, daß der rasche Ablauf in der korrigierten Strecke eine Stauung in der nicht korrigierten hervorruft und Überschwemmungen zur Folge haben muß. Die Lösung solcher Aufgaben ist eine Sache der wasserwirtschaftlichen Rahmenplanung (s. S. 59). In dieses Aufgabengebiet gehören auch die großen Talsperren, die außer der Aufnahme von Hochwässern natürlich auch andere Ziele zu verfolgen haben. Aber nicht überall eignet sich der vorhandene Raum zur Anlegung von Talsperren! — Zu den vorbeugenden Maßregeln gegen Hochwasser gehört auch der Warnungsdienst, der darauf abzielt, hohe Niederschläge und drohenden Anstieg der Gewässer von den höheren Teilen des Gebiets in die tieferen vorauszumelden. Um den zu erwartenden Hochstand im unteren Flußgebiet abzuschätzen, bildet man z. B. eine Bezugslinie für entsprechende Wasserstände an einem höher und einem tiefer liegenden Pegel, außerdem wird die Fließzeit zwischen den beiden Pegeln statistisch für verschiedene Wasserstände erfaßt. Auf Grund dieser Werte kann berechnet werden, wie der untere Pegel dem oberen im Tempo des Anstiegs folgt. Handelt es sich um die Abhängigkeit des unteren Pegels von *mehreren* höher liegenden Pegeln (besonders beim Zusammenfluß mehrerer Wasseradern), so kann man graphische Methoden für die Summierung ausbilden oder Formeln bilden von der Form $H = ah_1 + bh_2 + ch_3 \ldots$, wobei H die Höhe am Unterpegel, h_1, h_2, h_3 die Höhen an den anderen Pegeln und a, b, c empirische Konstanten sind. Die h stellen aber nicht die Maxima an den betreffenden Pegeln dar, sondern die Höhen, die auf Grund der Fließzeiten gleichzeitig am Unterpegel eintreffen. Diese Methode zeitigt bei größeren Flüssen gute Erfolge; für kleine Flüsse sind die Zeitunterschiede zu gering und die Wirkung der örtlichen Regen auf die Komponenten ist zu unsicher.

Es liegt nahe, die *Hochwässer* auch in direkte *Beziehung zur Wetterlage* und den zu erwartenden Niederschlägen zu bringen. FRIEDRICH hat sich über diese Fragen wie folgt geäußert: „Während aus den bereits gefallenen Niederschlägen im Verein mit der Trockenwetterabflußlinie unter gewissen Bedingungen eine Abflußmengenvorhersage möglich ist, läßt sich bei dem heutigen Stand der Entwicklung der Wettervorhersagen eine regelrechte Hochwasservoraussage lediglich auf Grund der Wettervorhersage noch nicht durchführen. Die Wettervorhersage, und zwar die kurzfristige und auch die langfristige, ist dagegen sehr wohl in der Lage, Witterungsvorgänge, die zu einem Hochwasser führen könnten, rechtzeitig zu erkennen und eine Hochwasserwarnung herauszugeben.“ Auch die *Durchführung* der Aufgabe, die Hochwässer direkt aus den schon *gefallenen* Niederschlägen zu berechnen, ist bis jetzt nur wenig versucht worden. Die Schwierigkeiten sind erheblich: die Regenhöhen sind zu ungleich verteilt, die Auswirkung auf die Anschwellungen ist infolge der veränderlichen Abflußbereitschaft sehr verschieden. Untersuchungen in dieser Richtung bleiben also abzuwarten! — Die einzige Möglichkeit, wenigstens *einen* Faktor in der Vorausbestimmung mit einiger Sicherheit zu erfassen, besteht in der Messung einer vorhandenen Schneehöhe und ihres Wasserwerts; ihr Schmelzbeitrag bei Warmlufteinbrüchen kann abgeschätzt werden. Eine Darstellung des Wasserwerts der Schneedecke im Limmatgebiet für ein bestimmtes Jahr, die auch für den *Wasserhaushalt* des folgenden Sommers von Bedeutung ist, hat HOECK (1) gegeben. Aber dieser Faktor spielt im allgemeinen nur im Gebirge eine Rolle und ist schwächer als die Wirkung der Regen. In der Ebene könnte der Grundwasserstand gewisse Anhaltspunkte für die Abflußbereitschaft des Bodens geben.

Aber überall setzt sich die unberechenbare Wirkung der heftigen Regenfälle darauf, die frühestens in dem Augenblick erfaßt werden kann, wenn die Niederschläge gefallen sind. Auf alle Fälle bleibt die Hochwasservorhersage ein *individuelles* Problem des einzelnen Flußgebietes, zu dessen Lösung nur allgemeine Richtlinien gegeben werden können. Dabei ist die Voraussage in weiträumigen und ebenen Gebieten (USA, Sowjetunion) wegen der längeren Zeitspannen und der Gleichartigkeit der Bedingungen wesentlich leichter als für kleinere Flächen mit starkem Relief.

Individuell zu betrachten sind auch *Maßnahmen* bei drohenden und schon teilweise eingetretenen *Katastrophen.* Eisstau bei Flußverengungen kann durch Sprengungen bekämpft werden. Dammbrüche sind ebensooft auf unzweckmäßige Bauart als auf ungewöhnliche Hochwasser zurückzuführen; man kann ihnen durch sorgfältige Überwachung der Bauten und durch rechtzeitige Öffnung von Ablässen und Umleitungen begegnen. Als ingenieur-geologisches Problem werden diese Fragen von Bendel (Bd. II, S. 481) eingehend behandelt.

3. Einfluß der Zeitdauer. Wahrscheinlichkeit.

Da Starkregen — durchschnittlich betrachtet — nur kurz anhalten, muß ihre Intensität, d. h. die mittlere Regen- und Abflußspende, mit der Länge der betrachteten Zeit abnehmen. Um diese Abhängigkeit statistisch zu erfassen, teilt man die Regen in bestimmte Gruppen ein: man gruppiert in jedem Jahr die Starkregen (s. S. 41) nach gewissen Zeitintervallen und findet, daß sich die *hohen* Spendenwerte bei den *kurzen* Zeitintervallen scharen. Zeichnet man jeden Regen durch einen Bezugspunkt (Regendauer in Stunden/Regenspende in mm je Stunde) ein, so verläuft die Umhüllende in zuerst steilem, dann immer langsamer werdendem Abfall (Hans Kaufmann) von links oben nach rechts unten.

Stellt man ferner in diesen oder verwandten Einheiten jeden Starkregen für eine größere Zahl von Jahren durch Bezugspunkte dar, so kann man in jedem Fall die Zahl der Bezugspunkte auszählen und ihre jährliche *Durchschnittszahl* n für die betreffende Zeitdauer und die betreffende Stufe ermitteln. Die Verbindungslinie gleicher Durchschnittszahlen verlegt sich für wachsende n schrittweise nach innen (gegen den Nullpunkt hin). Gewisse Regenspenden werden jährlich einmal ($n = 1$), etwas niedrigere Spenden jährlich zweimal ($n = 2$) usw. überschritten, während hohe Spenden nur alle 2 Jahre ($n = 0{,}5$) oder gar nur alle 5 Jahre ($n = 0{,}2$) erreicht werden. Man ist versucht, dieses System der Umhüllenden auch auf 10, 20, 30 und mehr Jahre, also auf immer kleinere n, auszudehnen. Aber das ist nicht möglich: es stehen viel zuwenig Werte zur Verfügung, und die Weiterverfolgung der Statistik wird zur individuellen Verfolgung einzelner Regen, bei denen man von einer „Wiederholung" in bestimmten Zeiträumen nicht mehr sprechen kann. Daß ein Regenfall in 100 Jahren einmal vorkommt, heißt nicht, daß er gerade innerhalb eines Jahrhunderts wiederkehrt; vielmehr können solche Regenfälle sich in kurzer Zeit wiederholen, dann aber mehrere hundert Jahre ausbleiben, ganz abgesehen davon, daß über das Auftreten neuer noch heftigerer Wolkenbrüche gar nichts gesagt ist. In dieser Sachlage spricht sich die Unsicherheit der ganzen Hochwasserprognose aus, die nur Wahrscheinlichkeiten für öfter wiederkehrende *schwächere* Hochwasser aussprechen kann, aber über Größe und Zeitpunkt der Extremfälle nichts auszusagen vermag. — Die hier beschriebene Art der Darstellung, auf die *Regenhöchstspenden* in Deutschland angewandt, findet sich in Abb. 146. In beiden Koordinatenrichtungen ist ein logarithmischer Maßstab verwendet. Er hat den Vorzug, daß die langen Zeitdauern und die hohen Spenden zum Nullpunkt herangeholt werden; die Bezugskurve, die sich

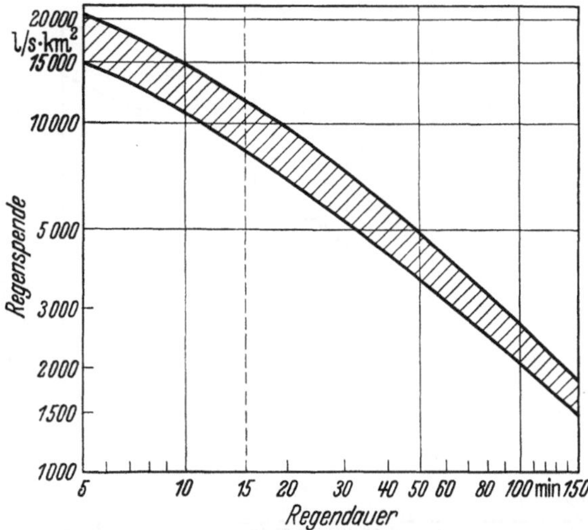

Abb. 146. Abnahme der Regenhöchstspenden in l/s · km² mit der Regendauer. Schraffiert: Spielraum für Deutschland. Werte nach REINHOLD.

an und für sich hyperbelartig an die Achsen asymptotisch anschmiegt, erhält dadurch einen fast geradlinigen Verlauf mit leichter Konvexität nach außen. Die Höchstspenden gehen bei 5 min Regendauer bis auf 20000 l/s·km² herauf, während bei 150 min Regendauer kaum mehr 2000 l/s·km² erreicht werden. Für die nach Erfahrungen aus der Praxis besonders wichtige Regendauer von 15 min ergibt sich die Größenordnung 10000 l/s·km². Die *obere* Begrenzung des für Deutschland angegebenen Spielraums entspricht Süddeutschland (kontinentaler Einfluß!), während die Werte für die *untere* Begrenzung von den Stationen in Küstennähe gestellt werden. Auch hier sei betont, daß eine solche Darstellung nicht zur Ablesung von regionalen Einzelwerten benützt werden darf.

Für Stadtentwässerungen hat IMHOFF (S. 28) den Begriff des *Zeitbeiwertes* aufgestellt. Dieser bringt die Abnahme der Regenspende mit der Regendauer zum Ausdruck und dient dazu, die aus anderen Bestimmungsgrößen (Fläche, Länge) folgenden Abflußspenden zu reduzieren. Man benützt ihn, um in den Leitungsnetzen der Städte die anfallenden Wassermengen in ihrem Zusammenwirken zu untersuchen. Als wichtige Erleichterung bei diesen Berechnungen dient die praktische Feststellung, daß die Fließdauer im Leitungsnetz annähernd gleich der maßgebenden Regendauer ist. Für eine genauere Ermittelung der zusammenströmenden Regenwassermengen kann man eine „ausführliche Listenrechnung" aufstellen, deren Grundlagen von IMHOFF angegeben werden. — Einen dreidimensionalen Zusammenhang zwischen *Regenspende* (l/s·km²), *Regendauer* (min) und *Fläche* (km²) hat HAEUSER in graphischen Darstellungen gegeben, denen hier folgendes entnommen wird:

Regenspenden (l/s · km²).

Regendauer	5 km²	10 km²	20 km²	40 km²	80 km²	160 km²
15 min	64000	59000	53000	46000	42000	38000
30 min	39000	37000	34000	31000	28000	26000
60 min	21000	20000	18000	17000	16000	14000

Man beachte, daß sowohl die angenommenen Flächen als die Zeiten nach einer *geometrischen* Progression wachsen, daß also die Regenspende gegen die großen Flächen und die längeren Zeitdauern hin zuerst rasch und dann immer langsamer verebbt.

GRASSBERGER hat, unter Weiterführung der Arbeiten von HAZEN, die Eintrittsmöglichkeit von Hochwässern auf wahrscheinlichkeitstheoretischem Wege untersucht und sie speziell für das Gebiet der Klodnitz (Gleiwitz-Oberschlesien; 456 km²; 1907 bis 1934) geprüft. Er benützt dabei ein „Wahrscheinlichkeitsnetz", das auf folgende Weise entsteht: Die Abflüsse (m³/s) werden in der Ordinaten-

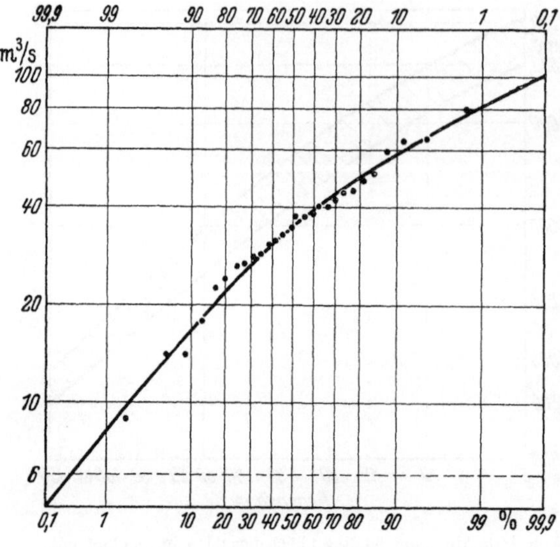

Abb. 147. Hochwässer der Klodnitz bei Gleiwitz; 456 km²; 1907 bis 1934. Nach GRASSBERGER.

richtung aufgetragen, und zwar im logarithmischen Maßstab, um die hohen Werte gegen den Nullpunkt heranzuholen. Die Einteilung auf der Abszissenachse erfolgt auf Grund des Fehlerintegrals nach der GAUSSschen Kurve (siehe frühere Abb. 132). In der linken Hälfte dieser Abbildung sind 3 Rechtecke I, II, III von gleicher Größe, aber verschiedener Form abgegrenzt, die jeweils den zugehörigen Flächen der Kurve entsprechen. Die Schmalseite der Rechtecke wird also mit wachsender Entfernung vom Nullpunkt immer größer und schließlich unendlich groß. Diese Schmalseite liegt der Abszisseneinteilung im Wahrscheinlichkeitsnetz zugrunde, wobei der Nullpunkt der GAUSSschen Kurve dem Wert 50% des Netzes entspricht (Netze dieser Art sind bei Schleicher und Schüll in Düren käuflich zu haben). Die graphische Verwendung bei den Hochwasserverhältnissen gestaltet sich wie folgt: Sind für eine Beobachtungsreihe von n Jahren die Hochwassermengen bekannt, so besitzt jede einzelne dieser Hochwassermengen die Häufigkeit $1:n$ (in % auszudrücken). Die Hochwassermengen werden der Größe nach geordnet und im Netz jedem einzelnen Jahr ein Streifen zugeordnet, der in der Netzskala dieser Häufigkeit entspricht; in der Mitte des Streifens wird die zugehörige Wassermenge aufgetragen. Bei einer 28jährigen Beobachtungsreihe, wie sie im Beispiel der Klodnitz vorliegt, gehört zu jeder Beobachtung die Häufigkeit $(100:28)\% = 3{,}58\%$. Es wird demnach die kleinste Hochwassermenge bei $\frac{1}{2}\cdot 3{,}58\% = 1{,}79\%$, die nächste bei $1\frac{1}{2}\cdot 3{,}58\% = 5{,}27\%$ aufgetragen und so fort bis zur größten, die ihren Punkt bei $(100 - 1{,}79)\% = 98{,}2\%$ erhält. Auf diese Weise ergibt sich eine Schar von Punkten, die mehr oder weniger genau in einer Geraden oder in einer schwach gekrümmten Kurve liegen (Abb. 147). Nach Eintragung der Ausgleichslinie, die nach dem Augenmaß oder auf Grund einer Berechnung gezogen wird, kann man zu jeder Hochwassermenge die zugehörige Wahrscheinlichkeit ablesen, am einfachsten an der oberen Skala, die die untere zu 100 ergänzt. Die Wahrscheinlichkeit, daß das *kleinste* Hochwasser der 28 Jahre überschritten wird, ist also 98,21%, für das *größte* Hochwasser ist sie noch 1,79%.

Auch weitere Flüsse (Jangtsekiang, Columbia, Donau-Wien, Enns-Steyr, Des Moines-River, Tohicken Creek) werden von GRASSBERGER nach der für die Klodnitz geschilderten Weise in ihrer Hochwasserführung untersucht.

GRASSBERGERS Darstellung geht in letzter Linie auf einen Erfahrungssatz von FECHNER zurück, der besagt, daß bei stark schwankenden physischen Größen die Häufigkeit der Logarithmen dem GAUSSschen Fehlergesetz folgt. Bei biologischen Erscheinungen kann für diese Regel auch eine Erklärung gegeben werden; für die Hochwässer fehlt sie bis jetzt noch ganz, was aber ihrer Verwendbarkeit als Arbeitshypothese keinen Abbruch tut. — Der weitere Inhalt der Abhandlung GRASSBERGERS ist mathematischen Festlegungen für Größe und Häufigkeit der Hochwassermengen (sog. „Kennziffern") und der Genauigkeit der Rechnungsergebnisse gewidmet.

Vgl. zu den Ausführungen Grassbergers auch die Arbeiten von Felber.

4. Die größten Abflußspenden in Abhängigkeit von der Fläche.

Die *Höchstwerte der Abflußspende* (l/s·km²) sind für den Ingenieur das Maß, mit dem er für die Anlage von Querschnitten, Brücken, Stauwerken und manchem anderen zu rechnen hat. Man kann diesen Spendenwerten auf verschiedene Weise beikommen. Eine direkte Messung ist meist nicht möglich, da ihre Kenntnis der Erstellung von technischen Anlagen schon vorausgehen soll und weil die Beträge sowohl zeitlich als von Ort zu Ort rasch wechseln. Man ist aus diesem Grunde den starken *Regenfällen* nachgegangen, die ja in erster Linie die Hochwässer verursachen und in ihren Beträgen besser bekannt sind. Man kann dabei von den höchsten *Tages*niederschlägen ausgehen, wird aber bald finden, daß dies nicht genügt, da starke Hochwässer schon in *Stunden* und Bruchteilen von Stunden entstehen können. Naturgemäß muß die Spende mit der Kürze der betrachteten Zeit wachsen, da aus einem Wolkenbruch immer der *intensivste* Teil herausgeschnitten wird. Aber für die Bemessung von Durchflußweiten sind die Angaben über Regenintensität nach Zeitintervallen nicht direkt zu benützen, da die durchfließende Menge außerdem von der Größe des Zuflußgebietes, von seinem Relief, von der Verdunstung und anderen Faktoren abhängt. Von diesen Größen ist die *Fläche* des Einzugsgebiets am leichtesten zu fassen: da starke Niederschläge räumlich begrenzt sind, muß man eine *Zunahme der Abflußspende mit dem Kleinerwerden der Fläche* erwarten. Hier läßt sich in der Tat eine weitgehende Gesetzmäßigkeit nachweisen! Dagegen hat sich die Verbindung des Begriffes „*Bergland*" mit Höchstspenden des Abflusses, der der „*Ebene*" mit relativ niedrigen Spenden, der uns von Jahreswerten her geläufig ist, für kurze Zeitspannen nicht als leistungsfähig erwiesen; er wird es erst, und auch dann nur in gewissen Grenzen, wenn wir gleichzeitig den Einfluß *der kontinentalen und der ozeanischen Lage* betrachten.

Stellungnahme zu früheren Untersuchungen. Frühere Arbeiten gründen sich auf eine Formel, die im Jahre 1886 von Iszkowski aufgestellt wurde und auch in Lehrbüchern zu finden ist. Aber jene Formel ist veraltet! Die Messung der Abflüsse, die Ausdehnung des Beobachtungsnetzes und vor allem die Spezialuntersuchung einzelner Hochwässer hat inzwischen große Fortschritte gemacht: die von Iszkowski angenommenen Höchstabflußmengen, die wir jetzt in Spenden umzurechnen pflegen, sind so niedrig, daß sie den neueren Feststellungen auch nicht annähernd mehr entsprechen (Wundt, s. Bem. 7, S. 310, 1949/50, H. 2).

Es mag zwar sein, daß die Annahme größerer Spenden mit der technisch-wirtschaftlichen Baugestaltung in Widerspruch kommt; aber das entbindet uns nicht der Pflicht, die möglichen Höchstspenden wenigstens abzuschätzen, auch wenn wir sie nicht unmittelbar für die Bauten in Rechnung stellen, und den Bauherrn jeweils auf die Folgen aufmerksam zu machen, die bei Überschreitung der zugrunde gelegten Maximalspenden auftreten können. Wir müssen versuchen, die Grenzen zu ermitteln, in denen uns solche Katastrophenhochwässer bedrohen, und den engeren Rahmen festlegen, in dem wir ihnen wenigstens teilweise begegnen wollen.

Auch abgesehen von den viel zu niedrigen Werten Iszkowskis liegen seiner Berechnung Annahmen zugrunde, die nach dem heutigen Stand der Wissenschaft als überholt gelten müssen. Wie die Darstellung Jszkowskis erkennen läßt, wird angenommen, daß die Höchstspende nach drei Stufen des *Jahresniederschlags* steigen soll. Dies ist aber unzutreffend, wie sich aus einer Reihe von Stellen aus dem führenden Lehrbuch der Meteorologie von HANN-SÜRING (s. den genannten Aufsatz von WUNDT) ergibt. Bei dem bekannten Hochwasser der *Gottleuba-Müglitz* (R. FICKERT) am 9. 7. 1927 wurden folgende Tagessummen beobachtet, die den Jahresniederschlägen gegenüberstellt werden:

	m über N. N.	Jahresniederschlag mm	Tagessumme 9. 7. 27 mm
Oelsen	552	801	127
Gottleuba	337	873	67
Langenhennersdorf	363	844	15
Liebstadt	232	771	135
Altenburg	751	1118	106
Glashütte	330	800	76

Von einer Verhältnisgleichheit der Tagesniederschläge und denen des Jahres kann nach dieser Tabelle nicht die Rede sein! Auch das Verhältnis zur Seehöhe ist nur unklar ausgeprägt. — Die Hochwasserkatastrophe im *Eyachgebiet* (Schwäb. Alb) fand in einem Gebiet statt, das Jahresniederschläge zwischen 733 und 932 mm, die im *Taubergrund* (Württemberg) bei jährlichen Regenhöhen zwischen 601 und 645 mm statt; letztere bei Meereshöhen, die sich um 200 bis 300 m bewegen. — Umgekehrt könnte man aus den Niederschlagshöhen im Schwarzwald, die auf über 2 m jährlich ansteigen, auf besonders heftige und schadenbringende Hochwässer schließen: aber nichts Derartiges ist von dort bekanntgeworden!

Ein Zusammenhang zwischen Höchstspende und Jahresniederschlag besteht als *nicht*, jedenfalls nicht in der Weise, daß man daraus prognostische Schlüsse ziehen könnte. Es ist notwendig, dies zu betonen, weil diese Annahme auch in neueren Schriften auftritt.

Klimatische Betrachtungsweise der Höchstabflußspenden. Wir wollen den inneren Gründen für das Verhalten der Höchstspenden etwas nachgehen. Man kann bei ergiebigen Regen grundsätzlich zwei Typen unterscheiden: die *Landregen* mit großer Dauer, aber verhältnismäßig geringer Intensität und die *Gewitterregen*, die nur kurze Zeit währen, aber dafür große Heftigkeit aufweisen. Beide Typen können Überschwemmungen hervorrufen, aber die Hochwässer des ersten Typs betreffen mehr die großen Flußgebiete, während der Gewittertyp sich mehr in den kleinen Flußgebieten bemerkbar macht. Natürlich kommen auch Mischungen der beiden Typen vor, besonders dann, wenn als *dritter Einfluß der orographische* hinzutritt; denn bekanntlich werden im Gebirge infolge des erzwungenen Aufstiegs der Luftmassen viel größere Wassermengen zur Auslösung gebracht als in der Ebene. Das Ineinandergreifen der verschiedenen Einflüsse macht eine Zuweisung eines Hochwassers an einen bestimmten Typ schwierig, in manchen Fällen unmöglich. — Daß auch andere Ursachen, wie Schneeschmelze, Eisstand in den Flüssen, Summierung von Hochwasserwellen aus verschiedenen Gebietsteilen, Aufnahmefähigkeit des Bodens, Fehlen des Pflanzenwuchses und manches andere die Mächtigkeit der Hochwasserwelle beeinflussen, ist klar; aber beim Zustandekommen der Spitzenwerte innerhalb des Hochwassers treten sie vor den klimatischen Einflüssen und dem des Reliefs zurück.

Von ISZKOWSKI werden den „Morästen und Tiefland" die niedrigsten, dem „nicht steilen Hügelland" die höchsten Quoten zugesprochen. Was er nicht hinreichend in Erwägung gezogen hat, sind die klimatischen Einflüsse. Den Klimagegensatz zwischen Meer und Land pflegt man durch die Worte „*ozeanisch*" und „*kontinental*“ zu charakterisieren und denkt dabei an die Ausgeglichenheit der *Temperaturen* in der Nähe des Meeres, dem die großen Extreme im Innern des Landes gegenüberstehen. Aber der Unterschied erstreckt sich auch auf die *Menge und Art der Niederschläge.* Die Küsten empfangen mehr Regen als das Landinnere; aber diese Bevorzugung entfällt zum größten Teil auf die Winterregen (einschl. Herbstregen). Ihm steht der festländische Typ der Regen gegenüber, der sein Maximum im Sommer hat und mit den Monsunen der warmen Jahreszeit (*Monsun im weitesten Sinn*) in Zusammenhang steht. Über den Kontinenten bilden sich im Sommer Wärmezyklonen, die die Luft von den umgebenden Meeren her ansaugen und deren Feuchtigkeit über dem Festland zur Ausscheidung bringen. Südostasien ist als das klassische Land für die regenbringenden Monsune bekannt, aber im kleinen wirkt jede Festlandsmasse als Aspirationszentrum in diesem Sinne. So ist der Einbruch feucht-kühler Luft in unserem Hochsommer als mitteleuropäischer Monsun aufzufassen, der von Westen und Nordwesten her eindringt. — Neben der allgemeinen Erwärmung der großen Landflächen geht eine solche örtlichen Charakters einher, die auf begrenztem Raum die sog. Wärmegewitter hervorruft; sie sind uns durch kurze, aber heftige Niederschläge bekannt, die in kleineren Wasserläufen starke Hochwässer hervorrufen. Wir dürfen uns daher nicht wundern, wenn auch trockene Gebiete gelegentlich von sehr heftigen Niederschlägen heimgesucht werden. Die Mittelmeerländer stehen zwar im Sommer allgemein unter dem Einfluß des subtropischen Hochdruckgürtels, der sich um diese Jahreszeit von Süden her vorschiebt; aber seine Herrschaft wird am Nordrande durch die Wärmezyklonen über den Festländern zeitweise unterbrochen, und in den Hauptmonsunländern (Südostasien usw.) wird diese Unterbrechung sogar zur chronischen Erscheinung.

Die *klimatische Grundeinteilung*: mäßige, aber lang dauernde Regen im Winter über den ozeanischen Gebieten; heftige, aber kurz dauernde Regen im Sommer über den festländischen Gebieten — und zwar ohne Rücksicht auf das Relief! — müssen wir uns jederzeit vor Augen halten, wenn wir die Entstehung unserer Hochwässer verstehen wollen. Dieser Einfluß lagert sich überall dem Gebirgs- oder Reliefeinfluß auf und ist von ihm im Einzelfall kaum zu trennen.

Im einzelnen ist noch zu bemerken: Schon bei getrennter Betrachtung der Jahreszeiten zeigt sich, daß die ozeanischen Winterregen mit der Höhe viel rascher zunehmen als die kontinentalen Sommerregen; d. h. letztere, mit ihren heftigen Ausbrüchen, sind viel weniger an das Gebirge gebunden. Wenn wir daran denken, daß die Ursache der Gewitterregen in der intensiven Erhitzung liegt, dann verstehen wir, daß sie sich weniger an die größten Erhebungen als an die zwischenliegenden Senken und das Vorland der Gebirge klammern. Wesentlich ist nur die *Intensität des thermischen Ausgleichs*, der durch das Relief begünstigt, aber von ihm nicht hervorgerufen wird.

Diese Andeutungen, die hier nicht näher ausgeführt werden können, mögen zum Verständnis dafür dienen, daß eine Einteilung der Höchstabflußspenden nach „Ebene“ und „Bergland“ sowie in „ozeanisch“ und „kontinental“ jeweils nur den halben Sachverhalt erschöpft. Am ehesten kommen wir noch durch, wenn wir die intensitäts*starken* Faktoren „Gebirge“ und „kontinental“, die intensitäts*schwachen* „Ebene“ und „ozeanisch“ je unter sich zu einer Einheit zusammennehmen; dieser Grundsatz ist in Abb. 148 angewandt worden. Gebiete mit kontinentalem Einschlag, wie Oberschlesien und die Ungarische Tiefebene, haben also von vornherein mit höheren Spenden zu rechnen als die Meeresküsten und werden daher schon kraft ihrer Lage in die stärkere Kategorie eingereiht. Allerdings wäre eine *Vier*teilung: kontinental-gebirgig, kontinental-eben, maritim-gebirgig, maritim-eben vorzuziehen; aber sie ist sachlich und

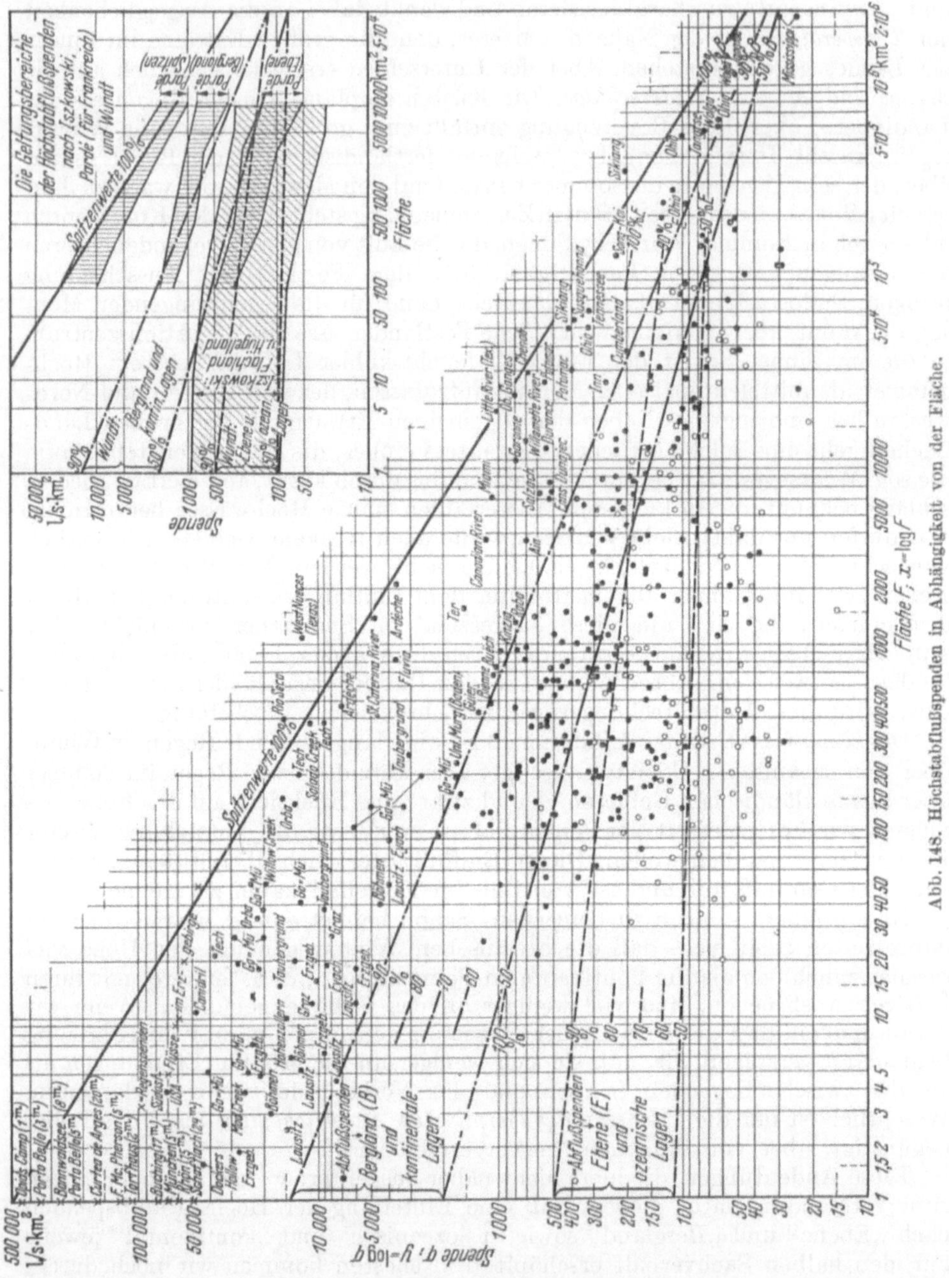

Abb. 148. Höchstabflußspenden in Abhängigkeit von der Fläche.

aus Mangel an Unterlagen nicht durchführbar. Auch über die Zuordnung bei der oben gewählten *Zwei*teilung kann man beim einzelnen Gebiet noch im Zweifel sein.

Beschreibung der Abb. 148. Trägt man alles, was an hohen Abflußspenden samt zugehöriger Fläche bekannt ist, in ein Koordinatensystem (Fläche = Abszisse, Spende = Ordinate) ein, so liegen die absoluten Höchstwerte bei den kleinsten Flächen (links oben); dann erfolgt ein rascher (exponentieller) Abfall, bis wir für die großen Flächen bei verhältnismäßig bescheidenen Spenden anlangen (rechts unten). Der Abfall ist so stark, die Streckung der Werte längs der beiden Koordinatenachsen so ausgedehnt, daß es unmöglich ist, die Werte im normalen Maßstab einzutragen. Wir müssen hierzu den *logarithmischen Maßstab* wählen, der sowohl die hohen Werte der Spende als die der Flächen an den Koordinatenursprung heranrückt. In unserem Bild sind sämtliche größeren Hochwässer, die aus den letzten Jahrzehnten bekannt wurden, durch *Punkte* und *Ringe* eingetragen. Die Punkte umfassen die stärkere Gruppe, die dem Bergland und der kontinentalen Lage entspricht, die Ringe die schwächere Gruppe, welche die ebenen Flußgebiete und die ozeanischen Lagen enthält. Man könnte sich darüber wundern, daß dabei ein so breites Band entsteht; das zeigt eben an, daß die weit innen liegenden Daten immer noch als starke Hochwässer empfunden werden, daß aber die exzessiven Werte, die in Einzelfällen vorkommen, selbst große Hochfluten noch weit überragen. Ferner greifen die Bereiche der Punkte und Ringe vielfach ineinander über; dies besagt, daß manches Gebiet ebensogut zur einen wie zur anderen Gruppe gerechnet werden kann. — Außer den Abflußspenden sind durch *Kreuze* links oben eine Anzahl Rekordwerte von *Regen*spenden (nebst ihrer Zeitdauer in Minuten) eingetragen; die zugehörige Flächenausdehnung ist meist nicht bekannt. Statt des Flächenwertes von 1 km², der für sie vorausgesetzt wurde, können sowohl höhere als niedrigere Werte angenommen werden; aber die höchsten Abflußspenden müssen allmählich in die höchsten Regenspenden übergehen, weil die Verdunstung relativ immer mehr zurücktritt. Schreibt man den höchsten Regenspenden — Messungen hierüber sind kaum vorhanden — z. B. nur eine Fläche 0,1 km² zu, dann muß die Begrenzung der Spitzenwerte bei der logarithmischen Darstellung in den höchsten Teilen zu einer Horizontalen umbiegen und die Abnahme des Spendenwertes mit der Zunahme der Fläche wäre zunächst verhältnismäßig langsam. Beobachtungen von v. BÜLOW im Emschergebiet deuten in der Tat auf ein solches Verhalten hin.

Die Quellen für die in dem Bild verwendeten Werte sind größtenteils im Schrifttum angegeben. Es muß aber davor gewarnt werden, aus diesen Quellen für *Einzelgebiete* etwa noch genauere Daten für die Hochwasserprognose herausholen zu wollen, als hier geschehen ist; denn die Höchstwerte sind viel weniger örtlich als *allgemein klimatisch* bedingt.

Das Hauptergebnis dieser — rein statistischen — Darstellung ist: die Gesamtheit der Punkte ist annähernd in Form eines Dreiecks angeordnet. *Die Spitzenhöchstwerte nehmen also im logarithmischen Maßstab mit Vergrößerung der Fläche linear ab.* Daß diese Spitzen nur in einzelnen Fällen zustande kommen, rührt davon her, daß klimatische Bedingungen, Reliefentwicklung, Rückhaltekraft des Bodens zusammenwirken müssen, um einen wirklichen Höchstwert der Abflußspende hervorzubringen. Aber auch wenn nur ein Teil dieser Bedingungen erfüllt ist, wird der zugehörige Abfluß als starkes Hochwasser empfunden; immerhin entfernen sich die Angaben für solche Hochfluten oft noch weit von der obersten Grenze. Daß bei den kleinen Flächen die hohen Abflußspenden so stark, die schwächeren fast gar nicht vertreten sind, ist dadurch zu erklären, daß man keinen praktischen Anlaß hat, sich bei kleineren Wasserläufen mit weniger starken Hochwässern zu beschäftigen. Eine Statistik, die sich gleichmäßig mit allen Abflußspenden befassen wollte, würde eine steigende Häufung der Punkte gegen den Koordinatenursprung hin zeigen. Auch die Zunahme der Spende mit der Flächenabnahme ist nur als Massengesetz zu verstehen; bei der Betrachtung von Einzelspenden können sich erhebliche Abweichungen zeigen (vgl. HAASE).

Sehr bemerkenswert ist, daß die — hier in der Überzahl vorhandenen — Angaben aus Mitteleuropa in den Werten aus fernliegenden Ländern, z. B. aus USA, ihre zwanglose Fortsetzung und Ergänzung finden. Daß in USA die großen Flächen stärker vertreten sind als in Mitteleuropa, erklärt sich leicht aus der Weiträumigkeit dieses Gebietes. Wenn bei den Spitzenwerten der Spenden einheimische und fremde Orte regellos durcheinander gehen, ist das ein Beweis, daß die regionale Betrachtung, so wichtig sie ist, sich doch einer Gesamtbetrachtung für die ganze Erde unterordnet.

Unsere Nebenfigur zeigt eine Gegenüberstellung der Hauptfigur mit der Darstellung ISZKOWSKIs und den Ergebnissen von PARDÉ, die in erster Linie für Frankreich gelten. Sie zeigt, daß PARDÉ den starken Einfluß des Klimas neben dem des Reliefs voll erkannt hat.

Richtkurven für Höchstabflußspenden. Nach Ansicht des Verfassers könnte man die Betrachtung der Höchstabflußspenden mit der Herstellung des Bildes beenden; sie gibt die Möglichkeit, zu jeder Fläche die wirklich vorgekommene Höchstabflußspende abzulesen und hieraus die entsprechenden Schlüsse zu ziehen. Denn eines ist klar: Technische Anlagen auf Abflußspenden bis zu 20000 $l/s \cdot km^2$ aufzubauen, ist ein Ding der Unmöglichkeit! Wir kommen damit auf Dimensionen, die entweder technisch nicht ausführbar oder finanziell nicht vertretbar sind. Und darüber hinaus müssen wir damit rechnen, daß die Natur bereit ist, den exzessiven Abflußspenden sogar noch neue hinzuzufügen, die den festgestellten Rahmen überschreiten. So bedauerlich diese Tatsache ist, so muß sie doch vom geophysikalischen Standpunkt aus ins Auge gefaßt werden! — Aber der Ingenieur verlangt nach Richtlinien, um die Maße seiner Bauten für künftige Hochwässer abwägen zu können. Da bleibt nichts anderes übrig, als sich mit Wahrscheinlichkeitswerten für die Überschreitung gewisser niedrigerer, aber technisch noch tragbarer Abflußspenden zu begnügen. Schreiben wir den Grenzwerten (Verbindungslinie der Spitzen) 100% zu, so kann man versuchen, auch Richtlinien für 90%, 50% und andere Prozentsätze zu zeichnen. Dies soll bedeuten: Bei Benützung der Richtkurve für 90% kann man 90 gegen 10 wetten, daß die für die gegebene Fläche ermittelte Höchstspende im Lauf der Zeit durchschnittlich nicht überschritten wird; bei Benützung der Richtkurve für 50% ist das Wettverhältnis noch 50:50, d. h. bei einer größeren Anzahl von Flußgebieten wird der ermittelte Wert ebensooft über- als unterschritten werden. In unserer Abbildung sind solche Richtkurven eingezeichnet; ihre Gewinnung erfolgte durch Auszählung der Fälle in den verschiedenen Flächenstufen, hierauf durch graphischen Ausgleich, wobei allerdings auch Unregelmäßigkeiten ausgeebnet werden mußten.

Außer dieser Abstufung nach Prozentsätzen ist in der Abbildung eine *Aufteilung in eine stärkere und eine schwächere Gruppe* durchgeführt. Die stärkere umfaßt das Berg- und Hügelland sowie die Gebiete mit kontinentalem Einschlag, die schwächere die Ebenen und die Gebiete mit ozeanischem Charakter. Dies ist nur als ein *Versuch* aufzufassen — im Hinblick auf die praktische Anwendbarkeit —, um wenigstens einen Teil der Gebiete herauszuschälen, bei denen die exzessiven Hochwässer etwas niedriger angesetzt werden können. Es wird aber nie möglich sein, ein Gebiet mit einer „Höchstabflußnote" zu versehen, auch wenn die Unterabteilung nach den gestaltenden Ursachen viel weiter getrieben würde; dazu liegen die Verhältnisse viel zu kompliziert.

Es sei noch darauf hingewiesen, daß der hier benützte Begriff der *Wahrscheinlichkeit* (bei der Aufstellung der Richtkurven) mit dem *Häufigkeitsbegriff*, der die zeitliche Wiederkehr von Hochwässern im *einzelnen* Flußgebiet zu erfassen sucht, nichts zu tun hat. Die Richtkurven suchen vielmehr alle *Sammel-*

eigenschaften zu kennzeichnen, die bei der gleichzeitigen Betrachtung *vieler* Flußgebiete diesen als Gesamtheit zugeschrieben werden können. Ferner erreicht diese Betrachtung nicht den Grad der Exaktheit, der den Untersuchungen von GRASSBERGER (s. S. 217) zugrunde liegt.

Mathematische Darstellung in elementarer Form. Für solche Leser, die das Bedürfnis nach mathematischer Formulierung empfinden, seien hier noch die Gleichungen für die Richtkurven mitgeteilt; sie sind nicht als geophysikalisches Gesetz aufzufassen, sondern nur als ein Versuch, statistische Ergebnisse in eine gebundene Form zu kleiden. — Der Ursprung des Koordinatensystems wird zweckmäßig in den Punkt gelegt, wo $F = 1$ und $q = 1$ ist, also $\log F$ und $\log q$ gleich Null sind. Die Ordinatenachse fällt also mit der linken Begrenzung der Abbildung zusammen, während die Abszissenachse außerhalb von ihr, parallel zur unteren Begrenzung verläuft. Die verschiedenen Richtkurven sind Gerade von der Form $y = mx + b$ (m ist die Steigung der Geraden, b das Stück vom Nullpunkt aus, das sie von der y-Achse abschneidet). Bei der Bezeichnung der Abbildung ist $y = \log q$ und $x = \log F$. Geht man von der logarithmischen Form zur Potenzform (im F/q-System) über, so erhält man Hyperbeln von der Form

$$(1) \quad q = c\,F^m.$$

c ist der Zahlenwert zu dem als BRIGGschen Logarithmus betrachteten Wert von b, also der Betrag der Abflußspende, der beim Schnittpunkt mit der q-Achse erreicht wird und dort abgelesen werden kann. Die Konstanten haben für die verschiedenen Richtkurven und Fälle folgende Werte:

	Bergland und kontinentale Lage		Ebene und ozeanische Lage		Spitzenwerte
	50 %	90 %	50 %	90 %	100 %
m	−0,286	−0,406	−0,031	−0,118	−0,632
$b = \log c$	3,312	4,140	2,037	2,701	5,699
c	2050	13800	109	502	500000

Will man also die Höchstabflußspende für irgendein Gebiet ermitteln, so steht dafür der graphische oder der rechnerische Weg offen. Es handle sich z. B. um ein Gebiet von 1000 km², das man der kontinentalen Gruppe zuzählt und nach der Richtkurve für 50% ausbauen will. Wir benützen unsere Formel $q = c \cdot F^m$ in der logarithmischen Form

$$(2) \quad \log q = m \log F + \log c$$

und finden mit $m = -0{,}286$; $\log F = 3$ und $\log c = 3{,}312$ den Wert $q = 284\ \mathrm{l/s \cdot km^2}$, der natürlich auch (einfacher!) direkt aus der Abbildung entnommen werden kann.

Zu meiner allgemeinen Auffassung über mathematische Darstellung steht nicht im Widerspruch, daß für *kleine Gebiete* und eine *beschränkte Zahl* von Einzelwerten Formeln gefunden werden können, die sich den Beobachtungen noch enger anschließen. So hat KREPS (nicht veröffentlichtes Gutachten) die Formel $HHQ = 90\,MQ^{2/3}$ für $MQ > 5\,m^3/s$ aufgestellt, welche die größten Hochwässer *an Alpenflüssen* gut wiedergibt.

Ausdrücklich soll vor zu weitgehenden Vorstellungen über die Anwendbarkeit der Formeln (1) und (2), wie schon bei der ISZKOWSKIschen Formel, gewarnt werden. Haben sich Formeln eingebürgert und sind sie bequem im Gebrauch, so entsteht bei Fernerstehenden leicht der Eindruck, daß durch die richtige Berechnung mit der Formel auch die Richtigkeit des Ergebnisses gewährleistet sei. Die Unsicherheit liegt aber in den Formeln *selbst*, und sie wird in gewissem Umfang auch bleiben, wenn die Formeln verbessert worden sind. Die Formeln sind nur ein Ausdruck für die geophysikalische Erfahrung, welche ständig fortschreitet, und gerade bei den Hochwässern ist damit zu rechnen, daß sie — als Exzesse der Natur — nie ganz in Formeln gebannt werden können.

Fälle von besonders starkem Gletscherabfluß. Der Gletscherabfluß nimmt innerhalb der Hochwasserspenden eine Sonderstellung ein. In dem bekannten Dürrejahr 1921 stieg die Schmelzwasserspende der Walliser Gletscher an einer Reihe von Tagen auf 350 bis 750 l/s · km², die als Tagesdurchschnitt berechnet sind. Naturgemäß liegen die Spitzenwerte innerhalb des Tages viel höher. Nach einem Schaubild bei LÜTSCHG betrug am 18. Juli 1918 der Höchstabfluß der Saaser Visp (Abfluß des Mattmarksees) 24,2 m³/s (ohne daß ein Tropfen Regen fiel). Dies gibt schon für das gesamte Einzugsgebiet, das 37,1 km² mißt, aber nur 13,7 km² Gletscher umfaßt, eine Spende von rund 650. Danach muß die Spende von den Gletscherflächen selbst für kurze Zeit annähernd 2000 betragen haben! Auf Werte von 1000 kommen wir auch aus den Angaben MAURERS für die Hitzeperiode 1911. Bemerkenswert (nach Angaben von LÜTSCHG) aus dem Jahre 1921 ist, daß auch die Rhone bei Porte du Scex, die 933 km² Gletscher oder 17,9% des gesamten Walliser Einzugsgebiets umfaßt, vom 4. bis 9. Aug. eine durchschnittliche Schmelzwasserspende von 491 (für die Gletscher allein berechnet) aufwies. Die berechneten Spenden in dieser Zeit entsprechen einer mittleren Abflußhöhe von 30 bis 65 mm je Tag. Dies ist größenordnungsmäßig der gleiche Betrag, der täglich auch von einer Schneedecke abschmelzen kann, nämlich 30 cm (Wasserwert $^1/_5$ bis $^1/_{10}$, nach einer mündlichen Angabe von J. HAEUSER).

III. Niedrigwasser.

1. Statistische Angaben.

Beim Niedrigwasser hat man, wie schon im Abschnitt H I (S. 207) ausgeführt, zwischen dem mittleren Niedrigwasser MNQ und dem niedrigsten Niedrigwasser (NNQ) zu unterscheiden; die zugehörigen Spenden sind (l/s · km²) MNq und NNq. Dabei kann man, von künstlichen Einflüssen abgesehen, die niedrigsten *Tagesmittel* nehmen, während sich im Hochwasserbereich schon während des Tages die Spitzen stark herausheben (s. Bem. 1 a, S. 310, Nr. 12, Ziff. 2). Die *Ursachen* der Niedrigwässer liegen in erster Linie im Mangel an Regen; längere Hitzeperioden, die nicht bloß die Verdunstung steigern, sondern mittelbar das Grundwasser erschöpfen, verstärken den Wassermangel. Eine andere Ursache liegt in der Winterkälte, die die Niederschläge in Form von Schnee fallen läßt und die Flüsse zum Einfrieren bringt. Nebenher sind künstliche Einflüsse nicht zu vergessen. Je tiefer der Wasserstand sinkt, desto mehr wird der Fluß für die allgemeine Versorgung beansprucht und desto größer wird die Möglichkeit, die Wasserführung durch Stauwerke zu ändern. Bekannt ist die „Sonntagsperiode“ der Flüsse: das Wasser, das am Feiertag nicht gebraucht wird, wird angestaut, damit es den folgenden Tagen zugute kommt; diese Schwankung läßt sich auch noch an manchen größeren Flüssen gut erkennen (vgl. bei LIPPERT für den Rhein die Bem. 1 b, S. 310). Umgekehrt verfolgen die großen Talsperren u. a. den Zweck, dem Fluß ein gewisses Mindestmaß zu sichern und verfälschen dadurch die *natürlich* eintretenden Niedrigwasserspenden.

Um den Fehlern des NNq zu entgehen, kann man (nach Vorgängen in Frankreich und Italien) das „charakteristische“ Niedrigwasser verwenden; man versteht darunter das Niedrigwasser, das an 10 Tagen des Jahres durchschnittlich erreicht oder unterschritten wird. Es beträgt beim Tiber 47% des

MQ, während das *NNQ* nur 44% erreicht. — SPERLING schlägt aus ähnlichen Gründen für das Gebiet der Ems die Niedrigwasserspende, die an 7 *aufeinanderfolgenden* Tagen noch vorhanden ist, als Maß vor [s. Bem. 12, S. 310 (S. 50)].

Man muß deshalb an eine Statistik der *NNQ* mit großer Vorsicht herangehen und nach Möglichkeit die Flüsse gesondert betrachten, bei denen von vornherein fälschende Einflüsse anzunehmen sind: so die Fulda und die obere Weser wegen der Edertalsperre, die Isar bei München wegen des Walchenseekraftwerkes usw. Aber noch häufiger ist der umgekehrte Fall, wo die Wasserführung und damit das *NNq* fast oder ganz auf Null herabgedrückt wird: Bekannte Wasserläufe, wie die Müglitz, die Zschopau, die obere Saale, sind in den Jahrbüchern mit *NNq* = 0 angegeben, während sie unter normalen Verhältnissen doch noch eine bescheidene Wasserführung aufweisen müßten.

Unter diesen Umständen empfiehlt es sich, neben den *NNq* auch die *MNQ* zu untersuchen. Zu diesem Zweck wurden aus den deutschen Jahrbüchern bei 273 Flüssen die Spenden in Stufen von je 0,5 l/s · km² aufgeteilt und die auf die Stufen entfallenden Werte ausgezählt:

Durchschnittliche Niedrigwasserspenden in Deutschland (Zahl der Fälle).

Spendenstufe	über 0 bis 0,5	über 0,5 bis 1	über 1 bis 1,5	über 1,5 bis 2	über 2 bis 2,5	über 2.5 bis 3	über 3 bis 3,5	über 3,5 bis 4	über 4 bis 4,5	über 4,5 bis 5	über 5
NNq	*68*	66	29	23	7	8	9	6	9	4	auf jede 0,5 = Stufe durchschn. 3,3
MNq	8	22	29	*46*	34	19	9	13	7	6	

Gegen die niedrigste Spendenstufe hin findet fast keine Steigerung der Häufigkeit mehr statt, da die unterste Stufe mit 68, die vorhergehende auch schon mit 66 bedacht ist. Dagegen findet sich beim *MNq* gegen die untersten Stufen hin eine klare Abnahme, der in der Stufe 1,5 bis 2 ein Maximum vorausgeht. Dieses Häufigkeitsmaximum *oberhalb* von Null entdeckt man auch in anderen Zusammenstellungen. Das bekannte Trockenjahr 1921 gibt bei den badischen und württembergischen Flüssen folgende Verteilung (die Unterteilung in *MNq* und *NNq* kann hier nicht durchgeführt werden):

Niedrigwasserspenden 1921 in Baden und Württemberg (Zahl der Fälle).

Spendenstufe	0 bis 0,5	0,5 bis 1	1 bis 1,5	1,5 bis 2	2 bis 2,5	2,5 bis 3	3 bis 3,5	3,5 bis 4	über 4
Baden	3	4	*7*	6	6	0	3	1	3
Württemberg . .	3	5	*17*	6	2	4	2	3	3

Die Zusammenstellung zeigt, daß die Spende 1, die einem Jahresabfluß von etwa 30 mm entspricht, in unserem Klima nur selten unterschritten wird. — PARDÉ (2) gibt für 18 europäische Flüsse (Swir, Wolchow, Newa, Düna. Memel, Bug, Pripet, Don, Dnjepr, Wolga, Oka, Weichsel, Oder, Weser, Main, Mosel, Seine, Saône) folgende Tiefstwerte an (ohne Beschränkung auf eine bestimmte Jahresreihe und ein *NNq* im strengen Sinn):

Niedrigwasserspenden europäischer Flüsse.

Spendenstufe	0 bis 0,5	0,5 bis 1	1 bis 1,5	über 1,5
Zahl der Fälle . . .	3	0	7	2

Der Halt der spezifischen Wasserlieferungen oberhalb von Null, der sich in diesen Zusammenstellungen zeigt, ist sehr bemerkenswert und kann seinen Grund nur in *nachhaltigem Zustrom von Grundwasser* haben. Er gibt einen Anhaltspunkt für den Abflußbetrag, den wir bei längeren Trockenperioden normalerweise noch erwarten dürfen; bei karstartigen Gebieten kann er wesentlich überschritten werden.

Das Trockenjahr 1949, dem schon von 1942 bis 1949 eine negative Anomalie der Niederschläge vorausging, hat nach PARDÉ in Frankreich den Jahrgang 1921 noch unterboten. Während sonst für größere Flüsse und im vollhumiden Klima Spenden unter 0,5 kaum vorkommen, hat die Loire in ihrem Unterlauf mit einer Wasserführung von 45 m³/s diesen Betrag noch unterschritten. Ich stelle den zugehörigen Spendenwert mit Einzelwerten aus anderen Jahren und Gebieten zusammen, wobei jeweils die wesentlichen Gründe für das Zustandekommen angegeben sind:

Loire (Montjean) 0,415 (1949, Endjahr einer Trockenreihe); Isère (Grenoble) 5,25 (1921, Gletscherzufluß im Sommer, Überregnung im Winter); Rhone (Gletsch, unterhalb des Rhonegletschers) 1,8; Massa (Abfluß des Aletschgletschers) 0,8 — bei den beiden letzten Aufhören des Zuflusses durch Einfrieren; Severn 1,34 (normal); Themse 0,75 (an und für sich normal, aber künstliche Beanspruchung); Pripet (Westsowjetunion) 0,38 (1921, starke Verdunstung im Sumpfgebiet); Newa (Leningrad) 3,8 (erhöhender Einfluß der großen Seen); Nera (Nebenfluß des Tiber) 9,5 (karstartiges Gebiet mit starker Grundwasserspeisung); mehrere südliche Zuflüsse des Po 0 (mediterrane Sommertrockenheit in wenig durchlässigen Gebieten); Ganges 0,3 (Wintertrockenheit der Monsungebiete). — Für das Trockenjahr 1936 ergaben sich in USA folgende Niedrigwasserspenden, die zugleich die NNq der benützten Jahresreihen sind:

Fluß	Fläche km²	Zahl der Jahre	NNq (Tageswerte)
Ost-Delaware, New York	2030	24	1,24
West-Delaware, New York	1540	24	0,75
West-White River, Indiana	12100	8	0,73
Wisconsin River, Wisconsin	26600	22	2,78
Red River, North Dakota	66100	54	0,00
Niobrara River, Nebraska	28000	9	0,52
Republican River, Nebraska	54100	7	0,00
White River, Arkansas	61900	9	1,83
Mississippi, Vicksburg	2960000	5	1,20

Daß in USA die Wasserführung auch bei Flüssen bei *großem* Einzugsgebiet *nahezu* auf Null heruntergeht (auf die Nullen folgen noch endliche Dezimalen), kann nicht überraschen, wenn wir bedenken, daß wir uns in den Staaten North-Dakota, Nebraska usw. schon an der Grenze des humiden Gebietes bewegen. — Das NNq des Mississippi hält sich mit 1,20 (neben einem $Mq = 6$) durchaus in dem Rahmen, den wir von deutschen Flüssen gewöhnt sind; allerdings sind diese Werte als Durchschnittsbildung aufzufassen, da das Riesengebiet des Mississippi im Westen sehr trockene, im Osten sehr feuchte Teilgebiete enthält. — Bei den großen tropischen Strömen, die von beiden Seiten des Äquators her genährt werden, finden wir viel höhere Niedrigwasserspenden. Für den Amazonas bei Obidos werden 8 bis 10, für den Kongo bei Leopoldville 7 bis 8 l/s · km² angegeben! Es kann aber kein Zweifel sein, daß diese Werte eben nur für den Hauptstrom gelten. Für die nördlichen und südlichen *Zuflüsse*, die ihre jährlichen Trockenzeiten haben, müssen in den betreffenden Monaten ähnliche Zeiten der Wasserklemme eintreten wie bei den Flüssen der gemäßigten Zone.

2. Gegenseitige Ergänzung der Wasserführung,

bei den Tropenströmen besprochen, ist ein Faktor, der beim Entstehen der Niedrigwässer an *allen* großen Flüssen eine Rolle spielt. Das *NNq* und das *MNq* wechselt, wenn wir uns von der Quelle zur Mündung hin bewegen, nicht etwa so, daß aus dem Niedrigwasser des Haupt- und des Nebenflusses jeweils am Zusammenfluß ein neues Mittel entstände. Das im Hauptstrom neu sich bildende Mittel ist vielmehr *höher*, als man unter Zugrundelegung der Komponenten und unter Berücksichtigung der Flächen ausrechnen könnte. Dies kommt davon her, daß die Niedrigwasserzeiten im Haupt- und Nebenfluß im allgemeinen *zu verschiedenen Zeiten* eintreten. So kann der Kongo mit einem Niedrigwasser vom Süden her über den Äquator übertreten, wird dann aber dort von dem Hochwasser gespeist, das gleichzeitig von den nördlichen Zuflüssen geführt wird; auf diese Weise kommt es im Hauptstrom gar nicht zu einem eigentlichen Niedrigwasser. Ähnliche Fälle sind z. B. vom Rhein bekannt, bei dem sich auf die sommerliche Wasserklemme des Mittel- und Unterlaufs die reichliche Wasserführung aus Überregnung, Schnee- und Gletscherschmelze aus dem Oberlauf auflagert. Zur Beurteilung der Niedrigwasserspende der mitteleuropäischen Flüsse sind — abgesehen von künstlichen Einwirkungen! — folgende Gesichtspunkte zu beachten:

a) In den höchsten Teilen der Mittelgebirge und in den Alpen ist die **sommerliche Niederschlagssteigerung** so stark, daß sie den gleichzeitigen Anstieg der Verdunstung überwiegt. Dies wirkt sich auch in einer Erhöhung der Niedrigwasserführung aus. Die Steigerung ist vor allem durch die Kürze der Pausen zu erklären, die zwischen die sommerlichen Regenfälle eingeschaltet sind und dem Wasserstand keine Zeit zum Absinken lassen. Der sommerliche Anstieg ist um so eindrucksvoller, als bei den gleichen Flüssen ein winterliches Absinken der Wasserführung durch Frostwirkung eintritt.

b) Die **Schneeschmelze** kann zur Erhöhung der Niedrigwasserspende beitragen, besonders in den Alpen und den Voralpen. Doch dürfte der Einfluß auf die *MNq* und *NNq* nicht allzu groß sein, weil er in die erste Hälfte des Jahres fällt, wo die Wasserführung (als Folge der geringeren Verdunstung und Speicherung vom Winter her) an und für sich höher ist.

c) Die **Gletscherschmelze** läßt bei Rhone, Rhein-Aare, Inn-Salzach und Drau in den Ostalpen die Niedrigwasserspende nicht tief absinken. Bei Iller, Lech, Isar, Traun, Enns, Mur sind Firne und Gletscherflächen viel zu klein, um eine Wirkung auf die *MNq* ausüben zu können. Jedenfalls tritt bei ihnen die Gletscherschmelze gegenüber dem der sommerlichen Überregnung, der Schneeschmelze und der Abflußverzögerung durch die Seen vollständig zurück.

d) Die **alpinen Randseen** wirken durch ihre Wasserzurückhaltung an der Aufhöhung der Niedrigwasserstände stark mit (Bodensee für Rhein, Ammersee für Amper, Chiemsee für Alz, Salzkammergutseen für Traun). Bei Flachlandseen, z. B. den Havelseen, dürfte die Aufhöhung des Niedrigwassers nur gering sein, da dem ausgleichenden Einfluß der Seen ein starker Verlust durch Verdunstung gegenübersteht.

e) Das **Grundwasser** ist als ein Speicher für den Fluß aufzufassen, der sich bei starken Niederschlägen füllt und beim Rückgang der Oberflächengewässer wieder entleert. Ferner wirkt in dieser Richtung die Stauung des austretenden Grundwassers durch den Hauptfluß bei dessen Hochständen. Talweitungen können auf die Wasserführung wie eingeschaltete Seen wirken. Die geringen Werte der *MNq* und *NNq* in Sachsen sind nicht bloß eine Folge der vielen Stauwerke und des industriellen Verbrauchs, sondern auch der geringen Mächtigkeit der Grundwasserschicht, die dort eine Folge undurchlässiger Gesteine und verhältnismäßig starker Bodenneigung ist. — Ein Beispiel für starke

Grundwasserzufuhr in Trockenzeiten bietet die Oberrheinebene. Die in a, b, c, d genannten Einflüsse werden durch Zustrom von Grundwasser aus dieser weiten Fläche nochmals verstärkt; vgl. dazu auch S. 146.

f) Die Stärke der Grundwasserbildung und damit die Aufhöhung der Niedrigwasserspende hängt auch von der **Durchlässigkeit** des Untergrundes ab. Die Leine (Rhumequelle!), die Flüsse des Jura (Pegnitz, Wiesent!), der rasche Wiederanstieg des MNQ und NNQ an der Donau nach ihrem Totalverlust (zur Aachquelle hin) bis Berg sind Beispiele für Karsteinfluß. Auch die diluvialen Sande, die in Norddeutschland große Flächen einnehmen, zeigen starke Speicherwirkung; aber hier wirkt die verhältnismäßig hohe Lage des Grundwasserspiegels infolge der starken Verdunstungsmöglichkeit auf dem Wege über die Pflanzen der Vorratsbildung schon entgegen.

g) Die **Gebietsfläche** wird gerade bei Karstflächen, die als ergiebige Niedrigwasserspender gelten, wegen der Verschiebung der unterirdischen Wasserscheiden unsicher; so erhalten die Neckarzuflüsse Echaz, Erms, Lauter und Fils aus Karstquellen Wasser, das nach der *Oberflächen*wasserscheide der Donau zufließen müßte; ferner strömt Wasser, das den nördlichen Zuflüssen der Donau zukommen sollte, in Karstquellen der Donau *unmittelbar* zu (relative Schwäche des Schmeie und der Großen Lauter). — Das Quellgebiet eines Flusses liegt stets höher als seine Mündung und empfängt daher im allgemeinen reichlichere Niederschläge; ferner müssen die Verluste durch Verdunstung mit der Lauflänge steigen. Man könnte demnach eine Abnahme der Niedrigwasserspende mit Vergrößerung der Fläche erwarten. Aber von einer solchen ist selten etwas zu bemerken. Infolge der ausgleichenden Wirkung der verschiedenen Gebietsteile tritt eher eine leichte Erhöhung ein.

h) Auch der **Pflanzendecke** kommt ein Einfluß auf die Gestaltung der Niedrigwasserspender zu; ein solcher würde sich vielleicht zahlenmäßig erfassen lassen, wenn in Deutschland zwei Gebiete mit sonst gleichen Verhältnissen existierten, die große Unterschiede in der Vegetation aufwiesen. Aber solche Gebiete sind nicht vorhanden. Wir können hier nur auf die Versuchsgebiete in USA und in der Schweiz zurückgreifen, die S. 151 besprochen sind. Bei den deutschen Gebieten wird die Wirkung des Pflanzenwuchses (besonders des Waldes) von anderen Einflüssen stark überdeckt.

i) Vielleicht der wichtigste Punkt zur Erklärung hoher NNq- und MNq-Spenden ist das schon zu Beginn des Abschnitts 2 erwähnte **Ineinandergreifen der Haushalte** (Regime) der Teilflächen eines Flußgebietes. Wohl wirkt beim *Rhein* Schnee- und Gletscherschmelze, sommerliche Überregnung, Seezurückhaltung usw. auch einzeln auf die Erhöhung der Niedrigwasserstände ein; aber unter Zusammenfassung der Ursachen können wir sagen, daß hier ein *hochalpiner Haushalt* mit sommerlichem Maximum und winterlichem Minimum im Mittel- und Unterlauf auf einen *Mittelgebirgshaushalt* trifft, dessen Abflußhöchstwert im Frühjahr und dessen Niedrigstwert im Herbst liegt. Allerdings haben wir damit keine neuen Gründe gefunden; aber wir können damit die verschlungenen Wege zur Erklärung der Ausgeglichenheit des Rheins einheitlich zusammenfassen.

3. Das Verhältnis der Grenzwerte

d. h. der Hoch- und Niedrigwasserspenden, gibt ein anschauliches Bild der unregelmäßigen Schwankungen. FRIEDRICH (1) hat für eine Anzahl deutscher Flüsse das Verhältnis $NNq:HHq$ berechnet und findet für kleine Gebirgsflüsse z. T. Werte über 1000, z. B. Radau (Harzburg; 17,8 km^2) 1:1300, Ilse (Ilsenburg; 21,4 km^2) 1:1150; doch zeigen sich solch hohe Werte vereinzelt auch noch bei etwas größeren Flüssen, so bei der Eder (Schmittlotheim, 1198 km^2) 1:1152. Am anderen

Ende der Reihe stehen Flachlandflüsse (Warthe, Havel) und die Unterläufe großer Ströme (Weichsel, Oder, Elbe, Rhein), bei denen sich jenes Verhältnis etwa im Rahmen 1:10 bis 1:50 bewegt. — Als Grundlage der Betrachtung kann man auch die MNq und MHq nehmen, die nicht so stark von unsicheren Einzelwerten abhängen; natürlich ergeben sich dabei viel kleinere Werte. Auch hier kann man Einflüsse geographischer Faktoren feststellen, und zwar von der Gebietsfläche (Lauflänge), von der Durchlässigkeit und der Niederschlagshöhe. — Endlich kann man das Verhältnis des abflußärmsten und abflußreichsten *Monats* ins Auge fassen; dieses ist auf einer viel größeren Zahl von Werten aufgebaut und leitet zu den regelmäßigen Schwankungen (Perioden) über; vgl. S. 244 und Tab. 5.

Den Einfluß der Gebietsfläche möge der Neckar zeigen. Wir erhalten folgende Übersicht:

Neckar 1921/30	Fläche km²	MHq l/s · km²	MNq l/s · km²	$MNq:MHq$ 1: x	Jahres-N mm
Horb	1103	129	2,4	1:54	900
Lustnau	2067	100	2,3	1:43	832
Plochingen	4002	76	2,0	1:38	823
Münster	4273	86	2,3	1:37	814
Kirchheim	7881	64	2,0	1:32	825
Offenau	12351	69	2,3	1:30	823

Wie die letzte Spalte zeigt, sind die Änderungen des Niederschlags mit dem Zuwachs der Gebietsgröße nicht sehr bedeutend; ein entscheidender Einfluß von N ist nicht anzunehmen. Auch die MNq weisen keine einseitige Änderung auf. Dagegen nehmen die MHq mit der Gebietsgröße deutlich ab. Letzteres ist auch von anderen Gebieten bekannt und von KOLUPAILA in seiner Abhandlung über die Ostseezuflüsse besonders klar zum Ausdruck gebracht worden.

Ferner hängen die MHq und MNq von der *Durchlässigkeit* ab. Da die Werte außerdem durch die Niederschlagshöhe bedingt sind, deren Einfluß sich störend zwischen den der Durchlässigkeit schiebt, nehmen wir die Untersuchung in der Weise vor, daß wir 3 Gruppen bilden: 1. Durchlässig (MHq klein, MNq groß), 2. Undurchlässig (MHq groß, MNq klein); 3. Regenreich (sowohl MHq als MNq groß). Für jede Gruppe werden 6 württembergische Flüsse ausgewählt:

Jahrgänge: 1921/30	Fläche km²	MHq l/s · km²	MNq l/s · km²	$MNq:MHq$ 1: x	Jahres-N mm
		1. Durchlässig.			
Ammer (Pfäffingen)	135	94	2,6	1:36	679
Tauber (Mergentheim)	1013	119	1,3	1:92	663
Schussen (Lochbrücke)	792	87	3,6	1:24	976
Riß (Untersulmetingen)	408	43	3,5	1:12	876
Blau (Herrlingen)	412	35	2,8	1:12	855
Brenz (Hermaringen)	433	32	4,8	1:7	855
		2. Undurchlässig.			
Eyach (Gießmühle)	164	275	1,0	1:275	818
Steinlach (Bläsibad)	138	173	1,5	1:115	825
Starzel (Rangendingen)	128	162	1,0	1:162	825
Rems (Schorndorf)	415	281	1,9	1:148	934
Lein (Abtsgmünd)	250	334	1,0	1:334	932
Jagst (Schweighausen)	268	174	0,6	1:290	806
		3. Regenreich.			
Glatt (Neunthausen)	201	289	3,0	1:96	1125
Murg (Schönmünzach)	181	772	10,2	1:76	1674
Enz (Höfen)	219	148	7,5	1:20	1218
Argen (Gießenbrücke)	646	374	8,4	1:45	1406
Aitrach (Lauben)	315	126	3,5	1:36	1187
Iller (Ferthofen)	1329	351	9,2	1:38	1678

Vorstehende Zahlen bestätigen, daß MHq bei den undurchlässigen und den regenreichen Gebieten groß, bei den durchlässigen klein ist, während MNq nur bei den undurchlässigen Gebieten tief herabsinkt. Dabei ist aber die Hochhaltung des MNq durch Regen (3. Gruppe) wirksamer als die Abflußverzögerung infolge von Durchlässigkeit (1. Gruppe). Auch beim MHq tritt der überragende Einfluß der Überregnung gegenüber dem der Durchlässigkeit in Erscheinung. Bildet man das Mittel der MHq und der MNq für jede der drei Gruppen, so findet man (für jeden Fluß ist dasselbe Gewicht angenommen):

1. Durchlässig . . . . $MNq : MHq = 3{,}1 : 68 = 1 : 22$
2. Undurchlässig . . . $MNq : MHq = 1{,}2 : 233 = 1 : 194$
3. Regenreich . . . . $MNq : MHq = 7{,}0 : 343 = 1 : 49$

In dieser Zusammenstellung tritt sowohl die Größenordnung der Extreme als das Verhältnis der Grenzwerte klar hervor. Es zeigt sich, daß die durchlässigen und die regenreichen Gebiete einander im Schwankungsverhältnis nicht allzu fern stehen; ganz große Schwankungen sind allein den undurchlässigen Gebieten vorbehalten.

Aus den Angaben für die Gebietsflächen ist ersichtlich, daß durchweg ziemlich kleine Gebiete herangezogen wurden, um eine gewisse Einheitlichkeit der geographischen Bedingtheiten zu gewährleisten. Bei *großen* Flüssen findet naturgemäß ein starker Ausgleich statt; er rührt einmal von der Abflußverzögerung her, die mit der größeren Lauflänge verbunden ist und die Schwankungen teilweise verwischt; aber auch die durchlässigen und die undurchlässigen Gebiete, die schon bei den kleineren Flächen Gebiete mit anderem Verhalten in sich einschließen, weichen für große Stromgebiete einer Art *Mittelzustand* der Durchlässigkeit, der allerdings nur als Durchschnittsbildung aufzufassen ist. Am stärksten tragen zum Ausgleich verschiedenartige Haushalte (Abflußtypen, s. S. 244) bei, indem wie beim Rhein Tiefstände des Mittel- und Unterlaufs durch Hochstände im Oberlauf teilweise aufgehoben werden. Stark abstumpfend auf die Extreme ist ferner — von Seen abgesehen — der Einfluß der Speicherung im Grundwasser, die sich naturgemäß auf größerem Raum nachhaltiger auswirkt als in kleinen Gebieten; es findet deshalb bei den Trockenwetterkurven in großen Flußgebieten eine Angleichung des steilen Typus an den flachen statt: die steile Linie des Sommers wird durch die Reserven des Grundwassers etwas verflacht, die schwach geneigte des Winters kann etwas steiler gestaltet werden, wenn dem Fluß die Aufgabe zufällt, die erschöpften Vorräte neu anzustauen. — Daß Trockenperioden bei weit ausgedehnten Gebieten immer weniger möglich werden, da mehr und mehr Teilgebiete eine Ausnahme machen, trägt ebenfalls zum Ausgleich der Extreme an großen Strömen bei. Wir erhalten daher für das Verhältnis $MNq : MHq$ bei der Weichsel (Montauerspitze) nur 1:10, für die Oder (Kienitz) 1:6, für die Elbe (Darchau) 1:6, für den Rhein (Rees) 1:5; die Einzugsgebiete an den Meßstellen bewegen sich hier zwischen 100000 und 200000 km². — Als Beispiel zweier extrem gegensätzlicher Flußgebiete gibt PIPER für den John Day River (19700 km²) das Verhältnis des kleinsten zum größten Abfluß 1:6000 an, für den Deschutes River (27100 km²) 1:13; beide Gebiete liegen in Oregon (USA); vergl. Bem. 1a, S. 310, Nr. 10.

IV. Klimatische Schwankungen.

Die Frage, ob sich länger dauernde klimatische Schwankungen einstellen, wie stark sie sind und ob sie eine regelmäßige Wiederkehr aufweisen, hat die öffentliche Meinung vielfach beschäftigt und zahlreiche wissenschaftliche Erörterungen hervorgerufen, namentlich nach der Richtung hin, ob eine einseitige Verschlechterung des Klimas im Sinne einer Versteppung zu erwarten sei.

Die *Deutsche Bundesanstalt* für Gewässerkunde hat für die Niederschläge und Wasserstände des Trockenjahrs 1949 eingehende Erhebungen gemacht und sie mit vorausgehenden Zeiträumen verglichen (Bem. 1a, S. 310, Nr. 5 u. 15). Es ergibt sich, daß 1949 wohl ein trockenes, aber kein *außergewöhnlich* trockenes Jahr war, da in weit zurückreichenden Reihen überall noch trockenere zu finden sind. Auch das letzte Jahrzehnt (1941/49) fällt aus dem allgemeinen Rahmen nicht heraus. Die Wasserklemmen sind in erster Linie dadurch entstanden, daß schon 1947 ein Dürrejahr gewesen war und das nassere Jahr 1948 dessen Folgen nicht beseitigen konnte. Besonders ins Gewicht fällt, daß die übernormal mit Niederschlag bedachten *Monate*, die auch in Trockenjahren vorkommen, sowohl 1948 als 1949 in den *Sommer* fielen, wo der Überschuß nicht der Speicherung dient, sondern der Verdunstung anheimfällt. Infolgedessen war die Absenkung 1949 beim Grundwasser besonders spürbar. Im Durchschnitt von 11 erfaßten Brunnen betrug der Schwund etwa 60 cm; im Wasserwert ausgedrückt fand also mit $c = 0{,}2$ eine Vorratsabnahme von 12 cm, mit $c = 0{,}1$ eine solche von 6 cm statt. Das sind wohl beträchtliche Mengen, aber sie sind durch ein niederschlagsreiches Winterhalbjahr verhältnismäßig leicht zu ersetzen, wie dies im Winter 1950/51 tatsächlich geschehen ist. — In der Schweiz betrug der mittlere Abfluß im Kalenderjahr 1949 nur 65% des normalen (trotz der gesteigerten Gletscherschmelze; vgl. Bem. 1a, S. 310, Nr. 18). Vgl. ferner die Angaben über Frankreich S. 228.

Daß in Frankreich die Wasserklemmen stärker fühlbar waren als in Deutschland, erklärt sich großenteils durch die meteorologischen Bedingungen. Da das Vorrücken des Azorenhochs hauptsächlich die sommerlichen Dürren verursacht, wird Westeuropa stärker davon betroffen. Für die noch weiter zurückliegenden Ursachen erklärt Pardé — und wir müssen ihm darin recht geben —, daß wir sie nicht angeben können. Weder die Brücknersche (auch sonst stark angezweifelte!) Periode noch andere längere Perioden, über deren Existenz die Meinungen sehr geteilt sind, können uns bei der Erklärung der Trockenheit in den 10 letzten Jahren helfen. Man vermag auch keine Prophezeiungen zu machen; wir können nur auf Grund der Statistik darauf hinweisen, daß trockene und nasse Perioden recht verschiedener Dauer und Intensität die Gesamtheit unserer Beobachtungen durchziehen; es ist also möglich, aber nicht wahrscheinlich, daß nochmals ein Rückfall in die vergangene Trockenperiode stattfindet. — In einer Untersuchung der säkularen Schwankungen des Rheins bei Kaub (s. Bem. 1c, S. 310) wurde nachgewiesen, daß dort Wasserstände und Wasserführung im wesentlichen gleichgeblieben sind. — Für die *Niederschläge* hat Reichel [in „Wasser und Boden" 12 (1951)] ermittelt, daß in Süddeutschland im Lauf der letzten 100 Jahre keine wesentlichen Änderungen eingetreten sind.

Suchen wir in der Vergangenheit nach klimatischen Ereignissen, die sich unvermutet und in unregelmäßigen Zwischenräumen einstellen, so finden wir sie vor allem in der Chronik der Hochwässer. Die Loire hatte 1846, 1856 und 1866 drei Hochwässer, die stellenweise fast doppelt so hoch waren als alle späteren. Die Garonne wies im Zeitraum 1766 bis 1826 fünf oder sechs Anstiege von mehr als 9,5 m auf, während in den folgenden 104 Jahren keines den Wert 8 m überstieg. Die vier größten bekannten Hochwasser des Inn waren 1598 und 1606, dann 1786 und 1787 und sind seither nicht überboten worden. Dagegen waren einige der größten Hochwässer in USA gerade in den letzten Jahrzehnten, so am Connecticut 1936 und 1938, am mittleren Mississippi 1943 und 1944.

Harbeck und Langbein haben für einen Zeitraum von 25 Jahren in USA die Abweichung des Jahresabflusses vom Mittel kartographisch dargestellt. Für ein so großes Gebiet existierten in *jedem* Jahre Überschuß- und Mangelgebiete des Abflusses, aber in sehr verschiedener Größe und Intensität. Die Abweichungen laufen mit den in Mitteleuropa für diesen Zeitraum festgestellten im allgemeinen nicht parallel. — Setzt man das Jahr mit dem Höchstabfluß zu dem mit dem Niedrigstabfluß ins Verhältnis, so erhält man den sog. *Schwankungsquotienten* des Abflusses. Für den Niederschlag ist er als Schwankungsquotient von Hellmann bekannt; er läßt sich aber ebenso für die Abflüsse ermitteln. Für 3 österreichische Flüsse wurden folgende Schwankungsquotienten bestimmt (s. Bem. 1a, S. 310, Nr. 17):

Jahrgänge	Flußgebiet	Abfluß	Niederschlag
1896—1940	Inn (Schärding)	1,52	1,44
1896—1940	Gurk (Gumisch)	2,52	2,13
1896—1940	Leitha (Deutsch-Brodersdorf)	3,68	1,67

Für Südwestdeutschland (Baden und Württemberg) bieten die Trockenjahre 1921 und 1934 und die Naßjahre 1922, 1931 und 1939 Extreme dar, die vorher nicht bekannt, jedenfalls zahlenmäßig nicht erfaßt waren. Die *südwestdeutschen* Flüsse (Wundt in „Das Wasser", 1948) ergeben im Durchschnitt den Abflußquotienten 4,0 und den Niederschlagsquotienten 2,1; der Niederschlag steigt also hier vom regenärmsten auf das regenreichste Jahr auf das Doppelte an, der Abfluß beinahe auf das Vierfache. — Auch die räumliche Verteilung der Abflußquotienten ist von Interesse. Es zeigt sich, daß die regenarmen und daher auch abflußarmen Gebiete die höchsten Quotienten aufweisen. Den größten Wert zeigt in Südwestdeutschland die Jagst (Schweighausen) mit 10,0, die infolge der Undurchlässigkeit des Bodens der Verdunstung starke Angriffsflächen bietet. Ähnlich liegt der Fall bei der Würm und der Wutach, die beide am Ostrande des Schwarzwaldes, also im Lee der vorherrschenden Winde liegen. Die kleinsten Werte des Abflußquotienten finden wir an der Iller (Ferthofen) mit 2,1 und beim Rhein (Maxau) mit 2,2. Bei diesen beiden kommt natürlich der ausgeglichene Haushalt mit seinem Dazwischentreten des Abflusses im Hochgebirge zum Ausdruck. Auch in den Hochgebieten des Schwarzwaldes finden wir kleine A-Quotienten. Dagegen ergibt sich für die Weser bei Gieselwerder 3,1; für die Mulde bei Golzern 4,4; für die Elbe bei Dresden gar 6,3, während der N-Quotient für Trebsen (Sachsen) nur 2,4 beträgt. Ein Anwachsen des Abflußquotienten mit der mittleren Niederschlagshöhe, d. h. eine Ausweitung der Extreme mit der Steigerung des Niederschlags, ist nirgends zu beobachten; eher findet das Gegenteil statt, und als äußerster Wert muß ja an der Grenze der humiden gegen die aride Zone der A-Quotient „unendlich" erreicht werden, da in einem Jahr gar nichts, in anderen wenigstens etwas abfließt. Bei der Loire ist der Wert 8 ermittelt, aber im Inneren der iberischen Halbinsel übersteigt er beim Tajo und der Guadiana den Wert 10 und erreicht in Texas den Wert 15, ähnliche Werte auch beim mittleren Missouri, während für den Dnjepr wieder nur 4,0, für den Don 3,8, für die Wolga (Stalingrad) nur 2,5 angegeben werden. Die starken Schwankungen scheinen sich im Süden der Sowjetunion mehr innerhalb des Jahres als von Jahr zu Jahr einzustellen. Verschärft ist der Schwankungsquotient in Gegenden mit Sommertrockenheit, gemildert wird er vor allem in durchlässigen Gebieten (Tiber bei Rom usw. 1,9). Unbefriedigend bleibt beim Schwankungsquotienten, daß, ähnlich wie bei den Hochwässern, extreme Einzelfälle den Wert bestimmen. Es ist aber bemerkenswert,

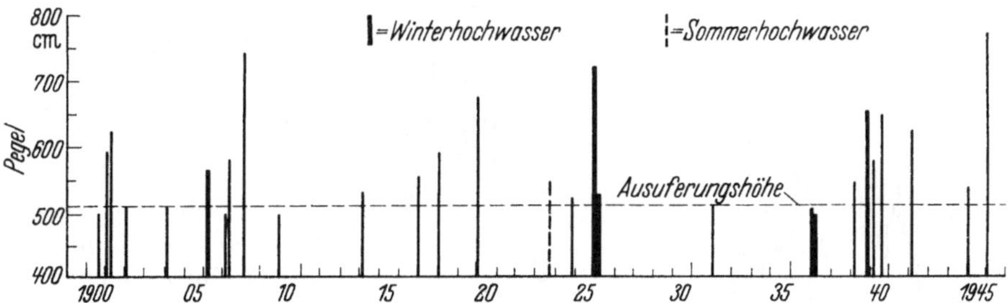

Abb. 149. Scheitel der größeren Hochwässer der Oberweser (Hannoversch-Münden 1900 bis 1946). Nach FRIEDRICH.

daß auch dann noch erhebliche Schwankungen herauskommen, wenn man statt Einzeljahren ganze *Jahresreihen* miteinander vergleicht. Setzen wir den über hundertjährigen Mittelwert für den Rhein bei Basel gleich 1, so ist 1856/65 im Durchschnitt nur das 0,86fache, dagegen 1910/17 das 1,13fache abgeflossen. Bei der Wolga (Jaroslavl) betrug der Abfluß 0,84 von 1890/98, 1,13 von 1899/1908; entsprechend beim Don (Kalatsch) 0,76 von 1903/12, 1,25 von 1915/22. Ferner seien Abflußhöhen der Weser in vier aufeinanderfolgenden 5-Jahresperioden (Lustren) genannt: es sind 1896/1900 jährlich 257 mm (—3%), 1901/05 jährlich 277 mm (+5%), 1906/10 jährlich 273 mm (+4%), 1911/15 jährlich 249 mm (—6%) abgeflossen (Abweichungen vom Gesamtmittel 264 mm, gültig für das Gesamtgebiet 37905 km²).

In den „Jahrbüchern für die Gewässerkunde des Deutschen Reiches" ist für jeden Fluß die bisher beobachtete Höchstabflußspende *mit Datum* angegeben. Trägt man diese Werte in ein Koordinatensystem (Abszisse = Zeitlage, Ordinate = HHq) ein, das die Zeit seit 1799 umfaßt, so bekommt man zunächst den Eindruck, daß extreme Hochwässer in der ersten Hälfte des betrachteten Zeitraums (bis 1882) weniger häufig und nicht so heftig aufgetreten sind wie in der späteren Zeit. Doch dürfte dieser Schluß wohl zu weit gehen. In dem neueren Zeitabschnitt ist man eben auf jene Erscheinung erst richtig aufmerksam geworden, hat angefangen, sie messend zu verfolgen und hat dadurch erst die Grund-

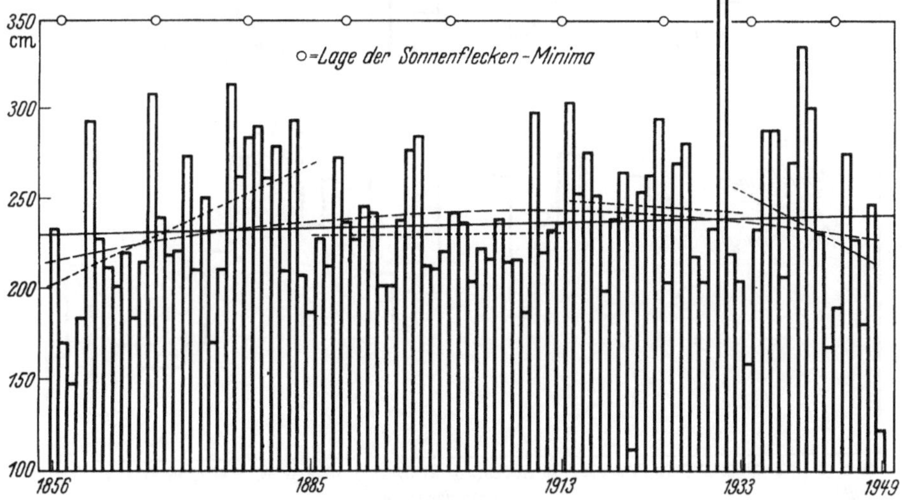

Abb. 150. Jahresmittel der Wasserstände des Rheins bei Kaub (1856 bis 1949). Nach FRIEDRICH.

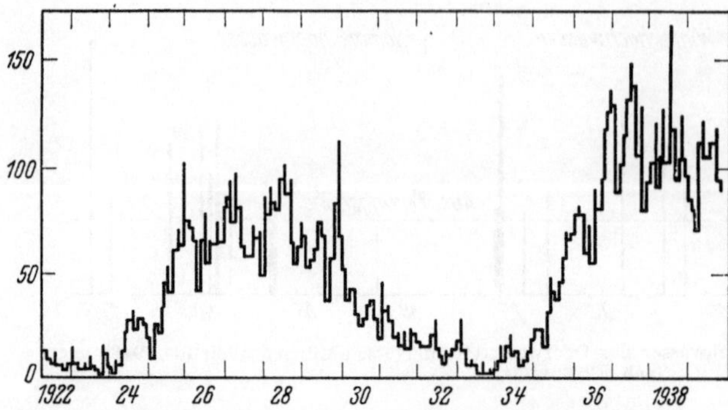

Abb. 151. Sonnenfleckenrelativzahlen März 1922 bis Oktober 1939.

lagen für eine genügende Darstellung gewonnen. In der Seite 233 zitierten Untersuchung der Wasserführung des Rheins bei Kaub, wo eine Felsenstrecke (mit nur unbedeutenden Bettänderungen) erhöhte Sicherheit der Messung bietet, ist nachgewiesen, daß für den Zeitraum 1856/1949 im ganzen gesehen keine erhebliche Änderung der mittleren und der Hochwasserführung eingetreten ist. — Auffallend bleibt, daß manche Jahre überhaupt ohne deutliche Hochwassererscheinungen bleiben; dazu zählen die Jahre 1921, 1929 und 1934, die als Trockenjahre bekannt sind. Man könnte daraus für Dürrejahre auf das Ausbleiben stärkerer Hochwasserwellen schließen. Aber auch hier fehlt es nicht an Gegenbeispielen: das Abflußjahr 1911 weist trotz seines bekannt trockenen Charakters mehrere Spitzenwerte in den größten Abflußspenden auf! So erkennen wir auch in der Zusammenfassung größerer Räume für ganze Jahre noch die *Launen der Witterung*, die uns zu unvorhergesehener Zeit und an unvorhergesehenem Ort mit Hochwässern bedenkt.

Besser noch als die Zusammenstellung von Einzelwerten zeigt uns die graphische Darstellung das Verhalten der Hochwässer, wenn wir einzelne Gebiete in den letzten Jahrzehnten betrachten. FRIEDRICH (2) gibt (Abb. 149) eine Dar-

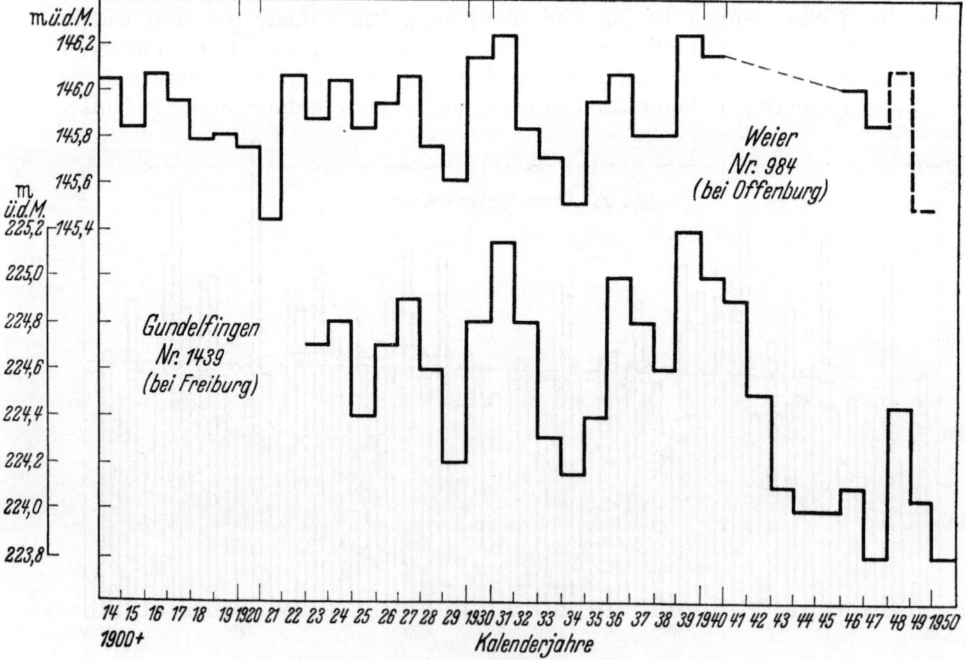

Abb. 152. Ganglinie des Grundwasserstandes an zwei Stationen der Oberrheinebene in 4 Jahrzehnten.

stellung für die Oberweser von 1901/46: In den Jahren um 1915 und wiederum um 1930 sind die Hochwässer selten, aber von einer regelmäßigen Wiederkehr oder Änderung der Intensität kann keine Rede sein.

Eine wasserarme Periode, die LIPPERT schon für die Oder von 1850/75 nachgewiesen hatte, findet sich auch in der Untersuchung von SCHROEDER-LANGE-FRIEDRICH (Bem. 1c, S. 310) über den Rhein bei Kaub 1856—1949 und von SCHNELL (Düsseldorf) über den Rhein bei Andernach 1819—1950. Aber für das Verhalten von Jahresgruppen gilt (Abb. 150): wohl nehmen die Wasserstände beim linearen Ausgleich in einzelnen Zeiträumen ab oder zu, aber im ganzen genommen ist *keine Gesetzmäßigkeit* zu erkennen. Auch die Sonnenfleckenperiode (die Minima sind in der Abbildung eingezeichnet) kommt in der Wasserführung nicht zum Ausdruck. Dies ist nicht verwunderlich; schon die Einzelverteilung im Lauf *einer* Periode (Abb. 151) zeigt, daß man von den Sonnenfleckenrelativzahlen kaum eine Aufklärung erwarten kann; denn die Maxima erstrecken sich in gleicher Höhe auf ungefähr 4 Jahre. Von *klaren* Extremen kann also nicht die Rede sein. — Eine neuere Forschungsrichtung sucht den Einfluß der Sonne nicht mit den Änderungen der Solarkonstante oder der Fleckenzahl in Verbindung zu bringen, sondern mit der *exzessiven UV-Strahlung* und ihrer Wirkung auf die Erdatmosphäre; aber die Frage des Einflusses dieser kurzwelligen Strahlung auf die Wetterentwicklung und weiterhin auf Niederschlag und Abfluß ist noch weithin ungeklärt.

Abb. 152 zeigt den Gang des Grundwassers an zwei Stationen der Oberrheinebene. *Weier* (bei Offenburg) ist von der nicht sehr weit entfernten Kinzig mitbeeinflußt, während *Gundelfingen* (bei Freiburg), fern von größeren Wasserläufen liegend, dem Gang des Niederschlags, aber mit Verzögerung, folgt. An letzterer Station zeigt sich,

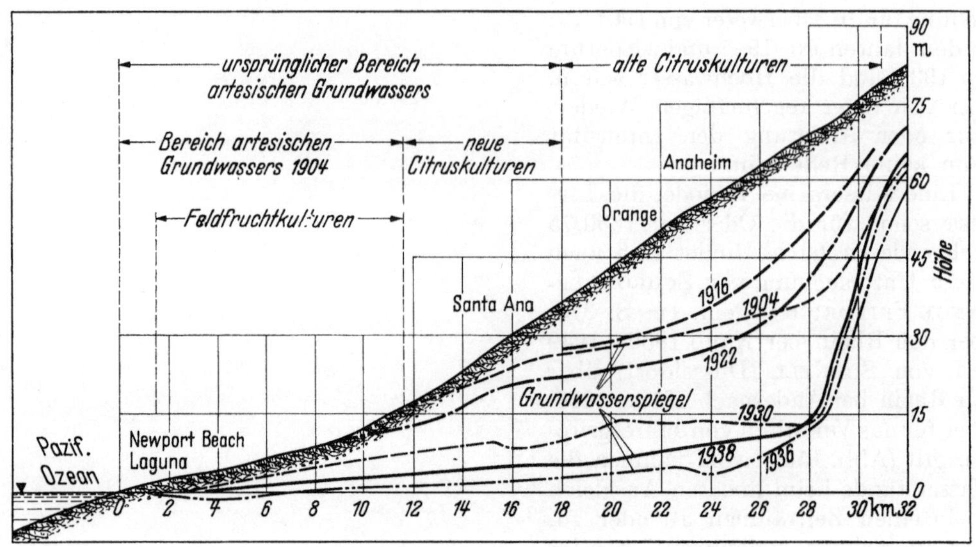

Abb. 154. Das Absinken des Grundwasserspiegels in Südkalifornien. Nach MARQUARDT. 1916, 1922, 1938: Jahre mit Überschwemmungen. 1895 bis 1904: Trockenperiode.

bis zur Gegenwart fortgeführt, der tiefste Grundwasserstand in den Kalenderjahren 1947 und 1950, weil die Trockenheit von 1949 noch einen großen Teil des Folgejahres weiterwirkte. Aber 1951 (in der Abb. nicht mehr dargestellt) stieg der Stand im Mittel um 0,9 m gegenüber 1950. Die Erhöhung der Grundwasserstände, in Mitteleuropa seit dem genannten Zeitpunkt vermutlich allgemein, hat auch die Dürreperiode des Sommers 1952 überdauert.

Als weiteres Beispiel geben wir in Abb. 153 die langjährigen Grundwasserschwankungen in der Nähe der Elbe bei Röderau und das Beispiel eines Tiefbrunnens in Herrnhut (Sachsen) nach GRAHMANN. Brunnen mit tief liegendem Spiegel zeigen im allgemeinen geringere Schwankungen und reagieren viel langsamer als die Oberflächenbrunnen. Naßjahre (um 1926/27 und 1940/41) sowie Trockenjahre (um 1929/30 und 1934/35) heben sich auch hier heraus, aber eine pesiodische Wiederkehr oder eine einseitige Änderung ist nicht erkennbar. — Die *durchschnittlichen* Schwankungen *innerhalb* des Jahres, als Wellenlinie mit eingezeichnet, geben ein klares Bild der Zeiten des Überschusses und des Abmangels, die neben den Schwankungen von Jahr zu Jahr einhergehen.

Als letztes Beispiel ist in Abb. 154 das Absinken des Grundwasserspiegels in Südkalifornien von etwa 1900 ab dargestellt. Direkt vergleichbar mit deutschen Stationen sind diese Beobachtungen, die einem weit entfernten subtropischen Klima entnommen sind, natürlich nicht. Aber auch sie zeigen neben einem allgemeinen Absinken unregelmäßige Wiederanstiege. Die fortschreitende Austrocknung kann neben klimatischen Einflüssen auch durch fortschreitende Kultivierung und Raubbau an den Wasservorräten bedingt sein. Vermutlich ist an dem Rückgang der Vorräte auch ein Vorrücken des subtropischen Hochs (wie in Europa des Azorenhochs) beteiligt; aber eindeutige Schlüsse können nicht gezogen werden. Vgl. dazu auch H. SCHNEIDER (Bem. 7, S. 310, Bd. 41, 1951/52).

Für die klimatisch bedingten Änderungen ist hier eine ausführliche Darstellung gegeben, weil über die Grundlagen und Voraussetzungen einer Prognose vielfach falsche Meinungen verbreitet sind. So wünschenswert eine solche Vorhersage wäre — sie läßt sich weder auf Grund der Statistik noch mit Hilfe von Periodenrechnung geben! Die *klimatischen Schwankungen* zählen zu den *unregelmäßigen* Erscheinungen, wenn auch die Rückkehr zum Mittel im Verlauf einiger Jahre, höchstenfalls Jahrzehnte im Bereich der Wahrscheinlichkeit liegt. Auch der Gang der meteorologischen Elemente und die astronomisch bedingten Perioden zeigen keinen deutlich faßbaren Einfluß auf den Stand der Gewässer. Die Sonnenfleckenperiode — die einzige, die einen festen Rhythmus zeigt — macht sich schon im Verlauf der klimatischen Elemente (Temperatur, Niederschlag usw.) nur undeutlich und in verschiedenen Gegenden der Erde in entgegengesetzter Weise bemerkbar; es ist daher von vornherein zu erwarten, daß ihre Wirkung auf die Gewässer noch weniger feststellbar ist, da deren Gang noch von weiteren Faktoren bedingt wird.

J. Die regelmäßigen Schwankungen und die mittlere Wasserführung.

I. Die regelmäßigen Schwankungen.

1. Die jährlichen Perioden.

Im vorigen Abschnitt wurde gezeigt, daß die Wasserführung, soweit sie statistisch erfaßt werden kann, über die Jahreszeiten hinaus *keine* regelmäßigen Schwankungen aufweist. Dagegen ist die jährliche Periode, als Durchschnitt ermittelt, eine der grundlegenden Erscheinungen bei allen Gewässern. Wie sich die Jahresperiode aus dem Gang des Einzeljahres herausschält, möge Abb. 155 zeigen.

Das hier herausgegriffene Flüßchen (Alb im Südschwarzwald) und das Einzeljahr stellt nicht etwa einen Sonderfall dar, sondern ein Bild, das wir in gewisser Abwandlung an jedem Gewässer wiederfinden. Allerdings gestaltet es sich bei

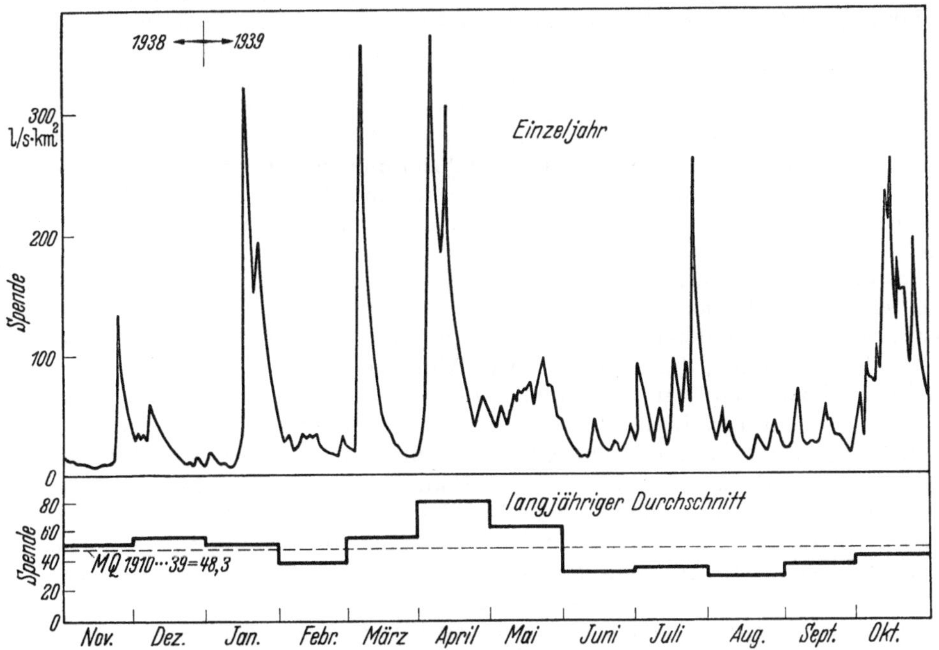

Abb. 155. Abflußspenden der Menzenschwander Alb (südlicher Schwarzwald; 25,2 km²) in einem Einzeljahr (1938/39) nach Tagesmitteln und langjährigen Monatsmitteln (1910 bis 1939).

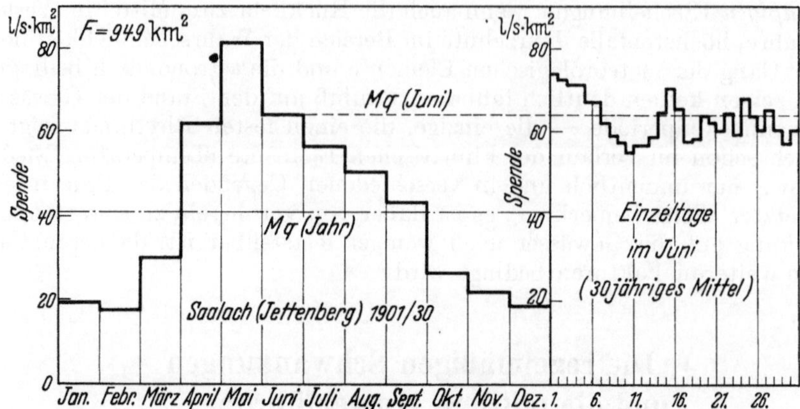

Abb. 156. Wasserführung der Saalach (Nebenfluß der Salzach, 949 km²) in langjährigen Monatsmitteln (1901 bis 1930) und für *einen* Monat in langjährigen Tagesmitteln. Nach OEXLE.

größeren Einzugsgebieten im allgemeinen ruhiger; vgl. Abb. 139 (40 km²) und Abb. 40 (26461 km²). Auch die langjährigen Monatsmittel sind dort gegenseitig mehr ausgeglichen (Abb. 156, 158). Der Gang im Einzeljahr setzt sich in Abb. 155 aus unregelmäßigen Steilanstiegen und Abfällen zusammen. Dagegen kommt im langjährigen Durchschnitt eine gewisse Regelmäßigkeit heraus, hier mit einem Hauptmaximum im April (Schneeschmelze sowie größere Abflußbereitschaft infolge Durchfeuchtung zu Ende des Winters) und einem Hauptminimum im August (starke Verdunstung); daneben findet sich ein sekundäres Maximum im Dezember (Übergreifen der ozeanischen Winterregen) und ein sekundäres Minimum im Februar (Gefrörnis); die Stärke der Schwankung wird durch die Mittelbildung über die Monate wesentlich abgeschwächt. Durch den Jahresgang ist so eine Hauptperiode und eine Nebenperiode definiert, die — unabhängig von den hier angegebenen Ursachen — mathematisch nach Länge, zeitlicher Lage und Schwingungsweite weiterverfolgt und nach den Methoden der harmonischen Analyse in weitere Einzelperioden aufgelöst werden *könnte.* Man darf aber nicht erwarten, daß die hier statistisch gefundenen Perioden bei Betrachtung einer anderen Jahresreihe genau gleich liegen und die gleiche Amplitude haben; immerhin sind die Abweichungen *verhältnismäßig* gering, und um so geringer, je länger die Vergleichszeiträume gewählt werden.

Aber auch das langjährige *Monats*mittel kommt nicht so einfach zustande, als es zunächst scheinen möchte. OEXLE hat bei der Saalach (bayerische Alpen) außer den Monatsmitteln für jeden einzelnen *Tag* des Jahres das Mittel aus 30 Jahren gebildet; das Ergebnis ist in Abb. 156 für einen beliebig herausgegriffenen Monat (den Juni) mit dem Jahresgang zusammen wiedergegeben. Der Gang *innerhalb* des Juni ist, wie der aller anderen Monate, selbst von zahlreichen Unregelmäßigkeiten durchzogen; es scheinen sich hier die *Singularitäten* der Witterung (z. B. für den Juni die „Schafkälte") um die Mitte dieses Monats in ähnlicher Weise abzuzeichnen wie bei den meteorologischen Elementen. Beim Jahresgang zeigt die Saalach, nach Monatsmitteln beurteilt, eine einfache Periode mit Maximum im Mai (Schneeschmelze, erhöhte Abflußbereitschaft) und einem Minimum im Februar (Gefrörnis). Die beiden Beispiele der Menzenschwander Alb und der Saalach sind insofern typisch für einen *verschiedenen* Jahresgang der Gewässer, als das erste eine Hauptperiode und eine Nebenperiode zeigt, während bei dem zweiten etwaige Nebenperioden verdeckt sind.

Die Monatsmittel ergeben einen Ausgleich für den jährlichen Gang, aber das hieraus entspringende Bild ist, wie schon erwähnt, in den *einzelnen Jahren* noch recht verschieden. Abb. 157 zeigt den jährlichen Gang des Abflusses im Main für Einzeljahre und im langjährigen Mittel: man erkennt, daß der Frühjahrsgipfel des Langmittels aus mehreren Anstiegen zustande kommt, die in den Einzeljahren ganz verschieden verlaufen. — Selbst in aufeinanderfolgenden 15jährigen Mittelwerten zeigen sich noch erhebliche Unterschiede, wie am Jahresgang der Wasserstände an der Weser zu sehen ist (Abb. 158). Der Durchschnittsgang der Jahre 1916/30 fällt ganz aus dem Rahmen, eine Folge der Hochwässer um die Jahreswende, die sich gerade in diesem Zeitraum besonders bemerklich machten.

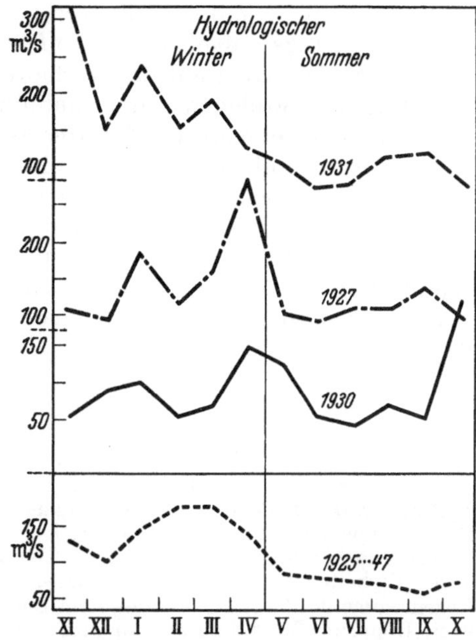

Abb. 157. Jährlicher Gang des Abflusses am Mainpegel Schweinfurt in Einzeljahren und im langjährigen Mittel. Nach FRIEDRICH.

Von der „*Dauerkurve*" für 1 Jahr und für längere Zeiträume war schon auf S. 192 die Rede. — Einen Kompromiß zwischen dem tatsächlichen Gang und der Dauerkurve stellt die „Regelganglinie" nach DACHLER dar.

2. Die Abflußtypen.

a) Die Flußhaushalte (Regime). Von den Jahresschwankungen abgesehen, erweist es sich als störend, daß auch die **mittlere** Spende von Ort zu Ort stark wechselt. Die *absoluten* Abweichungen der Extreme vom Mittelwert bei einem wasserreichen Fluß (mit hoher Spende) sind in der Regel größer als bei einem wasserarmen Fluß. Geht man dagegen bei beiden Flüssen von der Mittelspende Mq aus, so sind die *relativen* Schwankungen beim wasserarmen Fluß meist größer, weil sie zu einem niedrigeren Grundwert in Beziehung gesetzt werden. Aber gerade dieses *Verhältnis* will man bei der Untersuchung der Regelmäßigkeit erfassen, während die Schwankung des *Mittelwerts* von Fluß zu Fluß eine Aufgabe für sich ist und auch hier in dem besonderen Abschnitt J II (S. 253) besprochen wird. Es empfiehlt sich also, nach dem Vorgang von PARDÉ das Mq jeden Flusses zunächst gleich 1 zu setzen und dann das Verhältnis der Monatswasserführungen zum Mq zu bilden. Dadurch erhält man eine Grundlage, auf der die Schwankungen unabhängig

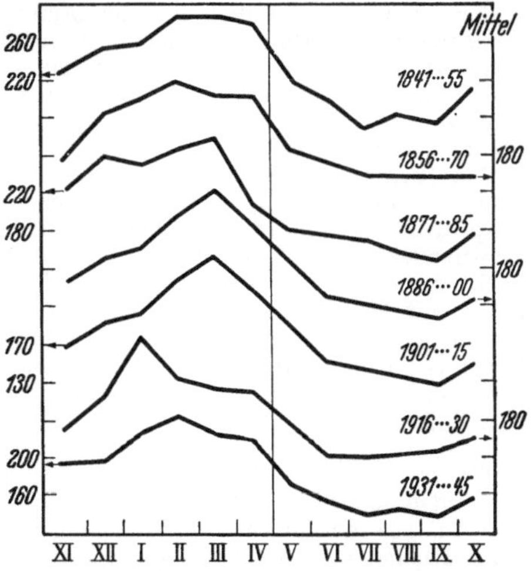

Abb. 158. Jährlicher Gang der Wasserstände der Weser (Hannoversch-Münden, cm). Aufeinanderfolgende 15jährige Mittelwerte. Nach FRIEDRICH.

vom absoluten Wert miteinander verglichen werden können; auf ihr ist die Tab. 5 des Anhangs aufgebaut, die auf S. 244ff. besprochen wird.

Ehe wir zahlenmäßig auf das Verhalten der Flüsse auf Grund von Monatsmitteln eingehen, wollen wir die Einteilung kennenlernen, die Pardé (2) auf Grund solcher Überlegungen für die Regime (Flußhaushalte) gegeben hat. Er unterscheidet einfache Regime (mit nur einem Maximum und Minimum); Regime, bei denen mehrere Grundursachen zusammenwirken (also mit mehreren Extremen); endlich Regime, bei denen die Ursachen längs des Flußlaufs wechseln und ineinander eingreifen. Die in Stichworten gegebene Erklärung zur Einteilung Pardés stammt teilweise vom Verfasser. Regime und Abflußtypen sind nah verwandte Begriffe: „Regime“ betrachtet mehr die Ursachen, „Abflußtyp“ mehr die Wirkungen.

Die Regime nach Pardé.

Einfache Regime:

Gletscherregime mit Maximum im Juli/August (Gletscherschmelze) und Minimum im Februar (Gefrörnis). Sehr große Schwankungen. Beispiele aus den Gletschergebieten der Hochgebirge und der Polargegenden. Genaue Unterlagen aus der Schweiz.

Regenregime der ozeanischen Gebiete. Maximum im Februar (Winterregen). Minimum im August (Erschöpfung der Vorräte, hohe Temperatur). Dies nach dem Beispiel der Seine; ähnliches Verhalten bei Saône und Themse.

Regenregime der Tropen. Maxima dem Sonnenstand folgend, Minima dazwischen eingebettet. Doppeltes Maximum am Äquator; das eine von ihnen nach Norden bzw. Süden abklingend. Beispiele: Kongo (2 Maxima); Amazonas (im Unterlauf nur noch das Südmaximum); Ganges, Irawadi, Parana (Monsunflüsse) mit Sommermaximum.

Schneeregime.

Im Gebirge: Rhein oberhalb Bodensee hat Maximum im Juni (viel Schnee, wenig Gletscher), Minimum im Februar (Gefrörnis). Ähnliches Verhalten bei Romanche, Inn, Fraser (Nordamerika).

In der Ebene: Dnjepr hat Maximum im Mai (erhöhte Abflußbereitschaft, Schneeschmelze durch kontinentale Lage verzögert), Minimum im Kernwinter (Gefrörnis). Ähnlich bei Wolga, Dwina usw.

Zusammengesetzte Regime mit mehreren Grundursachen:

Regen-Schnee-Regime in Ozeannähe: Der Doubs hat Maximum im März (Schnee und erhöhte Abflußbereitschaft), aber auch im Dezember (ozeanische Winterregen). Ähnlich Ain, Mosel.

Regen-Schnee-Regime des Mittelmeerklimas: Die Secchia (Apennin) hat Maximum im April und im Winter (ähnlich wie bei Doubs), aber Sommerminimum durch mediterrane Trockenheit betont. Ähnlich Ardèche, Arno, Tiber.

Schnee-Regen-Regime der Pyrenäen: Die Gave d'Aspe bei Bidos hat Maximum im Mai (Schmelze) und im November (Winterregen), Minimum im Sommer durch Regenmangel, im Hochwinter durch Frost betont.

Übergangs-Schneeregime: Drac, oberer Tessin zeigen Maximum im Juni sowie im November (Schmelze bzw. Winterregen).

Größere Flüsse im Regen-Schnee-Regime: Lot und Dordogne haben ein Maximum im März/April, ein zweites im Dezember (Gründe wie bei den vorhergehenden Flüssen).

Kontinentaltyp in Mitteleuropa und den Appalachen: Bei der Glatzer Neiße, der Oder bei Pollenzig, dem Susquehanna in USA finden wir das Maximum im März/April, das Minimum auf Herbst verschoben. Gründe: Wegfall des Winterregenmaximums, Einfluß des kontinentalen Regenmaximums im Sommer.

Regen-Schnee-Typ des oberen Mississippi. Es zeigen sich zwei benachbarte Maxima: April (Schmelze, erhöhte Abflußbereitschaft, westliche Zuflüsse) und Juni (Sommerregen, östliche Zuflüsse).

Längs des Flußlaufs wechselnde und ineinandergreifende Regime:

Sie sind besonders wichtig, weil sie in erster Linie die ganz großen Gebiete betreffen. Genaue Analyse nur im Einzelfall, nicht generell möglich. Beispiel: Po, Rhein, Garonne, Missouri, Rhone, Donau, Mississippi (Unterlauf), Nil, Niger.

Die Beispiele könnten beliebig vermehrt werden, es sind aber nur solche Flüsse genannt, bei denen statistische Unterlagen für die Einreihung in diesen oder jenen Typ existieren. Man erkennt bei der Einteilung PARDÉs, daß die *Typisierung* beim Eingehen auf Einzelheiten zunehmenden Schwierigkeiten begegnet; sie steigern sich schließlich so, daß neben der geophysikalischen Grundlegung eine *Lokalisierung* der Typen erfolgen muß.

b) Überblick über die Abflußtypen nach Zonen. Man kann auch einen *räumlichen Überblick über die Abflußtypen* auf Grund der großen *klimatischen Zonen* schaffen, wobei als weiteres Moment nur der *Gebirgseinfluß* hinzukommt: Heiße Zone, subtropischer Trockengürtel mit seinen Unterbrechungen durch die Monsungebiete, gemäßigte Zone, Polarzone. Aus dem Sonnenstand folgt schon das doppelte Maximum der Wasserführung am Äquator im Anschluß an die Äquinoktien; das Frühjahrsmaximum wird gegen den Nordrand der Tropenzone allmählich zu einem Sommermaximum, während das Herbstmaximum abklingt und verschwindet. Umgekehrt wird das in unseren Herbst fallende Maximum allmählich zum Sommermaximum der Südhalbkugel im Dezember, unter gleichzeitigem Verschwinden des Frühjahrsmaximums. — In den folgenden subtropischen Hochdruckgürteln ist das Hauptmerkmal der Flüsse die niedrige Abflußspende, die sich in den Westteilen der Festländer vielfach zur Abflußlosigkeit steigert. Aber in den Ostteilen der Kontinente wird der Trockengürtel von den Monsunen durchbrochen bzw. eine Brücke zur folgenden Westwindzone hergestellt. Die Erhitzung über den Festlandmassen ist hier so stark, daß im Sommer feucht-warme Luftmassen von der Äquatorseite angesaugt werden, die zur Zeit des höchsten Sonnenstandes ausgiebige Regen und einen Hochstand der Flüsse zur Folge haben. Der *Gebirgseinfluß* ist in diesem Fall von dem allgemein-klimatischen Einfluß schwer zu trennen, da die Monsunregen in den Gebirgen besonders heftig auftreten (indische und chinesische Flüsse!). Besonders lehrreich ist das Verhalten des Nil. Betrachten wir den Weißen Nil als Quellfluß, so wäre diesem nach dem Eindringen in den Trockengürtel wahrscheinlich das Schicksal seines Nachbarn Schari beschieden (der sich in einem Endsee verläuft), wenn er nicht durch Sobat, Blauen Nil und Atbara die starken Sommerfluten des abessinischen Hochlandes empfangen würde. Diese verleihen ihm die jährliche spätsommerliche Anschwellung, sind aber nicht imstande, die Jahresspende über ein sehr bescheidenes Maß (etwa 1) hinauszuheben. — Die *Mittelmeerflüsse* gehören in ihrem sommerlichen Verhalten auch noch zum Trockengürtel; aber im Winter weicht das subtropische Hoch gegen den Äquator hin zurück und läßt die feuchte Zone der Westwinde eine vorübergehende Herrschaft in diesem Gebiete antreten (Winterregen der ozeanischen Gebiete Westeuropas). Die Sommertrockenheit kommt in einem betonten Minimum der mediterranen Flüsse zum Ausdruck, das schon bei den südlichen Zuflüssen des Po ein zeitweises Versiegen bedeutet. — Im *Westwindgürtel*, wo der Regen jahreszeitlich relativ gleichmäßig verteilt ist, verhindern die relativ kühlen Sommer beim maritim-pluvialen Typ, die sommerliche Steigerung des Niederschlags beim kontinentalen Typ ein zu starkes Abfallen der Wasserführung im Sommer. Jedoch vermag die Niederschlagssteigerung in der warmen Jahreszeit das Sinken des Wasserstandes nur vorübergehend aufzuhalten, nicht ins Gegenteil zu verkehren. Nur in Einzelerscheinungen, z. B. den Hochwässern des östlichen Mitteleuropas, kann es zu einer nachhaltigen Stärkung des Sommerabflusses kommen, die in Ausnahmefällen (Sommer 1931!) den Abfluß in den deutschen Gewässern auf die gleiche Höhe bringt wie im Winter. Ein ähnlicher Fall tritt regelmäßig in den Alpen und ihrem Vorland ein: hier wird die erhöhte Verdunstung im Sommer durch den Einfluß des Gebirges, das als „Wetterfang“ und Kondensator wirkt, mehr als ausgeglichen. Dies läßt sich an Iller, Lech und Isar erkennen, wo die Gletscherschmelze nur ganz minimale Beiträge liefert (vgl. S. 271). Sogar der im Vorland liegende Starnberger See (in seinem Abfluß Würm) zeigt winters und sommers fast den gleichen Stand. — In manchen Jahren (1911, 1921, 1934, 1947, 1949) dringt aber das subtropische Hoch sommers bis über die Alpen vor und verpflanzt dadurch die mediterrane Sommertrockenheit mehrere Breitengrade weiter nach Norden. — Begeben wir uns von der Westwindzone aus in noch höhere Breiten, so treffen wir auf den *polaren Typ* der Flußgebiete. In seiner maritimen Abart (Skandinavien) zeigt er gegenüber dem mitteleuropäischen eine immer größere Dauer der Schneedecke, die im allgemeinen vor dem Frühjahr nicht mehr abschmilzt; eine ähnliche Intensivierung des Winters finden wir, wenn wir nach *Osten* gehen, doch liegt der Schwerpunkt hier mehr auf den tiefen Kältegraden als im Auftreten starker Schneedecken. Der Effekt für die Flüsse ist in beiden Fällen ein Tiefstand im Winter, dessen Extrem meist im Februar erreicht wird. Die Schneeschmelze und das Auftauen der Flüsse kann sich, wenn wir weit nach Nordosten gehen, bis in den Mai verzögern; der Eintritt der Hauptschmelze bringt den für die russischen und sibirischen Flüsse charakteristischen spitzen Anstieg der Wasserführung im Frühjahr. — Über sämtliche hier genannte Flußtypen und in allen Zonen lagert sich der *Gebirgseinfluß*. Da die Temperatur mit der Erhebung um 100 m und mit der Annäherung an den Pol um 1 Breitengrad — durchschnittlich und roh gesprochen — je um $^1/_2$ ° C abnimmt, kann man die Temperaturverhältnisse bei einem 1000 m aufragenden Gebirge z. B. so entstanden denken, daß man sich in Meereshöhe um 10 Breitengrade gegen den Pol hin bewegt. Bei genügender Höhe des Gebirges werden also polare Zustände in niedrige Breiten verpflanzt (dies gilt für gewisse Betrachtungen *hydrographischer* Art; für *morphologische* Folgerungen ergibt sich nach TROLL eine Differenzierung!). Dazu kommt die niederschlagssteigernde Wirkung der Gebirge. Es ist also der polar-nivale Flußtyp — nur in selteneren Fällen der polar-kontinentale Flußtyp —, den wir in den Gebirgen hauptsächlich zu erwarten haben. In den Hochalpen treten schon leicht kontinentale Züge auf.

c) Die Abflußtypen nach Schwankungsgruppen (vgl. Tab. 5). Suchen wir nun die Abflußtypen, die wir bisher nur qualitativ betrachteten, mit Hilfe der von PARDÉ gegebenen Grundlagen auch zahlenmäßig zu erfassen! In der Tab. 5 des Anhangs ist für eine Reihe von Flüssen die Monatswasserführung ins Verhältnis zur Jahreswasserführung, die gleich 1 angenommen wird, gesetzt; bei einigen Flüssen, wo nur die Wasserstände bekannt sind, sind die Abweichungen vom mittleren Jahresstand angegeben.

Gruppe I gibt in der Themse ein Beispiel, wo das im Januar liegende Maximum von den ozeanischen Winterregen bestimmt wird. Als Seitenstück steht in dieser Gruppe der Arno. Auch bei diesem tritt der Winteranstieg, der eine Eigenschaft der mediterranen Flüsse ist, als Folge der Winterregen noch auf, aber es ist nur mehr ein sekundäres Maximum; stärker ist das Maximum des März, das vom Gebirgseinfluß zusammen mit der Schneeschmelze herrührt. Daneben tritt der sommerliche Regenmangel mit einem tiefen Minimum im August hervor. Wir erkennen beim Arno, wie sich die heterogenen Einflüsse der Klimazone und des Gebirges überlagern, während die Themse noch einen reinen Typus darstellte.

Gruppe II zeigt, wie sich der Einfluß der Schneeschmelze, mit der zeitlich auch größere Abflußbereitschaft für neuen Regen verbunden ist, gegen Norden und gegen das Innere des Kontinents hin auf einen immer späteren Zeitpunkt verlagert. Die Roer (Nebenfluß der Maas) verhält sich noch ähnlich wie die Themse, bei der Oder fällt das Maximum erst auf den März, bei der Weichsel auf den April, beim Wolchow auf den Mai und beim Ob gar erst auf den Juni. Dies alles ist als Abflußverzögerung aufzufassen, die mit der Gefrörnis zusammenhängt und sich beim Übergang vom maritimen zum kontinentalen Klima in steigendem Maße bemerklich macht. Nebenher gehen andere Eigentümlichkeiten: Die Oder erhält durch die früher besprochenen Hochwässer in Ost-Mitteleuropa ein sekundäres Maximum im September. Wenn bei der Weichsel ein solches im *November* auftritt, so ist dies nicht als selbständige Erscheinung, sondern als eine Unterbrechung des normalen Anstiegs vom Herbst zum Frühjahr durch die Gefrörnis anzusprechen; während im maritimen Klima vorwiegend die *Maxima* das Bild des jährlichen Ganges bestimmen, sind es von der Weichsel ab in zunehmendem Maße die *Minima*. Beim Wolchow erkennen wir im ständigen Rückgang bis zum März die wachsende Wirkung der Gefrörnis, dem im April/Mai ein sehr steiler Anstieg folgt; dieselbe Erscheinung wiederholt sich dann beim Ob, nur um einen weiteren Monat verspätet.

Gruppe III. Während in der vorigen Gruppe durch passende Wahl der Flußgebiete der Einfluß der Gebirge nach Möglichkeit ausgeschaltet wurde, enthält Gruppe III gerade solche Gebiete, die die steigende *Wirkung der Meereshöhe* veranschaulichen sollen. Die Donau (bei Berg, oberhalb Ulm, also vor dem Eintreffen der Alpenzuflüsse) hat ihr Maximum, durch bekannte Einflüsse bedingt, im *März*; aber bei der Argen, der Iller, dem Rhein oberhalb des Bodensees, der Rhone (kurz nach Verlassen des Rhonegletschers) verschiebt sich das Maximum schrittweise bis in den Juli, wobei schließlich die Schneeschmelze in die Gletscherschmelze übergeht. Auf Grund der wachsenden Meereserhebung und Dauer der Frostperiode, die den Wasserumsatz lahmlegt, muß sich auch das Minimum in den Winter hinein verschieben. Während Donau und Argen mit einem sekundären Maximum im Spätherbst sogar noch an den ozeanischen Winterregen teilnehmen, liegt das Minimum von der Iller ab endgültig im Februar, als dem Monat der größten Stagnation des Abflusses.

Gruppe IV soll im Rhein ein bekanntes Beispiel für ein *während des Laufes* sich ausgleichendes Regime geben. Bei Waldshut erkennen wir noch die hochalpinen Einflüsse mit Maximum im Juni (sommerliche Überregnung, Schnee- und Gletscherschmelze), Minimum im Januar (Gefrörnis). Bei Maxau zeigt sich durch die Schwarzwald- und Vogesenzuflüsse ein sekundäres Maximum im Januar an, und bei Köln ist dieses unter Verschiebung auf den Februar zum Hauptmaximum geworden (relative Zunahme der Winterniederschläge!), während das alpine Maximum sich noch als schwacher Wiederanstieg im Juli erhalten hat. Im Oktober ist ein dritter schwacher Anstieg; er entsteht, zusammen mit dem Februar betrachtet, infolge *Spaltung* des winterlichen Anstiegs durch die Gefrörnis.

Gruppe V soll die wechselnden Zustände aufzeigen, die sich bei den deutschen Flüssen unter der Wirkung des Klimas, das selbst ein Übergangsklima ist, und unter dem Einfluß des Gebirges herausbilden. Bei den vier ersten findet sich wieder das bekannte Frühjahrsmaximum und das durch allmähliche Erschöpfung (Verdunstung!) bedingte Septemberminimum. Mulde und Wiese zeigen außerdem ein sekundäres Maximum im Januar (vgl. Rhein Gruppe IV). Eine Sonderstellung hat die Würm (Starnberger See); bei ihr wird, obwohl sie im Vorland liegt, der durch Verdunstung bedingte sommerliche Abfall durch erhöhten Niederschlag kompensiert, wie das in den Nordalpen durchweg der Fall ist; es kommt dadurch sogar ein flaches Maximum im August zustande. Ein Vergleich mit den asiatischen Monsunflüssen legt sich nahe.

Gruppe VI zeigt in der Hauptsache subtropische Flüsse der Monsungruppe, deren Maximum normalerweise in den Juli/August fällt. Diesen Gang zeigen Jangtse und Irawadi; beim unteren Nil verspätet sich das Maximum infolge des langen Laufes auf den September. Beim unteren Mississippi kommt durch Schneeschmelze bei den westlichen Zuflüssen, durch die beginnenden Sommerregen bei den östlichen ein kombiniertes Maximum im April zustande, das sich im Oberlauf in zwei getrennte, aber nahe beieinanderliegende Maxima auflöst. Der Niagara bietet ein Beispiel außergewöhnlicher Ausgeglichenheit, die natürlich in erster Linie den großen Seen zu danken ist. Im Juni bildet sich infolge verschiedener Einflüsse ein schwaches Maximum, im Februar infolge der Gefrörnis ein schwaches Minimum.

Gruppe VII gibt einige tropische Flüsse wieder, von denen nur Wasserstände, keine Wassermengen bekannt sind. Der Niger zeigt — allerdings nur auf Grund *eines* Jahrgangs — ein Septembermaximum, das aus seinem Unterlauf und vom Benue stammt, während Spuren des entsprechenden Maximums im Vorjahr, aus dem Oberlauf des Stromes stammend, sich als flache Welle und um ein halbes Jahr durch den langen Lauf verzögert, im März bemerkbar machen. Der Kongo, dessen Gebiet vom Äquator ungefähr halbiert wird, zeigt, der doppelten Regenzeit entsprechend, auch zwei Maxima im Wasserstand, allerdings sehr verschiedener Größe. Beim Amazonas, dessen Gebiet zum größeren Teil südlich des Äquators liegt, ist das bei den nördlichen Zuflüssen auftretende Maximum unseres Herbstes gar nicht mehr erkennbar, da die Zuflüsse von Süden, vor allem die Madeira, für die Bildung des Maximums im Mai den Ausschlag geben.

Die mittlere Abflußspende *Mq*, die in die Tabelle mit aufgenommen ist, läßt einen Zusammenhang der absoluten Werte mit dem jährlichen Gang nicht erkennen. Das Verhältnis des abflußreichsten Monats zum abflußärmsten zeigt ebenfalls keine Beziehung zur jährlichen Periode. Sehr große Werte dieses Verhältnisses sind weniger durch hohe Maxima als durch tiefe Minima bestimmt, so beim Arno (Sommertrockenheit), bei Ob und Rhone (Gletsch) durch Gefrörnis; wenig ausgeglichen sind auch die Monsunflüsse. Gut ausgeglichen sind, wie bekannt, die Flüsse, bei denen sich mehrere Regime gegenseitig ergänzen (Argen, Rhein, Würm — vom Starnberger See —, Niagara). — In diesem Zusammenhang sei (nach Langbein u. a.) die übersichtliche Darstellung der Monatsabflüsse durch *Säulen innerhalb der Landkarte* erwähnt.

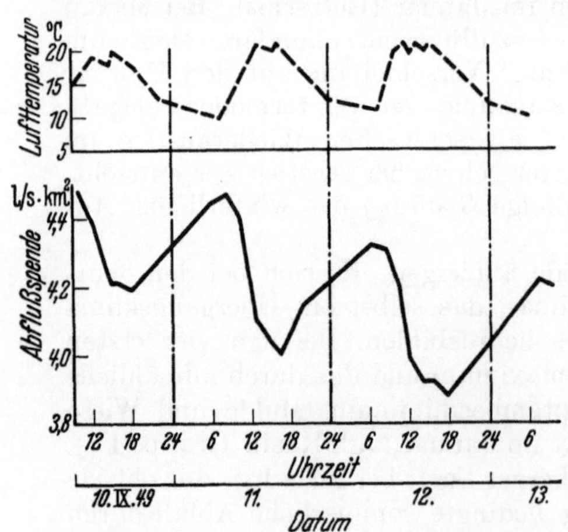

Abb. 159. Einfluß der Verdunstung auf den täglichen Gang des Abflusses (Lange Bramke im Harz). Friedrich nach Wagenhoff und Kiesekamp.

3. Tägliche Perioden.

In USA und neuerdings auch in Deutschland (Friedrich, s. Bem. 7, S. 310, Sonderheft 1951) sind an kleinen Bächen *Tagesperioden* nachgewiesen, die mit der *Verdunstung* zusammenhängen: die Wasserführung läßt bei klarem und warmem Strahlungswetter in den Mittags- und Nachmittagsstunden nach, in den beobachteten Fällen um etwa 10% (Abb. 159). — Umgekehrt zeigen Bäche in den Tropen Wochen hin-

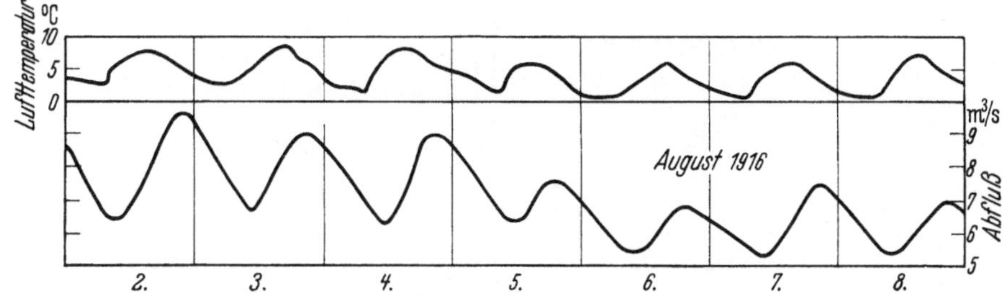

Abb. 160. Tägliche Periode des Abflusses bei der Saaser Visp. Nach LÜTSCHG.

durch markante Anstiege, die mit den *Tagesgewittern* zusammenhängen (vgl. BENDEL). — Im Grundwassergang kann sich der Verlauf des *Luftdrucks* abzeichnen (VAN EIMERN).

Stark ausgeprägte Perioden finden sich ferner bei *Gletscherabflüssen* (Abb. 160). Bei klarem Wetter stellt sich an Sommertagen der Abfluß deutlich nach der Temperatur ein, doch folgt der Wasserstand dem der Temperatur erst mit einigen Stunden Verspätung, so daß das Maximum erst am Abend, das Minimum erst am Vormittag eintritt. Weitere (wachsende) Verspätungen stellen sich im weiteren Lauf ein; sie hängen mit dem Gefäll und der Entfernung vom Gletschertor zusammen. Ähnliche Erscheinungen werden auch im Frühjahr bei der Schneeschmelze beobachtet.

Anders gestaltet sind die regelmäßigen Schwankungen, die am Unterlauf der Flüsse durch die eindringenden Gezeiten im Grundwasser hervorgerufen werden (Abb. 161). Es handelt sich hier nicht um Hin- und Hertransport von Wasser in größeren Mengen, sondern um Druckübertragungen beim Tidehub vom Fluß aus in die Umgebung, bei denen sich eine gewisse Verspätung und Abschwächung erkennen läßt.

Zur Erklärung der täglichen Perioden bei *Ebbe und Flut* und der dabei üblichen Fachausdrücke wird hier die Abb. 162 eingefügt. Man erkennt aus dieser Darstellung, daß Dauer und zeitlicher Eintritt des Flut- und Ebbestromes im allgemeinen *nicht* mit dem Tideniedrigwasser und Tidehochwasser zusammenfallen. Hier sind auch die *Gezeitenrechenmaschinen* zu erwähnen, die eine immer genauere Prognose der künftigen Wasserstände erlauben. — An Erscheinungen, die damit zusammenhängen, sei auf die *Bore* (*Mascaret*, *Pororoca*) hingewiesen. Sie ist eine in trichterförmigen Flußmündungen aufsteigende Flutwelle, die sich infolge der Verengung und Reibung sowie im Kampf mit der Gegenströmung des Flusses dauernd

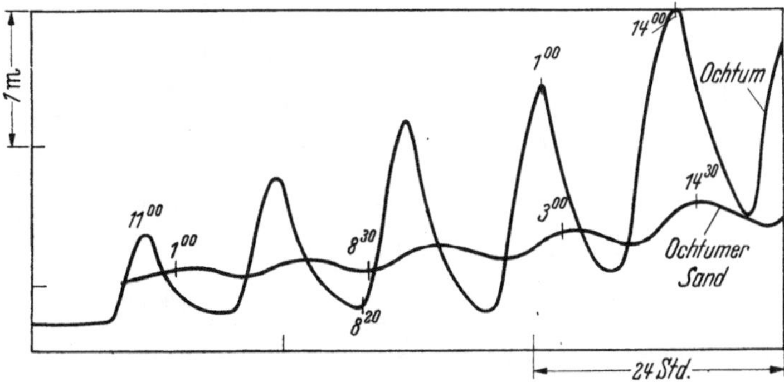

Abb. 161. Tideschwankungen in einem Nebenfluß (Ochtum) der unteren Weser erzeugen im Grundwasser (Ochtumer Sand) abgeschwächte und verzögerte Schwankungen durch Druckübertragung. Nach KOEHNE.

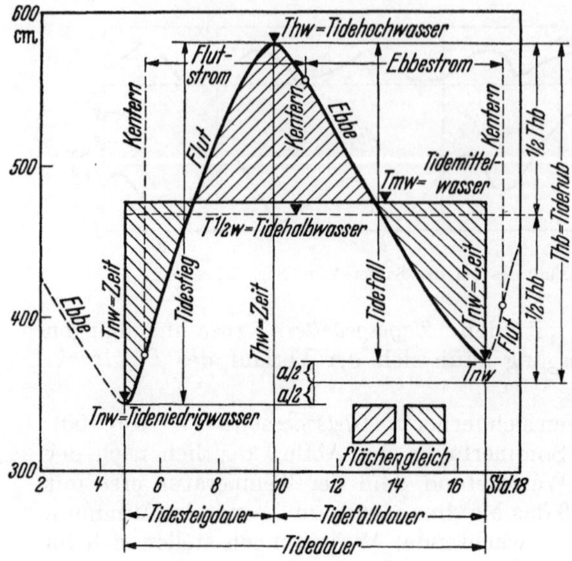

Abb. 162. Tidekurve. Nach Jahrbuch für die Grundwasserkunde des Deutschen Reichs, Abflußjahr 1938, S. 65.

überstürzt, ähnlich wie man dies bei auflaufenden Wellen am Strand beobachtet.

4. Periodische, aperiodische und extreme Schwankungen.

Wir haben bei den Gewässern unregelmäßige Schwankungen und regelmäßige Schwankungen (Perioden) unterschieden. Der Begriff und die Bestimmung solcher Schwankungen bedarf noch einer näheren Erläuterung. Die „periodische Schwankung“ der Temperatur bedeutet in der Meteorologie den Unterschied des höchsten und des niedrigsten Monatsmittels; an manchen Orten in Deutschland beträgt sie z. B. 19°, ermittelt aus der Julitemperatur +18° und der Januartemperatur —1°. Die „extreme Schwankung“, gebildet aus den überhaupt vorgekommenen Höchst- und Tiefsttemperaturen, ist natürlich viel größer und mag an den gleichen Orten in Deutschland etwa 60° (aus +35° und —25°) betragen. In derselben Weise bezeichnet man in der Gewässerkunde als *periodische* Schwankung den Unterschied der abflußreichsten und des abflußärmsten Monats, wobei man sowohl die Mittel der Wasserstände als die der Wasserführungen als Ausgangswerte nehmen kann; entsprechend ist die *extreme* Schwankung die Differenz zwischen *HHW* und *NNW* bzw. *HHQ* und *NNQ*. Die Gewässerkunde hat aber außerdem den Begriff der *aperiodischen* (jährlichen) Schwankung, der in der Meteorologie wenig gebraucht wird: sie be-

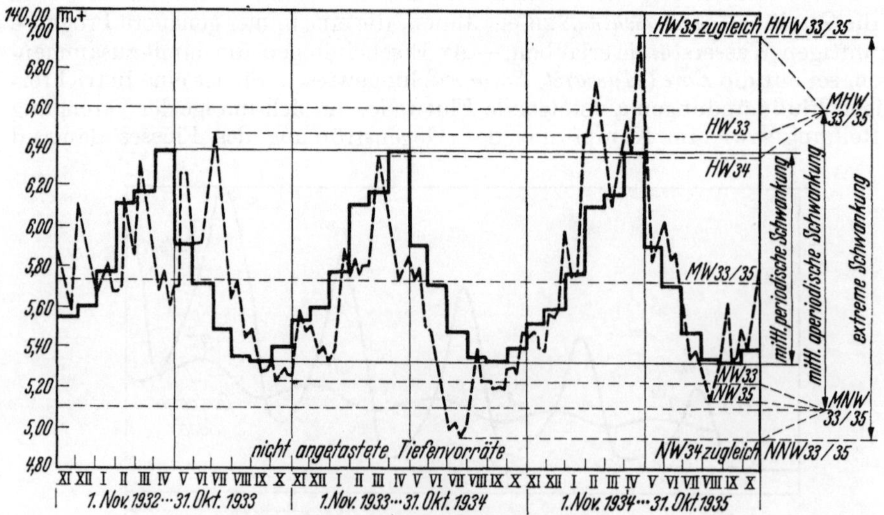

Abb. 163. Periodische, aperiodische und extreme Schwankung, erläutert für einen Dreijahreszeitraum am Grundwasserstand in Weier (bei Offenburg).

zeichnet den Unterschied des *mittleren* Hochwassers *MHW* (*MHQ*) vom *mittleren* Niedrigwasser *MNW* (*MNQ*). Da die zugrunde liegenden Werte in jedem Jahr auf einen anderen Zeitpunkt fallen, heißt die Schwankung aperiodisch; in gewissem Sinn periodisch wird sie nur dadurch, daß es immer Jahresintervalle sind, aus denen die Werte herausgegriffen werden. — Die extreme Schwankung kann auch in etwas verschiedenem Sinn gebraucht werden, je nachdem man die äußersten Tagesmittel oder die Spitzenwerte innerhalb des Tages nimmt; letztere ergeben natürlich eine noch größere Spanne.

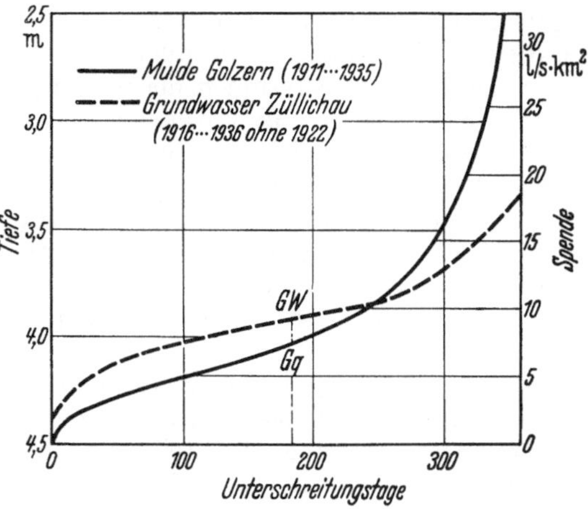

Abb. 164. Dauerlinien eines Flusses (Spenden, l/s km²) und einer Grundwasserwarte (Tiefen unter dem Meßpunkt in m).

Zur Veranschaulichung der Begriffe sind in Abb. 163 drei aufeinanderfolgende Einzeljahre der Grundwasserwarte Weier (bei Offenburg) herausgegriffen; die kleine Zahl 3 ist nur deshalb gewählt, weil man dann die Entstehung der Mittelwerte an der Abbildung selbst sieht. Man erkennt dort vor allem das schrittweise Kleinerwerden der Schwankung, das auf den Definitionen beruht.

Man könnte annehmen, daß die aus zwei Einzelwerten bestimmte extreme Schwankung keinerlei Beziehung zur periodischen Schwankung habe, die ja normalerweise auf einer größeren Zahl von Werten aufgebaut wird. Die Statistik zeigt aber, wenigstens für das Grundwasser, doch ein loses Verhältnis. Wundt (s. Bem. 7, S. 310, 1941) hat für den Zeitraum 1916/35 die periodische und die extreme Schwankung für verschiedene Tiefenstufen des Grundwassers ermittelt und zueinander ins Verhältnis gesetzt (im ganzen 139 Fälle); nimmt man die Fälle, wo die extreme Schwankung nur das 2- bis 5fache der periodischen war, zu einer Einheit zusammen, so umfaßt diese bei den Minima 58%, bei den Maxima 51% aller Fälle. Man kann also aus einer beobachteten mittleren (periodischen) Schwankung mit einiger, allerdings nicht sehr hoher Wahrscheinlichkeit auf den Rahmen der extremen Schwankungen schließen. Ferner zeigte sich: es sind bei *Grundwasserbeobachtungen* die Einzelwerte ziemlich gleichmäßig um den Mittelwert verteilt, während dies für Oberflächengewässer viel weniger zutrifft (Abb. 164). Bei der Mulde (Golzern) weicht die Hochwasserführung viel stärker vom Zentralwert *Gq* ab als die Niedrigwasserführung, während bei der Grundwasserwarte Züllichau das unten liegende Stück durch zweimalige Umklappung (um eine waagrechte und eine senkrechte Achse) mit dem oberen wenigstens annähernd zur Deckung gebracht werden kann. Die Symmetrie bei den Grundwasserdauerlinien ist natürlich kein Zufall: wenn das Grundwasser steigt, wird bald die Oberfläche erreicht, der Überschuß fließt dort ab, und so bleiben für das Steigen und Fallen des Grundwassers ähnliche Bedingungen gewahrt.

Man könnte auch daran denken, die periodischen Schwankungen der Gewässer *mathematisch* zu erfassen. Das Mittel dazu bieten die Fourierschen Reihen, welche erlauben, eine gegebene empirische Kurve in sin-Linien mit einfacher, halbierter, gedrittelter usw. Schwingungsdauer, mit verschiedener Amplitude und Phase aufzulösen. Diese „harmonische Analyse" ist als Verfahren einwandfrei, bringt aber die geophysikalischen Ursachen der Wasserganglinien (allgemeiner: der klimatischen Reihen) nur teilweise zum Ausdruck. Die Grundlage dieser Reihen ist zwar im allgemeinen die Jahresperiode, aber es kommen die unregelmäßigen Rhythmen der Regenverteilung hinzu, vor allem aber die Abflußverzögerung, die in Form der Schneespeicherung und -schmelze sowie in der Grundwasserspeicherung ganz neue Züge hereinbringt. Steigende und fallende Exponentialkurven gehen in die Ganglinien des Wasserstandes ein und können ihnen mit demselben Recht unterlegt werden wie die sin- und cos-Linien. Aber die Synthese in Form genauerer Ansätze von Funktionen auf geophysikalischer Grundlage ist nicht durchführbar, und umgekehrt gibt eine mathematische Analyse der empirischen Kurven keinen Aufschluß über die Ursachen.

Außer für die Singularitäten kann man diese Auffassung auch für die unregelmäßigen *mehrjährigen*, weiterhin auch die dezennaren und die säkularen Schwankungen vertreten. Die Stellungnahme zu diesen Fragen ist in der Wissenschaft stark gegensätzlich (vgl. MARKGRAF). Die eine Seite sieht in den mehr oder weniger unregelmäßigen Rhythmen reine Zufallsprodukte: es ist möglich, aus beliebigen Statistiken, ja aus bunt zusammengewürfelten Reihen Perioden herauszurechnen, die wie die BRÜCKNERsche Periode die Zahl 35 Jahre und die Sonnenfleckenperiode die Zahl 11 Jahre als Grundzahl für die Schwingungsdauer aufweisen. In der Tat kann man beliebige Zahlenreihen nach FOURIER analysieren; die Frage ist nur, ob die vermuteten Perioden auch aus den Zufallsreihen mit einer Amplitude herauskommen, die einigermaßen ins Gewicht fällt. Aber die Gegebenheiten der Witterung rufen jedes Jahr in einem gewissen Zeitrahmen Besonderheiten hervor, die sich dem normalen (sinusförmigen) Gang superponieren; dies kann durch Versuche mit Würfeln oder Schüttelversuche nicht nachgeahmt werden.

Nehmen wir z. B. die Junisingularität der Witterung, die über weite Teile von Europa festgestellt und auch für die Vergangenheit aus alten Chroniken erkennbar ist. Erklärt wird sie durch den Einbruch des Sommermonsuns in Mitteleuropa: Das Meer im Nordwesten bleibt in der sommerlichen Erwärmung gegenüber dem Festland zurück, und dieser Temperaturgegensatz wird zu einem gewissen Zeitpunkt durch den Einbruch kühl-feuchter Meeresluft wieder ausgeglichen. Es ist klar, daß die Erwärmung in einem Jahr etwas schneller, im anderen etwas langsamer vor sich geht, wodurch das Schwanken der Singularität um eine zeitliche Mittellage innerhalb des Jahres zustande kommt. — Es mag sehr schwierig sein, zunächst geophysikalisch und dann mathematisch einen solchen Ansatz aufzustellen und durchzuführen; aber es ist nicht richtig, die Singularitäten deshalb als reine Zufallsprodukte anzusehen und sich damit zu begnügen, daß man Korrelationen zwischen dem Gang der Juniwitterung oder dem Wasserstandsgang an verschiedenen Orten anerkennt. Wenn auch der „Zufall" in letzter Linie ein Zusammenwirken von zahllosen physikalischen und biologischen Faktoren ist, die wir im einzelnen nicht kennen, so dürfen wir doch sein Zustandekommen aus stärkeren und schwächeren Ursachen nicht vergessen. Der Weg von der physikalischen Gesetzmäßigkeit zum Zufall vollzieht sich in kleinen Schritten, wenn wir uns folgende Reihe vorstellen: Sonnenstand, täglicher und jährlicher Temperaturgang auf Grund der Strahlung und Leitung, derselbe Gang beeinflußt durch den Gegensatz Meer—Land (Singularitäten!), die gleichen Erscheinungen in ihrer Auswirkung auf Niederschlag und Wasserkreislauf, Übergreifen der Bilanz eines Jahres auf das andere, einer Jahresreihe auf die folgenden; dabei alles überlagert von den kleineren Schwankungen der Strahlung (Sonnenflecken), von den Folgen der Eigenschwingungen der Atmosphäre und von Verzögerungen und Speicherungen aller Art

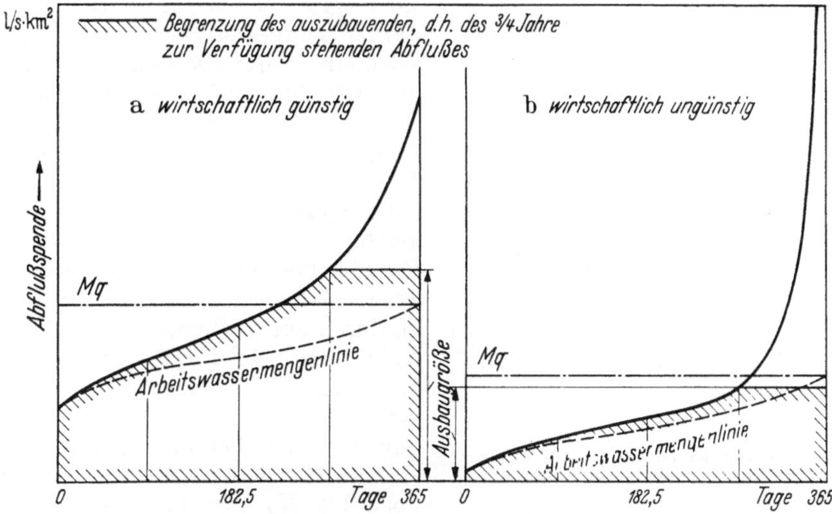

Abb. 165. Die Dauerlinien und ihre technische Verwertung.

(Summationsvorgängen). Je mehr wir uns von den Ausgangserscheinungen entfernen, desto ferner rückt die Möglichkeit einer mathematischen Darstellung und desto mehr nähern wir uns dem „Zufall". Aber es bleibt da und dort eine *Häufung von Effekten,* die — wenn auch mathematisch kaum entwirrbar — doch in letzter Linie als ein Ausfluß physikalischer Gegebenheiten betrachtet und gewertet werden müssen. Die *Singularitäten* des Durchschnittsjahrs sind eine in die Augen springende *Realität!* — Noch schwieriger, wenn nicht unmöglich, dürfte eine mathematische Darstellung des *mehrjährigen* Rhythmus sein, denn der Kreis der Faktoren mit maßgebendem Einfluß ist hier schon wieder viel größer.

5. Auswertung des jährlichen Abflußgangs in der Technik.

Als Grundlage für die technische Verwertung der Wasserführung wird häufig die Dauerkurve der Abflußspenden oder der Abflüsse benutzt (Abb. **165**). Bei den Dauerkurven gibt es wirtschaftlich günstige mit relativ flachem und wirtschaftlich ungünstige mit steilem Abfall. Die ersteren entsprechen den Gebieten

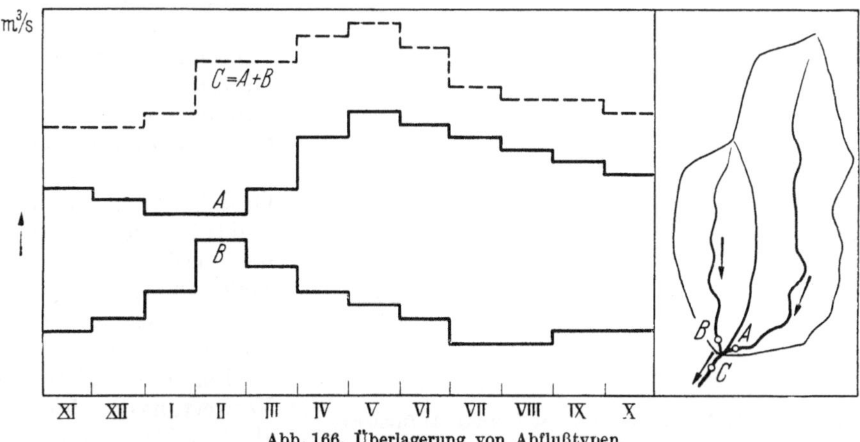

Abb. 166. Überlagerung von Abflußtypen.

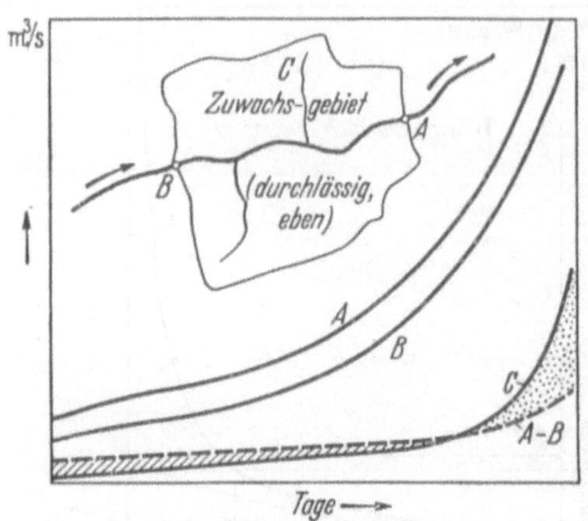

Abb. 167. Umwandlung der Dauerlinie eines Zuwachsgebietes im Sinne des Ausgleichs.

mit ausgeglichenem Haushalt, oft auch starker Durchlässigkeit und starker Rückhaltekraft; die letzteren finden sich bei den einfachen Abflußtypen ohne Ausgleich, mit geringer Durchlässigkeit und Speicherkraft. Besonders ungünstig wirkt sich aus, daß es ohne Speicherung nicht möglich ist, die Hochwässer praktisch zu verwerten. Ein übliches Maß für die *Ausbaugröße* ist die Wasserführung, die $^3/_4$ Jahre hindurch zur Verfügung steht (in der Abbildung schraffiert). Ein anderes Maß (nach R. Fickert) ist die „Arbeitswassermengenlinie"; sie geht davon aus, daß bei niedrigen Wasserständen der ganze Abfluß, bei hohen noch das Mq ausgenützt wird.

Mehr noch als die Dauerlinie leistet die *Ganglinie* der Monatsabflüsse für die Zwecke der Technik, weil sie auch über die zeitliche Verteilung innerhalb des Jahres Auskunft gibt. Man kann z. B. (Abb. 166) den Jahresgang der Stationen A und B addieren, um damit den Jahresgang bei C zu finden, der als nicht bekannt vorausgesetzt wird. Für die — hier als sehr klein angenommenen — Zwischengebiete zwischen A und C sowie B und C sind entsprechende Zuschläge zu machen. Die Summierung der *Dauerlinien* bei A und B würde für C nur ein sehr ungenaues Ergebnis liefern, da die hohen Stände von A und von B bei verschiedenen Abflußtypen zu verschiedenen Zeiten eintreten.

Zuwachsgebiete, in denen der Hauptfluß eine Vergrößerung seiner Wasserführung (Abb. 167, von B bis A) erfährt, zeigen manchmal bei der jährlichen Verteilung der Abflußmehrung ein merkwürdiges Bild (schematisch den Verhältnissen des Rheins zwischen Basel und Mainz nachgebildet). Bildet man die Differenz der Ordinaten der Dauerlinien, so ergibt sich für den Zuwachs die flach verlaufende Kurve $A-B$, während sich auf Grund von direkten Beobachtungen bei den Zuflüssen im Gebiet C die viel steilere Kurve C herausstellt. Das ist auf zwei Ursachen zurückzuführen: 1. Bei verschiedenen Abflußtypen setzt sich das Hochwasser des Gebietes C nicht auf die hochliegenden, sondern auf die tiefer liegenden Teile von B darauf. 2. Das Hochwasser des Hauptflusses staut (in durchlässigen, ebenen Gebieten) den seitlichen Zuwachs, besonders das Grundwasser, zurück und trägt ebenfalls dazu bei, daß hochliegende Teile der Kurve C auf die tiefer liegenden Teile übertragen werden.

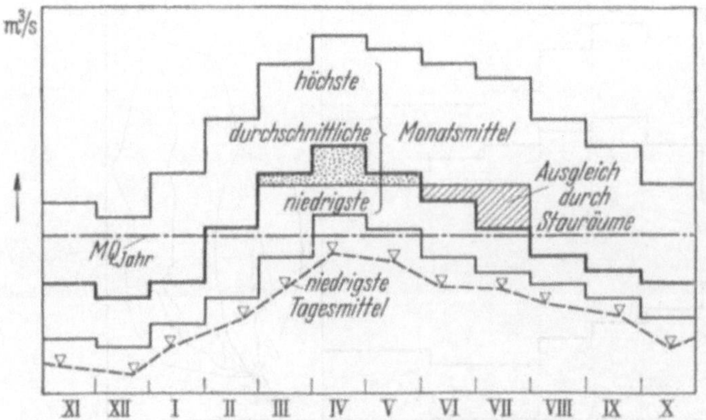

Abb. 168. Die zeitliche Verteilung der Wasserführung als Grundlage der technischen Verwertung.

Für die technische Verwertung der Monatsabflüsse (Abb. 168) kann man verschiedene Standpunkte einnehmen. Als „sicher“ vorhanden sind die beobachteten niedrigsten *Tages*mittel anzusehen; wenigstens „große Wahrscheinlichkeit“ besteht für die niedrigsten *Monats*mittel. Die *durchschnittlichen* Monatsmittel überschreiten teilweise schon das für den Ausbau zu rechtfertigende Maß, aber u. U. können die stärkeren von ihnen den folgenden durch Stauräume zugute gebracht werden. Vgl. Dreyer.

II. Die mittlere Wasserführung.

1. Der mittlere Abfluß und seine Abhängigkeit von N, V und t.

Der Abfluß A hängt mit dem Niederschlag N und der Landesverdunstung V durch die grundlegende Beziehung $A = N - V$ zusammen. Von diesen drei Größen ist zuerst N messend beobachtet worden, dann erst A und zuletzt V. Da für A nur wenige Messungen und zudem in Form von Wasserständen vorhanden waren, glaubte man A dadurch erfassen zu können, daß man für N gewisse Abflußprozente annahm, während die restlichen Prozente der Verdunstung anheimfallen sollten. Der Prozentsatz des vom Niederschlag abfließenden Wassers wird (vgl. S. 40) auch als *Abflußfaktor* (*Abflußteil*, *Abflußbeiwert*, *Abflußkoeffizient*, *Abflußverhältnis*) bezeichnet; über *Abflußbereitschaft* s. S. 290, über *Abflußvermögen* s. S. 256. Selbstverständlich kann man dieses Verhältnis für gemessene N und A jederzeit bilden, und es werden nachher auch eine Anzahl Wertangaben dafür gegeben werden. Aber der Entstehung des A aus N wird man durch die *Verhältnis*bildung nicht gerecht; sie erfolgt besser auf dem Wege der *Differenzen*bildung mit Hilfe des V. Es wird hier auf die frühere Abb. 42 hingewiesen, die erkennen läßt: die Landesverdunstung V hat sich durch die Untersuchungen der letzten Jahrzehnte, die wir besonders Karl Fischer verdanken, als überraschend konstant (als sog. *Halbinvariante*) *für das gleiche Klima* erwiesen. Es ergibt sich daraus (nur für *Mitteleuropa gültig*!) die für Durchschnittsjahreswerte und nicht zu hoch liegende Flußgebiete gültige Abflußregel (auch von Coutagne in ähnlicher Weise für Frankreich aufgestellt):

„*Vermindere den mittleren Niederschlag N eines Gebiets um den Betrag $V = 500$ mm, so erhältst du einen Überschlagswert für den Abfluß.*“

Für das *Einzel*jahr gilt also die Regel nicht, noch weniger für den Einzelfall (z. B. ein Hochwasser), auch nicht für den Durchschnittsmonat, selbst wenn man den Wert 500 auf die entsprechend kleinere Zeitdauer reduziert, denn in all diesen Fällen hängt der Abfluß nicht bloß vom Niederschlag des *gleichen* Zeitraums, sondern auch vom *vorausgehenden* Zeitraum, ferner erheblich von der Temperatur und anderen Faktoren ab.

Für das Einzelgebiet und das Durchschnittsjahr kann man die Schätzung von V und A *verfeinern*, indem man die mittlere Höhe des Gebiets und daraus mit Hilfe einer Klimastation seine Mitteltemperatur berechnet (Temperaturabnahme je 100 m Erhebung etwa $^1/_2$°). Diese Mitteltemperatur ist für die Ablesung in der folgenden Abbildung maßgebend.

Für andere Klimate sind zur Abschätzung des Abflusses auch andere V einzusetzen, denn die Landesverdunstung steigt und fällt mit der Mitteltemperatur. Schon in Deutschland kann V auf 400 mm, in den Polargegenden auf 200 mm herabsinken, während es in den Tropen 1000 mm und mehr erreicht.

Diese Beziehungen wurden in ihren Grundzügen schon von H. Keller und K. Fischer erkannt. Wundt hat (s. Bem. 7, S. 310, 1937) ein Diagramm entworfen, in dem die Zusammenhänge zwischen den Mittelwerten von N, A, V und der Temperatur t auf Grund von etwa 220 Flußgebieten als Bezugslinien dargestellt wurden. Es sind seither viele neue Daten hinzugekommen, aber es ergab sich

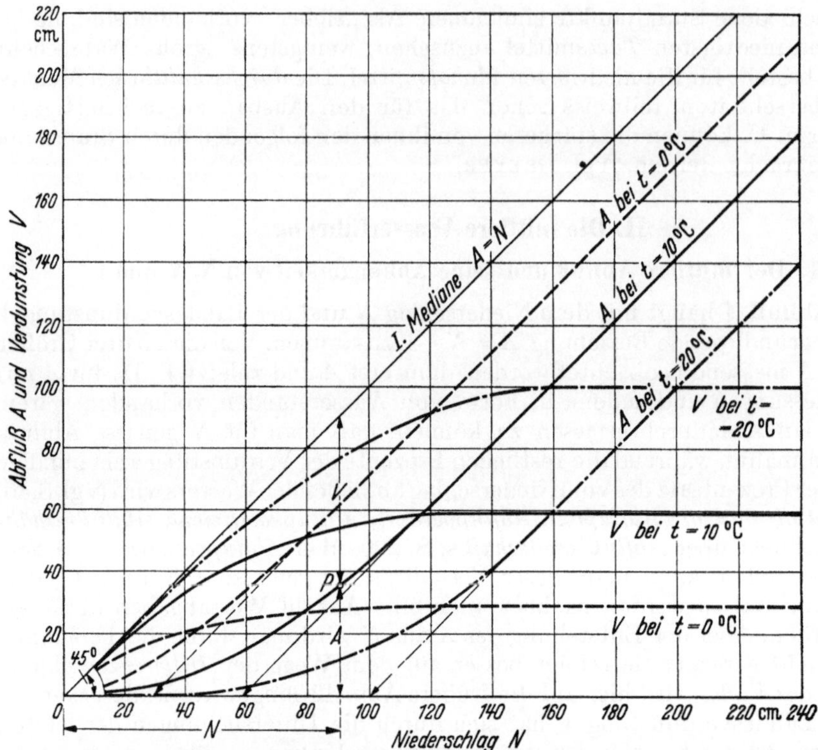

Abb. 169. Bezugslinien zwischen Durchschnitts-Jahreswerten von Niederschlag N, Abfluß A und Verdunstung V bei regional veränderlicher Mitteltemperatur t.

kein Anlaß, die frühere Darstellung grundsätzlich zu ändern, weshalb sie in vereinfachter Form hierher übernommen wird (Abb. 169).

Zum Verständnis der Abbildung sei folgendes gesagt. Trägt man den mittleren Jahresniederschlag N (z. B. 90 cm) als Abszisse auf und dazu als Ordinate den Abfluß A, so erhält man einen Bezugspunkt P, der für die zugehörige Mitteltemperatur (hier $t = 10°$ angenommen) gültig ist. Zieht man durch den Ursprung eine unter 45° geneigte Gerade (sog. I. Mediane), so ist das oberhalb von P bis zur Mediane reichende Ordinatenstück gleich V, weil ja die ganze Ordinate bis zur Mediane ebenfalls gleich N ist, also jenes obere Stück aus $N-A$ entsteht. Durch Verbindung aller Bezugspunkte, die für $t = 10°$ gelten, erhält man die für diese Temperatur gültige Bezugslinie des Abflusses in Abhängigkeit von N. Für niedrigere Temperaturen ist V kleiner, also liegt die zugehörige A-Kurve weiter oben; bei hohen Temperaturen, z. B. $t = 20°$, ist die Verdunstung größer, also kommt die A-Kurve tiefer zu liegen. Dabei zeigen die Bezugspunkte bei allen Temperaturen eine gewisse Streuung, die bei Ziehung der A-Kurven ausgeglichen werden muß.

Langbein (1) hat eine ganz ähnliche graphische Darstellung gegeben, die nach Umzeichnung in metrische Maße und Celsiusgrade im allgemeinen mit Abb. 169 übereinstimmt. Besonders gut ist die Übereinstimmung bei hohen Temperaturen. Für tiefere Temperaturen ist das (auf Grund ausgewählter Gebiete *in USA* bestimmte) V größer, der Abfluß A also niedriger als in Abb. 169 Dies kann darauf zurückgeführt werden, daß in USA weitgehend Gebiete mit (kontinental-) tiefen Wintertemperaturen verwendet wurden, deren Wirkung auf das Diagramm sich mit vorherrschenden Sommerregen paart. In Abb. 169

dagegen ist der Einfluß der Gebiete mit Winterregen und ausgeglichenen Temperaturen stärker, was beides die Verdunstung hinunter- und den Abfluß hinaufdrückt. Es sind also die zugrunde gelegten Mittelwerte und in letzter Linie die klimatischen Verschiedenheiten, welche die Abweichungen in den beiden Darstellungen verursachen. — Die in der Nähe des Nullpunkts verlaufenden Zweige der A-Kurven sind nach ihrer Entstehung so zu erklären: Normalerweise kann nicht mehr verdunsten, als was an Niederschlag fällt; immerhin wird, wenn wir von der Mediane nach unten gehen, der weitaus größte Teil des Niederschlags von der Verdunstung weggeführt, so daß sich alle Abflußkurven in der Nähe des Nullpunkts der Abszissenachse nähern. Erst wenn die Niederschlagsbildung die Verdunstungsmenge übersteigt, beginnen die A-Kurven zuerst langsam, dann rascher zu steigen und nehmen schließlich eine Parallellage zur Mediane ein. — Die V-Kurven in unserer Abbildung steigen, der Deckungsmöglichkeit durch den Niederschlag entsprechend, im untersten Teil rasch, dann langsamer an, aber die Verdunstungskraft erreicht mit wachsendem Niederschlag ein Maximum, das im allgemeinen nicht überschritten wird; daher der horizontale Verlauf bei den höheren Niederschlägen. Die Meinungen über dieses Endstück sind allerdings geteilt; manche halten eine Wiederabnahme der Verdunstung bei hohen Niederschlägen für möglich, die der vermehrten Bewölkung zuzuschreiben wäre. Eine Entscheidung auf statistischer Grundlage ist aus Mangel an genügenden Unterlagen nicht möglich, doch scheint ein Gleichgewichtszustand und damit ein horizontaler Verlauf der V-Kurven wahrscheinlicher.

Die Endwerte, bis zu denen die Landesverdunstung steigt, rücken mit zunehmender Temperatur immer weiter auseinander. Von $t = 0°$ bis $t = 5°$ steigen sie um 14 cm, dann weiter auf je 5° um 17, 19, 22, 25 cm. Man kann hierin eine gewisse Anpassung an die Spannkraftskurve des Wasserdampfs sehen. Es ist deshalb auch versucht worden (Iwanow), die Gebietsverdunstung zum Dampfdruck e der Luft in Beziehung zu setzen, nachdem die Versuche, die Verdunstung zu dem Sättigungsdefizit $(E - e)$ in Beziehung zu bringen, bis jetzt enttäuscht haben. e hat vor der Temperatur den Vorzug, alle tiefen Temperaturen annähernd gleich zu bewerten und eine starke Abhängigkeit von den hohen Temperaturen zu zeigen, so daß die kontinentale Jahresschwankung (Sowjetunion!) deutlich zum Ausdruck kommt. — Die Dampfdruckgesetze, auch die eng damit zusammenhängenden Gesetze der Verdunstung von freiem Wasser, lassen sich auf die Landesverdunstung nur begrenzt übertragen; sie werden gegenstandslos, wenn dem Lande nach Abtrocknung das Wasser mangelt, das verdunsten könnte. — Bei der Frage nach den Höchstwerten der Landesverdunstung handelt es sich aber allein um niederschlagsreiche Gebiete. In den Tropen scheinen die Höchstwerte der Landesverdunstung ebenso wie die des Meeres etwa bis 130 cm/Jahr hinaufzugehen [Wundt (5)]; dabei können sumpfige Landflächen sogar *mehr* verdunsten als freie Wasserflächen, weil der vertikale Verdunstungsapparat der Pflanzen das Minus an benetzter horizontaler Fläche mehr als ausgleicht (vgl. S. 149f.). — Werte, die über 150 cm für V hinausgehen, gelten aber in allen Teilen der Erde, auch in den Wüstengebieten, nur für begrenzte kleine Flächen (für *sehr* kleine gehen sie bis 400 cm hinauf).

Bei der grundsätzlichen Bedeutung des Diagramms in Abb. 169 sind die zugrunde liegenden Werte unter Einschaltung weiterer Temperaturintervalle in der Tab. 4 des Anhangs zusammengestellt.

2. Abweichungen von den Bezugskurven des Abflusses

sind im allgemeinen weniger auf Fehler in der Messung zurückzuführen als auf Sondereigenschaften der betreffenden Gebiete, die von verschiedenen

Ursachen herrühren können. Winterregen bedingen ein gesteigertes, Sommerregen ein verringertes *Abflußvermögen*, wie beim Vergleich der Abb. 169 mit der von LANGBEIN besprochen. Man kann schätzen, daß sich der Abfluß in Gebieten mit *Winterregen* um 5 bis 10 cm im Jahr erhöhen kann und bei ausgesprochenen *Sommerregen* um ebensoviel gedrückt wird. Ähnlich wird der Abfluß in *karstartigen* Gebieten stark erhöht, die Landesverdunstung entsprechend erniedrigt, weil das Wasser durch Eindringen in den Boden vor dem Verdunsten geschützt wird. Die Verringerung des Abflusses (Erhöhung der Verdunstung) bei *undurchlässigen* Gebieten ist viel weniger bedeutend, da die Gewässer die verstärkte Verdunstung durch raschen Abfluß wieder ausgleichen.

Von dem Gedanken ausgehend, daß nur die *warmen Monate* und unter ihnen der wärmste (Juli) eine ausgesprochene Beziehung zu V haben, untersucht BAULIG (1, 2) für USA die zusammengehörigen Werte von V und der Julitemperatur t und findet

V (Jahr) in cm:	51	63	76	89	102
t (Juli) in ° C:	21,0	24,0	25,7	26,4	27,1

Die hier erkennbare nahe Beziehung führt auch auf den Zusammenhang der Temperatur mit der *relativen Feuchtigkeit*: bekanntlich ändern sich die beiden Größen im entgegengesetzten Sinn. Der Zusammenhang der Verdunstung mit der Feuchtigkeit, der als primär aufgefaßt werden kann, wird hier durch den praktisch leichter feststellbaren mit der Temperatur ersetzt, sei es, daß es sich um Jahresmittel oder auch um Monatsmittel handelt.

Über den Zusammenhang der Landesverdunstung mit der *Windstärke*, die vermutlich an Küsten, an den Bergkämmen usw. höhere Werte hervorruft, existieren bis jetzt nur örtliche Versuche mit Geräten, aber keine Bestimmungen für größere Flächen.

Über den zahlenmäßigen Einfluß der *Durchlässigkeit* des Bodens auf die Landesverdunstung und dadurch auf den Abfluß seien noch folgende Angaben gemacht: Undurchlässigkeit bewirkt eine ungleiche Verteilung des Abflusses über das Jahr (Verschärfung der Extreme!), bringt aber im ganzen keine Schmälerung mit sich. Bei entwaldeten Versuchsflächen ist sogar eine leichte Steigerung des Abflusses gegenüber vorher eingetreten — die natürlich keine wirtschaftliche Bedeutung hat und die Schäden, die durch Verschärfung der Hochwässer entstehen, nicht aufwiegt. — Wie sich Durchlässigkeit auswirkt, möge das Beispiel italienischer Flüsse zeigen (s. S. 301):

Durchlässigkeit in %	0 bis 20	21 bis 40	41 bis 60	61 bis 100
Niedrigste Spende (NNq) . . .	0,5	2,2	3,5	12,7
Zahl der Fälle	23	10	6	3

Die durchlässigsten Gebiete geben also auch bei Trockenheit noch eine nachhaltige Lieferung, und die Bezugspunkte des Jahresabflusses liegen für sie wesentlich oberhalb der für ihr N und t gültigen Bezugskurve. Andererseits sind es nur 9 von im ganzen 42 Gebieten, die sich mit ihrem NNq über den Mittelwert (dieser ist 2,2) erheben, während 23 undurchlässige Gebiete sehr erheblich hinter ihm zurückbleiben. Die Hauptbeispiele für die bei Wasserklemme noch so starken Karstflüsse sind die Nera und der Anio, beides linke Nebenflüsse des Tiber.

An weiteren Einflüssen auf die Lage der Einzelbezugspunkte zur Mittellinie bei bestimmtem N und t sind noch zu nennen:

Eine zur Bestimmung von A aus $N-V$ sehr erwünschte Eigenschaft entwickeln die *großen* Gebietsflächen: dort gleichen sich die Sondereigenschaften, die von der verschiedenen Regenverteilung, der Durchlässigkeit und anderen Gründen herrühren, durch das Zusammenwirken der Gebietsteile mehr und mehr aus; dies trifft für Flächen von 5000 bis 10000 km^2 an aufwärts zu. Die vier größten französischen Ströme Seine, Loire, Garonne und Rhone bewegen sich bei ihren V nur im Rahmen 475 bis 510 mm jährlich! Aber für die kleinen Gebiete gilt dieses Gleichmaß *nicht*; vor allem ist im Gebirge, wo sich die Niederschläge von Ort zu Ort rasch ändern und die Mitteltemperatur mit der wachsenden Erhebung schnell abnimmt, bei der Übertragung von V-Werten aus Nachbargebieten große Vorsicht am Platze. — In dem Aufsatz von WUNDT (s. Bem. 7, S. 310, 1937) ist dargestellt, wie die „durchschnittliche Abweichung" ϑ (s. S. 198) der Verdunstung (und, obwohl nicht berechnet, auch die „Streuung") mit dem Kleinerwerden der *Fläche* allmählich zunimmt (s. die kleine Tabelle).

Gebietsfläche F (km^2)	Durchschnittliche Abweichung vom V-Mittel (mm/Jahr)	Zahl der Fälle
über 10000 . . .	36	73
10000 bis 1000 .	50	70
1000 bis 100 .	64	31
100 bis 10 .	81	12
unter 10 . . .	186	5

Das Verhalten der Flüsse bei Mitteltemperaturen unter 0°, also in Polargegenden und in den Hochalpen, ist noch nicht voll geklärt. LÜTSCHG hat für einige Hochgebiete der Schweiz (mit tiefen Mitteltemperaturen), die teilweise vergletschert sind, durch sorgfältige Messungen des Niederschlags und des Abflusses auch die Verdunstung bestimmt, wobei eventuelle Änderungen der Vorräte, die vor allem in Zu- und Abnahme der Gletscher bestehen, mit berücksichtigt, d. h. vor der Bestimmung von V eliminiert wurden. Dabei ergab sich für das Salanfegebiet (bei einer Mitteltemperatur von etwa $-1°$) $V = 27$ cm, für das Grimselgebiet (Mitteltemperatur etwa $-3°$) $V = 22$ cm, für das Gebiet der Saaser Visp (Mitteltemperatur etwa $-2°$) $V = 21$ cm; dagegen verdunsten in Polargegenden vom Petschoragebiet (Mitteltemperatur etwa $-1°$) jährlich nur 15 cm, von den Gebieten des Ob und des Jenissei (ähnliche Mitteltemperatur wie bei Petschora) jährlich rund 18 cm. Es scheint also, daß die Hochgebiete der Alpen die Polargebiete bei gleicher Temperatur an Verdunstung übertreffen. Daran könnte, von den viel höheren Niederschlägen in den Alpen abgesehen, auch die stärkere Windbewegung in den Hochlagen beteiligt sein. — Grundsätzlich muß ferner daran festgehalten werden, daß auch die Schneeflächen zur Jahresverdunstung beitragen. Bei Temperaturen unter Null beträgt nach Beobachtungen von LÜTSCHG [vgl. WUNDT (11)] auf dem St. Moritzer See die Verdunstung in winterlichen Kälteperioden rund $^1/_2$ mm täglich (nach Abzug der Kondensationen; Wägung durch eingelassene Schalen). Am Observatorium *Hohenpeißenberg* wurden von GRUNOW an Frosttagen Tagesverluste von 0,4—0,8 mm bestimmt (Messung aus der Änderung des Wasserwerts von Schneedecken; das durch Sammler am Grunde erfaßte Sickerwasser ist abgezogen). Damit kommt man, unter Berücksichtigung der Zahl der Tage im Jahre, auch durch direkte Messung auf Werte der oben (S. 254 u. Tab. 4, S. 298) bei den Flußgebieten genannten Größenordnung.

Es ist allerdings vom physikalischen Standpunkt aus eingewendet worden, daß eine Schnee- und Eisfläche bei positiven Temperaturen im allgemeinen Wasserdampf *kondensieren* müsse, wie im Winter jede relativ kalte Fläche, es sei denn, daß die Luft abnorm trocken ist; aber die Beobachtungsreihen von LÜTSCHG über die Wasserbilanzen der Schweizer Hochgebiete haben — für den Jahresdurchschnitt — keinen solchen Einfluß erkennen lassen. Auch ist zu bedenken, daß die Reif- und Taubildungen auf den Firnflächen z. T. durch eine *mittelbare* Wirkung des Schmelzvorganges kompensiert werden, das ist die Überströmung der umgebenden Felsen mit Schmelzwasser, die für die Verdunstung besonders wirksame Angriffsflächen schafft.

Die Versuche, die Landesverdunstung zum Sättigungsdefizit $(E - e)$ in Beziehung zu bringen, haben, wie schon erwähnt, nur geringe Ergebnisse gebracht. Ein Teil dieses Mißerfolges ist wohl darauf zurückzuführen, daß die mikroklimatisch vor sich gehende Verdunstung an der Oberfläche des Bodens und der Pflanzen anderen Gesetzen gehorcht als die makroklimatisch *über* dem Boden bestimmte Psychrometerdifferenz, die die Grundlage zur Bestimmung des Sättigungsdefizits (sog. Dampfhungers) liefert. PARDÉ führt allerdings zum Beleg dafür, daß die feuchte Meeresluft nur geringe Verdunstungskraft habe, das Gebiet des Shannon (Irland) an: es weist nur ein $V = 39$ cm/Jahr auf, während der Severn (England) bei ungefähr gleicher Regenmenge ein $V = 48$ cm/Jahr zeigt. Zur Entscheidung über die Frage der Entstehung dieser V-Unterschiede wäre es wünschenswert, weitere Daten über die Regenverteilung und die Durchlässigkeit in jenen Gebieten kennenzulernen.

Eine Auswirkung der Feuchtigkeitsunterschiede macht sich auch im Abfluß an der *Luv- und Leeseite* der Gebirge bemerkbar. Die den Westwinden zugewandte Seite des Schwarzwaldes zeigt nicht bloß höhere Abfluß-, sondern auch geringere Verdunstungsbeträge als die Ostseite. Bei manchen Gebirgen der Erde, z. B. bei den chilenischen Anden, steht der abflußreichen Luvseite eine sehr abflußarme Leeseite gegenüber, die in Patagonien sogar in eine Steppe übergeht; die Luft sucht hier offenbar die Verluste, die sie durch Abregnung am Gebirge erlitten hat, durch vermehrte Dampfaufnahme im Lee wieder zu ersetzen.

3. Das Abflußverhältnis.

Für das auf S. 253 definierte *Abflußverhältnis* der Flußgebiete sollen trotz der notwendigen Kritik an seiner Verwendung (s. ebenda) einige Zahlenangaben gemacht werden, die den tatsächlichen Zustand für die Erdoberfläche charakterisieren. Für Wüsten ist das Verhältnis — wenn man die kleinen auch dort im Grundwasser abfließenden Mengen abrechnet — gleich 0, für Flüsse, die sich teilweise durch Wüsten hindurchziehen, nicht viel höher, so 3,5% für den Nil, 11% für den Colorado, weniger als 10% für den Missouri. Für den Mississippi bis zum Unterlauf gelten 23%, für den Ohio etwa 40%. Bei der Oder ist der Betrag 24%, bei der Havel (Rathenow) 22%, bei der Aller (Mündung) 35%, bei der Loire 33%, bei der Rhone 56%, beim Po (durchweg bis Unterlauf) 67%, beim Dnjepr nur 20%. Bei kleinen Gebieten in regenreichen Gebirgen dagegen kommen 70 bis 75% vor, und in hochalpinen Gebieten kann das Verhältnis bis über 90% hinaufgehen. Vgl. hierzu auch Abb. 42 sowie die Ausführungen über das Abflußverhältnis bei kleinen Flächen, besonders Stadtgebieten, auf S. 42. Man beachte besonders die Schwankungen des Abflußverhältnisses beim gleichen Gewässer während des Jahres: im Winter liegt es im allgemeinen viel höher als im Sommer.

4. Formeln zur Berechnung des Abflusses aus Niederschlag und Temperatur.

Schon H. KELLER stellte das Durchschnittsverhalten des Jahresabflusses A in Abhängigkeit vom Niederschlag N durch die Formel dar:

$$A = 0{,}942\,N - 405 \quad \text{(mm)}$$

und gab außerdem Grenzlinien an, innerhalb deren sich die Wertepaare (N/A)

im Einzelfall verschieben können. ERTL (s. Bem. 5, S. 310) leitet aus dieser Beziehung die weitere ab

$$A + 1298 = \lambda(N + 948),$$

in der durch den Parameter λ die Abweichung der Einzelgebiete vom Durchschnittsverhalten zum Ausdruck gebracht werden kann. Das spezielle Verhalten der nordalpinen Flüsse im Zusammenhang mit dieser Formel wird von ERTL besprochen; λ hängt in erster Linie von der mittleren Temperatur t ab. — Auf Grund ähnlicher Überlegungen findet KREPS, daß sich der Zusammenhang zwischen N, A und t in der Form darstellen läßt:

$$A = N - at - b \quad (a \text{ und } b \text{ sind Konstanten}).$$

Für die Steiermark ergibt sich mit $a = 20$ und $b = 400$ eine gute Annäherung an die beobachteten Werte. Ferner hat STEINHÄUSSER (Ber. Meteorolog. Tagung in Kissingen 1951) sich mit diesen Zusammenhängen eingehend beschäftigt. — Für die Landesverdunstung in Schweden hat BERGSTEN (s. Bem. 1, S. 310, Nr. 19, Ref. FRIEDRICH) begründet, daß V mit der Sommertemperatur T linear ansteige nach der Formel

$$V = a + bT \quad (a \text{ und } b \text{ sind Konstanten}).$$

Man vergleiche dazu die Ausführungen von BAULIG (s. S. 256) über USA. Ob das Ergebnis BERGSTENS auf andere Länder übertragen werden kann, bleibt zweifelhaft, da die reine Abhängigkeit von der Temperatur voraussetzt, daß immer genügende Wassermengen zur Verdunstung vorhanden sind.

Allgemein ist zu solchen Formeln zu sagen, daß sie die Ergebnisse kleiner Gebiete richtig wiedergeben; aber je größer das Gebiet, je zahlreicher die Einzelmessungen, desto stärker wird der Zwang, die Konstanten abzuändern, bis schließlich infolge zu starker Streuung die Formel ihre Berechtigung verliert — ganz abgesehen davon, daß der physikalische Zusammenhang zwischen N, A, V und t an und für sich ein sehr loser ist.

Auch K. FISCHER hat die Beziehungen von H. KELLER weiter umgeformt, hat sie aber in eine letzte Veröffentlichung, die er gemeinsam mit dem Verfasser plante, mit Absicht nicht mehr mit aufgenommen. Die Abb. 169 und die graphische Darstellung, auf der sie sich aufbaut, ist noch seiner Mitarbeit zu danken. H. KELLER und K. FISCHER gebührt das bleibende Verdienst, die Beziehung $A = N - V$ und den Zusammenhang mit t in ihrer Wirkung auf den Wasserkreislauf richtig durchdacht und auf zahlreiche Einzelfälle angewandt zu haben.

Bezugslinien für den Abfluß und Trockenheitsformeln. Die Abfluß- und Verdunstungskurven sind in Abb. 169 in der Nähe des Nullpunkts nicht ganz an diesen herangeführt. Es zeigt sich nämlich, daß der Abfluß bei geringen Niederschlagshöhen mehr und mehr individuelle Züge annimmt, also kaum noch mit einer gewissen Allgemeingültigkeit dargestellt werden kann. Man hat auch versucht, unter Verlängerung des oberen geradlinigen Teils der A-Kurven die *Trockengrenze* ($N = V$, vgl. S. 5ff.) für verschiedene Temperaturen zu bestimmen: man kommt dabei, wie in Abb. 169 durch Pfeilspitzen angedeutet, für $t = 0°$ auf etwa 30 cm, für $t = 10°$ auf 60 cm, für $t = 20°$ auf 100 cm Niederschlag als die Werte, wo Niederschlag und Verdunstung einander gerade das Gleichgewicht halten. Aber die Verdunstungskraft der Atmosphäre kann sich auch bei geringen Niederschlägen nicht voll auswirken, weil immer ein gewisser Teil in den Boden einsickert. Deshalb bleibt ein gewisses A auf dem Wege über das Grundwasser übrig, und in Karstgebieten biegt die verlängerte Gerade schon lange vor Erreichung der Abszissenachse nach oben um und schlägt die Richtung nach dem Nullpunkt ein. In undurchlässigen Gebieten kann die Gerade etwas näher an die Niederschlagsachse herangeführt werden, aber auch hier findet schließlich ein Umbiegen in der Richtung auf den Nullpunkt statt.

Trotzdem kommen Fälle vor, wo die Verlängerung bis zur Niederschlagsachse, ja darüber hinaus, berechtigt erscheint. Das trifft dann zu, wenn der Verdunstung neben dem gebietseigenen Niederschlag auch Zufluß aus anderen Gebieten zur Verfügung steht. Der Weiße Nil z. B. nimmt von Gondokoro (dem Eintritt in die Trockenzone) bis zur Mündung des Sobat an Wasserführung beträchtlich *ab*, obwohl auch in diesem Gebiet erhebliche Regenmengen fallen (PIERCY). Denn die Verdunstung zehrt nicht bloß den Regen, sondern auch einen Teil der Wasserführung auf! In Zahlen ist für das Zwischengebiet Gondokoro bis Sobat $N = 89$ cm, $V = 97$ cm, und den Unterschied von 8 cm muß der Fluß bestreiten; der zugehörige Bezugspunkt in Abb. 169 würde, dem negativen Abfluß entsprechend, *unter* der Niederschlagsachse liegen. Durch solche Gebiete, die sich zahlreich auf der Erde finden, aber statistisch bisher kaum erfaßt sind, werden unterhalb der Abszissenachse die *Zehrgebiete* des Abflusses (vgl. S. 6f.) definiert, die von den oberhalb liegenden *Nährgebieten* durch die Trockengrenze getrennt werden (letztere entspricht wegen $A = 0$ der Abszissenachse). Die Bilanz $A = N - V$ hört eben an der Trockengrenze mit $A = 0$ und $N = V$ nicht auf, sondern schreitet fort zu den negativen A, zu deren Bildung jeder ins aride Gebiet einströmende Fluß Gelegenheit bietet. Kulturell kann dabei neben der klimatischen eine „agronomische" Trockengrenze unterschieden werden (d. h. mögliche Regenfeldbaugrenze). Diese kann ferner durch *Bewässerung* weiter hinausgeschoben werden. Im Pendschab z. B. werden 3000 m^3/s (dies entspricht der halben Wasserführung des Indus beim Gebirgsaustritt) hierauf verwandt; ferner sei auf die Untersuchungen JAEGERS in Algerien hingewiesen, der dort eine Ackerbaugrenze mit und ohne Bewässerung unterscheidet.

Bei der Lage der Trockengrenze kommt es auch darauf an, ob die Niederschläge mehr im Winter oder im Sommer fallen. In dieser Richtung liegen die Abgrenzungen von KÖPPEN, nach denen die Trockenklimate für $N = 2t$ bei Winterregen, für $N = 2t + 28$ bei Sommerregen liegen, während die Grenze für mittlere Verhältnisse bei $N = 2t + 14$ liegt (N in cm). WANG hat diese Überlegungen auch auf die Monatswerte (N', t') ausgedehnt und findet, daß für die Grenze arid/humid der empirische Zusammenhang

$$N'[(12N' - 20(t' + 7)] = 3000 \quad (N' \text{ in mm})$$

besteht, eine Beziehung, die von CREUTZBURG bei der Herstellung seiner Klimakarte der Erde verwendet wurde.

Eine Zusammenstellung von Klimaformeln (Trockenheitsformeln), die sich teilweise auch auf die Bestimmung der Verdunstung durch *Geräte* stützen, ist von A. SCHULZE auf der Meteorologischen Tagung in Bad Kissingen 1951 gegeben worden, eine andere von LESSMANN im Arch. d. Wiss. Ges. f. Land- u. Forstwirtschaft Freiburg i. Br. Nr. 2, 1950.

Man kann endlich — vom hydrologischen Standpunkt aus — von dem Gleichgewicht zwischen N, A, V für das Jahr abgehen und ein solches während der *Jahreszeiten* ins Auge fassen: man kommt dadurch zur Vorstellung einer *periodisch sich verschiebenden Trockengrenze*. Sie dringt im Mittelmeergebiet während des Sommers weit nach Norden vor und schließt sogar die tiefer liegenden Teile Mitteleuropas ein; die Flüsse fließen bei uns im Sommer nur deshalb weiter, weil sie vom Grundwasser und vom Gebirge her noch gespeist werden.

Umgekehrt dehnt sich das humide Gebiet im Winter weit nach Süden und in das Innere von Eurasien hinein aus und erzeugt Abfluß auch in Gebieten, die im Jahresdurchschnitt zu den ariden zählen.

5. Die mittlere Wasserführung in regionaler Verteilung.

Für eine größere Zahl von Flüssen ist die mittlere Wasserführung (in m^3/s) und die mittlere spezifische Wasserführung oder Abflußspende (in $l/s \cdot km^2$) in Tab. 6 zusammengestellt; die zugehörigen Flächen ergeben sich jeweils durch Division der ersten Angabe durch die zweite. — Vor einer Überschätzung der Genauigkeit der Werte in Tab. 6 muß im voraus gewarnt werden. Fehler können leicht $\pm 20\%$ erreichen, schon weil die Beträge auch mit den Jahresreihen wechseln. — Die Abflußspende q wird vielfach auch in die jährliche Abflußhöhe A (mm oder cm) umgerechnet. Das letztere Maß eignet sich besonders zum Vergleich mit dem Niederschlag. Auf Grund der Sekundenzahl im Jahr (31,577 Mio) ergibt sich

$$A\,(\text{mm}) = 31{,}557\; q\;(\text{l/s} \cdot \text{km}^2).$$

Bei der Berechnung der Sekundenzahl ist das Schaltjahr mit berücksichtigt, somit das Jahr zu rund $365^1/_4$ Tagen gerechnet. Es empfiehlt sich die

Gedächtnisregel: Die Jahresabflußhöhe ist rund das 30fache der Spende.

Weitere Beziehungen über Maßeinheiten befinden sich im Anhang (Tab. 7). — In Tab. 6 sind *kleine Flußgebiete* (unter 2000 km^2) *nicht mit aufgeführt.* Bei solchen betragen die jährlichen Abflußspenden bis zu 200. Für den Norddals-Elv in Norwegen (83 km^2) ist die Spende 208 ermittelt worden, was einer Abflußhöhe von 6000 bis 7000 mm entspricht; eine Reihe anderer Flüßchen zeigt Spenden zwischen 100 und 200. Da bei den Niederschlagshöhen, die ja im allgemeinen größer sein müssen als die Abflußhöhen, 2000 mm jährlich schon als hoch, 4000 mm als außergewöhnlich und 10000 mm (in Ostindien, am Kamerunberg usw.) als besondere Ausnahmen gelten, so muß auch der Norddals-Elv eine solche darstellen. Allerdings ist einzuwenden, daß die exzessiven Regenhöhen — und erst recht die Abflußhöhen — zu wenig untersucht sind. Abflußhöhen in der Größenordnung des Norddals-Elvs *könnten* sich z. B. herausstellen: am pazifischen Hang von Canada, in Südchile, im westlichen Neuseeland, am Kamerunberg, in den West-Ghats, im Osthimalaja und in der Landschaft Assam südlich des Brahmaputra. In USA (Nordwesten gegen den Pazifik — Olympian Range) sind eine Anzahl solcher Flüßchen schon wirklich erfaßt (z. B. Wilson River bei Tillamook 106 $l/s \cdot km^2$, Fläche 420 km^2, 1933/34), ebenso auf den bekannt regenreichen Hawai-Inseln (z. B. der Lumahai 172 $l/s \cdot km^2$, Fläche 18,4 km^2, 1920/33).

Zur Beurteilung dieser Angaben sind einige allgemeine Bemerkungen am Platze. Was hier an hohen Spenden berichtet wird, ist nicht etwa auf hohen Schmelzwasserzufluß zurückzuführen, der *vorübergehend* sein könnte; die höchsten Werte entstehen vielmehr dort, wo feuchte Winde vom Meere unmittelbar auf Bergketten auftreffen. — Ferner sind die Gebiete stärksten Abflusses mit denen des stärksten Regens nicht ohne weiteres identisch. In der heißen Zone nimmt die Verdunstung viel vom Regen hinweg, und dieser Verlust kann 1200 mm im Jahre, in Spende ausgedrückt 40 $l/s \cdot km^2$ ausmachen, während er im Nordwesten von USA vielleicht nur 300 mm oder einen Spendenverlust von etwa 10 beträgt. Die Aussichten zur Auffindung hoher Abflußspenden steigen also bei gleichem Niederschlag gegen die kalten Zonen hin. — Am wichtigsten aber zur Beurteilung der Spendenhöhe sind die Gebietsflächen. Es ist hier wie bei der Höchstabflußspende (Abb. 148): sie nimmt bei kleinen Gebieten mit der

Zunahme der Fläche rasch ab. Gebiete mit abnorm starken Regenhöhen und Abflüssen nehmen immer nur geringen Raum ein, und schon im Innern der Alpen sind Niederschlag und Abfluß gegenüber den Voralpen viel kleiner. Unter diesen Umständen muß ein großes Gebiet mit starken, aber nicht abnormen Spenden ebenso hoch eingeschätzt werden als ein kleines Gebiet mit außergewöhnlichen Spenden, z. B. der Inn bei Wasserburg (12013 km^2, 1901/38) mit 30,2 $l/s \cdot km^2$ im Vergleich zur Osterach (Nebenfluß der Iller, bis Reckenburg, 126 km^2, 1933/38) mit 60,8 $l/s \cdot km^2$. PARDÉ (2) schlägt für die Aussonderung von Höchstabflußspenden folgende Abstufung nach der Fläche vor: Spende 60 und mehr für Gebiete bis 250 km^2, Spende 50 und mehr für solche von 250 bis 2000 km^2, Spende 40 für Flächen von 2000 bis 10000 km^2, Spende 30 für Flächen von mehr als 10000 km^2. Die Spende über 60 ist, wie oben ausgeführt, in meernahen Gebirgen und im Hochgebirge sicher oft *vorhanden*, aber doch nur an verhältnismäßig wenigen Stellen *gemessen*. In Deutschland zählt zu den gemessenen Vorkommen nur die vorhin genannte Osterach. Etwas niedrigere Spenden, um 40 bis 50, sind in den Alpen, auch im Schwarzwald, nicht gerade selten, auch an einer Reihe von Stellen gemessen. Bleiben wir bei den mitteleuropäischen Flüssen, so liegen die *entgegengesetzten* Extreme bei den rechten Nebenflüssen der Oder, wo die Warthe nur 4,2, die Netze nur 4,5 zeigt. Im Unterlauf weisen unsere großen Flüsse folgende Gesamtdurchschnitte für das Gebiet auf: Oder 5,4, Elbe 4,9, Weser 7,7, Rhein rund 15, Donau (unter dem Inn) rund 18, von da ab bis zum Unterlauf auf etwa 8 sinkend. Die Zuflüsse nehmen Zwischenstellungen von noch tieferen Werten bis zu den hohen Spenden der Alpen ein, wobei wiederum den großen Gebieten die niedrigeren, den Zwerggebieten im Gebirge die höchsten Spendenwerte zukommen.

Was hier für Deutschland gesagt wurde, gilt in sinngemäßer Abwandlung für die ganze Erde. In den Südalpen und einzelnen Teilen der Westalpen steigen die (gemessenen) Spenden etwas höher an als in den bayerischen Alpen. Die Lütschine (Grindelwald) bringt es auf die Spende 98 von 45 km^2, der Isonzo bei Log auf 91 von 320 km^2. Im schottischen Hochland sind an der Garry 72 von 388 km^2 gemessen worden. An hohen Werten aus den Tropen zeigen die Zuflüsse des Indus aus dem Himalaja 30 und mehr, der Chenab (Merala) 29, Jhelum (Mangla) 28, der Beas (Pang) 42; aus dem Osthimalaja wären wohl noch höhere Werte zu erwarten. Für den Irawadi ist 30 ermittelt und derselbe Wert auch für den Fleuve Rouge (nördliches Indochina). Bei den großen Strömen gehen die Werte im all-

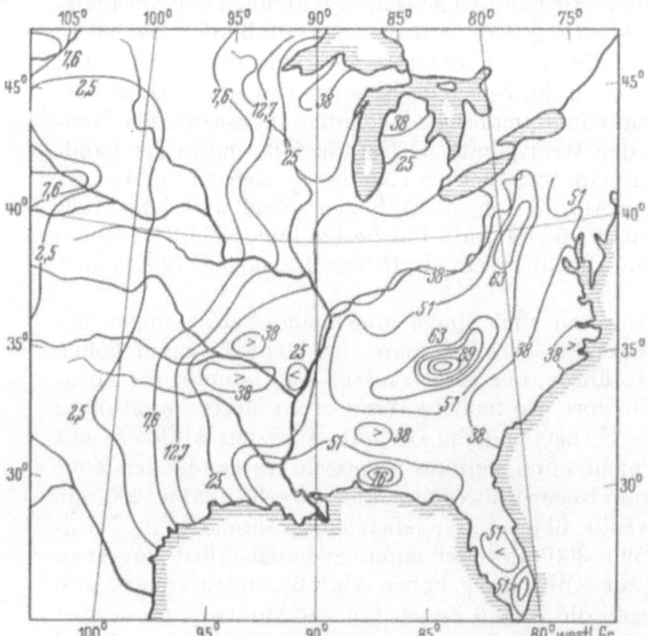

Abb. 170. Jahresabfluß in Mittel- und Ost-USA (in cm). Nach BAULIG.

gemeinen herunter; immerhin finden wir beim Amazonas (vor dem Xingu) noch 18, beim Jangtse (Itschang) 17, beim Ganges 15, beim Ohio 14, beim Kongo noch 11. Viel geringere Werte haben die großen Ströme Nordasiens: Lena (Kiussiur) 6,1, Jenissei (Igarka) 6,8, Ob (Salehard) 4,7, in der europäischen Sowjetunion bringt es die Newa auf 9,3, der Dnjepr auf 3,8, die Wolga (vor der Einmündung der Kama) auf 6,6. In Nordamerika zeigt der St. Lorenz (am Ausfluß aus dem Ontariosee) rund 9, der Mississippi (bis zur Mündung) 5,9. In Westeuropa nennen wir noch die Loire mit 8 und die Seine (Paris) mit 7,3. Nahe dem unteren Ende der Stufenleiter steht bei den Strömen der Missouri mit 1,4 und der Hoangho mit 2, während der Nil im Unterlauf unter 1, immer für die Gesamtfläche berechnet, herabsinkt. Weitere, teilweise auch genauere Angaben finden sich in Tab. 6.

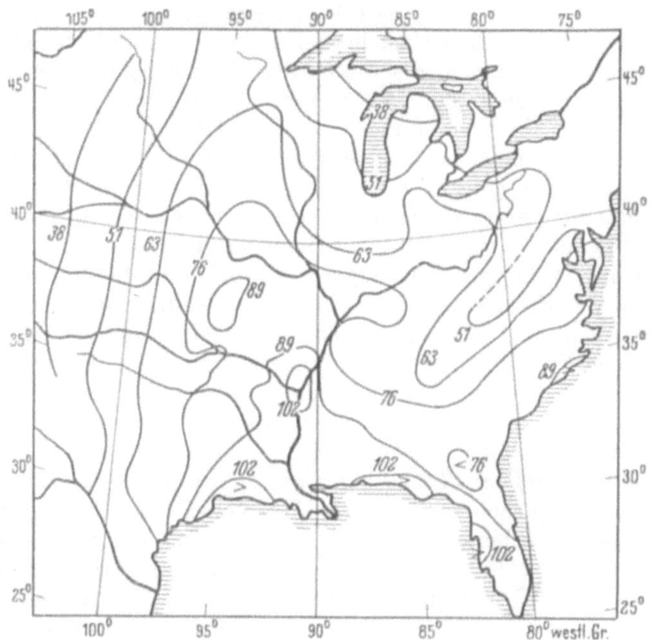

Abb. 171. Jährliche Landesverdunstung (déficit d'écoulement) in Mittel- und Ost-USA (in cm). Nach BAULIG.

Eine *kartographische Darstellung* der Abflußverhältnisse ist im gebirgigen Gelände nur an den wenigen Stellen möglich, wo genügend Messungen vorhanden sind, z. B. für das Gebiet des Schwarzwaldes; für Deutschland *im ganzen* sind die Unterlagen zu spärlich, so daß eine Karte angesichts des unregelmäßigen Reliefs falsche Vorstellungen über die ablesbare Genauigkeit erwecken würde. Anders steht es mit einer allgemeinen Übersicht für große Räume. Den für die ganze Erde (Abb. 4) und für die europäische Sowjetunion (Abb. 45) gegebenen Kärtchen wird daher hier noch eine Übersicht über Abfluß und Landesverdunstung in USA beigefügt, die wir BAULIG (1, 2) verdanken (Abb. 170 und 171). Eine Abflußkarte neueren Datums für USA s. bei LANGBEIN, die an manchen Stellen Abweichungen vom Kurvenverlauf nach BAULIG zeigt. Die Einflüsse des Sommermonsuns im Mississippibecken und in den Appalachen, der anfeuchtende Einfluß der großen Seen, die leichte Abschwächung im Ohiogebiet (Abschirmung durch die Appalachen) und die absolute Abflußarmut westlich vom 100. Meridian sind in unseren Kärtchen gut erkennbar.

6. Rangordnungen der großen Ströme,

die früher (Tab. 1 des Anhangs) nach der *Gebietsfläche* und der *Lauflänge* gegeben wurden, sollen nun durch die noch wichtigere nach der *Wasserführung* ergänzt werden. Wir kehren also vom spezifischen Abfluß, d. h. der Spende, zu den *absoluten Werten der Wasserführung* zurück, aus denen wir ja die Spendenwerte durch Division mit der Fläche gewonnen hatten. Wenn diese Rangordnung bis jetzt kaum durchgeführt worden ist, so liegt das daran, daß die durchschnittlichen Wasserführungen weniger bekannt und, soweit Zahlen vorliegen, mit großen Unsicherheiten behaftet sind. Als Maß pflegt man die Anzahl der Kubikmeter in der Sekunde (m^3/s) zu nehmen. Auch bei der Wasserführung tritt die schon bei Länge und Fläche erwähnte Schwierigkeit auf, daß sich manche Flüsse in einem Delta zerteilen, andere in einem Mündungstrichter noch beträchtliche Nebenflüsse empfangen. Sucht man dem Begriff der *starken* Wasserader gerecht zu werden, so muß man, z. B. beim Rhein, die Wasserführung *vor* der Spaltung betrachten, andererseits in den Mündungstrichter soweit vorgehen, als man den Strom noch als geschlossenes Ganzes betrachten kann, z. B. beim St. Lorenz den Saguenay mit einschließen. Bei der Ausscheidung der größten Ströme geht man unter Festlegung einer Grenze von 10000 m^3/s verhältnismäßig sicher, während die Reihenfolge für kleinere Werte — für die ganze Erde gesehen — vielfach zweifelhaft ist. Dagegen können wir für Europa, wo viel mehr Messungen vorliegen, erheblich tiefer gehen und die Ströme bis etwa 500 m^3/s herab klassifizieren. Leider sind die Jahrgänge, aus denen die Mittel berechnet sind, nur in wenigen Fällen bekannt.

Die größten Ströme der Erde bis zu 10000 m^3/s herab. Die folgenden Daten sind hauptsächlich den Schriften von Pardé entnommen. An der Spitze marschiert wie bei der Fläche der *Amazonas*, der noch oberhalb des Xingu erfaßt wird und etwa 110000 m^3/s liefert. Erst in großem Abstand folgt der Kongo, dem 39000 m^3/s zugeschrieben werden. Der nächste ist der Jangtse, der bei Nanking etwa 30000 führen soll. Hierauf kommen die Ströme in der Nähe der Mündungen in der Reihenfolge: Jenissei, Mississippi und Lena je 18000, Parana 17000, Brahmaputra 17000, Ganges 15000 (mit Brahmaputra also zusammen 32000), Niger 15000, St. Lorenz und Orinoko je 12000, Irawadi und Ob je 11000, Amur um 10000. Auch einigen Nebenflüssen muß die Eigenschaft der „10000" zugeschrieben werden, so der Madeira (zum Amazonas) und dem Kassai (zum Kongo). Dagegen treten einige Ströme, die man vielleicht erwartet, hier *nicht* auf, so der Mackenzie und der Nelson, die wohl nach der Gebietsfläche, aber nicht nach der Wasserführung zu den ganz großen gehören. Daß Oranje, Hoangho, Indus, Murray, Nil, Schatt el Arab trotz ihrer großen Gebietsflächen nicht zu den Riesen in der Wasserführung zählen, ist bei der relativen Regenarmut ihrer Gebiete nicht verwunderlich. Leider ist es nicht möglich, für alle genauere Angaben zu machen; der Nil soll an der Mündung 2300, der Hoangho 1600 führen. Auch die vorher genannten Spitzenwerte werden später wohl noch erhebliche Korrekturen erfahren. — Auffallend ist, daß bei den ganz großen Strömen im Sinne der Wasserführung auch der Irawadi auftritt; er verdankt diese Einordnung der hohen Abflußspende 30, die ihn trotz seiner geringen Gebietsfläche in die Spitzengruppe einweist; das Gegenstück dazu ist der Ob, dem trotz seiner geringen Spende die Größe des Gebiets (2,5 Mio km^2) noch einen Platz unter den Riesen verschafft. Die Abflußspende des Irawadi (30) kommt, wie schon ausgeführt, auch sonst häufig vor, aber nicht auf so großen Flächen. Wir finden sie auch in weiten Teilgebieten der Nachbarströme Jangtse, Brahmaputra, Ganges usw., während der Indus im Herabsinken der Spende die Mitwirkung arider und halbarider Gebiete deutlich erkennen läßt. Gruppiert man die großen Ströme (nicht die Flüsse überhaupt) nach der Abflußspende, so ergibt sich folgendes Bild: Irawadi 30, Brahmaputra 26, Amazonas 18, Jangtse 17, Ganges 15, Orinoko 12, Kongo 11, St. Lorenz 10, Niger 7, Jenissei 7, Lena 6, Mississippi 6, Parana 6, Ob 5. Als Beispiele besonders abflußarmer Stromgebiete seien noch genannt: Colorado (Arizona, USA) 1,1; Nil (Mündung) 0,9. — *Zum Vergleich* seien hier einige Angaben über Wasserverfrachtung in *Meeresströmungen* gemacht [nach Wüst (4)]: Gibraltar, d. h.

Einfuhrüberschuß des Mittelmeers 2400 km³/Jahr = 76000 m³/s [WUNDT (15) schätzt nur 1500 km³/Jahr]. Bosporus, d. h. Ausfuhrüberschuß des Schwarzen Meeres 200 km³/Jahr = 6400 m³/s; Belte und Sund, d. h. Ausfuhrüberschuß der Ostsee 480 km³/Jahr = 15000 m³/s; dagegen Floridastrom (Golfstrom) 2500000 m³/s ohne den noch hinzutretenden Antillenstrom, also eine viel höhere Größenordnung.

Rangordnung nach der Wasserführung in Europa. Unter die Riesenströme mit einer mittleren Wasserführung von mindestens 10000 m³/s kann hier keiner eingereiht werden. Die Gebiete werden nach den früheren Gesichtspunkten an der Stelle abgeschlossen, wo der Fluß am stärksten ist, für die Spende q sind nur rohe Näherungen angeführt. In die Tabelle wären am Schluß vielleicht einige Flüsse einzufügen, für die nur teilweise Messungen vorliegen, die sich aber von dem Wert 500 nicht allzuweit entfernen können: dies sind z. B. der Angerman-, der Lulea- und der Tornea-Elv und einige Flüsse in der Sowjetunion.

Die Flüsse mit stärkster Wasserführung in Europa.

	Wasserführung $MQ = F \cdot q$ (m³/s)	Fläche F (km²)	Spende q (l/s · km²)
Wolga	8300	1400000	6
Donau	6400	820000	8
Petschora	4000	330000	12
Dwina	3600	365000	10
Newa	2600	280000	9
Rhein	2500	160000	16
Rhone	1900	95000	20
Po	1800	69000	26
Dnjepr	1700	510000	4
Gironde	1100	80000	14
Weichsel	1100	190000	6
Loire	900	120000	8
Don	850	430000	2
Elbe	680	132000	5
Düna	680	85000	8
Glommen	680	40000	17
Duero	660	98000	7
Memel	600	100000	6
Ebro	600	85000	7
Oder	580	109000	5
Göta-Elv	520	43000	12
Seine	500	74000	7

Ferner könnte man in die Tabelle folgende *Nebenflüsse* einschalten (Wasserführung wie bisher, Spenden in Klammer): Die Aare (als einzigen Nebenfluß des Rheins, die andern erreichen die Grenze nicht) mit 560 (32) — dazu den Rhein *vor* der Aare mit 440 (30); von den Nebenflüssen der Donau den Inn mit 740 (28) — dazu die Donau *vor* dem Inn mit 650 (13); die Drau mit 670 (17), die Theiß mit 940 (6), die Save mit 1500 (15); von den Nebenflüssen der Wolga die Oka mit 1220 (5) und die Kama mit 4000 (8), welch letztere am Zusammenfluß die Wolga übertrifft; endlich von den Quellflüssen der Newa den Swir mit 680 (10); Wuoksen (Imatrafälle) mit 610 (10); Wolchow 580 (7).

Zusammenwirkung von Fläche und Abflußspende in Europa. Die letzte Zusammenstellung läßt klar erkennen, wie F und q zusammenwirken und wie sich die Reihenfolge in den drei Spalten ändert. So rückt der *Po* trotz kleiner Fläche infolge seiner hohen Spende weit nach oben, so daß er sogar den Dnjepr mit seinem großen Gebiet in der Wasserführung hinter sich läßt. Die *Ursachen* der verschiedenen Höhen bei der Abflußspende sind schon bei der Betrachtung der

Gesamterde erörtert worden. In Europa zeigen die Alpenflüsse (Rhein, Rhone, Inn, Po) die höchsten Spenden, ferner zeigt sich eine Steigerung im hohen Norden, wo die Verdunstung infolge der niedrigen Temperatur nur wenig vom Niederschlag für sich in Anspruch nimmt. Geringe Spenden zeigen sich naturgemäß gegen Südosten hin in den sowjetischen Steppengebieten. Weitere Einflüsse auf die Gestaltung der Spende, wie Vegetation, Durchlässigkeit des Bodens, Größe der freien Wasserflächen und manches andere können hier nicht besprochen werden. — Zu beachten ist, daß die (hier stark ab- oder aufgerundeten) Abflußspenden selbst als *Durchschnitt* sehr verschiedener Spenden aus den einzelnen Gebietsteilen zustande kommen. Die Quellflüsse des Rheins erheben sich über 30, und ähnliche Werte finden wir im Hochschwarzwald und anderen Hochlagen der Mittelgebirge. Aber ihnen stehen in der *Oberrheinischen Tiefebene* bei *Kolmar* und bei *Mainz* Trockengebiete gegenüber, die infolge geringen Niederschlags und hoher Verdunstung nur ganz minimale Abflüsse liefern (vgl. WEIMANN). Bei der Donau verhält es sich ähnlich. Sie bezieht ihren Wasserreichtum ebenfalls aus den *Alpen*, aber die hohen Spenden von dort werden durch die schwache Lieferung der nördlichen Zuflüsse (besonders aus *Mähren*, aus der *Ungarischen Tiefebene*, aus der *Walachei*) auf mittlere Werte herabgedrückt.

Ferner muß betont werden, daß es der langjährige *Durchschnitt* der Wasserführung ist, der uns zur Aufstellung der Rangordnung dienen sollte. Aber die Wasserführung schwankt auch stark von Jahr zu Jahr und noch stärker innerhalb des Jahres. Einigen Flüssen mit relativ gut ausgeglichener Wasserführung (Rhein, St. Lorenz) steht eine viel größere Zahl gegenüber, die jedes Jahr ausgesprochene Hochwässer sowohl als Wasserklemmen zeigt. Wohl findet in großen Flußgebieten ein gewisser Ausgleich statt; aber selbst der Rhein mit seiner verhältnismäßig gleichmäßigen Wasserführung führt bei Hochwasser im Unterlauf über 10000 m^3/s, ebenso die Weichsel; beide rücken damit *vorübergehend* in die Reihe der ganz großen Ströme ein.

Namengebung beim Zusammentreffen gleichwertiger Flüsse. Die hier besprochenen Gesichtspunkte — *Länge*, *Fläche*, *Wasserführung* — spielen natürlich auch für die Benennung der Flüsse beim Zusammentreffen gleichwertiger Wasseradern eine wesentliche Rolle. Daneben tritt aber auch die Frage auf, welcher Quellast die *Richtung* des Hauptflusses nach aufwärts fortsetzt und welcher von ihnen im Hinblick auf *Verkehr* und *Wirtschaft* den Vorrang besitzt. Die Entscheidung hierüber, die ja fast immer schon vorliegt — nicht erst diktiert wird! — ist als *historische Tatsache* zu werten; auch hier gibt es kein „richtig" oder „falsch", vielmehr nur eine Untersuchung der Gründe, welche die Entwicklung in die eine oder andere Richtung gelenkt haben. Nehmen wir dazu einige Beispiele! Beim Zusammenfluß von *Donau* und *Iller* sowohl als beim Einfluß des *Inns* entscheidet die Richtung und wirtschaftliche Bedeutung für die Donau, obwohl beide Nebenflüsse an der Stelle des Zusammentreffens den Hauptfluß erreichen, z. T. übertreffen. Bei *Rhein-Aare* entscheidet die allgemeine Richtung für den Rhein. — Der *Missouri* ist zwar dem *Mississippi* an Länge und Gebietsfläche überlegen, aber Wasserführung und mehr noch die kulturelle Bedeutung haben dem Mississippi den Vorrang gesichert. — Ist aber der Unterschied in der Wasserführung (und Strömung) zu auffallend, so entscheidet sich die Namengebung *trotz* Richtung und Fläche für den stärkeren Fluß, so bei *Rhone-Saone*. — In vielen Fällen hat sich die Namengebung bei gleichwertigen Flüssen auch dadurch geholfen, daß sie *neue* Namen schuf: die Donau entsteht aus *Brigach* und *Breg*, die Iller aus *Breitach*, *Stillach* und *Trettach*. Oder der Name des Flusses wird durch Beisätze abgewandelt: *Roter* und *Weißer*

Main. — Da die Flußnamen zu den ältesten Sprachdenkmälern gehören und ihre Entstehung in die Vorzeit zurückgeht, so kann man nicht erwarten, daß ein sehr langer Fluß überall den gleichen Namen trägt, denn dieser setzt ja die Kenntnis des geographischen Zusammenhanges schon voraus. Dies stellen wir z. B. beim *Danuvius-Ister* fest, indem der Name *Donau* sich für den Unterlauf erst im Laufe der Zeiten durchsetzte. Der Oberlauf des *Brahmaputra* in Tibet heißt Tsangpo, offenbar ein Erbe aus der Zeit, wo man sich über den Zusammenhang der durch ein hohes Gebirge getrennten Flußläufe noch keinerlei Gedanken machte. Als Oberlauf des *Jangtse* gilt heute noch im Volksbewußtsein der *Minho,* der wohl schwächer ist, aber den Verkehr vom Hauptstrom aus nach dem *Roten Becken* fortsetzt, während sich der Hauptfluß unter mehrfacher Namensänderung durch die Gebirge hindurchwindet. — Auffallend ist, daß die *Elbe* ihre Namensfortsetzung nicht in der *Moldau,* dem stärkeren, längeren und flächengrößeren Nebenfluß findet. — Beim Durchfluß durch größere Seen pflegen die Flüsse nicht selten den Namen zu wechseln: *St. Clair — Niagara — St. Lorenz; Selenga — Angara; Saskatschewan — Nelson.*

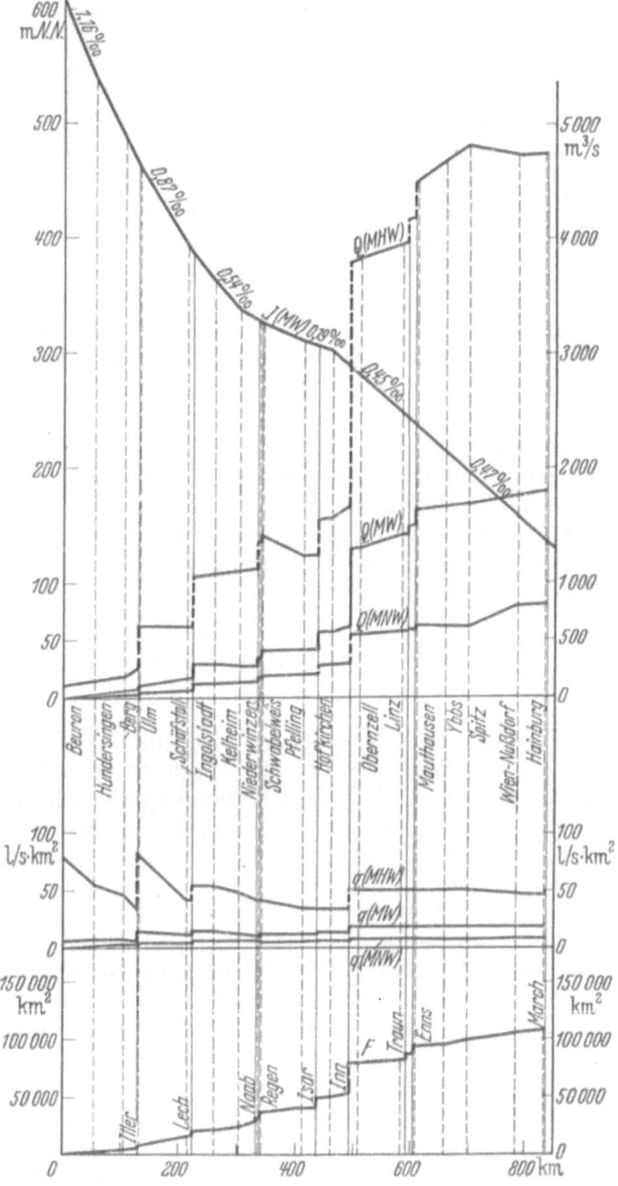

Abb. 172. Hydrologischer Längsschnitt der Donau. Nach Hahn.

7. Hydrologische Längsschnitte von deutschen Strömen.

Zum Schluß dieses Kapitels soll von den *hydrologischen Längsschnitten für die deutschen Ströme* [nach Hahn (1)] der für die *Donau* (als Beispiel) kurz besprochen werden (Abb. 172).

Im untersten Teil der Abbildungen ist der Gebietsaufbau dargestellt: Die Fläche schnellt jeweils bei der Einmündung eines Nebenflusses empor. Beim sekundlichen Abfluß (m^3/s), der in der oberen Hälfte der Abbildung wiedergegeben ist, muß ebenfalls ein Anstieg mit dem Größerwerden des Gebiets stattfinden. Der Abfluß ist hier nicht als MQ, MHQ und MNQ usw. ermittelt, sondern als $Q(MW)$, $Q(MHW)$ und $Q(MNW)$, weil in älteren Jahren meist nur Wasserstandsmessungen existierten, deren Überführung in die Abflüsse nicht genau durchgeführt werden kann. Die hier benützten Werte liegen also etwas *unter* den sonst üblichen MQ usw. Als Größenordnung für diese Abweichung sei erwähnt, daß $MQ{:}Q(MW)$ bei österreichischen Flüssen 1893 bis 1942 sich zwischen 1,01 und 1,09 bewegt. Bei den Hochwässern $Q(MHW)$ erleidet der Anstieg des Abflusses gegen den Unterlauf der Ströme manchmal Unterbrechungen, z. B. bei der Donau unterhalb von Schwabelweis, weil sich die Hochwasserwellen in Flachstrecken ebenfalls ausflachen. Sehr bemerkenswert ist das örtliche Verhalten der Wasserspenden $q(MW)$ usw.: Während die q bei den norddeutschen Flüssen gegen den Unterlauf im allgemeinen abnehmen (Entfernung von den regenreichen Gebieten im Gebirge!), lassen die alpinen Zuflüsse der Donau mit ihrer hohen Abflußspende das q des Stromes immer wieder emporschnellen, und nach Einmündung des wasserreichen Inn sind die $q(MW)$ und die $q(MNW)$ höher als auf dem ganzen vorherigen Lauf. Dagegen haben die Mittelgebirgszuflüsse (Naab, Regen) nur geringen Einfluß auf die Abflußspende. — Die im oberen Teil wiedergegebene Gefällskurve zeigt die schon S. 88 geschilderten Eigentümlichkeiten.

K. Vorratsbildung und Wasserwirtschaft.

1. Vom Begriff des Vorrats.

Wenn die Einnahmen längere Zeit hindurch die Ausgaben übersteigen, dann entsteht ein Vorrat; wenn die Ausgaben überwiegen, tritt ein Verbrauch des Vorrats ein. Diese einfache Überlegung läßt sich auf Vorräte aller Art, auch auf die Wasservorräte in unseren Flußgebieten anwenden. In etwas anderem Sinne wird das Wort „Vorrat" verwendet, wenn ein großer, gewissermaßen unerschöpflicher Speicher vorausgesetzt wird. So ist bei einer Trinkwasserversorgung aus einem großen See der Vorrat gegenüber der Entnahme so groß, daß er praktisch als konstant angesehen werden kann. Ein vereinzelter Brunnen kann dem Grundwasserleiter beliebige Wassermengen entnehmen, ohne daß eine merkliche Veränderung der Grundwassersubstanz eintritt. Aber je weiter die Leitungen aus dem See ausgebaut, je mehr Brunnen in einem bestimmten Gelände angelegt werden, desto stärker reagiert der vorhandene Speicher, und von einem gewissen Punkt ab muß man den Vorrat ins Verhältnis zu den Einnahmen setzen, wenn man den Vorrat nicht erschöpfen will. Wir sehen also einen fließenden Übergang vom „unerschöpflichen" Speicher zum Vorrat, der aufgezehrt wird und sich dann von neuem bildet. Der Vorrats*begriff* beim *Grundwasser* nähert sich mehr der Vorstellung vom unveränderlichen Speicher, der bei den *Flüssen* mehr dem Speicher, der sich füllt und wieder entleert. — Gewiß ist bei manchen Naturschätzen ein Raubbau möglich, bei dem der Eingriff in die Substanz zunächst nicht merklich ist, aber schon bei der Kohle und beim Erdöl zeigen die Berechnungen da und dort, daß die Vorräte in einigen hundert Jahren erschöpft sein können. Beim Wasser wird dieser Zustand viel rascher erreicht! Dies hat sich bei den Untersuchungen Denners z. B. in der Wasserversorgung von Berlin gezeigt. Die Grundwassermengen in den mächtigen diluvialen Vorkommen des Spree-Havel-Gebietes schienen ursprünglich fast unbegrenzt; und doch hat es die zunehmende Beanspruchung so weit gebracht, daß der Grundwasserspiegel in Berlin-Innenstadt (vgl. Abb. 173) *unter* den Stand der Spree

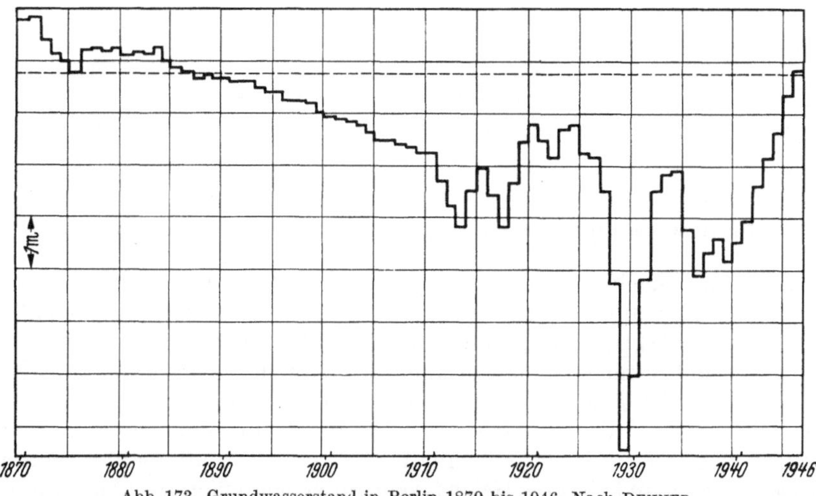

Abb. 173. Grundwasserstand in Berlin 1870 bis 1946. Nach DENNER.

am Mühlendamm (gestrichelt) bis zu einem Minimum um 1929 absank. Erst nach dem Kriege konnte die Einsickerung vom Fluß her wieder einen Gleichgewichtszustand herstellen.

Betrachten wir die Flußgebiete als Ganzes, so ist der Wasservorrat nicht ein Kapital, das beliebig angegriffen werden kann, sondern immer nur ein Bilanzposten, der je nach den Umständen wächst oder wieder sinkt. Aber es wird vom Bestehen eines Vorrates manchmal noch in etwas anderer Weise gesprochen, z. B. in der unbestimmten Weise „Immer genügend Wasser vorhanden". Diese Fassung kann sich nicht nur auf eine angehäufte Substanz, sondern auch auf einen *gleichmäßigen Zustrom* beziehen. Denken wir uns ein Flußgebiet mit sehr gleichmäßiger Regenverteilung und Wasserführung, so ist der dadurch bedingte Grundwasserstand das ganze Jahr ziemlich konstant, und die *Schwankung* des Vorrats sinkt auf ein Minimum herab. Man wird aber deswegen gewiß nicht von geringen Vorräten sprechen, eher vom Gegenteil. Hier wird, bildlich gesprochen, ein dauerndes festes *Einkommen* betrachtet, bei den früheren Fällen dagegen eine *Kapitalsbildung*, die in Zeiten des Mangels einem erhöhten Aufbrauch Platz macht [vgl. S. 282; GRAHMANN (Bem. 1b, S. 310); WUNDT (16)].

Aber sowohl beim Wechsel zwischen Rücklage und Aufbrauch als beim gleichmäßigen Zustrom liegen *unterhalb* der zu- und abfließenden Wassermengen noch die sog. *Grundvorräte* [nicht identisch mit den Grundwasservorräten!], die normalerweise nicht in den Wasserkreislauf eintreten und nur bei starker Absenkung in Anspruch genommen werden. Daß die Flüsse Trockenperioden wie 1911, 1921, 1934 und 1949 überhaupt überstehen konnten, ist dem Vorhandensein solcher Reserven zuzuschreiben. *Wo* diese Grundvorräte von den laufenden Beträgen *abgetrennt* werden, ist eine Sache für sich; man kann dabei verschiedene Stufen unterscheiden, die schon bei Betrachtung der Trockenwetterkurve (s. S. 200) erörtert wurden.

2. Natürliche Speicher

stellen die Wasserfüllung der Strombetten, die Seen, die Schneedecken und die Gletscher dar. Von Speicherung im Grundwasser war schon S. 199 und 232 die Rede. Als allgemeine Voraussetzung für reichliche Vorratsbildung sind reichliche Jahresniederschläge zu nennen. Wenn wir von der Temperatur absehen, so ist bei gleichmäßiger Regenverteilung über das Jahr auch

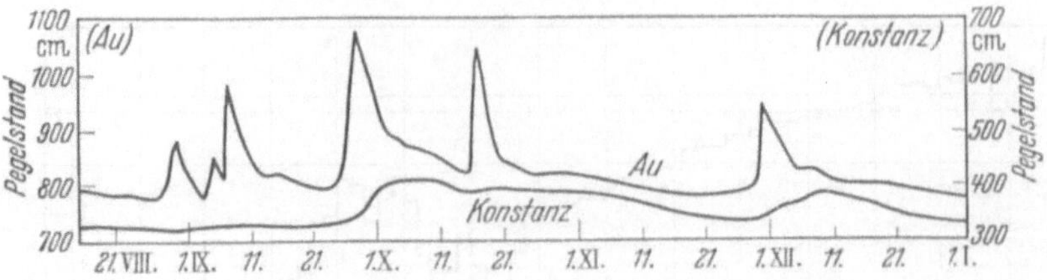

Abb. 174. Dämpfung von Hochwasserwellen und Speicherung im Bodensee (im Jahre 1885).

einigermaßen auf gleichförmigen Abfluß zu schließen. Ist starker Niederschlag ungleichmäßig aufs Jahr verteilt, so erlaubt er wenigstens reichliche Speicherung in den Naßperioden, die dann in der übrigen Zeit verbraucht wird. Ist dagegen der Jahresniederschlag gering, so bleibt der Abfluß auf alle Fälle dünn, und bei ungleichförmiger Verteilung erlaubt er nur die Anlage geringer Reserven. Auch die Größe der Grundvorräte steigt im allgemeinen mit dem Jahresniederschlag. Es sind aber noch eine Reihe weiterer Einflüsse mit im Spiel. *Durchlässiges Gestein* und *geringe Geländeneigung* ermöglichen die Ansammlung von viel Wasser im Untergrund; Undurchlässigkeit des Bodens und starkes Relief erschweren die Speicherungsmöglichkeiten sowohl für den Dauer- als für den Notgebrauch. Eine dichte Vegetationsdecke kann durch die vielen kleinen Hohlräume, die sie an der Oberfläche und im Wurzelbereich schafft, sowie durch Abflußverzögerung speichernd wirken; aber sie ist andererseits in der warmen Jahreszeit ein starker Wasserverbraucher, wodurch die günstigen Wirkungen teilweise aufgehoben werden können (vgl. dazu S. 149). — Alle diese Einflüsse pflegen sich stark zu durchkreuzen; hoher Regenfall, wie er dem Gebirge eigen ist, wirkt dem oft wenig durchlässigen Boden und den vorratsfeindlichen Eigenschaften des starken Reliefs entgegen und bringt trotzdem erhebliche Speicherungen zustande.

Von *natürlichen* Gegebenheiten ist neben der Grundwasserbildung die *Speicherung in Seen* zu nennen, für die in Abb. 174 ein Beispiel gegeben ist. Die Hochwasserwellen des Alpenrheins (Pegel Au) verlassen den See erst mit

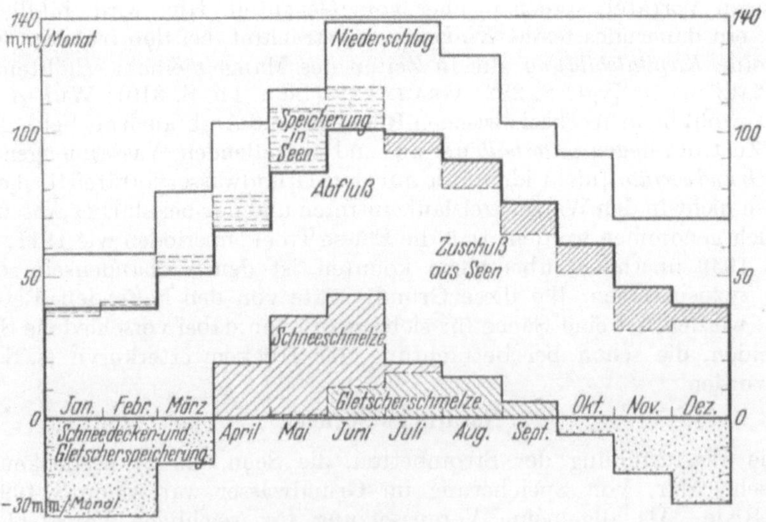

Abb. 175. Die Entstehung des Abflusses beim Rhein (Waldshut, 33700 km², 1891 bis 1900) aus dem Niederschlag im Zusammenhang mit der Speicherung in Seen, der Schnee- und der Gletscherschmelze. Monatswerte der Abflußhöhe in mm.

mehrtägiger bis mehrwöchiger Verspätung (Pegel Konstanz). — Genaueres für das Zusammenwirken von Speicherungsvorgängen zeigt die Analyse des jährlichen Abflußvorgangs im Rhein bei Waldshut (Abb. 175). Man erkennt, wie ein großer Teil des in den Schweizer Seen gespeicherten Wassers erst in der zweiten Hälfte des Jahres zum Abfluß kommt [Wundt (9)].

Ebenso wichtig ist die Speicherung des Wassers in der *Schneedecke und den Gletschern*, die wir an Hand der Alpengletscher besprechen. Die Schmelzbeträge aus Schnee und aus Gletschern wurden im vorliegenden Beispiel auf Grund der gemeinsamen *Schneedecken* voneinander getrennt. Über Schmelzwasserspenden bei *Gletschern* sind schon auf S. 226 einige Werte mitgeteilt worden. Weitere Angaben über den Anteil der Gletscher an der Wasserführung von Rhein und Donau hat Schmidt-Thomé gemacht; wir entnehmen seinem Aufsatz wertvolle Angaben über die Gletscherflächen nach neuester Ermittelung (eine Abnahme um 20% in den letzten 50 Jahren ist berücksichtigt, Angaben in km²): Rhein bis Bodensee 218, Aare 469, Inn 650 (ohne Salzach), Salzach 128; Iller, Lech, Isar zusammen nur 3. Unterteilung beim Inn: Bernina 154, Silvretta und Ferwall 55, Ötztaler 270, Stubaier 68, Zillertaler 93. Weiter beträgt der Gletscherwasseranteil in %:

Flußgebiete	Sommer	Winter	Jahr
Rhein bei Kehl	20 bis 25	1	5 bis 7
Inn bei Reisach (Kufstein)	40 bis 50	5	20 bis 25
Donau unterhalb Passau	20 bis 22	2	5 bis 6

Wenn an der Wasserführung des Inn bei Reisach Gletscherwasser mit 20 bis 25% beteiligt ist, während die Gletscherflächen nur 6,5% der Gesamtfläche betragen, so kommt dies davon her, daß die Gletscher zu den niederschlagsreichsten Flächenteilen gehören und zugleich, wegen der niedrigen Mitteltemperatur, zu den verdunstungsärmsten ($A = N - V$!).

An heißen Tagen steigt der Gletscherabfluß auf rund 500 l/s · km² (die Spitzenwerte liegen noch höher, der sommerliche Durchschnitt aber tiefer!).

Für den Aletschgletscher (größten Gletscher der Alpen) liegen durch die Untersuchungen von Haefeli und Kasser genaue Angaben über Höhen- und Geschwindigkeitsänderungen aus der letzten Schwundperiode vor, für den Allalingletscher durch Lütschg auf Grund photogrammetrischer Ausmessung, desgleichen für Gletscher der Ostalpen durch Finsterwalder u. a., s. Bem. 2, S. 310, 1952. — Lütschg beschäftigt sich auch gelegentlich mit der Speicherung von Regen, der in den Schnee eindringt (*Schneesumpf*); weiteres über diese Fragen siehe bei Grunow. — Das Problem der Speicherung in den jährlich sich bildenden und wieder verschwindenden Schneedecken behandelt Hoeck am Beispiel der Limmat; wichtig ist dabei die ständig wechselnde Dichte des Schnees. A. Wagner hat auch eine Abhängigkeit des Schmelzprozesses von der Windstärke festgestellt.

Wir können auch grundsätzlich fragen, an welchen Stellen des *Wasserkreislaufs* überhaupt Vorratsbildungen *möglich* sind. Die einfache Antwort lautet darauf: Speicherung kann da stattfinden, wo der Kreislauf verlangsamt ist und die physikalischen Bedingungen den gehemmten Wassermassen erlauben. längere Zeit an der gleichen Stelle zu bleiben. — Der größte Speicher ist natürlich das *Meer* als Ausgangsstelle des Wasserkreislaufs. Verfolgen wir das Wasser auf seinem Weg zum Land durch das *Luftmeer*, so finden wir dort keine Möglichkeit der Speicherung. Da der mittlere Dampfgehalt der Atmosphäre auf nur 2,6 g über jedem cm² der gesamten Erdoberfläche zu veranschlagen ist, steht über ihr durchschnittlich eine durch Kondensation zu erhaltende Wassersäule von

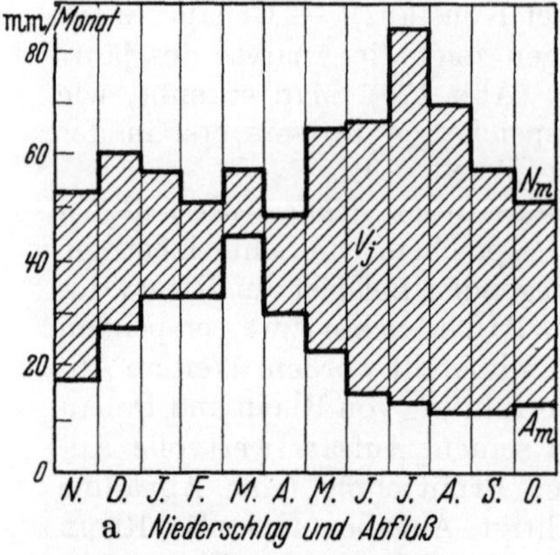

a *Niederschlag und Abfluß*

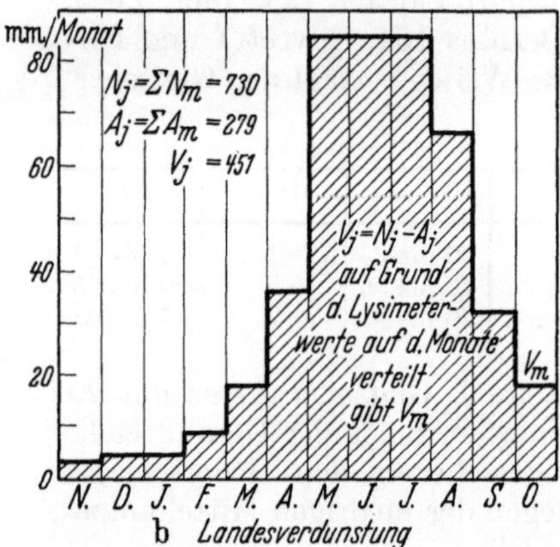

b *Landesverdunstung*

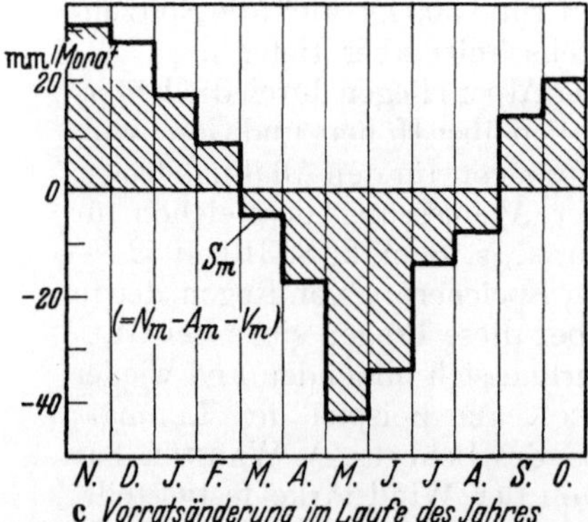

c *Vorratsänderung im Laufe des Jahres*

Abb. 176. Durchschnittsbilanz der Weser oberhalb der Aller (22311 km², 1896 bis 1915). Monatswerte von Niederschlag, Abfluß, Verdunstung und Vorratsänderung.

26 mm Höhe. Das ist nur etwa 4% der mittleren Jahresniederschlagshöhe der Landflächen (670 mm); bei einem einzigen starken Gewitterregen wird ein solcher Betrag leicht erreicht, also gewissermaßen der ganze örtliche Wassergehalt der Atmosphäre ausgeschüttet. — Von größerer Bedeutung als die Schwankungen im Luftmeer sind die Schwankungen des Vorrats an der Erdoberfläche, und zwar sowohl in den Flüssen und Seen als auch im Grundwasser, den Schneedecken und den Gletschern. Man kann hier kurzfristige und langfristige Schwankungen unterscheiden. Die natürlichen *kurzfristigen* Schwankungen sind durch die Launen der Witterung bedingt, welche nasse und trockene Tage in unregelmäßiger Weise aufeinanderfolgen lassen. Dabei hinkt der Abfluß in den Gewässern hinter dem Regen ständig hinterdrein, ein Zeichen dafür, daß *während* der Regenperiode etwas aufgespeichert wurde und erst nachher allmählich zum Abfluß kommt. — Viel stärker sind natürlich die *langfristigen* Schwankungen zwischen Jahren entgegengesetzten Charakters, z. B. die Unterschiede eines Trockenjahres, wie 1921, gegenüber einem Naßjahr, wofür das Jahr 1931 als Beispiel gelten kann. — Aber noch wichtiger als diese unregelmäßigen Schwankungen sind die *regelmäßigen innerhalb des Jahres* (*Perioden*). In Mitteleuropa ist der Grundwasserstand im Frühjahr im allgemeinen hoch, und Hand in Hand damit geht eine starke Wasserführung der Flüsse, während dem tiefen Grundwasserstand im Herbst auch geringe Abflußmengen in den Vorflutern entsprechen. Der statistischen Erfassung dieser Unterschiede ist der folgende Abschnitt gewidmet.

3. Die jährliche Schwankung des Vorrats. Bilanzgleichung.

Die *Beziehung* $N = A + V$, in der N den Einnahmeposten, A und V die Ausgaben der Erdoberfläche darstellen, *gilt* auch für jedes einzelne Flußgebiet, *aber nur für das Durchschnittsjahr*. Sie ist die *einfachste Form der Bilanzgleichung*. In Naßjahren ist N größer als $A + V$, es findet also eine Rücklage statt; in Trockenjahren bleibt N hinter $A + V$ zurück, es entsteht also ein Aufbrauch von Vorräten. Während für das Durchschnittsjahr $N - A - V = 0$ ist, liegt die Sache für die einzelnen *Monate*, auch die Durchschnittsmonate, wegen des

Temperatureinflusses anders. In dem einen Monat findet eine Rücklage R, im anderen ein Aufbrauch B statt; $R - B = S$ ist die eingetretene Vorratsänderung, die sowohl positiv als negativ sein kann. Auch wenn der Niederschlag gleichmäßig über das Jahr verteilt ist, ist die *Verdunstung im Winter* (hydrologisch, in Mitteleuropa vom 1. Nov. bis 30. April gerechnet) wegen der niedrigen Temperatur *klein*, dagegen im *Sommer* (hydrologisch vom 1. Mai bis 31. Okt.) der hohen Temperaturen wegen *groß*. Zur Erläuterung diene Abb. 176 (Beispiel der Weser). Im Teil *a* sind die gemessenen Durchschnittswerte für die einzelnen Monate N_m und A_m aufgetragen: N_m ist im Juli, A_m im März besonders hoch. Die schraffierte Gesamtfläche zwischen den beiden Staffellinien entspricht der Jahresverdunstung V_j, die aus $\sum N_m - \sum A_m = \sum V_m = V_j$ entsteht. Aber in den *Einzelmonaten* entspricht $N_m - A_m$ *nicht* dem V_m; die schraffierte Fläche ist teilweise zu groß, teilweise zu klein, denn ein Teil der Differenz wird auf die folgenden Monate übertragen und in diesen wieder aufgebraucht. Die schraffierte Fläche ist für den *Monat* nur die *scheinbare* Verdunstung. Teil *b* zeigt, wie groß V_m tatsächlich ist: es wird aus der Jahresverdunstung erhalten, die man auf Grund der Lysimeterbeobachtungen prozentual auf die Monate verteilt; die *Summen* der schraffierten Flächen stimmen also in Teil *a* und Teil *b* überein. In Teil *c* wird nun für die scheinbare Verdunstung $(N_m - A_m)$ in jedem Monat die Differenz gegen die tatsächliche Verdunstung gebildet und dadurch die Vorratsänderung $S_m = N_m - A_m - V_m$ erhalten; sie ist im Winter (hier Nov., Dez., Jan., Febr. und wieder Sept. und Okt.) positiv, im Sommer (hier März, April, Mai, Juni, Juli, Aug.) ist sie negativ.

Die Durchführung dieser Methode erfordert zunächst einige Einzelangaben.

Die Verteilung der Jahresverdunstung auf die Monate. Von den *Lysimetern* als Grundlagen für die Bestimmung der Landesverdunstung war schon S. 63, 152 und 177 die Rede. Dabei kamen wir zu dem Schluß, daß diese Geräte für die Bestimmung der *absoluten* Werte der Monatsverdunstung wohl nicht ausreichen, aber gute Anhaltspunkte für die *Verteilung* der aus $V = N - A$ vorher bestimmten Jahresverdunstung auf die Monate liefern. Die Hauptabweichungen gegenüber der WILDschen Waage ergeben sich daraus, daß die dort ständig verdunstende Wasserfläche der Bodenoberfläche im allgemeinen fehlt, es sei denn, daß das Grundwasser besonders hoch steht oder daß es sich um einen besonders nassen Jahrgang handelt. — Wesentliche Unterschiede gegen die Waage zeigen sich also im Sommer. Es existieren aus Mitteleuropa für die Prozentsätze der Monate verschiedene Reihen (von FRIEDRICH, BAUMANN, R. FICKERT und KARL FISCHER), die aber nicht stark voneinander abweichen. TROSSBACH und WUNDT haben die Reihe von K. FISCHER für ihre Bilanzrechnungen verwendet [WUNDT (7)]. Wir stellen sie hier der neuesten Reihe von FRIEDRICH gegenüber:

Hundertsätze der Landesverdunstung.

	November	Dezember	Januar	Februar	März	April	Mai	Juni	Juli	August	September	Oktober	Winter	Sommer	Jahr
FISCHER . . .	1	1	1	2	4	8	19	19	19	15	7	4	17	83	100
FRIEDRICH . .	2	1	1	2	5	8	16	17	17	15	11	5	19	81	100

Die Hundertsätze FRIEDRICHs sind aus den Jahrgängen 1934/37 der Lysimeteranlage Eberswalde als Mittel der Werte von „Bepflanzung mit jungen Kiefern“, „Grasdecke ohne Grundwasser“ und „Grasdecke mit hohem Grundwasser“ gewonnen, wobei dem letztgenannten Zustand das doppelte Gewicht beigemessen wurde. Die Unterschiede der beiden Reihen, auch gegenüber anderen Reihen, sind aber i. allg. *nicht* sehr groß! — Zur kritischen Beurteilung dieser Hundertsätze sei noch erwähnt, daß der künstliche Grundwasserstand in den Lysimetern wegen deren geringer vertikaler Erstreckung (1,50 m) *über* dem in der Natur vorkommenden liegt und daher — wenn man die absoluten Werte betrachtet — etwas zu hohe Werte ergeben muß. — Über die Verschiedenheit der Hundertsätze bei geänderten Versuchsbedingungen (Änderungen im Bewuchs) und in verschiedenen Jahren gibt folgende Tabelle Auskunft:

Hundertsätze der Landesverdunstung

	Abflußjahre	November	Dezember	Januar	Februar	März	April	Mai	Juni	Juli	August	September	Oktober	Winter	Sommer	Jahr
Eberswalde — langes Gras	1930	1,8	0,7	0,3	1,5	3,9	14,1	17,2	13,2	13,4	20,6	10,1	3,2	22,3	77,7	100
	1931	1,5	0,5	2,2	0,6	4,5	8,5	17,0	20,6	17,5	13,2	9,1	4,8	17,8	82,2	100
Eberswalde — kurzes Gras	1930	1,1	0,7	0,2	1,1	4,4	13,0	17,2	12,8	15,2	18,9	10,7	4,7	20,5	79,5	100
	1931	2,5	0,4	2,9	1,0	4,2	8,9	18,7	18,7	16,0	12,7	9,5	4,5	19,9	80,1	100

Diese Reihen spiegeln den Witterungscharakter der einzelnen Monate wider, geben aber immerhin noch ein einigermaßen gleichförmiges Bild und rechtfertigen dadurch die Annahme einheitlicher Monatssätze.

Schwerer wiegt die Frage, ob einheitliche Hundertsätze auf Gebiete mit verschiedenem klimatischen Charakter anwendbar sind. Daß man dabei nicht über ein Gebiet mit dem Klimatyp Mitteleuropas hinausgehen kann, daß schon das Mittelmeergebiet mit seiner Sommertrockenheit andere Verdunstungsverhältnisse aufweisen muß, ist ohne weiteres klar. Aber für *Mitteleuropa* erscheinen die gefundenen Hundertsätze genügend einheitlich, um die Annahme gleichmäßiger Werte für größere Gebiete zu rechtfertigen. Dies ist aber nicht so zu verstehen, daß die Gleichförmigkeit sichere Einzelwerte gäbe, vielmehr nur in der Form, daß unsere Annahmen für gewisse *allgemeine Schlüsse* über den Wasservorrat unserer Flußgebiete genügen.

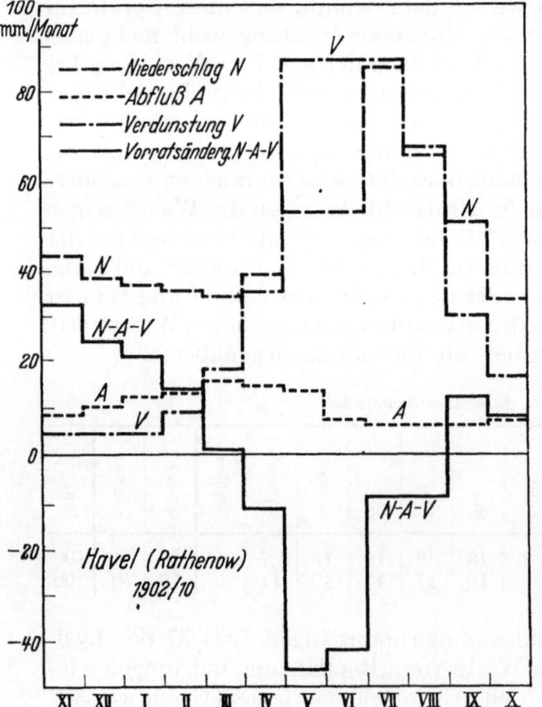

Abb. 177. Jahreshaushalt der Havel (N, A, V; $N-A-V$).

Als Merkwürdigkeit ist noch zu erwähnen, daß das sommerliche Maximum der Verdunstung in manchen Reihen nicht eingipfelig, sondern mit doppeltem Gipfel auftritt, wobei der eine im Mai, der andere im August liegt, z. B. in der 1. und 3. Zeile der vorigen Zusammenstellung. Das Auftreten der flachen Einsenkung im Juni/Juli kann man so erklären: Das erste Maximum ist die Folge des *hohen Wassergehalts* im Boden, der sich im Winter gebildet hat und somit der Verdunstung, die im Mai durch den Pflanzenwuchs stark einsetzt, eine große Angriffsfläche bietet. Es ist verständlich, daß dann im Juni, wenn der Wasservorrat im Boden bedeutend gesunken und die Temperatur vom Maximum noch entfernt ist (Kälterückfälle des Juni!), mindestens bei einem Teil der Jahrgänge ein gewisser Rückschlag der Verdunstung eintritt. Das zweite Maximum der Verdunstung entspricht dann dem Höchststand der *Temperatur*, die ja den Haupteinfluß für die Größe der Verdunstung darstellt. Die hier gewählte Reihe von KARL FISCHER wird dieser Sachlage insofern gerecht, als sie im Sommer überhaupt kein ausgeprägtes Maximum, sondern für Mai, Juni und Juli gleichmäßig 19% der Jahresverdunstung annimmt.

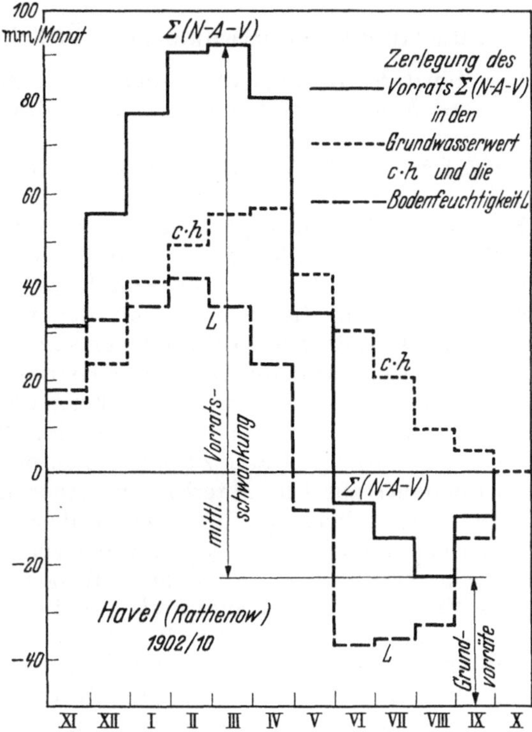

Abb. 178. Zerlegung des Vorrats $\Sigma (N - A - V)$ bei der Havel in den Grundwasserwert $c \cdot h$ und die Bodenfeuchtigkeit L.

Über Beziehungen der Ergebnisse der Lysimeter zu denen der WILDschen Waage s. NATERMANN (Ber. Gew.-kdl. Tagung Hamburg 1951).

Eine Forderung für die Zukunft wäre die Abstufung der Hundertsätze nach Gebieten *klimatischer* Eigenart. Bei Gebieten mit hohen Sommerniederschlägen (Monsungebieten) werden sich die Hundertsätze für den Sommer noch weiter steigern, weil ständige Gelegenheit zur Verdunstung vorhanden ist, bei sommertrockenen Gebieten werden sie sich zugunsten der Wintersätze abschwächen.

Die Bildung und Rückbildung des Vorrats aus den monatlichen Änderungen. Die in Abb. 176, Teil *c*, dargestellte Staffellinie für $N_m - A_m - V_m$ zeigte uns nur die Änderungen des Vorrats in den einzelnen Monaten, aber noch nicht den Vorrat selbst, der sich aus der *laufenden Summierung* der Monatsbeträge ergibt. Für die Havel-Rathenow (19500 km²) als weiteres Beispiel ist in der gleichen Weise wie bisher N, A, V und $N - A - V$ in einer Figur vereinigt dargestellt (Abb. 177), dazu in Abb. 178 die $\sum(N - A - V)$, also der Vorratsverlauf, der hier wieder in zwei Summanden $c \cdot h$ und L zerlegt wird (s. nachher S. 279).

Gehen wir vom Anfang November als Nullwert des Vorrats aus und summieren laufend über das Jahr, so muß der Vorrat bis zum März einschl. ansteigen, dann bis August fallen und schließlich Ende Oktober den Nullwert wieder erreichen. Der Höchststand des Vorrats wird also — im Gegensatz zur monatlichen Änderung — erst am *Ende* des Winters, der Tiefststand erst am *Ausgang* des Sommers erreicht. Bei der Havel erreicht der Vorrat im März sein Maximum, im August sein Minimum.

4. Die mittlere Vorratsschwankung. Örtliche und zeitliche Vergleiche.

Der Monat des Höchststandes und des Tiefststandes liegt bei den einzelnen Flüssen *verschieden*; auch kann die Zahl der Zuwachsmonate von der der Abbaumonate verschieden sein. Den *Unterschied* Δ *des Monats mit der höchsten und der tiefsten Summe* $\sum(N - A - V)$ bezeichnet man als *mittlere Vorratsschwankung*.

Eine gewisse Willkür liegt darin, daß zur Ermittelung des höchsten und tiefsten Bilanzstandes gerade ein Monat, d. h. ein Durchschnitt von rund 30 Tagen benützt wird. Es ist klar, daß an Einzeltagen *noch* höhere, ebenso *noch* tiefere Stände vorkommen, die sich erst mit den übrigen Tagen zum Monatsmittel ausgleichen. Diese Stände an Einzeltagen sind die *absoluten* Extreme, im Gegensatz zu den bisher betrachteten *mittleren* Extremen. Es könnten auch noch feinere Unterscheidungen getroffen werden in Form der aperiodischen und der periodischen Schwankungen (S. 248f.). Hier sei darauf hingewiesen, daß der Sprachgebrauch mit „Vorrat" etwas zu bezeichnen pflegt, was eine *gewisse Dauer* hat; man wird daher zur Charakterisierung eines Hochstandes nicht eine *einzelne* Hochwasserspitze herausgreifen, sondern das Mittel *einer Reihe* von Tagen benützen. Ebensowenig kann man einzelne vorübergehende Wasserklemmen zur Kennzeichnung einer ganzen Jahreszeit benützen. Über diese Schwierigkeit hilft die Mittelbildung aus *einer Reihe* von Tagen hinweg, und nach den statistischen Unterlagen erscheint der *Monat* hierzu als der geeignetste Zeitraum.

Trossbach und Wundt (4) haben für eine größere Zahl von Flüssen die mittlere Vorratsschwankung Δ festgestellt und dabei eine bemerkenswerte Konstanz der Werte von Fluß zu Fluß gefunden, die sich der Konstanz der Verdunstung an die Seite stellt. Die folgende Zusammenstellung gibt einen Überblick über die

Mittlere Vorratsschwankung Δ *(Jahreswerte).*

	Jahre	Fläche (km²)	Niederschlag (mm)	Abfluß (mm)	Δ (mm)
Havel (Rathenow)	1902/10	19500	571	123	114
Netze (Vordamm)	1896/1905	15872	537	128	102
Weser einschl. Aller	1896/1915	37905	717	264	121
Mulde (Golzern)	1911/35	5434	892	340	136
Seine (Paris)	1851/1900	42000	700	233	137
Oder (Ratibor)	1896/1905	6737	836	311	95
Main (Klingenberg)	1901/10	21592	679	219	128
Elbe (Tetschen)	1876/90	51000	692	192	114
Iller (Immenstadt)	1901/10	718	1840	1553	279

Außer den normalen Fällen enthält die Zusammenstellung auch den anormalen der Iller, deren Vorratsschwankung über das Doppelte der sonstigen Werte beträgt. Der Grund für dieses Verhalten ist unschwer anzugeben. Während in normalen Gebieten der Boden die auffallenden Wassermengen großenteils aufzunehmen vermag, trifft dies für die Iller mit ihren gewaltigen Niederschlagsmassen nicht mehr zu. Dazu kommt, daß in diesem hochgelegenen Gebiet die Niederschläge großenteils in Form von Schnee fallen, der bis zu Anfang Sommer liegenbleibt und die Oberflächenspeicherung gegenüber der unterirdischen in den Vordergrund rückt. Auf diese Art ist der große Überschuß der Speicherung im Frühsommer gegenüber dem Herbst zu erklären; er findet sich in ähnlicher Weise auch sonst bei Gebieten wieder, die größere Meereshöhe und hohe Niederschläge miteinander vereinen.

Man kann auch das *zeitliche Verhalten der mittleren Vorratsschwankung* prüfen und findet an einem Beispiel:

Wesergebiet bis zur Aller einschl. ($37\,905$ *km*^{2})*; Maße in mm, Jahreswerte.*

Jahrgänge	Mittlere Vorratsschwankung Δ	N	A	V
1896/1900	112	711	257	454
1901/05	144	740	277	463
1906/10	107	713	273	440
1911/15	121	704	249	455
1896/1915	121	717	264	453

Die mittlere Vorratsschwankung, nach 5jährigen Zeiträumen beurteilt, schwankt also selbst um $144 - 107 = 37$; bei N ist die Schwankung $740 - 704 = 36$, bei A ist sie $277 - 249 = 28$, bei V nur $463 - 440 = 23$ (mm). Daß die Schwankungen bei N und A größer sind als bei V, erklärt sich so: Das Primäre ist der Niederschlag mit verhältnismäßig starken Schwankungen, während die Landesverdunstung eine Halbinvariante ist; da der Abfluß aus Niederschlag minus Verdunstung entsteht, gibt er die Schwankungen nur wenig verändert wieder; im Verhältnis zum Mittelwert erscheinen sie jedoch bei A größer als bei N.

Der Monat des Höchstwertes von $\sum(N - A - V)$ ist für Mitteleuropa im allgemeinen der Februar/März, der des Tiefstandes liegt zwischen August und Oktober. Die neue Rücklage pflegt dann einzusetzen, wenn die Temperatur sinkt, die Felder abgeerntet sind und die übrige voll ausgereifte Pflanzenwelt nur mehr wenig Zufuhr an Wasser benötigt.

Größenordnungsmäßig sind also in den Frühjahrsmonaten rund 100 mm mehr vorhanden als in den Herbstmonaten. Aber als reine Übertragung von Vorräten aus einer wasserreichen in eine wasserarme Zeit kann man das nicht auffassen; es ist vielmehr nur die Gegenüberstellung einer reichlichen und einer ärmlichen *Bilanz*, die sich *innerhalb* der Monate selbst abspielt. Der größte Teil des Überflusses im Frühjahr fließt in diesem selbst ab, und nur die durch die Trockenwetterkurve definierten Vorräte (vgl. S. 199) werden in die wasserarmen Zeiten hinübergerettet.

5. Die Einbeziehung der unterirdischen Vorräte in die Bilanz.

Eine erweiterte Betrachtung der Bilanz wird durch die Gleichung $\sum(N - A - V) = c \cdot h + L + F$ gegeben (Abb. 179; S. 137). Während der Anreicherungsperiode im Winter bleibt von N nach Abzug von A und V in jedem Monat ein positiver Rest $N - A - V$ übrig. Die Reste summieren sich im Laufe des Winters zur Summe $\sum(N - A - V)$, die während des Frühjahrs ihren größten

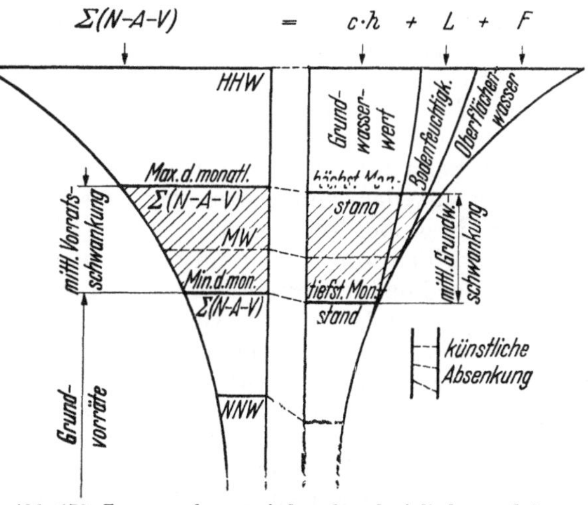

Abb. 179. Zusammenhang zwischen den oberirdischen und den unterirdischen Wasservorräten.

Wert erreicht. Diese Summe muß sich in den vorhandenen Speichern, vor allem im Grundwasser wieder vorfinden. Sie entspricht also dem winterlichen *Grundwasseranstieg h*, der mit Hilfe einer örtlichen Konstanten c in den *Grundwasserwert* $c \cdot h$ umgerechnet wird und zugleich als *Grundwasserumsatz* in die Zirkulation eingeht. Ein weiterer Teil der aufgelaufenen Summe speichert sich in der *Bodenfeuchtigkeit L* auf, ein dritter im *Oberflächenwasser F*, das auch die Schneedecke mit einschließt. Die Verteilung von $\sum(N - A - V)$ auf die drei Komponenten muß bei verschiedenen Wasserständen auch verschieden ausfallen. Bei tiefen Ständen umfaßt das Grundwasser weitaus den größten Teil des Vorrats, während bei mittleren und höheren Ständen auch die Bodenfeuchtigkeit L, soweit sie zirkulationsfähig ist, daran teilhat. Ist der Boden gesättigt oder zur Einsickerung nicht fähig, dann bleibt für die weitere Speicherung nur die Oberfläche selbst übrig. Dies ist in der Abbildung durch die nach oben wachsende Keilbreite bei L und F zum Ausdruck gebracht. Auf der linken Seite der Abbildung ist eine Skala des Wasserstandes vorausgesetzt, die vom niedrigsten Niedrigwasser (*NNW*) über das Mittelwasser (*MW*) bis zum höchsten Hochwasser (*HHW*) reicht. Die (waagerecht aufgetragenen) zu den Wasser*ständen* gehörigen Wasser*mengen* steigen nicht linear, sondern stärker als jene an, ähnlich wie die Wasserführung eines Flusses rascher wächst als die zugehörigen Pegelstände. Dies kommt in der Abbildung durch die kelchartige Krümmung der Begrenzungen zum Ausdruck. — An und für sich wäre die Fläche, die zwischen *HHW* und *NNW* eingeschlossen ist, ebenfalls ein Maß für die Vorratsschwankung. Es ist das Höchstmaß der Änderung, das überhaupt eintreten kann. Wenn wir aber den Gesichtspunkt hineinwerfen, daß der Vorrat etwas, wenn auch nur kurze Zeit, Bleibendes sein soll, können wir die rasch vorübergehenden Stände *HHW* und *NNW* nicht als Begrenzung nehmen, sondern müssen sie durch Stände von gewisser Dauer ersetzen. Diese Eigenschaften hat der zur maximalen und minimalen $\sum(N - A - V)$ gehörige Wasserstand, der ja, nach Monatsmitteln berechnet, zur Berechnung der *mittleren Vorratsschwankung* gedient hat.

Gehen wir von der linken zur rechten Seite der Abbildung, also von den Flußwasserständen zu den Grundwasserständen über, dann ist noch ein *künstlicher* Einfluß zu beachten. Die Grundwasserstände unterliegen nicht bloß natürlichen Einflüssen, sondern kommen teilweise durch Auspumpen zustande. Dies macht sich um so stärker bemerklich, je tiefer der Wasserstand im allgemeinen liegt. Aus diesem Grunde sind in unserer (schematischen!) Abb. 179 die zugehörigen Stände auf der rechten Seite in wachsendem Maße tiefer gelegt als links. Aber das Bild im allgemeinen ändert sich dadurch nicht wesentlich; die schraffierte Fläche stellt rechts wie links die mittlere Vorratsschwankung dar, die zwischen dem wasserreichsten und wasserärmsten Monat eintritt und auf der rechten Seite zum größten Teil vom Grundwasser selbst bestritten wird. — Nehmen wir statt der schraffierten Fläche als obere Begrenzung wieder das *HHW*, so entfällt ein großer Teil der zusätzlichen Fläche auf das *Oberflächenwasser F*; begrenzen wir den Vorrat nach unten hin mit dem *NNW*, so ist der zusätzliche Teil fast ausschließlich *Grundwasser*. — Der *unterhalb* der mittleren Vorratsschwankung liegende Teil des Grundwassers wird als *Grundvorrat* bezeichnet (vgl. auch Abb. 135). Bei diesem ist eine weitere Unterteilung in Stufen möglich, wobei auch „Tiefenvorräte“ unterhalb des *NNW* in Betracht gezogen werden können; man vergleiche hier das auf S. 139 über die „aktive“ und „passive“ Zone des Grundwassers Gesagte.

Aufteilung der Bilanz nach Durchschnittsmonaten. Zahlenbeispiele. Bei den 3 Summanden auf der rechten Seite der erweiterten Bilanzgleichung (s. S. 277) ist nur h direkt bestimmbar, F kann man für niedrige Wasserstände gleich

Null setzen, und L wird später durch Differenzbildung gegen die linke Seite ermittelt werden. Zunächst werden die Grundwasserschwankungen durch Multiplikation mit dem Beiwert c in Wasserwerte übergeführt (vgl. S. 278). Dabei mißt c nur den Teil des Grundwassers, der als Zufluß oder Abfluß (*Grundwasserumsatz* $c \cdot h$) in die Zirkulation wirklich eingeht. In ähnlichem Sinne wie „Grundwasserumsatz" wird der Ausdruck „Grundwassererneuerung" gebraucht [SCHROEDER (4)]. Für das Porenvolumen, das ja nur Maximalwerte von c darstellt, kennen wir Beträge bis etwa 0,3, für c selbst müssen wir in undurchlässigen Flußgebieten Werte bis nahe an Null herunter erwarten. Den gesuchten Werten von c können wir nach einer Methode beikommen, die früher [WUNDT (16)] entwickelt wurde und gleich nachher wiederholt wird. Zunächst aber die Ergebnisse an einem Beispiel:

Havel bis Rathenow (19500 km²). Jährlicher Gang der Bilanz 1902/10 (mm).

	Nov.	Dez.	Januar	Februar	März	April	Mai	Juni	Juli	August	Sept.	Oktober	Jahr
N	43	38	37	36	*35*	40	54	54	**86**	67	52	*35*	577
A	*7*	10	12	13	**16**	15	13	8	*7*	*7*	*7*	8	123
V	*4*	*4*	*4*	9	18	36	**87**	**87**	**87**	68	32	18	454
$N - A - V$	**32**	24	21	14	1	−11	*−46*	−41	− 8	− 8	13	9	0
$\Sigma(N - A - V)$	32	56	77	91	**92**	81	35	− 6	−14	*−22*	− 9	0	$\Delta = 92 + 22 = 114$
(für $c = 0,2$) $c \cdot h$	15	23	41	49	56	**57**	43	31	21	10	5	*0*	$\Delta = 57 + 0 = 57$
(für $c = 0,2$) L	17	33	36	**42**	36	24	− 8	*−37*	−35	−32	−14	0	$\Delta = 42 + 37 = 79$

Der Gang für $c \cdot h$ und L mit $c = 0,2$ ist neben $\Sigma(N - A - V)$ schon in der Abb. 178 mit dargestellt.

$\Sigma(N - A - V)$ summiert die Einzelzunahmen der Monate im Winter zu einem Sparkapital, das bis Ende des Winters anwächst und im Sommer allmählich wieder abgebaut wird. Dieses Kapital muß sich in den wechselnden Beständen des Grundwassers $c \cdot h$ und der darüber lagernden Bodenfeuchtigkeit L wiederfinden. In diese zwei Komponenten muß also die $\Sigma(N - A - V)$ zerlegt werden. Vom mathematischen Standpunkt aus ist die Zerlegung durch verschiedene Annahmen von c auf beliebig viele Arten möglich, nicht aber vom geophysikalischen Standpunkt aus, da die Extreme bei $c \cdot h$ verhältnismäßig spät, bei L verhältnismäßig früh, bei $\Sigma(N - A - V)$ in der Mitte liegen müssen, wie es das Eindringen des Wassers in den Boden verlangt. Beachten wir diese Gesichtspunkte, dann kommen wir bei der *Havel* für c als wahrscheinlichsten Wert auf 0,20, während andere Annahmen für c bei L unmögliche Zeitlagen für den Eintritt des Höchst- und Tiefststandes ergeben (s. die weiter unten stehende Zusammenstellung für Havel und Weser). Aus entsprechend gebildeten Tabellen für die *Netze* bei Vordamm erhalten wir $c = 0,15$; für die *Weser-Aller* dagegen nur $c = 0,05$, und denselben niedrigen Wert erhalten wir auch für die *Mulde* bei Golzern. Die hohen Werte für c bei Havel und Netze, die niedrigen bei Weser-Aller und Mulde stimmen mit dem überein, was sich von vornherein erwarten läßt: die beiden ersten Gebiete sind *eben* und von *durchlässigen* Sanden erfüllt, in den beiden letzten findet sich mehr *Berg-* und *Hügelland*, im ganzen von mittel- bis *undurchlässigem* Charakter, das für Grundwasseransammlungen wenig Raum bietet. Auch Gebietsteile durchlässiger Natur können, wenn sie starke Bodenneigung aufweisen, kein hohes c aufweisen, da sie sich nach Sättigung durch die Niederschläge wieder rasch entleeren. Als *Wasserwert* $c \cdot h$ des jährlichen

Grundwasserumsatzes ergeben sich für die Havel 57 mm, für die Weser 38 mm, für die Netze 49 mm, für die Mulde 19 mm. Wir zeigen die Abschätzung des Wertes c noch im einzelnen am Beispiel der Havel und der Weser:

Havel (Rathenow); 19500 km²; 1902/10 (für N und A); 42 Grundwasserwarten. Werte in mm.

		Nov.	Dez.	Januar	Februar	März	April	Mai	Juni	Juli	August	Sept.	Oktober	Jahr
N		43	38	37	36	*35*	40	54	54	**86**	67	52	35	577
$\Sigma(N-A-V)$		32	56	77	91	**92**	81	35	−6	−14	*−22*	−9	0	$\Delta=92+22=114$
$c\cdot h$ für	$c=0{,}25$	18	28	51	61	70	**71**	54	38	26	12	7	*0*	$\Delta=71+0=71$
	$c=0{,}20$	15	23	41	49	56	**57**	43	31	21	10	5	*0*	$\Delta=57+0=57$
	$c=0{,}15$	12	17	31	37	43	**43**	32	24	16	7	3	*0*	$\Delta=43+0=43$
	$c=0{,}10$	8	12	21	25	29	**29**	22	16	11	5	2	*0*	$\Delta=29+0=29$
L für	$c=0{,}25$	14	28	26	**30**	22	10	−19	*−44*	−40	−34	−16	0	$\Delta=30+44=74$
	$c=0{,}20$	17	33	36	**42**	36	24	8	*−37*	−35	−32	−14	0	$\Delta=42+37=79$
	$c=0{,}15$	20	39	46	**54**	49	38	3	−30	*−30*	−29	−11	0	$\Delta=54+30=84$
	$c=0{,}10$	24	44	56	**66**	63	52	13	−22	−25	*−27*	−11	0	$\Delta=66+27=93$

Auf Grund des vorhandenen Beobachtungsmaterials konnte nicht vermieden werden, für die *Grundwasserwarten* den Gang aus anderen Jahresreihen als für den Abfluß zu bestimmen (meist 1916/35), ebenso bei der Weser.

Die Zusammenstellung soll zeigen, wie man sich (größenordnungsmäßig) hier für $c = 0{,}20$ entscheidet. An und für sich ist wegen der Durchlässigkeit des Gebiets ein relativ hoher Wert wahrscheinlich, entweder 0,20 oder 0,15. Wegen der auffallend hohen N im Juli ist ein leichter Rückgang der Trockenheit in den oberen Bodenschichten anzunehmen, deshalb kommt $c = 0{,}20$ der Wahrheit wohl noch näher. Bei der frühen Zeitlage des L-Minimums dürfte auch die Aussaugung durch die sich entwickelnde Pflanzendecke im durchlässigen Gelände eine Rolle spielen. Etwas anders liegt der Fall bei der

Weser einschl. Aller; 37905 km²; 1896/1915 (für N und A); 33 Grundwasserwarten. Werte in mm.

		Nov.	Dez.	Januar	Februar	März	April	Mai	Juni	Juli	August	Sept.	Oktober	Jahr
N		52	58	56	*50*	57	49	64	65	**87**	70	59	50	717
$\Sigma(N-A-V)$		31	59	78	**88**	85	69	25	−11	−23	*−33*	−18	0	$\Delta=88+33=121$
$c\cdot h$ für	$c=0{,}15$	26	52	108	111	**114**	**114**	98	54	29	12	0	*0*	$\Delta=114+0=114$
	$c=0{,}10$	17	35	72	74	**76**	**76**	65	36	19	8	0	*0*	$\Delta=76+0=76$
	$c=0{,}05$	9	17	36	37	**38**	**38**	33	18	10	4	0	*0*	$\Delta=38+0=38$
	$c=0{,}00$	0	0	0	0	0	0	0	0	0	0	0	0	$\Delta=0$
L für	$c=0{,}15$	5	**7**	−30	−23	−29	−45	*−73*	−65	−52	−45	−18	0	$\Delta=7+73=80$
	$c=0{,}10$	14	**24**	6	14	9	−7	−40	*−47*	−42	−41	−18	0	$\Delta=24+47=71$
	$c=0{,}05$	22	42	42	**51**	47	31	−8	−29	−33	*−37*	−18	0	$\Delta=51+37=88$
	$c=0{,}00$	31	59	78	**88**	85	69	25	−11	−23	*−33*	−18	0	$\Delta=88+33=121$

Das Minimum der Feuchtigkeit L verspätet sich bei kleiner genommenem c vom Mai bis in den August, wobei auch noch das N-Maximum im Juli zu beachten ist. Mai/Juni ist für das Minimum wegen der noch vorhandenen Winterfeuchte und der noch nicht erreichten Hochsommertemperatur unwahrscheinlich; im weniger durchlässigen Gelände brauchen die Pflanzen ihren Bedarf nicht aus der Tiefe zu holen. Juli wird bezeichnenderweise übersprungen, so daß

$c = 0{,}05$ mit Augustminimum am wahrscheinlichsten ist. Vergleicht man Havel und Weser, so liegt darin eine weitere Bestätigung der angenommenen Schwankungswerte: Der Grundwasserumsatz $c \cdot h$ kommt mit 57 mm der Bodenfeuchtigkeit L mit 79 mm im durchlässigen Gebiet der Havel viel näher, als es die Unterschicht im weniger durchlässigen Gebiet der Weser mit nur 38 mm gegenüber der Oberschicht mit 88 mm tut.

Zu bemerken ist noch, daß die Nullage für h und damit für alle angegebenen Reihen auf das Ende des hydrologischen Jahres (31. Okt.) gelegt ist, ohne Rücksicht darauf, ob der tiefste Stand, z. B. bei L, zu einem anderen Zeitpunkt eintritt. Die Reihen stellen also nicht Absolutwerte dar, sondern nur die Abweichungen von einer (willkürlich festgesetzten) Nullinie. Wenn wir z. B. die Zeilen für $\sum(N - A - V)$ und $c \cdot h$ um einen konstanten Betrag erhöhen, so erhalten wir für L doch dieselben Werte, da sich jener Betrag bei der Differenzenbildung wieder heraushebt.

Unter Hinzunahme zweier Gebiete, für welche ebenfalls noch genügend Grundwasserwarten vorhanden sind (weitere Gebiete sind schwer zu finden!), ergibt sich folgende Zusammenstellung:

Zerlegung der mittleren Vorratsschwankung (mm).

	Jährlicher Niederschlag	Mittlere Vorratsschwankung beim		Bemerkungen
		Grundwasserumsatz $c \cdot h$	Bodenfeuchtigkeit L	
Havel (Rathenow)		114 ↙	↘	
19500 km², 1902/10	577	57	79	stark durchlässig
		($c = 0{,}20$)		
Netze (Vordamm)		102 ↙	↘	
15872 km², 1896/1905	537	49	55	stark durchlässig
		($c = 0{,}15$)		
Weser (einschl. Aller)		121 ↙	↘	
37905 km², 1896/1915	717	38	88	mittel-durchlässig
		($c = 0{,}05$)		
Mulde (Golzern)		136 ↙	↘	
5434 km², 1911/35	892	19	136	undurchlässig
		($c = 0{,}05$)		

Wesentliche Unterschiede dieser Methode gegenüber anderen Vorratsbestimmungen liegen darin, daß eine größere Zahl von Grundwasserwarten verwandt wird, vor allem aber in der Einführung der *Bodenfeuchtigkeit*, die zwischen die ober- und unterirdischen Vorräte eingeschaltet wird (vgl. HAUSCHUTZ, Bem. 12, S. 310; dort S. 70). — Bei unregelmäßiger Verteilung der Stationen muß diesen für die Ermittlung von h verschiedenes Gewicht beigelegt und gegebenenfalls müssen (wie bei den Niederschlägen) Karten der Grundwassergleichen zu Hilfe genommen werden. Die hier entwickelte Methode gibt in erster Linie *allgemeine* Hinweise. Für genauere quantitative Bestimmungen muß die Heranziehung von zeitlich entsprechenden Jahresreihen abgewartet werden.

Über die in der mittleren Spalte der letzten Zusammenstellung angegebenen Zerlegungswerte ist zu bemerken, daß die Summe der Schwankungsweiten von $c \cdot h$ und L *nicht* gleich der mittleren Vorratsschwankung ist. Der Grund hierfür liegt darin, daß die Extreme der 3 Reihen in verschiedene Monate fallen; so addiert sich der Wellenberg nicht zum Wellenberg, sondern zu irgendeiner Stelle des Wellentals, und die Amplitude der kombinierten Welle wird kleiner als die Summe der Einzelamplituden.

Der Begriff „*Grundwasservorrat*" wird viel gebraucht, ist aber nicht streng definiert. Besser lassen sich verwandte Begriffe näher umschreiben. Wir verstehen unter *Grundwasserumsatz*:

Im engeren Sinne: Das Mehr an Wasser, das im *Monat* des *durchschnittlichen* Grundwasserhochstandes gegenüber dem des Tiefstandes für den unterirdischen Abfluß zur Verfügung steht (*periodische* Schwankung des Grundwasservorrats).

Im weiteren Sinne: Dasselbe Mehr im Durchschnitt ausgesprochener *Naßjahre* gegenüber Trockenjahren (*extreme* Schwankung des Grundwasservorrats, mittlere Vorratsschwankung).

Unterhalb des Grundwasserumsatzes befinden sich (s. S. 200, 283 und Abb. 179) die *Grundvorräte*, die sich aus der Trockenwetterkurve (Abb. 135) ergeben und nur unregelmäßig in den Umsatz eingehen.

Der *Grundwasserumsatz in Deutschland* (vgl. S. 278) wäre im engeren Sinne 3 bis 4 cm Wasserhöhe, im weiteren Sinne 12 bis 15 cm. In Spende ausgedrückt strömt also den Flüssen aus dem ersten Betrag 1 l/s · km² zu. Dieser Wert ist aber unter der Voraussetzung einer gleichmäßigen Verteilung über das Jahr ermittelt. In Wirklichkeit entsteht der Zuschuß aus einer Rücklage im Winter und Frühjahr, die im Sommer und Herbst aufgebraucht wird. Man kann daher die *Grundwasserspende* für die Trockenzeiten, die wir zu rund $^1/_2$ Jahr ansetzen, größenordnungsmäßig auf 2 l/s · km² schätzen. Regional kommen diese 2 l selbst als Mittel aus grundwasserarmen und grundwasserreichen Gegenden zustande; die letzteren werden also in den Trockenzeiten wiederum ein Mehrfaches der 2 l an die Flüsse liefern. „Spender" ist natürlich in letzter Linie nicht das Grundwasser, sondern der Niederschlag; er füllt im Winter, durch die geringe Verdunstung und den Rückstau der Flüsse unterstützt, das Grundwasser auf, so daß neben der gleichzeitigen Abgabe an die Gewässer bedeutende Mengen für den Sommer gespeichert werden. Man kann allerdings die Betrachtung einer Grundwasserlieferung auch auf die Naßzeiten des Jahres ausdehnen: aber hier verschwimmt dieser Begriff mehr und mehr, verliert zudem an praktischer Bedeutung, weil ja in Naßzeiten das Wasser in verschiedener Form ohnehin zur Verfügung steht. Man beachte endlich den großen Unterschied der Tageswerte bei N, A, V in Trockenzeiten. Ein Regentag kann größenordnungsmäßig leicht 30 mm liefern, die Verdunstung steigt an heißen Tagen auf 3 mm, während der Abfluß weit unter 0,3 mm sinkt. Also überragender Einfluß einzelner Regen auch auf die Vorratsbildung!

Das *nutzbare* Grundwasser ist lange Zeit hindurch nach der Mächtigkeit der grundwasserführenden Schicht beurteilt wurden. Man spricht in diesem Zusammenhang auch von *Grundwasserhöffigkeit*. Vom Grundwasserkörper ist aber der Teil abzutrennen, der wirklich in den Kreislauf eingeht. Es entsteht dabei die Frage, ob die Ermittlung der *Substanz* nicht besser durch die *Mindestlieferung* ersetzt wird. Als solche ist das MNq der ausfließenden Gewässer anzusehen (als Mittelwert besser als das NNq). So erfaßt man gewissermaßen die Zinsen des Kapitals, um dessen Größe man sich nicht zu kümmern braucht. Bei der Gewinnung von Grundwasser, sei es direkt oder durch Uferfiltration, kann man bis an diesen Wert herangehen. Andere Möglichkeiten bestehen in der Betrachtung der Durchschnittslieferung in extremen Trockenperioden einzelner Jahre [vgl. S. 226 und WUNDT (16)]. — In allen Fällen wird also an Stelle einer *statischen* Auffassung des Grundwassers eine *dynamische* gesetzt.

6. Die Trockenwetterkurve als Mittel zur Vorratsbestimmung.

Geht man bei der Trockenwetterkurve (S. 199ff.) vom MQ des Monats mit der niedrigsten Summe $\sum(N - A - V)$ aus, so gehört zu jedem Tag, der nach Vorübergang dieses MQ ins Auge gefaßt wird, eine gewisse Wasserführung, und bei der graphischen Darstellung (Abszisse = Zahl der Tage; Ordinate = Wasserführung) entspricht die Fläche der Kurve, die zwischen zwei beliebigen Tagesordinaten liegt, dem Wasservorrat, der in dieser Zeit abgeflossen ist. Vgl. hierzu S. 200 und die Abb. 134 und 135.

Die Frage, welche Flächen [vom MQ zur niedrigsten $\sum(N - A - V)$ bis zum MNQ, weiter von MNQ bis NNQ, endlich die Fläche unterhalb NNQ?] nun eigentlich einen Vorrat darstellen, ist Sache der Definition (vgl. S. 282), und man tut am besten, diese „*Grundvorräte*" (mm Wasserwert) von vornherein in Stufen zu trennen. Es zeigt sich dabei auch eine starke Abhängigkeit von der Niederschlagshöhe. Man erhält für 15 württembergische Flüsse (für Stufe *a* ist eine *mittlere* Trockenkurve aus Sommer und Winter gebildet) nach WUNDT (4):

Grundvorräte in mm; geordnet nach dem Niederschlag (mm). Auf Grund der Jahrgänge 1921/33.

Jährlicher Niederschlag		600 bis 900	900 bis 1200	1200 bis über 1700	
Zahl der Flußgebiete		6	6	3	
Grund-vorräte	vom MQ zur niedrigsten $\Sigma(N - A - V)$ bis MNQ	2 bis 14 Mittel 8	12 bis 29 Mittel 16	38 bis 55 Mittel 45	Stufe a
	von MNQ bis NNQ	1 bis 7 Mittel 4	2 bis 20 Mittel 8	12 bis 35 Mittel 24	Stufe b
Fließdauer (Tage) in Stufe b		12 bis 63	16 bis 50	21 bis 61	

Die Zusammenstellung zeigt eine klare Zunahme der Grundvorräte mit der Regenhöhe. Dies entspricht dem früher begründeten Prinzip, daß die Bildung von A und daher auch von A_u wesentlich mit dem Unterschied $N - V$ zusammenhängt; angesichts der geringen Änderungen von V muß die Größe von A und A_u mit N wachsen. Es spielt aber auch noch folgendes mit: Bei großen Niederschlagshöhen sinkt die Wasserführung bei einigermaßen gleichmäßiger Verteilung des Regens über das Jahr gar nicht zu den Werten ab, die unter anderen Verhältnissen erreicht würden. Die hohen Werte des MNQ und NNQ sind daher nicht bloß als Folge starker *Rückhaltekraft*, sondern auch als Folge der *kurzen Pausen* zwischen den Regenfällen zu werten. — Auffallend ist ferner die große *Verschiedenheit der Grundvorräte* zwischen den Flußgebieten auch innerhalb derselben Niederschlagsgruppe: sie ist eine direkte Folge der verschiedenen *Durchlässigkeit* und *Bodenneigung*, d. h. der Rückhaltekraft der Gebiete, und bringt uns eindringlich zum Bewußtsein, daß *Durchschnittswerte nicht auf Einzelgebiete übertragen* werden dürfen. Es handelt sich bei den Durchschnittswerten nur um die Feststellung eines — sehr weit gespannten! — *Rahmens* für die unterirdische Speicherung.

Vergleicht man die Werte des „Grundwasserumsatzes", die mit Hilfe der *Bilanzmethode* gewonnen wurden, mit den aus der *Trockenwetterlinie* ermittelten „Grundvorräten", so findet man bei der Bilanzmethode die höheren Werte. Dies kommt von der Verschiedenheit der erfaßten Bereiche her, aber letztlich davon, daß die primär — aus dem Niederschlag heraus — entstandene *Schwankung* als Grundlage der Schätzung die größte sein muß, daß sie sich aber bei der Verzweigung in verschiedene Wasserstränge etwas ausgleicht. Die Reihenfolge der Größe in den Schwankungen ist etwa durch folgende Reihe gegeben: Regenfall, Bodenfeuchtigkeit im Kapillarsaum, Grundwasser, Quellen, kleine Flüsse, große Flüsse (die beiden letzten durch die Trockenkurven repräsentiert). Beim

Grundwasserstand wird die Schwankung dadurch hochgehalten, daß die Pflanzendecke in der warmen Jahreszeit wie eine Pumpe wirkt: die Wurzeln ziehen in der Trockenheit alles erreichbare Wasser an sich. Es gibt sogar Beispiele von Hochmooren, wo das Wasser nur im Winter höher steht als in den benachbarten Gräben (KOEHNE). So dürfen wir uns nicht wundern, wenn die Trockenwetterlinie bei der Beurteilung der Grundvorräte ein etwas ruhigeres Bild liefert als die unmittelbare Beobachtung des Grundwassers.

Bei der Leistung von Grundwasserspeichern ist neben dem Grundwasserkörper auch die Fließgeschwindigkeit in Betracht zu ziehen. Verfolgt man diesen Gedanken weiter, so kommt man wieder zu dem Schluß, daß die *Lieferung* aus Grundwasser (gemessen durch die Niedrigwasserspende) wichtiger ist als die *Substanz* selbst (vgl. S. 282, 290, 294).

7. Der Gleichgewichtszustand zwischen Niederschlag und Wasserführung ergibt sich für mitteleuropäische Verhältnisse daraus, daß im Hochsommer etwa 90 mm monatliche Verdunstung durch Niederschläge kompensiert werden müssen, im Winter nur etwa 6 mm; mit anderen Worten: im Hochsommer müssen durchschnittlich 3 mm Regen täglich fallen, im Winter nur $^1/_5$mm. Aber die Wirkung auf die Wasserführung gestaltet sich doch etwas anders, da dieser Überschlag nur für den Durchschnittstag (trockene und nasse zusammen), nicht für den regenfreien Tag gilt. An Tagen ohne Niederschlag fällt die Wasserführung nach der Trockenkurve ab; ein leichter Regen hat nur eine Verflachung des Abfalls zur Folge, u. U. gar keinen Einfluß auf die Wasserführung, während an Tagen mit starkem Regen eine rasche und immer steigende Reaktion eintritt. Von Interesse ist, bei welcher Regenhöhe eine *Umkehr* vom Fallen zum Steigen stattfindet. Eine kleine (nicht veröffentlichte) Untersuchung an der Glatt (Nebenfluß des oberen Neckars bei Neunthausen, 201 km^2) zeigte, daß eine solche Umkehr im Sommer durchschnittlich 6 mm Regen für den Ausgangstag erforderte, auch im Winter noch 3 mm. Die Höhe dieses Wertes mag auffallen; sie erklärt sich dadurch, daß wir uns im Winter durchschnittlich auch in den höheren Teilen der Abfallkurve bewegen; sie sind zugleich die steileren, bedingen also eine starke Zufuhr, wenn ein Umschlag eintreten soll. Umgekehrt ist auch die Reaktion im Naßteil der Ganglinie (bei schon steigendem Wasserstand) eine viel raschere.

Eine *Vorratsbestimmung für die Einzelmonate* hat K. FICKERT für die Zschopau 1911/30 (Lichtenwalde, 1573 km^2) mit Hilfe der Trockenwetterkurve unternommen, ähnlich wie es SCHNELL mit anderen Methoden für die Ems durchgeführt hat. Voraussetzung ist die genaue Kenntnis der Trockenkurve, die nur für die Sommermonate mit Sicherheit aufgestellt werden konnte. Befinden wir uns am Schluß des Monats — für den Grundwasserabfluß betrachtet — an einer höheren Stelle der Trockenkurve, so ist eine aus der Fläche der Kurve zu entnehmende Rücklage R eingetreten, bei einer tieferen Stelle ein Aufbrauch; aus den R und B der Einzelmonate ergibt sich als $R - B$ die durchschnittliche Vorratsänderung S der Kalendermonate Mai. Juni, Juli usw. Sie stellt sich bei der Zschopau, wie zu erwarten, für die Sommermonate als negativ, von Mai bis Oktober summiert zu —18 mm heraus, wovon auf den Mai allein —13 mm entfallen; wir können dies wohl hauptsächlich als Verbrauch für die Vegetationsentwicklung ansehen. Für die übrigen Sommermonate ist $R - B$ auffallend klein; dies deutet wohl auf einen *Gleichgewichtszustand* hin, auf den schon beim Wasserkreislauf hingewiesen wurde. Methodisch ist das Verfahren K. FICKERTS von Bedeutung; Schwierigkeiten treten bei der Übertragung auf die Wintermonate (und schon im Oktober) auf; zu klären sind die großen Schwankungsweiten in den einzelnen Monaten und Sommern; bei weiteren Versuchen wäre zum Vergleich die Inangriffnahme eines durchlässigen Gebietes (mit stärkerer Speicherung) erwünscht; denn auch bei einer Arbeit von R. FICKERT ergab sich für das Gebiet der Mulde eine sehr geringe Rückhaltekraft (vgl. hierzu S. 281).

8. Die Korrelationsmethode.

Die Niederschläge gehen beim Wasserkreislauf teils in Abfluß, teils in Verdunstung über. Im Winter übernimmt der Abfluß viel vom Niederschlag, im Sommer nur wenig; bei der Verdunstung ist es umgekehrt. Aber der Niederschlag des Winters bestreitet außer dem Abfluß und der Verdunstung auch gewisse Rücklagen, die erst im Sommer verbraucht werden. Der Winter hat also als Einnahmen den Niederschlag, als Auslagen Abfluß, Verdunstung und Rücklagen zu buchen; der Sommer hat neben dem Niederschlag auch die aufgespeicherten Rücklagen als *Einnahmeposten* zu werten, während Abfluß und Verdunstung wieder als Ausgaben anzusehen sind. Aber nur für das Durchschnittsjahr betrachtet heben sich Niederschlag, Abfluß und Verdunstung in der Form $N = A + V$ zur Bilanzsumme Null auf, während in Naßjahren Rücklagen, in Trockenjahren Abmängel in das folgende Jahr übernommen werden. Der Abfluß eines Jahres hängt somit teilweise von dem des vorhergehenden ab, und man kann versuchen, den statistischen Zusammenhang zwischen N und A in aufeinanderfolgenden Zeitabschnitten durch Korrelationen festzulegen. KARL FISCHER (gest. 1943) hat dies in einer Reihe von Arbeiten durchgeführt, zuletzt in einer Abhandlung im Handbuch der Geophysik von GUTENBERG, die wegen des Krieges nur in Einzelexemplaren gedruckt wurde. Ich folge dieser Arbeit unter möglichster Anlehnung an ihren Wortlaut.

„In einer n-jährigen Niederschlags- und Abflußreihe seien N und A die einzelnen Jahresbeträge, $\overline{N}$ und $\overline{A}$ ihre arithmetischen Mittel, ΔA und ΔN die Abweichungen $N - \overline{N}$ und $A - \overline{A}$. Die einfachste Korrelation besteht in dem Ansatz

$$A = aN + h + \lambda, \tag{1}$$

worin a und h Festwerte sind, während der Fehler λ sich mit N und A in der Reihe der Jahre ändert. Wenn die Summe der Fehlerquadrate $\sum\lambda^2$ und damit auch der *mittlere Fehler*" (Definitionen s. S. 194) „möglichst klein werden soll, muß (1) durch die Mittelwerte $\overline{N}$ und $\overline{A}$ fehlerfrei erfüllt sein. Somit wird $h = \overline{A} - a\overline{N}$ und (1) vereinfacht sich zu

$$\Delta A = a\,\Delta N + \lambda,$$

wobei λ für den Durchschnitt gleich Null wird. Für die Weser bis vor der Aller (als Beispiel) ergibt die Jahresreihe 1896/1915 den Wert $a = 0{,}24$; für die Aller ergibt sich $a = 0{,}27$. Die Abweichungen des Abflusses nehmen also nach dieser Berechnung nur 24% bzw. 27% der Abweichungen des Niederschlags in sich auf.

Wir verwenden ferner die Formel für den Korrelationskoeffizienten (Korrelationsfaktor)

$$r = \frac{\sqrt{\sum x^2 \cdot \sum y^2}}{\sqrt{\sum x^2 y^2}},$$

worin x und y die ohne Rücksicht auf die Vorzeichen genommenen Abweichungen der beiden Veränderlichen A und N von ihrem arithmetischen Mittel bedeuten. Für die vorhin genannten Fälle der Weser und Aller erhalten wir dabei die nicht sehr hohen Werte $r = 0{,}47$ bzw. $0{,}56$.

Engere Beziehungen als für das *ganze* Jahr existieren für die *Halbjahre* zwischen Niederschlag und Abfluß. Wie schon unter „Jahr" das *hydrologische*

Jahr zu verstehen war, so bedeutet das Winterhalbjahr die Zeit vom 1. Nov. des Vorjahres bis zum 30. Apr. des namengebenden Jahres, während das Sommerhalbjahr vom 1. Mai bis 31. Okt. dauert. Man findet als Anteile a, die von ΔN in ΔA übergehen und als zugehörige Korrelationskoeffizienten (*Kkf*) für die Halbjahre (unter Wiederholung der Jahreswerte):

	Weser bis vor Aller (22311km²)			Aller (15594km²)		
	Winter	Sommer	Jahr	Winter	Sommer	Jahr
a	0,69	0,21	0,24	0,61	0,22	0,27
r	0,66	0,73	0,47	0,67	0,79	0,56

Im Winter gehen also bei der Weser durchschnittlich 69%, bei der Aller 61% von ΔN in ΔA über, im Sommer nur 21% bzw. 22% (im folgenden erhalten Winter, Sommer und Jahr die Indizes w, s, j). So erklärt es sich, daß die Beziehungen von A_w zu N_w und von A_s zu N_s mit wesentlich höheren *Kkf* verbunden sind als die von A_j und N_j. Man braucht aber ΔA_j nur als $\Delta A_w + \Delta A_s$ zusammenzusetzen, d. h. anders zu definieren, um auch für das Jahr bessere Beziehungen zu erhalten, nämlich:

Für die Weser: $\Delta A_j = 0{,}69\,\Delta N_w + 0{,}21\,\Delta N_s$ mit $r_j = 0{,}66$.

Für die Aller: $\Delta A_j = 0{,}61\,\Delta N_w + 0{,}22\,\Delta N_s$ mit $r_j = 0{,}68$.

In Gebieten mit wasseraufnahmefähigem Boden hängen die Abflußhöhen mindestens aber auch noch vom Niederschlag des *vorangegangenen* Halbjahrs ab. Es liegt also nahe, die Ansätze zu erweitern in

$$\Delta A_w = a_w \Delta N_w + b_w \Delta N_{s-1}, \tag{3}$$

$$\Delta A_s = a_s \Delta N_s + b_s \Delta N_w, \tag{4}$$

worin $s-1$ den Sommer des vorhergegangenen Abflußjahres und ΔN_{s-1} die Abweichungen vom Mittel dieser um ein Jahr zurückverlegten Reihe von Sommern bedeutet. Die *Kkf* für den Winterabfluß (3) steigen hierdurch auf $r_w = 0{,}92$ (Weser) und $r_w = 0{,}91$ (Aller), während die zum Sommerabfluß (4) gehörenden $r_s = 0{,}73$ (Weser) und $r_s = 0{,}79$ (Aller) sich nicht wesentlich verbessern. Seinen Grund hat dies darin, daß zwar die Schwankungen der Niederschlagsmengen des Sommers ΔN_{s-1} wesentlich auf den Abfluß des folgenden Winters wirken, dagegen die ΔN_w des Winters nur wenig auf den Abfluß des folgenden Sommers."

Dies ist — wie hier eingefügt sei — nicht so zu verstehen, daß wesentliche Niederschlagsmengen aus dem Sommer erst im Winter zum Abfluß kämen, wohl aber, daß die *Abflußbereitschaft* des Bodens nach nassen Sommern stark erhöht, nach trockenen Sommern wesentlich geschwächt ist, so daß im letzteren Fall die Grundwasservorräte im Winter erst wieder *aufgefüllt* werden müssen. Wir erinnern uns dabei, daß die Trockenwetterkurve, die einen Maßstab für das noch vorhandene Grundwasser darstellt, zuerst rasch, dann immer langsamer fällt. Diesem Verlauf im Sommer entspricht rückwärts ein langsamer und erst allmählich rascher werdender Anstieg im Winter. — Ferner sei bemerkt, daß die niedrigen r-Werte für das hydrologische Volljahr größer werden, wenn man seinen Beginn auf den 1. Mai (statt auf 1. Nov.) legt; vgl. S. 204.

Doch weiter mit Karl Fischer:

„Faßt man schließlich die Halbjahre zu $\Delta A_j = \Delta N_w + \Delta A_s$ zusammen, so erhöhen sich die *Kkf* auf $r_j = 0{,}90$ (Weser) und $r_j = 0{,}87$ (Aller). Die *Kkf* verbessern sich also für die betrachteten Fälle Schritt für Schritt. — Trotzdem bleiben die Fehler (Differenzen zwischen berechnetem und gemessenem A)

in manchen Halbjahren recht groß. Die erhaltenen Bezugsgleichungen können also nur als ein Ausdruck eines gewissen Durchschnittsverhaltens gelten, und für manche Gebiete läßt sich jedoch selbst der durchschnittliche Verlauf der Beziehungen zwischen $\varDelta N$ und $\varDelta A$ auf diesem Wege nicht herleiten. Es kann sich nämlich herausstellen, daß die nach der Methode der kleinsten Quadrate berechneten Koeffizienten der Bezugsgleichungen sich durch erheblich abweichende Werte ersetzen lassen, ohne daß sich der mittlere Fehler und mit ihm der *Kkf* wesentlich verschlechtert. Die Ergebnisse sind dann Zufallsprodukte, die schon bei geringfügigen Änderungen in den Ausgangszahlen oder im Rechnungsgang zu schwanken beginnen. Auch wenn diese und ähnliche Mängel sich beseitigen ließen, bliebe immer noch die Größe $U = N - A$ in die Verdunstung V und einen (positiven oder negativen) Speicherungsbetrag $S = R - B$ zu zerlegen, da die Beziehungen zwischen N und A erst hierdurch wirklich verständlich werden.“

Trotz der geschilderten Schwierigkeiten hat FISCHER versucht, die Zerlegung von U in V und S für die einzelnen Jahre durchzuführen. Er sagt dazu: „A, V und S wurden zunächst nach den Gleichungen für das Durchschnittsverhalten berechnet. Dabei ist die Bilanzgleichung $N = A + V + S$ nur dann erfüllt, wenn sich das gemessene A mit dem nach dem Durchschnittsverhalten berechneten deckt, was im allgemeinen nicht der Fall ist. Aber man kann die Glieder V und S noch auf die gemessenen A *abstimmen*, indem man beide zusammen, also ihre Summen, um denselben Betrag vergrößert oder verkleinert, um den das gemessene A kleiner oder größer ist als das nach dem Durchschnittsverhalten berechnete; V kann hierbei um einen anderen Wert zu ändern sein als S; es kann sogar vorkommen, daß beide Werte im Vorzeichen voneinander abweichen. In manchen Fällen waren auch größere Änderungen nicht zu umgehen, obwohl das berechnete A mit dem gemessenen nahezu übereinstimmte, und in solchen Fällen müssen die Korrekturen an V und S ja immer das entgegengesetzte Vorzeichen haben.“

Das Schlußergebnis FISCHERS für den Verlauf von N, A, $U = N - A$ und die Zerlegung von U in V und $S = R - B$ ist in Abb. 180 dargestellt. Man sieht daraus, daß V im Einzeljahr — wie von vornherein zu vermuten — von U einen viel größeren Teil in Anspruch nimmt als S. Nimmt man die Werte von S für die Einzeljahre ohne Vorzeichen, d. h. betrachtet man die absolute Vorratsänderung, so erhält man für S den Durchschnittswert 41 mm. Dies sind nur 9% des langjährigen Durchschnittswertes für V oder U (449 mm). In einzelnen Jahren ergeben sich allerdings wesentlich

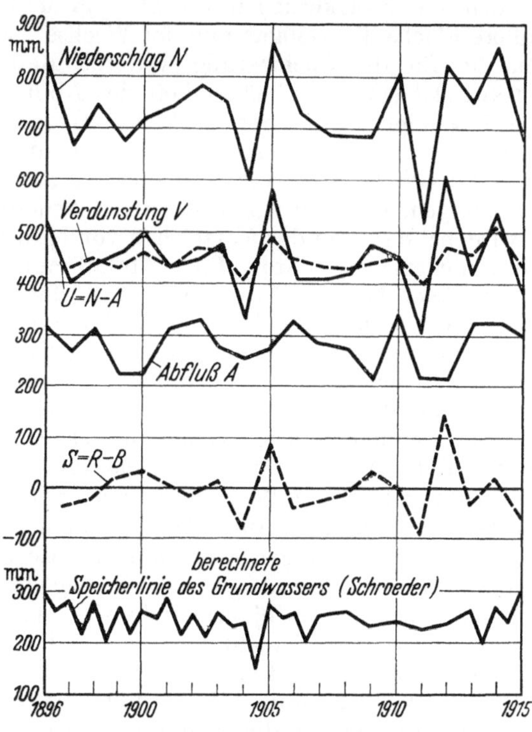

Abb. 180. Gang von N, A, V, S an der Weser. Nach FISCHER. Speicherlinie des Grundwassers nach SCHROEDER.

höhere Beträge. So betrug 1912, dem Folgejahr des bekannten Trockenjahrs 1911, der Rücklageüberschuß 31% der gleichzeitigen Verdunstung, während 1904 — also im *Verlauf* eines solchen Trockenjahrs — der Aufbrauchüberschuß 20% der gleichzeitigen Verdunstung erreichte.

Diese letzte Darstellung aus der Feder KARL FISCHERS *zeigt deutlich, daß er selbst erhebliche Mängel in seinen Berechnungen und allgemeinen Folgerungen erkannte.* Diese sind in der Tat Gegenstand einer eingehenden Kritik geworden.

Zunächst stellte sich heraus, daß die von FISCHER gefundene verhältnismäßig stramme Beziehung zwischen Niederschlag und Abfluß nur für die Weser und Aller gilt. R. FICKERT [Wasserkraft und Wasserwirtschaft 31 (1936)] hat dieselbe Methode auf das Gebiet der Mulde bei Golzern und einige ihrer Teilgebiete angewandt. Hierbei zeigte sich der Einfluß des vorausgehenden Halbjahrs viel schwächer als bei der Weser-Aller, wie aus folgenden Gleichungen ersichtlich ist:

Mulde bei Golzern (5434 km²), Jahre 1911/30

$$\Delta A_w = 1{,}02\,\Delta N_w + 0{,}10\,\Delta N_{s-1} - 1; \qquad r_w = 0{,}96$$
$$\Delta A_s = 0{,}50\,\Delta N_s + 0{,}20\,\Delta N_w; \qquad r_s = 0{,}88$$

Dagegen ist der Einfluß der Niederschlagsschwankungen im *gleichen* Halbjahr stärker als bei der Weser-Aller. — Der Hauptgrund des abweichenden Verhaltens kann nicht im Rechnungsverfahren, sondern nur in der Natur der betrachteten Gebiete selbst liegen. Der *Untergrund* des Muldegebiets ist Urgestein, der Boden undurchlässig, dabei die Geländeneigung ziemlich stark, so daß sich kaum unterirdische Wasseransammlungen bilden können. — Bei der Weser-Aller haben wir zwar kein ausgesprochen durchlässiges Gebiet vor uns, aber in weiten Teilen ist doch die Einsickerung in erheblichem Maße möglich. Dazu kommt die viel größere Fläche des Gebiets und der Wechsel zwischen Talengen und Talweitungen, die für die Speicherung weiteren Raum bieten. — Auch TROSSBACH [WUNDT (4)] hat die Abhängigkeit des Abflusses vom Niederschlag in aufeinanderfolgenden Halbjahren nach der FISCHERschen Methode untersucht und sie dabei auf die Verdunstung V ausgedehnt. Er findet unter 8 württembergischen Flüssen bei der Hälfte (oberer Neckar, Glatt, Tauber, Brenz) plausible Beziehungen. Dagegen treten bei den 4 anderen Flüssen Unstimmigkeiten auf. So wird bei der Lein das Vorzeichen von b_s in Gl. (4) negativ, d. h. ein erhöhter Winterniederschlag sollte auf den Abfluß im folgenden Sommer vermindernd (!) wirken. Auch bei der Murg müßte nach den aufgestellten Gleichungen ein erhöhter Sommerniederschlag den Abfluß im folgenden Winter schwächen (!). Umgekehrt treten bei der Argen und bei der Jagst positive, aber auffallend hohe b_s in den Gleichungen auf, nach denen im undurchlässigen (!) Gebiet der Jagst 17%, in dem der Argen gar 42% des Winterüberschusses in den Sommerabfluß übergehen würden. — Die Gründe für diese Unstimmigkeiten werden von TROSSBACH z. T. im Ansatz, der ja nur eine lineare Abhängigkeit von A und N vorsieht, zum andern in außerordentlichen Verhältnissen (z. B. zu kurzer Beobachtungsdauer) gefunden. Außerdem scheinen mir die statistischen Grundlagen für N angesichts der geringen Zahl von Regenwarten in so kleinen Gebieten ziemlich unsicher. Bei der Weiterführung der FISCHERschen Ansätze für das Jahr (an Stelle der Halbjahre) stellt sich aber auch der grundsätzliche Mangel heraus, daß A und V nicht mehr von 2 Veränderlichen und den zugehörigen 2 empirischen Konstanten abhängig ist, sondern von 3 Veränderlichen (z. B. ΔV_j von ΔN_w, ΔN_s und ΔN_{s-1}) und einer vermehrten Zahl von Konstanten. Dadurch wird der für die Halbjahre vorhandene individuelle Zusammenhang gelockert und durch weiter ausgreifende Zusammenhänge mitbeeinflußt, was für die Klärung des Einzelfalls nicht dienlich sein kann. Da die U aus der Differenzbildung aus den N und A hervorgehen und die S nur einen kleinen Teil von U ausmachen, müssen sich bei den S die Unstimmigkeiten noch weiter steigern. Welchen Weg FISCHER zur Beseitigung dieser Unstimmigkeiten eingeschlagen hat, geht aus den oben zitierten Sätzen seiner nachgelassenen Abhandlung hervor: es ist ein Ausgleich auf Grund von Einzelüberlegungen, der mit einem Rechenverfahren nichts mehr zu tun hat.

SCHNELL hat für das Emsgebiet bei Rheine die *Grundwasserstände* der Meßstelle Ummeln in eine Berechnung des Vorrats S für die einzelnen Halbjahre 1921/40 einbezogen. Ferner hat sich SCHROEDER (3) eingehend mit den FISCHERschen Methoden beschäftigt. Die Speicherlinie in Abb. 180 wurde auf Grund ähnlicher Ansätze wie bei FISCHER, unter Zuhilfenahme von Sonderüberlegungen auf Grund der Wetterverhältnisse in den Einzeljahren (die ja auch das Ausschlaggebende sind!) aufgestellt. In seiner neuesten Abhandlung (4) über die Ems verwendet SCHROEDER unter Weiterführung der Arbeiten SCHNELLS die wirklichen Beobachtungen an den Grundwassermeßstellen zur *Berechnung der Wasserreserven* und benützt dabei Ansätze, die denen FISCHER's verwandt sind. Ferner wird dort — als praktische Auswirkung der theoretischen Überlegungen — vorgeschlagen, daß man natürliches Grundwasser nur in Trockenzeiten fördern soll, sonst aber filtriertes Oberflächenwasser (*kombinierte Wasserentnahme*). Auf diese Art werden die Grundlagen für eine *Rahmenplanung* im Emsgebiet gewonnen. Ähnliche Gedankengänge, wie sie von FISCHER für die Weser-Aller verfolgt wurden, hat DEBSKI (Ber. d. VI. Balt. Hydrol. Konf. 1938) für Flußgebiete in Polen, speziell den Pripet, vertreten, wobei er sich neben der Rechnung auch graphischer Methoden bediente. Auch in der Hydrographie von SCHAFFERNAK (1) sind, mit Bezug auf frühere Arbeiten über die Mur (Nebenfluß der Drau), Methoden entwickelt, die den Abfluß eines Halbjahrs mit den Zuständen der vorausgehenden Zeit in Beziehung bringen, wobei besonders auf vorhandene *Schneedecken* abgehoben wird. — Die Erkenntnis der Zusammenhänge kann auch prognostisch verwertet werden, wenn auf eine erfahrungsgemäß starke Niederschlagsperiode des Jahres eine regelmäßig schwache folgt; dies trifft z. B. für die Wasserführung der Libanonflüsse und für die nordafrikanischen Gewässer zu; ferner für den Po, wo auf starke Regenperioden im Herbst eine sehr geringe Speisung aus den Alpen im Winter folgt (COUTAGNE). In solchen Fällen kommt der Trockenwetterkurve eine steigende Bedeutung zu.

Aber wenn man — ohne künstliche Speicherung in Rücksicht zu ziehen — sich vom Durchschnittsverhalten wieder den Einzelhalbjahren zuwendet, wird man seine Erwartungen auf eine *vorausschauende* Wasserwirtschaft nicht sehr hoch schrauben dürfen. Dies gilt auch dann, wenn man die FISCHERschen Gleichungen durch Einbeziehung des Grundwassers einwandfrei aufbaut. Alle diese Berechnungen setzen ja voraus, daß man den Niederschlag des früheren und des späteren Halbjahrs *bereits kennt*, so daß für die Zukunft nur ganz beschränkt Schlüsse gezogen werden können. Für undurchlässige Gebiete ist die Nachwirkung ohnehin ganz unbedeutend. Bei Gebieten mit Speicherungsvermögen beeinträchtigt ein trockener Sommer den Abfluß im folgenden Winter, weil die Vorräte wieder neu gebildet werden müssen; dies ist aber für den Abfluß im wirtschaftlichen Sinn von geringer Bedeutung, weil das Winterhalbjahr an und für sich abflußreich ist. Wichtiger wäre eine Prognose von einem nassen oder trockenen Winter auf den folgenden Sommer. Zweifellos ist ein hoher Grundwasserstand zu Ende des Winters förderlich für Wasserzufuhr an Flüsse und Pflanzen im folgenden Sommer; aber damit ist der *überragende Einfluß dieses Sommers selbst* auf seinen Abfluß nicht ausgeschaltet. Auch kommen Speicherungen im Winter viel mehr der Verdunstung des Sommers als dessen Abfluß zugute. Der Niederschlag des Sommers folgt in der Hauptsache den Launen der Witterung, deren Rhythmen noch reichlich in Dunkel gehüllt sind. Es gibt zwar Institute für mittel- und langfristige Wettervorhersage, deren Prognosen mit Erfolg verwendet werden. Aber die Zeiträume, für die man eine Entwicklung der Wasserstände voraussagen kann, sind, wenn wir von den rasch verlaufenden Hochwässern absehen, viel zu kurz, und die Prognose ist wegen der neu hinzukommenden Einflüsse hier noch schwieriger als bei der Witterung.

In diesem Zusammenhang ist auch die Frage zu erörtern, ob es zweckmäßig war, das hydrologische Jahr im Herbst beginnen und mit dem Sommer endigen zu lassen. Zweifellos sind die *Vorräte* — bei mitteleuropäischen Verhältnissen — um diesen Zeitpunkt am stärksten erschöpft, so daß man einen Wiederanfang vor sich hat. Aber die Erfahrung hat gezeigt, daß der Sommer auf den folgenden Winter stärker einwirkt als der Winter auf den Folgesommer; es ist also die größere oder geringere *Abflußbereitschaft* — im Sinne einer Folgeerscheinung ohne nähere Definition durch Bodenfeuchtigkeit und Grundwasser —, die sich auf den nächsten Winter vererbt. Von diesem Standpunkt aus wäre die Einteilung von COUTAGNE, der das hydrologische Jahr am 1. Mai beginnen läßt, der üblichen Einteilung vorzuziehen.

9. Die Summenlinien des Zu- und Abflusses.

Die jährlichen und die langjährigen Schwankungen des Abflusses geben Anlaß, die Frage der Vorratsbildung noch einmal von etwas anderem Standpunkt anzufassen. Zu Beginn des Kapitels wurde darauf hingewiesen, daß bei der Vorratsfrage der Begriff der *Substanz* und der *Lieferung in der Zeiteinheit* auseinandergehalten werden müssen. Man kann aber dieses Ineinandergreifen von Substanz und ständigen Zu- und Abgängen in *einer* Darstellung vereinigen (Abb. 181). Wir tragen den Vorrat in der Ordinatenrichtung, die Zeiten in der Abszissenrichtung auf. Im Winter des ersten Jahres (s. Fall a) wird die Summenlinie des Zuflusses (I) rascher steigen als im folgenden Sommer, ebenso in den Wintern der beiden folgenden Jahre. Dagegen wird die Summenlinie des Verbrauchs (II) wegen der geringeren Inanspruchnahme im Winter nur flach, im Sommer steiler ansteigen. Der in der Ordinatenrichtung gemessene Abstand von I und II stellt also den jeweiligen Vorrat dar, die wechselnde Höhe des schraffierten Raumes zwischen I und II veranschaulicht die zeitlichen Änderungen des Vorrats. Im großen und ganzen werden unter normalen Verhältnissen Zufluß- und Verbrauchssummenlinie einander parallel bleiben. Anders gestaltet sich die Sache, wenn der Verbrauch übermäßig wird (Fall b). Auch hier wird der Vorrat gegen Ende des Winters etwas ansteigen, aber nach gewisser Zeit — in der Abbildung im

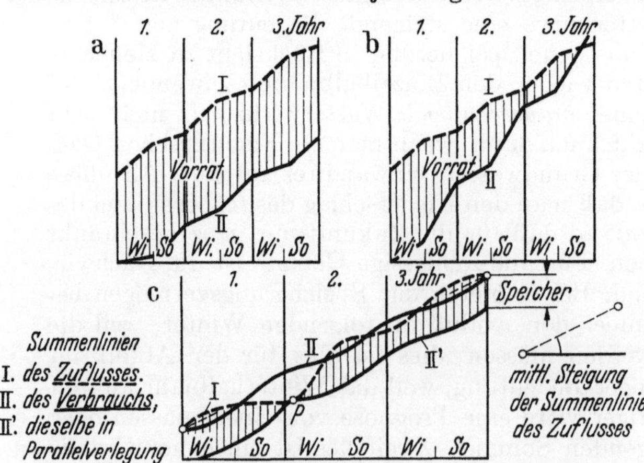

Abb. 181. Die Summenlinien des Zu- und Abflusses. Damit die Verbrauchssummenlinie die des Zuflusses nicht schneidet, muß sie — der Fassung eines *Speichers* entsprechend — verlegt werden.

dritten Jahr — *überschneidet* die Verbrauchslinie die Zuflußlinie, und der Vorrat ist *erschöpft*. Dieser Fall b ist etwa den Verhältnissen im Untergrund der Stadt Berlin zu vergleichen (Abb. 173), wo durch zu starke Absenkung des Grundwassers der Speicher entleert wurde; ein Gleichgewichtszustand kam hier nur durch starke Nachsickerung von Spreewasser in die Grundwassermulden zustande. Ein Durchhalten bis zu einem späteren Jahr wird aber nur dadurch möglich, daß die Zuflußsummenlinie im Anfangsstadium schon um einen gewissen Betrag *über* der Verbrauchssummenlinie liegt, d. h. daß ein gewisser Vorrat schon vorhanden ist. Daraus folgt, daß dieser Vorrat, der auch künstlich, z. B. in Staubecken, angelegt werden kann, so bemessen werden muß, daß die Verbrauchslinie im weiteren Verlauf die Zuflußlinie niemals schneidet, sie höchstens erreicht. Denn läßt man im Fall c der Abb. 181 die Zufluß- (I) und Verbrauchssummenlinie (II) von *demselben* Punkt ausgehen, so findet eine Reihe von Überschneidungen statt, d. h. jedesmal, wenn die Zuflußlinie I zu tief sinkt, tritt eine Störung ein, die nur durch den Ausgleichspeicher gedeckt werden kann. Wie groß muß dieser Speicher sein? Damit die Verbrauchssummenlinie die des Zuflusses nicht schneidet, muß sie aus ihrer ursprünglichen Lage II in die Lage II′ verlegt werden, wo sie die Zuflußsummenlinie nur mehr *berührt* (in *P*). In diesem Fall ist der kritische Punkt, der durch zu starken Verbrauch entsteht, durch Zufluß aus dem Speicher vermieden; die *Parallelverlegung* gibt das Mindestmaß für die Größe des Speichers an. Dieser Gedankengang kann auch für eine Prognose verwendet werden in dem Sinn, daß *künftige* Schwankungen das Maß der bisher *beobachteten* nicht überschreiten dürfen, also auch bezüglich des Vorrats nach diesen zu beurteilen sind.

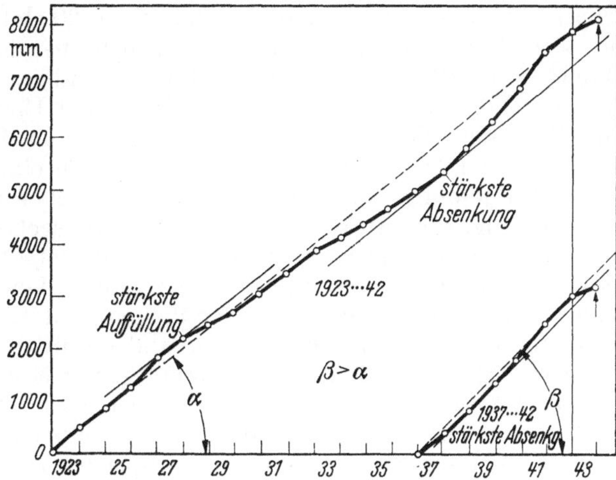

Abb. 182. Summenlinie des Abflusses der Mulde 1923 bis 1942 und 1937 bis 1942.

Verwendung der Summenlinie an Beispielen. Wir erläutern dies an dem Beispiel der *Mulde bei Golzern*, für die langjährige Untersuchungen vorliegen. Für die 20jährige Reihe 1923/1942 wird, mit 0 beginnend, jeweils die Jahresabflußhöhe (in mm) zur vorhergehenden addiert. Die laufende Summe ergibt in der graphischen Darstellung (Abb. 182) eine schräg ansteigende Wellenlinie. Die wasserreichen Jahre, die in unserem Beispiel am Anfang und am Schluß liegen, ergeben dabei ein stärkeres Ansteigen der Wellenlinie als die wasserarmen, die sich zwischendurch an das Jahr 1934 anschließen. Man hätte bei dieser Darstellung auch den schwankenden Zuwachs *innerhalb* der Jahre berücksichtigen können; dies wäre darauf hinausgelaufen, daß sich jede Jahresstrecke in einen stärker steigenden Winterteil und einen Sommerteil mit schwachem Anstieg aufgelöst hätte. Aber diese Sonderbetrachtungen würden auf die allgemeinen Ergebnisse kaum einen Einfluß ausgeübt haben.

Verbinden wir nun den Anfangspunkt der Summenlinie mit ihrem Endpunkt durch eine schräg ansteigende Gerade, so entspricht diese einem ganz *gleich-*

mäßigen Zustrom zum Staubecken durch die 20 Jahre hindurch. Tatsächlich erhob sich aber der Zufluß um 1927 wesentlich über den gleichförmigen Anstieg, während er um 1934 erheblich hinter ihm zurückblieb. Dabei wirken die beiden genannten Jahre nicht für sich allein, sondern der Überschuß der ersten Periode ist die Folge einer *Serie* von wasserreichen Jahren, das Defizit nach 1934 die Folge einer *Reihe* von Trockenjahren, in der aber auch einzelne nasse enthalten sein können. Die jeweilige Füllung des Speichers ist eben nicht bloß vom laufenden Jahr abhängig, sondern ebenso von allen vorausgehenden Jahren, deren *Wirkung sich summiert* und im ganzen genommen *verspätet*. — Den Überschuß der ersten, wasserreichen Periode muß das Staubecken aufnehmen können, um nachher in den trockenen Zeiten auszuhelfen, und das Defizit der wasserarmen Periode muß ebenfalls im Speicher vorhanden sein, um den Jahresabfluß immer auf gleicher Höhe halten zu können. Die Spannweite der Ausschläge ober- und unterhalb der schräg ansteigenden Geraden ist aus der Abbildung zu rund 800 mm zu entnehmen. Bei der Mulde ist dies das Doppelte eines Jahresabflusses. Natürlich ist es technisch kaum möglich, einen Speicher zu bauen, der hier bei Golzern eine solche Wassermenge aufnehmen könnte. Aber die Rechnung dient ja nur dem Zweck, festzustellen, welcher Speicher imstande wäre, den Unterschied zwischen Naß- und Trockenjahren *vollständig* zu verwischen. Hierauf werden wir bei fast allen Flüssen verzichten müssen; wohl aber kann die ermittelte Zahl als Grundlage dafür dienen, wie weit wir uns dem idealen Zustand *nähern* können. Ferner stellt die Mulde bei Golzern mit 5434 km² Einzugsgebiet eine verhältnismäßig große Fläche dar. Je kleiner wir das Gebiet nehmen, desto mehr können wir den Inhalt des Staubeckens der genannten Forderung nähern, und bei kleinen Bächen wird sie sogar voll erfüllt werden können.

Es ist aber noch zu beachten, daß die *Steigung* α *der Geraden*, die dem gleichmäßigen Anstieg entspricht, auch von der (willkürlichen!) Wahl des Anfangs- und Endpunktes abhängt. Um diesen Einfluß hervortreten zu lassen, wurde die Ausgleichgerade auch für den kürzeren Zeitraum 1937 bis 1942 berechnet. Dabei ergibt sich eine wesentlich stärkere Neigung (β in der Abbildung); dagegen sinkt die notwendige Fassungskraft des Speichers auf 200 mm Abflußhöhe herab. Die kürzere Periode war verhältnismäßig wasserreich, die Summe steigt rascher an, aber die Schwankungen im Anstieg sind geringer. Dieses Beispiel zeigt, daß die Fassung eines Speichers *nicht nach einer zu kurzen Periode bemessen werden darf*. Wir erkennen dies besonders aus der Rolle, die das Folgejahr 1943 bei der kurzen und bei der langen Periode einnimmt. Bei der kurzen Periode (s. die Abbildung) bringt dieses relativ trockene Jahr eine Absenkung, die weit über das berechnete Maß hinausgeht; bei der langen Periode dagegen bleibt die Senkung des Jahres 1943 noch durchaus im Rahmen des Vorgesehenen. Die Ermittlung der Steigung und des Fassungsvermögens erfordert daher eine *genügend lange Reihe von Jahren*, wenn nicht unangenehme Überraschungen eintreten sollen.

Die Speicher haben neben dem *Über*jahresausgleich natürlich auch den Stand innerhalb des Einzeljahres auszugleichen. Übrigens sind Jahre mit anormalen Einzeltiefständen mit den Trockenjahren nicht immer identisch! So war beim Rhein (Straßburg) der *mittlere* Jahreswasserstand 1921 um 26 cm niedriger als 1947; aber 1947 lagen die Einzelwasserstände tiefer. An der Wasserverknappung der Jahre 1947—1950 war in der Hauptsache der gesteigerte *Verbrauch* schuldig (vgl. S. 37ff.). Von einer *einseitigen Klimaänderung*, z. B. im Sinne einer *Versteppung*, kann in Mitteleuropa *nicht die Rede* sein (vgl. S. 150). Es ist richtig, daß wir in den letzten Jahrzehnten sehr trockene und sehr nasse Jahre gehabt haben, daß also die Extreme in dieser Zeit verschärft erscheinen; aber es wäre durchaus voreilig, hieraus den Schluß zu ziehen, daß sich unser Klima in einer bestimmten Richtung hin ändere. Gegen die *Exzesse der Natur*, sowohl nach der Seite der Hochwässer als der Wasserklemmen hin, ist freilich kein Mittel gewachsen, und niemand kann sagen, daß seine Speicher- und Bilanzanschläge auch jedem äußersten Fall gerecht werden.

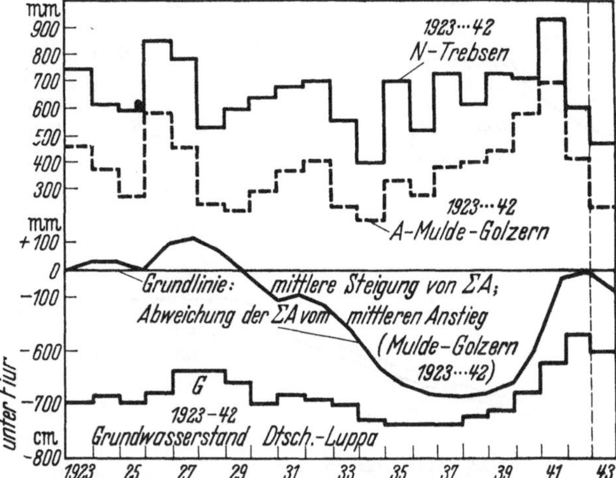

Abb. 183. Niederschlag, Abfluß, Grundwasserstand in Sachsen in bezug zur Summenlinie des Abflusses der Mulde 1923 bis 1942. – Der Jahresabfluß A folgt dem Jahreswert des Niederschlags. Der Grundwasserstand G folgt dem Summenwert ΣA des Abflusses (bei Brunnen mit tiefliegendem Spiegel).

Ebenso unangenehm wie die Launen der Natur ist der Umstand, daß die Unterlagen für *langjährige* Abflußberechnungen und Abflußsummen weithin fehlen. Dieser Mangel hat sich natürlich durch den Weltkrieg wesentlich verschärft, und für viele Flüsse sind Unterlagen aus der Kriegs- und Nachkriegszeit infolge Ausfalls der Beobachtungen überhaupt nicht zu erhalten.

In einer weiteren Darstellung (Abb. 183) ist die mittlere Steigungslinie 1923/42 der Mulde als neue Grundlinie benützt und die Abweichungen der Zuflußsummenlinie $\sum A$ vom mittleren Anstieg sind als Ordinaten aufgetragen (s. „Abweichung der $\sum A$ usw.“). Ferner ist der Jahresniederschlag N in der benachbarten Station Trebsen und der Abfluß A der Mulde in den Einzeljahren 1923 bis 1942 graphisch dargestellt. Endlich finden wir ganz unten den Gang einer Grundwasserstation im gleichen Zeitraum wiedergegeben. — Wir erkennen, daß N und A in der betrachteten Jahresreihe einen ganz ähnlichen Gang zeigen, so daß man annehmen könnte, daß die Rücklagen und verbrauchten Beträge von einem Jahr aufs andere keine Rolle spielen. Aber der Verlauf von $\sum A$ belehrt uns hier eines Besseren: er erreicht im Jahre 1927 seinen Höhepunkt, strebt dann bis zum Jahre 1937 seinem tiefsten Punkt zu und erreicht erst 1942 (nach Voraussetzung!) wieder den ursprünglichen Betrag von 1922/23. Es treten also hier viel längere und mehr ausgeglichene Schwankungen auf als beim Abfluß selbst. Es zeigt sich ferner, daß die Spuren dieses verzögerten Abflusses auch in der Natur direkt nachgewiesen werden können. Im *Gang von Brunnen mit tiefliegendem Spiegel* sind sie unmittelbar wiederzuerkennen (Deutsch-Luppa); vgl. auch Abb. 153 (Herrnhut). Während Brunnen mit hochliegendem Spiegel (in der Abbildung nicht wiedergegeben) ungefähr dasselbe Bild zeigen wie der Niederschlag und Abfluß, verwischen sich beim Hinuntersteigen zu den Brunnen mit tiefliegendem Spiegel die Schwankungen der Einzeljahre; letztere bringen neben dem augenblicklichen Niederschlagseinfluß auch eine Summierung älterer Wirkungen zum Ausdruck.

Kehren wir nochmals zu dem *Begriff des Vorrats* zurück! — Es kann darunter sowohl ein gleichförmiger *Zustrom* als auch ein *Speicher mit wechselndem Inhalt* verstanden werden, der einen ungleichförmigen Zustrom durch Zuschüsse oder Abzüge erst zu einem gleichförmigen macht. *Die Herstellung eines gleichmäßig starken Zustroms ist immer das Endziel*; und der Speicher mit seinem veränderlichen Inhalt erfüllt den Zweck, diesem Zustand möglichst nahezukommen. Neben-

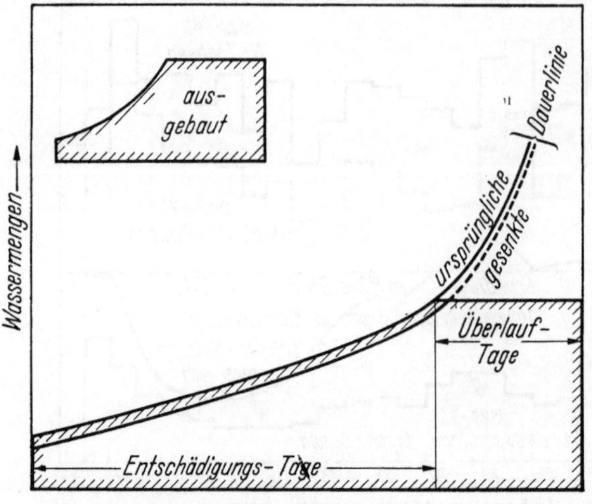

Abb. 184. Zur Entschädigungspflicht bei Wasserentzug.

her geht der Vorratsbegriff in dem Sinne, daß er als „Substanz" betrachtet, praktisch unerschöpflich ist. Aber dies kann immer nur näherungsweise und in Sonderfällen bei einzelnen Grundwasserbrunnen zutreffen.

10. Wasserwirtschaftliche Grundlagen für Ausbau und Entschädigung.

Bei der Erörterung der *Ausbaugröße* (s. S. 252, Abb. 165) wurde auch die *Abflußdauerlinie* (s. S. 189) herangezogen. Beide Größen können auch da eine Rolle spielen, wo es sich um die Feststellung von Entschädigungsansprüchen handelt. Der einfachste, häufig vorkommende Fall ist folgender (Abb. 184):

Irgendeinem Wasserlauf, dessen Dauerkurve bekannt ist, wird durch Ableitung Wasser entzogen; auf welchen Grundlagen können sich die Entschädigungsansprüche der weiter unten liegenden Triebwerke aufbauen?

Beim Entzug von Wassermengen (Abflüssen), die sich zeitlich nur wenig ändern, z. B. für Trinkwasserversorgung, senkt sich die Dauerlinie in ihrem ganzen Verlauf gleichmäßig. Für die Entschädigung kommen aber nur die Tage in Betracht, bei denen der Entzug wirklich fühlbar wird; d. h. die sog. „Überlauftage", an denen der natürliche Abfluß die Ausbaugröße überschreitet und das überschüssige Wasser gar nicht verwendet wird, werden nicht entschädigt. Der Fehler, der dadurch entsteht, daß infolge des Wasserentzugs einige Überlauftage wegfallen, wird als unbedeutend angesehen. Man nimmt also die Fallhöhe, ferner die Zahl der Tage im Jahr vermindert um die Überlauftage und den sekundlichen Wasserentzug und berechnet daraus den Verlust an Kilowattstunden für das Triebwerk.

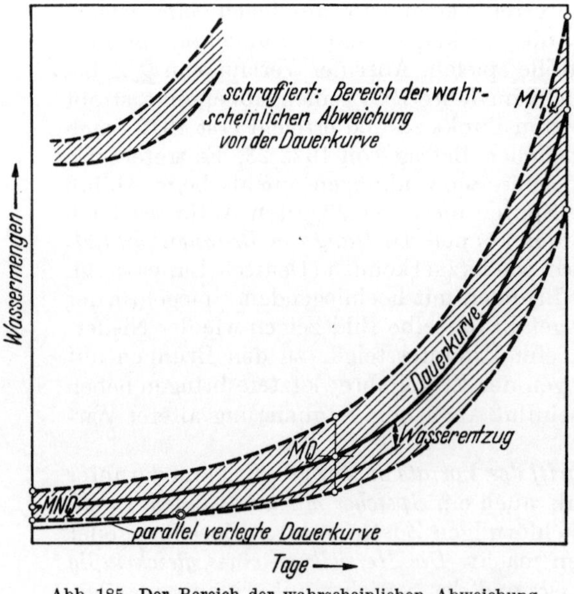

Beispiel: Fallhöhe 5 m, Entschädigungstage 300, sekundlicher Wasserentzug 20 l geben als sekundliche Leistung $\frac{5 \cdot 20}{75}$ PS oder $\frac{5 \cdot 20 \cdot 0{,}736}{75}$ kW $= 0{,}98$ kW. Mit der Zahl der Stunden in 300 Tagen multipliziert gibt dies rund 7100 kWh, die (als entgangen) zu entschädigen wären.

Abb. 185. Der Bereich der wahrscheinlichen Abweichung für Entschädigungsansprüche.

Für die Beurteilung der Genauigkeit von Zahlenangaben für *Ausbauzwecke* kann die Standardabweichung σ (der mittlere Fehler m), die Streuung σ^2, der wahrscheinliche Fehler $w = 0{,}674\,\sigma$, die durchschnittliche Abweichung ϑ usw. verwandt werden; auf welche Art man die Genauigkeit durch solche Zusätze umschreiben will, ist in gewissem Umfang willkürlich (Definitionen S. 197f.). In den deutschen gewässerkundlichen Jahrbüchern ist für das Einzeljahr das Niedrigwasser NQ, das Mittelwasser MQ und das Hochwasser HQ enthalten. Man kann also z. B. für 10 Jahre das mittlere NQ, d. h. MNQ, daraus die Abweichungen λ der einzelnen NQ von MNQ und hieraus die Streuung des NQ für die betr. 10 Jahre berechnen. Ebenso kann man den wahrscheinlichen Fehler (die wahrscheinliche Abweichung) des MQ und des MHQ ermitteln. Eine bildliche Darstellung dieses Verhaltens gibt Abb. 185, wo der Bereich der wahrscheinlichen Abweichung auf Grund dieser 3 Grundwerte schematisch wiedergegeben ist. Naturgemäß wachsen die Beträge in ihren Absolutwerten zu den hohen Wasserführungen hin. Als Beispiele seien angeführt (m^3/s):

Jahrzehnt 1921/30	$MNQ \pm w$	$MQ \pm w$	$MHQ \pm w$
Aitrach (Lauben), 315 km²	1,24 ± 0,3 (24%)	4,54 ± 0,8 (18%)	44,1 ± 18 (41%)
Iller (Ferthofen), 1329 km²	12,3 ± 1,8 (15%)	57,3 ± 9,1 (16%)	467 ± 76 (16%)
Donau (Ulm), 7611 km²	36,2 ± 4,5 (12%)	109,6 ± 19,0 (17%)	616 ± 200 (33%)

Die *prozentualen* Unterschiede bei w (auch nach weiteren Beispielen, s. WUNDT. Bem. 7, S. 310, 1952) sind beim MNQ und MHQ beträchtlich, beim MQ dagegen nicht sehr groß. Auch das regionale Verhalten ist beim MQ ziemlich gleichmäßig. Weitere Untersuchungen sind abzuwarten. — Die vorige Zusammenstellung von Flüssen (die Aitrach fließt in die Iller, die Iller in die Donau) zeigt ferner, wie ein Wasserentzug im höher liegenden Flußgebiet sich im tiefer liegenden auswirken kann. Theoretisch müßte sich auch die kleinste Ableitung im obersten Donaugebiet bis zu ihrer Mündung bemerklich machen; aber es muß praktisch eine Grenze gefunden werden, wo man kleine Mengen gegenüber großen vernachlässigt. Werden z. B. der Aitrach etwa 1 m^3/s entzogen, so übersteigt dies bei dem Flüßchen selbst den w-Wert bei Niedrigwasser und erreicht ihn sogar noch bei Mittelwasser, aber bei der Iller und erst recht bei der Donau liegt der Betrag 1 m^3 schon weit unterhalb jener Grenzen. Als Billigkeitserwägung kann man aufstellen, daß Wasserentzüge nur dann für Entschädigungen berücksichtigt werden, wenn sie ein gewisses *Verhältnis zum MNQ und MQ* und (z. B.) dem zugehörigen *wahrscheinlichen Fehler* übersteigen.

Von Bedeutung werden die Werte für w, ebenso die für σ auch dann, wenn Flüsse zusammengeleitet werden, ferner, wenn die Wasserlieferung eines Zuwachsgebietes aus der Differenz der Wasserführung an zwei Pegelstellen ermittelt werden soll. Sind die Wasserführungen der beiden Flüsse Q_1 und Q_2, die zugehörigen Standardabweichungen σ_1 und σ_2, so ist bei gegenseitiger Unabhängigkeit der Wasserführung (die allerdings den ungünstigsten Fall darstellt) die Standardabweichung bei der Zusammenleitung $\sigma_1 + \sigma_2$ für $Q_1 + Q_2$. — Bildet man die Differenz von Wasserführungen an 2 Pegelstellen an ein und demselben Fluß, um den Zuwachs aus dem Zwischengebiet zu erhalten, so ist die Standardabweichung im Verhältnis viel größer, nämlich für $Q_1 - Q_2$ *ebenfalls* $\sigma_1 + \sigma_2$ (wiederum unter Voraussetzung des ungünstigsten Falles). Diese Überlegungen lassen sich auf alle Fälle übertragen, wo aus der Differenz von zwei Größen eine dritte gebildet wird, z. B. auf die Bestimmung von Verdunstung aus Niederschlag minus Abfluß, auf die Zerlegung des Abflusses in einen unterirdischen und einen oberirdischen und anderes mehr. Man vergleiche hierzu z. B. S. 38.

Anhang.

Tabelle 1. *Ströme nach Länge und Gebiet.*

Europa.

	Länge (km)	Gebiet (km²)		Länge (km)	Gebiet (km²)
Wolga	3700	1480000	Rhone	810	99000
Donau	2850	817000	Memel	990	98000
Dnjepr	2280	527000	Düna	930	85000
Don	1980	430000	Tajo	1000	80000
Dwina	1780	365000	Seine	780	79000
Petschora	1810	330000	Dnjestr	1370	77000
Rhein	1320	224000	Guadiana	830	72000
Weichsel	1100	198000	Po	680	70000
Elbe	1110	148000	Weser	756	45500
Loire	1010	121000	Tiber	393	16500
Oder	910	119000	Themse	336	15900

Asien.

	Länge (km)	Gebiet (km²)		Länge (km)	Gebiet (km²)
Ob	5200	2947900	Indus	3180	960000
Jenissei-Selenga	5200	2591500	Mekong	4500	810000
Lena	4600	2383700	Euphrat	2000	765000
Amur	4480	2051500	Syr-darja	2860	649000
Jangtsekiang	5200	1775000	Amu-darja	2500	465000
Ganges-Brahmaputra	3000	1730000	Irawadi	2000	430000
Hoangho	4100	980000	Ural	2380	220000

Afrika.

	Länge (km)	Gebiet (km²)		Länge (km)	Gebiet (km²)
Kongo	4200	3690000	Kubango	1800	785000
Nil (Viktoriasee)	5760	3007000	Senegal	1430	440500
Niger	4160	2092000	Limpopo	1600	440000
Sambesi	2660	1330000	Ogowe	850	175000
Oranje	1860	1020000	Rowuma	1100	145000
Schari	1400	880000	Kunene	830	137000

Amerika.

	Länge (km)	Gebiet (km²)		Länge (km)	Gebiet (km²)
Amazonas (total)	6200	7050000	Saskatch.-Nelson	2400	1080000
Mississippi-Missouri	6530	3248000	Orinoko	2220	944000
La Plata	4700	3104000	Yukon	3600	900000
Mackenzie	3780	1660000	Columbia	2300	655000
St. Lorenz	3800	1248000	Colorado (Arizona)	2900	590000
			Rio Grande d. N.	2700	570000

Australien.

	Länge (km)	Gebiet (km²)
Murray	1630	910000

Tabelle 2. *Angaben über Seen.*

a) Fläche, Höhe und größte Tiefen einiger Binnenseen.

	km²	m üb. N. N.	Größte Tiefe (m)		km²	m üb. N. N.	Größte Tiefe (m)
Kaspisee . .	438000	−26	946	Rudolfsee .	8000	427	73
Oberer See .	81500	184	393	Urmiasee .	7500	1260	15
Viktoriasee .	69000	1134	79	Titicacasee	6900	3812	272
Aralsee . . .	62000	50	68	Issyk-Kul .	6200	1574	425
Huronsee . .	58900	177	223	Wenersee .	5350	44	93
Michigansee .	57300	177	290	Kukunor .	4800	1345	38
Baikalsee . .	33000	462	1523	Gr. Salzsee	4700	1286	11
Tanganjikasee	31900	782	1435	Wansee .	3400	1725	100
Gr. Bärensee	31600	103	>90	Tanasee. .	3100	1755	70
Njassasee . .	30800	464	706	Wettersee	1900	88	120
Gr.Sklavensee	28900	119	>140	Saimasee .	1300	76	58
Eriesee . . .	25800	175	64	Mälarsee .	1136	1	64
Winnipegsee	24530	213	19	Totes Meer	980	−394	399
Ontariosee .	18760	75	225	Plattensee.	591	106	11
Balkaschsee .	18400	274	20	Genfer See	581	375	310
Ladogasee. .	18180	5	250	Bodensee .	539	395	252
Tschadsee. .	16000	295	12	Gardasee .	370	65	346
Onegasee . .	9550	39	124	L. Maggiore	212	194	372
Nikaraguasee	8430	32	70	Comersee .	146	198	410

b) Ergänzende Angaben über deutsche Seen (alphabetisch).

	km²	m üb.N.N.	Größte Tiefe (m)	Mittl. Tiefe (m)		km²	m üb.N.N.	Größte Tiefe (m)	Mittl. Tiefe (m)
Ammersee . . .	47	539	82	38	Schliersee . .	2,2	778	37	25
Chiemsee . . .	80	518	74	24	Schluchsee (alt)	1,0	900	33	15
Eibsee	1,8	973	34	—	Staffelsee . .	7,7	648	35	11
Federsee . . .	2,5	578	2,4	1	Starnbergersee	57,1	585	123	54
Feldsee	0,1	1113	32	19	SteinhuderMeer	32,0	37	3	1,5
Kochelsee . . .	6,0	600	65	31	Tegernsee . .	8,9	725	71	36
Königssee . . .	5,2	602	188	93	Titisee. . . .	1,1	846	40	21
Müggelsee . . .	7,7	32	8	6	Walchensee .	16,4	802	192	82
Müritzsee . . .	115	62	33	6	Wannsee. . .	2,7	30	9	4

c) Einige Talsperren.

	km²	Größte Stauhöhe (m)	Stauraum (Mio m³)
Wolga (Rybinsk)	4500	14	63000
Colorado (Boulderdamm)	636	223	37850
Missouri (Fort Peck)	993	76	24055
Columbia (Grand Coulee)	329	168	11851
Saale (Bleiloch).	9,2	60	215
Eder (Hemfurt)	12,0	42	202
Möhne (Günne)	10,4	32	134
Schluchsee (neu)	5,1	37	112
Roer (Schwammenauel)	4,9	50	100
Rhone (Génissiat).	3,5	104	53

Projekte (Mio m³): Sylvenstein (Isar) 1300, Entrepenas-Buendia (Tajo) 2370, Ricobaya (Esla) 1200, Arroyo (Ebro) 540, Rio Negro (Uruguay) 19920.

Weitere Angaben bei Halbfass, Perthes, Bem. 6, S. 310, 1950; für USA Geograph. Rundschau 3 (1951) S. 323.

Tabelle 3. *Relative Abtragung im oberen Donaugebiet auf Grund von Schwebstoffmessungen.*

	Jahre	Fläche (km^2)	Gebiet	Jährl. Abtrag. $P:F$ auf Grund d. Schwebs (t/km^2)	Mittlere Schwebstoff-belastg. $P:Q$ (g/m^3 oder mg/l)
1.	1931/39	7611	Donau-Ulm	— 37	71
2.	1931/39	20023	Donau-Ingolstadt	— 60	120
3.	1930/34	35400	Donau-Regensburg	— 28	80
4.	1930/39	47674	Donau-Hofkirchen	— 25	59
5.	1929/39	79510	Donau-Linz	— 79	139
6.	1930/39	1118	Iller-Krugzell	—251	166
7.	1929/39	1418	Lech-Füssen	—214	144
8.	1930/39	2813	Isar-München	—107	89
9.	1931/39	600	Ammer-Weilheim	—133	150
10.	1930/39	12013	Inn-Wasserburg	—228	250
11.	1930/39	13151	Inn-Neuötting	—260	291
12.	1926/27 u. 31/39	946	Tir. Ache-Staudach	—239	200
13.	1932/34	1388	Alz-Seebruck	— 11	11
14.	1930/39	6643	Salzach-Burghausen	—269	307
15.	1929/39	949	Saalach-Jettenberg	—244	205
16.	1934/39	1702	Traun-Wels	— 47	20
			hieraus Restgebiete:		
17.	Um Passau	9673	5—(4+11+12+13+14)	+ 27	15
18.	Unt. Regensburg	8861	4—(3+8+9)	+ 21	52
19.	Ob. Regensburg	15377	3—2	+ 15	99
20.	Um Donauwörth	10994	2—(1+7)	— 57	156
21.	Ob. Ulm	6483	1—6	— 1	1
22.	Bei Wasserburg	1138	11—10	—563	1070
23.	Chiemsee	442	13—12	+476	970
24.	Obere Salzach	5694	14—15	—274	330

„—" bedeutet Abtragung, „+" Aufschüttung. P = Gesamtabtragung (t bzw. g im Jahr); Q = Gesamtabfluß (m^3/Jahr); F = Gebietsfläche (km^2).

Tabelle 4. *Mittlere jährliche Abfluß- und Verdunstungshöhen der Landflächen in ihrer Abhängigkeit vom Niederschlag und der Mitteltemperatur.*

t (C)	Niederschlag N (cm) 20	40	60	80	100	120	140	160	180	200	220	240
	Abfluß A (cm)											
0°	6	19	36	53	73	93	112	132	152	172	192	212
+ 5°	3	12	25	40	58	78	98	118	138	158	178	198
+10°	2	6	16	28	43	62	81	101	121	141	161	181
+15°	2	2	9	17	29	45	62	82	102	122	142	162
+20°	1	1	3	8	16	28	42	60	80	100	120	140
+25°	1	1	1	2	4	12	22	35	55	75	95	115
	Verdunstung V (cm)											
0°	14	21	24	27	27	27	28	28	28	28	28	28
+ 5°	17	28	35	40	42	42	42	42	42	42	42	42
+10°	18	34	44	52	57	58	59	59	59	59	59	59
+15°	18	38	51	63	71	75	78	78	78	78	78	78
+20°	19	39	57	72	84	92	98	100	100	100	100	100
+25°	19	39	59	78	96	108	118	125	125	125	125	125

Vgl. die graphische Darstellung in Abb. 169!

	Jahrgänge	Fläche (km²)	Mq (l/s.km²)	Fluß	Jan.	Feb.	März	April	Mai	Juni	Juli	Aug.	Sept.	Okt.	Nov.	Dez	Max: Min	Gruppe
1.	1883/07	10500	8,1	Themse (Teddington)	**1,77**	1,71	1,45	1,01	0,80	0,58	0,42	*0,40*	0,61	0,62	1,05	1,48	4,4	I
2.	1924/35	8200	13,1	Arno (S. Giovanni a. V.)	1,40	1,60	**2,11**	1,15	0,91	0,39	0,18	*0,09*	0,14	0,60	1,64	**1,80**	22,7	
3.	1937/39	787	14,5	Roer (Zerkall)	1,65	**2,11**	1,66	1,65	0,89	0,54	0,48	0,48	*0,46*	0,50	0,76	0,91	4,5	II
4.	1936/39	109093	5,4	Oder (Kienitz)	1,20	1,21	**1,40**	1,35	1,03	0,94	*0,58*	0,73	**1,21**	0,85	0,79	0,83	2,4	
5.	1926/35	193000	5,8	Weichsel (Mont. Spitze)	0,98	0,92	1,41	**1,74**	1,00	0,85	0,78	0,75	*0,75*	0,80	**1,04**	0,89	2,3	
6.	1887/24	79540	7,4	Wolchow (Gostinopolje)	0,56	0,49	*0,47*	1,60	**2,42**	1,72	1,16	0,84	0,72	0,72	0,69	0,61	5,1	
7.	1877/30	2430000	4,7	Ob (Salehard)	0,36	0,32	0,26	*0,24*	0,84	**2,74**	2,46	1,98	1,02	0,84	0,56	0,36	11,4	
8.	1931/38	4002	9,4	Donau (Berg)	1,26	1,30	**1,42**	1,26	1,01	1,01	0,91	0,84	0,69	*0,64*	**0,87**	0,72	2,2	III
9.	1925/39	646	19,4	Argen (Giess.brücke)	0,96	1,08	1,11	**1,29**	1,06	1,02	1,01	0,93	0,96	**0,99**	0,83	*0,81*	1,6	
10.	1901/38	400	52,0	Iller (Sonthofen)	0,53	*0,41*	0,59	1,25	**2,00**	1,76	1,43	1,18	0,97	0,78	0,58	0,55	4,8	
11.	1926/35	6122	38,1	Rhein (Lustenau)	0,31	*0,29*	0,35	0,68	1,56	**2,37**	1,90	1,55	1,08	0,86	0,65	0,38	8,1	
12.	1920/28	39	48,0	Rhone (Gletsch)	0,10	*0,09*	0,10	0,20	0,70	1,95	**3,60**	2,90	1,72	0,64	0,10	0,10	41,0	
13.	1891/00	33700	25,3	Rhein (Waldshut)	*0,55*	0,63	0,75	1,03	1,26	**1,55**	1,50	1,35	1,15	0,91	0,71	0,59	2,8	IV
14.	1921/39	50343	24,6	Rhein (Maxau)	**0,80**	0,77	0,79	0,97	1,19	**1,43**	1,37	1,23	1,00	0,90	0,86	*0,70*	2,0	
15.	1937/39	144612	15,1	Rhein (Köln)	1,15	**1,32**	1,25	1,15	1,02	**1,04**	1,00	0,88	0,82	**0,96**	*0,72*	0,72	1,8	
16.	1896/15	37906	8,3	Weser (Intschede)	1,45	1,40	**1,80**	1,32	1,00	0,68	0,59	0,54	*0,54*	0,63	0,72	1,15	3,5	V
17.	1902/10	19500	3,9	Havel (Rathenow)	1,17	1,26	**1,56**	1,46	1,27	0,78	0,68	0,68	*0,68*	0,78	0,68	0,98	2,3	
18.	1911/35	5434	10,9	Mulde (Golzern)	**1,50**	1,22	1,41	**1,56**	0,97	0,93	0,70	0,70	*0,59*	0,66	0,76	1,08	2,6	
19.	1928/39	209	41,2	Wiese (Zell)	**1,31**	1,21	1,10	**1,31**	1,00	0,71	0,77	0,64	*0,54*	1,01	1,08	0,88	2,4	
20.	1921/38	310	14,9	Würm (Starnberg)	*0,83*	0,83	0,84	0,87	0,98	1,14	1,18	**1,21**	1,14	1,09	1,01	0,90	1,4	
21.	1912/23	3000000	0,9	Nil (Wadi-Halfa)	0,52	0,38	0,28	0,23	*0,20*	0,24	0,61	2,52	**3,06**	2,13	1,11	0,69	15,3	VI
22.	1926/39	680000	8,7	Niagara (Queenstown)	0,97	*0,93*	0,97	1,01	1,06	**1,07**	1,05	1,03	1,00	0,98	**0,99**	0,98	1,1	
23.	1920/44	2960000	5,7	Mississippi (Vicksburg)	1,00	1,29	1,43	**1,77**	1,58	1,25	0,93	0,56	0,49	*0,48*	0,53	0,68	3,7	
24.	1869/79	370000	30,0	Irawadi (Deltabeginn)	0,25	*0,18*	0,19	0,26	0,35	0,93	2,22	**2,60**	2,23	1,69	0,72	0,38	14,5	
25.	1920/29	1010000	15,4	Jangtse (Itschang)	0,28	*0,24*	0,27	0,44	0,90	1,38	**2,14**	2,05	1,74	1,43	0,74	0,39	8,9	
				Wasser*stände* (m), Jahresmittel gleich Null gesetzt:														
26.	1 Jahr	Abweichungen:		Unt. Niger (Badjibo)	−0,2	0,0	**+0,1**	−0,1	−1,2	*−1,7*	−1,4	+0,7	**+2,7**	+1,5	0,0	−0,4		VII
27.	1904/10	Abweichungen:		Kongo (Leopoldville)	+0,9	−0,4	−0,7	−0,4	**+0,1**	−0,4	*−1,2*	−1,1	−0,4	+0,5	+1,3	**+1,8**		
28.	1927/33	Abweichungen:		Amazonas (Taperinha)	−1,1	−0,1	+0,9	+1,6	**+1,8**	+1,7	+1,5	+0,6	−0,7	−2,1	*−2,3*	−1,8		

Erklärung: **2,11** Maximum; *0,09* Minimum; **1,80** sekundäres Maximum.

Tabelle 6. *Wasserführung in m³/s (Abflußspenden in l/s·km²) bei ausgewählten Flüssen mit über 2000 km² Gebiet.*

I. Deutsche Flüsse.

	Fläche (km²)	Jahre: 1900	MNQ (MNq)	MQ(Mq)	MHQ (MHq)
Donau-Berg	4002	31/38	12,8 (3,2)	38 (9,4)	195 (48,7)
Donau-Ulm	7611	31/38	43,6 (5,7)	123 (16,2)	567 (74,5)
Donau-Ingolstadt . .	20023	24/38	132 (6,6)	309 (15,4)	1119 (55,9)
Donau-Hofkirchen .	47544	01/38	281 (5,9)	623 (13,1)	1719 (36,2)
Donau-Obernzell . .	77025	01/38	599 (7,8)	1415 (18,4)	4006 (52,0)
Lech-Ellgau	4078	01/38	38,3 (9,4)	119 (29,2)	688 (169)
Altmühl-Beilngries .	2476	30/38	3,6 (1,4)	14 (5,7)	65 (26,3)
Naab-Pielenhafen . .	5477	21/38	13,4 (2,5)	50 (9,1)	336 (61,3)
Regen-Regenstauf .	2664	01/38	10,2 (3,8)	39 (14,5)	321 (120)
Isar-Landshut[1] . . .	7910	26/38	82,0 (10,4)	157 (19,8)	597 (75,5)
Inn-Reisach	9828	01/38	89,0 (9,1)	314 (31,9)	1267 (129)
Inn-Wernstein . . .	26072	21/38	274 (10,5)	733 (28,1)	2708 (104)
Salzach-Burghausen	6643	01/38	78 (11,7)	251 (37,8)	1308 (197)
Rhein-Lustenau. . .	6122	26/35	49,5 (8,1)	233 (38,1)	1444 (236)
Rhein-Maxau. . . .	50343	21/40	537 (10,7)	1260 (25,0)	2870 (57,0)
Rhein-Kaub	103729	37/40	790 (7,6)	1840 (17,7)	3990 (38,5)
Rhein-Rees.	159683	36/40	1150 (7,2)	2490 (15,6)	6320 (39,6)
Neckar-Plochingen .	4002	31/40	10,3 (2,6)	50 (12,6)	483 (121)
Neckar-Kirchheim .	7867	31/40	24,7 (3,1)	86 (10,9)	684 (86,9)
Main-Hallstadt . . .	4430	31/38	6,1 (1,4)	43 (9,6)	389 (87,8)
Main-Schweinfurt . .	12719	11/38	28,3 (2,2)	108 (8,5)	655 (51,5)
Mosel-Kochem . . .	27100	37/40	70,8 (2,6)	347 (12,8)	1920 (70,8)
Ruhr-Spillenburg[1]. .	4168	37/39	4,4 (1,1)	58 (14,0)	568 (136)
Ems-Rheine	3740	31/40	3,9 (1,0)	31 (8,2)	181 (48,4)
Weser-Gieselwerder .	12672	26/35	40,0 (3,2)	101 (8,0)	533 (42,1)
Weser-Intschede . .	37906	26/35	122 (3,2)	292 (7,7)	1168 (30,8)
Werra-Frankenroda .	4212	36/39	8,8 (2,1)	36 (8,5)	182 (43,2)
Fulda-Guntershausen[1]	6366	36/39	17,6 (2,8)	52 (8,1)	359 (56,1)
Aller-Westen	15221	36/39	40,0 (2,6)	103 (6,8)	379 (24,9)
Leine-Greene	2898	37/39	11,0 (3,8)	27 (9,4)	125 (43,0)
Elbe-Brandeis . . .	13085	36/38	32 (2,4)	111 (8,5)	561 (43,0)
Elbe-Dresden	53111	31/39	85 (1,6)	297 (5,6)	1260 (23,7)
Elbe-Hämerten . . .	97788	36/39	234 (2,4)	561 (5,7)	1470 (15,0)
Elbe-Darchau . . .	131950	31/39	268 (2,0)	642 (4,9)	1520 (11,5)
Mulde-Golzern . . .	5434	11/35	5,0 (0,9)	59 (10,9)	476 (87,6)
Saale-Stöben[1] . . .	3958	32/38	6,4 (1,6)	24 (6,1)	132 (33,4)
Saale-Grizehne . . .	23737	26/38	29,9 (1,3)	92 (3,9)	307 (12,9)
Unstrut-Oldisleben .	4170	23/38	6,4 (1,5)	15 (3,6)	52 (12,4)
Bode-Athensleben . .	3000	01/38	2,3 (0,8)	14 (4,7)	56 (18,8)
Havel-Rathenow . .	19329	38/39	26,0 (1,4)	80 (4,1)	156 (8,1)
Spree-Kottbus . . .	2327	31/39	3,2 (1,4)	12 (5,0)	68 (29,0)
Oder-Ratibor . . .	6698	36/39	11,9 (1,8)	73 (10,9)	871 (130)
Oder-Steinau	29605	36/39	75,0 (2,5)	221 (7,5)	1031 (34,8)
Oder-Pollenzig . . .	47293	36/39	134 (2,8)	307 (6,5)	1074 (22,7)
Oder-Kienitz	109093	36/39	262 (2,4)	586 (5,4)	1519 (13,9)
Lausitzer Neiße-Guben	3936	36/39	9,6 (2,5)	30 (7,5)	201 (51,1)
Warthe-Landsberg .	51893	36/39	102 (2,0)	218 (4,2)	518 (10,0)
Netze-Vordamm . .	15872	36/39	33,0 (2,1)	72 (4,5)	134 (8,4)

II. Mitteleuropa (Ergänzungen zu I).

Rhein-Konstanz 310 (28), Rhein-Basel 1013 (28), Aare-Mündung 560 (32), Reuß-Mellingen 145 (42,6), Limmat-Baden 110 (45). Rhone-vor Genfer See 186 (36); Donau-Wien 1900 (18,7), Donau-Budapest 2400 (13), Donau-Orsowa 5300 (9,3), Donau-Mündung 6400 (7,8), Drau 670 (16,8), Theiß 800 (5), Save 1500 (15), Aluta 210 (8,3), Sereth 250 (5,5), Pruth 130 (4,7), Weichsel-Krakau 84 (10,3), Weichsel-Warschau 591 (6,9), Weichsel-Mündung 1100 (5,5).

[1] Zum Teil künstliche Einflüsse.

Tabelle 6. Fortsetzung: *MQ* (*Mq*)

III. Osteuropa.

Memel 600 (6); Düna 680 (8); Newa 2600 (9), Swir 680 (9,8), Wuoksen 600 (10), Wolchow 590 (7); Kemijoki 530 (10,4), Oulujoki 230 (11,6); Dwina-Oust. Pinega 3600 (10); Petschora-Oxino 4000 (12); Wolga-Jaroslavl 1160 (7), Wolga-Gorki 3000 (6,3), Wolga-vor Kama 3700 (6,6), Wolga-Stalingrad 8300 (6,1), Oka 1220 (5,7), Kama 4000 (6,8); Don 850 (2); Dnjepr 1700 (3,8); südl. Bug 120 (2), Dnjestr 200 (3,4).

IV. Nordeuropa, Nordwesteuropa.

Glommen 680 (17), Götaelv 520 (12); Themse 82 (8,3); Severn 57 (13,5); Shannon 194 (18,5).

V. Frankreich.

Garonne-Toulouse 200 (20), Garonne-Agen 470 (13,4), Garonne-Bordeaux 660 (12); Tarn 250 (15,9), Lot 180 (15,5), Dordogne 400 (16,8); Adour 360 (21,5); Loire-vor Allier 185 (10), Loire-Saumur 700 (8,6), Loire-Mündung 900 (8); Allier 140 (10), Cher 87 (6,3), Vienne 215 (10,2); Maine 142 (6,7); Seine-Paris 300 (7,3), Seine-Mündung 500 (6,8), Marne 104 (7,6), Oise 85 (5); Rhone-vor Saône 640 (31,2), Rhone-Beaucaire 1880 (19,7); Arve (Genf) 85 (41), Saône 410 (13,7), Doubs 160 (20,7), Isère 350 (29,7), Ardèche 60 (27,3), Durance 200 (16,8).

VI. Italien.

Po-Ferrara 1510 (21,5), Dora Baltea-Ponte Baio 106 (31,9), Tessin-Sesto Calende 317 (48), Adda-Lecco 163 (36,5), Tanaro-Monte Castello 130 (16,3); Etsch-Boara Pisani 262 (21,9); Arno-S. Giovanni alla Vena 107 (13,1); Ombrone-Sasso d'Ombrone 29 (10,8); Tiber-Rom 248 (15,0), oberer Tiber-Baschi 72 (9,7), Nera-Machiagrossa 91 (22,6) [85% durchlässig!], Volturno-Ponte Annibale 90 (16,2), Sele-Albanella 63 (19,3), Ofanto-S. Samuele 14 (4,9).

VII. Iberische Halbinsel.

Duero 660 (6,7); Tajo-Mündung 490 (5,7), Tajo-Palomarejo 136 (4); Guadiana-Badajoz 79 (1,7); Guadalquivir-Cantillana 164 (3,6); Ebro-Tortosa 600 (7,4).

VIII. Nordamerika.

Mississippi-Mündung 18000 (5,9), Mississippi-vor Missouri 2900 (6,3); Missouri 2200 (1,4), Spenden: Fort Benton (3,7), S. Joseph (0,85); North Platte (0,39), South Platte (0,24); Ohio 8000 (15,0), Spenden: Miami (11,3), Cumberland (14,5), Tennessee-Chattanooga (19,5); Arkansas 1800 (2,7), Spenden: Oberlauf (8), Arkansas City (0,32), Little Rock 2,69 [starker Wechsel!]; Red River-Colbert 740 (1,6); S. John-Pokick 670 (16,9); Connecticut-Thompsonville 440 (17,7); Susquehanna 1100 (15,5); Potomac 375 (10,2); S. Lorenz-Niagara 5900 (8,7), S. Lorenz-Montreal 8700 (9,3); Ottawa-Grenville 1900 (13,2); Saguenay-Ile Maligne 1490 (19); S. Maurice-Grand'Mère 731 (17,4); Winnipeg-Slave Falls 705 (5,6); Spenden: Assiniboine (0,26); Saskatchevan-Assiniboine (0,26); Saskatchevan-The Pass (1,89). Peace River 1620 (8,7), Fraser-Hope 2640 (12); Columbia mit Snake 6800 (10,4); Snake-Burbank 1660 (5,9); Sacramento 1030 (14); Colorado-Arizona 695 (1,1), Spenden: Green River (1,1), Grand River (2,4), S. Juan (0,8), Little Colorado (0,15), Gila (0,13). Spenden in Texas: Brazos-Waco (1,0); Colorado-Austin (0,8).

IX. Mittel- und Südamerika.

S. Juan-Ochoa 1000 (27); S. Juan-Fort S. Carlos 520 (17); Orinoko 10000 (11); Amazonas-vor Xingu 110000 (18); S. Franzisko 2800 (5,6); Parana-Posadas 11500 (14,0); Parana-Corrientes 16100 (8,3); Parahyba 950 (17); Iguassu 1220 (25); Paraguay 4500 (4); Pilcomayo 175 (2,5); Uruguay-Concordia 5000 (17); Rio Negro (Ur.)-Bonete 440 (12); Limay 600; Neuquen 350.

X. Afrika, Australien.

Nil-Kairo 2300 (0,9); Nil-Wadi Halfa 2800 (1,0); Scheliff-Ghrib 3,7 (0,16); Niger 15000 (7); Kongo 39000 (11), Kongo-Oberlauf bei Stanleyville (7); Kassai 10000 (11); Kunene 500 (3,6); Oranje 2900 (3); Oberer Vaal 80 (2); Murray (insgesamt) 400 (0,4), oberster Murray 200 (8).

XI. Asien.

Menderes (Mäander) 185 (8), Menderes-Oberlauf bei Yeniköi 23 (2); Rion-Poti 420 (31,4); Kura-Sabirabad 520 (2,9); Amudarja-Karki 2060 (7,8); Euphrat-Hit 710 (6,5); Tigris-Bagdad 1350 (12,8); Karun 770 (15); Afriné-Bassout 8 (3,8); Orontes-Antiochia 79 (3,3); Jordan 50 (4); Indus 6000 (6), Spenden Pendschabflüsse Oberlauf: Beas-Pang (38), Chenal-Merala (43); Jhelum-Mangla (34); Ravi-Madhapur (38); Sadletsch-Rupar (14); Ganges 15000 (15); Brahmaputra 17000 (26); Krischna 2000 (7); Godavary 2300 (7); Irawadi 11000 (30); Mekong 6500 (8,0); Fleuve Rouge 3900 (30); Sikiang 8000 (23); Jangtse-Mündung 30000 (16); Jangtse-Itschang 16000 (17); Hoangho 1600 (2); Amur-Konsomolsk 10000 (5,9); Kolyma 2100 (6); Lena-Kiussiur 13900 (6,1); Witim-Bodaibo 1860 (9); Jenissei-Igarka 17400 (6,8), Angara-Bolchaia Ritchka 1640 (2,9); Ob-Salehard 11400 (4,7).

Tabelle 7. *Maße in der Gewässerkunde. Umrechnung.*

Als Maßeinheiten werden neben der jährlichen Niederschlagshöhe N und der Abflußhöhe A (in mm) auch die Regenspende r und die Abflußspende q gebraucht, d. i. die Zahl der Liter l, die auf den km² in der Sekunde (s) fallen bzw. von ihm abfließen. Es bestehen folgende Identitäten:

Höhe (N *oder* A)	*Spende* (r *oder* q)	*Bemerkungen*
1 mm allgemein	1 l je m² allgemein	für Niederschlag üblich
1 mm in 1 Tag (86400 s)	11,57 l/s·km²	
100 mm in 1 Tag	1,16 m³/s·km²	für Hochwässer üblich
1 mm in 1 Minute	16,67 m³/s·km²	für Hochwässer üblich
31,557 mm in 1 Jahr	1 l/s·km²	s. die Regel!

Faustregel für Umrechnung von Jahreshöhen (mm) in Spenden (l/s·km²): Die Spende ergibt sich aus der Höhe durch Division mit etwa 30. — Die Spenden je Hektar (l/s·ha), für kleine Flächen gebraucht, ergeben sich aus den km² — Spenden als deren 100. Teil. — Die „15 min-Spende" ist die Spende in l/s·km² oder in l/s·ha, die 15 Minuten lang *andauert*.

Weitere Maße. 1 Mio m³ = 1 hm³ (Kubikhektometer); Mio = Million (10^6),
1 Mia m³ = 1 km³ (Kubikkilometer); Mia = Milliarde (10^9).

Für Schwebstoffbelastung 1 mg/l = 1 g/m³ (Gesamtfracht P: Abflußfülle Q).
Für Abtragung 1 t/km² = 1000 kg/km² (Gesamtfracht P: Fläche F).

75 m·kg/s = 1 Pferdestärke (PS) = 0,736 Kilowatt (kW)
1 Kilowatt (kW) = 1,36 Pferdestärken (PS) } Leistungseinheiten.

Die Kilowattstunde (kWh) ist das Maß für die Arbeit (Leistung mal Zeit), die bei den verfügbaren kW in h Stunden geleistet wird (z. B. Tages-, Monats-, Jahresarbeit).

1 geogr. Meile = 7,42 km; 1 Seemeile (1 Knoten) = 1,852 km.

Englische und USA-Maße.

1 Fuß = 0,3048 m	1 Kubikfuß (je sec = cusec) = 28,32 l
1 inch = 2,54 cm	1 acre = 0,4047 ha
1 Faden = 1,829 m	1 square mile = 2,59 km²
1 cusec per square mile = 10,9 l/s·km²	1 acre-Fuß = 1233,46 m³

Über die Einheiten bei der Lösungsfracht, den Schwebstoffen und Geröllen vgl. S. 113.

Tabelle 8.

a) *Auswahl von Fachausdrücken der Hydrologie; Neuentwürfe von DIN 4049*

(nach Berichten bis 15. 4. 1952; * bedeutet *ältere* Fassungen).

Abfluß (m³/s): Wassermenge, die in 1 s einen Abflußquerschnitt durchfließt; ersetzt die frühere Bezeichnung „Abflußmenge".

*Abflußfülle (m³/Zeit): der für eine bestimmte, meist längere Zeit summierte Abfluß.

Abflußkurve: Bezugskurve zwischen den Wasserständen und den zugehörigen Abflüssen.

Bezugskurve: Ausgleichskurve im Streuungsbild der graphischen Korrelation; liefert den wahrscheinlichen Zusammenhang zwischen zwei Reihen zusammengehöriger Beobachtungswerte.

Brunnen: künstlich hergestellter lotrechter Aufschluß zur Gewinnung von Grundwasser; Quellen und Wasserzapfstellen sind keine Brunnen. — Bem.: „lotrecht" ist umstritten.

Dauerlinie: Zeichnerische Darstellung statistisch gleichwertiger Einzelbeobachtungen in der Reihenfolge ihrer Größe.

Drängewasser: Wasser, das durch einen Deich, seinen Untergrund oder auf beiden Wegen in eine Niederung eindringt.

*Druckhöhe: Höhe einer auf der betrachteten Fläche stehenden Flüssigkeitssäule (Wasser, Quecksilber), deren Gewicht gleich dem auf die betrachtete Fläche wirkenden Druck ist.

Durchlässigkeitsbeiwert: Durchgangsgeschwindigkeit (Filtergeschwindigkeit) geteilt durch das Grundwassergefälle.

Ebbe: Das Fallen des Wassers vom Tidehochwasser zum nächstfolgenden Tideniedrigwasser.

*Energielinie: Verbindungslinie der Endpunkte von Lotrechten, die gleich der Summe aus geodätischer Höhe, Druckhöhe und Geschwindigkeitshöhe sind (nur für Beharrungszustand gültig).

Flut: Das Steigen des Wassers vom Tideniedrigwasser zum nächstfolgenden Tidehochwasser.

*Geschwindigkeitshöhe: Fallhöhe, die unter Vernachlässigung der Reibung die betr. Geschwindigkeit erzeugt ($h = v^2/2\,g$).

Gewässer: In der Natur vorkommendes Wasser auf dem Festland einschl. Gewässerbett bzw. Grundwasserleiter.

Gewässerkunde: Teil der Hydrologie, der sich mit den Gewässern im natürlichen Wasserkreislauf zwischen dem Niederschlag und dem Rückfluß ins Meer befaßt.

Gleichwertige Wasserstände: In verschiedenen Abflußquerschnitten eines Wasserlaufs einander entsprechende Wasserstände.

Grundwasser: Wasser, das die Hohlräume der Erdrinde zusammenhängend ausfüllt und nur der Schwere (dem hydrostatischen Druck) unterliegt.

Grundwasserkunde: Hydrologie des Grundwassers.

Hohlraumgehalt: Gesamtinhalt der Hohlräume je Raumeinheit des Untergrundes; bei kleinen Hohlräumen hierfür auch „Porengehalt".

Hydraulik: Angewandte Hydromechanik.

Hydrodynamik: Lehre von der Bewegung des Wassers und den dabei wirkenden Kräften.

Hydrographie: Beschreibende Gewässerkunde.

Hydrologie: Lehre von den Erscheinungen des Wassers über und unter der Erdoberfläche und ihren natürlichen Zusammenhängen.

Hydromechanik: Hydrostatik und Hydrodynamik.

Hydrostatik: Lehre vom Gleichgewicht der im und auf das Wasser wirkenden Kräfte.

Kuverwasser: Drängewasser, das an der Binnenböschung eines Deiches austritt.

Qualmwasser: Grundwasser, das in einer eingedeichten Niederung durch Wasser von außen hochgedrückt wird.

Quelle: Örtlich begrenzter natürlicher Grundwasseraustritt, auch nach künstlicher Fassung.

Quellenband (Quellenlinie): Band (oder Linie), auf dem Quellen heraustreten.

*Reibungsgefälle: Gefälle der Energielinie.

Sickerwasser: In engen Hohlräumen des Erdreichs sich abwärts bewegendes unterirdisches Wasser, soweit es nicht als Grundwasser zu bezeichnen ist.

Sinkwasser: In weiten Hohlräumen des Erdreichs sich abwärts bewegendes Wasser, soweit es nicht als Grundwasser zu bezeichnen ist.

Staulinie: Wasserspiegel im Längsschnitt eines Wasserlaufs bei stationär verzögertem Fließen.

Ungleichförmigkeit: Hydraulische Eigenschaften einer Flußstrecke, bedingt durch Grundriß- und Querschnittsgestaltung des Wasserlaufs, die Bettrauhigkeit und Geschiebebewegung, die Wassertemperatur und etwaige sonstige Einflüsse.

*Unterdruck: Negativer Druck im unterirdischen Wasser, bezogen auf den Druck der freien Luft als Null, gemessen in cm Wasserhöhe.

Unterirdische Abflußspende: Aus dem Grundwasser stammende Abflußspende, aus dem unterirdischen Einzugsgebiet berechnet.

Versickerung und Versinkung: vgl. Sickerwasser und Sinkwasser.

Vorflut: Abflußmöglichkeit des Wassers.

Vorfluter: Der Vorflut dienendes Gewässer.

Wassermenge: Raummäßig festgelegtes Wasser.

Zentralwert: Wert einer Beobachtungsreihe, für den die Unterschreitungszahl gleich der Überschreitungszahl ist; Mittenordinate der Dauerlinie.

b) Auswahl von Fachausdrücken im Wasserkraftbau und bei Stauanlagen nach MARQUARDT.

Aalpaß: Vorrichtung für den Aufstieg der Aale vom Unterwasser zum Oberwasser.

Absenkziel: Niedrigster zulässiger Wasserspiegel an der Stauanlage.

Aufbrauch: Wassermenge, die in einem bestimmten Wasserhaushaltsabschnitt einem Speicher entnommen wird.

Ausbaugröße: Sammelbegriff für die neben der Ausbauform einer Wasserkraftanlage bestimmenden Grundwerte: Ausbauwassermenge, -fallhöhe, -leistung, -grad.

Ausbauwassermenge: Diejenige Vollwassermenge, auf welche die Hauptteile der Wasserkraftanlage ausgelegt werden. Bei den Turbinen: diejenige Vollwassermenge, die bei abnehmender Fallhöhe gerade noch die Dauerleistung der Stromerzeuger sicherstellt.

Einzugsgebiet: Das ober- und unterirdische Gebiet, dem das in einem Querschnitt abfließende Wasser entstammt, in der Horizontalprojektion gemessen. Zu unterscheiden ist dabei: oberflächliches (oder morphologisches) und hydrologisches Einzugsgebiet; ersteres begrenzt durch die oberirdischen oder morphologischen, letzteres durch die ober- und unterirdischen oder hydrologischen Wasserscheiden.

Energiedargebot: In einem bestimmten Zeitabschnitt bei jeweils besterreichbaren Wirkungsgraden rechnungsmäßig erzeugbare elektrische Arbeit.

Fahrplan (Wasserhaushaltsfahrplan): Betriebsvorschrift, meist in zeichnerischer Form, über den Wasserhaushalt eines (im Verbund arbeitenden) Speicherwerks mit dem Ziel: trotz praktisch unmöglicher oder unvollkommener Voraussicht der zukünftigen Wasserführung eine vorzeitige Erschöpfung des Speichers zu verhüten und dadurch eine bestimmte Mindestleistung sicherzustellen oder einen Höchstwert der Energieausbeute zu sichern.

Gefälle: Auf die Längeneinheit des Fließgrundrisses bezogener senkrechter Höhenunterschied zwischen zwei Punkten. Zu unterscheiden ist Spiegelgefälle, Sohlengefälle, Druckgefälle und Energiegefälle.

Laufkraftwerk: Kraftwerk ohne eigenen Wasserspeicher, der auf die laufende Verarbeitung der jeweils zufließenden Mengen angewiesen ist.

Mehrjahresspeicher: Großspeicher zum Ausgleich von Dargebot und Bedarf über mehrere Jahre.

Mitteldruckanlage: Wasserkraftanlage mit Nutzfallhöhe zwischen etwa 20 und 50 m.

Niederdruckanlage: Wasserkraftanlage mit Nutzfallhöhe unter etwa 20 m.

Nutzfallhöhe: Verfügbare Energiefallhöhe an der Turbine = dem Höhenunterschied der Energielinien vor und hinter der Turbine.

Rohwasserkraft (potentielle Wasserkraft): Die ideelle (verlustfrei berechnete) Leistung einer unausgebauten oder ausgebauten Wasserkraft bei mittlerer Wasserführung.

Spitzenlast: Belastung von im einzelnen kürzerer Dauer als 2 Stunden.

Stauziel: Höchster zulässiger Wasserspiegel an der Stauanlage.

Taglast: Innerhalb eines Lichttags auftretende Belastung von 16 bis 6 Stunden gesamter und nicht mehr als zweimal unterbrochener Dauer.

Überfallhöhe: Dicke des über die Wehrkrone überstürzenden Strahls.

Verbundbetrieb: Zusammenarbeit mehrerer gleich- oder verschiedenartiger Stromquellen, insbesondere von Wasserkraftanlagen (Laufwerken, Klein- und Großspeicherwerken, Pumpspeicherwerken) und Wärmekraftwerken im elektrischen Parallelbetrieb auf ein Netz, zwecks möglichst vollkommener Nutzbarmachung der Energie.

Wassermengenhöhenplan: Darstellung der Wasserführungs- und Höhenverhältnisse eines Flußgebietes, in dem die kennzeichnenden Wassermengen (meist NQ) als waagrechte Strecken an einer den Wasserspiegelhöhen der Meßquerschnitte entsprechend geteilten Höhenachse aufgetragen sind.

Wirkungsgrad (einer Maschine oder eines triebwasserführenden Anlageteils): Verhältnis der abnehmbaren Leistung zur zugeführten ideellen (potentiellen) Leistung.

Allgemeine Bemerkung zu Tab. 8a u. b: Aufgenommen sind in der Hauptsache solche Fachausdrücke, die *nicht* schon im Text erklärt oder wenigstens berührt sind. Die Stellen im Text sind dem Sachverzeichnis zu entnehmen.

Literaturverzeichnis.

ABWESER (Ref.): Schweiz. Bauz. Bd. 47 (1950) S. 649.
ADAMS: Hydrographic Manual. Washington 1942.
ALBRECHT: Z. Meteorol. Bd. 1 (1947) H. 4/5.
AUERBACH und SCHMALZ: Schriften d. Ver. f. Geschichte Bodensee Bd. 55 (1927); Bd. 60 (1932) — Arch. Hydrobiol. 1931, 1934. 1937.
BADEN in Beilage 3 zu „Wasser und Boden" Aug. 1952.
BARTELS: Geophysik Teil II der Fiatberichte 1939—1946.
BAUER, F. W.: Die Überführung der badischen Auwaldungen in Hochwald. 1951 (Verl. d. Landesforstverwaltung).
BAULE: Die Mathematik des Naturforschers und Ingenieurs Bd. II (1947).
BAULIG: (1) Ann. Géogr. Bd. 48 (1939).
— (2) Bull. Soc. belge d'Études géograph. Bd. 17 (1948) Nr. 2.
BENDEL: Ingenieurgeologie 1. Bd. 1944; 2. Bd. 1948.
BERG: (1) Allgemeine Meteorologie, 1948.
— (2) Einführung in die Physik der festen Erde, 1949.
— (3) Zeitschrift Geofisica Pura e Applicata Bd. 4 (1949).
BERGSTEN: s. Bem. 1a, S. 310. Ref. in Nr. 19.
BLANCK: Handbuch der Bodenlehre Bd. 5 (1930).
BLÜTHGEN: Heute und Morgen, 1950 Heft 2.
BRINKMANN: Emanuel Kaysers Abriß der Geologie Bd. 1 (1940).
BUCHHOLZ: (1) Das Wasser Bd. 1 (1948) Heft 3.
— (2) Wasser und Boden Bd. 1 (1949) Heft 8.
CHAPMAN: s. Bem. 1a, S. 310. Ref. in Nr. 29.
CARLÉ: Das Gas- und Wasserfach 1950 (Bem. 4, S. 310).
CARP: Bautechnik 1940 Heft 17 — Techn. Mitt. 1951 Heft 2 — Gesundheitsingenieur 1951 Heft 17/18. — Die Wasserwirtschaft 1952, S. 163 (s. Bem. 7, S. 310).
CLODIUS: Das Gas- u. Wasserfach 1950 u. Geog. Taschenbuch von MEYNEN 1951/52 (Bem. 4 u. 6, S. 310).
CONRAD: Die klimatologischen Elemente usw. Hdbch. d. Klimatologie von KÖPPEN-GEIGER I. Teil B (1936).
COUTAGNE: s. Bem. 1a, S. 310. Ref. in Nr. 7 u. 8.
CREUTZBURG: Peterm. Geog. Mitt. 1950.
DACHLER: s. Bem. 1a, S. 310. Ref. in Nr. 25.
DAVIS: Die erklärende Beschreibung der Landformen, 1928.
DECHENIANA: Wasserhaushalt und Waldverwüstung. Erg. d. Tagg. d. Nat. hist. Ver. d. Rheinlande u. Westfalens 1948.
DEHNERT: Verkehrswasserbau I, II, III 1950 (Sammlung Göschen).
DEIJ: s. Bem. 10, S. 310 (Ref.).
DENNER: Die Technik Bd. 2 (1947) S. 59.
DEVIK: s. Bem. 10, S. 310 (Ref.).
DRESSLER: Pure and Applied Mathematics 2 (1949).
DREYER: Wasserwirtschaft 1937 (s. Bem. 7, S. 310).
EBERS: Wasserwirtschaft 1950 (s. Bem. 7, S. 310).
EBERT: (1) Zeitsch. d. Deutsch. Geolog. Gesellsch. Bd. 85 (1933).
— (2) Beitr. angew. Geophysik 1942, 1.
ECKOLDT: Wasserwirtschaft Sonderheft 1950 (s. Bem. 7, S. 310).
EIMERN, VAN: Annal. Meteorol. 1950.
ELSTER: (1) Arch. Hydrobiol. Bd. 35 (1939).
— (2) Ebenda Supplement 20 (1952).
ENDRISS: (1) Statistik in Baden 1950.
— (2) Ber. Nat.forsch. Ges. Freiburg 42 H. 1 (1952).
ENGLER: Untersuchungen über den Einfluß des Waldes auf den Stand der Gewässer. Mitt. Schweiz. Zentralamt forstl. Versuchsw. Bd. 12 (1919).
ERB: Mitt. Bad. Geolog. Landesanstalt 1949.
ERTL: (1) Der mittlere jährliche Gang des Wasserhaushalts der Saalach. Arch. Wasserw. Nr. 55 (1940).
— (2) Starkniederschlag und Wasserhaushalt. Arch. Wasserwirtsch. Nr. 68 (1942).

ERTMANN: Die Bedeutung der Speicherbecken für die Schiffahrt auf den Wasserstraßen des Wesergebiets. Bundesverkehrsministerium (Studien zu Bau- und Verkehrsproblemen der Wasserstraßen). Offenbach 1949.
FELBER: Wasserwirtschaft 1939 (s. Bem. 7, S. 310).
FICKERT, K: s. Bem. 1a, S. 310. Ref. in Nr. 14.
FICKERT, R.: Das Katastrophenhochwasser im Osterzgebirge 1934.
FINSTERWALDER, S.: Sitzungsber. Akad. München 1890 Heft 1 u. 2.
FISCHER, E.: Aus der Heimat Bd. 43 (1930) Heft 12.
FISCHER, K.: (1) Ziele und Wege der Untersuchungen über den Wasserhaushalt der Flußgebiete. Mitt. Reichsverb. Dtsch. Wasserwirtsch. Nr. 40 (1936).
— (2) Niederschlag, Abfluß und Verdunstung im Weser- und Allergebiet. Jb. Gew.kde Norddeutschl. Bes. Mitt. 7 Nr. 2 (1932).
FLOHN: (1) Beiträge zur Problematik der Talmäander, 1933.
— (2) a) Neue Anschauungen über das Monsunklima Ostasiens. Geograph. Rdsch. 1949. b) Erdkunde 1950 (s. Bem. 2, S. 310). c) Ber. Dtsch. Wetterdienst in der US-Zone Nr. 18, 1950.
— (3) Künstliche Erzeugung von Regen? Naturwiss. Rundschau 1950 S. 78.
— (4) Die Erde 1951/52, S. 211.
FOSTER: Rainfall and Runoff. New York 1948.
FRECKMANN: Das Wasser 1949.
FRIEDRICH: (1) Göttinger Geogr. Abhandl. Heft 1, 1947.
— (2) Hydrographie in Geophysik Teil II d. Fiatberichte 1939/46.
— (3) s. Bem. 1a, S. 310. Ref. in Nr. 21.
— (4) s. Bem. 1a, S. 310. Ref. in Nr. 11.
— (5) Hydrographie in LANDOLT-BÖRNSTEIN, Zahlenwerte u. Funktionen 6. Aufl. III. Bd. 1951.
GEIGER: Das Klima der bodennahen Luftschicht, 3. Aufl. 1950.
GÖHRE: Z. Meteorol. 1949.
GRADMANN: Süddeutschland 1931.
GRAHMANN: Das Gas- und Wasserfach 1951 H. 16 (s. Bem. 4, S. 310).
GRASSBERGER: Wasserwirtschaft 1932 und 1936 (s. Bem. 7, S. 310).
GRAVELIUS: Flußkunde, 1914.
GRUNOW: Dtsch. Wetterdienst US-Zone Nr. 35 u. Nr. 38 (1952).
HAASE: Wasserwirtschaft 1949/50 (s. Bem. 7, S. 310) S. 188.
HAEUSER: (1) Kurze, starke Regenfälle in Bayern usw. 1922; graphische Darstellungen hierzu 1927.
— (2) Niederschlagsbelastung der bayerischen Flußgebiete. Veröff. bayer. Landesstelle Gewässerkunde 1927.
HAHN: (1) Wasserwirtschaft (s. Bem. 7, S. 310) 1942 (a) und 1948 (b).
(2) Wahrscheinlichkeitstheoret. Bestimmung d. Abflußkurve. Bielefeld 1951.
HALBFASS: (1) Das Süßwasser der Erde. Reclams Univers. Bibliothek 1914.
— (2) Die Seen der Erde, Peterm. Geogr. Mitt. Erg.heft 185, 1922.
HANN-SÜRING: Lehrbuch der Meteorologie 5. Aufl. 1937ff. S. 474.
HAPP: siehe Zbl. Geophys. 1940/41 (Ref.).
HASEMANN: Geologie und Wasserversorgung in Baden und Elsaß. Jb. Reichsamt Bodenforschg. Bd. 63 (1942).
HEILAND: Geol. Rdsch. Bd. 23a (1933).
HELLSTRÖM: Geografiska Annaler 1940.
HESS: Das Eis der Erde. Hdbch. Geophysik VII, 1 (1928ff.).
HETTNER: Die Oberflächenformen des Festlandes, 1928.
HIEHLE: (1) Vom kommenden Zeitalter der künstlichen Klimagestaltung, Heidelberg 1947.
— (2) Peterm. Geogr. Mitt. 1952.
HOECK: (1) Wass.- u. Energiewirtsch. 1947.
— (2) s. Bem. 10, S. 310 (Ref.).
v. HORN: Raumforschung und Raumordnung 1, 1950.
HÜTTE: Des Ingenieurs Taschenbuch III, 26. Aufl., 1936.
Hydrogeolog. Übersichtskarte. Blatt Stuttgart, 1952.
IMHOFF: Taschenbuch der Stadtentwässerung 12. Aufl., 1948.
ISZKOWSKI: Z. österr. Arch. u. Ingenieurvereins, 1886.
IWANOW: Bull. Acad. Sci. URSS N. 3 (1940) nach Ref. Zbl. Geophys. 1941 S. 266.
JACOB: Der Boden, 1944.
JACOB u. GROSSE: Der Kulturtechniker Bd. 43 (1940) S. 79.
JAEGER: (1) Peterm. Geogr. Mitt. Erg.heft 223, 1936.
— (2) Peterm. Geogr. Mitt. 1937.
— (3) Erdkunde 1949 (s. Bem. 2, S. 310).

JUNG: Angew. Geophys. 1948.
KAEMPFERT: Erdkunde 1947 (s. Bem. 2, S. 310).
KALLE: Der Stoffhaushalt des Meeres, 1945.
KATZER: siehe bei MACHATSCHEK (Geomorphologie).
KAUFMANN, HANS: Meteorol. Rdsch. Bd. 3 (1950) Heft 9/10.
KAUFMANN, HENNING: Rhythm. Phänomene d. Erdoberfläche, 1929.
KEILHACK: Lehrbuch der Grundwasser- und Quellenkunde, 3. Aufl., 1935.
KELLER, H.: Jb. Gew.kde Norddeutschl. Bes. Mitt. Bd. 2 Nr. 7, 1914.
KELLER, R.: (1) a) s. Bem. 6, S. 310, 1951/52, b) Ber. Dtsch. Landeskde 10. Bd. 1. Heft 1951.
— (2) Erdkunde 1947 und 1948 (s. Bem. 2, S. 310).
KESSLER-KAEMPFERT: (1) Wetterkunde 2. Aufl. 1948.
— (2) Grundlagen und Fortschritte im Garten und Weinbau, 1948.
KHOSLA: s. Bem. 1a, S. 310. Ref. in Nr. 14.
KINZL: Z. Gletscherkunde Bd. 20 (1932).
KIRSCHMER: Wasserkraft u. Wasserwirtschaft 1931.
KIRWALD: (1) Forstliche Wasserhaushaltstechnik, 1944.
— (2) Forstlicher Wasserhaushalt und Frostschutz, 1950.
v. KLEBELSBERG: Handbuch d. Gletscherkunde 1948/49.
KLEINSCHMIDT: Handbuch der meteorologischen Instrumente, 1935.
KLUTES Handbuch der geographischen Wissenschaft, 1930ff.
KNETSCH: Geolog. Rdsch. Bd. 38 (1950).
KOEHNE: Grundwasserkunde 2. Aufl., 1949.
KOLUPAILA: Die größten Abflußmengen der Flüsse in den Ostseegebieten. VI. Balt. Hydrolog. Konferenz Hauptber. 2, 1938.
KOLUPAILA u. PARDÉ: Le régime des cours d'eau de l'Europe orientale, Grenoble 1933.
KOPPE: Ann. Meteorol. Bd. 4 (1951).
KÖPPEN: Grundriß der Klimakunde 2. Aufl. 1931.
KRAHE: Sprachverwandtschaft usw., Heidelberg 1951.
KREPS: Mitt. Hydrolog. Landesabteilung in Graz, Januar 1951 u. März 1952.
KURON: (1) Die Gefahren der Bodenerosion und ihre Bekämpfung. Mitt. Reichsverb. Dtsch. Wasserwirtschaft Nr. 45 (1938).
— (2) Wasser und Boden Bd. 1 (1949) Heft 15.
KYSER: Wasserwirtschaft (s. Bem. 7, S. 310) 1936.
LACHENMANN: Der Yangdsedjang, enth. in einer Denkschrift d. Joh.-Kepler-Oberschule in Reutlingen (Württemberg) 1945.
LANGBEIN: (1) Geological Survey, Circular 52, Washington 1949.
— (2) (HARBECK u. LANGBEIN) ebenda Supplement 2, 1949.
LAUER: Erdkunde 1951 H. 4 (s. Bem. 2, S. 310).
LAUTERBORN: Geologie der Meere und Binnengewässer Bd. 3 (1939).
LEHMANN, O.: siehe MACHATSCHEK (Ref.).
LEIMBACH: (1) Die Sowjetunion, 1950.
— (2) Erdkunde 1948 (s. Bem. 2, S. 310).
LESSMANN: Arch. wiss. Ges. Land- u. Forstwirtsch. Freiburg i. Br. 1950.
LIEBMANN: Hdb. d. Frischwasser- und Abwasserbiologie Bd. I, 1951.
LINSLEY-KOHLER-PAULHUS: Applied Hydrology. New York 1949.
LIPPERT: (1) Wasserwirtschaft 1942 (s. Bem. 7, S. 310).
— (2) Bem. 1b, S. 310.
LOPATIN: siehe Referat in Geographica Helvetica 1950 S. 113.
LÜTSCHG: Zum Wasserhaushalt des Schweizer Hochgebirges. 2. Bd. 3. Teil, 1944; vgl. Ref. von R. KELLER in Erdkunde 1950. Siehe auch die anderen Bände.
LUNDEGARDH: Klima und Boden, 3. Aufl., 1949.
MACH: Die Mechanik in ihrer Entwicklung, 3. Aufl., 1933.
MACHATSCHEK: Geomorphologie, 1949.
MALSCH: Ber. Meteorologische Tagung Bad Kissingen 1951 (ersch. 1952).
MARKGRAF: Ann. Meteorol. 1950.
MARQUARDT: (1) Die Vorgänge in den geschiebeführenden Flüssen usw., Wasserkr.-Jb. 1931.
— (2) Die Bautechnik 1933 S. 76.
— (3) Die Abwasserreinigung usw., Bautechn.-Arch., 1948 Heft 2.
— (4) Wasserstatistik 50 bis 59. Siehe Bem. 9, S. 310.
MARTONNE, DE: Traité de géographie physique 2. Bd. 1926ff.
MEINARDUS: Meteor. Z. 1911 S. 317 u. 1931 S. 350.
MEINZER: Hydrology, Physics of the Earth Bd. IX, New York 1942.
MENTZ: Ortsnamenkunde, 1927.
MEYER, A. F.: Elements of Hydrology 2. Aufl., New York 1928.
MIRTSCHING: Erdkunde 1951 (s. Bem. 2, S. 310).

MÖLLER, F.: (1) Naturwiss. Rdsch. Bd. 4 (1951) Heft 2.
— (2) Peterm. Geogr. Mitt. 1951 Heft 1.
— (3) Arch. Meteorol. 4 (1951).
MÖLLER, L.: Niedersachsenatlas (Beitrag), 1934.
MOSBY: Ann. Hydrogr. 1936 Heft 7.
MÜGGE: Meteorologie und Physik der Atmosphäre in den Fiatberichten 1939—1946.
MÜLLER, H.: Deutschlands Oberflächenformen, 1941.
MÜLLER, K.: Der Feldberg im Schwarzwald, 1948 (mit Beiträgen von ERB, GAMS, HERZOG, LETTAU, LIEHL, K. MÜLLER, RIES, ROSSMANN, STOLL, WUNDT).
MÜLLER-POUILLETS Lehrbuch der Physik, 11. Aufl. 5. Bd. 1. Hälfte, 1928.
NATERMANN: (1) Vortrag Gewässerkundl. Tagung Hamburg 1951.
— (2) Wasserwirtschaft Sonderheft 1950 (s. Bem. 7. S. 310).
— (3) Das Gas- und Wasserfach 1952 (s. Bem. 4, S. 310).
NUSSBAUM: siehe KLUTE (Teilbearbeitung).
OEXLE: (1) Zur Gewässerkunde der bayerischen Saalach. Berlin 1940.
— (2) Wasserkr. u. Wasserwirtsch. 1935 Heft 18/19.
ORTH: Wasserwirtschaft 1940 (s. Bem. 7, S. 310); ders. Diss. T.-H. Berlin 1933.
OTT, L. A.: Instrumentenkunde der praktischen Hydrometrie (ohne Druckjahr).
PANTLE: Wasserwirtschaft 1949/50 (s. Bem. 7, S. 310).
PARDÉ: (1) Revue de Géographie de Lyon Bd. 26 (1951) nach TODD und ELIASSEN.
— (2) Fleuves et Rivières, 2. éd., Paris 1947.
— (3) Potamologie, Université de Grenoble, 2 Bde (nicht im Buchhandel).
PARET: Das neue Bild der Vorgeschichte, 1948.
PAUL: Mitt. d. Bad. Geolog. Landesanstalt 1947, 1948, 1949.
PENCK, A.: a) Sitzungsberichte Akademie Berlin 1910. b) Geograph. Z. Bd. 39 (1933) S. 330.
PERTHES: Taschenatlas 1943.
PFANNENSTIEL: Naturforsch. Ges. Zürich 1951.
PHILIPPSON: Grundzüge d. allgem. Geographie 2. Bd. 2. Hälfte 1924.
PIERCY: Wasser und Boden Bd. 1 (1949) Heft 4.
PIPER: s. Bem. 1a, S. 310. Ref. in Nr. 10.
PRAGER: Vortrag Meteorolog. Tagg. Hamburg 1952.
PRANDTL: Strömungslehre 1944.
PRINZ-LAMPE: Handbuch der Hydrologie, 1934.
RAWITSCHER: Die heimische Pflanzenwelt. Freiburg i. Br. 1927.
REICHEL: (1) Meteorol. Rdsch. Bd. 2 (1949) S. 206.
— (2) Ber. Dtsch. Wetterdienst US-Zone Nr. 35 (1952).
REINHOLD: Regenspenden in Deutschland. Arch. Wasserwirtsch. Nr. 58 (1940).
VAN RINSUM: siehe Beiträge zur Gewässerkunde usw. 1950 (s. Bem. 5, S. 310).
ROSSMANN: Meteorolog. Rdsch. Bd. 3 (1950) S. 162.
RUCKLI: Der Frost im Baugrund, 1950.
RUDZKI: Physik der Erde, 1911.
RUTTE: Das Pliozän und der fossile Karst am Oberrhein. Diss. Freiburg i. Br. 1949.
RUTTNER: Grundriß der Limnologie, 2. Aufl., 1952.
SAARMANN: Die Erde 1951/52 S. 143.
SAPPER: Peterm. Geogr. Mitt. Bd. 78 (1932) S. 225.
SCHADE (Herausgeber): Denkschrift d. deutsch. Sportfischer, Hamburg 1950.
SCHAFFERNAK: (1) Hydrographie, Wien 1935.
— (2) Grundriß der Flußmorphologie und des Flußbaus, 1950.
SCHIFFERS: Erdkunde 1951 Heft 4 (s. Bem. 2, S. 310).
SCHIRMER: Deutsche Landeskulturzeitung Bd. 7 (1938) Heft 3.
SCHLEICHER: Taschenbuch für Bauingenieure, 1949.
SCHLUMBERGER: Étude sur la prospection électrique du sous-sol, Paris 1930.
SCHMIDT-THOMÉ: Das Gas- und Wasserfach 1950 (s. Bem. 4, S. 310).
SCHMIDT, W. F.: Erdkunde 1938 (s. Bem. 2, S. 310).
SCHMITT-EDEL: siehe Beiträge zur Gewässerkunde usw. 1950 (s. Bem. 5, S. 310).
SCHNELL: s. Bem. 1a, S. 310. Ref. in Nr. 17.
SCHNELLE: Einführung in die Probleme der Agrarmeteorologie, 1945.
SCHOENEFELD u. ALTEN: Angew. Chem. Bd. 48 (1935).
SCHOENICHEN: Peterm. Geogr. Mitt. Bd. 90 (1944).
SCHOKLITSCH: (1) Der Wasserbau, 1929.
— (2) Wasserwirtschaft 1938 (s. Bem. 7, S. 310).
SCHROEDER: (1) Die Korrelationsrechnung u. ihre Anwendung a. d. Wasserwirtschaft, 1950.
— (2) Landwirtschaftlicher Wasserbau, 2. Aufl. 1950.
— (3) Die wasserwirtschaftliche Generalplanung, 1948.
— (4) Bes. Mitt. z. Dtsch. Gew.kdl. Jb. Nr. 5, 1952.

SCHULZ, H.: Zbl. Bauverw. Bd. 62 (1942) Heft 45/46.
SCHULZE, A.: Ber. Meteorologische Tagung Bad Kissingen 1951 (ersch. 1952).
SCHWARZMANN: Das Gas- und Wasserfach 1951 und 1952 (s. Bem. 4, S. 310).
SCHWENKEL: Naturwiss. Rdsch. Bd. 5 (1950) S. 215.
SHEPARD: Submarine Geology, New York 1948.
SIOLI: Forsch. u. Fortschr. 1950 S. 274.
SÖLCH: Geografiska Annaler 1949.
SÖRGEL, H.: Atlantropa. Verlagsauslieferung Seemann-Künzelsau 1948.
SOERGEL, W.: Z. dtsch. Geol. Gesellschaft Bd. 88 (1936).
SPECHT: Das Pegnitzgebiet in bezug auf seinen Wasserhaushalt, 1912.
STAFFORD: siehe Zbl. Geophysik 1940/41 (Ref.).
SPERLING: VI. Balt. Hydrolog. Konferenz Ber. 3a (1938); s. auch Bem. 12, S. 310.
STEIN: Wasser u. Boden Bd. 1 (1949).
STEINHÄUSSER: a) Arch. Meteorol. II (1950); b) Meteorol. Rdsch. Bd. 3 (1950).
STRECK: Grund- u. Wasserbau 2. Bd., 1950.
STRELE: Grundriß der Wildbach- und Lawinenverbauung, 1950.
SUPAN-OBST: Grundzüge der physischen Erdkunde, 1927ff.
SZÁVA-KOVÁTS: Ann. Hydrogr. 1938 Heft VIII.
THIEM, G.: Das Gas- u. Wasserfach 1951 Heft 8 (s. Bem. 4, S. 310).
THIENEMANN: s. Bem. 1a, S. 310. Ref. in Nr. 28.
THORNTHWAITE: Geographical Rev. 1931 u. 1933.
TIMMERMANN: Forsch. Dtsch. Landeskunde Bd. 53 (1951).
TODD: siehe bei PARDÉ in Revue de Géographie 1951 (Ref.).
TOMCZAK: Verdunstung freier Wasserflächen. Veröff. Geophys. Inst. Universität Leipzig, 1939.
TROLL: Klimaheft der Geolog. Rdsch. 1944.
TROSSBACH: Jb. württ. Amt f. Gew.kde 1931.
VÖLK: Wasserwirtschaft 1949/50 (s. Bem. 7, S. 310).
WAGNER, G.: Einführung in die Erd- und Landschaftsgeschichte, 2. Aufl. 1950.
WAGNER, H.: Wasserwirtschaft Sonderheft 1951 (s. Bem. 7, S. 310).
WALTHER: Wasserwirtschaft 1949/50 (s. Bem. 7, S. 310).
WANG: Tübinger Geog. Abhandl. Reihe II Heft 7, 1941.
WEIDENBACH: (1) Raumforschung u. Raumordnung Bd. 10 (1950) 4. Quartal.
— (2) siehe Geographisches Taschenbuch 1950 S. 221 (Bem. 6, S. 310).
WEIMANN: Bonner Geograph. Abhandl. Nr. 1, 1947; s. auch Bem. 12, S. 310.
WELNER: V. Balt. Hydrolog. Konferenz, Bericht 1A, 1936.
WEYRAUCH-STROBEL: Hydraulisches Rechnen, 4. u. 5. Aufl. 1930.
WINKEL: Die Grundlagen der Flußregelung, 2. Aufl. 1947.
WINKLER-HERMADEN: Akad. Anz. Wien 1933. Ref. Neues Jb. Mineral. usw. 1933 III S. 953.
WITTE: Beregnungstechnik usw. in Wasser u. Boden 4 (1952) H. 10.
WITTMANN: Wasserwirtschaft 1927, 1930, 1938 (s. Bem. 7, S. 310).
WÖLFLE: Waldbau und Forstmeteorologie. Neudamm 1939.
WOLDSTEDT (Sammelwerk): Eiszeitalter und Gegenwart 2. Bd. 1952.
WOLTERECK (Herausgeber): Klima, Wetter, Mensch (Sammlung von Beiträgen) 1938.
WÜST: (1) Oberflächensalzgehalt, Verdunstung und Niederschlag auf dem Meere. Festschrift N. KREBS 1936.
— (2) Dtsch. Hydrograph. Z. Bd. 3 (1950).
— (3) Die Kreisläufe des Wassers auf der Erde. Karl-Gripp-Festschrift 1951.
— (4) Geofisica pura e applicata 1952.
WUNDT: (1) Das Bild des Wasserkreislaufs usw. Mitt. Reichsverb. Dtsch. Wasserwirtsch. Nr. 44 (1938); zugleich auch Ber. 1b d. VI. Balt. Hydrolog. Konferenz, Berlin 1938.
— (2) Petermanns Geogr. Mitt. 1938.
— (3) Der Kulturtechniker 1939.
— (4) (zus. mit TROSSBACH): Die natürliche Vorratsbildung in unseren Flußgebieten. Arch. Wasserwirtsch. Nr. 1, 1940.
— (5) Ann. Hydrographie 1940.
— (6) Meteorolog. Z. 1943 S. 138.
— (7) Die Naturwiss. 1943.
— (8) Peterm. Geogr. Mitt. 1940.
— (9) Peterm. Geogr. Mitt. 1945.
— (10) Experientia IV/7 (1948) und V/8 (1949).
— (11) Wetter u. Klima 1949 Heft 5/6.
— (12) Peterm. Geogr. Mitt. 1950.
— (13) Meteorolog. Rdsch. Bd. 3 (1950).

WUNDT: (14) Erdkunde 1951 (s. Bem. 2, S. 310).
— (15) In „Wasser — die Sorge Europas“ 1951 H. 2 (Inst. f. Raumforschg. Bonn).
— (16) Das Gas- und Wasserfach 1950 u. 1951 (s. Bem. 4, S. 310).
— (17) Wasserwirtschaft 1952 (s. Bem. 7, S. 310).

Bemerkung

Öfter zitierte Zeitschriften und Sammelwerke sind:

1. Bundesanstalt (Forschungsanstalt) für Gewässerkunde in Bielefeld (ab Juli 1952 in Koblenz): a) Mitteilungen Nr. 1ff. ab 1949 (zwanglose Reihenfolge, nicht im Buchhandel), b) Gedenkschrift zum 50jährigen Bestehen usw. 1952. c) Richtlinien für Pegelanlagen, grundwasserkundliche Beobachtungen, Meßregeln für Flügel usw., Gutachten.
2. Erdkunde, Archiv für wissenschaftl. Geographie Bd. 1 (1947), Bd. 2 (1948) ff.
3. DIN (Veröffentlichungen des Deutschen Normenausschusses) Nr. 4047 und 4049.
4. Das Gas- und Wasserfach (abgekürzt: GWF), jährlich ein Band bis Bd. 93 (1952).
5. Beiträge zur Gewässerkunde, Festschrift d. Bayer. Landesstelle f. Gewässerkde. 1950. (PRÖTZEL, LOHR, SCHMITT und ALBRECHT, SCHMITT und PEISL, ERTL, VAN RINSUM, EDEL).
6. Taschenbuch, Geographisches (hrsg. v. E. MEYNEN), ab 1949 jährlich erscheinend.
7. Wasserwirtschaft, die Deutsche (neuere Jahrgänge betitelt: Die Wasserwirtschaft) bis Bd. 42 (1951/52). Abkürzung: WAWI.
8. Jahrbuch für die Gewässerkunde des Deutschen Reiches. Abflußjahre 1937, 1938, 1939 je ein Band; neuere Jahrgänge als Deutsches Gewässerkundl. Jahrbuch in getrennten Heften für die einzelnen Flußgebiete erscheinend. — Dazu: „Besondere Mitteilungen“ Nr. 1ff.
9. Die Wassererschließung. Herausg.: Dtsch. Ver. Gas- u. Wasserfachmänner, Essen 1952 (H. SCHNEIDER, TRUELSEN, THIELE u. a.).
10. Assemblée Générale d'Oslo 1948. Union Géodésique et Géophysique Internationale. Tome II et Résumés.
11. Land, Werdendes am Meer (mit Beiträgen von GRIPP, JACOB-FRIESEN, R. SCHMIDT, STADERMANN), Berlin 1937.
12. 50 Jahre Gewässerkunde (Min. f. Wirtschaft u. Verkehr in Nordrhein-Westfalen) 1952.

Zusatz

Weitere Literaturangaben finden sich an einer Reihe von Stellen im Text des Buches.

Sach- und Ortsverzeichnis.

Vor dem Nachschlagen gefl. zu beachten!

Das Verzeichnis enthält nur Hinweise auf die *im Text* besprochenen Gegenstände und Orts- bzw. Flußnamen Zahlreiche weitere Angaben sind wegen Überfüllung des Verzeichnisses nicht aufgenommen, so der Inhalt einiger in den Text eingefügter Zusammenstellungen; im einzelnen: Niederschlagshöhen S. 66, Gefällswerte S. 82, Flächen und Längen bei Flüssen S. 86, Mengenangaben für Lösungsfracht, Schwebstoff und Geröll S. 113f, Niedrigwasserspenden S. 227f, Grenzwerte bei Abflüssen S. 231f, Regime nach Pardé S. 242, Rangordnungen der Wasserführung in Europa S. 265; nicht berücksichtigt sind ferner i. allg. die Orts- und Flußnamen innerhalb der Abbildungen, besonders aber der Inhalt der großen Tabellen 1 bis 8 im Anhang des Buches (S. 296–304).

Es ist also unumgänglich, auch an den genannten Stellen nachzusehen!

721/45/51. — III/18/203.

Berichtigung.

Seite 26	Unterschrift der Abb. 15. 1. Zeile ist zu ergänzen durch: „Bei Hartheim".
Seite 33	1. Zeile von oben: Lies BADEN (Autorname) anstatt Baden (Land).
Seite 87	17. Zeile von oben: Lies Feldsee 1,03, anstatt Feldsee 1,3.
Seite 87	18. Zeile von oben: Lies SCHMOLINSKY (2) anstatt SCHMOLINSKY (b).
Seite 108	25. Zeile von oben: Lies Abschnitt 7 anstatt Abschnitt 1.
Seite 229	16. Zeile von unten: „dem" muß fortfallen.
Seite 230	19. Zeile von oben: Lies der Schmeie anstatt des Schmeie.
Seite 308	bei RUTTNER ist zu ergänzen: „Zitate nach 1. Aufl. 1940".

Wundt, Gewässerkunde